R. Hänsel · J. Hölzl (Hrsg.)

Lehrbuch der pharmazeutischen Biologie

Springer

*Berlin
Heidelberg
New York
Barcelona
Budapest
Hongkong
London
Mailand
Paris
Santa Clara
Singapur
Tokio*

Rudolf Hänsel · Josef Hölzl (Hrsg.)

Lehrbuch der pharmazeutischen Biologie

Ein Lehrbuch für Studenten der Pharmazie
im zweiten Ausbildungsabschnitt

Beiträge von:
W. Ax, Th. Dingermann, R. Fescharek,
E. Graf, H. Häberlein, E. Teuscher

Mit 159 Abbildungen und 28 Tabellen

 Springer

Dr. rer. nat. *Rudolf Hänsel*
Universitätsprofessor, emeritiert,
früher Institut für Pharmakognosie und Phytochemie
der Freien Universität Berlin

Professor
Dr. rer. nat. *Josef Hölzl*
Philipps-Universität Marburg/Lahn
Institut für Pharmazeutische Biologie
Deutschhausstraße 17 ½
35037 Marburg

ISBN-13:978-3-642-64628-7 Springer-Verlag Berlin Heidelberg New York

Die Deutsche Bibliothek – CIP-Einheitsaufnahme

Lehrbuch der pharmazeutischen Biologie : ein Lehrbuch für
Studenten der Pharmazie im zweiten Ausbildungsabschnitt ;
mit 28 Tabellen / Rudolf Hänsel ; Josef Hölzl (Hrsg.). Beitr.
von: W. Ax ... - Berlin ; Heidelberg ; New York ; Barcelona ;
Budapest ; Hongkong ; London ; Mailand ; Paris ; Santa Clara
; Singapur ; Tokio : Springer 1996
   ISBN-13:978-3-642-64628-7   e-ISBN-13:978-3-642-60958-9
   DOI:10.1007/978-3-642-60958-9

NE: Hänsel, Rudolf [Hrsg.]; Ax, Wolfgang

Das Werk ist urheberrechtlich geschützt. Die dadurch begründeten Rechte, insbesondere die der Übersetzung, des Nachdrucks, des Vortrags, der Entnahme von Abbildungen und Tabellen, der Funksendung, der Mikroverfilmung oder der Vervielfältigung auf anderen Wegen und der Speicherung in Datenverarbeitungsanlagen, bleiben, auch bei nur auszugsweiser Verwertung, vorbehalten. Eine Vervielfältigung dieses Werkes oder von Teilen dieses Werkes ist auch im Einzelfall nur in den Grenzen der gesetzlichen Bestimmungen des Urheberrechtsgesetzes der Bundesrepublik Deutschland vom 9. September 1965 in der jeweils geltenden Fassung zulässig. Sie ist grundsätzlich vergütungspflichtig. Zuwiderhandlungen unterliegen den Strafbestimmungen des Urheberrechtsgesetzes.

© Springer-Verlag Berlin Heidelberg 1996
Softcover reprint of the hardcover 1st edition 1996

Die Wiedergabe von Gebrauchsnamen, Handelsnamen, Warenbezeichnungen usw. in diesem Werk berechtigt auch ohne besondere Kennzeichnung nicht zu der Annahme, daß solche Namen im Sinne der Warenzeichen- und Markenschutz-Gesetzgebung als frei zu betrachten wären und daher von jedermann benutzt werden dürften.

Produkthaftung: Für Angaben über Dosierungsanweisungen und Applikationsformen kann vom Verlag keine Gewähr übernommen werden. Derartige Angaben müssen vom jeweiligen Anwender im Einzelfall anhand anderer Literaturstellen auf ihre Richtigkeit überprüft werden.

Herstellung: PRODUserv Springer Produktions-Gesellschaft, Berlin
Satz: Fotosatz-Service Köhler OHG, Würzburg

SPIN: 10019831   13/3020/ 5 4 3 2 1 0 – Gedruckt auf säurefreiem Papier

Vorwort

Die Approbationsordnung für Apotheker von 1989 sieht eine Ausbildung im Fach Pharmazeutische Biologie vor. Der Prüfungsstoff des Zweiten Abschnittes der Pharmazeutischen Prüfung umfaßt: Herkunft, Anbau, Züchtung, Gewinnung, Stabilisierung und Standardisierung der gebräuchlichen Arzneipflanzen und Drogen sowie deren Erkennung, Reinheits- und Qualitätsprüfung; makroskopische, mikroskopische, chromatographische, chemische, chemisch-physikalische und biologische Verfahren zur Untersuchung von gebräuchlichen Drogen, Inhaltsstoffe pflanzlicher und tierischer Drogen einschließlich der Farbstoffe und Aromen sowie die Isolierung und pharmazeutische Verwendung; Grundzüge der Biosynthese von Naturstoffen; Chemotaxonomie, Arzneimittel, Wirkstoffe und Hilfsstoffe soweit sie aus oder mit Hilfe von lebenden Organismen gewonnen werden; Gewinnung von Arzneimitteln aus und durch biotechnologische Verfahren und entsprechende Produkte; Umwandlung von Stoffen; Wirkung von Antibiotika; Resistenzprobleme. Kenntnis über Arzneimittel der besonderen Therapierichtungen, Phytopharmaka und Naturheilmittel; Grundzüge der Immunbiologie; Immunsera und Impfstoffe; Blutbestandteile; Blut-, Plasma-, Serumkonserven; Blutersatzmittel.

Diese Lehrinhalte bilden kein zusammenhängendes, logisch oder methodisch einheitliches Wissensgebiet. Die Pharmazeutische Biologie ist eine Querschnittswissenschaft mit Saugwurzeln in zahlreiche naturwissenschaftliche, medizinische und technologische Teildisziplinen. Diese Heterogenität der Lehrinhalte bringt es mit sich, daß wohl an keiner Universität der gesamte Prüfungsstoff in gleicher Breite gelehrt wird, vielmehr haben sich an den einzelnen Universitäten unterschiedliche Unterrichtsschwerpunkte herausgebildet. An zahlreichen Universitäten besteht der Schwerpunkt darin, Herkunft und chemische Zusammensetzung pflanzlicher Arzneidrogen zu beschreiben sowie Basiswissen zur Untersuchung von Drogen zu vermitteln. Diesem Lehrziel hat sich das bisher in 5 Auflagen erschienene Lehrbuch der Pharmakognosie von Steinegger und Hänsel verschrieben. In stark gekürzter Fassung und neu überarbeitet wurde diese klassische Drogenkunde in das vorliegende Lehrbuch übernommen. Neu dabei ist: Das Gerippe dieses Abschnitts ist in Form von „Kästen" herausgehoben und soll die Prüfungsvorbereitung erleichtern. Das Kernziel des vorliegenden neuen Lehrbuches aber ist es, möglichst alle in der Approbationsordnung aufgezählten Wissensgebiete abzuhandeln. Da wir der Auffassung sind, daß eine gute Lehre eine gute Forschungsarbeit voraussetzt, haben wir als Verfasser für die Abschnitte „Sondergebiete" Autoren gewonnen, die auf dem betreffenden Gebiet über Forschungserfahrung verfügen. Erstmalig in einem Lehrbuch der Pharmazeutischen Biologie werden die Besonderen Therapierichtungen Homöopathie, Anthroposophie und Phytotherapie ausführlich dargestellt. Neu sind alle Abschnitte des Teiles

„Sondergebiete": Allgemeines über Arzneipflanzen und Drogen inklusive über Anbau und Züchtung von Arzneipflanzen, Antibiotika, Immunsystem, Impfstoffe, Blut- und Plasmaprodukte, Gentechnologie sowie die bereits erwähnten Abschnitte über die Besonderen Therapierichtungen. Wir möchten uns an dieser Stelle bei allen Autoren für ihre Sorgfalt und Mühe bedanken: bei den Herren Professoren W. Ax., Th. Dingermann, R. Fescharek, E. Graf, H. Häberlein und E. Teuscher.

Die Pharmazeutische Biologie, die hiermit vorgelegt wird, ist ein „Mehrmännerbuch", das die Vielfalt des Faches, wie es sich nun einmal in Deutschland historisch entwickelt hat, widerspiegelt. Das Buch versucht, jedem etwas zu bringen; dem Student soll die Möglichkeit geboten werden, sich ortsspezifisch das jeweils passende Prüfungspensum zusammenzustellen.

Das Buch enthält 125 farbige Abbildungen von Arzneipflanzen als Standortaufnahme oder in Form eines Teilausschnittes. Diese Abbildungen beanspruchen selbstverständlich nicht, eine wissenschaftliche Arzneipflanzenkunde zu ersetzen. Sich die Namen von Stammpflanzen einzuprägen, gleicht nicht selten einem Vokabellernen; die Abbildungen, so hoffen wir, erleichtern assoziativ die Verbindung zu den Objekten des ersten Prüfungsabschnittes. Vielleicht auch wirken die Illustrationen einladend, das Buch mit ein wenig mehr Freude zur Hand zu nehmen.

Ein Teil der Abbildungen stammt von Herrn A. Scherfer, Wetzlar und vom Institut für Pharmazeutische Biologie der Universität Marburg. Ansonsten sind wir für die Beschaffung gerade seltener Abbildungen der Firma Dr. Willmar Schwabe, Karlsruhe, insbesondere Herrn F. Stempfle, jetzt Deutsche Homöopathie-Union, zu größtem Dank verbunden, nicht zuletzt Herrn Herbert E. Maas, von dem einige der technisch schönsten Aufnahmen stammen.

Kritik und Verbesserungsvorschläge für künftige Auflagen nehmen wir dankbar entgegen.

München, Marburg
Oktober 1995   R. Hänsel, J. Hölzl

Autorenverzeichnis

Prof. Dr. rer. nat. *Wolfgang Ax*
Am Kornacker 76
35041 Marburg

Prof. Dr. *Theo Dingermann*
Johann Wolfgang Goethe-Universität
Fachbereich Biochemie, Pharmazie
und Lebensmittelchemie
Institut für Pharmazeutische Biologie
Biozentrum
Marie-Curie-Straße 9
60439 Frankfurt/Main

Dr. med. *Reinhard Fescharek*
Behringwerke AG
Arzneimittelsicherheit
Postfach 11 40
35001 Marburg

Prof. Dr. *Engelbert Graf*
Philosophenweg 18
72076 Tübingen

Dr. *Hanns Häberlein*
Philipps-Universität Marburg/Lahn
Institut für Pharmazeutische Biologie
Deutschhausstraße 17 $^1/_2$
35037 Marburg

Prof. Dr. rer. nat. *Rudolf Hänsel*
Westpreußenstraße 71
81927 München

Prof. Dr. *Josef Hölzl*
Philipps-Universität Marburg/Lahn
Institut für Pharmazeutische Biologie
Deutschhausstraße 17 $^1/_2$
35037 Marburg

Prof. Dr. *Eberhard Teuscher*
Ernst-Moritz-Arndt-Universität
Greifswald
Institut für Pharmazeutische Biologie
Jahnstraße 15a
17489 Greifswald

Inhalt

Teil 1

1 Triacylglyceride, Wachse, Phosphoglyceride ... 3
1.1 Triacylglyceride ... 3
    1.1.1 Fettsäuren ... 3
    1.1.2 Triacylglyceride mit essentiellen Fettsäuren ... 4
    1.1.3 Kokosfett ... 5
    1.1.4 Palmkernfett ... 6
    1.1.5 Erdnußöl ... 6
    1.1.6 Leinöl (Lini oleum) ... 7
    1.1.7 Olivenöl ... 8
    1.1.8 Rizinußöl ... 9
    1.1.9 Kakaobutter ... 11
    1.1.10 Mandelöl ... 12
    1.1.11 Fischöle und Fischleberöle ... 13
1.2 Wachse ... 14
    1.2.1 Carnaubawachs ... 14
    1.2.2 Jojobawachs ... 15
    1.2.3 Wollwachs ... 16
    1.2.4 Bienenwachs ... 16
1.3 Phosphoglyceride (Phosphatidsäurederivate) ... 17
    1.3.1 Pflanzenlezithin (essentielle Phospholipide) ... 17
    1.3.2 Sojalezithin ... 18
Literatur ... 19

2 Kohlenhydrate ... 22
2.1 Zucker ... 22
    2.1.1 Glucose (Dextrose) ... 22
    2.1.2 Fruchtzucker (D-Fructose) ... 23
    2.1.3 Gereinigter Honig ... 24
    2.1.4 Sorbitol ... 25
    2.1.5 Mannitol ... 25
    2.1.6 Lactose und Lactoseumwandlungsprodukte ... 26
    2.1.7 Rohrzucker (Saccharose) ... 27
2.2 Polysaccharide ... 27
    2.2.1 Stärke und Stärkemehl ... 27
    2.2.2 Zellulose ... 30
    2.2.3 Isländisches Moos ... 32

	2.2.4	Agar	33
	2.2.5	Gummi arabicum (Acacia-Gummi)	35
	2.2.6	Tragant (Astragalus-Gummi)	37
	2.2.7	Bockshornsamen	39
	2.2.8	Eibischwurzel	40
	2.2.9	Flohsamen	42
	2.2.10	Huflattichblätter	45
	2.2.11	Lindenblüten	46
	2.2.12	Blasentang	48
	2.2.13	Hibiskus	50
	2.2.14	Hagebutten	51
	2.2.15	Sonnenhut	52
2.3	Inulin: Wegwarte		55
Literatur			56
3	**Isoprenoide**		63
3.1	Terminologie, die Isoprenregel, Einteilung, Vorkommen		63
3.2	Iridoide und Secoiridoide		64
	3.2.1	Terminologie, Unterteilung	64
	3.2.2	Spitzwegerich	66
	3.2.3	Baldrian und Valepotriate	67
	3.2.4	Enzian	71
	3.2.5	Tausendgüldenkraut	73
3.3	Sesquiterpene		74
	3.3.1	Artemisinin	74
	3.3.2	Guajazulen	75
	3.3.3	Helenalin	75
	3.3.4	Valerensäure	76
	3.3.5	Schafgarbenkraut	76
	3.3.6	Wermutkraut (Absinth)	78
	3.3.7	Löwenzahn	80
	3.3.8	Arnika	81
3.4	Diterpene		83
3.5	Triterpene einschließlich Steroide		85
	3.5.1	Herzwirksame Glykoside	86
	3.5.2	Wolliger Fingerhut und Lanataglykoside	87
	3.5.3	Roter Fingerhut und Purpureaglykoside	90
	3.5.4	Strophanthus	91
	3.5.5	Maiglöckchenkraut	94
	3.5.6	Meerzwiebel	96
	3.5.7	Adoniskraut	98
	3.5.8	Oleanderblätter	99
	3.5.9	Saponine (Saponoside)	101
	3.5.10	Primelwurzel	105
	3.5.11	Senegawurzel	106

3.5.12	Süßholzwurzel	108
3.5.13	Ginsengwurzel	111
3.5.14	Roßkastaniensamen und daraus hergestellte Präparate	114
3.5.15	Anhang: Myrrhe	116

Literatur ... 117

4 Ätherische Öle ... 127

4.1 Ätherische Öle und Drogen mit überwiegend Monoterpenen ... 128
    4.1.1 Pfefferminze und Pfefferminzöl ... 128
    4.1.2 Minzöl ... 131
    4.1.3 Krauseminzöl ... 132
    4.1.4 Melissenblätter ... 133
    4.1.5 Rosmarinblätter und Rosmarinöl ... 134
    4.1.6 Salbeiblätter und Salbeiöl ... 136
    4.1.7 Thymian ... 139
    4.1.8 Wacholderbeeren ... 140
    4.1.9 Fichtennadelöl ... 142
    4.1.10 Terpentinöl ... 143
    4.1.11 Pomeranzenschale ... 145
    4.1.12 Korianderfrüchte ... 146
    4.1.13 Kümmel und Kümmelöl ... 148
    4.1.14 Kampfer (Campher) ... 149
    4.1.15 Eukalyptusblätter, Eukalyptusöl und Cineol ... 151
    4.1.16 Anhang: Pyrethrum ... 153
4.2 Ätherische Öle und Drogen mit überwiegend Sesquiterpenen ... 154
    4.2.1 Kamillenblüten ... 154
    4.2.2 Kamillenöl, Bisabolol und Guajazulen ... 157
    4.2.3 Römische Kamille ... 158
    4.2.4 Javanische Gelbwurz (Curcumae xanthorrizae rhizoma) ... 160
    4.2.5 Kurkumawurzelstock ... 161
4.3 Ätherische Öle und Drogen mit überwiegend Phenylpropanen ... 162
    4.3.1 Anis und Anisöl ... 162
    4.3.2 Fenchel und Fenchelöl ... 164
    4.3.3 Zimtrinde ... 164
    4.3.4 Nelkenöl und Eugenol ... 168
    4.3.5 Ingwer ... 169
Literatur ... 171

5 Phenolische Verbindungen ... 181

5.1 Cumarine (Kumarine) ... 181
    5.1.1 Steinklee ... 184
    5.1.2 Ammi-visnaga-Früchte ... 186
    5.1.3 Methoxsalen ... 187
5.2 Lignane ... 188
    5.2.1 Podophyllin ... 188

5.3	Arbutin und Bärentraubenblätter	189
5.4	Flavone und Flavonoide	191
	5.4.1 Bauprinzip, Einteilung	191
	5.4.2 Weißdorn	195
	5.4.3 Ginkgo-biloba-Blätter	199
	5.4.4 Mariendistelfrüchte	202
	5.4.5 Birkenblätter	204
	5.4.6 Schachtelhalmkraut	205
	5.4.7 Orthosiphonblätter	206
	5.4.8 Hauhechelwurzel	207
	5.4.9 Echtes Goldrutenkraut	209
	5.4.10 Holunderblüten	210
	5.4.11 Passionsblumenkraut	211
	5.4.12 Ringelblumenblüten	212
5.5	Hopfenzapfen	213
5.6	Kawarhizom	216
5.7	Gerbstoffe	218
	5.7.1 Hydrolysierbare Gerbstoffe (Gallotannine)	218
	5.7.2 Proanthocyanidine	219
	5.7.3 Eichenrinde	221
	5.7.4 Hamamelisblätter und -rinde	223
	5.7.5 Ratanhiawurzel	224
	5.7.6 Tormentillwurzelstock	225
5.8	Anthranoide und Emodindrogen	226
	5.8.1 Einleitung, Begriffe	226
	5.8.2 Metabolisierung	227
	5.8.3 Wirkungen	228
	5.8.4 Aloe	228
	5.8.5 Cascararinde	231
	5.8.6 Faulbaumrinde	233
	5.8.7 Rhabarberwurzel	235
	5.8.8 Sennesblätter und Sennesfrüchte	237
	5.8.9 Johanniskraut (Hyperici herba)	239
Literatur		242

6 N-haltige Verbindungen außer Alkaloide ... 255

6.1	Ephedrakraut	255
6.2	Cayennepfeffer	257
6.3	Pfeffer	259
6.4	Cyanogene Glykoside	261
6.5	Glucosinolate	263
	6.5.1 Senfsamen	264
6.6	Knoblauch und Knoblauchpräparate	266
6.7	Lektine	269
	6.7.1 Allgemeine Eigenschaften	269

	6.7.2 Mistelkraut	270
6.8	Verdauungsenzyme	272
	6.8.1 Papain	272
	6.8.2 Bromelaine	273
	6.8.3 Pilzenzyme	274
6.9	Tierische Strukturproteine	274
	6.9.1 Steriles Catgut	274
	6.9.2 Gelatine	275
	6.9.3 Seidenfaden	277
Literatur		278

7 Alkaloide 282

7.1	Einleitung, Allgemeines	282
7.2	Alkaloide mit biogenetischer Beziehung zum Ornithin	285
	7.2.1 Kokain (Cocain) und verwandte Alkaloide	285
	7.2.2 Tropanalkaloide der Solanazeen	287
	7.2.3 Pyrrolizidinalkaloide	292
7.3	Tabak und Nicotin	293
7.4	Spartein und Besenginsterkraut	295
7.5	Vom Dihydroxyphenylalanin abgeleitete Alkaloide	296
	7.5.1 Opium	297
	7.5.2 Schöllkraut	300
	7.5.3 Tubocurarin	302
	7.5.4 Colchicin	303
	7.5.5 Ipecacuanhawurzel	306
	7.5.6 Kanadische Gelbwurzel	308
7.6	Vom Tryptophan abgeleitete Alkaloide	309
	7.6.1 Mutterkorn	309
	7.6.2 Rauwolfiawurzel	314
	7.6.3 Antineoplastische Indolkalkaloide (Vinblastin und Vincristin)	317
	7.6.4 Vincamin	319
	7.6.5 Strychnin und Brucin	319
	7.6.6 C-Toxiferin und Calebassen-Curare	320
	7.6.7 Chinarinde und Cinchona-Alkaloide	321
7.7	Vom Histidin abgeleitete Alkaloide	325
	7.7.1 Jaborandiblätter und Pilocarpin	325
	7.7.2 Anhang: Physostigmin	326
7.8	Purindrogen	327
	7.8.1 Kolanuß	327
	7.8.2 Guarana	329
	7.8.3 Kaffee	329
	7.8.4 Schwarzer und Grüner Tee	334

		7.8.5	Maté 337

      7.8.6   Kakaobohnen, Kakaoschalen 338
7.9   Diterpenoide Alkaloide 339
      7.9.1   Aconitin 339
      7.9.2   Taxol 341
7.10 Steroidalkaloide 342
      7.10.1 Bittersüßstengel 343
Literatur 344

Teil 2

8 Arzneipflanzen und Drogen 355

8.1   Arzneipflanzen 355
      8.1.1   Arznei- und Gewürzpflanzen als Nutzpflanzen 355
      8.1.2   Intraspezifische Schwankungen des Wirkstoffgehalts
              von Arzneipflanzen 356
      8.1.3   Züchtung von Arzneipflanzen 357
      8.1.4   Sammeln und Anbau von Arzneipflanzen 359
      8.1.5   Einsatz von Pflanzenschutzmitteln 361
      8.1.6   Ernte von Arzneipflanzen 362
8.2   Drogen 363
      8.2.1   Drogen als Arzneistoffe oder Arzneimittel 363
      8.2.2   Verarbeitung von Arzneipflanzen zu Drogen 363
      8.2.3   Chemische Verunreinigung von Drogen 364
      8.2.4   Mikrobielle Verunreinigungen von Drogen 366
      8.2.5   Lagerung von Drogen 366
      8.2.6   Standardisierung und Normierung von Drogen 367
      8.2.7   Risiken beim Umgang mit Drogen 369

9 Antibiotika 371

9.1   Einleitung und Definitionen 371
9.2   Antibiotikascreening und Testsysteme 372
9.3   Biogenetische Herkunft wichtiger Antibiotika 374
9.4   In die DNA- bzw. RNA-Biosynthese eingreifende Antibiotika 374
      9.4.1   Hemmstoffe der Purin- bzw. Pyrimidinbiosynthese 374
      9.4.2   Hemmung der Transkription bzw. der RNA-Biosynthese
              durch Interkalation 376
      9.4.3   Hemmung der Replikation durch DNA-strangbruch-
              induzierende Wirkstoffe 378
      9.4.4   Hemmstoffe der RNA-Polymerase bzw. Inhibitoren
              der RNA-Biosynthese 379
9.5   Hemmstoffe der ribosomalen Proteinbiosynthese (Translation) . . . 381
      9.5.1   Tetracycline 381

9.5.2	Aminoglykoside	383
9.5.3	Streptomycin	384
9.5.4	Neomycin	385
9.5.5	Kanamycin	385
9.5.6	Gentamycin	386
9.5.7	Lincosamide	387
9.5.8	Chloramphenicol	388
9.5.9	Erythromycin	388
9.5.10	Puromycin	389
9.6	Hemmstoffe der Biosynthese von Zellwandbausteinen	390
9.6.1	Aufbau und Biosynthese der Bakterienzellwand	391
9.6.2	Bacitracin	392
9.6.3	Penicilline	392
9.6.4	Cephalosporine	395
9.6.5	D-Cycloserin	396
9.7	Destabilisatoren der Zytoplasmamembran bei Bakterien	396
9.7.1	Tyrothricin	397
9.7.2	Polymyxin B, Colistine	398
9.8	Destabilisatoren der Zytoplasmamembran bei Pilzen	399
9.8.1	Nystatin, Amphotericin B	399
9.9	Hemmstoffe des Wachstums von Dermatophyten	400
9.9.1	Griseofulvin	400
9.10	Persistenz und Antibiotikaresistenz von Mikroorganismen	402
9.10.1	Persistenz	402
9.10.2	Resistenz	402
9.10.3	Kreuzresistenz	403
9.10.4	Biochemische Resistenzmechanismen	404
Literatur		405
10	**Immunsystem**	**406**
10.1	Einführung – Grundbegriffe	406
10.2	Zellen des Immunsystems	407
10.2.1	Lymphozyten	407
10.2.2	Mononukleare Phagozyten	410
10.2.3	Dentritische Zellen	410
10.3	Funktionelle Anatomie des Immunsystems	410
10.3.1	Immunreaktion	411
10.3.2	Immundefekte	411
10.3.3	B-Lymphozytenstimulation	412
10.3.4	T-Lymphozytenstimulation	413
10.3.5	Zytokine	414
10.4	Komplementsystem	416
10.5	Autoantigene	417
Literatur		418

11	Impfstoffe und Allergenextrakte ad usum humanum	419
11.1	Impfstoffe	419
11.1.1	Klassifikation	420
11.1.2	Herstellung	424
11.1.3	Qualitätsprüfungen	426
11.1.4	Lagerung	427
11.1.5	Beispiele	428
11.2	Allergenextrakte	430
11.2.1	Herstellung	431
11.2.2	Allergoide	432
11.2.3	Tuberkuline	432
	Weiterführende Literatur	432

12	Blut und Plasma	433
12.1	Zusammensetzung	433
12.1.1	Vollblut und Präparate zur Substitution zellulärer Blutbestandteile	433
12.1.2	Präparate aus Plasmaproteinen	436
12.2	Gerinnungsfaktoren	440
12.2.1	Blutgerinnungsfaktor I (Fibrinogen)	440
12.2.2	Blutgerinnungsfaktoren VIII und IX (antihämophile Globuline)	440
12.2.3	Konzentrat der Faktoren II, VII, IX, X (sog. Prothrombinkomplex, PPSB)	440
12.3	Immunglobuline	441
12.3.1	Anwendungsbereiche von homologen und heterologen Standard- und Hyperimmunglobulinen	441
12.3.2	Herstellungsverfahren der verschiedenen Immunglobulinpräparationen	442
12.4	Albumine	445
12.5	Sonstige Plasmaderivate	446
12.5.1	C 1-I-Indikator	446
12.5.2	Antithrombin III	446
12.5.3	Serumcholinesterase	446
12.5.4	Fibrinkleber	447
12.5.5	Virussicherheit	447
12.6	Fibrinolyse, Defibrinierung und Antikoagulation	447
12.6.1	Fibrinolyse	447
12.6.2	Defibrinierung	451
12.6.3	Antikoagulation	451
	Weiterführende Literatur	453

13	Gentechnologie	454
13.1	Einleitung	454

	13.1.1	Grundbegriffe, Definitionen	454
	13.1.2	Genomgrößen	454
	13.1.3	Funktionelle Unterteilung der Genome	455
13.2		Das allgemeine Prinzip der Gentechnologie	456
13.3		Zielorganismen für neukombinierte genetische Informationseinheiten	456
13.4		Einsatz der Gentechnologie für die Gewinnung von Arzneimitteln	457
	13.4.1	Zugelassene gentechnologisch hergestellte Arzneimittel	457
	13.4.2	In der fortgeschrittenen Entwicklung befindliche gentechnologisch hergestellte Arzneimittel	458
13.5		Das experimentelle Konzept der Gentechnologie	458
	13.5.1	Nukleinsäurestoffwechsel im Reagenzglas	458
	13.5.2	Klonieren = Amplifikation rekombinierter DNA in Bakterien	462
	13.5.3	Transformation	464
	13.5.4	Infektion	464
13.6		Charakterisierung klonierter DNA-Fragmente	465
	13.6.1	Hybridisierung	465
	13.6.2	Physikalische Kartierung mit Hilfe von Restriktionsendonukleasen	466
	13.6.3	Sequenzanalyse	466
	13.6.4	Indirekte Nachweismethoden klonierter DNA	467
13.7		Einsatz gentechnischer Methoden in der Pflanzenzüchtung	468
	13.7.1	Antisense Mutagenese	468
	13.7.2	Transformation von Pflanzen	469
	13.7.3	„Schrotflinten" für DNA-Transfer	470
13.8		Arzneibuchanforderungen	470
Literatur			472
14		**Homöopathie und Anthroposophie**	**478**
14.1		Homöopathie und Arzneimittelrecht	478
14.2		Hahnemann-Homöopathie	479
	14.2.1	Samuel Hahnemann	479
	14.2.2	Simileprinzip	481
	14.2.3	Aufnahme des Krankheitsbildes	481
	14.2.4	Arzneimittelbild	482
	14.2.5	Konstitutionsmittel	482
	14.2.6	Homöopathische Arzneiformen	483
	14.2.7	Isopathie, Nosodentherapie	487
	14.2.8	Komplexhomöopathie	487
	14.2.9	Wirksamkeitsnachweise	488
	14.2.10	Erklärungsversuche	489
14.3		Anthroposophische Medizin	490
	14.3.1	Das anthroposophische Welt- und Menschenbild	490

14.3.2 Heilmittel der Firma Weleda	491
14.3.3 Heilmittel der Firma Wala	492
14.4 Spagyrik	493
14.5 Homotoxinlehre	493
14.6 Apotheker und Homöopathie	494
15 Phytotherapie	**495**
15.1 Geschichtliche Einleitung	495
15.2 Besondere Therapierichtungen	498
15.3 Phytotherapeutische Therapierichtung und Stoffgruppe	498
15.4 Pflanzliche Arzneimittel	500
15.4.1 Begriffsbestimmungen	500
15.4.2 Zubereitungs- und Darreichungsform von Drogen	503
15.5 Qualität, Wirksamkeit und Unbedenklichkeit	508
15.5.1 Allgemeine Einführung	508
15.5.2 Vergleichbarkeit von Phytopharmaka	509
15.5.3 Bioverfügbarkeit	510
15.5.4 Äquivalenz von Phytopharmaka	511
15.5.5 Dosierung	513
15.5.6 Wirksamkeit	515
15.5.7 Unbedenklichkeit	515
15.5.8 Lösungsmittelrückstände	516
15.6 Pflanzliche „Nichtheilmittel"	516
Literatur	517
Sachwortverzeichnis	519

Farbabbildungen jeweils am Ende des betreffenden Beitrages

Teil I

R. Hänsel, J. Hölzl

KAPITEL 1

Triacylglyceride, Wachse, Phosphoglyceride

1.1
Triacylglyceride

Die natürlichen Triacylglyceride sind Triester des Glycerols (Glyzerins) mit aliphatischen Carbonsäuren. Sie werden von vielen Organismen als Reservestoffe gespeichert und bilden die Hauptbestandteile pflanzlicher und tierischer Fette. Finden sich alle 3 Hydroxygruppen des Glycerols durch dieselbe Fettsäure besetzt, handelt es sich um einfache Triacylglyceride (z. B. Tripalmitoylglycerol). In der Regel ist Glycerol mit Fettsäuren verschiedener Kettenlänge und verschiedenen Sättigungsgrades verestert. Die Speisefette und Speiseöle sind in der Regel komplexe Mischungen gemischter Triacylglyceride.

1.1.1
Fettsäuren

Die in den natürlichen Triacylglyceriden und in anderen Acyllipiden auftretenden Fettsäuren sind in der Regel geradkettig und unverzweigt. Sie können gesättigt sein oder Doppelbindungen aufweisen. Anstelle durch Strukturformeln werden Fettsäuren in der Literatur häufig durch Kürzel gekennzeichnet, z. B. 18:2 (9, 12) für Linolsäure, aus dem die Anzahl der Kohlenstoffatome sowie Anzahl, Position und Konfiguration der Doppelbindungen hervorgeht. Die Doppelbindungen sind dabei immer als *cis*-konfiguriert anzusehen; gegebenenfalls sind sie mit dem Zusatz „*tr*" als *trans*-ständig zu kennzeichnen. Am häufigsten kommen die folgenden Fettsäuren vor:

Trivialname	Kurzschreibweise
Myristinsäure	14:0
Palmitinsäure	16:0
Palmitoleinsäure	16:1 (9)
Stearinsäure	18:0
Ölsäure	18:1 (9)
Linolsäure	18:2 (9, 12)
Linolensäure (α-Linolensäure)	18:3 (9, 12, 15)
γ-Linolensäure	18:3 (6, 9, 12)
Arachidonsäure	20:4 (5, 8, 11, 14)

1.1.2
Triacylglyceride mit essentiellen Fettsäuren

Der Körper verfügt über Enzyme, um gesättigte Fettsäuren in Position 9 zu dehydrieren (Stearinsäure → Ölsäure; Palmitinsäure → Palmitoleinsäure) und weitere Doppelbindungen in Richtung auf das Carboxylende einzuführen. Bei einem ausschließlichen Angebot an Palmitin-, Palmitolein-, Stearin- und Ölsäureglyceriden stehen zum Aufbau körpereigene Lipide somit nur $\omega 7$- und $\omega 9$-Fettsäuren zur Verfügung. Offenbar müssen jedoch die körpereigenen Lipide – etwa in den Membranen der Mitochondrien und Mikrosomen – einen bestimmten Anteil auch an $\omega 6$- und/oder $\omega 3$-Fettsäuren aufweisen, die nur aus der Nahrung stammen können. Man bezeichnet diese Fettsäuren als essentielle Fettsäuren (s. Abb. 1.1).

Junge Tiere entwickeln bei fehlender Zufuhr eine Reihe von Mangelsymptomen, darunter Hautveränderungen, verminderte Kapillarresistenz, erhöhte Gefäßpermeabilität sowie Neigung zu ischämischen Herz-Kreislauf-Erkrankungen.

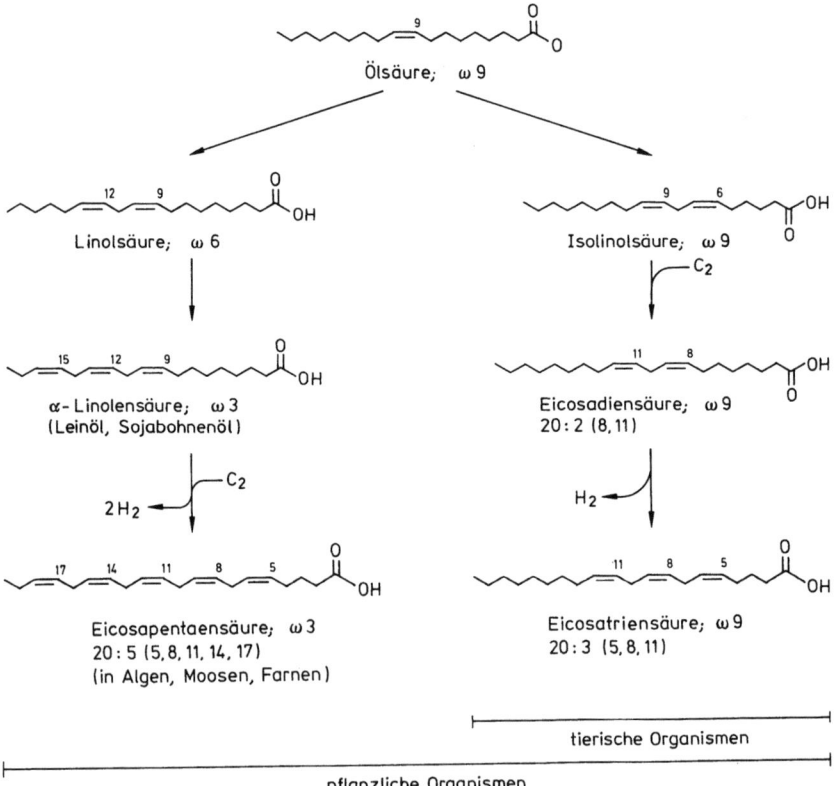

Abb. 1.1 Verlängerung von Fettsäuren und Einführung von Doppelbindungen bei pflanzlichen und tierischen Organismen

Mangel an essentiellen Fettsäuren bewirkt elektronenmikroskopisch nachweisbare Strukturveränderungen der Mitochondrien; zugleich erweisen sich die mitochondrialen Funktionen als beeinträchtigt. Eine weitere wichtige Funktion der essentiellen Fettsäuren besteht in der Versorgung des Organismus mit Eikosanoiden, ein Sammelbegriff für die aus 20 (griech. eikos = zwanzig) Kohlenstoffatomen aufgebauten Prostaglandine, Leukotriene und Thromboxane. Eikosanoide kommen, wenn auch oft in nur sehr geringen Konzentrationen $< 10^{-7}$ ng/g, in allen Geweben vor.

1.1.3
Kokosfett

Kokosfett wird aus einem als „Kopra" bezeichneten Handelsprodukt gewonnen. Kopra wiederum besteht aus dem zerkleinerten und getrockneten Nährgewebe der Kokosnuß, das ist die Steinfrucht der in den Tropen heimischen Kokospalme, *Cocos nucifera* L. (Familie: *Arecaceae,* früher *Palmae*).

Kokosfett ist durch hohe Gehalte an Laurinsäure (12:0) und Myristinsäure (14:0) charakterisiert, mit zugleich relativ hohen Anteilen der noch kürzerkettigen Capryl- (8:0) und Caprinsäure (10:0). Da der Anteil der gesättigten Fettsäuren sehr hoch ist (etwa 90%), ist Kokosfett bei Raumtemperatur fest („Palmin"); es wird aber wegen des niedrigen Schmelzpunktes von 23–38 °C leicht flüssig. Es schmilzt unter Aufnahme einer erheblichen Schmelzwärme, was sich im Mund als angenehmer Kühleffekt äußert, der Grund, weshalb man Kokosfett gerne bestimmten Süßwaren (als Waffelfüllung, als Eiskonfekt) zusetzt. Gereinigtes Kokosfett ist neben dem Palmkernfett ein wichtiger Bestandteil von Pflanzenmargarinen.

Kokosfett
Cocos nucifera   Kokospalme

Palmkernfett
Elaeis guineensis   Ölpalme

Herkunft:
Cocos nucifera: tropische Küstenregionen insbesondere der Philippinen, Indonesiens, Indiens, Malaysias, Sri Lankas und Mexikos.
Elaeis guineensis: tropische Gebiete Afrikas und Asiens.

Pflanzen:
Cocos nucifera: Höhe bis 35 m; gefiederte Blattwedel, Länge 5–7 m; Seitenzweige tragen am unteren Drittel gelblichgrüne Blüten; nur 1/3 bis 1/4 der befruchteten Blüten reifen zur Frucht.
Elaeis guineensis: Höhe bis 15 m; aufrechter Stamm; Krone besteht aus 10–40 Blattwedel, bis 5 m lang; einhäusige Pflanze; Steinfrucht.

Anwendungsgebiete:
Zur Herstellung von Tensiden, zur Partialsynthese mittelkettiger Triglyceride.

Inhaltsstoffe:
Triglyceride mit Laurin- und Myristinsäure, Capryl-, Caprinsäure.

1.1.4
Palmkernfett

Palmkernfett ist ein Nebenprodukt bei der Gewinnung des Palmöles aus den Früchten der Ölpalme *Elaeis guineensis* JACQ. (Familie: *Arecaceae*, früher *Palmae*). Während das aus dem Fruchtfleisch (Mesokarp) erhältliche Öl zur Hauptsache aus Triacylgliceriden der Öl- und Palmitinsäure besteht, gleicht das aus den Samenkernen (Endosperm) gewonnene Palmkernfett in seiner chemischen Zusammensetzung weitgehend dem Kokosfett. Das raffinierte Fett ist bei Raumtemperatur fest (Erstarrungstemperatur zwischen 20 und 24 °C). Für Speisezwecke ungeeignete Chargen verwendet die Industrie zur Herstellung von Seifen oder zur Gewinnung von Laurinsäure, dem Grundstoff für verschiedene Tenside (Natriumlaurylsulfat, Polyethylenglykolsorbitan-monolaurat [Tween 20], Sorbitanmonolaurat [Span/Arlacel 20] u. a. m.).

Anhang: Mittelkettige Triglyceride

Mittelkettige Triglyceride (*Triglycerida mediocatenalia* DAB; „fractionated coconut oil" BP) bestehen aus Triacylgliceriden gesättigter Fettsäuren, hauptsächlich der Capryl- (8:0) und der Caprinsäure (10:0).

Es handelt sich um ein partialsynthetisches Produkt. Palmkernfett oder Kokosfett werden zunächst hydrolytisch gespalten, die Laurin- und Myristinsäurefraktion wird weitgehend abgetrennt, die hauptsächlich aus C_6- bis C_{10}-Fettsäuren bestehende Fraktion wird schließlich mit Glyzerin (Glycerol) wieder verestert.

Eine klare farblose bis schwach gelb gefärbte Flüssigkeit, nahezu ohne Geruch und Geschmack. Mischbar mit Alkohol und fetten Ölen, unlöslich in Wasser. Verträgt Hitzesterilisation bei Temperaturen bis 150 °C (1 h).

Mittelkettige semisynthetische Öle verwendet man zur Herstellung von Diätetika, die bei Zuständen von ungenügender Fettresorption (Steatorrhöe, Enteritis, Dünndarmresektion) anstelle der üblichen Speisefette verwendet werden. Die Triacylgliceride mit mittelkettigen Fettsäuren werden im Organismus leichter hydrolysiert als die mit den üblichen C_{18}-Fettsäuren; zudem können sie vom Magen-Darm-Trakt aus auch ohne Hilfe von Gallenflüssigkeit und Pankreassaft resorbiert werden. Allerdings können sie nach Resorption so gut wie nicht gespeichert werden, und zwar weder als Triacylglicerid noch als Phosphatid.

Als unerwünschte Nebenwirkung treten nicht selten Bauchschmerzen und Diarrhö auf. Bei Patienten mit Leberinsuffizienz kommt es zu überhöhten Fettgehalten im Blut sowie u. U. zum Leberkoma.

Ein weiteres Anwendungsgebiet für mittelkettige Triglyceride liegt auf pharmazeutisch-technologischem Gebiet. Man löst oder suspendiert in ihnen oral anzuwendende Arzneistoffe, welche gegenüber Wasser instabil sind.

1.1.5
Erdnußöl

Das Erdnußöl ist nach der Definition der Pharmakopöen das aus den Samen von *Arachis hypogaea* L. (Familie: *Fabaceae*) gewonnene und durch Raffination gereinigte Öl.

Die Erdnüsse enthalten 42–50% Öl, das früher ausschließlich durch Pressung gewonnen wurde. Die erste, kalte Pressung liefert ein beinahe farbloses Öl von sehr angenehmem Geschmack; die zweite, warme Pressung liefert ein eben noch brauchbares Speiseöl, während die dritte Pressung ein an freien Fettsäuren reiches, nur für technische Zwecke verwendbares Produkt ergibt. Heute wird Erdnußöl bevorzugt durch Extraktion mit Lösungsmitteln (Hexan) gewonnen und dann einem Raffinationsprozeß unterworfen. Da sich kalt gepreßte Öle von extrahierten Ölen nach deren Raffination analytisch nicht mehr unterscheiden lassen, verzichtet das DAB auf die Forderung, für pharmazeutische Zwecke, nur kalt gepreßtes Öl zuzulassen. Erdnußöl gehört zu den nichttrocknenden Ölen; es ist durch einen hohen Anteil an Ölsäure (ca. 41%) und an Linolsäure (ca. 35%) gekennzeichnet. Charakteristisch ist das Vorkommen längerkettiger (C > 18) Fettsäuren, wie der Arachinsäure (20:0), der Behensäure (22:0) und der Lignocerinsäure (24:0). (Man beachte aber, daß keine Arachidonsäure als Säurekomponente gefunden wird, die vielmehr für tierische Fette typisch ist.)

Erdnußöl   Arachidis oleum
Arachis hypogaea   Fabaceae

Herkunft:
Tropisches Südamerika; kultiviert in Tropen und Subtropen.

Pflanzen (Abb. 1.2):
Kraut mit zweipaarig gefiederten Blättern: einzelne gelbe Blüten, deren Stiele sich beim Verblühen auf 5–20 cm Länge strecken und abwärts krümmen; Frucht walzig, nichtaufspringende Hülse.

Anwendungsgebiet:
Als Salbengrundlage. Ausgangsmaterial für gehärtetes Erdnußöl (Arachidis oleum hydrogenatum).

Inhaltsstoffe:
Glyceride der Öl- und Linolsäure; daneben (je etwa 1–3%) Glyceride der Arachin-, Behen- und Lignocerinsäure.

1.1.6
Leinöl (Lini oleum)

Leinöl ist das durch Pressen oder durch Extraktion aus den Samen von *Linum usitatissimum* L. (Familie: *Linaceae*) gewonnene Öl.

Leinöl ist dadurch charakterisiert, daß es bei Raumtemperatur leichter beweglich (weniger viskos) ist als viele andere Pflanzenöle und daß es einen besonders hohen Anteil an ungesättigten Fettsäuren enthält. Wegen des stark ungesättigten Charakters reagiert das Öl an der Luft rasch mit Sauerstoff; Leinöl ist der Prototyp der sog. trocknenden Öle, die in dünner Schicht aufgetragen, einen gleichmäßigen, festen Film ergeben. Leinöl besteht zur Hauptsache aus Glyceriden der Linolensäure (40–60%), der Linolsäure (10–25%) und der Ölsäure (13–30%); es gehört somit zu den wenigen Speiseölen, die größere Mengen an $\omega 3$-Fettsäurereste enthalten.

> **Leinsamen** Lini semen
> Linum usitatissimum Linaceae
>
> *Herkunft:*
> Kulturen.
>
> *Pflanze* (Abb. 1.3):
> 30 – 60 cm, einjährige Pflanze, nur ein Stengel. Blätter schmal lanzettlich, Kronblätter blau. Kapsel kugelig mit Griffelrest.
>
> *Anwendungsgebiete:*
> Quellstoffabführmittel zur Behandlung von Verstopfung und funktionellen Darmerkrankungen (Colon irritabile). In Form von Schleimzubereitungen zur Unterstützung bei der Behandlung von entzündlichen Magen-Darm-Erkrankungen.
> Innerlich: habituelle Obstipation, durch Abführmittelabusus geschädigtes Kolon, Colon irritabile, Divertikulitis; als Schleimzubereitung bei Gastritis und Enteritis.
> Äußerlich: als Kataplasma bei lokalen Entzündungen.
>
> *Inhaltsstoffe:*
> 1) 3 – 6 % Schleime aus Galactose, Rhamnose, Arabinose, Galacturon- und Mannuronsäure.
> 2) 30 – 40 % fettes Öl, 25 % Proteine, Phospholipide.
> 3) 0,1 – 1,5 % cyanogene Glykoside.

Verwendet wird Leinöl außer als Speiseöl medizinisch als Bestandteil einer lipidsenkenden Diät. In der Technik findet es Verwendung zur Herstellung von Firnissen, Farben und Lacken.

1.1.7
Olivenöl

Olivenöl ist das aus frischen Früchten von *Olea europaea* L. (Familie: *Oleaceae*) bei der ersten Pressung ohne Wärmezufuhr gewonnene, klar filtrierte Öl.

Der Ölbaum wird in zahlreichen Kulturvarietäten im Mittelmeergebiet sowie in Ländern ähnlichen Klimas (Südafrika, Kalifornien, Australien) gezogen. Es handelt sich um einen kleinen immergrünen Baum, der durch seinen knorrigen, vielfach gedrehten Stamm und durch die grausilberne Behaarung der Blätter an Weiden erinnert. Der Ölbaum wächst sehr langsam. Die ersten Früchte setzt er in einem Alter von etwa 10 Jahren an; weitere zwei Jahrzehnte sind notwendig, bis die Ernten voll ergiebig werden. Bäume, die 100 Jahre alt sind und darüber, sind in den Kulturen keine Seltenheit.

Olivenöl enthält hauptsächlich Glyceride der Ölsäure, die über 75 % der Gesamtfettsäuren ausmachen. Neben Glyceriden der Palmitin- und der Linolsäure kommen auch geringe Mengen freier Fettsäuren vor. Der Gehalt des Öles an diesen freien Fettsäuren ist eine Art Maßstab für die Güte des Öles, da die zweite und dritte Pressung mit ihren energischen Bedingungen (Temperatur, Druck) Öle höheren Säuregehaltes mit entsprechend strengerem Geschmack liefern. Ein das Olivenöl analytisch besonders charakterisierender Bestandteil ist das Squalen, das in Mengen bis zu 0,6 % enthalten sein kann.

> **Olivenöl** Olivae oleum
> Olea europaea Oleaceae
>
> *Herkunft:*
> Östliches Mittelmeer, kultiviert in mediterranen Gebieten.
>
> *Pflanze* (Abb. 1.4):
> In Kultur bis 10 m hoher Baum mit knorrigem Stamm, Blatt an rutenförmigen Zweigen, gegenständig, lanzettlich, mit Stachelspitze; Blüten in blattachselständiger Traube, Krone weiß, Steinfrucht.
>
> *Anwendung:*
> Speiseöl. Pharmazeutisch zur Herstellung von Lipogelen und öligen Lösungen.
>
> *Inhaltsstoffe:*
> Triacylglyceride mit besonders hohem Anteil an Ölsäure.

In erster Linie ist Olivenöl ein sehr begehrtes Speiseöl. In der Pharmazie dient es zur Herstellung von Linimenten, Salben und Pflastern; auch zieht man es als Vehikel zur Herstellung öliger Lösungen und Suspensionen (für Injektionszwecke) heran.

1.1.8
Rizinusöl

Man gewinnt das Öl aus den Samen von *Ricinus communis* L. (*Euphorbiaceae*). Wie auch bei anderen Fetten werden von Rizinusölen verschiedene Qualitäten angeboten: Arzneibuchware muß durch Pressen ohne Wärmezufuhr hergestellt werden. Die Herstellung durch Kaltpressung soll sicherstellen, daß das toxische Lektin (Ricin) im Preßkuchen zurückbleibt. Eine weitere Raffination ist möglich und führt zum raffinierten Rizinusöl DAB.

Rizinusöl weist einen sehr schwachen, aber charakteristischen Geruch auf; der Geschmack ist zunächst mild, später kratzend.

Ricinus communis ist eine sehr variable Pflanze; in gemäßigten Gegenden mit Winterfrösten ist sie einjährig, im suptropischen Klima wächst sie baum- oder strauchartig und erreicht gelegentlich Höhen bis zu 10 m. Die Infloreszenz trägt in ihrem unteren Teil männliche, in ihrem oberen weibliche Blüten. Wie bei den meisten Euphorbiazeen wird der Fruchtknoten aus drei Fruchtblättern gebildet; bei der Reife umschließt die dreifächerige Kapsel drei Samen. Die ellipsoidisch gestalteten, etwas abgeflachten Samen sind 9–22 mm lang und weisen eine harte, verschieden gesprenkelte Schale auf.

Die Glyceride des Rizinusöles bestehen zu einem Anteil von 77 % aus dem einsäurigen Triricinolin. Am Aufbau der gemischtsäurigen Triacylglyceride sind Ricinol-, Öl-, Linol-, Stearin- und Dihydroxystearinsäure beteiligt.

Wirkungen

Zwischen dem Rizinusöl und den anderen Fetten besteht kein grundsätzlicher Unterschied. Rizinusöl bewirkt wie alle Öle eine brüske Entleerung der Gallenblase

Rizinusöl   Ricini Oleum
Ricinus communis   Euphorbiaceae

Herkunft:
Brasilien, Indien.

Pflanze (Abb. 1.5):
1–4 m hohes Kraut, im Mittelmeergebiet Strauch, in Tropen Baum; Blatt langgestielt, bis 1 m breit, mit 5–11 lanzettlichen Lappen handförmig geteilt; Blütenstand rispig mit buscheligen gelben männlichen und oben gestielten weiblichen Blüten, Narben rot, Fruchtkapsel kugelig.

Anwendung:
Laxans, dünndarmwirksam (Wirkprinzip: Ricinolsäure).

Inhaltsstoffe:
Triglyceride der Ricinolsäure. Ricinolsäure = 18:1 (9; 12-OH); optisch aktiv (D-Konfiguration).

Anmerkung:
Die Samen enthalten Ricin., ein toxisches Lektin. Das pharmazeutisch verwendete Rizinusöl muß frei an Ricin sein.

und in deren Gefolge verstärkte Peristaltikkontraktionen des Dünndarms. Die Triacylglyceride werden durch die Pankreaslipasen gespalten, Ricinolsäure wird resorbiert und metabolisch verwertet. Allerdings bestehen quantitative Unterschiede: Bedingt durch die größere Polarität ist die Resorptionsquote kleiner mit dem Ergebnis, daß größere Darmabschnitte eine längere Zeit hindurch dem stimulierenden Effekt der Ricinolsäure ausgesetzt sind.

Ricinolsäure besitzt antiabsorptive und hydragoge Wirkungen. Es gibt molekularpharmakologische Hinweise für ein Zustandekommen dieser Wirkungen über

- eine Hemmung der Adenin-nukleotid-transferase und über
- eine Stimulierung der Prostaglandin-biosynthese (E-Reihe).

Damit die wirksame Ricinolsäure freigesetzt wird, bedarf es des Zusammenwirkens von Gallenflüssigkeit und Pankreassaft; daher hat Rizinusöl keine laxierende Wirkung dann, wenn die physiologische Fettverdauung insuffizient ist.

Anwendungsgebiete

- Innerlich als Laxans. Je nach Dosis tritt die laxierende Wirkung unterschiedlich rasch ein: nach Einnahme von 1 Teelöffel voll nach etwa 8 h, nach Einnahme von 15–30 g (1–2 Eßlöffel) innerhalb von 2–4 h.
- Äußerlich in der Dermatologie, in fetthaltigen Salben als Emolliens; wegen seiner Löslichkeit in Ethanol als Fettzusatz in alkoholischen Externa, insbesondere in alkoholhaltigen Haartonika.
- In der kosmetischen Industrie.
- In der Technik, wegen seiner gleichbleibenden, von der Temperatur weitgehend unabhängigen Viskosität als Schmieröl für Motoren (z. B. Düsentriebwerke), auch für hydraulische Pumpen, und als Bremsflüssigkeit.

Das Ricin (RCA l) der Rizinussamen (*Ricinus communis*) besteht aus 2 Untereinheiten, der A-Kette (Molmasse 32 000) und der B-Kette (Molmasse 34 000). Träger der Toxizität ist die A-Kette (Effektor); die B-Kette (Haptomer) ermöglicht die Anlagerung des Ricinmoleküls an bestimmte galactosehaltige Strukturen der Zelloberfläche. Nach Aufspaltung der die beiden Untereinheiten A und B miteinander verbindenden Disulfidbrücke dringt das Effektomer (Untereinheit A) in die Zelle ein und blockiert dort die Proteinsynthese.

1.1.9
Kakaobutter

Kakaobutter (Kakaofett) ist das durch Abpressen gewonnene, filtrierte oder zentrifugierte Fett aus Kakaokernen oder Kakaomasse der Samen von *Theobroma cacao* L.

Der zur Familie der *Sterculiaceae* gehörende Kakaobaum wird im wilden Zustande bis zu 15 m hoch; in den Pflanzungen wird er durch starkes Beschneiden auf 4–8 m Wuchshöhe niedrig gehalten, um die Ernte der Früchte zu erleichtern. Bemerkenswert ist die als Kauliflorie bekannte Erscheinung; die Blüten entspringen büschelweise direkt dem blattlosen Stamm. Ihre Bestäubung scheint vorwiegend durch kleine Fliegen zu erfolgen. Aus den Fruchtknoten entwickeln sich etwa 25 cm lange, gurkenartige Trockenbeeren. Nach der Ernte überläßt man die Früchte einer kurzen Nachreife, öffnet sie dann und entnimmt die Samen. Die Samen werden fermentiert, d. h. 3–9 Tage eng gepackt sich selbst überlassen: durch die Fermentation erhalten sie erst das feine Aroma; der ursprünglich vorhandene bittere Geschmack wird gemildert, die Farbe verändert sich von weiß nach braunrot. Nach der Fermentation röstet man die Samen, was das Aroma weiter verbessert, außerdem die Entfernung der Samenschalen (Kakaoschalen) erleichtert. Die eigentliche Droge besteht demnach praktisch nur aus dem Keimling, dessen dicke Kotyle-

---

Kakaobohnen   Cacao semen
Theobroma cacao   Sterculiaceae

Herkunft:
Südamerika (Amazonas), kultiviert in tropischen Ländern.

Pflanze (Abb. 1.6):
Bis 8 m hoher Baum, Blatt groß; Blüten am Stamm (Kauliflorie), gurkenartige ca. 30 cm lange Beerenfrüchte, Samen weiß.

Anwendung:
1) Gewinnung von Kakaobutter
2) Theobromingewinnung aus Samenschalen.

Inhaltsstoffe:
1) Theobromin (1–4%), bis 0,4% Coffein,
2) Lipide (Kakaobutter), Proteine, Stärke,
3) Catechin, Proanthocyanidine, Anthocyane.

Anmerkung:
Aroma entwickelt sich durch Fermentation (ca. 300 Verbindungen).

donen mit dem Nährgewebe den Hauptanteil ausmachen. Zur Gewinnung von Kakaomasse, *Massa cacaotina*, wird das sandig schmeckende Würzelchen des Embryo entfernt und der Rest sehr fein gemahlen. Durch den reichlichen Fettgehalt und die Erwärmung beim Mahlen entsteht ein Brei, der anschließend in Blöcke gegossen wird und die *Massa cacaotina* darstellt. Diese Kakaomasse enthält 1–2 % Theobromin und etwa 0,2–0,3 % Coffein. Durch Zusatz von Zucker und Gewürzen wird aus der Kakaomasse die Schokolade hergestellt. *Massa cacaotina* besteht zur Hälfte aus Kakaobutter, *Oleum Cacao*. Die Kakaobutter wird durch Pressen mit hydraulischen Pressen aus den Samenkernen gewonnen. Die Preßrückstände werden zu Kakaopulver vermahlen.

Die Kakaobutter ist demnach ein Nebenprodukt bei der Verarbeitung der Kakaokerne zu Kakaopulver. Sie hat elfenbeinartige Farbe, harte spröde Konsistenz und feines Kakaoaroma. Der relativ hohe Schmelzpunkt (der stabilen Modifikation) von 32 °C bis 35 °C hängt mit den hohen Anteilen von Triacylgyceriden der Palmitin- und Stearinsäure (55–57 %) zusammen; auf die Ölsäure entfallen 38 %. Der Ölsäureanteil bedingt, daß Kakaobutter vor allem im geraspelten Zustand und in wasserhaltigen Suppositorien leicht dem Fettverderb unterliegt. Aber auch wegen des geringen Aufnahmevermögens für hydrophile Flüssigkeiten kann die Kakaobutter als Suppositorienmasse mit den halbsynthetischen Fetten heute nicht mehr konkurrieren.

1.1.10
Mandelöl

Die Früchte des Mandelbaumes, *Prunus dulcis* D.A. Webb (*Rosaceae*) sind Steinfrüchte; abweichend von den anderen *Prunoideae* wie Aprikosen, Pflaumen, Pfirsichen und Kirschen ist das Mesokarp der Mandel trocken und ledrig und öffnet sich bei der Reife. Der Mandelbaum wird in zahlreichen Varietäten gezogen, die man in zwei Hauptvarietäten gliedern kann; in süße und in bittere Mandeln.

Mandelöl   Amygdalae oleum
Prunus dulcis var. Rosaceae
dulcis und *P. dulcis*
var. *amara*

Herkunft:
Mittel-, Vorderasien, im Mittelmeergebiet oft eingebürgert. Stammpflanzen heute auch in Kalifornien, Südaustralien und Südafrika kultiviert.

Pflanzen (Abb. 1.7):
Bis 5 m hoher Baum; Blatt verkehrt-eiförmig, Blattstiel lang, Kelchblätter außen etwas wollig; Kronblätter hellrosenrot.

Anwendung:
Bestandteil von Cold Creams, Hautölen und Salben; als Emmolliens bei schrundigen Händen.

Inhaltsstoffe:
Triacylglyceride vorwiegend der Ölsäure, neben Anteilen an Linol- und Palmitinsäure.

Der Unterschied beruht auf dem Fehlen oder Vorkommen von Amygdalin. Zur Ölgewinnung können beide Mandelsorten herangezogen werden; in Wirklichkeit kommen nur die bitteren Mandeln in Frage, da süße Mandeln ein sehr teures Handelsprodukt darstellen. Die wichtigsten Anbaugebiete für Mandeln sind die Mittelmeerländer sowie Kalifornien, Südaustralien und Südafrika. Der Ölgehalt der bitteren Mandeln wechselt stark; im Mittel liegt er bei 40–55%. Die Glyceride des Mandelöls sind hauptsächlich aus Ölsäure und Linolsäure aufgebaut; daneben treten geringe Mengen an Myristin- und an Palmitinsäure auf.

1.1.11
Fischöle und Fischleberöle

Die Verwendung von Fischölkonzentraten ist in Mode gekommen, seit bekannt wurde, daß Eskimos trotz einer hochkalorischen, sehr fettreichen Ernährung sehr selten arteriosklerotische Gefäßerkrankungen entwickeln und folglich auch nur

Fischöle

Als Nebenprodukt bei der Fischmehlherstellung aus Hering (Clupea harengus), Lachs (Salmo salar), Menhaden (Brevoortia tyrannus) und anderen Kaltwasser-Meeresfischen. Fische gekocht ausgepreßt, zentrifugieren.

Inhaltsstoffe:
EPA Eicosapentaensäure + DHA Docosahexaensäure (wenig Vitamin A und D).

Anwendung:
Zur Prophylaxe kardiovaskulärer Erkrankungen.

Lebertran (Jecoris oleum, Morrhuae oleum)

Durch Wärmebehandlung oder Zentrifugieren aus frischer oder durch Kälte konservierter Leber von Gadus-Arten, insbesondere von Gadus morrhua (Jungstadien des Ostsee-Dorsches; ältere Stadien = Kabeljau); Abtrennung höherschmelzender Triacylglyceride durch Ausfrieren.

Inhaltsstoffe:
Relativ hohe Gehalte an langkettigen mehrfach ungesättigten ω3-Fettsäurereglyceriden, insbes. mit EPA und DHA (s. unter Fischöle), Relativ hohe Gehalte an Vitamin A und D.

Anwendung:
Prophylaxe von Rachitis (heute wegen besserer Dosierbarkeit reines Vitamin D bevorzugt); Diätetikum zur Prophylaxe kardiovaskulärer Erkrankungen. Äußerlich in Salben zur Förderung der Wundheilung (umstritten).

Heilbuttleberöl (Hippoglossi jecoris oleum)

Gewinnung aus frischer oder durch Kälte konservierter Leber von Hippoglossus wie Lebertran (s. dort).

Inhaltsstoffe:
Triacylglyceride mit hohen Gehalten an langkettigen ω3-Fettsäuren (s. unter Lebertran). 0,9–1,5% Vitamin A; 1,5 mg Vitamin D/100 mL.

Anwendung:
wie Lebertran.

Tabelle 1.1 Eikosanoide der ω6er-Reihe, die sich biosynthetisch von der Linolsäure herleiten, zeigen in ihrem Wirkungsspektrum Unterschiede im Vergleich mit Eikosanoiden der ω3er-Reihe die von der α-Linolensäure herstammen (*TX* Thromboxan, *PG* Prostaglandin, *LT* Leukotrien). (Nach Weber et al. 1986)

Wirkort	Eikosanoid	Wirkung
Thrombozyt	$TX\ A_2$	Aggregation begünstigend
	$TX\ A_3$	Aggregation nicht begünstigend
Endothel	$PG\ I_2$	Aggregation hemmend
	$PG\ I_3$	Aggregation hemmend
Periphere Granulozyten,	$LT\ B_4$	Stark chemotaktisch
Makrophagen	$LT\ B_5$	Schwach chemotaktisch

selten an dem in westlichen Industrieländern so häufigen Herzinfarkt erkranken. Nachdem genetische Faktoren als Ursache für dieses Phänomen ausgeschlossen werden konnten – emigrierte Eskimos, die sich nicht mehr traditionell von Fisch ernähren, erkranken genau so häufig an Gefäßerkrankungen wie Europäer – wurde auf einen Schutzeffekt der im Fischfett vorkommenden ω3-Fettsäuren geschlossen.

Der Schutzeffekt der ω3-Fettsäuren, α-Linolen und Eicosapentaensäure 20:5 (5, 8, 11, 14, 17, ω3), unterscheidet sich deutlich von dem Schutzeffekt der ω6-Fettsäuren Linol- und Arachidonsäure (TXA_2, PGI_2, LTB_4). Die aus den zwei verschiedenen Vorstufen unter dem Einfluß der Enzyme Cyclooxygenase und Lipoxygenase entstehenden Wirkstoffe haben unterschiedliche, zum Teil gegensätzliche Effekte (Tabelle 1.1). Wesentliche Effekte betreffen die Regulation der Serum-Lipidkonzentration sowie die des Blutdruckes (Schack et al. 1984; Weber 1985; Kasper 1985). Die Thrombozyten zeigen ein vermindertes Aggregationsverhalten. Therapeutisch werden diese Erkenntnisse durch die sog. Eskimodiät und durch Gabe von Fischölen genutzt.

1.2
Wachse

Wachse bestehen zur Hauptsache aus freien Fettalkoholen und aus Fettalkoholen verestert mit langkettigen Fettsäuren. Wachse schützen die Oberfläche von Blättern, Stengeln, Früchten und Samen gegen Austrocknung und den Befall durch Mikroorganismen.

1.2.1
Carnaubawachs

Es findet sich als Überzug auf den bis zu 2 m langen Fächerblättern der in Nordbrasilien wild vorkommenden Carnaubapalme, *Copernicia prunifera* (MILL.) H. E. MOORE (Familie: *Arecaceae* [*Palmae*]). Die Ernte erfolgt in der Trockenzeit. Die Blätter werden abgeschnitten und auf Matten getrocknet. Sobald die Blätter zu

Carnaubawachs Carnaubae cera
Copernicia prunifera Arecaceae

Herkunft:
Brasilien, wild wachsend und kultiviert.

Pflanze (Abb. 1.8):
Bis 15 m hohe Palme, wird bis 200 Jahre alt, 1 Palme pro Jahr 150–180 g Wachs.

Anwendung:
Glanzmacher beim Dragieren, bei Herstellung von Lippenstiften, zur Herstellung magensaftresistenter Tabletten.

Inhaltsstoffe:
Etwa 85% Ester von Wachssäuren, ω-Hydroxycarbonsäuren und Zimtsäuren mit Wachsalkoholen; daneben freie Wachssäuren, freie Wachsalkohole sowie aliphatische Kohlenwasserstoffe.

Anmerkung:
Ausscheidungsprodukt der Blätter, härtestes Naturwachs.

schrumpfen beginnen, werden die feinen Wachsschuppen locker und lassen sich abklopfen; weiteres Wachs wird abgeschabt. Der Wachsstaub wird durch Kochen in Wasser gereinigt, geschmolzen und nach dem Festwerden in Stücke gebrochen. Er wird auch in Pulver- und Flockenform angeboten. Carnaubawachs besteht zu etwa 80% aus Estern der Cerotinsäure $C_{25}H_{51}COOH$ und Myricylalkohol $C_{30}H_{61}OH$. Der Rest entfällt auf Ester von ω-Hydroxycarbonsäuren und von Zimtsäuren mit den genannten Wachsalkoholen.

Carnaubawachs ist ein sehr hartes Wachs: Unter allen natürlichen Wachsen besitzt es den höchsten Schmelzpunkt, weshalb man es weichen Wachsen zusetzt, um deren Schmelzpunkt zu erhöhen. In der pharmazeutischen Technologie wird es als Poliermittel für Dragees, meist zusammen mit Bienenwachs, verwendet.

1.2.2
Jojobawachs

Ein natürliches, flüssiges Wachs, das aus den Früchten der „Jojoba", *Simmondsia chinensis* (Link) Schneid. (Familie: *Simmondsiaceae*, früher *Buxaceae*), gewonnen wird. Der kleine (0,6–3 m), trockenresistente Strauch wächst wild in den Trockengebieten Kaliforniens, Mexikos und Arizonas. Die Frucht ist eine etwa 4 cm große Kapsel mit 1–3 Samen. Das physiologisch Ungewöhnliche besteht darin, daß die Embryonen als Reservestoff nicht Triacylglyceride, sondern eben flüssiges Wachs (etwa 50%) enthalten; es wird während der Keimung, wie sonst Fett, verwertet. Technisch gewinnt man das Wachs durch Pressen.

Hellgelbe Flüssigkeit, die nicht ranzig wird und die bis 300 °C temperaturbeständig ist. Jojobaöl besteht aus Estern einfach ungesättigter C_{20}- und C_{22}-Fettsäuren (Eicosaen- und Docosaensäure) mit deren entsprechenden C_{20}- und C_{22}-Alkoholen. Es ist ein guter Ersatz für Walrat, dessen Verwendung nunmehr verboten ist.

16   1 Triacylglyceride, Wachse, Phosphoglyceride

Die Indianer pflegten das Jojobaöl, das angenehm riecht und schmeckt, als Speiseöl zu verwenden. Allerdings kann es, anders als die Triacylglyceride, durch Lipasen nicht gespalten, daher auch nicht verdaut und kalorisch verwertet werden. Der naheliegende Gedanke, flüssiges Jojobawachs als diätetisches Lebensmittel für Reduktionsdiäten zu verwenden, dürfte wegen toxikologischer Eigenschaften nicht in die Praxis umzusetzen sein.

1.2.3
Wollwachs

Wollwachs stellt die wachsartige Hautausscheidung der Schafe dar. In der Rohwolle, die bei der Schur anfällt, ist es in der Größenordnung von 20 % enthalten. Um Rohwolle weiter verarbeiten zu können, muß man sie reinigen, was mit sodahaltiger Seifenlauge geschieht. Aus diesen als Nebenprodukt bei der Herstellung von gewaschener Wolle anfallenden Wollwaschwässern läßt man grobe Verunreinigungen wie Sand, Schmutz und Wollflocken sich absetzen. Das Wollwachs wird nun mittels hochtouriger Spezialzentrifugen aus dem Waschwasser direkt zur Abscheidung gebracht, vergleichbar der Rahmgewinnung aus Milch. Rohwollwachs enthält neben Wasser vor allem freie Fettsäuren. Es ist dunkel gefärbt und von unangenehmem Geruch. Fettsäuren lassen sich durch Neutralisieren und Auswaschen entfernen. Stark gefärbte Produkte werden mittels Aktivkohle, Bleicherden oder Peroxiden entfernt (Bleichen). Das Hauptproblem besteht im Desodorieren des unangenehm riechenden Rohwollwachses. Dazu können Oxidationsmittel wie H_2O_2 oder $KMnO_4$ herangezogen werden; jedoch dürfte in erster Linie mehrstündiges Einblasen von überhitztem Wasserdampf angewandt werden. Dem Fertigprodukt werden Antioxidantien (z. B. Butylhydroxytoluol) zugesetzt, um das Ranzigwerden zu verhindern.

Wollwachs besteht zu etwa 95 % aus Estern der folgenden Alkohole:

- aliphatische Alkohole (etwa 20 %), darunter C_{18}-$C_{30}n$-Alkohole, C_{16}-$C_{26}i$-Alkohole, $C_{18}n$-Alkandiole, $C_{18}C_{24}i$-Alkan-1,2-diole.
- Cholestane (etwa 30 %), darunter Cholesterol, 7-Ketocholesterol und Cholestan-3,5,6-triol.
- Lanostane (etwa 27 %), darunter Lanosterol, Dihydrolanosterol, Agnosterol und Dihydroagnosterol.

In der Säurefraktion wurden identifiziert:

- geradzahlige C_{10}- bis $C_{26}n$-Fettsäuren,
- C_{14}- und C_{16}-Hydroxyfettsäuren,
- C_{10}- bis C_{28}-Isopropylfettsäuren und
- C_9- bis C_{21}-Isobutylfettsäuren.

1.2.4
Bienenwachs

Bienenwachs ist ein von der Honigbiene durch Bauchdrüsen ausgeschiedenes wachsartiges Sekret, das zum Wabenbau dient. Technologisch ist Bienenwachs das durch Ausschmelzen der entleerten Waben der Honigbiene (*Apis mellifera* L.) mit heißem Wasser gewonnene und durch Waschen und Filtrieren von allen Fremdstoffen befreite Produkt. Das so gereinigte Produkt besteht aus gelben oder bräunlich- bis rötlichgelb gefärbten Stücken oder Tafeln (= *Cera flava* DAB 10). Die gefärbten Wachse können durch die Einwirkung von Licht und Sonne oder durch Behandeln mit chemischen Bleichmitteln aufgehellt werden. Man erhält *gebleichtes Wachs (Cera alba)* DAB 10, allerdings ist das Verfahren der Naturbleiche heute weitgehend durch die chemische Bleiche ersetzt.

Bienenwachs ist ein komplexes Gemisch aus langkettigen Kohlenwasserstoffen (ca. 14 %), Wachsestern (ca. 64 %), freien Fettsäuren (ca. 12 %) und freien Wachsalkoholen (ca. 2 %). Die Alkanfraktion besteht überwiegend aus Pentacosan ($C_{25}H_{52}$), Heptacosan ($C_{27}H_{56}$), Nonacosan ($C_{29}H_{60}$), Hentriacontan ($C_{31}H_{64}$), und Tritriacontan ($C_{33}H_{68}$). Die Wachsesterfraktion ist uneinheitlich und besteht aus Mono-, Di-, Tri- und Hydoxypolyestern. Die Monoester vom Typus der *n*-Alkansäure-*n*-Alkylester setzen sich aus normalkettigen Fettsäuren wie Palmitinsäure (16:0), Stearinsäure (18:0) oder Arachinsäure (20:0) und aus langkettigen Alkoholen wie Melissylalkohol (30:0) und Dotriacontylalkohol (32:0) zusammen. Die Kettenlänge der Monoester beträgt – geordnet nach der Häufigkeit des Vorkommens – C_{46}, C_{48}, C_{40}, C_{42} C_{44}. Von diesen Diestern, deren Kettenlängen im Bereich von C_{56} bis C_{66} variieren, gibt es zwei Typen: acylierte Hydroxysäureester und Diolester. Die freien Fettsäuren unterscheiden sich von den als Wachsester gebundenen Fettsäuren durch ihre Kettenlänge: es überwiegen Carnaubasäure (24:0), Cerotinsäure (26:0) und Montansäure (28:0).

1.3
Phosphoglyceride (Phosphatidsäurederivate)

Grundbaustein der Phosphoglyceride ist die Phosphatidsäure, die durch Veresterung von *sn*-Glycerin-3-phosphat in Position 1 und 2 mit einer gesättigten Fettsäure, wie Palmitin- oder Stearinsäure, oder mit einer ungesättigten Fettsäure, wie Öl-, Linol- oder Arachidonsäure entsteht. Die natürlichen Phosphoglyceride sind Phosphorsäurediester mit Cholin, Ethanolamin, Serin oder Inositol als Alkoholkomponente.

1.3.1
Pflanzenlezithin (essentielle Phospholipide)

Phospholipide mit dem Aminoalkohol Cholin als Komponente bezeichnet man als Lezithine (Lecithine) im (engeren) chemischen Sinne. Der Begriff Lezithin wird damit in zweierlei Bedeutungen gebraucht: einmal als Synonym für die Stoffgruppe der Phosphatidylcholine, zum anderen für Handelsprodukte, die aus vielen Bestandteilen bestehen, darunter auch aus gewissen Anteilen an Phosphatidylcholinen (s. Tab. 1.2).

1 Triacylglyceride, Wachse, Phosphoglyceride

Tabelle 1.2 Phosphatidylsäurederivate in einem Rohlezithin aus Soja und den daraus erhaltenen Fraktionen* (aus Belitz und Grosch 1992)

	Unfraktioniert	In Ethanol lösliche Fraktion	In Ethanol unlösliche Fraktion
Phosphatidylethanolamin	13–17	16,3	13,3
Phosphatidylcholin	20–27	49	6,6
Phosphatidylinositol	9	1	15,5

* Angaben in Gew.-%.

1.3.2
Sojalezithin

Gewinnung

Sojalezithin (Lecithinum vegetabile) fällt bei der sog. Entlezitinisierung des Sojaöls an. Sojaöl seinerseits wird aus den Samen von *Glycine hispida* (Fabaceae) gewonnen. Das roh gepreßte Öl wird mit Wasser versetzt (2–5%); daraufhin setzen sich die Phospholipide in der Grenzschicht Öl/Wasser ab und können im sog. Separator abzentrifugiert werden. Das Rohlezithin fließt mit der wäßrigen Phase („Naßschlamm") ab und wird nach Abdampfen des Wassers als flüssig-ölartiges Produkt erhalten. Ausgehend von diesem Rohprodukt unterwirft man es für die verschiedenen Anwendungsbereiche unterschiedlichen Reinigungsprozeduren. Beispielsweise lassen sich durch Extraktion mit Aceton dem Rohprodukt die Triglyceride entziehen; es resultieren pulver- und granulatförmige Produkte, die sich gut weiter verarbeiten lassen.

Hinweis zur Chemie

Der Fettsäureanteil im Sojabohnenlezithin entfällt zu hohen Anteilen (etwa 70%) auf Linolsäure, neben Linolen- und Ölsäure.

Phosphoglyceride im Sojalezithin:

X	Phosphoglycerid
$-CH_2-CH_2-\overset{\oplus}{N}(CH_3)_3$	Phosphatidylcholin (Lecithin)
$-CH_2-CH_2-\overset{\oplus}{N}H_3$	Phosphatidyl-ethanolamin
(Inositol-Ring mit OH-Gruppen an 1', 2', 3', 4', 5', 6')	Phosphatidylinosit

Verwendung

Als Zusatzstoff für zahlreiche Lebensmittel, z.B. zu Schokolade, um die Fließeigenschaften zu verbessern, zur Margarine, um das Spritzen beim Erhitzen zu verhindern, zu Backwaren zur Verbesserung der Wasserbindung.
In der Pharmazie als Emulgator und als Suspensionsstabilisator. Bestandteil von Tonikas; in Kapsel- und Tropfenform als Venenmittel und als Lipidsenker.

Wirkungen

Bei einer Verabreichung von 25 – 40 g Phospholipiden täglich über einige Monate wurde eine Erniedrigung des Serumcholesterinspiegels festgestellt.

Literatur

Belitz H-D, Grosch W (1992) Lehrbuch der Lebensmittelchemie, 4. Aufl., Springer, Berlin Heidelberg New York, S. 165
Hofer S (1993) Mehrfach ungesättigte Fettsäuren. Präventivmedizinische Bedeutung der Omega-3-Fettsäuren. Dtsch Apoth Ztg 133:2582
Ihrig M, Blume H (1994) Nachtkerzenöl-Präparate. Ein Qualitätsvergleich. Pharm Ztg 139:668
Kämmerer W (1994) Essentielle Fettsäuren zur Therapie der atopischen Dermatitis. Pharm Ztg 139:2195
Kasper H (1985) Ernährungsmedizin und Diätetik. 5. Aufl. Urban & Schwarzenberg, München Wien
Kolattukudy PE (1976) Chemistry and Biochemistry of Natural Waxes. Elsevier, Amsterdam Oxford New York
Schack v C, Siess W, Lorenz P, Weber C (1984) Ungesättigte Fettsäuren, Eicanoside und Arteriosklerose. Internist 25:268 – 274
Singer P (1992) Essentielle Fettsäuren. State of Art, Pharm Ztg 137:3290
Weber PC, Schack v C, Lorenz R (1986) Hochungesättigte Fettsäuren vom ω3-Typ. Prävention und Therapie. Dtsch Apoth Ztg 126:1 – 6

Abb. 1.2 Erdnuß

Abb. 1.3 Lein

Abb. 1.4 Olivenzweig mit Früchten

Abb. 1.5 Rizinusstrauch, Blütenstand

Farbtafeln zur Kapitel 1　21

Abb. 1.6　Kakaobaum, Stamm mit Früchten

Abb. 1.8　Wachspalme

Abb. 1.7　Mandelbaum, Zweig mit Früchten

Kapitel 2

Kohlenhydrate

Unter dem Sammelbegriff Kohlenhydrate faßt man Naturstoffe zusammen, welche ihrem chemischen Aufbau nach primäre Oxidationsprodukte mehrwertiger Alkohole (Polyhydroxyaldehyde und Polyhydroxyketone) darstellen; auch strukturell ähnlich gebaute Stoffe, insbesondere solche, deren Carbonyl reduziert oder oxidiert ist, sowie substituierte Derivate, werden in die Stoffgruppe mit einbezogen.

Man unterteilt die sehr umfangreiche Klasse der Kohlenhydrate in folgende drei Gruppen:

- einfache Kohlenhydrate oder Monosaccharide, das sind Kohlenhydrate, die sich hydrolytisch nicht weiter in kleinere Bausteine zerlegen lassen
- Oligosaccharide, das sind Kohlenhydrate, die aus 2–10 Monosaccharidbausteinen aufgebaut sind und die sich zu den monomeren Bausteinen hydrolytisch spalten lassen.
- Polysaccharide, das sind polymere Kohlenhydrate (Biopolymere), die sich aus über 10 monomeren Bausteinen aufbauen.

2.1
Zucker

2.1.1
Glucose (Dextrose)

Glucose (D-Glucose, Dextrose, Traubenzucker, Stärkezucker) wird als essentielles Stoffwechselprodukt in allen pflanzlichen und tierischen Organismen angetroffen. Höhere Konzentrationen finden sich allerdings relativ selten.

Technisch gewinnt man Glucose aus Stärke, vorwiegend aus Mais-, Kartoffel- und Weizenstärke. Die „Verzuckerung" der Stärke erfolgt entweder rein enzymatisch mit α-Amylasen und mikrobiellen Amyloglucosidasen oder in einem kombinierten Verfahren, bestehend in partieller Säurehydrolyse und nachfolgender Einwirkung von Amyloglucosidasen (aus *Aspergillus niger*). Das Hydrolysat wird gereinigt, eingedickt und zur Kristallisation gebracht.

Aus Wasser kristallisiert bei Temperaturen unter 50°C α-Glucose in Form des Monohydrats aus. Man erhält wasserfreie α-Glucose durch Trocknen des Monohydrats in einem warmen Luftstrom oder durch Umkristallisieren aus Ethanol, Methanol oder Essigsäure. Glucose ist ein weißes kristallines Pulver von rein süßem Geschmack. Die Süßkraft ist um etwa ein Drittel geringer als die der Saccharose (relative Süßwerte 69:100).

Der Glucosegehalt des menschlichen Bluts („Blutzucker") liegt normalerweise zwischen 0,6 und 1,0 g/l. An der Aufrechterhaltung der Homöostase ist u. a. Insu-

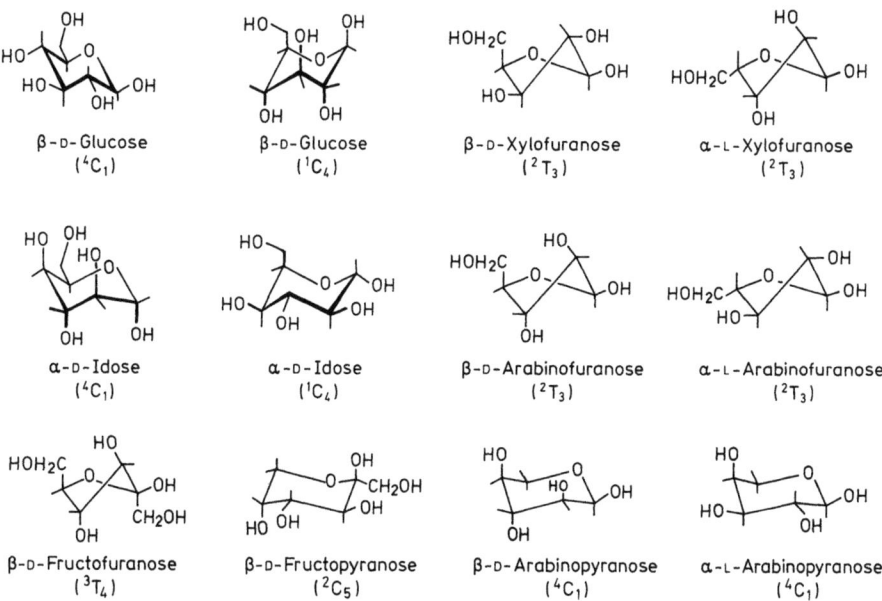

Abb. 2.1 Konformationsformeln einiger häufig vorkommender Monosaccharide

lin beteiligt, das den Transport von Glucose durch Zellmembranen hindurch beschleunigt.

2.1.2
Fruchtzucker (D-Fructose)

D-Fructose kommt, stets von D-Glucose und Saccharose begleitet, in freier Form in vielen süß schmeckenden Früchten vor, weshalb man sie auch als Fruchtzucker bezeichnet. Lävulose nennt man sie, weil sie zum Unterschied von der D-Glucose (der „Dextrose") die Ebene des polarisierten Lichtes nach links dreht. In gebundener Form ist Fructose Bestandteil mehrerer Oligosaccharide (Saccharose, Gentianose, Stachyose) und der monomere Grundbaustein der Polyfructosane, zu denen u. a. das Inulin gehört.

Technisch gewinnt man Fructose aus Invertzucker (hydrolysierte Saccharose) durch chromatographische Abtrennung. Geruchloses, weißes, kristallines Pulver von stark süßem Geschmack (relativer Süßwert 114; Saccharose = 100).

Fructose wird nach peroraler Zufuhr wesentlich langsamer als Glucose resorbiert, jedoch schneller, als wenn eine Aufnahme allein durch passive Diffusion angenommen wird. Die metabolische Verwertung in der Leber erfolgt leichter und rascher als die der Glucose; außerdem ist der Einfluß auf Blutzuckerspiegel und Insulinsekretion gering. Wegen dieser langsamen Resorption und der schnellen Verwertung im Stoffwechsel verwendet man Fructose als Kohlenhydratquelle für Diabetiker; Tagesmengen bis 50 g können der Diät zugelegt werden, ohne daß die Insulindosis erhöht zu werden braucht.

α-D-Fructopyranose   β-D-Fructopyranose (stabilste Form)

CH₂OH
|
C=O
HO—H
H—OH
H—OH
CH₂OH
Ketoform, instabil
D-Fructose

α-D-Fructofuranose   β-D-Fructofuranose

Der Fructose wird nachgesagt, daß sie den Abbau von Ethylalkohol beschleunigt, weshalb sie zur Behandlung akuter Intoxikationen mit Ethylalkohol angewendet wird. Kontraindiziert ist Fructose auf jeden Fall bei Methylakoholvergiftungen, weil sie die Oxidation von Methanol zu Formaldehyd beschleunigt.

2.1.3
Gereinigter Honig

Honig ist der süße Stoff, den Bienen erzeugen, indem sie Nektariensäfte oder auch andere, an lebenden Pflanzenteilen sich vorfindende süße Säfte aufnehmen, durch körpereigene Stoffe bereichern, in ihrem Körper verändern, in Waben aufspeichern und dort reifen lassen (Begriffsbestimmung der Honig-Verordnung). Gereinigter Honig (*Mel depuratum* der Pharmakopöen) ist ein von Pollen, Wachs, Schmutz, Eiweißstoffen und anderen Verunreinigungen befreites Präparat.

Zusammensetzung

Der chemischen Zusammensetzung nach stellt der Honig eine konzentrierte wäßrige Auflösung von Invertzucker dar, im allgemeinen mit einem Überschuß an Fructose:

- Wasser 17,2% (Mittelwert),
- Fructose 38,2%,
- Glucose 31,3%.

Daneben kommen geringere Mengen Disaccharide (Saccharose 1,3%, Maltose 7,3%) und höhere Zucker (1,5%) vor. Die saure Reaktion (pH 3,3–4,9) wird durch Gluconsäure hervorgerufen, die sich unter der Einwirkung von Glucoseoxidasen bildet. Honig enthält ca. 0,1% freie Aminosäuren, überwiegend Prolin. Detailanalysen des Aminosäuremusters ermöglichen eine regionale Herkunftszuordnung von Honigen. Nachgewiesen wurden ferner mehr als 300 verschiedene flüchtige Aromastoffe, darunter β-Damascenon und Phenylacetaldehyd, die honigähnlichen Geruch aufweisen. 3,9-Epoxy-1,4(8)-*p*-menthadien (Lindenether) ist typisch für Lindenhonig, Anthranilsäuremethylester für Honige von Lavendel und Citrusarten. Bestimmte Honigherkünfte können toxische Stoffe enthalten, z.B. Honige aus Kleinasien und dem Kaukasus Grayanotoxine (tetracyclische Diterpene in Rhododendronarten) oder Honige aus Neuseeland die Picrotoxinderivate Tutin und Hyenanchin (von Blüten des Tutustrauches, *Coriaria arborea*). Bereits 1 Eßlöffel voll Neuseelandhonig kann u.U. Vergiftungssymptome hervorrufen.

Anwendung

Durch seinen Gehalt an leicht resorbierbaren Kohlenhydraten und an Aromastoffen ist Honig in erster Linie ein wichtiges und vielseitig verwendetes Lebensmittel. Mit Getreideprodukten und Milch kombiniert wird er zu Kindernährmitteln verarbeitet. Die medizinische Bedeutung hingegen ist gering. Beliebt ist der Zusatz zu Hustensäften für Kinder (Fenchelhonig, *Mel Rosatum*).

2.1.4
Sorbitol

D-*Sorbit* (D-Glucit) wurde aus Vogelbeeren, den Früchten von *Sorbus aucuparia* L. isoliert. Er ist in der Familie der Rosengewächse weit verbreitet und kommt in höheren Konzentrationen in Weißdornfrüchten, in Äpfeln, Birnen, Pflaumen, Aprikosen und Kirschen vor. Die technische Gewinnung erfolgt partialsynthetisch durch Hydrierung von D-Glucose in Gegenwart von Nickelkatalysatoren.

Sorbit ist ein weißes, geruchloses, süß schmeckendes mikrokristallines Pulver. Die Süßkraft ist etwa halb so groß wie die der Saccharose. Er wirkt leicht kariogen; in größerer Dosis genommen abführend. Im Organismus entsteht aus D-Sorbit Fructose, die in der Leber schneller als Glucose und unabhängig von Insulin in Glykogen umgewandelt wird. In der pharmazeutischen Technologie wird Sorbit als Hilfsstoff zur Herstellung von Sublingual- und Lutschtabletten sowie für Schicht- und Manteltabletten eingesetzt. In Salben und Lotionen wird er anstelle von Glyzerin verwendet. Er ist Ausgangsprodukt für die Ascorbinsäuresynthese. Groß ist auch die Bedeutung der Sorbitanhydride (der Sorbitane und Sorbide), die nach Veresterung mit Fettsäuren und Umsetzung mit Ethylenoxid zu den Polysorbaten („Tweenen") führen, welche viel als Emulgatoren und Lösungsvermittler verwendet werden.

2.1.5
Mannitol

Mannit (D-Mannitol) ist im Pflanzenreich ziemlich weit verbreitet; besonders vertreten ist er bei den Arten, die zu den Ölbaumgewächsen (*Oleaceae*) und den Rachenblütlern (*Scrophulariacea*) gehören. Angereichert findet er sich als Ausscheidung auf der Rinde von Ölbäumen, besonders aber von Manna-Eschen (*Fraxinus ornus* L.), die das Manna der Arzneibücher liefern. Mannit ist weiterhin häufiges Stoffwechselprodukt von Bakterien, Pilzen und Algen. Bakterielle Zersetzung der Fructose des Silofutters führt zur Anreicherung von Mannit während der Silage. Der pharmazeutisch benötigte Mannit wird nicht durch Isolierung aus Naturprodukten gewonnen, man stellt ihn partialsynthetisch durch elektrolytische Reduktion von Glucose her.

Mannit ist ein weißes, geruchloses, süß schmeckendes kristallines Pulver mit einem Süßwert, der dem der Glucose entspricht.

Peroral zugeführter Mannit wird nur zu einem kleinen Prozentsatz resorbiert; er stellt daher ein osmotisch wirksames Abführmittel dar. Die resorbierte Menge wird in der Leber bis zu Kohlenstoffdioxid abgebaut. Als Zuckeraustauschstoff z.B. für Diabetiker hat er sich nicht eingebürgert: Er wird nicht immer gut vertragen; zu den unerwünschten Nebenwirkungen zählen Brechreiz, Erbrechen und Diarrhöen.

2.1.6
Lactose und Lactoseumwandlungsprodukte

Lactose oder Milchzucker findet sich in freier Form in der Milch von Säugetieren (Kuhmilch 4,5 – 5,5%) und in Frauenmilch (etwa 7%), in gebundener Form als Zuckerkomponente von Heterosiden im Pflanzenreich, wenn auch selten, beispielsweise in den Calenduloside D und E und in Gypsosiden. Lactose gehört zum Maltosetyp der Disaccharide. Sie zeigt Mutarotation und kommt in zwei anomeren Formen, als α- und β-Lactose vor.

Technisch wird Milchzucker aus Molke gewonnen, die bei der Herstellung bestimmter Käsesorten anfällt.

Hinsichtlich Resorption und Metabolisierung nach peroraler Zufuhr verhält sich Lactose analog wie Saccharose. Sie muß in der Dünndarmwand (Bürstensaum) durch eine Disaccharidase, die Lactase, gespalten werden.

Für die Ernährung des Säuglings ist Milchzucker essentiell: Lactose ist in den ersten Lebensmonaten das praktisch einzige Nahrungskohlenhydrat; sie ist wichtig für die Aufrechterhaltung einer normalen Darmflora; sie erfüllt eine wesentliche Funktion im Kalziumhaushalt, möglicherweise über die Bildung leicht löslicher, nicht ionisierter Ca^{2+}-Komplexe.

β-Lactose wird zu Kindernährmitteln verwendet. α-Lactose ist in der Pharmazie ein viel verwendeter Hilfsstoff zum Tablettieren und zum Verdünnen von Arzneistoffen (vor allem in den homöopathischen Verreibungen).

Epimerisierung mit Alkalien (α-D-Glucopyranoseteil $\rightarrow$ D-Fructofuranose) führt zur Lactulose, chemisch als 4-O-(β-D-Galactopyranosido)-β-D-fructofuranose gekennzeichnet. Die Substanz schmeckt süßer als Lactose.

Lactulose kann nach peroraler Zufuhr in der Dünndarmwand nicht abgebaut werden, da eine spezifische Disaccharidase fehlt. Der Zucker gelangt unverändert in den unteren Dünndarmbereich und in den Enddarm; es kommt daher zu einer osmotischen Laxanswirkung.

2.1.7
Rohrzucker (Saccharose)

Als Inhaltsstoff von Pflanzen ist die Saccharose im Pflanzenreich sehr weit verbreitet. Die beiden wichtigsten Rohstoffe für die Rohrzuckergewinnung sind:
- das Zuckerrohr, *Saccharum officinarum* L. (Familie: *Poaceae* = *Gramineae*) und
- die Zuckerrübe, *Beta vulgaris* L. ssp. *vulgaris* var. *altissima* DÖLL (Familie: *Chenopodiaceae*).

Das Zuckerrohr (Abb. 2.2), ein bis 7 m hohes mehrjähriges Gras, ist eine ausgesprochene Tropenpflanze. Die Zuckerspeicherung in den Internodien setzt erst nach dem Abschluß des Internodienwachstums ein, weshalb die ältesten, untersten Internodien die höchste Ausbeute geben; die Spitzen der Halme werden verworfen, weniger wegen des geringen Saccharosegehaltes, sondern wegen des Gehaltes an Glucose, welche die Saccharosekristallisation stört.

Zur Zuckergewinnung wird das Zuckerrohr sofort nach der Ernte – andernfalls wird ein Teil des Zuckers rasch veratmet – zerkleinert und in Mühlen ausgepreßt. Der Zuckerrohrsaft, der sauer reagiert, wird mit Kalkmilch gereinigt und nach Klärung auf ein kleines Volumen eingeengt. Das Kristallisat wird vom Muttersirup durch Zentrifugieren getrennt. Der gelbbraune Rohrzucker wird schließlich einer Raffination unterzogen. Zuckerraffination besteht in der einfachen chemischen Operation des Umkristallisierens aus wenig Wasser; sie ist, im technischen Maßstab durchgeführt, ein hochkomplizierter Prozeß.

Die Zuckerrübe ist eine zweijährige Pflanze, die im ersten Jahr eine verdickte Rübe bildet, der eine Blattrosette aufsitzt. Diese „einjährigen" Rüben bilden das Ernteprodukt. Im zweiten Jahr käme es zur Sproßbildung, wobei die in der Rübe gespeicherten Speicherstoffe aufgebraucht würden. Zur Zuckergewinnung werden die Rüben nach dem Waschen und Schnitzeln mit Wasser von etwa 80 °C extrahiert. Der Rohsaft wird gereinigt, eingeengt und aus der übersättigten Lösung zur Kristallisation gebracht. Der nichtkristallisierende Anteil, ein hochviskoser brauner Sirup, wird als Melasse bezeichnet.

Rohrzucker kann nach peroraler Zufuhr in unveränderter Form nicht resorbiert werden. Infundiert man Saccharose direkt in die Blutbahn, so wird sie unverändert über die Nieren ausgeschieden.

2.2
Polysaccharide

2.2.1
Stärke und Stärkemehl

Man unterscheidet zwischen den als Stärke bezeichneten Handelsprodukten, den Stärkemehlen, und der Stärke im biochemischen Sinn. Chemisch besteht Stärke aus einem Gemisch zweier strukturell unterschiedlich gebauter α-Glucane, dem Amylopektin und der Amylose. Stärke im technologischen Sinne ist das von Spelzen, Schalenteilen, Eiweiß-, Fett- und Mineralbestandteilen befreite Getreideprodukt. Neben Getreide werden aber auch Knollen und Wurzeln zur Stärkegewinnung herangezogen (Kartoffel-, Maranta- und Tapiokastärke). Diese Stärken enthalten neben den Glucanen der Stärkekörner Reste von Zellwandtrümmern (1-1,5%), Eiweißstoffe (Kleber 0,1%), Wasser (10-20%) und anorganische Bestandteile.

Beispiel für eine Trennung von Amylose und Amylopektin

Das genuine Stärkekorn ist von einer dünnen Proteinhülle umgeben, weshalb das Stärkemehl zunächst mit Dimethylsulfoxid vorbehandelt wird. Versetzt man eine wäßrige Suspension des Produkts mit Thymol oder einem anderen Komplexbildner, so scheidet sich Amylose als unlöslicher Komplex ab, der sich umkristallisieren läßt und nach seiner Zerlegung reine Amylose ergibt. Amylopektin bleibt nach dem Abzentrifugieren des Amylosekomplexes in Lösung; man gewinnt reines Amylopektin durch Gefriertrocknung dieser Lösung (Green et al. 1975).

Struktur und Eigenschaften von Amylose

Amylose besteht aus linearen Ketten von Glucopyranosemolekülen, die durch α-(1,4)-glykosidische Bindungen miteinander verknüpft sind. Insofern gehört Amylose in die Gruppe der perfekt-linearen Polysaccharide; allerdings spaltet β-Amylase das Molekül nicht quantitativ zu Maltose, so daß eine sehr geringe Verzweigung über α-(1,6)-glykosidische Bindungen angenommen werden muß. Der mittlere Polymerisationsgrad, d.h. die Zahl der Glucoseeinheiten pro Molekül Amylose, ist eine für die Stärke einer bestimmten Pflanze charakteristische Größe: Bei Getreidestärken liegt er zwischen 1000 und 2000, bei Kartoffelstärke kann er bis 4500 betragen.

Struktur und Eigenschaften von Amylopektin

Amylopektin gehört in die Gruppe der verzweigtkettigen Polysaccharide. Neben α-(1,4)-glykosidischen Bindungen kommen auch α-(1,6)-glykosidische Bindungen vor. Da deren Zahlenverhältnis 15:1 bis 30:1 beträgt, besteht Amylopektin aus α-(1,4)-glykosidischen α-Pyranoseketten, die 15-30 Glucoseeinheiten lang sind und die über α-(1,6)-glykosidische O-Brücken miteinander verknüpft sind. Dabei sind die Verzweigungsstellen statistisch unregelmäßig verteilt. Auf ca. 400 Glykoside kommt ein esterartig gebundener Phosphatrest. Das Molekulargewicht ist sehr hoch und liegt im Bereich von 10^7 bis $20 \cdot 10^7$ Dalton, was Polymerisationsgraden von 60000 bis etwa 1,2 Millionen entspricht.

Überraschenderweise geht der Hauptanteil kristalliner Strukturen im Stärkekorn auf Amylopektin zurück. Man schließt dies u.a. daraus, daß Wachsmaisstärke, die praktisch ausschließlich aus Amylopektin besteht, die gleiche Kristallinität wie normale Maisstärke aufweist.

Spaltung von Amylose und Amylopektin durch Amylasen

Amylasen sind für den tierischen und menschlichen Organismus lebenswichtig, da sie Stärken abbauen und für Resorption und die weitere Verwertung geeignet machen. Auch bei grünen Pflanzen, bei denen Stärke das wichtigste Reservekohlenhydrat darstellt, ermöglichen Amylasen die Verzuckerung und damit den Transport und die Einschleusung in den aktiven Stoffwechsel. Man unterscheidet zwei Gruppen von Amylasen, die α-und die β-Amylasen: Die α-Amylasen setzen aus Stärke Maltose in der α-Form, die β-Amylasen unter Inversion des Asymmetriezentrums C-1 Maltose in der β-Form in Freiheit. Die beiden Enzyme unterscheiden sich noch in anderer Hinsicht: die β-Amylasen sind *exo*-wirkende Enzyme (Exoenzyme), die das Makromolekül nur vom nichtreduzierten Ende her angreifen und, sukzessive fortschreitend, Maltosemoleküle abspalten. Die α-Amylasen sind *endo*-wirkende Enzyme (Endoenzyme) und greifen das Makromolekül von „innen her" an mehreren Stellen gleichzeitig an.

Amylose enthält nur einen Bindungstyp, α-(1,4)-glykosidische Bindungen; daher bedarf es zum Abbau Amylose → Maltose eines einzigen Enzymtyps. Sowohl α- als auch β-Amylasen bauen Amylose praktisch quantitativ zu Maltose ab.

Im Amylopektin hingegen liegen zwei Sorten von glykosidischen Bindungen vor: α-1,4- und α-(1,6)-Bindungen. Zum Abbau dieses Moleküls bedarf es daher auch des Zusammenwirkens zweier Enzyme. β-Amylasen bauen von den jeweiligen Kettenenden das Amylopektinmolekül nur so lange ab, bis der Abbau an die jeweiligen Verzweigungsstellen gelangt: Der Rumpf des Moleküls – er macht etwa das halbe Molekül aus – bleibt als sog. Grenzdextrin liegen. Die Spaltung der α-(1,6)-Bindungen besorgt bei grünen Pflanzen das sogenannte R-Enzym.

Die α-Amylasen des menschlichen und tierischen Organismus (die Speichel- und die Pankreasamylasen) sollten als Endoenzyme beliebige 1,4-Bindungen des Amylopektins so lange spalten, bis nur noch die beiden Disaccharide Maltose und Isomaltose, d. i. α-D-Glc$p$-(1 → 6)-D-Glc$p$ (von den Verzweigungsstellen herrührend) vorliegen. Es treten aber bereits auf der Dextrinstufe des Abbaus die 1,6-Glucosidasen des Dünndarms in Aktion. Endprodukte des Abbaus sind viel Maltose neben weniger Isomaltose und Glucose.

Gewinnung von Stärke (Stärkemehl)

Allgemeines

Die fabrikmäßige Gewinnung der Stärke fußt auf dem Absetzen der Stärkekörner aus einer wasserreichen Stärke-Wasser-Suspension. Die Stärkekörner sind in kaltem Wasser unlöslich und können durch wiederholte Auswasch-, Dekantier- und Zentrifugiervorgänge aus dem zerkleinerten Pflanzenmaterial von Begleitstoffen abgetrennt und isoliert werden. Grundsätzlich sind alle Verfahren zur Gewinnung von Stärke Naßverfahren, im Gegensatz zur Mehlherstellung.

Therapeutisch ist die Verwendung von Stärke als eines lokalen Antiphlogistikums von Bedeutung. Stärkehaltige Hautpuder haben zunächst einmal die Aufgabe, entzündungssetzende Reize – wie sie beispielsweise durch das Scheuern von Windeln und Kleidungsstücken oder durch Schweiß in Hautfalten gesetzt werden – vorbeugend abzumildern. Doch sind sie wegen ihrer Anfälligkeit gegenüber Mikroorganismen nicht für Babypuder geeignet. Bei Vorliegen akuter Entzündungen wirken sie indirekt entzündungswidrig, indem sie Sekret oder Hautfett aufsaugen und – bei Zutritt von Feuchtigkeit – zugleich die Abdunstung erhöhen (kühlender Effekt). Je größer die verdunstende Oberfläche, um so größer wird dieser Kühleffekt sein; daher sind für therapeutische und kosmetische Zwecke die kleinkörnigen Gramineenstärken besonders günstig. Stärke kann sodann quellen; es kommt dann der lokal reizmindernde Effekt eines Mucilaginosums zur Geltung. Zu beachten ist eine bereits oben erwähnte Nebenwirkung der lokalen Stärkeapplikation: es kann, sofern den Pudern hemmende Zusätze fehlen, möglicherweise zu einer Zersetzung der Stärke durch Gärungsprozesse kommen.

Abbauprodukte der Stärke

Stärkesirup

Durch Kochen mit verdünnten Säuren wird Stärke zu D-Glucose abgebaut. Die Stärkehydrolyse wird technisch zur Gewinnung von Stärkesirup und D-Glucose durchgeführt.

Dextrine

Führt man den Stärkeabbau nur sehr partiell durch – durch trockene Röstung, durch Erhitzen mit Wasser unter Druck, mit verdünnten Säuren, durch Behandeln mit basischen Katalysatoren – so resultiert ein Gemisch von Polysacchariden, das als Dextrin bezeichnet wird. *Dextrinum* DAB ist ein entsprechendes Produkt, das durch Teilhydrolyse aus Stärke gewonnen wird. Dextrine sind je nach Herstellung unterschiedlich zusammengesetzt, d. h. es variiert das Mengenverhältnis an Verbindungen unterschiedlicher Molekulargröße. Im Unterschied zum Ausgangsprodukt Stärke sind die Dextrine in Wasser leicht löslich. Gemeinsam ist den Dextrinen: sie sind rechtsdrehend; sie sind schwerlöslich in Ethanol; sie werden durch Hefe nicht vergoren.

2.2.2
Zellulose

Zellulosepulver ist von Lignin und anderen Begleitstoffen befreite, gereinigte, gebleichte und zerkleinerte Zellulose pflanzlicher Herkunft. „Cellulosepulver DAB" wird aus sogenannter α-Cellulose hergestellt, das ist der hochmolekulare (in 17,5 %-iger NaOH unlösliche) Anteil der Gesamtzellulosefraktion. Mikrokristallines Zellulosepulver wird aus Zellstoff durch partielle Hydrolyse mit Salzsäure, anschließender mechanischer Zerkleinerung und Sprühtrocknung hergestellt.

Nach peroraler Zufuhr wird Zellulose von den körpereigenen Enzymen des menschlichen Intestinaltraktes nicht angegriffen; sie wird weitgehend unverdaut wieder ausgeschieden.

Mikrokristalline Zellulose wird ausgiebig als pharmazeutischer Hilfsstoff verwendet: als Trockenbindemittel, als Zerfallshilfsstoff und als Sedimentationsverzögerer für Suspensionen. Sie dient ferner als Ballaststoff für kalorienarme Diätetika sowie, in der Lebensmittelbranche, als kalorienvermindernder Zusatz zu Salatsoßen, Desserts und Eiscremes.

Produkte aus Zellstoff

Zellstoffgewinnung

Als Zellstoff bezeichnet man die aus Holz und Stroh nach saurer Hydrolyse (Sulfitaufschluß) oder nach alkalischer Hydrolyse (Sulfataufschluß oder Sodaaufschluß) isolierbaren Bestandteile, die vorwiegend aus Zellulose bestehen. Beim Aufschluß werden die Begleitstoffe der Zellulosefasern, wie Lignin und Hemizellulosen, zum Teil herausgelöst: die zuvor fest miteinander verkitteten Zellulosefasern verlieren ihren Zusammenhalt.

Verbandzellstoff

Der Verbandzellstoff, auch Zellstoffwatte oder (vom Verbraucher) kurz Zellstoff genannt, ist ein Erzeugnis besonderer Fabrikationszweige der Papierindustrie und aufgrund der Herstellungsweise als Spezialpapier anzusehen. Zur Herstellung wird der Holzzellstoff erneut mit viel Wasser zu einem Faserbrei aufgeschwemmt, in besonderen Maschinen zur guten Verfilzung der Fasern weiterverarbeitet und in ganz dünner Schicht über geheizten Trommeln getrocknet. Er kann dann nach dem Trocknen in Form einer dünnen, zusammenhängenden Faserschicht mit charakteristischer Kreppung, der sog. Zellstoffwatte, von den Trommeln gelöst werden.

Baumwolle

Die Gattung *Gossypium* (Familie: *Malvaceae*) umfaßt zahlreiche Arten und Hybriden, die teils in der Alten Welt (wie *G. arboreum* L. und *G. herbaceum* L.) teils in der Neuen Welt (wie *G. hirsutum* L. und *G. vitifolium* LAM) beheimatet sind. Interessanterweise hat sich auch die Kultur der Baumwolle unabhängig voneinander bizentrisch entwickelt: in der Alten Welt in Indien und in der Neuen Welt in Peru. Als die Spanier Südamerika eroberten, fanden sie in Peru und in Mexiko eine ausgedehnte Baumwollkultur vor.

Baumwolle
Gossypium herbaceum, G. hirsutum   Malvaceaea

Herkunft:
Indien, Ägypten, Südamerika

Pflanze (Abb. 2.3):
Gossypium herbaceum einjähriger Strauch, bis 2 m, 3- bis 5lappige Blätter, Blüten blaßgelb, am Grund purpurrot, 3teilige Kapsel, walnußgroß, Gossypium hirsutum, apfelgroße Kapsel.

Verwendung:
Baumwolle zu Verbandwatte, Verbandmull.

Anmerkung:
Als Nebenprodukt der Baumwollgewinnung fallen die Samen an, aus denen das Baumwollsaatöl hergestellt wird. Das Öl enthält u.a. Glyceride mit Cyclopropanfettsäuren (Malvalia- und Sterculiasäure), die im Tierversuch arteriosklerotische Ablagerungen verstärken.

2 Kohlenhydrate

Verbandwatte aus Baumwolle besteht zur Hauptsache aus Fasern reiner Zellulose. Sie enthält 6–8% Wasser, noch etwas Eiweiß (0,1–0,3%). Mineralstoffe und nach dem Bleichen verbliebene Restmengen von Fett und Wachs. Da die lipophilen Fette und Wachse für die Saugqualität der Watte wichtig sind, läßt das DAB auf einen maximal zulässigen Gehalt an mit Ether extrahierbaren Stoffen prüfen. Für die pharmazeutische Verwendung ist vor allem die Saugfähigkeit der Watte entscheidend, die Absinkdauer und das Wasserhaltevermögen. Das hohe Bindevermögen für Wasser hängt mit dem molekularen und übermolekularen Aufbau der Zellulose zusammen. An die hydrophilen OH-Gruppen wird das Wasser nebenvalenzartig als sog. Hydrationswasser in bestimmter Ordnung gebunden. Dies ist vor allem im ungeordneten Bereich außerhalb der Mizelle möglich, wo die geringe Wirksamkeit der Wasserstoffbrückenbindung ein Eindringen des Wassers unter Beseitigung der schwachen Bindungen leichter erlaubt. Es wird z.B. aus einer Wasserdampfatmosphäre zuerst wohl in monomolekularer, später polymolekularer Schicht angelagert. Mit steigender Wasseraufnahme nimmt die Bindungsfestigkeit und in gleichem Grade auch die Ordnung ab. Es tritt Quellung unter Auflockerung, möglicherweise auch teilweiser Lösung der amorphen Zellulosebezirke ein. Das so aufgenommene Wasser wird als Quellungswasser bezeichnet. Weitere Wassermengen werden im *intermizellaren* und *kapillaren* Raum durch Kapillarkräfte festgehalten.

2.2.3
Isländisches Moos

Je nach Arzneibuch wird eine der beiden nachfolgenden Stammpflanzen genannt:

- *Cetraria islandica* (L.) ACH., eine etwa 10 cm hohe, bodenbewachsende, strauchig verzweigte Flechte, die massenhaft in den arktischen Gebieten der nördlichen Hemisphäre sowie in Mittel- und Hochgebirgen der gemäßigten Zonen vorkommt;
- *C. tenuifolia* (HOWE) (Synonym: *C. ericetorum* OPIZ), die im Verbreitungsgebiet der *C. islandica* auftritt.

Isländisches Moos   Lichen islandicus
Cetraria islandica,   Parmeliaceae
C. tenuifolia

Herkunft:
Sammeldroge aus Osteuropa.

Pflanze (Abb. 2.4):
Strauchflechte bis 10 cm hoch, fast laubartig, dichotom verzweigt, oberseits olivgrün bis braun, unterseits grau-weißlich, mit weißen Flecken, rasenbildend.

Anwendung:
Zur Reizlinderung bei Katarrhen der oberen Luftwege.

Inhaltsstoffe
1) ca. 50% wasserlösliche Polysaccharide mit Lichenin,
2) 2–3% Bitterstoffe in Form der Flechtensäuren.

Auch morphologisch sind sich beide Arten sehr ähnlich. Ein Unterschied betrifft, wie der Artname anzeigt (*tenuifolius*, lateinisch = schmalblättrig), die Ausbildung der Lappen, die bei *C. islandica* mehr bandförmig breit, bei *C. tenuifolia* hingegen sehr schmal ausgebildet sind.

Die Droge Isländisch Moos (*Lichen islandicus*) besteht aus den getrockneten Thalli der genannten Arten. Sie weist einen eigenartigen Geruch auf; sie schmeckt schleimig und bitter. Ein 5%iges Dekokt geliert nach Abkühlen.

Inhaltsstoffe

Wasserlösliche Polysaccharide (~50%) darunter hauptsächlich Lichenine und Isolichenine; Bitterstoffe (2–3%), insbesondere die depsidischen Flechtensäuren der Protocetrar-, Cetrar- und Fumarprotocetrarsäure.

Cetrarsäure (R=-C$_2$H$_5$)

Verwendung

Als Bestandteil von Brust- und Hustentees. Eingedickte *Aquosa*-Extrakte als Hustenpastillen. Die Bitterstoffe wirken sialagog; der Speichel (mit „körpereigenen Schleimstoffen") wirkt bei Reizhusten wahrscheinlich lokal reizmildernd.

Lichenine sind lineare Polysaccharide, deren D-Glucopyranose-Einheiten β-(1→3)- oder β-(1→4)-verknüpft sind. Im Falle des gut charakterisierten *Cetraria*-Lichenins liegen 70% β-(1→4)- und 30% β-(1→3)-Bindungen vor. Über die Verteilung der beiden Bindungstypen über das β-Glucanmolekül (Polymerisationsgrad: 60–200) weiß man nur so viel, daß jeweils Cellotriose-Bauelemente (drei Moleküle β-(1→4)- verknüpfte Glucopyranosen) vorliegen, die miteinander durch β-(1→3)-Glc$p$-Moleküle getrennt sind. Lichenin wirkt auf Fehling-Lösung nicht reduzierend, ebensowenig reagiert es mit Jod. In heißem Wasser ist es löslich; beim Erkalten erstarrt die Lösung zu einer Gallerte.

2.2.4
Agar

Als Agar bezeichnet man die Gallerte, die man durch Auskochen verschiedener Rotalgen erhält: *Gelidium amansii*, als wichtigster Agarlieferant, ist eine zarte, fiedrig verzweigte, bis 25 cm lange Pflanze, die – an Felsen fest verwachsen – in Tiefen bis zu 30 m gedeiht.

Agar ist Bestandteil der Zellwände (Mittellamelle), er löst sich in heißem Wasser, jedoch nicht in kaltem; daher erstarrt eine heiße Lösung beim Abkühlen zu einem steifen Gel (selbst wenn das Polysaccharid in Konzentrationen unter 1% enthalten ist). Dieses Agargel läßt sich durch Ausfrieren und Wiederauftauen trocknen, um beim Auflösen in Wasser erneut wieder das ursprüngliche Gel zu liefern. Darauf beruht die Methode seiner Gewinnung.

Agar ist ein heterogenes, nicht ganz scharf definiertes Produkt. Nach dem Sulfatierungsgrad lassen sich Agarose und Agaropektin unterscheiden.

- *Agarose:* Agarose ist kettenförmig aufgebaut. Vorherrschendes Bauelement sind β-D-Galactopyranose und 3,6-Anhydro-α-L-galactopyranose, die alternierend über (1 → 4)- und (1 → 3)-Bindungen verknüpft sind. Die Ketten sind in nur geringem Umfang mit Schwefelsäure verestert.
- *Agaropektin:* Während bei der Agarose nur etwa jeder zehnte Galactoserest mit Schwefelsäure verestert ist, ist beim Agaropektin der Veresterungsgrad wesentlich höher; ferner kommt im Molekül Brenztraubensäure in ketalischer Bindung (4,6-(1-Carboxyethyliden)-D-galactose vor. Eine typische Teilsequenz eines Agaropektins sieht wie folgt aus: 6-Methyl-D-galactose, β-(1 → 4)-verknüpft mit Anhydro-L-galactose, α-(1 → 3)-verknüpft mit Ketal-D-galactose, β-(1 → 4)-verknüpft mit α-L-Galactosyl-6-sulfat.

Agarose

3,6-Anhydro-α-L-galactopyranose
(im Agaropektin)

β-D-Galactose-4,6-brenztraubensäureketal

Für die Verwendung in Medizin und Pharmazie ist maßgeblich, daß Agar praktisch unverdaulich ist, wärmeresistente Gele bildet sowie emulgierende und stabilisierende Eigenschaften aufweist.

Agar

Stammpflanzen:
Mehrere Arten von Rotalgen, insbes. bestimmte Gelidium-, Gracillaria- und Pterocladia-Arten außerdem Acanthopeltis japonica und Ahnfeltia plicata.

Herkunft:
Pazifikküsten Japans, Rußlands, Chinas und der USA, Atlantikküsten Nordamerikas, Südafrikas und Australiens.

Pflanzen:
Als sog. Benthos an Gestein mittels Haftfäden oder Haftscheiben in mehreren Metern Meerestiefe am Untergrund haftende Flechtthalli.

Anwendung:
Abführmittel (da nicht verdaubar), Agarplatten, Hilfsstoff.

Inhaltsstoffe:
Gemisch linearer Galactane unter Beteiligung von D- und L-Galactose. D-Galactose kann im gleichen Molekül unsubstituiert oder als 4,6-Brenztraubensäureketal vorliegen; die L-Galactose als 6-Sulfat, 6-Methylether oder als 3,6-Anhydroderivat.

Anmerkung:
Weltproduktion 6500 t.

Verwendung

Agar quillt im Darm auf, macht den Darminhalt voluminös und schlüpfrig, ist daher ein mildes Laxans. Die Ph. Helv. VI verlangt einen Quellungsfaktor von mindestens 20. In der Galenik dient Agar zur Herstellung fettfreier Salbengrundlagen, von Suppositoren, Vaginalkugeln und Emulsionen; in der Bakteriologie spielen Agarnährböden eine große Rolle. Agar, wie auch Carrageen hemmt die Entwicklung von Viren. Man führt diese Eigenschaft auf den Galactananteil ihrer Polysaccharide zurück.

2.2.5
Gummi arabicum (Acacia-Gummi)

Gummi arabicum ist das an der Luft erhärtete Gummi, das auf natürliche Weise oder nach Einschneiden des Stammes und der Zweige von *Acacia senegal* WILLD. oder verwandter *Acacia*-Arten (Familie: *Mimosaceae*) austritt.

Herkunft

Zur Gummigewinnung dienen wildwachsende oder kultivierte (Kordofan) Exemplare von *Acacia senegal*. Daneben liefern auch noch einige andere afrikanische Arten wie *A. seyal* und *A. nilotica* arabisches Gummi. Im Februar und März werden in die etwa 6jährigen Bäumchen mit einer kleinen Axt querlaufende Einschnitte in Stamm und Zweige gemacht und die Axt dabei so gedreht, daß die Rinde gelöst wird. Oberhalb und unterhalb des Einschnittes zieht man die Rinde so weit ab, daß das Kambium auf einer Fläche bis zu 7×90 cm freigelegt und zur

Bildung neuer Rinde angeregt wird. Gleichzeitig beginnt der als Vergummung (Gummosis) bezeichnete Prozeß, der aber nur während der Trockenzeit an Bäumen auf sehr trockenem Standort in Gang kommt. Gummi scheidet sich nach außen ab und wird nach 20–30 Tagen in Form kugeliger Gebilde abgelesen, von Verunreinigungen befreit, sortiert und getrocknet; früher wurde noch an der Sonne gebleicht. Hauptproduktionsgebiet ist der Sudan; die beste Sorte stammt aus Kulturen in Kordofan. Die Ausbeuten pro Baum und Jahr liegen im Durchschnitt zwischen 1 und 2 kg.

Eigenschaften

Das Handelsprodukt besteht aus rundlichen, weiß-gelblichen, manchmal bernsteinfarbenen, rissigen Tränen, die kaum wahrnehmbar riechen und fadschleimig schmecken.

Im kalten Wasser löst sich arabisches Gummi nur sehr langsam auf; doch ist die Löslichkeit selbst außerordentlich gut, so daß Lösungen mit Gehalten bis zu 50 % hergestellt werden können. Die Lösungen reagieren schwach sauer und drehen die Ebene des polarisierten Lichtes nach links.

Chemische Zusammensetzung

Arabisches Gummi ist ein Gemisch nahe verwandter Polysaccharide vom Arabinogalactan-Typus; ca. 80 % liegen in freier Form vor, ca. 10 % gebunden als Proteoglykan. Bausteine der Polysaccharide sind L-Arabinose, D-Galactose, D-Glucuronsäure und L-Rhamnose. Für Gummi arabicum aus Acacia senegal beträgt das Verhältnis dieser Bausteine 3,5:2,9:1,6:1,1, kann aber bei anderen Herkünften sehr stark schwanken. Die Hauptkette besteht aus β-D-Galactopyranosylresten, die über (1,3)-Bindungen verknüpft sind und zum Teil in 6-Position Seitenketten tragen. Die Seitenketten stellen Oligosaccharide dar, die aus L-Arabinose (30–40 %),

Arabisches Gummi   Gummi arabicum
Acacia senegal und   Mimosaceae
verwandte Acacia-Arten.

Herkunft:
Kordofan, Sudan, Senegal.

Pflanzen (Abb. 2.5):
Bis 6 m hoher Baum oder Strauch, Blätter 2fach gefiedert, Blüten gelb, in Ähren, Kelch- und Blütenblätter kurz, Staubblätter zahlreich, ein Fruchtblatt.

Anwendung:
Emulgator, Stabilisator, Mikroverkapselung, Klebstoff, Pastillen.

Inhaltsstoffe:
Arabinogalactan, -proteine.

Anmerkung:
Gewinnung der Droge: nach Ablösen der Rinde Vergummung, Ausscheidung, Ausbeute 1–2 kg/Jahr.

L-Rhamnose (10 – 15 %), D-Glucuronsäure (10 – 18 %) und aus O-Methyl-D-Glucuronsäure (1 %) zusammengesetzt sind. Die Arabinogalactane liegen in der Droge als neutrales oder leicht saures Salz vor. Gegenionen sind Ca^{++}, Mg^{++} und K^+.

Aufbau des Arabinogalactan-Proteins: Im Mittel fünf Arabinogalactan-Einheiten sind über Hydroxypyrolin und Serin an ein Protein aus 1600 Aminosäuren kovalent gebunden. Das Molekulargewicht dieses Glykoproteinkomplex liegt bei 1 450 000.

In der Droge sind sodann Enzyme enthalten, Oxidasen und Peroxidasen sowie Amylase.

Die Hauptketten bestehen aus β-D-Galp-Resten, die über (1 → 3)-Bindungen verknüpft sind; die langen Seitenketten sind über (6 → 1)-Bindungen mit der Hauptkette verknüpft.

Anwendung

Eingesetzt wird Gummi arabicum als Emulgator und Verdickungsmittel immer dann, wenn die Präparationen zur oralen Einnahme bestimmt sind. Auch im Lebensmittelbereich gehört das arabische Gummi zu denjenigen Verdickungsmitteln, die allgemein und deklarationsfrei zugelassen sind. Die verschiedenen Hustenpastillen und Lutschtabletten im pharmazeutischen Bereich und ebenso die Gummizuckerwaren der Süßwarenindustrie enthalten Zusätze von Gummi arabicum, um sicherzustellen, daß die Pastillen sich beim Lutschen hinreichend langsam auflösen; ein Nebeneffekt besteht darin, daß das Auskristallisieren von Zucker verhindert wird.

2.2.6
Tragant (Astragalus-Gummi)

Tragant (*Tragacantha*) oder *Astragalus*-Gummi ist die an der Luft erhärtete, gummenartige Ausscheidung, die spontan oder nach Schnittverletzung aus Stamm und Ästen von *Astragalus gummifer* LABILL., *A. microcephalus* WILLD. und anderen westasiatischen Arten der Gattung *Astragalus* ausfließt.

Herkunft

Astragalusarten bilden 0,5 – 2 m hohe Sträucher mit Fiederblättern. Zu Beginn der Trockenzeit werden die Fiedern abgeworfen, während die Blattspindeln verdorren.

Die Pflanzen zeichnen sich dadurch aus, daß ihr Mark verschleimt, d. h. sehr stark verdickte Zellmembranen ausbildet, ein Vorgang, der sich auch in die Markstrahlen fortsetzt. Durch Wasseraufnahme quellen diese Schleimzellen auf und üben auf das umliegende Gewebe einen starken Druck aus, so daß bei der geringsten Verletzung eine verschleimte Masse nach außen fließt und an der Luft allmählich eintrocknet. Beim Auspressen des Schleims werden Stärkekörner mitgerissen, die 1 bis 3 % der Droge ausmachen. Je nach Art der Öffnung tritt der Schleim in den unterschiedlichsten Formen, z. B. als wurmartiges Gebilde aus (Wurmtragant). Zur Drogengewinnung werden in Stamm, stärkere Äste und vor allem in die

> **Tragant** Tragacantha
> Astragalus gummifer Fabaceae
>
> *Herkunft:*
> Anatolien, Kurdistan, Armenien, Iran.
>
> *Pflanzen* (Abb. 2.6):
> 0,5 – 2 m hohe Sträucher, paarig gefiederte Blätter, Blattspindel wird nach Abwurf der Fiederblätter zu einem Dorn, Blüten einzeln in Blattachseln, gelb; Hülse einsamig.
>
> *Anwendung:*
> 1) Laxans,
> 2) Hilfsstoff als Stabilisator, Dickungsmittel (Bassorinpaste),
> 3) Haftpulver.
>
> *Inhaltstofffe:*
> Arabinogalactane (80 – 90%), darunter Tragacanthsäure Proteoglykane (10 – 15%), insbes. ein Arabinogalactanprotein.
>
> *Anmerkung:*
> Markzellen verschleimen spontan.
>
> *Verfälschung:*
> Indischer Tragant.

stammnahen Wurzeln längliche Schnitte gesetzt, was zur Bildung von Bandtragant führt. Gewinnung und Sammlung erfolgen ausschließlich aus Wildbeständen. Lieferländer sind der Iran (90%) neben der Türkei.

Eigenschaften

Tragant ist geruchlos und schmeckt fade und schleimig.

Chemische Zusammensetzung

Tragant besteht aus einer in Wasser löslichen Fraktion, dem Tragacanthin (30 – 40%), und einer unlöslichen, als Bassorin bezeichneten Fraktion (60 – 70%).
  Der wasserlösliche Anteil (Tragacanthin) hat eine mittlere Molekülmasse von 840 000 und enthält als Hauptkomponente ein verzweigtes Galacturonan, die Tragacanthsäure, sowie ein Arabinogalactan-Protein. Nach neuen Untersuchungen besteht auch die in Wasser unlösliche Fraktion (Bassorin) aus Proteoglykanen, die sich weder in ihrer Monosaccharidzusammensetzung noch im Aminosäuremuster des Proteinteils wesentlich von den löslichen Anteilen unterschieden. Der Grund für die Löslichkeitsunterschiede ist noch unbekannt. Weitere Bestandteile des Tragant sind neben 10 bis 14% Wasser bis zu 3% Stärke und Zellulose.
  Aufbau der Tragacanthsäure: Die Hauptkette besteht aus (1,4)-verknüpften α-D-Galacturonsäure-Resten, an die über (1,3)-Bindungen kurze Seitenketten gebunden sind, die jeweils mit einem β-D-Xylose-Rest beginnen. An einem dieser Xylose-Reste sind über (1,2)-Bindungen α-L-Fucose oder β-D-Galactose-Reste gebunden.
  Aufbau des Arabinogalactan-Proteins: Die Hauptkette des Polysaccharidteils besteht aus β-D-Galactose-Resten, die überwiegend durch (1,6)-Bindungen und zu

einem geringen Prozentsatz durch (1,3)-Bindungen miteinander verknüpft sind. Die stark verzweigten Seitenketten setzen sich überwiegend aus L-Arabinofuranose-Resten zusammen, die über (1,2)-, (1,3)- und (1,5)-Bindungen miteinander und über (1,3)-Bindungen mit der Hauptkette verbunden sind. Insgesamt entfällt 75% der Zuckerkomponenten auf die L-Arabinose. Der Proteinteil des Moleküls ist durch einen hohen Gehalt an Hydroxyprolin charakterisiert.

Wegen ihrer starken Verzweigung haben die Moleküle der Tragacanthsäure und des Arabinogalactan-Komplexes keine Tendenz, geordnete Gelstrukturen aufzubauen, vielmehr liegen sie in Wasser als stark hydratisierte Einzelmoleküle vor. Tragant gibt mit Wasser bei niedrigen Konzentrationen hochviskose Lösungen, deren Viskosität von der Schergeschwindigkeit abhängt.

$$\rightarrow 6)\text{-}\beta\text{-}D\text{-}Gal\text{-}(1 \left[\rightarrow 6)\text{-}\beta\text{-}D\text{-}Gal\text{-}(1\right]_n \rightarrow 6)\text{-}\beta\text{-}D\text{-}Gal\text{-}(1 \rightarrow 3)\text{-}\beta\text{-}D\text{-}Gal\text{-}(1 \rightarrow$$

$$(3 \rightarrow R \qquad (3 \rightarrow R \qquad (3 \rightarrow R$$

$$R = H \text{ oder } \left[L\text{-}Ara\ f\text{-}(1\right]_m \rightarrow 2/3/5)\text{-}L\text{-}Ara\ f$$

Arabinogalactan aus Tragant

$$\rightarrow 4)\text{-}\alpha\text{-}D\text{-}GalA\text{-}(1 \rightarrow 4)\text{-}\alpha\text{-}D\text{-}GalA\text{-}(1 \rightarrow$$

$$(3 \rightarrow 1)\text{-}\beta\text{-}D\text{-}Xyl \qquad (3 \rightarrow 1)\text{-}\beta\text{-}D\text{-}Xyl$$

$$(2 \rightarrow R) \qquad (2 \rightarrow R)$$

$$R = H \text{ oder } \alpha\text{-}L\text{-}Fuc\text{-}(1 \rightarrow \text{ oder } \beta\text{-}D\text{-}Gal\text{-}(1 \rightarrow$$

Tragacanthsäure

Anwendung

- Medizinisch als Füllungsperistaltikum, allerdings selten, da andere Tragantarten preiswerter sind. Ähnlich wie Guarmehl vermindert Tragant die postprandiale Blutzuckerkonzentration und Insulinfreisetzung.
- Als Mucilaginosum zur Verbesserung der Gleitfähigkeit von Kathetern und chirurgischen Instrumenten. Die Präparate sind vor Verwendung zu sterilisieren, da Tragantschleim ein guter Nährboden für Mikroorganismen ist.
- Als Haftpulver für Zahnprothesen.
- In der pharmazeutischen Technologie als Stabilisator für Emulsionen. Vor allem aber ist Tragant die Basis für fettfreie Salben (Bassorinpasten).

2.2.7
Bockshornsamen

Herkunft

Die Droge besteht aus den getrockneten Samen von *Trigonella foenum-graecum* L. (Familie: *Fabaceae = Papilionaceae*). Die Stammpflanze ist ein einjähriges Kraut mit einem 20–50 cm hohen Stengel und dreizähligen, verkehrt-eiförmigen Blättern und blaßgelben Schmetterlingsblüten. Die Frucht ist eine dünne, trockene Hülse mit vielen Samen. Die Samen sind rhombisch vierseitige oder flach rautenförmige 3–5 mm lange Gebilde mit sehr harter Schale von hellbrauner oder rötlichgrauer Farbe.

Bockshornsamen Foenugraeci semen
Trigonella foenum-graecum Fabaceae

Herkunft:
Kulturen im Mittelmeergebiet, Indien, China.

Pflanze (s. Abb. 2.7):
Einjähriges bis 50 cm hohes Kraut. Stengel aufrecht, kräftig, verzweigt. Blatt kleeblattähnlich, lang gestielt, Nebenblätter dreieckig bis eiförmig. Blüten einzeln oder zwei in Blattachseln, Krone blaßgelb, Frucht meist gekrümmt.

Anwendung:
Äußerlich als Kataplasmen zur Behandlung von Furunkeln, Ekzemen.

Inhaltsstoffe:
1) 30–38% Schleim (Quellungszahl mindestens 6 DAB),
2) Trigonellin,
3) Proteine, fettes Öl,
4) Dioscin (Steroidsaponin),
5) flüchtige Stoffe.

Inhaltsstoffe

Flüchtige Stoffe (ca. 0,015%) mit dem typischen Bockshornkleegeruch, darunter 5-Ethyl-3-hydroxy-4-methyl-2(5H)-furanon (= Sotolon). Schleimstoffe 30–38%, die aus D-Galactose und D-Mannose im Verhältnis 5:6 aufgebaut sind (sog. Leguminosenschleime); Proteine (20–28%), fettes Öl (6–10%); Steroidsaponine, darunter Dioscin; Flavonoide; Trigonellin (N-Methylnicotinsäure, etwa 0,4%).

Da die Schleimstoffe im Endosperm lokalisiert sind, müssen Bockshornkleesamen für den Gebrauch als Schleimdroge zerkleinert werden. Der Quellungsfaktor der zerkleinerten Droge muß mindestens den Wert 6 aufweisen.

Anwendungsgebiete

Bei Furunkeln und Abszessen zur Beschleunigung der Einschmelzung und Abstoßung.

Anwendungsweise

Das Drogenpulver wird mit Wasser zu einem Brei angerührt, bis zum Aufkochen erhitzt und dann in einem Mulläppchen auf die erkrankte Stelle aufgelegt; man beläßt es dort etwa 30 min lang.

2.2.8
Eibischwurzel

Herkunft

Eibischwurzel besteht aus den getrockneten, ungeschälten oder geschälten Wurzeln von *Althaea officinalis* L.(Familie: *Malvaceae*). Die Stammpflanze ist eine mehrjährige 100–150 cm hoch werdende Pflanze, die in Europa vorkommt und an feuchten, salzhaltigen Standorten (Küstennähe) gut gedeiht. Die tief 3- bis 5-lappigen Blätter sind ebenfalls wie der Stengel samtig behaart. Die Blüten sind rosa oder violett gefärbt. Die Frucht ist eine Spaltfrucht, die in einzelne, einsamige Teilfrüchte zerfällt.

Zur Drogenernte werden die Wurzeln im Spätherbst gegraben, gut gesäubert, jedoch nicht gewaschen.

Inhaltsstoffe

Wechselnde Mengen an Schleimstoffen (6–12% Rohschleim), komplizierte Gemische aus mindestens 3 Hauptfraktionen:

- einer neutralen Glucanfraktion,
- einer neutralen Arabinogalactanfraktion,
- einer sauren Rhamnogalacturonanfraktion, die dadurch charakterisiert ist, daß die Trisaccharideinheit β-D-Glucuronyl-(1 → 3)-α-D-galacturonyl-(1 → 4)-α-L-rhamnose in mehrfacher Wiederholung erscheint.

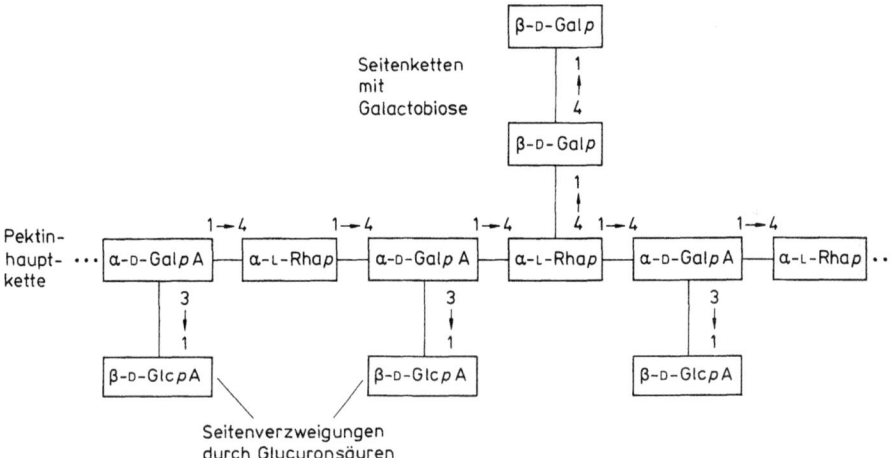

Strukturfragment, eine Undekasaccharid-Untereinheit, aus einer Schleimfraktion der *Althaea-officinalis*-Wurzel

Anwendung

Beruhigend bei Reizhusten; vorzugsweise im Initialstadium einer Erkältung.

Anwendungsformen

Als Kaltmazerat im Verhältnis 1:10. Als Heißwasserauszug (etwa 1 Teelöffel = 3 g pro Tasse): Es wird neben den Schleimstoffen auch Stärke herausgelöst, wodurch die Viskosität erhöht wird. Diese Zubereitungsart ist hygienischer als das Mazerat.

Eibischwurzel Althaea radix
Althaea officinalis Malvaceae

Herkunft:
Kulturen in Osteuropa.

Pflanze (Abb. 2.8):
Das kurze dicke Rhizom bis 50 cm, lange fleischige Wurzel. Die Stengel sind 60–150 cm hoch, zerstreut ästig. Blätter gestielt 3- bis 5lappig, Rand gesägt. Blüten einzeln oder büschelig achselständig. Kelch doppelt, filzig, 5 Kronblätter, rötlich-weiß. Spaltfrucht 10- bis 18fächerig.

Anwendung:
Zur Reizlinderung bei Schleimhautentzündungen im Mund- und Rachenraum, der oberen Luftwege sowie im Magen-Darm-Kanal.

Inhaltsstoffe:
6–12% Schleim (Qellungszahl mindestens 10).

2.2.9
Flohsamen

P. psyllium und *P. arenaria* sind 10–50 cm hohe Kräuter mit verzweigten Stengeln, schmalen gegenständigen Blättern und unscheinbaren weißlichen Blüten, die auf dünnen, aufrechten Stielen in zylindrischen bis kugeligen Ähren sitzen. *P. ovata* ist hingegen fast stengellos (akauleszent).

Die Samen von *P. psyllium* und *P. arenaria* sind 2–3 mm lang, von elliptischer Gestalt, dunkelbraun bis nahezu rotschwarz; die von *P. ovata* sind etwa 3 mm lang, von schiffchenförmiger Gestalt, heller graubrauner Farbe mit einem leichten Anflug nach rosa hin und einem rotbraunen ovalen Fleck auf der konvexen Seite der Oberfläche.

Inhaltsstoffe

Die für die Verwendung wichtigen Schleimstoffe sind in der Epidermis der Samenschale lokalisiert: Für die Flohsamen werden Konzentrationen von 10–12%, für indische Flohsamen bis zu 25% angegeben. Die Schleimkonzentration korreliert nicht mit dem Quellungsvermögen:

1 g Samen	Quillt auf zu
P. psyllium	19,2 ml
P. arenaria (P. indica)	14,3 ml
P. ovata	10,9 ml
Zum Vergleich:	
P. lanceolata	4,9 ml

Die Schleimstoffe stellen komplexe Gemische von neutralen und sauren Schleimstoffen dar, wobei die ersteren bevorzugt kolloidale Lösungen bilden (= solbil-

Flohsamen Psyllii semen
Plantago afra, P. arenaria Plantaginaceae

Herkunft:
Mittelmeerraum.

Pflanzen (Abb. 2.9):
Plantago afra: 10–40 cm hoch, Kraut. Stengel mit gegenständigen Ästen, Laubblätter gegenständig lineal, ganzrandig. Blütenköpfchen auf langen Stielen in Achseln, Korolle 4 mm lang. Kapsel 2samig.
Plantago arenaria: Blütenstand eine Ähre, Frucht 2fächerige Deckelkapsel.

Anwendung:
Zur Behandlung von Verstopfung; zur leichten Darmentleerung z.B. bei Analfissuren, Hämorrhoiden, nach rektal-analen Operationen.

Inhaltsstoffe:
1) 10–12% Schleimstoffe.
2) Hemizellulose, fettes Öl, Aucubin.

Anmerkung:
Indischer Flohsamen von Plantago ovata enthält 26–30% Schleimstoffe, vorwiegend Arabinoxylane.

dender Anteil), die sauren Polyuronide mehr gelbildende Eigenschaft aufweisen. Tertiärstrukturen sind nicht bekannt. Auffallend an Plantaginazeenschleimstoffen ist, daß L-Rhamnose als Bauelement sehr zurücktritt, in vielen Arten überhaupt fehlt.

Weitere Inhaltsstoffe:

- Weitere Kohlenhydrate: lösliche Zucker, hauptsächlich Planteose, ein Trisaccharid mit folgendem Aufbau: α-D-Gal$p$-(1 $\rightarrow$ 6)-β-D-Fru$f$-(1 $\leftrightarrow$ 2)-α-D-Glc$p$, daneben Saccharose, Glucose und Fructose (keine Mengenangaben). Stärke fehlt.
- Eiweiß (15–20%);
- fettes Öl (5–13%) mit Linol- und Ölsäure als Hauptkomponenten der Glyceride;
- das Iridoidglykosid Aucubin (je nach Herkunft Spuren bis 0,6%);
- Monoterpenalkaloide, darunter (+)-Boschniakin (= Indikain) und Indicainin (Cyclopenta(c)pyridinalkaloide);
- Triterpene (α- und β-Amyrine) und Phytosterine (β-Sitosterol, Stigmasterol, Campesterol; keine Mengenangaben).

Wirkweise, Anwendungsgebiete

Da der Schleim in der Epidermis lokalisiert ist, quellen Flohsamen in Wasser schon innerhalb weniger Minuten stark auf; es bildet sich eine klare, gelatinöse, zusammenhängende Masse. Nach peroraler Zufuhr gelangen die Samen, da unverdaulich, in die tieferen Darmabschnitte und bewirken, daß die Fäzes wasserhaltig und geschmeidig bleiben; über die Volumenzunahme wird die Peristaltik angeregt. Nach Einnahme wirksamer Dosen (Dosisbereich: 4–15 g/Tag) tritt die Wirkung in der Regel 12–24 h später ein; doch kann es auch 2–3 Tage dauern, bis die volle Wirkung eintritt.

Einnahmemodalitäten

Die Richtdosis, beispielsweise 1 Teelöffel voll (= 6,3 g), in Wasser einrühren, mehrere Stunden lang in wenig Wasser quellen lassen, einnehmen und viel Flüssigkeit nachtrinken.

Unerwünschte Wirkungen

Bei bestimmungsgemäßem Gebrauch ist mit Nebenwirkungen kaum zu rechnen. Es sollten jedoch nur die unzerkleinerten Samen oder besser die Samenschalen verwendet werden: Nach Einnahme des Samenmehls soll es zur Freisetzung eines Pigments kommen, das sich in den Nierentubuli ablagert (Versuchstier Hund). Bei Entzündungen im Bereich des Magen-Darm-Trakts kann die Einnahme der Samen einen zusätzlichen Reiz bedeuten, zu Spasmen führen und die Obstipation u. U. verstärken. Patienten mit Neigung zu Schluckbeschwerden (bei Achalasie, Kardiaspasmus) sollten im allgemeinen Quellmittel nur nach Konsultation des Arztes einnehmen.

Indische Flohsamenschalen

Ausgangsmaterial sind die oben vorgestellten Samen von *Plantago ovata* FORSK. Die Samen werden zerstoßen und mechanisch durch Gebläse in Samenschale und Samenkerne getrennt. Die Droge besteht überwiegend aus der Schleimepidermis und den angrenzenden Schichten der Samenschale.

Charakterisierung zweier Plantaginazeenschleime:

Plantago arenaria (P. indica)

Etwa 70% Xylose, 10% Arabinose, 3% Galactose und 13–15% Aldobiuronsäuren (zur Hauptsache 4α-D-Galacturonosido-D-Xylopyranose). Ebenfalls Rhamnose; durch Fraktionierung läßt sich ein neutrales Galactorabinoxylan gewinnen.

Plantago ovata (= P. ispaghula)

Bausteine: Etwa 46% Xylose, 7% Rhamnose und 40% Aldobiuronsäuren (hauptsächlich 2-D-Galacturonosido-L-rhamnose) im kaltwasserlöslichen Schleim und etwa 14% Arabinose, 80% Xylose und wenig Galactose und Uronsäuren im wasserlöslichen Schleim. In den gelbildenden Anteilen ebenfalls 4-*O*-Methylglucuronsäure. Eine näher untersuchte Komponente, ein Arabinoxylan, erwies sich wie folgt aufgebaut: Die Hauptkette besteht aus (1,4)- und (1,3)-verknüpften β-D-Xylose-Einheiten. Die in den Positionen 2 und 3 der Xylosemoleküle angehefteten Seitenketten bestehen aus α-L-Arabinofuranosyl-, β-D-Xylosyl- und α-D-Galacturonosyl-α-L-Rhamnosyl-Resten.

2.2.10
Huflattichblätter

Herkunft

Getrocknete Blattspreiten – der Anteil an Blattstengeln ist auf 10% begrenzt – von *Tussilago farfara* L. (Familie: *Asteraceae = Compositae*). Die Gattung *Tussilago*, deren sich von „*tussis*" und „*agere*" ableitender Name auf die Verwendung als Hustenmittel hindeutet, ist monotypisch. Ihr einziger Vertreter, *Tussilago farfara*, ist über Europa, West- und Nordasien und Nordafrika verbreitet sowie in Nordamerika eingeschleppt. Ihre meist vor den Laubblättern erscheinenden gelben Blütenköpfchen finden sich unter den ersten Frühlingsblüten. Die Blätter sind in der Jugend beiderseits filzig behaart, später oberseits kahl. Huflattich ist eine reine Sammeldroge von wildwachsenden Pflanzen.

Inhaltsstoffe

Etwa 8% einer komplexen Polysaccharidfraktion, die sich in mancher Hinsicht wie eine Schleimfraktion verhält: mit Wasser extrahierbar und mit Ethanol ausfällbar. Auszüge mit Tussilago-farfara-Schleim führen allerdings zu einer nur unbedeutenden Viskositätserhöhung (Thiele 1954). Einige Fraktionen zeigen die chemische Zusammensetzung wie Glucane, andere erinnern im Aufbau an Pektine (Galacturonsäure, D-Galactose, D-Glucose und L-Arabinose als monomere Komponenten).

Weiter Inhaltsstoffe: Inulin; Gerbstoff (im Mittel 4,5%); Flavonoide (etwa 0,8% berechnet als Hyperosid), darunter Quercetin und Kämpferol; mineralische Stoffe, darunter viel Kalium- und Zinkionen. Von toxikologischer Bedeutung ist das Vorkommen von Pyrrolizidinalkaloiden (Senkirkin) in Konzentrationen – je nach Provenienz – zwischen 1,0 und 47 ppm.

Huflattichblätter	Farfarae folium
Tussilago farfara	Asteraceae

Herkunft:
Sammeldroge von osteuropäischen Ländern.

Pflanze (Abb. 2.10):
Ausdauernde Pflanze mit mehrköpfigem Rhizom. Blätter grundständig langgestielt rundlich, mit blauvioletten, buchtig-eckig-gezähntem Rand, oberseits kahl, unterseits weißfilzig. Sprosse 10–25 cm mit Schuppen, gelbe Blütenköpfchen endständig.

Anwendung:
Zur Reizlinderung bei Schleimhautentzündungen im Mund- und Rachenraum; zur Milderung eines trockenen Hustenreizes bei Bronchialkatarrh.

Inhaltsstoffe:
1) 6–10% Schleimstoffe.
2) Inulin, Gerbstoffe (ca. 0,8%, Flavonoide).
3) Senkirkin (Pyrrolizidinalkaloid).

Verfälschung mit Blättern von *Petasites*-Arten; in Frage kommen u. a. *P. hybridus* (L.) PH. GÄRTN, B. MEY et SCHERB, *P. spurius* (RETZ) RCHB. und *P. albus* (L.) GAERTN.

- *Petasites*-Blätter führen im Unterschied zu *Tussilago-farfara*-Blättern keine „Schleimstoffe". Nachweis: Wasserextrakt gibt nach Zusatz von Ethanol einen Niederschlag, der sich auf einem Filter sammeln läßt und der in Wasser löslich, mit Ethanol erneut fällbar ist.
- Einige *Petasites*-Arten enthalten Petasine, das sind bizyklische Sesquiterpenketone; andere *Petasites*-Arten sind petasinfrei, führen jedoch phenolische Körper, die in *Tussilago farfara* nicht vorkommen. Die Prüfung auf Beimengungen durch *Petasites* erfolgt dünnschichtchromatographisch anhand sog. chromatographischer „Fingerprints": durch Vergleichen der Zonen, ihrer Farben, ihrer Flureszenzen und der Fluoreszenzlöschungen (unter der Analysenquarzlampe).

Anwendung

Vorzugsweise als Infus bei akuten Katarrhen der Luftwege mit Husten und Heiserkeit, akute leichte Entzündungen der Mund- und Rachenschleimhaut.

Risiken der Anwendung

Huflattichblätter gehören zu einer Gruppe von Drogen, für die amtlich bestimmte Einschränkungen hinsichtlich Menge und Dauer ihrer Anwendung verfügt worden sind. Huflattichblätter enthalten wechselnde Mengen von Pyrrolizidinalkaloiden mit einem 1,2-ungesättigten Necingerüst und deren N-Oxide (s. Kap. 7.2.3). Pyrrolizidinalkaloide dieses Typs können bei hohen Stoffmengen und längerer Anwendung Unverträglichkeitsreaktionen, insbes. Leberschäden, verursachen. Wie sich an Tierexperimenten gezeigt hat, haben diese Stoffe ein kanzerogenes Risiko. Mit einer Tagesdosis von Huflattichtee dürfen nicht mehr als 10 µg Pyrrolizidinalkaloide zugeführt werden. Die Dauer der Anwendung ist auf einen Zeitraum von 4 bis 6 Wochen pro Jahr zu beschränken.

2.2.11
Lindenblüten

Herkunft

Lindenblüten sind die getrockneten Blütenstände von *Tilia cordata* MILLER und *Tilia platyphyllos* SCOPOLI. Die Droge riecht schwach aromatisch und hat einen süßlichen Geschmack. Die Stammpflanzen sind stattliche Bäume aus der Familie der *Tiliaceae*. Die Blüten sitzen zu 4–15 (*T. cordata* = Winterlinde) bzw. zu 2–5 (meist zu dritt bei *T. platyphyllos* = Sommerlinde) zu einem trugdoldigen Blütenstand vereinigt an einem Stiel der seinerseits einem flügelartigen Vorblatt (Tragblatt) entspringt.

> Lindenblüten   Tiliae flos
> Tilia cordata, Tilia platyphyllos   Tiliaceae
>
> *Herkunft:*
> Europa; Droge aus Balkanländern und China.
>
> *Pflanzen* (Abb. 2.11):
> Tilia cordata Blatt herzförmig, 3–8 cm breit, Nervenwinkel rostbraun, Blütenstand 4- bis 10blütig.
> Tilia-platyphyllos-Blatt 5–15 cm breit, Blattgrund asymmetrisch, Nervenwinkel weißbärtig; Blütenstand 2- bis 5blütig.
>
> *Anwendung:*
> 1) Gegen Hustenreiz bei Katarrhen.
> 2) Bei fiebrigen Erkältungskrankheiten (Diaphoreticum).
>
> *Inhaltsstoffe:*
> 1) Flavonoide (ca. 1%), Quercetin- und Kämpferolderivate.
> 2) Schleim.
> 3) Gerbstoffe, Procyanidine, Chlorogensäure, ätherisches Öl (0,02%).

Inhaltsstoffe

- Ätherisches Öl (etwa 0,02%) mit den Duftkomponenten Farnesol, Farnesylacetat, Gerianol u. a.
- Flavonolglykoside (etwa 1%), insbesondere Glykoside des Quercetins und Kämpferols, so Quercitrin (Quercetin-3-rhamnosid) und Tilirosid (Kämpferol-3-β-D-glucosid, dessen 6-OH mit p-Hydroxyzimtsäure verestert ist).
- Flavonoide vom Bicatechintyp (dimere Proanthocyanidine; B_2- und B_4-Typen).
- Phenolcarbonsäuren (Chlorogen- und Kaffeesäure).
- Gerbstoffe (etwa 2%) vom Catechin- und Gallocatechintyp.
- Schleimstoffe (reichlich): Quellungszahl = 12; zum Vergleich: Tragant 10, Malvenblüten 15, Eibischwurzel 8–10

Tilirosid

Wirkungsweise und Anwendungsgebiete

Lindenblütentee ist ein viel gebrauchtes Mittel „zum Schwitzen" bei Erkältungskrankheiten. Diaphoretisch wirksame Prinzipien – analog wie etwa das Pilocarpin in den Jaborandiblättern – wurden nie gefunden. Die Wärmezufuhr durch das heiße Wasser ist offenbar das eigentlich Wirksame.

2.2.12
Blasentang

Fucus ist eine Gattung aus der Klasse der Braunalgen. Es handelt sich um Meeresalgen mit flachem, bandartigen, über 1 m langen Thallus, in den bei den meisten Algen zahlreiche große Luftblasen eingewachsen sind. Die an den europäischen Küsten häufigste Art ist der Gemeine Blasentang, *Fucus vesiculosus* L., von dem es mehrere Varianten gibt. Recht häufig ist sodann der Sägetang, *Fucus serratus* L., dessen ledriger, braunschwarz bis olivgrün gefärbter Thallus zum Unterschied vom ganzrandigen Thallus des Blasentangs gezähnt ist.

Inhaltsstoffe

Aus Meerwasser akkumuliertes Iod (0,03 bis 0,1%): liegt zum Teil in Form anorganischer Iodsalze vor, zum Teil in Proteine, aber auch in Lipide inkorporiert. Auch ist das Vorkommen von Diiodtyrosin beschrieben.

Polysaccharide, darunter Alginsäure (ca. 30%), daneben ein breites Spektrum an Fucanen und Fucoiden mit L-Fucose in (1,2)-α-glykosidischer Bindung und hohem Sulfatierungsgrad. Polyphenolische Verbindungen: Phlorotannine, d.s. höherkettige Oligomere von Phloroglucin.

Anwendung

Der Blasentang wurde früher gegen Fettleibigkeit und Struma angewendet. Bis heute ist er Bestandteil in einigen „Schlankheitstees". Zwar stecken hinter dieser alten empirischen Anwendung richtige Beobachtungen über die Wirkung von Jod-

---

Tang   Fucus
Fucus vesiculosus   Fucaceae
Ascophyllum nodosum

Herkunft:
Küsten der Nord- und Ostsee.

Pflanzen (Abb. 2.12):
Thallus bis über 1 m lang, bandförmig, ledrig laubartig, wiederholt gabelästig, mit 1–2 cm breiten, am Ende stumpfen Ästen. Mittelrippe verdickt, beiderseits längliche paarweise Luftsäcke. Getrocknet knorpelig braunschwarz.

Anwendung:
Früher zu Iodtherapie bei Struma und Adipositas.

Inhaltsstoffe:
1) Iod, anorganisch und an Proteine gebunden (mindestens 0,05% DAB).
2) Schleimstoffe mit Alginsäure, Laminarin.
3) Polyphenole.

Anmerkung:
Anwendung wegen fehlender Dosiergenauigkeit nicht zu empfehlen. Bei Tagesdosen 150 µg Iod ist Induktion oder Verschlimmerung einer Hyperthyreose möglich.

verbindungen, doch ist die Jod- bzw. Thyroxintherapie mit Blasentang allein schon wegen der Unsicherheit der Dosierung infolge stark schwankender Zusammensetzung abzulehnen. Zur Behandlung von Hypothyreosen stehen exakt dosierbare Reinstoffpräparate zur Verfügung. Die Verwendung gegen Fettsucht oder gar als bloßes Schlankheitsmittel ist nicht verantwortbar, da auch bei niedriger Dosierung von Schilddrüsenhormonen die Gefahr der *Hyperthyreosis factitia* (vom lat. *factitius* = nicht natürlich, künstlich) besteht.

Anhang: Alginsäure (Alginate)

Alginate sind die charakteristischen Zellwandbestandteile (Interzellularschleime) der Braunalgen (Klasse: *Phaeophyceae*). Zur technischen Gewinnung bedeutsam sind bestimmte Arten aus den Gattungen *Ascophyllum, Laminaria* und *Macrocystis*.

Chemischer Aufbau

Alginsäure ist ein lineares Polyuronid, in dem (1 → 4)-verknüpfte β-D-Mannopyranuronsäuren und α-L-Gulopyranosyluronsäuren als Bausteine auftreten.

$$\left[\rightarrow 4)-\beta\text{-D-Man}p\text{A}(1\rightarrow 4)-\beta\text{-D-Man}p\text{A}(1\rightarrow \right]_n$$
Symbol —○—○—

$$\left[\rightarrow 4)-\alpha\text{-L-Gul}p\text{A}(1\rightarrow 4)-\alpha\text{-L-Gul}p\text{A}(1\rightarrow \right]_m$$
Symbol —●—●—

$$\left[\rightarrow 4)-\beta\text{-D-Man}p\text{A}(1\rightarrow 4)-\alpha\text{-L-Gul}p\text{A}(1\rightarrow \right]_p$$
Symbol —○—●—

Schema zur Verteilung von Mannuronsäure ○ und von Guluronsäure ● in einem Alginatmakromolekül

50 2 Kohlenhydrate

Die beiden Bausteine sind im Makromolekül jeweils als Block angeordnet, wobei ein Block vom anderen durch zufällig verteilte oder durch alternierende Mannuron- bzw. Guluronsäurereste getrennt ist.

Alginate sind als Gelbildner Bestandteil von Fertigarzneimitteln (*Antacida*), die zur Behandlung der Refluxösophagitis verwendet werden.

Sie eignen sich als blutstillendes Mittel, da sich das Alginat mit dem Blutkalzium zum unlöslichen Ca-Alginat verbindet und dadurch eine die Wunde verschließende Haut bildet.

2.2.13
Hibiskus

Hibiskusblüten bestehen aus den zur Fruchtzeit geernteten, fleischigen, leuchtend roten oder dunkelvioletten Kelchen und Außenkelchen der Sorte *ruber* von *Hibiscus sabdariffa* L. var. *sabdariffa*.

Hibiscus sabdariffa L. ist ein einjähriges, aufrechtes, etwa 1–1,5 m hohes Kraut (Familie: *Malvaceae*). Kulturen befinden sich im Sudan, Thailand, Mexiko und China. 2–3 Wochen nach der Blütezeit werden die Kelche geerntet, und zwar meist zusammen mit den Fruchtkapseln, die mit eigenen Geräten (Stechern) entfernt werden müssen. Die Handelsware kann daher durch Fruchtanteile mehr oder weniger verunreinigt sein. Hibiskusblüten weisen einen schwachen Geruch und einen angenehm säuerlichen Geschmack auf.

Inhaltsstoffe

- Fruchtsäuren (>13,5% nach DAB) darunter vor allem Zitronensäure, Hydroxyzitronensäure (Lactonform = Hibiscussäure);

Hibiskusblüten   Hibisci flos
Hibiscus sabdariffa   Malvaceae

Herkunft:
Kulturen im Sudan, in Ägypten, Thailand.

Pflanze (Abb. 2.13):
1jährige bis 1,5 m hohe Pflanze mit gelappten Laubblättern. Kronblätter blaßgelb mit dunkelbraunen Flecken. Innenkelch 5lappig lang, Außenkelch kürzer, vielspaltig.

Anwendung:
1) Als Schönungsdroge und Geschmackskorrigens.
2) Erfrischungsgetränk.

Inhaltsstoffe:
1) Fruchtsäuren (mindestens 13,5% DAB) mit Zitronensäure u. a. Säuren.
2) 1,6% Anthocyane; Flavonoide.
3) Schleimstoffe und Pektine.

Anmerkung:
Die Droge besteht aus Kelch und Außenkelch nach dessen Abblühen.

- Anthocyanglykoside (etwa 1 %), darunter Delphinidin-3-xyloglucosid (= Hibiscin) und Cyanidin-3-xyloglucosid;
- Flavonolglykoside, insbesondere Gossypetin-3-glucosid;
- Schleimstoffe.

Anwendung

Der Gehalt an Fruchtsäuren in Verbindung mit dem hohen Schleimgehalt, der den sauren Geschmack mildert, macht das Infus aus Hibiskusblüten zu einem koffeinfreien Erfrischungsgetränk, das zudem – bedingt durch den hohen Anthocyanidingehalt – auch das Auge anspricht.

In der Volksmedizin werden Hibiskusblüten angewandt zur Appetitanregung, bei Erkältungen, Katarrhen der oberen Luftwege und des Magens, zur Schleimlösung, als mildes Abführmittel, zur Entwässerung, bei Kreislaufbeschwerden. Die Wirksamkeit bei den genannten Anwendungsgebieten ist fraglich, zumindest nicht hinreichend dokumentiert.

In der Lebensmittelindustrie verwendet man die Droge zum Einfärben von Gelees und Konfitüren.

2.2.14
Hagebutten

Herkunft

Die Hagebutten stammen von der Heckenrose *Rosa canina* L. (Familie: *Rosaceae*) und verwandten, bei uns heimischen Wildrosenarten. *R. canina* ist ein 1–5 m hoher Strauch mit überhängenden Zweigen und derben, sichelförmigen „Dornen" (botanisch-morphologisch Stacheln). Die radiären Blüten sind hellrosa oder weiß. *Rosa pendulina* L. var. *pendulina*, die Alpenheckenrose, wird bis 2 m hoch und ist „dornenlos". Blütenfarbe: dunkelrosa.

Die Droge stellt eine Sammelfrucht dar, bestehend aus den Achsenbechern und den darin sitzenden Früchtchen (pharmazeutisch als *Cynosbati semen* bezeichnet). Da die Fruchtsäuren im fleischigen Teil der Sammelfrucht lokalisiert sind, sollte der Anteil an harten Kernen auf keinen Fall über 55 % ausmachen. Es sind auch entkernte Hagebutten (*Rosa-canina*-Früchte ohne Samen) im Handel. Die Hagebuttenkerne (*Rosa-canina*-Samen) bilden ihrerseits ein eigenes Handelsprodukt.

Sensorische Eigenschaften

Hagebuttenschalen riechen aromatisch-fruchtig; der Geschmack ist fruchtig, süßsäuerlich (je nach Reifungsgrad).

Inhaltsstoffe

- Fruchtsäuren, insbesondere Äpfel-, Zitronen- und Ascorbinsäure:
- Carotinoide (Lycopin, Xanthophyll);

> **Hagebuttenschalen**   Rosae pseudofructus
> Rosa canina   Rosaceae
>
> *Heimat:*
> Europa, Asien, Nordafrika.
>
> *Herkunft:*
> Chile, Osteuropa.
>
> *Pflanze (Abb. 2.14):*
> 1,5 bis mehrere Meter hoher Strauch mit überhängenden Ästen. Stacheln reichlich, gekrümmt. Laubblätter 5- bis 7zählig gefiedert, Nebenblätter an den Laubblättern, schmal. Blüten einzeln oder in Doldenrispen. Kelchbecher länglich oval, Kronblätter hellrosa, Scheinfrucht eiförmig, glatt, scharlachrot.
>
> *Anwendung:*
> 1) Erfrischungstee.
> 2) Unterstützung bei Vitamin-C-Mangel.
>
> *Inhaltsstoffe:*
> 1) Fruchtsäuren: Zitronensäure, Vitamin C (0,5–1,7 %).
> 2) Zucker.
> 3) Pektine, Gerbstoffe.
>
> *Anmerkung:*
> Hagebuttenkerne (Cynosbati semen) enthalten etwas ätherisches Öl, ca. 10 % fettes Öl, und wurden volksmedizinisch als Diuretikum verwendet.

- Zucker (10–14 % Invertzucker, 2 % Saccharose) und, typisch für Rosazeen, der Zuckeralkohol D-Glucit (Sorbit);
- Gerbstoffe und Pektine.

Hinweise

Frisch geerntete und bei Raumtemperatur getrocknete Hagebutten können bis zu 1 % Ascorbinsäure enthalten; die übliche Handelsware weist sehr oft keinen Vitamingehalt mehr auf.

Anwendung

Als Infus. Hagebuttentee ist ein angenehm säuerlich schmeckender Tee, der kalorienarm ist und dem die erregende Coffeinwirkung des schwarzen Tees abgeht. Hagebutten werden gern mit Hibiskusblüten kombiniert.

2.2.15
Sonnenhut

Herkunft

Echinaceae ist ein Gattungsname für eine zur Familie der Asteraceae (Compositae) zählenden Pflanzenfamilie. Der Name wird zugleich zur Kennzeichnung einer hete-

Sonnenhutwurzel　　　　　　　Echinaceae angustifoliae radix
Echinacea angustifolia　　　　　　Asteraceae

Herkunft:
USA, kultiviert.

Pflanze (Abb. 2.16):
Pflanze 60–90 cm mit rauhem einköpfigem Stengel; Blatt länglich-lanzettlich, 3nervig, grundständig langgestielt; Zungenblüten 15–20, kurz zurückgebogen, 2zähnig, blaßpurpurn, Röhrenblüten grünlich.
E. pallida: Zungenblatt lang herunterhängend,
E. purpurea: Blatt eiförmig, Blüten purpurn.

Anwendung:
1) Zur unterstützenden Therapie bei Erkältungskrankheiten.
2) Äußerlich als Wundheilmittel.

Inhaltsstoffe:
1) Polysaccharide (Heteroglykane).
2) Kaffeesäureester, Echinacosid, Cichoriensäure.
3) Polyacetylene, ätherisches Öl, Alkamide.

Anmerkung:
Analytischer Leitstoff ist Cynarin.

rogenen Gruppe pflanzlicher Arzneimittel verwendet: man spricht von Echinacea-Präparaten. Als Stammpflanze der Ausgangsdrogen für diese Arzneimittelgruppe dienen die folgenden drei Pflanzenarten: *Echinaeceae angustifolia* A. HELLER, *E. pallida* NUTT. und *E. purpurea* (L.) MOENCH. Verwendet werden zur Herstellung sowohl die unterirdischen Teile, als auch das zur Blütezeit gesammelte Kraut. Somit kommen zur Herstellung von Echinacea-Zubereitungen die folgenden 6 Drogen in Frage:

- Echinacea-angustifolia-Kraut (Echinaceae angustifoliae herba),
- Echinacea-angustifolia-Wurzel (Echinaceae angustifoliae radix),
- Echinacea-pallida-Kraut (Echinaceae pallidae herba),
- Echinacea-pallida-Wurzel (Echinaceae pallidae radix),
- Echinacea-purpurea-Kraut (Echinaceae purpureae herba),
- Echinacea-purpurea-Wurzel (Echinaceae purpureae radix).

Von den aufgezählten Drogen war Echinaceae angustifoliae radix (Sonnenhutwurzel) im DAB 9 monographiert, doch ist die Monographie nicht in das DAB 10 übernommen worden. Für 2 Drogen liegen positive Bewertungen des therapeutischen Nutzens von Seiten einer Kommission am ehemaligen Bundesgesundheitsamt (Kommission E) vor: für die Echinacea-pallida-Wurzel und für das Echinacea-purpurea-Kraut.

Unterschiedlich ist sodann die Extraktionsweise der Drogen. Im Handel sind sowohl ethanolische Tinkturen, wäßrige Extrakte und Frischpflanzenauszüge.

Inhaltsstoffe

Chemische Analysen liegen für die Drogen vor, nicht für Drogenzubereitungen oder Fertigarzneimittel. In der Regel ist nicht bekannt, welche der Drogeninhaltsstoffe in die jeweilige Zubereitung übergehen und in welcher Konzentration. Das Inhaltsstoffspektrum der Zubereitungen ist von der Art des Extraktionsmittels abhängig, wird aber auch wesentlich durch die Stabilität der jeweiligen Inhaltsstoffe mitbestimmt.

Zwei Gruppen von Inhaltsstoffen werden mit den immunstimulierenden Wirkungen von Echinaceazubereitungen in Verbindung gebracht: die Polysaccharide und die Kaffeesäurederivate.

Polysaccharide. Chemisch definierte Produkte wurden hauptsächlich aus Echinacea-purpurea-Kraut isoliert: Echinaceapolysaccharid I ist ein 4-O-Methylglucuronoarabinoxylan mit einem mittleren Molekulargewicht von 35000 D; Echinaceapolysaccharid II stellt ein Xyloglucan mit M = 79500 D dar. Es kommt ferner ein pektinartiges Polysaccharid vor, das nicht näher charakterisiert wurde.

Kaffeesäurederivate. Kaffeesäure (3,4-Dihydroxyzimtsäure) kommt in den 6 Drogen in Form der folgenden Varianten vor:

- als Ester mit Chinasäure, insbes. als Chlorogensäure (3-O-Caffeoylchinasäure) und als Isochlorogensäure. Unter Isochlorogensäure versteht man Gemische stellungsisomerer Di-O-Caffeoylchinasäuren vom Typus des Cynarins (1,5-O-Dicaffeoylchinasäure);
- als Ester an Oligosaccharide gebunden, insbes. als Verbascosid und Echinacosid;
- als Ester mit (+)-Weinsäure, insbes. als 2-O-Caffeoylweinsäure (Caftarsäure) und als 2,3-Di-O-caffeoylweinsäure (Cichoriensäure).

Verwendung

Die Wurzeldrogen zur Herstellung eines Infuses oder Dekoktes (etwa 1%ig) zur äußerlichen Anwendung. Preßsaft aus der frischen Herbadroge zur Herstellung von Injektionslösungen und – durch Alkoholzusatz haltbar gemacht – von Liquidumpräparaten. Fluidextrakte und Tinkturen (mit 45%igem Alkohol), bevorzugt aus den Wurzeldrogen. Perkolate und Trockenextrakte für Kombinationspräparate in Salben-, Tabletten-, Dragee- und Suppositorienform.

Anwendungsgebiete

Innerlich: Intravenös oder intramuskulär (Ampullen) zur Aktivierung der unspezifischen Abwehr in Prodromal- oder Initialstadien von Infektionskrankheiten.

Per-os-Präparate: Als begleitende Therapie bei Karbunkel, Abszessen, bei Furunkulose, Nasen-Rachen-Katarrh und *Tonsillitis*. Anmerkung: Die Wirksamkeit beim gewöhnlichen viralen Infekt ist umstritten.

Äußerlich: Als Umschlag bei Verätzungen, Erfrierungen, leichten Brandwunden; als Salbe bei entzündlichen Hauterkrankungen (trockenen Ekzemen), Sonnenbrand, gegen Herpes simplex.

2.3
Inulin: Wegwarte

Chemischer Aufbau

Als Fructosane oder Fructane bezeichnet man Polysaccharide, die ganz oder überwiegend aus Fructose aufgebaut sind. Monomere Grundeinheit ist die β-D-Fructofuranose (Abkürzung: Fru$f$.). Die ketalische 2-OH der Fru$f$ ist bei den natürlichen Fructosanen glykosidisch an eine der beiden primären alkoholischen OH-Gruppen (1-OH oder 6-OH) gebunden. Man unterscheidet:
- den Inulintyp mit Verknüpfung 2 → 1,
- den Phleintyp mit der Verknüpfung 2 → 6,
- den Inulin-Phlein-Mischtyp, der sowohl (2 → 1)-Bindungen (in der Hauptkette) als auch (2 → 6)-Bindungen (in den Seitenketten) aufweist.

$$\beta\text{-D-Fru}f\text{-(2} \rightarrow \begin{bmatrix} 1)\text{-}\beta\text{-D-Fru}f\text{-(2} \\ 6 \\ \uparrow \\ 2 \\ \beta\text{-D-Fru}f \\ 6 \\ \uparrow \\ 2 \\ \beta\text{-D-Fru}f \end{bmatrix}_5 \cdot \begin{bmatrix} 1)\text{-}\beta\text{-D-Fru}f\text{-(2} \end{bmatrix}_9 \rightarrow \begin{bmatrix} 1)\text{-}\beta\text{-D-Fru}f\text{-(2} \\ 6 \\ \uparrow \\ 2 \\ \beta\text{-D-Fru}f \end{bmatrix}_2 \rightarrow 1)\text{-}\beta\text{-D-Glc}p$$

Inulin

Inulin wurde zuerst aus *Inula*-Arten (Familie: *Asteraceae [Tubuliflorae])* isoliert. Es kommt als Reservekohlenhydrat in allen mehrjährigen Kompositen vor. Beispiele für Inulin führende Pflanzen sind:
- *Cichorium intybus* L. var *sativum* DC speichert Inulin in der Rübe und liefert die Wurzel- oder Kaffeezichorie.
- *Helianthus tuberosus* L. speichert Inulin in Sproßknollen und liefert Topinambur.

Ansonsten ist Inulin Inhaltsstoff einer Reihe von Drogen, aber nicht nur aus der Familie der Kompositen (Löwenzahnwurzel, Wurzel von *Echinacea*-Arten) sondern auch anderer Pflanzenfamilien, wie der Boraginazeen (Wurzel von *Symphytum officinale*) oder der Gentianazeen (*Gentiana-lutea*-Wurzel).

Eigenschaften

Inulin ist ein weißes, geschmack- und geruchloses Pulver, das sich leicht in heißem Wasser ohne Kleisterbildung löst. Die wäßrige Lösung ist linksdrehend $\alpha_D = -40°$.

> **Wegwartenwurzel**　　　　　Cichorii radix
> Cinchorium intibus var. sativum　　Cichoriaceae
>
> *Herkunft:*
> Europa, Nordwestafrika, Westasien.
>
> *Pflanze* (Abb. 2.16):
> Sparrige Pflanze mit langer spindelförmiger Wurzel, 1 m hoher Stengel, verästelt; untere Blätter fiederspaltig, obere lanzettlich; Blüten blau sitzend.
>
> *Anwendung:*
> Appetitlosigkeit, dyspeptische Beschwerden.
>
> *Inhaltsstoffe:*
> Bitterstoffe, Inulin, Pentosane.

Iod gibt keine Färbung. Mit α-Naphtol-Schwefelsäure violette Farbreaktion. Bedeutend leichter hydrolytisch spaltbar als Stärke (Halbwertszeit in 0,5 MH_2SO_4 bei 20 °C 370 – 390 min.

Schicksal im Organismus

Nach peroraler Zufuhr von Inulin scheint ein kleiner Teil gespalten zu werden und zur Resorption zu gelangen. Die größte Menge gelangt ungespalten in den Dickdarm und wird dort durch die Intestinalflora abgebaut. Nach Aufnahme größerer Mengen Inulin kommt es zu Meteorismus und enteritischen Erscheinungen.

Intravenöse Zufuhr von Inulin führt zu rascher Elimination in unveränderter Form über die Nieren nach glomerulärer Filtration. Man verwendet Inulin in Form einer 10 %igen Lösung als diagnostisches Reagens zur Messung der glomerulären Filtrationsrate.

Literatur

Bauer R (1994) Echinacea. Eine Arzneidroge auf dem Weg zum rationalen Phytotherapeutikum. Dtsch Apotheker Z 134:94

Franz G (1992) Pflanzliche Laxanzien. Hinweise für die Beratungspraxis. Dtsch Apotheker Z 132:1697

Füsger I, Schumann C (1994) Lactulose: Klassische Indikationen und potentielle Anwendung. Pharm Z 15:1155

Green MM, Blankenhorn G, Hart H (1975) Which starch is watersoluble, amylose or amylopectin? J Chem Educ 52:729 – 730

Jaspersen-Schib R (1992) Ballaststoffe als Lipidsenker? Dtsch Apotheker Z 132:1991

Laatsch H (1992) Polysaccharide mit Antitumor-Aktivität aus Pilzen. Pharmazie Unserer Zeit 4:159

Morck H (1991) Algen – Lieferanten für Hilfsstoffe in der Lebensmittelindustrie und Pharmazie. Pharm Z 136:2625

Peruche B, Schulz M (1993) Lactitol: Laxans und Lebertherapeutikum. Pharm Z 138:1388

Farbtafeln zur Kapitel 2 57

Abb. 2.2 Zuckerrohr

Abb. 2.3 Baumwollpflanze, Blüte und reife Kapsel

Abb. 2.4 Isländisches Moos

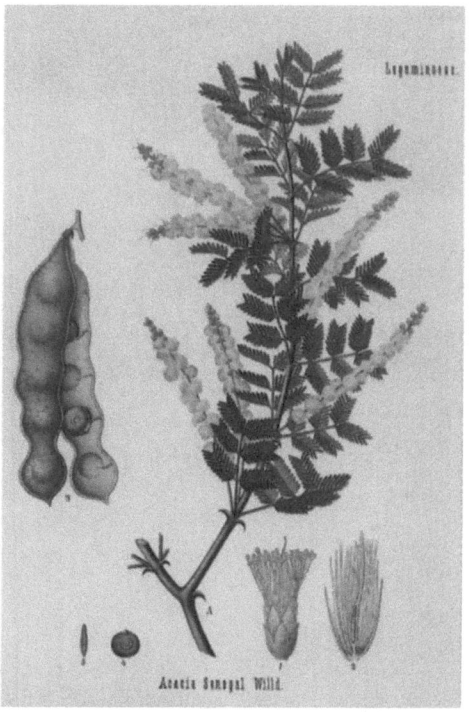

Abb. 2.5 *Acacia senegal*, blühender Zweig und Frucht

58   2 Kohlenhydrate

Abb. 2.6   *Astragalus gummifer*, blühender Zweig

Abb. 2.7   Bockshornklee

Abb. 2.8   Eibisch, Blütenstand

Farbtafeln zur Kapitel 2   59

Abb. 2.9   Flohwegerich, Standortaufnahme

Abb. 2.10   Huflattich, Standortaufnahme

60   2 Kohlenhydrate

Abb. 2.11 Lindenblüten

Abb. 2.12 Blasentang

Abb. 2.13 Hibiskusblüten

Abb. 2.14 Heckenrose: Blüte, *Foto: Herbert E. Maas*

Abb. 2.14 Heckenrose: Scheinfrucht, *Foto: Herbert E. Maas*

Abb. 2.15 Sonnenhut

Abb. 2.16 Wegwarte, *Foto: Herbert E. Maas*

KAPITEL 3

Isoprenoide

3.1
Terminologie, die Isoprenregel, Einteilung, Vorkommen

Isoprenoide, auch als Terpene und Terpenoide bezeichnet, sind Naturstoffe, deren Struktur sich durch Vervielfachung von C_5-Isopren-Einheiten (Isopren = 2-Methylbutadien) aufbaut.

Die Gruppeneinteilung der Terpene orientiert sich jedoch nicht an diesem biologischen Bildungsprinzip aus C_5-Bausteinen. Basiseinheit bilden die aus 10 Kohlenstoffatomen, d. h. aus zwei C_5-Einheiten, bestehenden Monoterpene (Abb. 3.1 und 3.2). Nach der Anzahl der zum weiteren Aufbau verwendeten C_{10}-Monoterpene unterscheidet man die Sesquiterpene (*sesqui* lat. eineinhalb), die Di-, Tri-, Tetra- und Polyterpene. Innerhalb jeder Gruppe unterteilt man weiter in azyklische und zyklische Terpene; bei den zyklischen Vertretern trifft man die weitere Unterscheidung nach der Zahl der carbozyklischen Ringe im Molekül (bi-, tri-, tetra-, pentazyklisch).

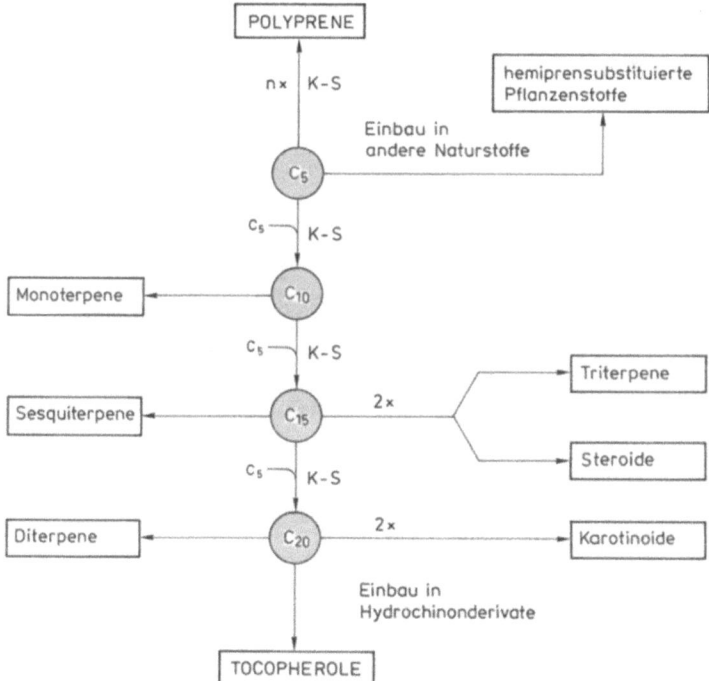

Abb. 3.1 Übersicht über die Hauptgruppen der Isoprenoide

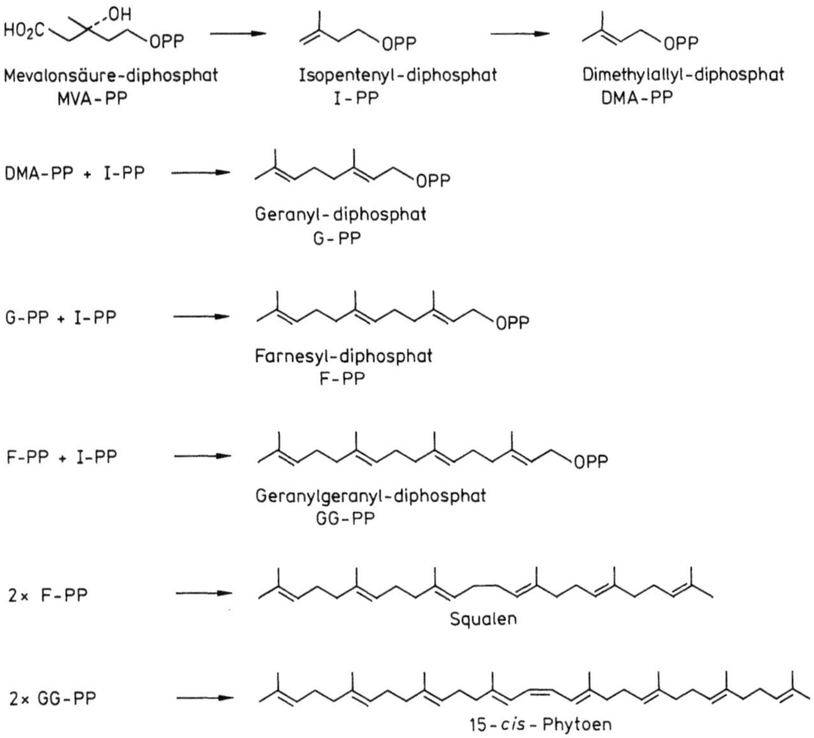

Abb. 3.2 Biosynthese der azyklischen Kohlenwasserstoffe, welche die Muttersubstanzen der Terpene darstellen

3.2
Iridoide und Secoiridoide

3.2.1
Terminologie, Unterteilung

Iridoide sind Naturstoffe mit dem Kohlenstoffgerüst des Cyclopentan-Monoterpens sowie mit mindestens zwei Sauerstoffunktionen im Molekül. Von dem einfachsten Grundkörper der Reihe, dem Iridodial ($C_{10}H_{16}O_2$), das im Wehrsekret von *Iridiomyrmex*-Arten (Ameisen) gefunden wurde, leitet die Stoffgruppe ihre Bezeichnung her. Im typischen Fall besteht somit das Molekülgerüst aus zehn Kohlenstoffatomen; doch gibt es neben den C_{10}-Iridoiden (z. B. Loganin) auch Vertreter mit neun, seltener auch mit acht Kohlenstoffatomen (Aucubin bzw. Unedosid). Offenbar werden im Zuge der Biosynthese C_1-Bruchstücke, vermutlich als CO_2, eliminiert. Eine weitere Modifikation besteht in der oxidativen Aufspaltung des Cyclopentanringes: Man gelangt zu den Secoiridoiden.

Die Iridoide werden in die folgenden drei Gruppen unterteilt:
- Iridoidglykoside,
- Secoiridoidglykoside,
- Nichtglykosidische Iridoide.

Iridoidglykoside

Mehr als 80 % der bisher bekannten Iridoide gehören in diese Gruppe der glykosidischen Vertreter: Sie haben die folgenden Eigenschaften:
- farblose Kristalle oder weiße hygroskopische Pulver;
- gut löslich in Wasser und Ethanol; praktisch unlöslich in Chloroform, Ether und Petroläther;
- optisch aktiv;
- durch Säuren oder β-Glucosidasen werden sie zersetzt und liefern ein nicht faßbares Aglykon, das zu schwarzen Massen polymerisiert (Ausnahme: Verbenalin liefert Verbenalol, das faßbar ist);
- sie weisen einen stark bitteren Geschmack auf.

Secoiridoidglykoside

Secoiridoidglykoside leiten sich formal von den Iridoidglykosiden ab, indem die Kohlenstoff-Kohlenstoffbindung zwischen den Atomen C-7 und C-8 des Cyclopentanringes gesprengt wird (Abb. 3.3).

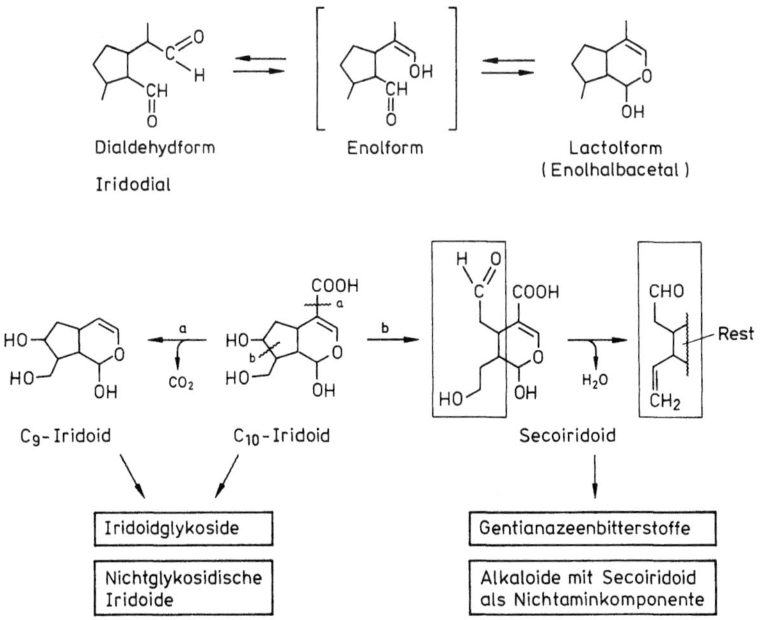

Abb. 3.3 Naturstoffe mit Iridoidskelett

Secoiridoidglykoside, wie Amarogentin, Gentiopikrin oder Oleuropein stellen in reiner Form farblose, optisch aktive Kristalle dar, die in Wasser – anders als die Iridoidglykoside – nur mäßig löslich sind.

3.2.2
Spitzwegerich

Herkunft und Inhaltsstoffe

Es handelt sich um die getrockneten Blätter (Plantaginis lanceolatae folium) oder das getrocknete Kraut (Plantaginis lanceolatae herba) von wildwachsendem Spitzwegerich, *Plantago lanceolata* (Familie: Wegerichgewächse [*Plantaginacecae*]). Wegeriche gehören zu den häufigsten Pflanzen an viel begangenen Weg- und Straßenrändern. Die schmal lanzettlichen Blätter, die durch eine parallele Nervatur gekennzeichnet sind, bilden eine Grundrosette. Man sammelt die Blätter vor der Blütezeit. Falls nicht sorgfältig (rasch) getrocknet wird, verfärben sich die Blätter dunkelbraun. Diese Dunkelfärbung beruht auf der Hydrolyse eines glykosidischen Inhaltsstoffes, des Aucubins; nach enzymatischer Abspaltung der Glucose bildet sich das Aglykon Aucubigenin, das instabil ist und dunkle Polymerisate liefert. Das instabile Aucubigenin hat antibakterielle Eigenschaften. Inwieweit in Spitzwegerich-Zubereitungen noch genügend Aucubin enthalten ist, um antibakteriell wirksam zu sein, ist nicht bekannt. Daneben enthalten Spitzwegerichblätter ein Gemisch an Schleimstoffen (ca. 2%), überwiegend bestehend aus einem Rhamnogalacturonan mit Arabinogalactan-Seitenketten; daneben ein Arabinogalactan und ein Glucomannan.

Spitzwegerichkraut   Plantaginis lanceolatae herba (folium)
Plantago lanceolata   Plantaginaceae

Herkunft:
Europa

Pflanze (Abb. 3.4):
10–40 cm hoher 5kantiger Stengel, Blatt grundständig, Rosette lanzettlich, ganzrandig mit 5–7 parallelen Nerven, Blüte 4zählig, unscheinbar, in länglichen Ähren.

Anwendung:
Innerlich: Katarrhe, Entzündungen der Mundschleimhaut.
Äußerlich: Entzündungen der Haut.

Inhaltsstoffe:
1) Iridoidglykoside mit Aucubin.
2) Schleime.
3) Flavone (Apigeninglucosid), Phenolcarbonsäuren.
4) Gerbstoffe, Saponine.

Anmerkung:
Bei zu langsamer Trocknung Schwarzfärbung durch Spaltung von Aucubin und Polymerisierung des Aglucons.

Anwendung

Als Spitzwegerichhustensaft, als Bestandteil von Hustentees und als Extraktzusatz zu Pastillen wird Spitzwegerich bei Katarrhen der oberen Luftwegen verwendet.

3.2.3
Baldrian und Valepotriate

Herkunft

Baldrianwurzel besteht aus den unterirdischen Organen – Wurzelstock, Wurzeln und Ausläufern – von *Valeriana officinalis* L. *(sensu latiore).*

Valeriana officinalis ist ein mehrjähriges Kraut aus der Familie der *Valerianaceae*. Von einem kurzen, vertikalen Rhizom entsprechen nach allen Richtungen zahlreiche Faserwurzeln. Im Frühjahr entwickelt sich zunächst eine Rosette grundständiger, unpaarig gefiederter Laubblätter, im Sommer dann Stengel, deren Nodien dekussierte, unpaarig gefiederte Laubblätter tragen; die hellrosa, seltener weißen Blüten sind zu rispigen Trugdolden vereinigt. Die kleine Einzelblüte besteht aus der fünfzähligen, leicht asymmetrischen Krone, 3 Staub- und Fruchtblättern, wovon aber nur eines fertil ist.

Drogengewinnung

Die Apothekerware stammt zum größten Teil aus Kulturen, von denen für unser Gebiet die belgischen, die holländischen und die fränkischen am wichtigsten sind. Auch in anderen Ländern (s. Kasten) wird Baldrian angebaut.

Baldrianwurzel   Valerianae radix
Valeriana officinalis s. l.   Valerianaceae

Herkunft:
Europa, West- und Mittelasien, Nordostchina, Japan, Nordamerika.

Pflanze (Abb. 3.5):
Zweijähriges Kraut; Stengel 0,3–1,5 m hoch, kantig gefurcht, hohl; Blätter unpaarig gefiedert; Blütenstand doldenrispig, end- oder achselständig; Rhizom höchstens mit kurzen unterirdischen Ausläufern; Blütenkrone fleischrosa bis weiß.

Anwendung:
Nervöse Erregungszustände, Einschlafstörungen, nervös bedingte krampfartige Schmerzen im Magen- und Darmbereich.

Inhaltsstoffe:
1) Ätherisches Öl (mindestens 0,5 %) mit Borneol, Valeranon, Valerenal.
2) Schwerflüchtige Sesquiterpencarbonsäuren:
 Valeren-, Acetoxyvalerensäure.
3) Valepotriate.

68   3 Isoprenoide

Inhaltsstoffe

- Ätherisches Öl (bis zu 1,5 %; durchschnittlich 0,4 – 0,6 %), darunter Ester der Isovaleriansäure, mit der α-Hydroxyisovaleriansäure, mit Eugenol, Isoeugenol, sowie mit (–)-Borneol; Monoterpene, wie α- und β-Pinen, (–)-Camphen, (–)-Limonen und *p*-Cymol; Sesquiterpene, wie Caryophyllen und β-Bisabolen, insbesondere aber die Sesquiterpen-Carbonylverbindungen Valeranon und Valerenal.
- Schwer flüchtige Sesquiterpencarbonsäuren (0,1 – 0,3 %), insbesondere Valeren- und Acetoxyvalerensäure;
- kurzkettige Carbonsäuren (Butter-, Isovalerian-, Wein-, Bernstein- und Zitronensäure);
- freie Fettsäuren (Öl-, Stearin-, Linol-, Linolen-, Behen- und Arachidonsäure);
- Iridoidester (= Valepotriate);
- aromatische Carbonsäuren (Chlorogen-, Kaffee-, Isoferulasäure);
- Aminosäuren, darunter Tyrosin, Glutamin und GABA (γ-Aminobuttersäure);
- Alkaloide vom Monoterpentyp (z. B. Actinidin, angeblich unter 0,01 %). Die Angabe bedarf der Nachprüfung; ihr Vorkommen konnte nicht bestätigt werden.
- Kohlenhydrate, darunter Stärke sowie hohe Anteile an Glucose (1,5 %), Fructose (1 %), Saccharose (5 %) und Raffinose (3 %).

	R^1	R^2
Valerenal	–CHO	–H
Valerensäure	–COOH	–H
Hydroxyvalerensäure	–COOH	–OH
Acetoxyvalerensäure	–COOH	–OCOCH$_3$

Valeren-Derivate im ätherischen Öl
von *V. officinalis* L.s.l.

Verwendung

Zur Herstellung von Infus, Tinktur, Pflanzensaft und Medizinalwein; zur Herstellung von wäßrigen oder wäßrig-alkoholischen Extrakten, welche ihrerseits Ausgangsprodukte für sehr unterschiedliche Fertigarzneimittel darstellen; für sofortlösliche Tees und für andere Kombinationspräparate in Tabletten-, Kapsel- und Drageeform.

Wirkungen und Wirksamkeit

Die mit isolierten Reinstoffen durchgeführten pharmakologischen Untersuchungen sind zwar von wissenschaftlichem Wert, tragen aber wenig dazu bei, die therapeutische Anwendung der Baldrian enthaltenden Arzneimittel rational zu begründen. Die Hauptgründe dafür sind:

- Die Wirkstoffe sind in zu geringer Konzentration oder überhaupt nicht im Arzneimittel enthalten (z. B. die Valerensäuren, das Valeranon, die „Baldrianalkaloide", die Valepotriate in *Valeriana officinalis*).
- Die experimentelle Situation der parenteralen Applikation oder eine *in-vitro*-Versuchsanordnung lassen sich nicht auf den Menschen übertragen. Beispiel: Die als „die Wirkstoffe des Baldrians" geltenden Valepotriate werden bei der peroralen Applikation nicht unzersetzt resorbiert und gelangen daher nicht an den Wirkort.

Valepotriate

Wenn von Valepotriaten die Rede ist, kann es sich handeln:

- um chemisch definierte Einzelstoffe,
- um standardisierte Gemische mehrerer Valepotriate,
- um chemisch undefinierte Extrakte aus *Valeriana-wallichii*- oder *Valeriana-mexicana*-Wurzeln.

In reiner Form sind die Valepotriate weiße kristalline Substanzen, die in Wasser schwer, in Lipoidlösungsmitteln leicht löslich sind. Nach längerem Lagern können sie nach Isovaleriansäure riechen. Sie schmecken scharfbeißend und leicht bitter.

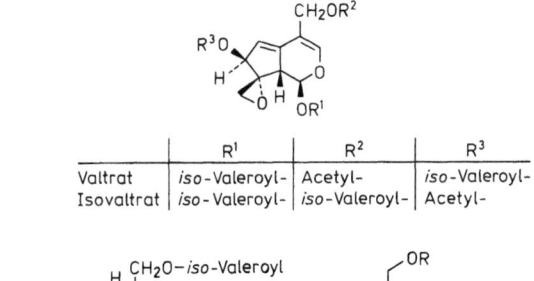

	R^1	R^2	R^3
Valtrat	*iso*-Valeroyl-	Acetyl-	*iso*-Valeroyl-
Isovaltrat	*iso*-Valeroyl-	*iso*-Valeroyl-	Acetyl-

Didrovaltrat

Baldrinal (R = Acetyl)
Homobaldrinal (R = *iso*-Valeroyl)

Chemische Eigenschaften

Die Valepotriate sind wie folgt gekennzeichnet:

- es handelt sich um C_{10}-Iridoide,
- sie tragen neben der obligaten acetalischen 1-OH eine sekundäre OH am C-7 und eine primäre OH am C-11,
- die drei Hydroxyle sind mit kurzkettigen Fettsäuren (Essigsäure, Isovaleriansäure, Acetoxyisovaleriansäure) substituiert,
- zwischen C-8 und C-10 ist ein Epoxidring ausgebildet,
- der Cyclopentanring ist entweder ungesättigt (Doppelbindung zwischen 5,6 = Diëntyp) oder gesättigt (Monoëntyp).

Die Valepotriate sind thermo-, säure- und alkalilabil. Rascher Abbau erfolgt in alkoholischer Lösung, stark verlangsamter Abbau in Lipoidlösungsmitteln (trifft auch für Valepotriate in den Baldrianölen zu).

Baldrinal $C_{12}H_{14}O_4$ ist kristallisierbar und bildet intensiv gelb gefärbte Kristalle.

Toxizität

Die Kurzzeittoxizität beträgt für das Versuchstier Maus (Eickstedt u. Rahmann 1969):

Substanz	LD 50 Intraperitoneal	Perorale Zufuhr
Valtrat	64 mg/kg KG	> 4600 mg/kg K
Didrovaltrat	125 mg/kg KG	> 4600 mg/kg K
Acevaltrat	150 mg/kg KG	> 4600 mg/kg K

Die sehr unterschiedlichen LD 50-Werte bei intraperitonealer und oraler Applikation deuten darauf hin, daß die orale Resorptionsquote sehr gering ist. Hinsichtlich möglicher akuttoxischer Eigenschaften dürften die Valepotriate unbedenklich sein. Hingegen fehlen noch immer Studien zur subchronischen und chronischen Toxizität, was in Anbetracht der Tatsache, das Valepotriate *in vitro* alkylierend wirken, wenig verständlich ist.

Ausgangsmaterial zur industriellen Gewinnung der Valepotriate enthaltenden Extrakte sind

- die Wurzeln von *Valeriana wallichii* DC (pakistanischer Baldrian) und
- die unterirdischen Organe mehrerer in Mexiko wild vorkommender *Valeriana*-Arten, darunter *Valeriana mexicana* DC, *V. edulis* Nutt. subspec. *procera* F. G. W. Mey und *V. sorbifolia* H. B. K.

Die Valepotriatgehalte der beiden Drogen im Vergleich zum Gehalt in offizineller Ware sind, wie folgt (Braun et al. 1983):

V. walichii	5,42 ± 0,16 %,
V. mexicana	4,06 ± 0,17 %,
V. officinalis	0,97 ± 0,04 %.

Valeriana walichii ist in den gemäßigten Klimazonen des Himalaya beheimatet (Kaschmir und Bhutan). Ein Großteil der Droge wird in Afghanistan gesammelt und von dort nach Indien exportiert. Nach Europa gelangen zwei Sorten, die sich in der Valepotriatführung unterscheiden: eine Didrovaltratrasse und eine Valtrat/ Acevaltratrasse, je nachdem welche Valepotriate im Gemisch mengenmäßig überwiegen.

Mexikanischer Baldrian (Handelsbezeichnung) zeigt im typischen Fall das folgende Verteilungsmuster: Isovaltrat (ca. 40 %), Didrovaltrat (ca. 32 %), Acevaltrat (ca. 1 %), IVHD-Valtrat (ca. 10 %).

Anwendungsgebiete

Zur Beeinflussung psychovegetativer und psychosomatischer Störungen bei Unruhe, Angst- und Spannungszuständen, gegen Konzentrationsschwäche.

3.2.4
Enzian

Herkunft

Enzianwurzel besteht aus den im Frühjahr gegrabenen und möglichst rasch – ohne daß fermentative Prozesse in Gang kommen – getrockneten Wurzeln und Wurzelstöcken von *Gentiana lutea* L.

Inhaltsstoffe

Trivialname	R = H; Alkoholkomponente	Säurekomponente R
Amarogentin	Swertiamarin	

- Aromastoffe (in nichtfermentierter Droge nur Spuren).
- Bitterstoffe vom Secoiridoidtyp mit Gentiopikrosid (Synonym: Gentiopikrin) als Hauptkomponente (2–3 %) neben wenig (0,05 %) Amarogentin.
- Phytosterine (= Phytosterole).
- Xanthonderivate (etwa 0,1 %), darunter Gentisin und Isogentisin, frei und glykosidisch.
- Zucker, darunter das schwach bitter schmeckende Trisaccharid Gentianose (2,5–5 %), das beim Trocknen der Wurzel durch Abspaltung des Fructoseteils

in die stärker bitter schmeckende Gentiobiose übergeht (Gehalt 1-8%). Abspaltung der endständigen β-D-Glucose führt zur süß schmeckenden Saccharose, die ebenfalls in der Enzianwurzel vorkommt.
- Polysaccharide: Inulin und gelbildende pektinartige Stoffe.
- Mineralische Bestandteile (etwa 8%).

Wertbestimmende Inhaltsstoffe

Gentiana-lutea-Wurzel enthält neben viel Gentiopikrosid (= Gentiopikrin) wenig Amarogentosid (= Amarogentin). Dennoch wird der Bitterwert der Droge durch den Amarogentingehalt bestimmt, da dessen Bitterwert, bezogen auf Gewichtsbasis, etwa 5000mal größer ist, was durch den etwa 70mal höheren Gehalt der Droge an Gentiopikrosid nicht ausgeglichen wird.

Verwendung

- Als Droge: Grob geschnitten als Bestandteil von Teemischungen.
- Als Tinktur (*Tinctura Gentiamae*), auch als Bestandteil von Tinkturen.
- Als Extrakt (Perkolat-, Fluidextrakt, Trockenextrakt) zu Fertigarzneimitteln in Tropfen-, Tabletten- und Drageeform sowie als Bestandteil von Instanttees (Sprühtrockenextrakt).
- Zur Herstellung von Enzian oder Enzianbranntwein. Soll durch Abtrieb von Maische aus vergorenen Enzianwurzeln ohne sonstigen Zusatz hergestellt sein („Edelenzian"). In der Regel ein Destillat von mit Spiritus versetzter Enzianmaische (Mindestalkoholgehalt 38% V/V). Enzianbranntwein enthält keine Bitterstoffe.

Wirkungen, Anwendungsgebiete

Die Bitterstoffe intensivieren auf reflektorischem Wege, von den Sinnesorganen der Mundhöhle aus, die Magensaftsekretion; sie induzieren reflektorisch zugleich

---

Enzianwurzel Gentianae radix
Gentiana lutea Gentianaceae

Pflanze (Abb. 3.6):
50-140 cm hohe Staude, gegenständige Blätter mit Parallelnervatur, Blüten gestielt zu 2-10 in Achseln der oberen Blätter.

Herkunft:
Frankreich, Spanien, Balkanländer.

Anwendung:
Verdauungsbeschwerden wie Appetitlosigkeit, Völlegefühl, Blähungen; zur Appetitanregung.

Inhaltsstoffe:
1) Bitterstoffe, Gentiopikrosid, Amarogentin.
2) Aromastoffe.
3) Xanthone.
4) Kohlenhydrate: Gentianose, Inulin.

auch eine Ausschüttung von Galle ins Duodenum (cholagoger Effekt). Entleerungsgeschwindigkeit des Magens und Passagegeschwindigkeit des Speisebreis durch den Dünndarm bleiben unbeeinflußt. Auf den Kreislauf haben Enzianzubereitungen eine Wirkung, ähnlich wie sie nach schneller Magenfüllung mit Speise und Flüssigkeit beobachtet werden kann: Es kommt zu einer schlagartigen Senkung des Herzminutenvolumens, was eine Entlastung des Kreislaufs bedeutet. Allerdings hält dieser Effekt nur wenige Minuten lang an.

Enzianbitterstoffe enthaltende Arzneimittel sind indiziert bei Appetitmangel, besonders im Gefolge von Infektionskrankheiten.

Zur Appetitanregung vor den Mahlzeiten zu nehmen. Bei dyspeptischen Beschwerden zur Beseitigung des Völlegefühls wohl besser nach den Mahlzeiten.

Unerwünschte Wirkungen

Gelegentlich können bei empfindlichen Personen Kopfschmerzen ausgelöst werden. Bei Überdosierung Brechreiz bis Erbrechen möglich.

Gegenanzeigen

Magen- und Zwölffingerdarmgeschwüre. Neigung zur Magenübersäuerung.

3.2.5
Tausendgüldenkraut

Herkunft

Die Droge besteht aus den zur Blütezeit gesammelten und getrockneten Teilen von *Centaurium minus* MOENCH. (Synonym: *Centaurium erythraea* RAFN., *Erythraea centaurium* [L.] *Pers.*). Es handelt sich bei der Stammpflanze um ein einjähriges Kraut aus der Familie der Gentianazeen (*Gentianaceae*), das in Europa heimisch, in Nordamerika eingebürgert ist.

Tausendgüldenkraut	Centaurii herba
Centaurium minus	Gentianaceae

Herkunft:
Europa, Nordafrika.

Pflanze (Abb. 3.7):
15–30 cm hohe Pflanze; Stengel fast immer einzeln, erst am Blütenstand verzweigt; Blattstand ebenstraußartig, Krone rosarot, selten weiß.

Anwendung:
Dyspeptische Beschwerden, insbesondere infolge mangelnder Magensaftbildung; zur Appetitanregung..

Inhaltsstoffe:
1) Bitterstoffe (Bitterwert mindestens 2000) mit Secoiridoiden.
2) Xanthone.
3) Flavonoide, Phenylcarbonsäuren, Sterole.

74   3 Isoprenoide

Inhaltsstoffe

Neben geringen Mengen flüchtige Stoffe (ätherisches Öl) als die Wirksamkeit bestimmend mehrere Bitterstoffe vom Secoiridoidtyp, insbesondere Gentiopikrosid (= Gentiopikrin), Swertiamarin, Swerosid und Centapikrosid (= Centapikrin). Ferner Xanthone, Flavone, Triterpene und Phytosterole.

Verwendung

Analog wie Enzianwurzel als Bittertonikum und Cholagogum.

3.3
Sesquiterpene

Biosynthese der Sesquiterpene

Verlängerung von Geranyl- oder Neryldiphosphat mit Isopentenyldiphosphat führt zum Farnesyldiphosphat, von dem vier verschiedene stereoisomere Formen existieren. Das 2-*trans*-6-*trans*-Isomere fungiert als Ausgangsstufe des Squalens (Abb. 3.2). Auch die Biosynthese der Sesquiterpene nimmt vom 2-*trans*-6-*trans*-Farnesyldiphosphat seinen Ausgang, doch müssen vor einer Zyklisierung bestimmte Isomerisierungen der Doppelbindungen postuliert werden: 2-*trans* → 2-*cis* bzw. 6-*trans* → 2-*cis*. Die Mechanismen dieser Isomerisierungsreaktionen sind wenig gut bekannt.

3.3.1
Artemisinin

Artemisinin (= Qinghaosu) ist ein Inhaltsstoff einer alten chinesischen Arzneidroge, dem Kraut von *Artemisia annua* L. (Familie: *Asteraceae*), die seit etwa 2000 Jahren unter dem Namen Qinghao verwendet wird. Kristallisiert in Nadeln, die optisch aktiv sind. Die LD50 (mg/kg KG Maus) beträgt oral 5105 und i. p. 1558. In breit angelegten pharmakologischen, toxikologischen und klinischen Prüfungen erwies sich Artemisinin als ein wirksames Antimalariamittel, welches die Parasiten in ihrer Gewebeform rascher abtötet als Chloroquin oder Chinin. Als beste Applikationsform erwies sich die intramuskuläre Injektion (0,3 g pro Tag, insgesamt 3 Tage lang). Es wurden auch Fälle von *Falciparum*-Malaria geheilt, die gegenüber anderen Chemotherapeutika resistent waren.

Artemisinin
(= Qinghaosu)

3.3.2
Guajazulen

Guajazulen kommt als solches nicht in der Natur vor, vielmehr bildet es sich als Artefakt bei der Gewinnung und Aufarbeitung bestimmter ätherischer Öle. Von praktischem Interesse sind die sog. Guajazulenbildner; es sind dies Pflanzenstoffe, die sich leicht partialsynthetisch durch Dehydrierung in Guajazulen überführen lassen. Guajazulenbildner sind in großer Zahl bekannt, darunter das Guajol, das zuerst im Guajakholz (von *Guajacum*-Arten, Familie: *Zygophyllaceae*) entdeckt wurde.

In bestimmten pharmakologischen Modellen erweist sich Guajazulen, ebenso wie Chamazulen, als lokal entzündungshemmend und antiallergisch wirksam. Die therapeutische Relevanz der nachgewiesenen Effekte ist umstritten.

R		
CH_3	Guajazulen	$C_{15}H_{18}$
H	Chamazulen	$C_{14}H_{16}$

blaue Öle

Anwendung

- Innerlich in Einzeldosen von 20 mg (*peroral*) gegen eine Vielzahl entzündlicher Prozesse im Bereich des Magen-Darm-Trakts, der Atemwege sowie der Haut (Ekzeme, Dermatiden).
- Äußerlich als Bestandteil von Pudern oder Salben zur Hautpflege (Körperpflege, Säuglings- und Kleinkinderpflege), auch bei entzündlichen Hauterkrankungen sowie bei Sonnenbrand.

3.3.3
Helenalin

Helenalin wurde zuerst aus *Helenium*-Arten (Familie: *Asteraceae*) isoliert; die etwa 40 zur Gattung *Helenium* zählenden Arten sind in Nordamerika heimisch; *H.*-Hybriden werden in Europa als Zierpflanzen gezogen. Helenalin ist eine farblose kristalline Substanz, die stark bitter schmeckt und schleimhautreizend, insbesondere Niesen erregend wirkt. In Wasser nur mäßig löslich; gut löslich in Alkohol und Chloroform. Dem chemischen Aufbau nach gehört Helenalin in die Gruppe der Pseudoguianolide. In Position C-6 ist das Molekül durch eine α-ständige OH-Gruppe substituiert. In Arnikablüten kommen neben freiem Helenalin C-6-substituierte-Ester niederer Fettsäuren vor.

In pharmakologischen Modellen zur Testung antiphlogistischer Effekte (durch Carrageen induziertes Rattenpfotenödem, chronische Adjuvansarthritis) wirkt

Helenalin in Dosen von 2,5 mg/kg KG (intraperitoneal) entzündungshemmend. Eine Reihe weiterer Wirkungen wurden nachgewiesen: antimikrobielle, antihyperlipidämische, antiallergische, antineoplastische und zytotoxische. Eine klinische Verwertung dieser Effekte ist bisher nicht in Sicht.

Höhere Dosen sind für den Säugetierorganismus stark giftig. Die LD50 (Maus) beträgt 150 mg/kg KG. Beim Menschen äußern sich Intoxikationen in schweren Gastroenteritiden; auch kann es zu Lähmungen der Willkür- und Herzmuskulatur kommen. Helenalin gehört zur Gruppe jener Sesquiterpenlactone, welche zu Kontaktdermatiden führen können.

3.3.4
Valerensäure

Valerensäure kommt neben dem Hydroxy- und Acetoxyderivat in Mengen von 0,1 – 0,3 % im offizinellen Baldrian vor. Weiße Kristalle, geruch- und geschmacklos; in Wasser schwer, in Alkohol gut löslich; gegenüber schwachen Säuren und Alkalien stabil; nicht empfindlich gegenüber Luftsauerstoff; daher während der Lagerung von Drogen und Baldrianfertigarzneimitteln innerhalb der üblichen Lagerdauer stabil.

Valerensäure wirkt in Dosen von 5 mg/kg KG (Versuchstier: Maus; intraperitoneale Injektion) ZNS-dämpfend, meßbar durch Aktivitätshemmung im Lichtschrankentest, und durch negativen Einfluß auf das Drehstabverhalten. *In vitro* wurde Hemmung des γ-Aminobuttersäureabbaus festgestellt.

3.3.5
Schafgarbenkraut

Herkunft

Während der Blüte gesammelte und getrocknete Sproßteile von *Achillea millefolium* L. Es handelt sich um eine Sammelart, die nach morphologischen und/ oder zytogenetischen Gesichtspunkten in mehrere Unterarten untergliedert wird. Einschränkend wird oft eine Droge verlangt, die ein chamazulenführendes ätherisches Öl liefert.

Inhaltsstoffe

Die Zusammensetzung variiert je nach Herkunft (Unterart) ziemlich stark. Über die Variabilität der Inhaltsstoffe liegen kaum Untersuchungen vor, wie überhaupt die Droge nur sehr unzulänglich untersucht ist.

- Ätherisches Öl (0,2 bis > 0,3 %) mit einem an Kampfer erinnernden Geruch. In einem azulenfreien Öl wurden gefunden:
  (–)-Kampfer (~18 %), Sabinen (12 %), 1,8-Cineol (10 %), Artemisiaketon (= Isoartemisiaketon, 9 %), α-Pinen (9 %), (–)-Borneol (frei und als Acetat; 8 %), Camphen (6 %). Proazulenhaltige Sorten liefern ein ätherisches Öl, das zu etwa 25 % aus Chamazulen besteht; auf die Droge bezogen liefern 100 g 40 – 70 mg Chamazulen.

- Sesquiterpene. Ein Teil ist mit Wasserdampf flüchtig und stellt insofern den schwerer flüchtigen Anteil des ätherischen Öls.
- Germacranolide, darunter Millefin und Balchanolid,
- Guajanolide, darunter das Prochamazulen, Achillicin = 8-Acetoxyartabsin, ferner Leukodin, und 2,3-Dehydrodesacetoxymatricin.
- Acetylenderivate,
- Phenole in unterschiedlicher Ausgestaltung:
als Phenolcarbonsäuren (hauptsächlich Kaffeesäure),
als Cumarine (etwa 3 %),
als Flavonoide, und zwar Apigenin und Luteolin sowie deren 7-O-Glykoside, auch Isorhamnetin,
Gerbstoffe (Tannintyp; 3 – 4 %).
- Einfache Verbindungen mit N im Molekül: L-4-Hydroxystachydrin (= Achillein = Betonicin), Stachydrin und Cholin.

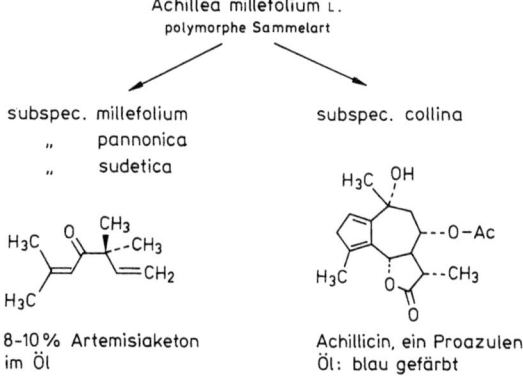

Schafgarbenkraut Millefolii herba
Achillea millefolium Asteraceae

Herkunft:
Europa, Westasien, Kaukasus, Nordamerika.

Pflanze (Abb. 3.8):
Höhe 20 – 80 cm; Stengel aufrecht, Blätter 2- bis 3fach gefiedert; Blütenköpfchen 4 – 6 mm breit, in vielköpfiger Doldentraube; Zungenblüten weiß oder rosa.

Anwendung:
Leichte Magen-, Darm-, Gallestörungen; Magenkatarrh, zur Appetitanregung.
Bei Einnahme: Appetitanregung; dyspeptische Beschwerden wie leichte, krampfartige Beschwerden im Magen-Darm-Bereich.
In Sitzbädern: Bei Pelvipathia vegetativa (schmerzhafte Krampfzustände psychovegetativen Ursprungs im kleinen Becken der Frau).

Inhaltsstoffe:
1) Ätherisches Öl [mindestens 0,15% (DAB)] mit Chamazulen (0-25%), Kampfer, Sabinen, Cineol, Pinen.
2) Sesquiterpene: Millefin, Achillicin.
3) Acetylene: Matricariaester.
4) Kaffeesäure, Cumarine, Flavone (Apigenin), Gerbstoffe.

Hinweis:
In seltenen Fällen bei Hautkontakt mit Blüten Allergien. In der Regel enthalten nur tetraploide Pflanzen Prochamazulen.

Indikationen

Leichte krampfartige Magen-Darm-Gallestörungen, dyspeptische Beschwerden, Appetitlosigkeit.

Unerwünschte Wirkungen

Schafgarbe kann Allergien vom verzögerten Typ (Kontaktdermatitis; juckende und entzündliche Hautveränderungen, Bläschenbildung) auslösen.

3.3.6
Wermutkraut (Absinth)

Herkunft

Die Droge besteht aus den getrockneten Blüten und den Zweigspitzen der zur Blütezeit geernteten Pflanze von *Artemisia absinthium* L.

Inhaltsstoffe

Artabsin $C_{15}H_{20}O_3$

Absinthin $C_{30}H_{40}O_6$ (R= CH_3)

(−)-Thujon

(+)-Isothujon

- Ätherisches Öl (0,2–0,6 %) mit (−)-Thujon, (+)-Isothujon und Thujylalkohol als Komponente; daneben – abhängig von Varietät und chemischer Rasse – wechselnde Mengen Chamazulen, ein Artefakt, das sich erst bei der Destillation aus farblosen Guajanoliden, so aus Artabsin und Absinthin, bildet. Wermutöl italienischer Herkunft (von *A. pontica* L.) enthält anstelle von Thujon als Hauptbestandteil *cis*- und *trans*-Epoxy-Ocimen.
- Bitterstoffe (0,15–0,4 %), in erster Linie Absinthin (0,24 %) und Artabsin (0,10 %); Matricin kann in kleinen Mengen enthalten sein. Anabsinthin ist ein Artefakt; es entsteht bei wenig schonender Aufarbeitung des Pflanzenmaterials aus dem Asinthin durch Isomerisierung
- Nicht bitter schmeckende Sequiterpene, darunter die als Pelanolide bezeichneten monozyklischen Sesquiterpene.
- Lipophile Flavone, darunter 3,3′,4,5,6,7-Hexamethoxyflavon (Artemisitin).
- Weiterhin Bestandteile: Querbrachit (ein Cyclitol); mineralische Bestandteile.

Verarbeitung

Zu Tinkturen und Extrakten. Zur Gewinnung des ätherischen Öls (hauptsächlich für die Parfümindustrie), Wermutwein wird unterschiedlich hergestellt: durch Extraktion der Droge mit gärendem Most oder mit Wein; oder durch Zusatz eines Wermutextrakts zum Wein. Anstelle des „grand absinth" (von *Artemisia absinthium*) wird vielfach auch der „petit absinth" (von *Artemisia pontica* L., römischer Wermut) herangezogen. Auch ist es üblich, weitere bittere oder aromatische Kräuter (wie z.B. Pomeranzenschalen, Enzian, Nelken, Zimt, römische Kamille) zuzusetzen.

Wirkung und Anwendungsgebiete

Regt reflektorisch die Magensaft- und Gallensekretion an.
Bei Appetitlosigkeit; als Tonikum bei postinfektiösen Schwächezuständen; bei (unspezifischen) Essensunverträglichkeiten; bei leichten krampfartigen Magen-Darm-Galle-Störungen.

Wermutkraut   Absinthii herba
Artemisia absinthium   Asteraceae

Herkunft:
Osteuropa.

Pflanze (Abb. 3.9):
Höhe 0,5–1 m; Stengel holzig, mit überwinternden Blattrosetten; Blätter beiderseits seidig filzig; Blütenköpfchen zahlreich, in aufrechter Rispe; Blüten gelb.

Anwendung:
Appetitlosigkeit, Dyspeptische Beschwerden, Dyskinesien der Gallenwege.

Inhaltsstoffe:
1) Bitterstoffe (Bitterwert mindestens 15 000) mit Absinthin, Artabsin.
2) Ätherisches Öl (mindestens 0,2 %) mit Thujon.

Präparate: Als Tee (Infus), Tinktur oder Fertigarzneimittel in Liquidaform. Dragees oder Perlen sind wenig sinnvoll.

Unerwünschte Wirkungen

Wenn Wertmut in zu konzentrierter Form oder über zu lange Zeit hin (kurmäßig) eingenommen wird, kann sich eine ausgesprochene Abneigung gegen die weitere Einnahme entwickeln. Akute oder chronische Vergiftungen durch das Thujon sind daher bei der Verwendung von Drogenextrakten allein schon aus diesem Grunde nicht zu befürchten. Da das (bitterstofffreie) Absinthöl heute nicht mehr zu Spirituosen verarbeitet werden darf, kommen chronische Vergiftungen heute kaum noch vor. Wermutweine enthalten höchstens Spuren an Thujon und sind in dieser Hinsicht unbedenklich.

3.3.7
Löwenzahn

Herkunft

Der Löwenzahn, *Taraxacum officinale* F. WEB, *sensu latiore* (Familie: *Asteraceae, Compositae*) liefert 2 Drogen:

- die im Herbst gegrabene Löwenzahnwurzel,
- die Löwenzahnganzpflanze, bestehend aus Wurzel und Kraut vor der Blüte.

Inhaltsstoffe

Die Droge ist sehr unvollständig untersucht.

- Bitterstoffe, und zwar Sesquiterpensäuren mit Esterbindung an β-D-Glucose (Taraxinsäure- und Dihydrotaraxinsäure-glucosid sowie das Glucosid des Taraxocolids (ein Eudesmanolid).
- Triterpene in der unterschiedlichsten Ausgestaltung: pentazyklische Triterpenalkohole und tetrazyklische Triterpenoide (Cycloartenoltyp neben Phytosterolen (Sitosterol, Stigmasterol); Carotinoide.
- Phenolische Verbindungen: Kaffeesäure, Flavonglykoside, Taraxacosid.
- Kohlenhydrate: Inulin (im Herbst bis 40 %, im Frühjahr etwa 2 %), Fructose.
- Mineralstoffe mit hohem Gehalt an Kaliumsalzen (etwa 5 %).

4-Hydroxyphenyl-essigsäure β-D-Glucopyranose   Butanolid

Taraxacosid, $C_{18}H_{22}O_{10}$

3.3 Sesquiterpene

Löwenzahnkraut mit Wurzel   Taraxaci radix cum herba
Taraxacum officinale   Cichoriaceae

Herkunft:
Gesamte Nordhalbkugel; aus Wildvorhaben und Kulturen.

Pflanze (Abb. 3.10):
10–40 cm, mit langer Pfahlwurzel; Blatt rosettenständig, stark gelappt, fiederspaltig; Blüte einköpfig am hohlen Stengel, gelb, äußere Hüllblätter zurückgeschlagen.

Anwendung:
Störungen des Gallenflusses; zur Anregung des Harnflusses; Appetitlosigkeit und dyspeptische Beschwerden.

Inhaltsstoffe:
1) Bitterstoffe; Eudesmanolide.
2) Triterpene.
3) Carotine, Xanthophylle, Flavonglykoside.
4) Schleimstoffe, Inulin.

Wirkungen, Anwendungsgebiete

Angaben über cholagoge Wirkungen von Taraxacumextrakten fußen auf älteren Arbeiten, die sich nicht reproduzieren ließen. Reflektorische Amarumeffekte wird man Taraxacumpräparationen hingegen nicht absprechen können, sofern es sich um Zubereitungen handelt, die sensorische Reize auslösen können.

Die diuretische Wirkung dürfte auf den hohen Gehalt an Kaliumionen zurückzuführen sein.

Anwendungsgebiete sind funktionelle Störungen im Bereich der Galle; Befindensstörungen im Bereich von Magen und Darm wie Völlegefühl, Blähungen und Verdauungsbeschwerden.

3.3.8
Arnika

Herkunft

Die Droge besteht aus den getrockneten, köpfchenförmigen Blütenständen von *Arnica montana* L. oder von *A. chamissonis* LESS ssp. *foliosa* (NUTT.) MAGUIRE oder von beiden Arten (Familie: *Asteraceae*). *A. montana* stammt aus Wildvorkommen in Jugoslawien, Spanien und Italien. Sie gehört zu den geschützten Pflanzen und wird daher zunehmend durch die kultivierbare Unterart *foliosa* der Nordamerikanischen Wiesenarnika (*A. chamissonis*) ersetzt.

Inhaltsstoffe

- Ätherisches Öl (0,2–0,3%), zur Hauptsache (etwa 50%) aus Fettsäuren und Alkanen bestehend, neben Sesquiterpenen und Polyacetylenen.
- Sesquiterpenlactone vom Pseudogujanolidtyp (etwa 0,2%), insbesondere Helenalin und Dihydrohelenalin, beide frei und verestert.

- Blütenfarbstoffe vom Carotinoidtyp (Xanthophylle).
- Phenolcarbonsäuren, darunter Chlorogensäure (etwa 0,05%), Kaffeesäure (etwa 0,04%) neben weniger Ferulasäure und Cymarin.
- Cumarine (Scopoletin und Umbelliferon, keine Mengenangaben, wohl sehr wenig).
- Flavone (0,4 - 0,6%), darunter Quercetin-3-glucosid (Isoquercitrin), Kämpferol-3-glucosid (Astragalin) und Luteolin-7-glucosid.

R = H: Thymol
R = CH$_3$: Thymolmethylether

R = H: Helenalin

Dihydrohelenalin

Als die für Arnikablüten charakteristischen Inhaltsstoffe gelten die Sesquiterpenlactone, die in unterschiedlicher chemischer Ausgestaltung und in unterschiedlicher Konzentration auftreten. Bei Herkünften von *A. montana* lassen sich hinsichtlich der Sesquiterpenlactonführung zwei Chemodeme unterscheiden, die geographisch getrennt sind. Bei den aus Mitteleuropa stammenden Pflanzen dominieren anteilmäßig die Helenalinester. Blüten spanischer Herkunft führen ausschließlich oder mengenmäßig vorherrschend Dihydrohelenalinester. Der Gehalt variiert zwischen 0,31 und 1,01%. Herkünfte von *A. .- chamissonis spp. foliosa* sind im Vergleich dazu wesentlich variabler. Der Gesamtgehalt variiert zwischen 0,07 und 1,04%. Einige Populationen führen 4, andere bis zu 18 unterschiedliche Lactone. Nur ein Teil der Herkünfte von Arnica-chamissonis ssp. foliosa-Blüten stimmen hinsichtlich ihres Vorkommens und Gehaltes an Helenalin und 11,13-Dihydrohelenalin mit Arnica-montana-Blüten überein (Willuhn et al. 1994).

Wirkungen

Helenalin verhindert in Dosen von 2,5 mg/kg KG i. p. das Auftreten einer Entzündung, wenn 30 - 180 min später ein Entzündungsreiz durch Carrageenan gesetzt wird (protektiver Effekt).

Die durch *Mycobacterium butyricum* induzierte Gelenkanschwellung (Adjuvansarthritis) der Ratte wird durch Tagesgaben von 2,5 mg/kg/Tag i. p. bei einer Versuchsdauer von 18 Tagen um 77% reduziert.

Anwendungsgebiete

Nur äußerlich anzuwenden! Als 2%iger Aufguß für Umschläge. Die Tinktur - 1 Eßlöffel voll auf 0,25 l Wasser - zu Umschlägen bei Quetschungen, Verstauchungen und Blutergüssen (nie unverdünnt anwenden!). Ölige Auszüge, inkorporiert in Salbengrundlagen, als Arnikasalben bei den gleichen Indikationen.

Arnicae flos   Arnikablüten

A. montana,   Asteraceae
A. chamissonis ssp. foliosa.

Herkunft:
A. montana: Weite Teile Europas bis Südrußland.
A. chamissonis ssp. foliosa: Nordamerika insbes. Kalifornien, Oregon, Washington und Montana, heute auch außerhalb kultiviert.

Pflanzen (Abb. 3.11):
A. montana: Krautige Staude, 20 – 60 cm hoch; mit grundständiger, dem Boden anliegender Blattrosette und 1 – 3 Paaren gegenständiger (!) Stengelblätter, verkehrt eiförmig; Blütenköpfe 1 (selten bis 3), dotter- bis orangegelb, endständig; 5 – 8 cm breit, 12 – 20 Zungenblüten; Röhrenblüten zwittrig, bis zu 100.
A. chamissonis ssp. foliosa: 20 – 90 cm hoch; zahlreiche kreuzgegenständige Blätter, 4 – 10 Paare, sitzend, im unteren und mittleren Bereich gestielt, lanzettlich bis umgekehrt lanzettlich; Blütenköpfe 3 – 15.

Anwendungsgebiete:
Zur Unterstützung bei der Therapie von Zerrungen, Prellungen, Verstauchungen, Muskel- und Gelenkschmerzen, Schwellungen infolge von Quetschungen und stumpfen Verletzungen; Förderung der Resorption von Blutergüssen und der Wundheilung.

Inhaltsstoffe:
1) Sesquiterpenlactone (Pseudoguajanolide) Helenalin, Dihydrohelenalin und Ester davon.
2) Ätherisches Öl 0,2 %, rot mit Azulen, Thymolmethylether, Fettsäure.
3) Flavonglykoside: Isoquercitrin, Astragalin, Luteolin-7-glucosid.

Unerwünschte Wirkungen

Arnikazubereitungen rufen häufig Kontaktallergien hervor, wobei die Sensibilisierungspotenz sehr stark von der Art der Zubereitung abhängt. Arnikasalben wirken sehr schwach sensibilisierend im Vergleich mit der Arnikatinktur, die unverdünnt auf vorgeschädigte Haut gebracht zu einer Gewebszerstörung führen kann. Aber auch bei Anwendung verdünnter Arnikazubereitungen kann es zu Bläschenbildung und zu Ekzemen kommen. Kreuzallergie besteht mit anderen Kompositen wie Rainfarn, Schafgarbe, Chrysanthemen und Sonnenblumen (Hausen 1988).

3.4
Diterpene

Die polaren Diterpene, substituiert mit Hydroxy-, Epoxy-, Carbonyl- und Carboxylgruppen, sind nicht nur chemisch sehr aktiv: sie sind auch in biologischen Systemen sehr aktive Substanzen: als Wuchsstoffe für Pflanzen (Gibberelline), als Bitterstoffe (in Labiaten, z. B. Pikroslavin), als Hautreizstoffe (in Euphorbiazeen und Thymeliazeen, z. B. die Phorbolester), als systemische Gifte und Allergene (Grayanotoxine). Durch Verknüpfung mit einfachen Aminen werden Diterpene als Diterpenalkaloide zu den stärksten Giften überhaupt (Beispiel: Aconitin).

Vorkommen und Eigenschaften biologisch aktiver Vertreter

Phorbol- und Hydroxyingenolderivate bilden in Form ihrer Ester mit lipophilen Säuren (z.B. Linol- und Palmitinsäure) die toxischen Prinzipien von Euphorbiazeen und Thymeliazeen. Sie wirken lokal irritierend und kokarzinogen, d.h. sie stellen die unspezifische Schädlichkeit dar, die während der Initialphase der Karzinogenese die Realisationsphase auslöst.

Euphorbium, der eingedickte Milchsaft der in Marokko heimischen *Euphorbia resinifera*, enthält Phorbol- und Ingenolester. Das Produkt wurde zu hautreizenden Salben und Pflastern verwendet. Auch im Milchsaft der einheimischen Zypressenwolfsmilch, *Eu. cyparissias*, sind irritierende Ingenolester enthalten. Krotonöl, das fette Öl der Samen von *Croton tiglium*, führt Phorbolester, die für die drastische Laxanswirkung verantwortlich sind.

Casben, $C_{20}H_{32}$

Tiglien-Typ

Ingenen-Typ

Phorbol ($R^1 = R^2 = H$)

13,19-Dihydroxyingenol ($R^1 = R^2 = H$)

3.5
Triterpene einschließlich Steroide

Übersicht über die pharmazeutisch interessierenden Stoffgruppen

Die Triterpene sind eine außerordentlich umfangreiche Klasse von Terpenen (Abb. 3.12). Von wenigen Ausnahmen abgesehen, kommen fast nur tetra- und pentazyklische Vertreter vor. Soweit man weiß, synthetisieren alle Organismen die Muttersubstanz aller Triterpene, das Squalen, auf dieselbe Weise: Durch hydrierende Dimerisierung von Farnesyldiphosphat. Somit handelt es sich bei den Triterpenen, aus biochemischer Sicht, eigentlich um Disesquiterpene. Zu den Triterpenen werden auch jene Terpene gezählt, die weniger als 30 Kohlenstoffatome haben. Das Hauptkontingent an Triterpenen mit verminderter C-Zahl stel-

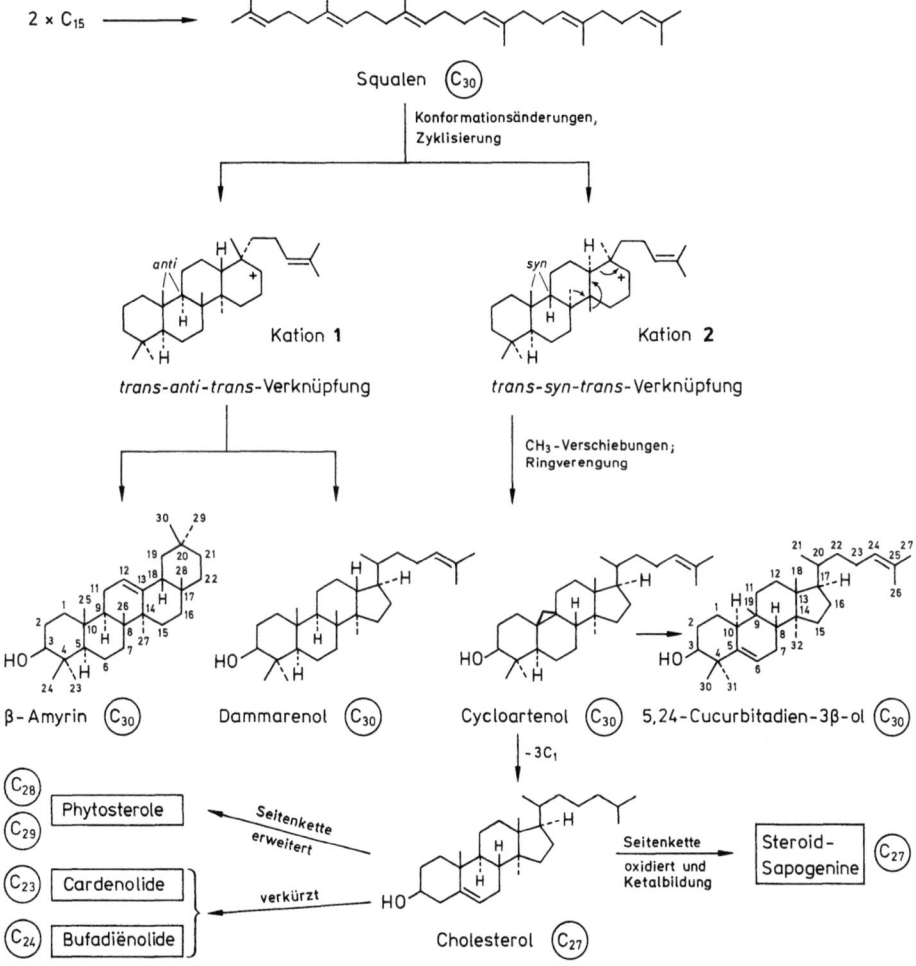

Abb. 3.12 Übersicht über die Hauptklassen von Triterpenen

len die Steroide, die dadurch charakterisiert sind, daß von der C_{30}-Zwischenstufe drei Methylgruppen oxidativ abgespalten werden: Man erreicht die Stufe der C_{27}-Steroide mit dem wichtigen Cholesterol. Vom Cholesterol leiten sich alle übrigen Steroide ab.

3.5.1
Herzwirksame Glykoside

Begriffsbestimmung, Geschichtliches

Unter herzwirksamen Glykosiden versteht man eine Gruppe von Pflanzeninhaltsstoffen, die spezifische Wirkungen auf den Herzmuskel von Kalt- und Warmblütlern entfalten. Niedrige (therapeutische) Dosen wirken kardiotonisch.

Höhere (toxische) Dosen von herzwirksamen Glykosiden haben eine spezifisch toxische Wirkung auf das Herz: Es kommt zu einer dauernden Erhöhung des Herztonus, wobei die diastolische Erschlaffung zunehmend geringer wird. Hinzu treten Rhythmusstörungen und eine Blockierung des Reizleitungssystems mit ungeordnetem Funktionieren des Herzens. Schließlich steht das Herz in halbkontrahiertem Zustand (Säugetierherz) oder in maximaler Systole (Froschherz) still.

Aufbau der herzwirksamen Glykoside

Herzwirksame Glykoside sind C_{23}- oder C_{24}-Steroide, die über die alkoholische 3-Hydroxygruppe in glykosidischer Bindung mit der zyklischen Halbacetalform eines Mono-, Di-, Tri- oder Tetrasaccharidrestes verknüpft sind.

Aglykon

Die Herzwirksamkeit ist an das steroide Aglykon (Genin) gebunden; der Zuckerteil beeinflußt lediglich die pharmakokinetischen Eigenschaften (Zeitfaktoren der Wirkung). Als Prototyp kann das Digitoxigenin gelten: Bei ihm sind alle Struktureigentümlichkeiten, die zur Herzwirksamkeit erforderlich sind, voll ausgebildet. Die Ringe A/B/C des Steroidgerüstes weisen *cis-anti-cis*-Verknüpfungen auf.

Zuckerteil der herzwirksamen Glykoside

Es kommen neben D-Glucose, L-Rhamnose und D-Fucose eine Reihe sonst sehr seltener 2,6-Didesoxyzucker sowie deren 3-Methylether vor. In den Digitalisglykosiden sind die Aglyka mit dem 2,6-Didesoxyzucker β-D-Digitoxose verbunden.

β-D-Digitoxose (Dox)

Wenn seltene Desoxyzucker und „normale" Zucker, wie D-Glucose nebeneinander in der Zuckerkette auftreten, dann ist das Aglykon an einen seltenen Zucker gebunden, wohingegen die D-Glucosemoleküle endständig angeordnet sind. Enzyme spalten bevorzugt die β-D-Glucose ab. Bereits während der Aufarbeitung der Droge können sich aus den genuinen Primärglykosiden die glucosefreien Sekundärglykoside bilden.

Verbreitung im Pflanzenreich

Herzwirksame Glykoside sind im Pflanzenreich weit verbreitet, und zwar sowohl bei den *Magnoliatae* (= *Dicotyledoneae*) als auch bei den *Liliatae* (= Monocotyledoneae). Pflanzenfamilien, in denen glykosidführende Gattungen vertreten sind, sind die folgenden: *Liliaceae (Convallaria, Scilla, Urginea), Ranunculaceae (Adonis, Helleborus), Brassicaceae (Cheiranthus, Erysimum), Apocynaceae (Acocanthera, Apocynum, Nerium Strophanthus, Thevetia), Asclepiadaceae (Asclepias, Gomphocarpus, Marsdenia, Xysmalobium)* und *Scrophulariaceae (Digitalis, Penstemon)*. Viele Hunderte von Pflanzenarten wurden auf ihre Glykosidführung hin untersucht mit dem Ergebnis, daß heute etwa 400 verschiedene Strukturvarianten bekannt sind.

3.5.2
Wolliger Fingerhut und Lanataglykoside

Digitalis-lanata-Blätter

Herkunft

Digitalis-lanata-Blätter bestehen aus den getrockneten Laubblättern von *Digitalis lanata* EHRH. (Familie: *Scrophulariaceae)*. Die Stammpflanze ist ein zwei- bis mehrjähriges Kraut. Im ersten Jahr bildet sich eine dem Boden angedrückte Blattrosette, deren Blätter auch im Winter grün bleiben. Im zweiten Jahr entwickelt sich der etwa 120 cm hohe aufrechte Stengel mit sitzenden Blättern, die in ihrer Form den

---

Digitalis-lanata-Blätter   Digitalis lanatae folium
Digitalis lanata   Scrophulariaceae

Herkunft:
Südosteuropa; in Holland, Italien und anderen Ländern kultiviert.

Pflanze (Abb. 3.13):
Halbrosettenpflanze, 0,4–1,2 m hoch; sehr lange Floreszenz, dichtblütig, allseitswendig; Blüte weiß-wollig behaart, Blumenkrone gelbbraun, bauchig.

Anwendung:
Zur Isolierung von Lanatosid A, C und Digoxin.

Inhaltsstoffe:
1) Cardenolide (0,5 % bei eingestelltem Pulver, bezogen auf Digoxin) ca. 60 Glykoside mit den Hauptglykosiden Lanatosid C und A.
2) Pregnanglykoside, Steroidsaponine.
3) Flavonoide, Anthrachinone.

Spitzwegerichblättern ähneln, und mit glockigen Blüten, die in einer lockeren Traube angeordnet sind. Blüten: gelb-ockerfarbene Kronröhre mit braunen Adern durchzogen; große Unterlippe, weißlich, nach abwärts gebogen. Die Blütenteile und Blütenstandsachasen sind drüsigwollig behaart („wolliger" Fingerhut = *D. lanata*). Als „pontisches Florenelement" ist *D. lanata* in Südosteuropa beheimatet; zur Drogengewinnung wird sie in zahlreichen Ländern – u. a. in den Niederlanden, in Italien, in Nordafrika sowie in den USA – kultiviert.

Hinweis: Ausgangsmaterial zur Drogengewinnung sind die im Herbst geernteten Blätter des ersten Kulturjahres (Rosettenpflanzen).

Inhaltsstoffe

An die 60 Cardenolidglykoside mit einem Gesamtgehalt von 0,5–1,5%. Die Lanatoside A und C sind von besonderem Interesse. Sie werden durch pflanzeneigene β-Glucosidase (Digilanidase) zu Sekundärglykosiden hydrolysiert: Lanatosid A zu Acetyldigitoxin und Lanatosid C zu Acetyldigoxin. Als Folge der Abspaltung der endständigen β-D-Glukose findet partielle Isomerisierung der nunmehr entständigen 3-O-Acetyldigitoxose zur 4-O-Acetyldigitoxose statt. Verseifung führt zu Digitoxin bzw. Digoxin.

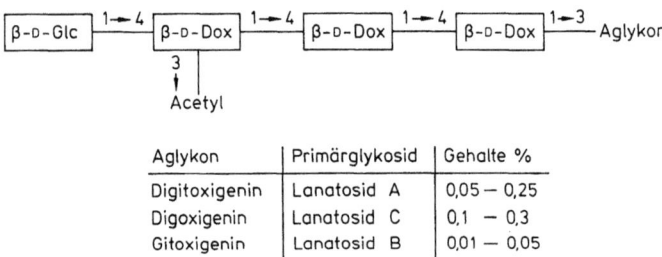

Aglykon	Primärglykosid	Gehalte %
Digitoxigenin	Lanatosid A	0,05 – 0,25
Digoxigenin	Lanatosid C	0,1 – 0,3
Gitoxigenin	Lanatosid B	0,01 – 0,05

Aufbau der Lanatoside der wichtigsten Primärglykoside der *Digitalis-lanata*-Blätter

Verwendung

Als Ausgangsmaterial zur Gewinnung von Digoxin und Digitoxin. Digoxin wiederum liefert partialsynthetische Acetyl- und Methylderivate. Die Droge selbst wird so gut wie nicht mehr angewandt; entsprechende Galenika sind obsolet.

Digoxin und partialsynthetische Derivate

Digoxin (12-Hydroxydigitoxin) ist ein Abbauprodukt des ursprünglich in der Pflanze genuin enthaltenen Lanatosid C. Die Abspaltung der endständigen D-Glucose und des Acetylrestes erfolgt enzymatisch durch pflanzeneigene Enzyme, die fest an die Zellmembranen gebunden sind („Desmoenzyme"). Da die Enzyme nicht herauslösbar sind, geht man so vor, die gepulverten Blätter mit Wasser anzuteigen und über mehrere Tage bei 30–37 °C zu belassen. Dann extrahiert man die Glykosidfraktion mit Wasser-Ethanol und fällt die Ballaststoffe vom Typus phenolischer Verbindungen (Flavone, Phenolcarbonsäure, Gerbstoffe) mittels Bleihydroxid aus. Nach Extraktion des Glykosidgemisches mit einem organischen Lösungsmittel (Chloroform-Methanol) erfolgt die Isolierung mittels Säulenchromatographie oder Gegenstromverteilung. Eine völlige Reindarstellung ist sehr kompliziert und daher unwirtschaftlich: Daher enthält das handelsübliche Digoxin stets noch Nebenglykoside, hauptsächlich Digitoxin und Gitoxin. Die Ph. Eur. erlaubt Beimengungen bis zu 5 %.

Zum Lösen von 1 g Digoxin benötigt man 25 l Wasser. Relativ gut löst es sich in 80 %igem Ethanol; darin ist es besser löslich als das isomere Gitoxin.

β-**Acetyldigoxin** wird partialsynthetisch durch selektive Acetylierung der 4-OH der terminalen Digitoxose im Digoxinmolekül erhalten, beispielsweise durch Umsetzung mit Essigsäure in Gegenwart von Dicyclohexylcarbodiimid.

α-**Acetyldigoxin** erhält man partialsynthetisch durch enzymatische Hydrolyse des Lanatosid C (Abspaltung der endständigen Glucose) unter *pH*-Bedingungen, welche die Acetylgruppe intakt lassen. Es stellt sich ein Gleichgewicht zwischen der α- und der β-Form ein. Einfacher ist die Acetylierung von Digoxin mit Orthoessigsäureethylester in Tetrahydrofuran unter Verwendung kleiner Mengen von *p*-Toluolsulfonsäure als Katalysator.

β-**Methyldigoxin (Medigoxin)** erhält man durch selektive Methylierung von Digoxin. Analog wie im Falle des β-Acetyldigoxins wird die terminale 4-OH der endständigen Digitoxose verschlossen. Im allgemeinen führt die Methylierung von alkoholischen Gruppen zu Derivaten mit geringer Löslichkeit in Wasser. Sehr überraschend steigt aber im Falle des Digoxins die Wasserlöslichkeit stark an: Es lösen sich 460 mg Medigoxin in 1 Liter Wasser, aber nur 40 mg Digoxin. Die Methylgruppe wird im Organismus nur langsam abgespalten. Im Vergleich zu Digoxin weist Medigoxin eine etwas längere Halbwertszeit der Elimination auf, auch scheint die erhöhte Lipophilie eine unerwünschte Tendenz zur Anreicherung im Zentralnervensystem im Gefolge zu haben.

	R^1	R^2	R^3	R^4
Digitoxin	H	H	H	H
α-Acetyldigitoxin	H	H	COCH$_3$	H
β-Acetyldigitoxin	H	H	H	COCH$_3$
Lanatosid A	H	H	COCH$_3$	β-Glc
Purpureaglykosid A	H	H	H	β-Glc
Gitoxin	OH	H	H	H
Lanatosid B	OH	H	COCH$_3$	β-Glc
Purpureaglykosid B	OH	H	H	β-Glc
Digoxin	H	OH	H	H
α-Acetyldigoxin	H	OH	COCH$_3$	H
β-Acetyldigoxin	H	OH	H	COCH$_3$
Lanatosid C	H	OH	COCH$_3$	β-Glc
Purpureaglykosid E	O-CHO	H	H	β-Glc
Gitaloxin	O-CHO	H	H	H

3.5.3
Roter Fingerhut und Purpureaglykoside

Digitalis-purpurea-Blätter

Herkunft

Die Droge besteht aus den getrockneten Blättern von *Digitalis purpurea* L. (Familie: *Scrophulariaceae*). Sie enthalten mindestens 3% Gesamt-Cardenolidglykoside, bezogen auf Digitoxin.

Der rote Fingerhut ist ein 2- bis mehrjähriges Kraut; im 1. Jahr bildet sich eine mächtige Blattrosette aus und erst im 2. Jahr ein etwa 100 cm hoher, meist unverzweigter, blütentragender Stengel. Der Stengel trägt eiförmig-längliche, am Rande gekerbte und unterseits behaarte Blätter mit hervortretender Nervatur. Die in einseitswendigen Trauben stehenden Blüten sind monosymmetrisch; Blumenkrone glockig mit nur wenig ausgezogener Unterlippe, leuchtend karminrot gefärbt (zuweilen hellrot, seltener weiß) innen gefleckt.

Heimat: West-Europa bis westliches Mitteleuropa.

Hinweis: Die Arzneibücher erlauben die Verwendung von Blättern sowohl der einjährigen als auch der zweijährigen Pflanze (von Rosetten- und Stengelblättern).

Inhaltsstoffe

Bisher wurden an die 30 Cardenolidglykoside isoliert. Sie leiten sich von den Aglykonen Digitoxigenin (A-Reihe), Gitoxigenin (B-Reihe) und 16-Formylgitoxigenin (= Gitaloxigenin; E-Reihe) ab.

Vergleicht man das Glykosidspektrum der *D. purpurea* mit dem der *D. lanata*, so fallen folgende Unterschiede ins Auge:

- Digoxigeninderivate (C-Reihe) scheinen zu fehlen dafür treten Derivate des 16-Formylgitoxigenins in Erscheinung.
- Acetyldigitoxose als Zuckerkomponente tritt nicht auf.

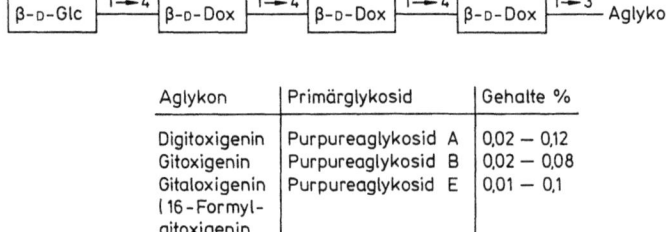

Aglykon	Primärglykosid	Gehalte %
Digitoxigenin	Purpureaglykosid A	0,02 – 0,12
Gitoxigenin	Purpureaglykosid B	0,02 – 0,08
Gitaloxigenin (16-Formyl-gitoxigenin)	Purpureaglykosid E	0,01 – 0,1

Aufbau der wichtigen Primärglykoside der Digitalis-purpurea-Blätter

Digitoxin

Dieses wichtige Glykosid läßt sich als Abbauprodukt zweier genuiner Glykoside auffassen: des Lanatosid A der Digitalis-lanata-Blätter und des Purpurealglykosids A der Digitalis-purpurea-Blätter. Somit können die Blätter beider *Digitalis*-Arten

> **Digitalis-purpurea-Blätter**   Digitalis purpureae folium
> Digitalis purpurea   Scrophulariaceae
>
> *Herkunft:*
> Westeuropa, kultiviert in Holland, England und anderen Ländern.
>
> *Pflanze* (Abb. 3.14):
> Höhe 0,3–1,2 m; Stengel aufrecht; Blätter oberseits flaumig, unterseits graufilzig; Blüten in einseitswendiger Traube; Krone bauchig-glockig, hellpurpurrot, innen mit dunkelroten, weiß gesäumten Flecken.
>
> *Anwendung:*
> Zur Isolierung von Digitoxin.
>
> *Inhaltsstoffe:*
> 1) Cardenolide (eingestelltes Pulver: Wirkwert der dem Gehalt von 1 % Digitoxin entspricht); Hauptglykosid: Purpureaglykosid A und B.
> 2) Steroidglykoside, Steroidsaponine.
> 3) Flavone, Anthrachinone.

als Rohstoff zur Digitoxingewinnung herangezogen werden, wobei heute die Lanata-Blätter industriell die wesentlich wichtigere Quelle darstellen.

Die als Arzneistoffe dienenden Digitoxinpräparationen sind in der Regel nicht 100 %ig rein. Sie enthalten Begleitglykoside, wobei die jeweiligen Pharmakopöen einen unterschiedlichen Spielraum lassen: nach Ph. Eur. 5 %, nach USP 20 %. Die „Verunreinigungen" können durchaus akzeptiert werden, da die Lösungsgeschwindigkeit während der Magen-Darm-Passage verbessert wird. Zum Lösen von 1 g reinem Digitoxin bei 20 °C benötigt man 77 Liter Wasser.

3.5.4
Strophanthus

g-Strophanthin (Ouabain)

Herkunft

g-Strophanthin oder Ouabain kommt in den Samen der im tropischen Westafrika verbreiteten Liane *Strophanthus gratus* (WALL et HOCK) FRANCH vor (Familie: *Apocynaceae*). Die ausgereiften Samen sind 11–19 mm lang und 3–5 mm breit, im Gegensatz zu den Samen der meisten anderen *Strophanthus*-Arten kahl, von leuchtend goldgelber bis gelbbrauner Farbe. Der Geschmack ist ganz außerordentlich und lange anhaltend bitter. *Strophanthus-gratus*-Samen enthalten 4–5 % Cardenolidglykoside; das Gemisch besteht zu 90–95 % aus g-Strophanthin, das sich daher aus dieser Droge sehr leicht kristallin darstellen läßt.

Die zerquetschten Samen werden mit CCl_4 entfettet. Anschließend wird mit Ethanol erschöpfend extrahiert. Nach dem Einengen des Extrakts kristallisiert rohes g-Strophanthin aus, das aus Wasser umkristallisiert wird.

> **Strophanthi semen**
> Strophanthus gratus,   Strophanthussamen
> Strophantus kombé.   Apocynaceae
>
> *Herkunft:*
> Str. gratus: tropisches Westafrika,
> Str. kombé: tropisches Ostafrika.
>
> *Pflanzen* (Abb. 3.15):
> Str. gratus und Str. kombé: Schlingsträucher, ca. 3 bis 4 m hoch; bilden zwei an der Basis verbundene, weit auseinander spreizende, bis 40 cm lange Balgfrüchte aus mit zahlreichen Samen; Samen mit einem grannenartigen, lang gestielten Federschopf als Flugorgan versehen.
>
> *Anwendung:*
> Str. gratus: zur Extraktion von Ouabain (g-Strophanthin);
> Str. kombé: zur Gewinnung von k-Strophanthin und Cymarin..
>
> *Anmerkung:*
> Die Samen von Strophanthus hispidus des tropischen Westafrika ähneln im Cardenolidmuster den Strophanthi kombé semen.

Eigenschaften

g-Strophanthin ist eine farblose, kristalline Substanz von stark bitterem Geschmack. Etwas löslich in Wasser (1:70) und Ethanol (1:100), in lipophilen Lösungsmitteln praktisch unlöslich. Die wäßrige Lösung ist linksdrehend. Wenig beständig in Gegenwart von Säuren, Alkalien oder Oxidationsmitteln.

Konfigurationsformel (1a) und Konformationsformel (1b) des g-Strophanthins (Synonym: Ouabain). In 1b ist der Methylsubstituent sowohl im Steroid- als auch im Rhamnosylteil als bloßer Valenzstrich symbolisiert. Die α-L-Rhamnose nimmt in 1b die $^1C_4$-Konformation ein

Hinweise zur Bioverfügbarkeit

g-Strophanthin verliert durch die Einwirkung von Magensaft zum größten Teil seine Wirkung; es kann daher rationell nur durch intravenöse Injektion zugeführt werden.
    Die pharmazeutische Industrie hat zur „peroralen Strophanthintherapie" mehrere Präparateformen entwickelt:

- ölige Suspensionen in Kapseln zur perlingualen Aufnahme (Resorptionsquote 0,7–2,4 %). Nachteil: es kommt früher oder später zu lokalen Schleimhautreizungen;
- Kapseln mit magensaftresistentem Überzug.

Die Wirkung von intravenös verabfolgtem Strophanthin beim Menschen setzt innerhalb weniger Minuten ein; die Vollwirkung wird nach etwa 60 min erreicht.
Die Haftfähigkeit des Strophanthins am Herzmuskel ist gering; es wandert rasch in periphere Kompartimente ab und diffundiert von dort relativ langsam ins Blut zurück. Die Wirkungsdauer beträgt 2–3 Tage, was einer Abklingquote von etwa 40% entspricht. Die Elimination erfolgt ausschließlich über die Nieren; im Harn läßt sich der Hauptteil des zugeführten Strophanthins in unveränderter Form wiederfinden.

Anwendung

In Ampullenform, die zur intravenösen Injektion bestimmt sind, zur Behandlung schwerer Formen der Herzinsuffizienz, bei denen eine rasch einsetzende und starke Wirkung erwünscht ist.
Für die Arzneimittel zur peroralen Strophanthustherapie gelten hypoxische Herzkrankheiten sowie Prophylaxe des Herzinfarkts als Indikationsgebiete. Man vermutet als Wirkungsbasis eine spezielle Wirkung auf den Herzmuskelstoffwechsel. Die perorale Strophanthintherapie ist umstritten.

k-Strophanthin

k-Strophanthin ist keine einheitliche Substanz, vielmehr handelt es sich um ein standardisiertes Gemisch dreier Glykoside, die sich durch die Zuckerkomponente unterscheiden; gemeinsam ist ihnen das Aglykon Strophanthidin. Geringe Mengen weiterer Glykoside, die sich vom Strophanthidol und dem Periplogenin ableiten, können im Gemisch enthalten sein.

Unter k-Strophanthin versteht man ein Gemisch, das zur Hauptsache aus dem triosidischen k-Strophanthinosid, dem biosidischen k-Strophanthin-β (Synonym: Strophosid) und dem monoglykosidischen Cymarin (Synonym: k-Strophanthin-α) besteht.
Zur Gewinnung dienen die Strophanthus-kombé-Samen, vielleicht auch Samen verwandter *Strophanthus*-Arten. *Strophanthus kombé* OLIV. (Familie: *Apocynaceae*) ist ein kletternder, im Raum der ostafrikanischen Seen (Tanganjika-, Njassasee) heimischer Strauch.
k-Strophanthin wird in gleicher Weise angewendet wie das g-Strophanthin (Ouabain). Nachteilig ist die leichte Autoxidierbarkeit der Aglykonkomponente in

wäßriger Lösung, bedingt durch die Aldehydgruppe an C-10 (Oxidation zur Carboxylgruppe und Decarboxylierung zum unwirksamen C_{20}-Steroid).

Cymarin

Cymarin ist eine Teilkomponente des k-Strophanthins. Es läßt sich ebenfalls aus Strophanthus-kombé-Samen gewinnen. Da die di- und triosidischen Glykoside abgebaut sind, wird Cymarin auch nach oraler Gabe besser resorbiert. Ansonsten wirkt es strophanthinartig.

3.5.5
Maiglöckchenkraut

Herkunft

Maiglöckchenkraut besteht nach DAB aus den getrockneten, während der Blütezeit gesammelten, oberirdischen Teilen von *Convallaria majalis* L. oder nahestehender Arten. Von den „nahestehenden Arten" ist in erster Linie die in Japan heimische *Convallaria keiskei* MIQ. von Bedeutung. *Convallaria*, eine Gattung der *Convallariaceae*, umfaßt krautige Pflanzen mit kriechenden Wurzelstöcken, einem mit ganzrandigen Blättern besetzten Stengel, traubig angeordneten Blüten mit oberständigem Fruchtknoten, aus dem sich eine kugelige, 3- bis 6samige Beere entwickelt. Drogenimporte kommen aus den Balkanländern und aus China.

Inhaltsstoffe

Die von *Convallaria majalis* stammende Droge enthält 0,2–0,5 %, die von *C. keiskei* stammende bis zu 1 % Gesamtglykoside. Das Gesamtglykosidspektrum besteht aus etwa 30 verschiedenen Glykosiden; mengenmäßig dominieren

---

Maiglöckchenkraut   Convallariae herba
Convallaria majalis   Convallariaceae
oder Convallaria keiskei

Herkunft:
Europa, Asien, Amerika; Convallaria keiskei: China.

Pflanze (Abb. 3.16):
10–25 cm hohe Pflanze; Stengel blattlos; Blätter grundständig, langscheidig, elliptisch; Blütenstand traubig; Blüten überhängend, weiß; Beeren rot.

Anwendung:
Als Extrakt in Fertigarzneimitteln mit dem Indikationsanspruch: leichte Belastungsinsuffizienz, Altersherz, chronisches Cor pulmonale..

Inhaltsstoffe:
1) Cardenolide (eingestelltes Pulver: Wirkwert, der dem Gehalt von 0,2 % Convallatoxin entspricht) mit Convallatoxin, Convallatoxol, Convallosid.
2) Saponine.

Convallosid, Convallatoxin, Desglucocheirotoxin, Convallatoxol und Lokundjosid, doch variiert ihre prozentuale Aufschlüsselung stark in Abhängigkeit von der Drogenherkunft.

Pflanzen aus West- und Nordeuropa sind vergleichsweise reich an Convallatoxol und Convallatoxin, während osteuropäische Pflanzen einen hohen Convallosidgehalt aufweisen. Pflanzen aus dem ehemaligen Jugoslawien enthalten reichlich Lokundjosid, was auch für die von *C. keiskei* stammende Droge typisch ist.

6-Desoxy-D-Gulose
(Synonym: Gulomethylose)

	R^1	R^2	Zuckerteil (Z)
Convallosid	H	CHO	β-D-Glc-(1→4)-α-L-Rha(1→)
Convallatoxin	H	CHO	α-L-Rha-(1→)
Desglucocheirotoxin	H	CHO	β-D-Gulomethylosyl-(1→)
Convallatoxol	H	CH$_2$OH	α-L-Rha-(1→)
Lokundjosid	OH	CH$_3$	α-L-Rha-(1→)

Azetidin-2-carbonsäure ist ein toxischer Inhaltsstoff des Maiglöckchens, *Convallaria majalis* L., und des Salomonssiegel, *Polygonatum odoratum* (MILL.) DRUCE (Synonym: *P. officinale* ALL.), beide *Convallariaceae* bzw. *Liliaceae* (*sensu* Cronquist).

Azetidin-2-carbonsäure unterscheidet sich chemisch vom Prolin durch die Ringverkleinerung um ein C-Atom. Vom Proteinsyntheseapparat anderer Organismen wird es, wie Prolin behandelt, d. h. es ersetzt stöchiometrisch das Prolin in den arteigenen Proteinen, die dadurch in ihrer Tertiärstruktur und biologischen Aktivität verändert werden. Die Azetidin-2-carbonsäure biosynthetisierenden Pflanzen hingegen sind durch eine entsprechende hochspezifische Prolyl-tRNA- vor einem unkontrollierten Einbau in arteigene Proteine geschützt.

Weitere Inhaltsstoffe: Saponine vom Furostanoltyp; Pflanzensäure, darunter die Chelidonsäure.

Anwendung

Zur Herstellung von Tinkturen, Fluid- und Trockenextrakten; diese Galenika werden weiter zu Kombinationspräparaten verarbeitet. Nicht alle dieser Fertigarzneimittel sind biologisch standardisiert.

3.5.6
Meerzwiebel

Herkunft

Stammpflanze der Meerzwiebel – pharmazeutisch *Bulbus Scillae* oder *Scillae bulbus* – ist *Urginea maritima* (L.) BAKER (Familie: *Hyacynthaceae*).

Urginea maritima ist in den Mittelmeerländern beheimatet. Die Pflanze treibt ca. 50–100 cm hoch. Ihre Zwiebel ragt teilweise aus dem Boden und besteht aus zahlreichen (etwa 40) fleischig-schleimigen, weißen Schuppen, die außen von braunen, trockenhäutigen Schuppen umgeben sind. Die Droge besteht lediglich aus den mittleren Zwiebelschuppen der weißzwiebeligen Rasse, die zur Beschleunigung des Trocknungsvorgangs in Streifen geschnitten werden. Die äußeren Schuppen sind hautig und wertlos; die inneren wegen ihres hohen Schleimgehalts sehr schwer zu trocknen.

Man unterscheidet von der Meerzwiebel zwei Varietäten, die „weiße" und die „rote" Meerzwiebel. Der Farbunterschied beruht auf der Anthocyanführung der roten Varietät; dieses Merkmal ist (zufällig) mit Unterschieden in der Wirkstoffzusammensetzung korreliert. Hauptverbreitungsgebiet der weißen Varietät ist das östliche Mittelmeergebiet; das der roten Varietät das westliche.

Inhaltsstoffe

Die herzwirksamen Glykoside der Meerzwiebel sind, zusammen mit den herzaktiven Wirkstoffen der schwarzen Nieswurz (*Helleborus niger* L) und den Krötengiften, Vertreter der C_{24}-Steroide: Anstelle des für die Cardenolide typischen β-17-Butenolidrings besitzen sie einen β-17-Pentadienolidring.

Die Glykosidfraktion (Glykosidgehalt 0,1–0,2%) stellt ein Gemisch zahlreicher Bufadienolidglykoside dar; Hauptglykoside sind Scillaren A und Proscillaridin A,

---

Meerzwiebel Scillae bulbus
Urginea maritima Hyacinthaceae

Herkunft:
Östliches Mittelmeergebiet.

Pflanze (Abb. 3.17):
Zwiebel bis 2 kg, aus der Erde hervorragend. Blätter krautig, bläulichgrün. Blütenschaft entwickelt sich im Herbst, bis 1,5 m hoch, mit pyramidaler Traube, 6 weiße Perigonblätter, Frucht ist eine Kapsel.

Anwendung:
Als Extrakt für Fertigarzneimittel mit dem Indikationsanspruch: leichtere Formen der Herzinsuffizienz auch bei verminderter Nierenleistung; zur Isolierung von Proscillaridin.

Inhaltsstoffe:
1) Bufadienolide (eingestelltes Pulver: Wirkwert, der dem Gehalt von 0,2% Proscillaridin entspricht) mit Scillaren A, Proscillaridin, Glukoscillaren A.
2) Schleimstoffe.

auf die annähernd zwei Drittel der Glykosidfraktion entfallen; das letzte Drittel besteht u. a. aus Glykosiden der B-Reihe.

Weiße Varietät: A-Gruppe

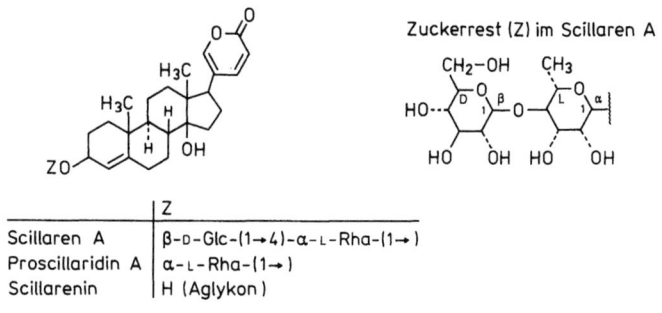

	Z
Scillaren A	β-D-Glc-(1→4)-α-L-Rha-(1→)
Proscillaridin A	α-L-Rha-(1→)
Scillarenin	H (Aglykon)

Weiße Varietät: B-Gruppe   **Rote Varietät**

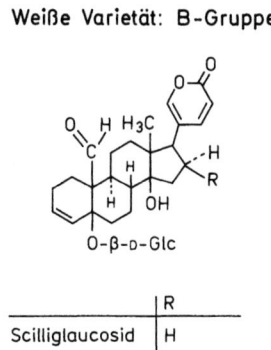 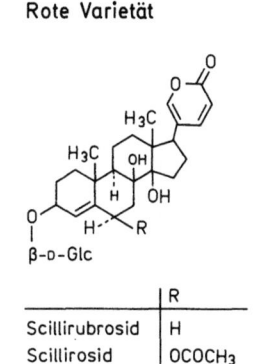

	R
Scilliglaucosid	H
Scillicyanosid	OCOCH$_3$

	R
Scillirubrosid	H
Scillirosid	OCOCH$_3$

Weitere Inhaltsstoffe

Reichlich Schleimstoffe, vorwiegend Glucogalactane, und andere Polysaccharide (Fructosane); fettes Öl; ferner Flavonoide (geringe Mengen) und organische Säuren, darunter die Chelidonsäure.

Verwendung

- Zur Herstellung von galenischen Zubereitungen (Tinktur, Fluidextrakt, Trockenextrakt), die ihrerseits Arzneistoffe für Fertigarzneimittel in Tropfen- oder Drageeform darstellen.
- Ausgangsmaterial zur Extraktion und Reindarstellung von Proscillaridin.

Hinweise zur Pharmakokinetik; Wirkungen

Die orale Resorptionsquote der Scillaglykoside mit hohem Anteil an Proscillaridin übertrifft mit 15–25% diejenige des Strophanthins. Die tägliche Abklingquote beträgt 30–50%. Die Ausscheidung erfolgt überwiegend mit der Galle.

Scillaextraktpräparate wirken grundsätzlich gleichartig wie Digitoxin; die Unterschiede betreffen die Zeitfaktoren der Wirkung (Wirkungskinetik).

Unerwünschte Wirkungen

Magenreizend, u. U. Brechreiz hervorrufend. Meerzwiebelextrakte werden daher häufig nicht vertragen, es sei denn bei Anwendung niedriger Dosen.

Zu den unerwünschten Wirkungen gehört ferner Diarrhö, eine Nebenwirkung, die mit der therapeutischen Wirkung gekoppelt ist. Die Bufadienolide werden mit der Galle ausgeschieden und gelangen in vergleichsweise höherer Konzentration in das Colon. Sie hemmen die Na-K-ATPase und damit den aktiven Na-Transport und indirekt die Wasseresorption. Proscillaridin zeigt diesen Effekt bereits bei Zufuhr therapeutischer Dosen, zum Unterschied von Digitoxin, das in therapeutischer Dosierung noch keinen abführenden Effekt zeigt (Forth und Rummel 1967).

Proscillaridin

Proscillaridin bildet sich aus Glucoscillaren und aus Scillaren A durch ein in der Meerzwiebel vorkommendes Enzym, die Scillarenase. Technisch gewinnt man folglich Proscillaridin aus feingeschnittenen Meerzwiebeln erst nach vorhergehender Fermentation (wäßrige Suspension 2 h bei etwa 40 °C sich selbst überlassen) durch Extraktion mit Ethylacetat.

Anwendung. Vorzugsweise in Drageeform zur Behandlung der chronischen Herzmuskelinsuffizienz. Proscillaridin ist ferner Ausgangsmaterial zur Überführung in das halbsynthetische Meproscillarin (4'-O-Methylproscillaridin).

3.5.7
Adoniskraut

Herkunft

Adoniskraut ist das zur Blütezeit gesammelte und getrocknete Kraut von *Adonis vernalis* L. (Familie: *Ranunculaceae*); die Stammpflanze ist ein 10–30 cm hohes,

---

Adoniskraut   Adonidis herba
Adonis vernalis   Ranunculaceae

Herkunft:
Osteuropa

Pflanze (Abb. 3.18):
Krautige, ausdauernde Pflanze, bis 30 cm hoch, wechselständige wiederholt fiederteilige Blätter, endständige, etwas nickende Blüten mit 13–21 gelben Kronblättern, Fruchtform Steinbeere.

Anwendung:
In fixen Arzneikombinationen mit dem Indikationsanspruch: leicht eingeschränkte Herzleistung, besonders bei nervöser Begleitsymptomatik.

Inhaltsstoffe:
1) Cardenolide (eingestelltes Pulver 0,2 % bezogen auf Cymarin) mit ca. 20 Einzelverbindungen, dominierend Cymarin und Adonitoxin.
2) Flavone, besonders Glykosylflavone wie Vitexin.

ausdauerndes Kraut mit stark zerschlitzten Blättern und großen, goldgelben, radiären Blüten. Die Pflanze steht bei uns unter Naturschutz. Importe kommen aus Ungarn, Bulgarien und der Sowjetunion.

Inhaltsstoffe

Die Droge enthält 0,25 – 0,50 % Cardenolidglykoside. Über 25 verschiedene Glykoside sind bisher isoliert worden; mengenmäßig dominieren Cymarin und Adonitoxin.

	Aglykon			Zucker (Z)
	Name	R^1	R^2	
Cymarin	k-Strophanthidin	OH	H	β-D-Cymarose
Adonitoxin	Adonitoxigenin	H	OH	α-L-Rhamnose

An weiteren Inhaltsstoffen werden isoliert: Flavonoide, insbesondere Glykosyle (C-Glykoside) vom Typ des Vitexins; Ascorbinsäure; Zuckeralkohole und Cholin.

Anwendung

Zur Herstellung von Fluidextrakten (ethanolisch) und von Trockenextrakten, die biologisch standardisiert werden. Die Extrakte dienen als „Arzneistoff" zur Herstellung von Kombinationspräparaten, die in Tropfenform oder als Dragee angeboten werden.

3.5.8
Oleanderblätter

Herkunft

Nerium oleander L. ist ein 7 – 8 m hohes Holzgewächs (Familie: *Apocynaceae*) des Mittelmeerraums mit karminroten oder weißen Blüten. In Mitteleuropa wird Oleander gern als Zierpflanze mit einfachen oder gefüllten, verschiedenfarbigen Blüten gezogen. Als Droge verwendet man die vor der Blüte gesammelten und getrockneten Blätter.

Inhaltsstoffe

Mindestens 1,5 % Cardenolide, berechnet als Oleandrin (nach DAC), welches das Hauptglykosid der Droge darstellt.

3 Isoprenoide

Die Glykosidfraktion setzt sich aus mindestens 15 Einzelkomponenten zusammen, die in 3 Gruppen unterteilt werden können:

- 5-β-Cardenolide vom Typus der Digitoxinderivate (Beispiel: Oleandrin).
- 5-α-Cardenolide vom Typus der Uzarigeninglykoside, die allgemein als unwirksam gelten, da die Ringe A und B *trans*-verknüpft sind, was mit einer erheblichen Änderung im räumlichen Bau des Moleküls verbunden ist. Einige Vertreter zeigen jedoch ausgeprägt die typischen Wirkungen der 5-β-Cardenolidglykoside. Ob α-Cardenolide herzwirksam sind, scheint sehr stark von der Konstitution des Zuckerteils abhängig zu sein, und zwar in dem Sinne, daß Verknüpfungen mit Desoxyzuckern die Herzwirksamkeit (und Toxizität) steigert (Beispiel: Oleanderblätter) und daß Verknüpfung mit D-Glucose (Beispiel: Uzarawurzel) sie stark reduziert.
- Herzinaktive Cardenolide, z. B. das Adynerin. Die Aglykonkomponente dieses D-Diginoseglykosids stellt ein Digitoxigenin dar, dessen 14-β-Hydroxyl nicht mehr frei vorliegt, sondern zum C-8 eine 8,14-Epoxy-Brücke bildet; das heißt Adynergenin ist identisch mit 3β-Hydroxy-8,14-epoxy-cardenolid.

Neben den genannten Steroidglykosiden sind im Oleanderblatt die Flavonolglykoside Rutin und Kämpferol-3-rhamno-glucosid enthalten; ferner β-Sitosterin sowie Ursol- und Oleanolsäure.

R	
H	Digitoxigenin
OH	Gitoxigenin
OCOCH₃	Oleandrigenin

Uzarigenin

α-L-Oleandrose

β-D-Sarmentose

β-D-Digitalose
(6-Deoxy-3-O-methylgalactose)

Anwendung

Die Droge dient zur Herstellung von Extrakten, die – nach biologischer Standardisierung – zu Fertigarzneimitteln (meist zu Kombinationspräparaten) weiter verarbeitet werden.

Risikobewertung

Oleanderblätter unterscheiden sich von anderen Digitaloiddrogen darin, daß die Droge Cardenolidglykoside enthält, die pharmakokinetisch mehr dem kumulie-

Oleander Oleandri folium
Nerium oleander Apocynaceae

Herkunft:
Mittelmeergebiet.

Pflanzen (Abb. 3.19):
Kleiner Baum oder bis 4 m hoher Strauch, Laubblätter 3quirlständig, lanzettlich, mit zahlreichen, fast parallelen Seitennerven; Blüten endständig in trugdoldigen Rispen, Kronblätter radförmig, rot oder weiß, Frucht: Balgkapsel.

Anwendung:
Latente, leichte Herzinsuffizienz, Disrhythmien, Kreislaufschwäche. Die Wirksamkeit bei den genannten Anwendungsgebieten ist nicht ausreichend belegt (Bundesanzeiger Nr. 122 vom 6.7.1988).

Inhaltsstoffe:
1) 5-β-Cardenolide und 5-α-Cardenolide. Hauptglykosid ist Oleandrin (Synonym: Oleandrosid) d. i. 3-Oleandrosyl-oleandrogenin.
2) Herzinaktive Cardenolide.
3) Steroidglykoside, Flavonolglykoside.

renden Digitoxin als dem flüchtig wirkenden Strophanthin ähneln. Akzidentielle Vergiftungen durch Oleander sind beschrieben. Bei Überdosierung muß mit neurotoxischen Nebenwirkungen gerechnet werden, wie sie Digitoxin und Derivaten eigentümlich ist. Oleanderextrakte anzuwenden ist somit ebensowenig empfehlenswert wie die Anwendung galenischer Zubereitungen aus dem roten Fingerhut.

3.5.9
Saponine (Saponoside)

Begriffsbestimmung

Unter Saponinen (Saponosiden) versteht man glykosidische Pflanzeninhaltsstoffe, die, in Wasser gelöst, ähnlich wie Seifen beim Schütteln einen haltbaren Schaum geben, auf Öle emulgierend und auf Suspensionen stabilisierend wirken. Saponine sind optisch aktiv. Sie weisen eine besondere Affinität zu Cholesterin auf, die Spirostanol-Cholesterinkomplexe sind in 96%igem Ethanol sehr schwer löslich, so daß man wechselseitig Spirostanol oder Cholesterin aus alkoholischen Lösungen ausfällen kann. Viele Saponine vermögen noch in großer Verdünnung rote Blutkörperchen aufzulösen (hämolytische Aktivität). Für Fische, Kaulquappen und andere im Wasser lebende Tiere sind Saponine toxisch. Fische sterben an Hydrämie, weil es zu einer pathologischen Permeabilitätserhöhung der Kiemenepithelien kommt. Viele Saponine wirken antimikrobiell, vornehmlich gegen niedere Pilze.

Saponine schmecken kratzend und/oder bitter. Als Staub reizen sie zum Niesen; auch können sie Tränenfluß und Augenentzündungen hervorrufen. Viele Saponine haben zelltoxische Eigenschaften und wirken, intramuskulär oder subkutan appliziert, gewebsschädigend und lokal entzündungserregend.

Vorkommen, chemische und physikalische Eigenschaften, Einteilung

Saponine sind im Pflanzenreich außerordentlich weit verbreitet, und zwar rechnet man, daß etwa drei von vier Pflanzenarten Saponine führen. Der Konzentrationsbereich von 0,1–30%, in der sie enthalten sind, ist, verglichen mit den Konzentrationen anderer sekundärer Pflanzenstoffe, sehr hoch. Lokalisiert sind sie in noch lebendem Gewebe, im allgemeinen wohl als Lösungsbestandteil des Zellsaftes.

Die chemische Konstitution der Sapogenine liefert für Saponine ein Einteilungsprinzip. Gemäß der Geninstruktur unterscheidet man die drei Gruppen:

- Triterpensaponine,
- Steroidsaponine (= Spirostanolsaponine),
- Steroidalkaloidsaponine.

Innerhalb jeder Gruppe unterscheidet man zwei verschiedene Typen:

- Monodesmoside („Einketter"), Saponine, die nur eine einzige Zuckerkette tragen, und
- Bisdesmoside („Zweiketter") mit zwei unabhängigen Zuckerketten.

Hinweise zur Pharmakokinetik, Toxikologie und Pharmakologie

Entgegen älteren Vorstellungen können Saponine nach *peroraler* Zufuhr aus dem Magen-Darm-Trakt heraus resorbiert werden; allerdings ist die Resorptionsquote in jedem Fall niedrig. Die oralen Wirkungsäquivalente sind von Tierart zu Tierart unterschiedlich; auch sind sie stark vom individuellen Aufbau des Saponins abhängig.
Beispiele:

- α-Aescin wird aus dem Duodenum der Ratten zu 10–20% resorbiert. Maximale Blutspiegelwerte werden nach 1 h erreicht; die Elimination erfolgt auffallend rasch mit der Galle (etwa 2/3) und mit dem Harn (etwa 1/3), so daß sich keine hohen Blut- und Gewebespiegel aufbauen können.
- Ginsengsaponine mit 3 Molekülen Zucker (Ginsenosid Rb_1), werden aus dem Magen-Darm-Trakt der Ratte zu lediglich 0,1% resorbiert. Zuckerärmere Ginsenoside mit nur 2 Molekülen Zucker (Ginsenosid Rg_1), werden etwas besser, und zwar mit einem Anteil von 2–20% der zugeführten Dosis (100 mg/kg KG) resorbiert.

Als bipolare oberflächenaktive Stoffe haben Saponine permeabilitätsverändernde Eigenschaften an allen Biomembranen: Sie sind allgemeine Zellgifte, sofern sie in hinreichender Konzentration ins Blut oder in Gewebe gelangen.

Wegen der schlechten Resorbierbarkeit der Saponine führen beim Menschen orale Gaben von Saponinen in Dosen, die bei intravenöser Zufuhr Intoxikationen hervorrufen würden, nicht zu akuten Vergiftungserscheinungen. Wunden oder Entzündungen im Bereich des Rachens, Magens oder des Darmes bringen jedoch die Gefahr mit sich, daß größere Dosen als beim Gesunden in die Blutbahn gelangen.

Saponine schmecken kratzend und/oder bitter. Als Staub reizen sie zum Niesen; auch können sie Tränenfluß und Augenentzündungen hervorrufen. Durch lokale Reizung der Magenschleimhaut soll die expektorierende Wirkung von

Saponindrogen zustande kommen, indem sie reflektorisch über sensorische Fasern des Parasympathikus die Schleimdrüsen in der Bronchialschleimhaut zur Mehrsekretion anregen.

Einige Saponine haben die Fähigkeit, experimentelle Ödeme zu verhindern sowie auch bereits vorhandene Ödeme teilweise zu beseitigen. Man spricht von antiexsudativen und ödemprotektiven Eigenschaften. Die ödemprotektiven Eigenschaften beanspruchen Interesse, weil sie dazu herangezogen werden, die Verwendung bestimmter Saponine in Venenmitteln pharmakologisch zu begründen. Möglicherweise handelt es sich aber um einen unspezifischen Gegenreizeffekt („counter-irritation"), worunter man das Phänomen versteht, daß beim lebenden Tier – oder auch beim Menschen – durch künstlich aktivierte Entzündungsreaktionen entzündungswidrige Effekte zu erzielen sind.

Wirkung auf den Stoffwechsel

Werden Saponine dem Futter zugesetzt, so ist die Wirkung auf das Wachstum der Tiere von der Dosis abhängig. Niedrige Dosen stimulieren das Wachstum; die Nahrungsbestandteile werden anscheinend besser ausgenutzt. Anabole Effekte wurden vor allem für die Ginsengsaponine nachgewiesen. Höhere Dosen hemmen das Wachstum, ein Effekt, der bei der Aufzucht von Küken und Schweinen gleichermaßen beobachtet wurde wie bei Laboratoriumstieren (Ratten und Mäusen).

Triterpensaponine

Triterpensaponine sind bei den zweikeimblättrigen Pflanzen (*Magnoliatae* = *Dicotyledoneae*) weit verbreitet, insbesondere aber in Arten der folgenden Pflanzenfamilien: *Araliaceae, Caryophyllaceae, Hippocastanaceae, Poygalaceae, Primulaceae, Sapindaceae, Sapotaceae*. Saponine können in höherer Konzentration in allen Organen auftreten, vorzugsweise in Wurzeln, Rinden und Samen. Bei der Ginsengwurzel sind die Saponine in eigenen Exkretgängen lokalisiert; doch ist dies eine Ausnahme von der Regel, da ansonsten Idioblasten, in denen Saponine abgelagert würden, fehlen, ein Hinweis vielleicht darauf, daß Saponine eine physiologische Funktion zu erfüllen haben (Abb. 3.20).

Steroidsaponine

Die Steroidsaponine gehören zu den C_{27}-Steroiden; sie lassen sich als Abkömmlinge des Cholesterols auffassen, dessen C_8-Seitenkette so modifiziert ist, daß sich O-Heterozyklen ausbilden können. Nach der Ausgestaltung der Seitenkette unterscheidet man den Furostan- und den Spirostantyp. Furostanderivate geben mit Ehrlichs-Reagens (Dimethylaminobenzaldehyd in 20%iger Salzsäurelösung) eine Rotfärbung; Spirostanderivate reagieren nicht.

Bei den *Magnoliatae* (*Dicotyledoneae*) hat man bisher nur in wenigen Familien und Gattungen Vertreter mit Steroidsaponinen gefunden.

Zu diesen seltenen Vorkommen zählen Arten der Gattung *Digitalis* (Familie: *Scrophulariaceae*) sowie *Trigonella foenum-graecum* L. (Familie: *Fabaceae*). Gehäuft treten Steroidsaponine bei Familien auf, die zu den *Liliatae* (*Monocotyledoneae*) zählen, insbesondere Familien aus der Ordnung der *Dioscoreales*, *Asparagales* und *Liliales* (Abb. 3.21)

3 Isoprenoide

R	Weitere OH	Trivialname
CH₃	24	Sojasapogenol C
CH₃	24, 21α	„ B
CH₂OH	16α	Primulagenin A
CH₂OH	2α, 23	Barringtogenol A
CH₂OH	16α, 21β, 22α	„ C
CH₂OH	16α, 21β, 22α, 24	Protoaescigenin
CHO	16α	Primulagenin D
CHO	16α, 22α	Priverogenin A

R	Weitere OH	Trivialname
CH₃	—	Oleanolsäure
CH₃	16α	Echinocystsäure
CH₃	19α	Siaresinolsäure
CH₂OH	—	Hederagenin
CH₂OH	2β, 16α	Polygalasäure
COOH	—	Gypsogensäure
COOH	2β	Medicagensäure
COOH	2β, 16α	16-Hydroxymedicagensäure
COOH	2β, 27	Presenegin

Abb. 3.20 Übersicht über pentazyklische Triterpensapogenine vom Typus der 12,13-Dehydro-Oleanane: linke Formel: neutrale, rechte Formel: saure Vertreter

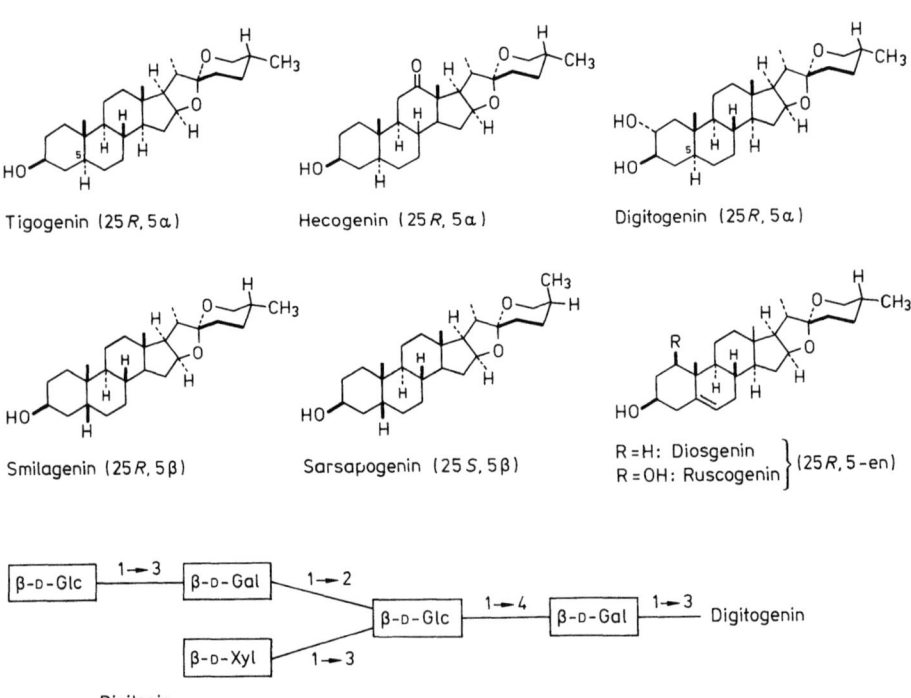

Tigogenin (25R, 5α)   Hecogenin (25R, 5α)   Digitogenin (25R, 5α)

Smilagenin (25R, 5β)   Sarsapogenin (25S, 5β)   R=H: Diosgenin / R=OH: Ruscogenin } (25R, 5-en)

Digitonin

Abb. 3.21 Die wichtigsten natürlich vorkommenden Steroidsapogenine. Die β-ständigen Substituenten sind durch dickere Striche hervorgehoben. Digitonin als Beispiel für ein neutrales, monodesmosidisches Steroidsaponin

3.5.10
Primelwurzel

Herkunft

Primelwurzel besteht aus den getrockneten unterirdischen Organen – Rhizom und den ansitzenden Wurzeln – von *Primula veris* L. [Synonym: *P. officinalis* (L.) HILL.] und/oder *Primula elatior* (L.) HILL. (Familie: *Primulaceae*).

Beide *Primula*-Arten sind ausdauernde Pflanzen mit einem kurzen Wurzelstock, der wenige Faserwurzeln bildet; mit länglich eiförmigen, runzeligen Blättern in Rosetten; die Blüten sitzen, als Dolde angeordnet, auf einem etwa 10–20(30) cm hohen Stiel; der Kelch ist glockenförmig aufgeblasen, fünfkantig, hellgrün; die Blumenkrone ist wenig länger als der Kelch, radförmig mit fünf Zipfeln; im radförmigen Teil der *P. veris* tief goldgelb mit orangefarbenen Flecken am Schlundrand, bei *P. elatior* gleichmäßig schwefelgelb.

Beide Arten sind in ganz Europa und Asien, mit Ausnahme des hohen Nordens, verbreitet.

Inhaltsstoffe

Primelwurzel enthält 5–10% Saponine.
- Im Falle der *Primula-elatior*-Wurzel besteht das Gemisch zu etwa 90% aus Primulasäure A. Deren Aglykon ist Protoprimulagenin A, formal ein Primulagenin A mit einer Etherbrücke zwischen C-13 und C-28.
- *Primula-veris*-Wurzel enthält das nämliche Hauptsaponin Primulasäure A, allerdings nur zu einem Anteil von etwa 50%. Der Rest stellt ein komplexes Gemisch dar; identifiziert werden konnten bisher zwei Estersaponine: Priverogenin-A-16-acetat und Priverogenin-B-22-acetat.

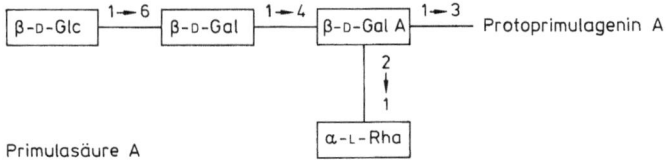

Wirkungen, Anwendungsgebiete

Der Droge wird aufgrund ihres Saponingehaltes eine diuretische und expectorierende Wirkung zugeschrieben. Experimentelle Belege für diese Aussage liegen keine vor. Als Wirkungsmechanismus für die expectorierende wird die lokale Reizung der Magenschleimhaut durch die Saponine und eine dadurch ausgelöste reflektorische Steigerung von Bronchialsekretion und Abtransport des Sekrets diskutiert. Eine Vagusbeteiligung an einer möglichen Expectoranswirkung wird der neueren Literatur zufolge bezweifelt.

3 Isoprenoide

> **Primelwurzel**   Primulae radix
> Primula veris und elatior   Primulaceae
>
> *Herkunft:*
> Europa, Asien; Droge aus der Türkei, Bulgarien und aus Kulturen.
>
> *Pflanzen* (Abb. 3.22):
> Primula veris: 10–20 cm, Blattspreite mit geflügeltem Stiel, Kelch bauchig, mit eiförmigen Zähnen, Krone dottergelb mit roten Flecken, Blüten in vielblütigen Dolden.
> Primula elatior: Kelch eng anliegend, mit lanzettlichen Zähnen, Krone hellgelb.
>
> *Anwendung:*
> Katarrhe der Luftwege.
>
> *Inhaltsstoffe:*
> 5–10 % Monodesmosidische Triterpensaponine.

3.5.11
Senegawurzel

Herkunft

Senegawurzel stammt von *Polygala senega* L. (Familie: *Polygalaceae)*, einem kleinen, 20–30 cm hohen, ausdauernden Kraut, das aus einem ganz kurzen Wurzelschopf mehrere Stengel treibt; die Blätter sind lanzettlich; die Blüten, die in ihrer Form etwas an Schmetterlingsblüten erinnern, sind weiß gefärbt. Beheimatet ist die Art in den Prärien und Wäldern Nordamerikas. Die Droge wird aus Virginia, Texas und Kanada importiert; eine in Japan kultivierte, sehr robuste Varietät *P. senega var. latifolia* TORR. ET GARY kann medizinisch-pharmazeutisch als gleichwertig angesehen werden.

> **Senegawurzel**   Senegae radix
> Polygala senega   Polygalaceae
>
> *Herkunft:*
> Nordamerika.
>
> *Pflanze* (Abb. 3.23):
> Erdstockstaude mit aufrechten bis 40 cm hohen Stengeln; Blatt wechselständig, eiförmig lanzettlich; Blütentraube, Blüten mit blaßrötlichen Kronblättern, Flügel gelblich.
>
> *Anwendung:*
> Katarrhe der oberen Luftwege.
>
> *Inhaltsstoffe:*
> 1) 6–12 % Saponine, Senegasaponine A–D mit Presenegenin.
> 2) Lipide, Mono- und Oligosaccharide, Methylsalicylat.
>
> *Nebenwirkung:*
> Magen-Darm-Reizung.

Sensorische Eigenschaften

Geruch: schwach aromatisch, nach längerer Lagerung auch leicht ranzig. Geschmack: zunächst süßlich, später unangenehm, kratzend. Bei längerem Kauen den Speichelfluß anregend (sialagoger Effekt). Der Staub der gepulverten Droge wirkt niesenerregend.

Inhaltsstoffe

6–10 % Saponine, die Presenegin als Aglykon enthalten. Die mengenmäßig dominierenden Senegine II, III und IV sind bisdesmosidische Esterglykoside.

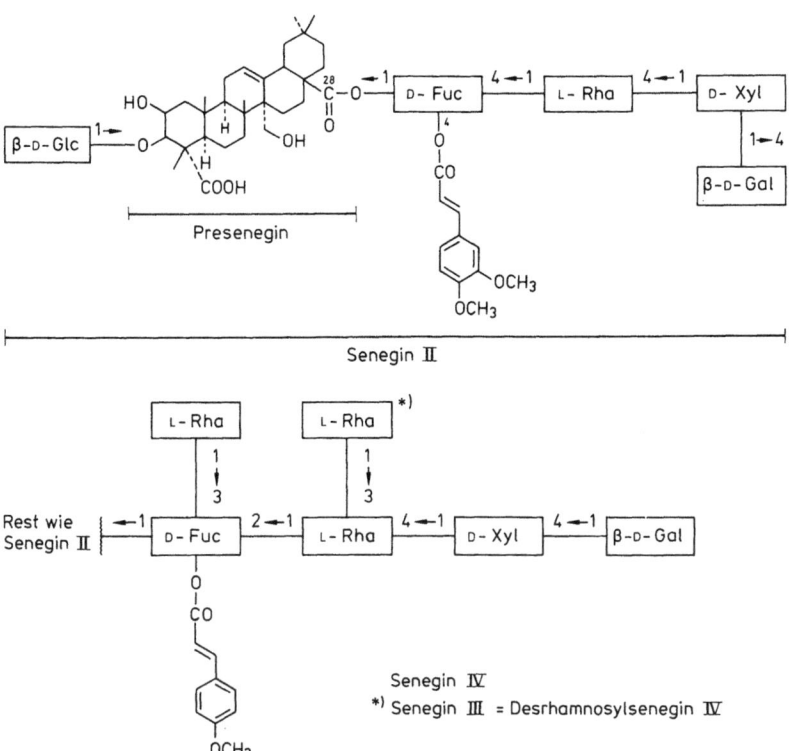

Hauptglykosid der Senegawurzel ist das Senegin II, ein bisdesmosidisches Estersaponin: Das Aglykon Presenegin ist mit der 3-OH an ein β-D-Glucosemolekül und mit dem 28-Carboxyl esterartig an ein lineares Tetrasaccharid gebunden. Die 4-OH des Fucosylrestes ist mit 3,4-Dimethoxyzimtsäure verestert. Senegin III (= Onjisaponin A) enthält einen verzweigten Hexasaccharidrest. Die Senegine III und IV sind, abweichend vom Senegin II, im Fucoseteil nicht mit Dimethoxy- sondern mit 4-Methoxyzimtsäure verestert.

In der frischen Pflanze kommt Primverosid vor, aus dem sich beim Trocknen durch die Einwirkung einer pflanzeneigenen Glucosidase Methylsalicylat bildet, das der nicht überlagerten Droge einen schwachen aromatischen Geruch verleiht.

Die Droge enthält ferner etwa 5% fettes Öl, das anscheinend den leicht ranzigen Geruch einer überlagerten Droge bedingt.

Wirkungen und Anwendungsgebiete

Wie Primelwurzel; (s. Abschn. 3.5.10).

Darreichungsformen, Präparate, Dosierung

- Infus aus der fein geschnittenen oder grob gepulverten Droge: 1 g pro Tasse Wasser (bis dreimal täglich).
- Fluidextrakt (1:1 mit 60%igem Alkohol): 1 ml (bis dreimal täglich).
- Senegasirup besteht im einfachsten Fall aus einer Mischung von Senegafluidextrakt (5 Teile) mit Zuckersirup (95 Teile). Einzelgabe 10-20 g.
- Trockenextrakt. Dient als „Arzneistoff" für Fertigarzneimittel (Kombinationspräparate) in unterschiedlichen Darreichungsformen (Tropfen, Säfte, Dragees, Tabletten). Sprühtrockenextrakte sind Bestandteil von sofortlöslichen Tees.

Viele Herstellungsverfahren für Senegaextrakte schreiben einen Zusatz von Ammoniak vor, offenbar, um die Bildung von Niederschlägen zu verhindern. Als Estersaponine dürften die Senegawirkstoffe unter diesen Bedingungen kaum über längere Zeit hin stabil sein.

3.5.12
Süßholzwurzel

Herkunft

Süßholzwurzel besteht aus den getrockneten Wurzeln und Ausläufern süß schmeckender und gelb gefärbter Varietäten von *Glycyrrhiza glabra* L. (Familie: Fabaceae).

G. glabra ist eine mehrjährige, 1-1,5 m hohe, holzige Staude mit einem ausgedehnten Wurzelsystem, das aus Pfahlwurzeln, Nebenwurzeln und zahlreichen, meterlangen Ausläufern besteht. Die Laubblätter sind unpaarig gefiedert mit deutlich fiedernervigen, kurz stachelspitzen Blättchen in 4-8 Paaren. Aus den Blattachseln entspringen die aufrechten, 10-15 cm langen Blütentrauben mit 20-30 Einzelblüten, die (je nach Varietät) unterschiedlich gefärbt sein können (blaulila, violett, weiß-rosa).

Der Handel unterscheidet:

- Spanisches Süßholz. Es stammt von der *var. typica* TEG. et HERD. und kommt in 14-20 cm langen, geraden Stücken auf den Markt; die Ware besteht aus mehr Ausläufern als aus Wurzeln. Der Geschmack ist süß, fast ohne einen bitteren Beigeschmack.
- Russisches Süßholz stammt von der *var. glandulifera* WALD. et LIT.; es kommt in unregelmäßigen Stücken und meist geschält auf den Markt. Der Bruch ist stärker faserig. Der Geschmack ist zwar süß, doch weist er meist einen bitteren und auch kratzenden Nebengeschmack auf.

3.5 Triterpene einschließlich Steroide

Süßholzwurzel **Liquiritiae radix**
Glycyrrhiza glabra Fabaceae

Herkunft:
Kulturen aus Rußland, Iran, Türkei, China.

Pflanze:
Staude mit kräftiger Wurzel und langen Bodenausläufern. Stengel Blütentrauben blattachselständig, aufrecht, kürzer als Blätter. Blüten 1–3 cm lang, lila, Hülsen 1,5–2,5 cm lang.

Anwendung:
1) Zur Herstellung des Süßholzfluidextrakts (Liquiritiae extractum fluidum).
2) Zur Glycyrrhizinsäuregewinnung.
3) Anwendungsgebiete: Katarrhe der oberen Luftwege und Ulcus ventriculi/duodeni.

Inhaltsstoffe:
1) 2–15% Triterpensaponine: mindestens 4% Glycyrrhizinsäure.
2) Flavanone, Chalkone und Isoflavone (über 30) mit Liquiritigenin- u. Isoliquiritigeninglucosiden.

Nebenwirkungen:
Mineralocorticoide Wirkung führt zu Ödemen.

- Chinesisches Süßholz spielt auf dem europäischen Markt eine wichtige Rolle. Zur botanischen Herkunft liegen keine verläßlichen Angaben vor. Es kann sich um *Glycyrrhiza glabra* L. handeln, die in Kultur genommen wurde; auch um Sammelgut aus Wildbeständen, das von anderen G.-Arten, wie *G. pallida* MAXIM oder *G. uralensis* FISCH., stammt. Hinsichtlich der Qualität entspricht das chinesische Süßholz annähernd dem russischen.
- Türkisches Süßholz gewinnt zunehmend Bedeutung, da es in seinen geschmacklichen Qualitäten dem besten Spanischen Süßholz ebenbürtig ist. Es stammt überwiegend von der *var. glandulifera*.

Inhaltsstoffe

Glycyrrhizinsäure

Isoliquiritigenin: R = H
Isoliquiritin: R = β-D-Glc

Liquiritigenin: R = H
Liquiritin: R = β-D-Glc

Charakteristischer Inhaltsstoff der Süßholzwurzel:

- Kalium- und Calciumsalze der Triterpencarbonsäure Gylcyrrhizinsäure (Synonym: Glycyrrhyzin).
- Flavonoide (etwa 1%), darunter das gelb gefärbte Isoliquiritin und das isomere Liquiritin
- Zucker (etwa 15%), hauptsächlich Glucose und Saccharose.
- Stärke (25-30%).
- Aminosäuren (1-2%), hauptsächlich Asparagin.
- Mineralische Bestandteile (4-6%).

Süßholzwurzel enthält Isoliquiritosid (Isoliquiritin), das bei der Herstellung von Extrakten und von Lakritze weitgehend zum Aglykon, dem Isoliquiritigenin, hydrolysiert.

Zubereitungen

- Als Schnittdroge zur Herstellung eines Infuses.
- Als Kombinationspartner in industriell hergestellten Teemischungen.
- Zur Herstellung von Süßholzextrakten. Es lassen sich unterscheiden: Süßholztrockenextrakte mit 9-12% Glycyrrhizin; dickflüssige Süßholzextrakte (= *Succus Liquiritiae*) mit ebenfalls 9-12% Glycyrrhizin und Süßholzfluidextrakte. Der Fluidextrakt DAB, herstellbar durch Perkolation mit Ethanol 70%, ist normiert und enthält mindestens 4,0 und höchstens 6,0% Glycyrrhizin. Trockenextrakte stellt man heute bevorzugt mittels Sprühtrocknung her.

Wirkungen und Anwendung

Expectorierende Wirkung. Wie bei den meisten Saponindrogen existieren auch für die Süßholzwurzel keine Untersuchungen, die den Mechanismus einer expectorierenden Wirkung belegen.

Antiulzerogene Wirkung. Die Wirksamkeit gegen Magengeschwüre wird dem Aglykon der Glycyrrhizinsäure, der Glycyrrhetinsäure, zugeschrieben. Es wird ein Synergismus mit den Corticosteroiden diskutiert, der auf der Hemmung der renalen 5β-Reductase-Aktivität beruht. Es kommt zu einer Verzögerung des Abbaues der körpereigenen Corticosteroide und damit indirekt zu einer „corticomimetischen Wirkung".

Muskulotrop-spasmolytische Wirkung. Nach älteren Untersuchungen zeigen aglykonische Chalkone insbes. das Isoliquiritigenin papverinartige spasmolytische Wirkung. Die Relevanz dieses Befundes hinsichtlich der Wirksamkeit von Süßholzextrakt bei krampfartigen Magenbeschwerden bedarf weiterer Untersuchungen.

Nützlich sind Süßholz und Süßholzextrakte als Geschmackskorrigentien für Arzneimittel, die schlecht schmeckende oder Brechreiz hervorrufende Arzneistoffe enthalten, wie beispielsweise Ammoniumchlorid, Natriumiodid, Chinin oder Extrakt aus amerikanischer Faulbaumrinde.

Risiken bei der Anwendung

Bei längerer Anwendung und/oder hoher Dosierung können mineralcorticoide Effekte in Form einer Natrium- und Wasserretention, Kaliumverlust mit Hochdruck, Ödeme und Hypokaliämie und in seltenen Fällen Myoglobinurie auftreten. Bei Personen mit konstitutioneller Disposition zu Bluthochdruck können bereits die üblichen Lakritzendosen hypertone Blutdruckkrisen auslösen (Cugini et al. 1983). Besonders gefährdet sind auch Diabetiker, bei denen Süßholzextrakt zu Hypokaliämie mit entsprechenden Folgezuständen führen kann.

Die folgenden Dosen sollten nicht überschritten werden: Süßholzwurzel ca. 5–15 g Droge/Tag entsprechend 200 bis 600 mg Glycyrrhicin; Zubereitungen entsprechend. Außerdem sollte die Anwendung auf die Dauer von maximal 4 bis 6 Wochen bechränkt bleiben.

Nicht angewendet werden dürfen Süßholz und seine Zubereitungen bei cholestatischen Lebererkrankungen, Leberzirrhose, Hypertonie, Hypokaliämie und während der Schwangerschaft.

Glycyrrhetinsäure

Das Handelsprodukt ist keine einheitliche Substanz, sondern ein Isomerengemisch aus der α- und β-Form; ein weißes oder schwach cremefarbenes Pulver, das sich in Wasser sehr schwer, in Ethanol und Chloroform leicht löst. Anwendung als Hautgel, Lotio oder Salbe (1–1,5%ig) bei entzündlichen Hautkrankheiten; sodann in der Kosmetik in Cremes für unreine und gerötete Haut, als Zusatz zu Mundwässern, Zahnpasten und Gesichtsmasken. In Form des besser wasserlöslichen Bernsteinsäurehalbesters (= Carbenoxolon) wurde Glycyrrhetinsäure zur Ulkustherapie (Ulcus ventriculi und Ulcus duodeni) verwendet. Glycyrrhetinhemisuccinat steigert die Schleimproduktion der Magen- und Darmschleimhaut, es hemmt die Pepsinaktivität, vermindert die Rückdiffusion von Protonen, verlängert die Lebensdauer der Magenepithelzellen und hemmt die Prostaglandin abbauenden Enzyme. Durch seine aldosteronähnliche Wirkung kommt es zur Natriumretention, zur Ödembildung, zur Hypertonie und zur Hyperkaliämie.

3.5.13
Ginsengwurzel

Herkunft

Stammpflanze der Droge ist *Panax ginseng* C. A. MEY. (Synonyme: *P. pseudoginseng* WALL., *P. schinseng* TH. NEES) (Familie: *Araliaceae*). *Panax ginseng* ist eine mehrjährige Staudenpflanze, die in den Bergwäldern der Mandschurei und Nordkoreas wild vorkommt. Die in Europa angebotene Handelsware stammt ausschließlich aus Kulturen; Hauptproduzent ist Südkorea. Panax-ginseng-Pflanzen werden etwa 60 cm hoch, der Stengel trägt 3–4 Verzweigungen, die jeweils 4–5 Blätter besitzen, die wie Kastanienblätter angeordnet sind. Die grünlich-gelben Blüten bilden eine Dolde; der Fruchtknoten ist unterständig und entwickelt sich zu einer roten, etwa erbsengroßen Beere, die zwei Samen enthält. Von der Aussaat der Samen bis zur

> **Ginsengwurzel** **Ginseng radix**
> **Panax ginseng** **Araliaceae**
>
> *Herkunft:*
> Südkorea.
>
> *Pflanze* (Abb. 3.24):
> Ausdauernde 30–60 cm hohe Pflanze, Stengel kahl, rund. Blätter 7–20 cm lang mit 5zählig gefingerten Blättchen. Blütendolden 15- bis 30blütig, weiß-grün. Frucht: rote Beere.
>
> *Anwendung:*
> Als Tonikum zur Stärkung und Kräftigung bei Müdigkeits- und Schwächegefühl, nachlassender Leistungs- und Konzentrationsfähigkeit sowie in der Rekonvaleszenz.
>
> *Inhaltsstoffe:*
> 1) 0,5–3% Ginsenoside (mindestens 1,5% DAB)
> 2) ätherisches Öl.
>
> *Nebenwirkungen:*
> Keine bekannt; doch wird vor Dauergebrauch vorsorglich abgeraten (Bundesanzeiger Nr. 11 vom 17.1.1991).

Ernte der Wurzel liegt ein Zeitraum von 4–6 Jahren. Die Wurzeln sind dann 8 bis maximal 20 cm lang und etwa 2 cm dick; sie weisen Verzweigungen auf. Zur Gewinnung der Ganzdroge werden die dünneren Enden von Haupt- und Nebenwurzeln abgeschnitten. Die abgeschnittenen Teile bilden als *Slender tails* ein eigenes Handelsprodukt.

Handelssorten

Abhängig von der Art der Drogenverarbeitung nach der Ernte unterscheidet man Weißen und Roten Ginseng.

- Weißer Ginseng. Die frisch geernteten Wurzeln werden gewaschen, die Nebenwurzeln entfernt. Nach dem Abschaben und einem Bleichprozeß mit SO_2 erfolgt Trocknen an der Sonne oder auch künstlich bei 100–200 °C. Bei der Prozedur gehen die äußeren dunkelgefärbten Schichten des Korkgewebes verloren. Oft bringt man durch Abbinden und Biegen die Wurzeln in bestimmte, puppenähnliche Form. Eine Wurzel wiegt durchschnittlich 8–10 g.
- Roter Ginseng. Bei dieser Zubereitungsart handelt es sich im Grund um eine uralte, empirisch gefundene Konservierungsmethode. Die geernteten Wurzeln werden noch frisch mit Wasserdampf von 120–130 °C zwei bis drei Stunden lang behandelt und danach getrocknet. Sie erhalten dadurch ein glasiges und rötliches Aussehen. Die Farbentwicklung läßt sich als Maillard-Reaktion deuten.

Inhaltsstoffe

- Primäre Stoffwechselprodukte: Kohlenhydrate, darunter Saccharose (8%), Fructose (0,5%) und Glucose (0,4%), 3 seltene Trisaccharide, darunter α-Maltosyl-β-D-fructofuranosid; ferner Polysaccharide, darunter Stärke und Pektine.

3.5 Triterpene einschließlich Steroide

- N im Molekül enthaltene Verbindungen: Aminosäuren, darunter Arginin neben Glutaminsäure, Cystein, Tyrosin und α-Aminobuttersäure; niedermolekulare Peptide (>1%) und Proteine, Cholin (0,1-0,2%); Triglyceride neben freien Fettsäuren; Phosphatide.
- Sekundäre Stoffwechselprodukte. In Ether lösliche Bestandteile (Ätherisches Öl, um 0,5%) mit den Sesquiterpenkohlenwasserstoffen β-Elemen und Eremophilen, welche den charakteristischen Geruch mitbedingen; ferner Acetylenalkohole, darunter Panaxydol, Panaxynol und Falcarinol. Triterpensaponine (0,5-3%), hauptsächlich vom Dammaroltyp, die als Ginsenoside (Synonym: Panaxoside) bezeichnet werden.
- Mineralische Bestandteile (Aschegehalt 6-8%) mit zahlreichen Spurenelementen As, Co, Cu, Ge Mn, Mo, V und Zn.

Hinweise zur Pharmakokinetik und Bioverfügbarkeit

Die Ginsenoside der Triolgruppe (Hauptvertreter: Rg_1) verhalten sich anders als die der Diolgruppe (Hauptvertreter: Rb_1). Beim Versuchstier Ratte werden zwischen 2% und 20% der oral zugeführten Rg_1-Dosis resorbiert. Nach Zufuhr hoher Dosen 100 mg/kg KG per os, wird ein maximaler Serumspiegel (0,9 µg/ml) nach 30 min erreicht. Vom Blut aus erfolgt annähernd gleichmäßige Verteilung auf alle Organe, ausgenommen das Gehirn. Da die Ginsenoside die Blut-Hirn-Schranke nicht passieren, müssen die nach Ginsengmedikation beobachteten zentralen Effekte indirekter Natur sein (via Hormonbeeinflussung?). Die Ausscheidung von Rg_1 erfolgt zu etwa 30% mit dem Urin und zu etwa 70% mit der Galle (keine Metabolitenbildung).

Die orale Resorptionsquote der Ginsenoside der Diolgruppe vom Typus Rb_1 ist mit 0,11% extrem niedrig: Rb_1 wird mit dem Harn eliminiert, nicht hingegen über die Gallenwege.

3.5.14
Roßkastaniensamen und daraus hergestellte Präparate

Herkunft

Ausgangsmaterial zur Herstellung der verschiedenen Roßkastaniensaponinpräparate sind die reifen getrockneten Samenkerne verschiedener Arten der Gattung *Aesculus* (Familie: *Hippocastanaceae*). Das DAB verlangt, daß es sich bei der Droge um die Samen der gewöhnlichen Roßkastanie, *Aesculus hippocastanum* L. handeln müsse.

Die gewöhnliche Roßkastanie ist auf dem Balkan, im Kaukasus und in Vorderasien beheimatet. Die großen Blätter des 10–20 m hoch werdenden Baumes sind 5- bis 7-zählig gefiedert, die Teilblätter sind am Rande gezähnt. Die Blüten sind zygomorph und vereinigen sich zu aufrechten Rispen. Die Frucht ist eine mit Stacheln besetzte, grüne Kapselfrucht, die sich bei der Reife mit 2 oder 3 Klappen öffnet. Sie enthält in der Regel nur einen Samen mit einer glänzend rotbraunen Samenschale und einer weißen, vom Nabel herrührenden Stelle.

Inhaltsstoffe

Die Samenkerne (hauptsächlich die Kotyledonen darstellend) weichen in ihrer chemischen Zusammensetzung stark von der Samenschale ab. Samenschalen: Proanthocyanidine und Catechingerbstoffe. Die Einlagerung von unlöslichen braunen Pigmenten besteht aus Stoffen, die sich durch Oxidation und durch Polymerisation vorzugsweise aus (+)-Catechin bilden.
Samenkerne:

- Flavonolglykoside (0,2–0,3%) in Form gut wasserlöslicher Bioside und Trioside des Quercetins und Kämpferols, darunter Kämpferol-3-glucosido-xylosido-glucosid.
- Triterpensaponine, und zwar Di-Ester von Penta- und Hexahydroxy-β-Amyrinen (3–6%). Sie bilden ein komplexes Gemisch, das sich in vier Haupttypen einteilen läßt.

1) β-Aescin: C-21 und C-28 Diester;
2) Kryptoaescin: C-21 und C-22 Diester;
3) α-Aescin: das Gemisch (4:6) aus β-Aescin und aus Kryptoaescin;
4) Aescinole: Artefakte, die hydrolytisch aus Aescinen entstehen (Aescinol = 21,22,28-Triolderivat).

3.5 Triterpene einschließlich Steroide

Roßkastaniensamen   Hippocastani semen
Aesculus hippocastanum   Hippocastanaceae

Herkunft:
Südosteuropa, Westasien; Zierbaum in Alleen, Gärten.

Pflanze (Abb. 3.25):
Bis 20 m hoch, kugelige Krone, Blüten mit 5–7 Teilblüten diese bis 20 cm lang, lanzettlich; Blüten in ca. 20 cm langen aufrechten Trauben, 5 Kronblätter, am Rand kraus, Staubblätter lang, Frucht mit weichen Stacheln.

Anwendung:
Zur Herstellung des eingestellten Roßkastaniensamentrockenextraktes (Hippocastani extractum siccum normatum DAB 10).
Anwendungsgebiete: Beschwerden bei Erkrankungen der Beinvenen.

Inhaltsstoffe:
1) Mindestens 3,0 % Triterpenglykoside, kristallisierender Anteil = β-Aescin mit ca. 30 Verbindungen, Aglykone; Diester; Protoaescigenin, Barringtogenol. α-Aescin hämolytisch weniger wirksam.
2) Flavonole: Di- und Triglykoside des Kämpferols u. des Quercetins; Aminopurine.

- Reservestoffe: Stärke, reduzierende Zucker (um 6 %), Fett (um 5 %), Eiweiß (um 6 %);
- Mineralstoffe (3–4 %).

R		% des Gemisches
H_3C\OC$>C\overset{E}{=}C<^{CH_3}_H$	Tigloyl	40
H_3C\OC$>C\overset{Z}{=}C<^H_{CH_3}$	Angeloyl	33
H_3C\OC$>CH-CH_2-CH_3$	α-Methylbutyryl	15
$OC-CH(CH_3)_2$	Isobutyryl	10

$Z^1 = Z^2 = \beta$-D-Glucosyl

Die Strukturformel gibt den Aufbau eines nativen Saponinglykosids der Roßkastaniensamen wider, das zu etwa 15 % in der sog. β-Aescinfraktion (dem kristallinen „β-Aescin") vorkommt. Das Grundgerüst gehört zu den pentazyklischen Triterpenen des β-Amyrintyps und zwar liegt ein Hexahydroxyderivat vor: die OH-Gruppe an C-3 ist glykosidisch an β-D-Glucuronsäure gebunden, die ihrerseits mit 2 Molekülen β-D-Glucose glykosidisch verknüpft ist. Die OH-Gruppe an C-21 mit kurzkettigen Fettsäuren, die OH-Gruppe an C-22 mit Essigsäure verestert. Das beschriebene Glykosid ist begleitet von einer Reihe von Varianten, die durch die folgenden Merkmale gekennzeichnet sind: (1) 21-*O*-Tigloyl ersetzt durch 21-Angeloyl,

21-O-Methylbutyryl oder 21-Isobutyryl; (2) Z^1 und/oder Z^2 können Galactosyl- oder Xylosylreste sein; und schließlich (3) der 24-CH_2-OH-Substituent (Aglykon = Protoaescigenin) kann als 24-CH_3 (Aglykon = Barringtogenol C) vorliegen.

Verwendung

Roßkastaniensamenkerne oder Samenschrot ist Ausgangsmaterial zur Herstellung von β-Aescin und zur Herstellung von Extrakten.

Eingestellter Roßkastaniensamentrockenextrakt DAB 10 wird aus zerkleinerten Roßkastaniensamen und Ethanol-Wasser-Gemischen oder Methanol-Wasser-Gemischen) hergestellt (Näheres zur Herstellung von Trockenextrakten s. Lehrbücher der pharmazeutischen Technologie). Der Extrakt stellt eine gelbliche bis gelbbraune, pulverisierbare Masse dar. Die chronische Verabreichung des Extraktes führt im Tierversuch (Hund) zu Magenreizungen. Daher soll der Extrakt in der Therapie in einer retardierten Darreichungsform angeboten werden. Anwendungsgebiete sind chronische Veneninsuffizienz, insbesondere Beschwerden wie Schmerzen und Schweregefühl in den Beinen, nächtliche Wadenkrämpfe, Juckreiz und Beinschwellungen.

3.5.15
Anhang: Myrrhe

Myrrhe ist ein Gummiharz, das von mehreren *Commiphora*-Arten (Familie: *Burseraceae*) gewonnen wird.

Die genannten Stammpflanzen sind kleine Bäume mit schizogenen Exkretgängen in der Rinde. Zur Drogengewinnung wird die Rinde verletzt, der ausfließende gelbe Balsam erstarrt an der Luft zu gelblich- rötlich-braunen Körnern, die gesammelt werden.

Myrrhe
Commiphora molmol   Burseraceae

Herkunft:
Abessinien.

Pflanze (Abb. 3.26):
Niedriger Strauch, ähnlich dem Schlehdorn oder bis 3 m hoher Baum mit spitzdornigen Ästen; Blätter einzeln oder in Büscheln; Blüten 4zählig sehr klein an Kurztrieben büschelig.

Anwendung:
Tinktur zur lokalen Behandlung leichter Entzündungen der Mund- und Rachenschleimhaut.

Inhaltsstoffe:
Ätherisches Öl 2–10 %, mit Furanosesquiterpenen, Harze 30–50 % mit Triterpensäuren, Schleimstoffe 40–60 %, Proteine.

Anmerkung:
Aus der Rinde austretendes Gummiharz.

Inhaltsstoffe

Die chemische Zusammensetzung ist nur unvollständig bekannt. Myrrhe enthält Bestandteile aller Polaritätsstufen:

- Lipophile Bestandteile, die wasserdampfflüchtig sind (2–10%); als Myrrhenöl ein eigenes Handelsprodukt bildend. Das Öl besteht hauptsächlich aus Furanosesquiterpenen des Furanogermacran-, des Furanoeleman- und des Furanoeudesman-Typs. Myrrhengeruch und Bittergeschmack werden wesentlich durch das 5-Acetoxy-2-methoxy-4,5-dihydrofuranodien-6-on mitbestimmt.
- In Ethanol lösliche Bestandteile (25–40%) bilden die sog. Harzfraktion; diese besteht aus Triterpensäuren und Triterpenalkoholen mit Oleanan- und Ursan-Grundgerüsten und 1 bis 3 Hydroxygruppen; ferner aus Phytosterolen wie Campesterol und Sitosterol und 3-Keto-Derivaten, z. B. Guggulusterole.
- Die polare, mit Wasser extrahierbare Fraktion besteht aus Eiweißstoffen (etwa 18%) und aus Schleimstoffen (50–60%). Der „Rohschleim" liefert nach hydrolytischer Spaltung Arabinose, Galactose und 4-Methyl-glucuronsäure.

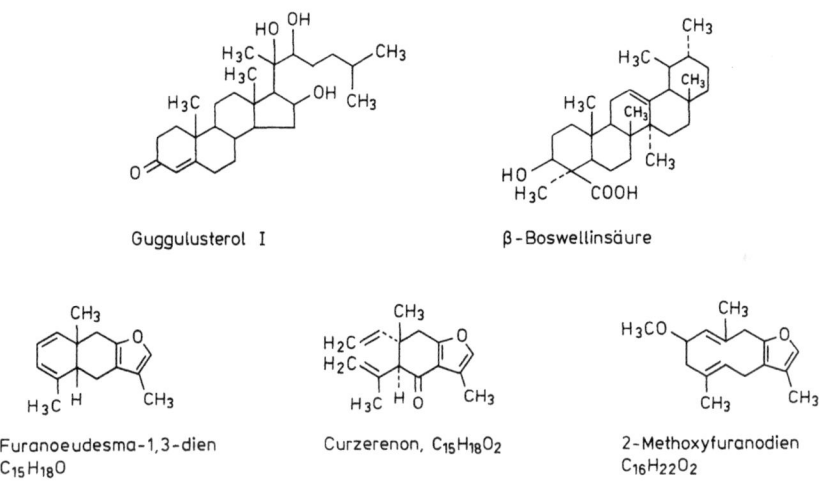

Verwendung

Als desinfizierendes und desodorierendes Mittel bei Schleimhauterkrankungen des Mundes. Die entzündeten Stellen werden mit Myrrhentinktur bepinselt; mit verdünnter Myrrhentinktur (1–2 Teelöffel auf 1 Glas Wasser) zum Mundspülen.

Literatur

Braun R, Dittmar W, Machut M, Wendland S (1983) Valepotriate: zur Bestimmung mit Hilfe von Nitrobenzylpyridin. Dtsch Apoth Ztg 123:2274–2477

Brieskorn CH (1987) Triterpenoide, physiologische Funktionen und therapeutische Eigenschaften. Pharm Unserer Zeit 6:161

Cugini B, Gentile R, Zard A, Rocchi G (1983) Hypertension in Licorice abuse. A case report. Gazz. Ital Cardiol 13. 126 – 128

Forth W, Rummel W (1967) Wirkung von Herzglykosiden auf Calcium-, Natrium-, Wasser und Glukosetransport am isolierten Dünndarm. Helv Physiol Pharmacol Acta 25:8 – 23

Greeske K (1984) Rationale Venentherapie mit pflanzlichen Arzneimitteln. Pharm Z 21:1665

Hänsel R, Schulz J (1982) Valerensäuren und Valerenal als Leitstoffe des offizinellen Baldrians. Dtsch Apotheker Z 122:215 – 219

Hausen BM (1988) Allergiepflanzen – Pflanzenallergene. ecomed, Landsberg/München

Kolodziej H (1993) Sesquiterpenlactone – Biologische Aktivitäten. Dtsch Apotheker Z 133:1795

Nishie K, Gumbmann MR, Keyl AC (1971) Pharmacology of solanin. Tox Appl Pharmacol 19:81 – 92

Rücker G (1994) Artemisinin, Pharmazie Unserer Zeit 4:223

Wenzel P, Wegener T (1995) Teufelskralle – ein pflanzliches Antirheumatikum. Dtsch Apoth Ztg 135:1131 – 1140

Willuhn G, Leven W, Luley C (1994) Arnikablüten DAB 10. Untersuchungen zur qualitativen und quantitativen Variabilität. Dtsch Apoth Ztg 134:4077 – 4085

Farbtafeln zu Kapitel 3 119

Abb. 3.4 Spitzwegerichkraut

Abb. 3.5 Baldrian

Abb. 3.6 Enzian

Abb. 3.7 Tausendgüldenkraut

120   3 Isoprenoide

Abb. 3.8   Schafgarbe

Abb. 3.9   Wermutkraut

Farbtafeln zu Kapitel 3   121

Abb. 3.10   Löwenzahn

Abb. 3.11   Arnikablüten

Abb. 3.13 Wolliger Fingerhut

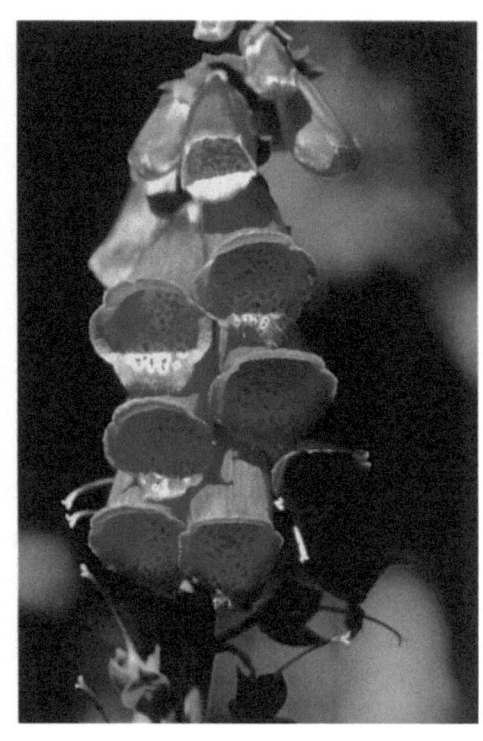

Abb. 3.14 Roter Fingerhut

Abb. 3.15 Strophanthus spec.

Abb. 3.16 Maiglöckchen, *Foto: Herbert E. Maas*

Farbtafeln zu Kapitel 3   123

Abb. 3.17   Meerzwiebel

Abb. 3.18   Adoniskraut

Abb. 3.19 Oleander

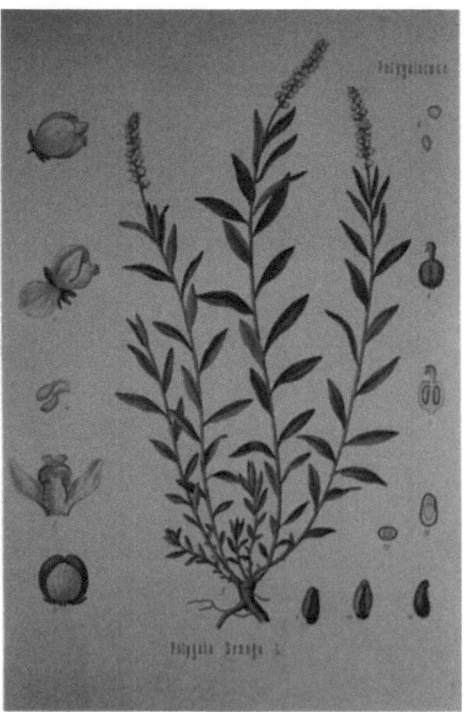

Abb. 3.22 Primel

Abb. 3.23 *Polygala senega*

Farbtafeln zu Kapitel 3 125

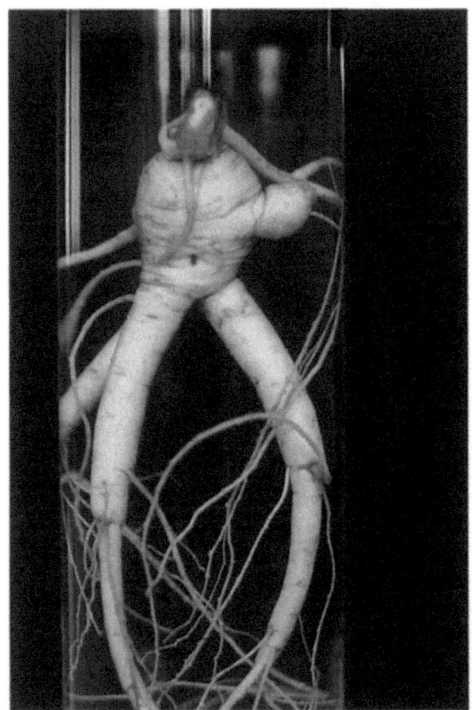

Abb. 3.24　Ginsengwurzel

Abb. 3.25　Roßkastanie: Blüte

Abb. 3.25　Roßkastanie: Frucht

Abb. 3.26　Myrrhe

KAPITEL 4

Ätherische Öle

In Medizin und Pharmazie versteht man unter ätherischen Ölen flüchtige, stark riechende Stoffgemische von ölartiger Konsistenz, die in Wasser schwer löslich sind und aus pflanzlichen Ausgangsstoffen dargestellt werden. Diese Begriffsbestimmung deckt sich mit der Definition der ISO (*International Standard Organization*), wonach unter ätherischen Ölen nur die durch Wasserdampfdestillation von Pflanzenteilen gewonnenen Produkte sowie die durch Auspressen der Fruchtschalen einiger Citrusarten gewonnenen Öle zu verstehen sind.

Vorkommen

Geringe Mengen von wasserdampfflüchtigen Stoffen dürften in allen Pflanzen enthalten sein. Technisch oder pharmazeutisch interessieren i. allg. aber nur Pflanzen, aus denen größere Mengen (0,01 – 10 %) Öl destillierbar sind. Von 295 Pflanzenfamilien, die bisher auf das Vorkommen von ätherischen Ölen geprüft wurden, enthielten 87 Familien (etwa 30 %) ölführende Arten. Fast durchweg führen ätherisches Öl die Arten aus den Familien der *Apiaceae (Umbelliferae)*, der *Lamiaceae (Labiatae)* der *Lauraceae*, der *Myrtaceae*, der *Pinaceae*, der *Piperaceae*, der *Rutaceae* und der *Zingiberaceae*.

Ein ätherisches Öl setzt sich in der Regel aus einer Vielzahl von chemischen Verbindungen zusammen. Bis zu 50 Einzelbestandteile wurden nachgewiesen; doch kann bei manchen Ölen einer der Bestandteile mengenmäßig so überwiegen, daß der Gesamtcharakter des Öls – seine geruchlichen Qualitäten, seine chemischen und physikalischen Eigenschaften sowie seine pharmakologischen Wirkungen – weitgehend vom Hauptbestandteil allein bestimmt wird.

Hinsichtlich der biosynthetischen Herkunft des Grundkörpers lassen sich 4 Gruppen bilden:

- Acetogenine oder Polyketide sind vertreten als geradkettige Alkane und Alkene, als Acetylenderivate und die jeweiligen Folgeprodukte. Im chemischen Aufbau lassen sich die nahe Verwandtschaft zu den Fettsäuren erkennen.
- Terpene (Mono- und Sesquiterpene) sind dadurch gekennzeichnet, daß das Grundgerüst durch Methylgruppen, substituiert ist; sie entstehen biosynthetisch durch Kondensation aus methylverzweigten Butenderivaten, den Isoprenbausteinen (Abb. 4.1, 4.2).
- Phenylpropanderivate sind Abkömmlinge der aromatischen Aminosäuren Phenylalanin, Tyrosin und Dihydroxyphenylalanin.
- Heteroatome im Molekül enthaltende Bestandteile. Bei den Heteroatomen handelt es sich um Stickstoff und um Schwefel. Durch N im Molekül zeichnen sich bestimmte Indol- und Antranilsäurederivate aus, die beide biosynthetische

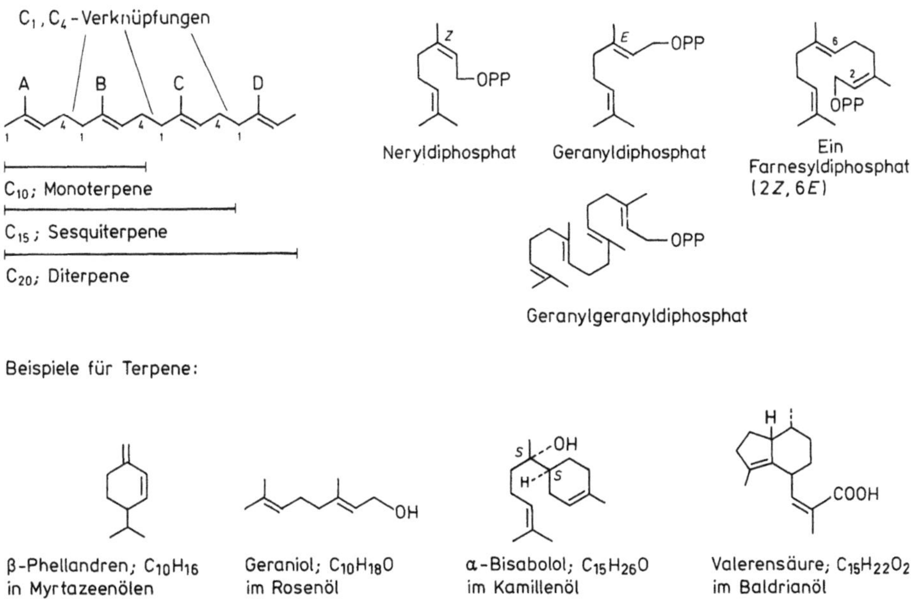

C_1, C_4-Verknüpfungen

C_{10}; Monoterpene

C_{15}; Sesquiterpene

C_{20}; Diterpene

Neryldiphosphat

Geranyldiphosphat

Ein Farnesyldiphosphat (2Z, 6E)

Geranylgeranyldiphosphat

Beispiele für Terpene:

β-Phellandren; $C_{10}H_{16}$ in Myrtazeenölen

Geraniol; $C_{10}H_{18}O$ im Rosenöl

α-Bisabolol; $C_{15}H_{26}O$ im Kamillenöl

Valerensäure; $C_{15}H_{22}O_2$ im Baldrianöl

Abb. 4.1 Biosynthesevorstufen von Mono-, Sesqui- und Diterpenen. Polyfunktionelle oder ionisierte Derivate (Valerensäure) kommen nur in Extraktionsölen vor

Beziehungen zum Stoffwechsel der Aminosäure Tryptophan aufweisen. S im Molekül enthalten die Disulfide und die Polysulfide, die sich als übelriechende Artefakte bei der Destillation von Knoblauch bilden.

Pharmakokinetik

Als stark lipophile Substanzen sind die ätherischen Öle vom Magen-Darm-Trakt aus gut resorbierbar; auch werden Terpenoide leicht über die Haut aufgenommen, wobei in quantitativer Hinsicht die perkutane Resorption – etwa aus pflanzlichen Badezusätzen – der oralen vergleichbar ist.

Wirkungen, Anwendung

- Die meisten ätherischen Öle können, in geeigneter Konzentration angewandt, Mikroorganismen schädigen: Antibakterielle, antimykotische und virozide Wirkungen sind bekannt. Bereits Dämpfe können keimtötend wirken; als Aerosole („Medizinal-Raumsprays") werden sie zur Luftdesinfektion benutzt.
- Die meisten ätherischen Öle zeichnen sich durch eine mehr oder weniger stark ausgeprägte örtliche Reizwirkung aus. Auf der Haut wirken sie hyperämisierend bis entzündungserregend, eine Eigenschaft, die zu therapeutischen Zwecken ausgenutzt wird.
- Inhalativ wirken ätherische Öle reizend auf die Schleimhäute der Atemwege. In schwacher Dosierung angewandt kommt es zu einer Vermehrung der Tracheo-

bronchialsekretion, womit sich die Wirksamkeit inhalativer Expektorantien erklären läßt.
- Auch innerlich genommen kommt die lokal reizende Wirkung ätherischer Öle, und zwar auf die Schleimhäute des Mundes und des Magen-Darm-Trakts, zur Geltung. Sie äußert sich in scharfem, brennendem Geschmack und vom Magen her in Wärmegefühl.

4.1
Ätherische Öle und Drogen mit überwiegend Monoterpenen

4.1.1
Pfefferminze und Pfefferminzöl

Pfefferminzblätter

Herkunft

Pfefferminzblätter bestehen aus den getrockneten Blättern bestimmter (mentholreicher, carvonarmer) Formen der *Mentha × piperita* L. (L.) HUDS., einem sterilen Bastard aus *M. aquatica* L. (der Wasserminze) und *M. aquatica* L. (der grünen Minze).

Da es sich um eine Hybride handelt, kann sie sortenecht nur vegetativ vermehrt werden. Züchterische Arbeit bezüglich Habitus, Blattfarbe, Wüchsigkeit, Resistenzeigenschaften, Winterhärte, Ölgehalt und Ölzusammensetzung haben zu vielen Unterarten, Varietäten und Formen geführt. Man unterscheidet dunkelgrüne („black mint") Sorten, *M. × piperita* f. *piperita* oder f. *rubescens* und hellgrüne („white mint") Sorten, die unter der Bezeichnung *M. × piperita* var. *piperita* f. *pallescens* Eingang in die Literatur gefunden haben.

Inhaltsstoffe

- Ätherisches Öl (0,8 – > 4 %) mit (–)-Menthol als charakteristischer Hauptkomponente.
- Labiatengerbstoff vom Typ der Rosmarinsäure. Rosmarinsäure selbst schmeckt nicht adstringierend.
- Einfache Phenolcarbonsäuren, insbesondere Kaffee- und Ferulasäure.
- Flavone, darunter Menthosid (4',5,7-Trihydroxyflavon-7-rhamnoglucosid, das über die 4'-OH mit Kaffeesäure verestert ist, das korrespondierende Descaffeoylderivat (Isorhoifolin) sowie Luteolin-7-rhamnoglucosid, Rutin und Hesperetin; mehrere Polymethoxyflavone.
- Triterpensäuren (Ursolsäure 0,3 % und Oleanolsäure 0,1 %).
- Weitere Bestandteile: Carotinoide, darunter α- und β-Carotin; Cholin (0,1 %) und Betain (1,3 %); mineralische Bestandteile (8 – 13 %).

Wirkungen, Anwendung

Pfefferminzblätter gelten gemeinhin als eine Ätheröldroge; im Teeaufguß kommen jedoch zusätzlich die schwach adstringierenden Geschmackswir-

Pfefferminzblätter   Menthae piperitae folium
Mentha × piperita   Lamiaceae

Herkunft:
Aus Kulturen (nur vegetative Vermehrung) aus Spanien, Bulgarien, Griechenland, Deutschland.

Pflanze (Abb. 4.3):
Krautige Pflanze, bis 1 m hoch; Stengel 4kantig; Blütenstand aus Scheinquirlen zusammengesetzt; Krone lila mit weißer Röhre; Frucht aus rötlich braunen Nüßchen.

Anwendung:
Magen-, Darm-, Gallenbeschwerden.

Inhaltsstoffe:
1) Ätherisches Öl (mindestens 1,2 %) mit Menthol, Mentholester, Menthon, Menthofuran.
2) Labiatengerbstoffe
3) Kaffee-, Ferulasäure.
4) Flavonglykoside und lipophile Polymethoxyflavone.

kungen der Gerbstoffe (6–10 %) zur Geltung, so daß Pfefferminztee anstelle von schwarzem Tee als koffeinfreies Getränk weit verbreitet ist. Als die choleretischen Prinzipien der Blätter kommen die Phenolcarbonsäuren Chlorogen-, Kaffee- und Rosmarinsäure in Frage. Hinzu kommen milde spasmolytische Qualitäten der Apigenin- und Luteolinglykoside sowie die reflektorisch über Geschmack- und Geruchsreize sekretionsfördernden Effekte des ätherischen Öls.

Medizinisch angewendet wird Pfefferminze in der Regel aus Aufguß bei krampfartigen Beschwerden im Magen-Darm-Bereich sowie der Gallenblase und -wege.

Pfefferminzöl und Menthol

Das durch Wasserdampfdestillation aus dem blühenden Pfefferminzkraut erhältliche Pfefferminzöl, Menthae piperitae aetheroleum, besteht fast ausschließlich aus Monoterpenen. Hauptkomponenten sind Derivate der *p*-Menthanreihe. Menthol, Menthon und Menthylacetat machen zusammen 50 bis 70 % des Öles aus. Daneben kommen isomere Mentholderivate vor, Isomenthon, Pulegon und Piperiton. Die wichtigsten im Pfefferminzöl auftretenden Stoffe und ihre biosynthetischen Zusammehänge zeigt das Formelschema (Seite 130).
Die besonders hohe sensorische Qualität des echten Pfefferminzöles beruht auf mengenmäßig zurücktretenden Bestandteilen wie Menthofuran, *cis*-Jasmon und Viridoflorol. Wegen der hohen Preislage wird Pfefferminzöl gern verfälscht. Am häufigsten ist ein Verschnitt mit rektifizierten Ölen aus Minzölen, die als Nebenprodukt bei der Gewinnung von natürlichem (–)-Menthol anfallen. Minzöle werden den Pfefferminzölen angenähert durch Zusatz von synthetischem Menthofuran, *rac.*-Menthol und *rac.*-Menthylacetat.
Die Gewinnung von natürlichem Menthol erfolgt aus dem nativen (unrektifizierten) ätherischen Öl von *Mentha arvensis* var. *piperascens*. Das natürliche (–)-Menthol ist optisch aktiv und zwar linksdrehend, zum Unterschied vom syn-

130   4 Ätherische Öle

Neryldiphosphat — Terpinolen —Oxid.→ Piperitenon — (−)-Piperiton

(+)-Isomenthon ← (+)-Pulegon → (−)-Menthon

(+)-Neoisomenthol   (+)-Isomenthol   (−)-Menthol   (+)-Neomenthol

Acetat   Acetat   Acetat   Isovalerianat   Acetat

cis-Jasmon, C₁₁H₁₆O
Natürliches Jasmon

trans-Jasmon
Artefakt

Zur biogenetichen Einordnung:

6 × C₂ ⟶ [Struktur mit COOH und CH₃] ⟶ Jasmon

thetischen *rac.*-Menthol, das von den Arzneibüchern gleichermaßen für therapeutische Zwecke zugelassen wird.

Wirkungen

Pfefferminzöl wirkt in verschiedenen Modellen papaverinartig spasmolytisch. Im Tierexperiment konnte vom Menthol eine sekretolytisch-expectorierende Wirkung gezeigt werden. Obwohl kontrollierte klinische Studien fehlen, weisen Erfahrungsberichte auf eine subjektiv günstige Beeinflussung der oberen Atemwege hin. Menthol reizt die nasalen Kälterezeptoren und täuscht somit eine erleichterte Durchgängigkeit der verstopften Nase vor. Eine Abschwellung der nasalen Schleimhaut bewirkt Menthol nicht.

Anwendung

Anwendungsgebiete: Krampfartige Beschwerden im oberen Gastrointestinaltrakt und der Gallenwege; Colon irritabile; Katarrhe der oberen Luftwege, Äußerlich ist Pfefferminzöl Bestandteil von Einreibungen bei Muskel- und Nervenschmerzen.

Hinweis: Bei Säuglingen und Kleinkindern dürfen pfefferminzölhaltige Zubereitungen nicht im Bereich des Gesichts, speziell der Nase, aufgetragen werden.

4.1.2
Minzöl

Herkunft

Minzöl, Menthae arvensis aetheroleum, wird aus dem Kraut blühender Pflanzen der japanischen Minze, *Mentha arvensis* L. var. *piperascens* HOLMES ex CHRISTY durch Wasserdampfdestillation gewonnen. Es gelangen nicht die genuinen Öle in den Handel, sondern die partiell entmentholisierten und anschließend rektifizierten Produkte.

(+)-Menthofuran

(−)-Isopulegol — vereinfachte schreibweise

(+)-*trans*-Sabinenhydrat
Synonym: (4R)-(+)-Thujanol-4

(+)-Sabinen

(4S)-(+)-Thujan

(+)-Viridiflorol

C-Skelett des Viridiflorols:
reguläres, trizyklisches Sesquiterpen

Zusammensetzung

Vorbemerkung: Frisch destilliertes Minzöl enthält 80 bis > 90 % Menthol, das sich bereits beim Abkühlen des Destillationsprodukts teilweise abscheidet.

Wie die Pfefferminzöle vom *Mentha-piperita*-Typ enthalten die Pfefferminzöle vom *Mentha arvensis*-Typ (= Minzöle) als Hauptkomponente linksdrehendes (–)-Menthol; es folgen (–)-Menthon mit Isomenthon (~33 %) und (–)-Methylacetat (~3 %) als weitere charakteristische Bestandteile.

Leitstoffe zur analytischen Unterscheidung von Pfefferminz- und Minzölen sind (+)-Thujanol-4 und das sesquiterpenoide Viridoflorol, die beide das Pfefferminzöl kennzeichnen, und (+)-Isopulegol, das für Minzöl typisch ist. (+)-Menthofuran liegt im Minzöl in nur geringer Konzentration vor.

In pharmazeutischen Präparaten verwendet man Minzöle ähnlich wie Pfefferminzöle als Geruchskorrigens. Unter phantasievollen Namen verwendet man auch die reinen Öle selbst; die gelblich-grüne Farbe der Öle wird in diesen Produkten gerne durch Chlorophyllfarbstoffe verstärkt. Sie sind innerlich und äußerlich „bewährte Hausmittel" bei einer Vielzahl alltäglicher Beschwerden.

4.1.3
Krauseminzöl

Krauseminzöl wird durch Wasserdampfdestillation der zur Blütezeit geernteten Krauseminzpflanzen, *Mentha spicata* L. var. *crispa* (BENTH.) DANERT, gewonnen.

Das linksdrehende (–)-Carvon ist Hauptbestandteil des Krauseminzöls. Der Geruch ist würzig-minzig. Demgegenüber zeigt das rechtsdrehende (+)-Carvon, das im Kümmelöl vorkommt, den typisch krautigen Geruch des Kümmels.

Als Träger des Krauseminzgeruchs gilt das Acetat des Dihydrocuminalkohols in Verbindung mit Dihydrocarveolacetat. Mengenmäßig dominiert allerdings im Krauseminzöl das (–)-Carvon.

Krauseminzöl wird zum Aromatisieren von Mundwässern, Zahnpasten und Kaugummi verwendet. Pharmazeutisch verwendet man es ähnlich wie Pfefferminzöl als Carminativum sowie als Geschmacks- und Geruchskorrigens. Für eine kurzfristige Anwendungsdauer gilt eine Tagesdosis bis zu 1 mg/kg KG als unbedenklich.

4.1.4
Melissenblätter

Herkunft

Die getrockneten Laubblätter von *Melissa officinalis* L. (Familie: *Lamiaceae* = *Labiatae*, Lippenblütler). Die Handelsware stammt aus Kulturen.

Inhaltsstoffe

Ätherisches Öl (0,02–0,2%; unter besonderen Klimabedingungen weisen bestimmte Formen Gehalte über 0,8% auf); Triterpensäuren (Ursol- und Oleanolsäure); Phenolcarbonsäuren [Chlorogen-, Ferula- und Kaffeesäure in glykosidischer Bindung (keine Mengenangaben)], Rosmarinsäure (etwa 4%); Mineralstoffe (10–12%).

Wertbestimmende Inhaltsstoffe

Ätherisches Öl. Echtes Melissenöl enthält als mengenmäßig dominierende Bestandteile die beiden stereoisomeren Aldehyde Geranial (Citral A) und Neral (Citral B). Biochemisch sind sie bei den azyklischen, regulär gebauten Monoterpenen einzuordnen.

Geranial (Citral A)   Neral (Citral B)   (R)-(+)-Citronellal

R = H: Geraniol
R = Acetyl: Geranylacetat

Nerol
1–2%

Caryophyllen

Caryophyllenepoxid

Verarbeitung

Sprühtrockenextrakte für sofortlösliche Tees; Trockenextrakte 70:1 mit angereicherter Phenolcarbonsäurefraktion für Salben (s. Wirkung); zur Herstellung von Destillaten, meist mit weiteren Drogen, die ätherisches Öl führen („Melissengeist").

Ein bekanntes Markenpräparat wird hergestellt aus einer Mischung von Melissenblättern, Orangenschalen, Ingwerwurzel, Nelken, Zimtrinde u. a. m.; die Kräutermischung wird in Ethanol angesetzt und destilliert.

Hinweis: Der Melissen- oder Karmelitergeist der Arzneibücher, z. B. der *Spiritus melissae compositus* des DAB 6, ist kein Destillat, sondern eine Lösung von

Melissenblätter Melissae folium
Melissa officinalis L. Lamiaceae

Herkunft:
Kultiviert in Thüringen, Bulgarien, Rumänien und Spanien.

Pflanze (Abb. 4.4):
Krautige Pflanze mit ausdauerndem Rhizom, herzförmiges Blatt mit gekerbtem Rand, Blüte mit weißer Corolle in Quirlen blattachselständig.
Verwechslungsmöglichkeit: Nepeta cataria var. citriodora (Katzenminze); oberseits weichhaarig, unterseits filzig.

Anwendung:
Nervös bedingte Einschlafstörungen, nervöse Magen- und Darmbeschwerden.

Inhaltsstoffe:
1) Ätherisches Öl (DAB keine Mindestforderung) mit Citronellal.
2) Rosmarinsäure.
3) Phenolcarbonsäuren (Chlorogen-, Kaffeesäure).
4) Triterpene.

ätherischen Ölen in Ethanol-Wasser, wobei anstelle des echten Melissenöls das Citronell- und Lemongrasöl (von *Cymbopogon*-Arten aus der Familie der *Poaceae*) verwendet wird. Die zutreffendere Bezeichnung ist die der Ph. Helv. als *Spiritus Citronellae compositus*.

Wirkungen, Anwendung

Die Polyphenolfraktion (Rosmarinsäure, Chlorogen- und Kaffeesäure) der Blätter zeigt antivirale Eigenschaften. Polyphenole vom Typus der Chlorogen- und Kaffeesäure wirken in Mengen von 250 mg beim Menschen steigernd auf die Sekretion von HCl im Magensaft. Phenolcarbonsäuren wirken choleretisch.

Das ätherische Öl der Melisse hat antibakterielle und lokal-virostatische Eigenschaften. Zur Wirksamkeit als Beruhigungsmittel liegen keine klinischen Studien vor.

Melissentee (Aufguß aus etwa 1,5 g Droge auf 1 Tasse) verwendet man als Carminativum bei nervösen Magen- und Darmstörungen. Melisse ist ferner Bestandteil beruhigender Tees, sog. *Species nervinae*: Konzentration und Wirkungsstärke allenfalls in der Droge vorhandener spasmolytisch und sedativ wirkender Terpene sind im Tee viel zu gering, als daß mit einem somatischen Effekt zu rechnen ist.

Extrakte, in eine hydrophile Salbengrundlage verarbeitet, verwendet man lokal zur Behandlung von *Herpes labialis*.

4.1.5
Rosmarinblätter und Rosmarinöl

Rosmarinöl (Rosmarini aetheroleum) ist das aus den Blättern und den blütentragenden Spitzen von *Rosmarinus officinalis* L. (Familie: *Lamiaceae* = *Labiatae*) durch Wasserdampf gewonnene ätherische Öl.

Rosmarinblätter   Rosmarini folium
Rosmarinus officinalis   Lamiaceae

Herkunft:
Mittelmeergebiet.

Pflanze (Abb. 4.5):
Immergrüner 1–2 m hoher Strauch, dicht verzweigt; Blätter sehr kurz gestielt, lanzettlich, mit umgerolltem Rand, unterseits behaart, Blüten 5- bis 10blütig an Kurztrieben, Krone blauviolett oder weiß.

Anwendung:
Innerlich: Völlegefühl, Blähungen, leichte krampfartige Magen-, Darm-, Gallenbeschwerden. Äußerlich: Kreislauflabilität sowie zur unterstützenden Behandlung rheumatischer Erkrankungen (als Zusatz zu Bädern).

Inhaltsstoffe:
1) Ätherisches Öl (DAB mindestens 1,2 %) mit Cineol, Campher u. a.
2) Rosmarinsäure (= Labiatengerbstoffe).
3) Diterpenbitterstoffe mit Carnosol.
4) Triterpensäuren, Flavonoide.

Zusammensetzung

Die Zusammensetzung schwankt je nach Provenienz. α-Pinen, Eucalyptol (1,8-Cineol), Kampfer und Borneol (frei und als Acetat) sind die mengenmäßig dominierenden Komponenten. Die angenehme Geruchsnote wird damit nicht erklärlich; sie hängt an den in großer Zahl vorkommenden Nebenstoffen. Zu den Spurenstoffen, welche den Geruch stark beeinflussen, gehört das (+)-Verbenon. In Ölen spanischer und tunesischer Herkunft kann Verbenon in ziemlich hoher Konzentration vorkommen.

Die als Kriterien für die Bewertung von Rosmarinölen herangezogenen Alkohol- und Estergehalte (DAB Esterzahl und Esterzahl nach Acetylierung) erfassen nicht die eigentlichen Hauptkomponenten des Öls: Eucalyptol, α-Pinen und Kampfer.

Anwendung

Rosmarinöl wird in Form von Badesalzen, Badeölen, Linimenten, Gelen und Salben verwendet; in der kosmetischen Industrie für Lavendelwasser, Kölnisch Wasser und als Seifenparfüm. In den verschiedenen Zubereitungsformen, die für die medizinische Anwendung bestimmt sind, sollte Rosmarinöl in einer Konzentration enthalten sein, die eine Hyperämie gewährleistet.

4.1.6
Salbeiblätter und Salbeiöl

Die Gattung *Salvia* gehört zur Familie der *Lamiaceae* (= *Labiatae*) und ist eine der artenreichsten Gattungen innerhalb dieser Familie (etwa 500 Arten umfassend). Im folgenden interessieren 3 in Europa heimische Arten:

- *Salvia officinalis* L., und zwar die beiden Unterarten subsp. *minor* (GMELIN) GAMS und subsp. *major* (GARSAULT) GAMS, nicht aber die Unterart subsp. *lavandulifolia* (s. unter *Salvia lavandulifolia* VAHL), liefern die Salbeiblätter der Arzneibücher und das daraus destillierte dalmatinische Salbeiöl.
- *Salvia triloba* L. liefert den dreilappigen Salbei des DAB sowie das griechische Salbeiöl.
- *Salvia lavandulifolia* VAHL liefert das spanische Salbeiöl und kommt als Verfälschung des offizinellen Salbeis in Frage.

Inhaltsstoffe

- Mono- und Sesquiterpene. Alle drei genannten *Salvia*-Drogen enthalten ätherisches Öl (1,5 – 2,5 %) mit allerdings sehr unterschiedlicher Zusammensetzung. Neben den Hauptbestandteilen Thujon, Kampfer und Eucalyptol (= 1,8-Cineol) werden, wie bei ätherischen Ölen üblich, eine große Zahl von Nebenstoffen gefunden, darunter Monoterpenkohlenwasserstoffe (α-Pinen, Camphen), Monoterpenalkohole und deren Ester (Borneol, Bornylacetat, Linalool) sowie Sesquiterpene [Viridiflorol, Humulen, Caryophyllen und Epoxidihydrocaryophyllen (Synonym: Caryophyllenepoxid)].
- Diterpene, Carnosolsäure und Carnosol (trizyklische Diterpene mit *o*-Diphenolstruktur).

Salbeiblätter   Salviae folium
Salvia officinalis   Lamiaceae
ssp. minor und major

Herkunft:
Mittelmeergebiet, in verschiedenen Ländern Europas kuliviert.

Pflanze (Abb. 4.6):
Bis 70 cm hoch, Stengel stark ästig; Blätter lang gestielt, länglich-lanzettlich; Blüten in Scheinquirlen; Krone groß, violett, selten weiß.

Anwendung:
1) Entzündungen von Zahnfleisch, Mund- und Rachenschleimhaut.
2) Magen- und Darmkatarrhe.
3) Zur Verminderung erhöhter Schweißsekretion.

Inhaltsstoffe:
1) Ätherisches Öl (mindestens 1,5 %) mit Thujon, Cineol, Kampfer.
2) Labiatengerbstoffe mit Rosmarinsäure.
3) Bitterstoffe vom Diterpen-(Abietan-)Typ wie z. B. Carnosol.
4) Flavone und Flavonole, frei und als Glykoside.

Tabelle 4.1 Die 3 wichtigsten in Europa heimischen Salbeiarten

Droge	Stammpflanze	Thujon [%]	Eukalyptol (1,8-Cineol) [%]	Kampfer [%]
Salbeiblätter (dalmatinischer Salbei)	Salvia officinalis (ssp. major und minor)	42,5	14	18
Dreilappiger Salbei (griechischer Salbei)	Salvia triloba	5	64	8,2
Spanischer Salbei	Salvia lavandulifolia	0	29	34

- Triterpene, darunter Germanicol, Ursol- und Oleanolsäure.
- Aromatische Verbindungen: Rosmarinsäure, („Labiatengerbstoff"), Flavone (Luteolin, Genkwanin, Hispidulin, Salvigenin, Salvigeninmethylether), wobei das „Flavonmuster" artspezifisch zu sein scheint.

Analytische Leitstoffe

Die 3 Salbeiherkünfte, dalmatinischer, griechischer und spanischer Salbei, enthalten Thujon (d. i. α- und β-Thujon), Eucalyptol (= 1,8-Cineol) und Kampfer in unterschiedlichem Mengenverhältnis (vgl. dazu Tabelle 4.1). Die dünnschichtchromatographische Auftrennung des Methylenchloridauszugs (DAB) oder des Destillats (ätherischen Öls) ermöglicht es bei halbquantitativem Arbeiten durch Abschätzung der Zonengrößen und durch Vergleich der Zonengrößen mit denen einer Vergleichslösung bekannter Konzentration, eine Zuordnung zu einer dieser Herkünfte vorzunehmen (Identitätsprüfung). Als Vergleichssubstanz kommen in Frage: Bornylacetat, Thujon, Eucalyptol (1,8-Cineol) und Borneol. Relevant ist insbesondere das Verhältnis der Zonenintensitäten Thujon zu Eucalyptol: ein Wert > 1 ist ein Hinweis dafür, daß dalmatinischer Salbei vorliegt; ein Wert < 1 trifft sowohl für den dreilappigen (griechischen) als auch für den spanischen Salbei zu.

Eine weitere Differenzierung der 3 Drogenherkünfte ist anhand der Diterpen- und Flavonoidführung möglich.

- Carnosol (= Pikrosalvin) und Carnosolsäure fehlen im spanischen Salbei. Einfache Nachweise: gustometrisch durch Fehlen des bitteren Geschmacks bei Vorliegen von spanischem Salbei; mittels Farbreaktion nach DAB 7 (Unterschichten des bei der Gehaltsbestimmung erhaltenen Destillats mit Natronlauge → Braunfärbung, bedingt durch die oxidable Brenzkatechinstruktur der Carnosolderivate.
- Salvigenin kennzeichnet den dreilappigen Salbei:

Zubereitungen, Anwendung

Die Öle werden zur Herstellung von Parfüms mit herber Gewürznote und von Mundwässern verwendet.

138   4 Ätherische Öle

4 × C_5 ----→   Abieten

Oxidationen

C-Skelett der Carnosolsäure; Abietantyp; trizyklisch, irregulär

Carnosolsäure   —Autoxidation an der Luft→

Carnosol (Konformationsformel) = Carnosol

Salvigenin
in Salvia triloba
$FeCl_3$ → dunkelrotbraun
(Eisenchelat)

Salvigeninmethylether
in Salvia officinalis
$FeCl_3$ → keine Reaktion

Salbeiblätter werden zur Tinktur und zu Extrakten verarbeitet. Die Tinktur verwendet man unverdünnt zu Pinselungen, mit Wasser verdünnt zum Gurgeln und Spülen. Fluidextrakte können in Gele eingearbeitet werden, die zum Einreiben auf entzündliche Stellen im Bereich von Zahnfleisch und Gaumen bestimmt sind.

Die geschnittene Droge, auch in Form des Filterteebeutels, dient zur Herstellung des „Salbeitees" (Infus). Das Infus (2,5%ig) dient als Gurgelflüssigkeit und zur Mundspülung bei Entzündungen der Schleimhaut im Mund-Rachen-Bereich. Als Tee innerlich bei Magen-Darm-Beschwerden; auch gegen vermehrte Schweißsekretion.

4.1.7
Thymian

Herkunft

Arzneilich verwendet werden unter der Bezeichnung Thymian (Thymi herba) zwei *Thymus*-Arten (Familie: *Lamiaceae* = *Labiatae*):

- Der violettblühende Thymian von *Thymus vulgaris* L., der von Portugal über Frankreich und Italien (in den Macchien) bis Griechenland verbreitet ist. Er wird auch feldmäßig angebaut, weshalb man auch vom Gartenthymian spricht.
- Der weißblühende Thymian von *Thymus zygis* L., der in Spanien in Massenbeständen auftritt.

In den Verkehr kommen die gerebelten (abgestreiften) und im Schatten getrockneten Laubblätter und Blüten.

Inhaltsstoffe

- Ätherisches Öl (1–2,5%) mit Thymol und Carvacrol mengenmäßig dominierend, bis zu 70% ausmachend; Thymolmethylether (1–2,5% in *Th. vulgaris*; in *Th. zygis* etwa 0,3%); 1,8-Cineol (2–14%); als Nebenterpene Geraniol sowie Borneol und Linalool (beide frei und als Acetat).
- Triterpene (u. a. Ursol- und Oleanolsäure) frei und in glykosidischer Bindung; Chlorogen- und Kaffeesäure, Rosmarinsäure („Labiatengerbstoff"); Flavone, insbesondere Luteolin, frei und glykosidisch.

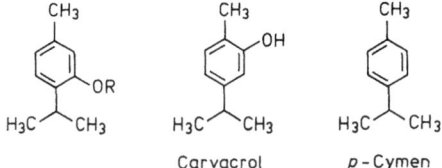

R = H: Thymol
R = CH₃: Thymolmethylether

Wertbestimmende Inhaltsstoffe

Es gibt Thymianformen, die zwar ätherisches Öl führen, aber ein Öl, das frei an phenolischen Stoffen ist (linalool- und citralführende „Rassen"). Daher begnügen sich die Arzneibücher nicht damit, den Ölgehalt messen zu lassen (>1,2%), vielmehr muß die Arzneibuchware zusätzlich einen Mindestgehalt an Phenolen (Thymol plus Carvacrol > 0,5%) aufweisen.

Anwendung

Thymian ist zunächst einmal eine Gewürzdroge, beliebt und viel verwendet in der französischen und italienischen Küche.

Thymian ist sodann Ausgangsmaterial zur Gewinnung des Tymianöls. Aus der Droge stellt man Fluidextrakte und Trockenextrakte her, die dann in Kombina-

Thymian Thymi herba
Thymus vulgaris Echter Thymian Lamiaceae
Thymus zygis Spanischer Thymian

Herkunft:
Thymian vulgaris: Mittel- und Südeuropa, Balkan
Thymian zygis: Spanien

Pflanze (Abb. 4.7):
20–30 cm hoch, Stengel aufrecht, sehr ästig; Blätter lineal-länglich, in den Achseln mit Blattbüscheln; Blüten in Scheinquirlen; Krone 4–6 mm lang, lila-rosa.

Anwendung:
Bei Bronchitis und Katarrhen der oberen Luftwege.

Inhaltsstoffe:
1) Ätherisches Öl (mindestens 1,2 %) mit Thymol und Cavacrol.
2) Depside der Kaffeesäure („Labiatengerbstoffe") insbes. Rosmarinsäure, freie Phenolcarbonsäuren, Flavone.
3) Pentazyklische Triterpene, insbes. Ursol- und Oleanolsäure.

tionspräparate der Indikationsgruppe „Husten – Erkältung" eingearbeitet werden: in sofortlösliche Tees, Dragees, Hustentropfen, Hustensäfte.

Vorstellungen zur Wirkweise: Folgt man dem gängigen phytotherapeutischen Schrifttum, so wirken Thymianpräparate aufgrund ihres Gehalts an ätherischem Öl sekretolytisch und sekretomotorisch; bei der Ausscheidung des Thymols über die Lunge käme als zusätzlich erwünscht die antiseptische und antibakterielle Wirkung des Thymians zum Tragen. Sodann zeige der Extrakt eine gute spasmolytische Aktivität. Allerdings ist es bisher nicht gelungen, ein bronchodilatorisch wirksames Prinzip tatsächlich zu isolieren.

Hinweis: Nach DAB 10 müssen Thymi herba mindestens 0,5 % Phenole (berechnet als Thymol) enthalten, der Thymianfluidextrakt (Thymi extractum fluidum 1:1) hingegen 0,03 %. Offensichtlich gehen bei der Extraktherstellung über 90 % der Bestandteile des ätherischen Öles verloren.

4.1.8
Wacholderbeeren

Herkunft

Die Droge besteht aus den reifen sorgfältig getrockneten „Beeren" des gewöhnlichen Wacholder, *Juniperus communis* L. subsp. *communis* (Familie: *Cupressaceae*, Zypressenfamilie). Die „Beeren" stellen aus botanisch-morphologischer Sicht eine Scheinfrucht dar; sie bildet sich, indem 3 fleischig werdende Fruchtblätter zu einer kugeligen Scheinbeere verwachsen.

Wacholderbeeren **Juniperi fructus**
Juniperus communis Cupressaceae

Herkunft:
Balkanländer.

Pflanze (Abb. 4.8):
1–2 m hoher immergrüner diözischer Strauch.

Anwendung:
Verdauungsbeschwerden wie Aufstoßen, Sodbrennen, Völlegefühl.

Inhaltsstoffe:
1) Ätherisches Öl (mindestens 1,0%) mit α- und β-Pinen, Terpinen-4-ol.
2) Diterpensäuren vom Abietantyp.
3) Catechine, Proanthocyanidine.
4) Invertzucker.

Kontraindikation:
Schwangerschaft, Nierenentzündungen.

Nebenwirkungen:
Nierenschädigung bei längerer Anwendung oder Überdosierung.

Inhaltsstoffe

Ätherisches Öl (0,5–1,5%), das hauptsächlich aus Monoterpenkohlenwasserstoffen, darunter α-Pinen (37%), β-Pinen (2%), Sabinen (8%) und Limonen (3%), besteht, und somit an das Terpentinöl erinnert. Daneben kommen die sauerstoffhaltigen Monoterpenderivate vor, darunter Terpinen-4-ol (2%).

Terpinen-4-ol

Weitere Inhaltsstoffe: Mehrere Diterpensäuren mit dem C-Gerüst des *seco-*Abietans wie z. B. die Isocommunsäure; Catechingerbstoffe und deren monomere Bausteine wie z. B. (+)-Afzelechin, (+)- und (−)-Catechin u. (+)-Gallocatechin; das Vorkommen von Leukoanthocyanidinen (= 3,4-Dihydroxyflavanonen) ist fraglich; hohe Gehalte (ca. 30%) an Invertzucker.

Zubereitungen

– Wacholderbeeren sind Ausgangsmaterial zur Gewinnung des Wacholderbeeröls, nicht zu verwechseln mit dem ätherischen Öl, das aus dem Holz von *Juniperus communis* destilliert wird. Die Handelsöle sind häufig verfälscht,

womit vermutlich die hohen Gehalte an Kohlenwasserstoffen (> 60 %) mancher Handelsöle ihre Erklärung finden.
- Pharmazeutisch verarbeitet man Wacholderbeeren zu Trockenextrakten, die Bestandteil von sofortlöslichen Tees sind, Wacholderbeeröl dient als Zusatz für Badeöle und Badesalze; auch in Salben inkorporiert zur lokalen Hyperämisierung.

Wirkungen, Anwendung

Wacholderbeeren sollen nach älteren experimentellen Befunden harntreibende und antiseptische Eigenschaften haben.

Zubereitungen aus Wacholderbeeren, soweit sie ätherisches Öl enthalten, wirken carminativ und appetitanregend. Sie sind angezeigt bei dyspeptischen Beschwerden.

4.1.9
Fichtennadelöl

Die Bezeichnung Fichtennadelöle ist insofern inkorrekt, als es sich nicht um Destillate ausschließlich aus Fichtenarten handelt: Ausgangsmaterial sind neben Fichten (*Picea*-Arten), auch Tannen (*Abies*-Arten) und Kiefern (*Pinus*-Arten). Als Destillationsgut verwendet man möglichst frische nadeltragende Zweige und/oder Fruchtzapfen der erwähnten Koniferen.
- Sibirisches Fichtennadelöl aus den nadeltragenden Zweigen der sibirischen Edeltanne, *Abies sibirica* LED. zeichnet sich durch hohen Estergehalt von 32–44% (berechnet als Bornylacetat) aus.
- Kiefernnadelöl aus Nadeln und Zweigen der Gemeinen Kiefer, *Pinus sylvestris* L. Das Öl weist nicht den charakteristischen Duft frisch geschnittener Tannenzweige auf, sondern riecht terpentinartig. Der Estergehalt ist niedrig: 1,5–5 %, berechnet als Bornylacetat.

Fichtennadelöle sind somit chemisch durch ihren Gehalt an dem charakteristischen Geruchsträger (–)-Bornylacetat gekennzeichnet. Weitere Bestandteile sind α-Pinen, β-Pinen und Limonen.

Fichtennadelöle sind zunächst einmal wichtig für die kosmetische Industrie als Riechstoffe für Seifen, Badeessenzen und Raumluftverbesserer.

In pharmazeutischen Kombinationspräparaten als Inhalationslösung; für Einreibungen in Salbenform, in alkoholischer Lösung als „Fichtennadelfranzbranntwein" und als „Balsam", d. i. eine Mischung ätherischer Öle mit geringen Zusätzen von meist Perubalsam.

(–)-Borneol

4.1.10
Terpentinöl

„Terpentinöl" ist eine Sammelbezeichnung für unterschiedliche Produkte, die sich aus Koniferen, besonders aus *Pinus*-Arten, gewinnen lassen.

Für arzneiliche Zwecke sind nach den Arzneibüchern ausschließlich Balsamterpentinöle zu verwenden.

Unter *Balsamen* oder *Oleoresinaten*, versteht man generell Lösungen von Harzen in ätherischen Ölen. Von Pflanzen werden sie sowohl spontan als „physiologische Produkte" abgeschieden als auch in Beantwortung von Verletzungen oder anderen Reizen als „pathologische Produkte".

Herkunft

Den bei der Verwundung von Koniferenstämmen austretenden Balsam bezeichnet man als Terpentin, pharmazeutisch als *Terebinthina*. Die wirtschaftlich wichtigsten Terpentinquellen sind:

- *Pinus palustris* MILL, die in Nordamerika vorkommende „longleaf pine" (Sumpfkiefer),
- *Pinus elliotti* ENGELMANN, die ebenfalls in Nordamerika vorkommende „slash pine",
- *Pinus pinaster* ALT, die an der Mittelmeerküste, v. a. Frankreich, wachsende Seestrandkiefer.
- *Pinus sylvestris* L., die in weiten Teilen Europas vorkommende Gemeine Kiefer.

In der unverletzten Pflanze befindet sich der Terpentinbalsam in schizogenen Exkretgängen von Rinde und Holz, die sich nach künstlich dem Baum beigebrachten Verwundungen entleeren.

Gereinigtes Terpentinöl   Terebinthinae aetheroleum rectificatum
Pinus sylvestris und   Pinaceae
andere P.-Arten

Herkunft:
Gebirge Mittel- und Südeuropas.

Pflanze (Abb. 4.9):
P. sylvestris: Bis 40 m hoher Baum; die harzigen Knospen sind mit Schuppen besetzt; Blätter nadelförmig 4–6 cm lang; männliche Blüten traubenförmig, weibliches Kätzchen kugelig; am unteren Ende der Schuppen befinden sich 2 Samen mit Flügeln.

Anwendung:
Äußere und innere Anwendung: Chronische Erkrankungen der Bronchien mit starker Sekretion.
Äußere Anwendung: Rheumatische und neuralgische Beschwerden.

Inhaltsstoffe:
α-, β-Pinen, Caren, Kampfer, Limonen.

Unterwirft man Terpentin der Wasserdampfdestillation, so erhält man das Balsamterpentinöl; als terpentinölfreier Rückstand bleibt Kolophonium zurück.

Chemische Zusammensetzung

Von einem Terpentinöl, das den Anforderungen der Arzneibücher entsprechen soll, wird erwartet, daß es zu etwa 10% aus α- und β-Pinen besteht. Als Begleitstoffe können enthalten sein: 3-Caren (0–10%); Camphen (etwa 1%); und Limonen (1–5%).

(−)-α-Pinen. $[\alpha]_D = -51°$
Terebenthen

(−)-β-Pinen. $[\alpha]_D = -22°$

Wirkungen

Geringe Dosen, inhalativ zugeführt, können expektorativ wirksam sein. Im Tierversuch erweist sich der Hauptbestandteil α-Pinen als ein ausgezeichnetes schleimtreibendes Expektorans, das sowohl das Sekretionsvolumen steigert, als auch die Mukuskonzentration des expektorierten Schleims erhöht.

Beim Einreiben des verdünnten Öles in die Haut löst es kräftige Hyperämie aus, die von einem stark brennenden Gefühl begleitet wird. Beläßt man das unverdünnte Öl längere Zeit auf der Haut, so kommt es zu einer serösen Entzündung.

Unerwünschte Wirkungen

Bei äußerer, großflächiger Anwendung können resorptive Vergiftungserscheinungen auftreten, mit Benommenheit, Krämpfen und Koma. Der reizende Einfluß auf die Schleimhäute macht sich bei innerlicher Zufuhr stärker bemerkbar. Ebenso ist die Gefahr der Vergiftung bei dieser Applikationsform größer, so daß die innerliche Darreichung als obsolet gilt.

Art der Anwendung

Einreibungen in Form von Salben, Gelen, Emulsionen, Ölen; als Pflaster, Inhalat und Badezusatz.

4.1.11
Pomeranzenschale

Herkunft

Die Droge besteht aus der abgeschälten, getrockneten Fruchtwand reifer Früchte von *Citrus aurantium* L. ssp. *aurantium* (Synonym: *Citrus aurantium* L. ssp. *amara* ENGLER). Die Gattung *Citrus* gehört zur Familie der *Rutaceae* (Rautengewächse). Im Vergleich zur bekannten Apfelsine sind die Früchte der Bitterorange oder Pomeranze klein und dunkelorangefarben; sie zeichnen sich ferner durch eine stark grubige und dicke Schale aus. Zur Drogengewinnung wird die schwammige, weiße Albedoschicht weitgehend entfernt, obwohl gerade sie besonders reich an Bitterstoffen ist. Dafür enthält die bevorzugt aus der Flavedoschicht (der äußeren Fruchtwand) bestehende Droge vergleichsweise mehr ätherisches Öl als dem Verhältnis Öl/Bitterstoff des Gesamtperikarps entspricht.

Inhaltsstoffe

Das ätherische Öl (Gehalt 1 bis über 2,5%) besteht zur Hauptsache (~90%) aus (+)-Limonen neben zahlreichen anderen Monoterpenen, wie Citral, Linalool und Linalylacetat (~1%), Neryl-, Geranyl- und Citronellylacetat. Die Geruchsnote bestimmen sodann wesentlich aliphatische C_9-, C_{10}- und C_{12}-Aldehyde (0,8%) sowie Methylanthranilat.

(+)-Limonen $C_{10}H_{16}$

Anthranilsäure-methylester

Pomeranzenschale   Aurantii amari pericarpium
Citrus aurantium ssp. aurantium   Rutaceae

Herkunft:
Südabfall des Himalaia, kultiviert in subtropischen Zonen.

Pflanze (Abb. 4.10):
Immergrüner 6–12 m hoher Baum, ledrige wechselständige Blätter mit geflügeltem Blattstiel, Blütenkrone 5blättrig weiß, die Frucht ist eine Beere.

Anwendung:
Appetitlosigkeit, dyspeptische Beschwerden.

Inhaltsstoffe:
1) Bitterschmeckende 2-Rhamnopyranosylglykoside des Naringenins und Hesperetins. (Bitterwert mindestens 600).
2) Ätherisches Öl (mindestens 1,0%) mit Limonen, Citral, Anthranilsäuremethylester, aliphatischen Aldehyden.
3) Pektin.

Der bittere Geschmack der Pomeranzenschale beruht zur Hauptsache auf dem Vorkommen von Naringin und Neohesperidin.

Die Albedoschicht, die in der Droge möglichst nicht vorliegen soll, enthält die bitter schmeckenden Limonoide.

Hinweis: Limonoide sind C_{25}-Triterpenoide, bizyklisch mit zahlreichen O-Funktionen wie Epoxid-, Lacton- und Furanringen im Molekül.

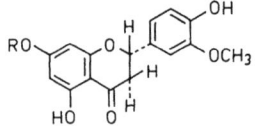

Rutinose. Rutinoside sind nicht oder kaum bitter

Neohesperidose. Neohesperidoside schmecken intensiv bitter

R = H: Naringenin
R = Rutinosyl: Naringeninrutinosid
R = Neohesperidosyl: Naringin

R = H: Hesperetin
R = Rutinosyl: Hesperidin
R = Neohesperidosyl: Neohesperidin

Bitterstoffe

Wirkungen, Anwendung

Aufgrund ihrer angenehmen sinnesphysiologischen Eigenschaften steigern Zubereitungen aus Pomeranzenschale reflektorisch die Magensaftsekretion (und möglicherweise auch die Gallensekretion). Anwendung: bei dyspeptischen Beschwerden. Hauptsächlicher Verwendungszweck dürfte der Einsatz als Geschmackskorrigens sein.

4.1.12
Korianderfrüchte

Herkunft

Koriander, Coriandri fructus, besteht aus den reifen, getrockneten Früchten (Doppelachänen) von *Coriandrum sativum* L. (Familie (*Apiaceae* bzw. *Umbelliferae*). Der in Südosteuropa und Nordafrika kultivierte Gartenkoriander, kommt in zwei Varietäten, einer großfruchtigen var. *vulgare* ALEF. (Synonym: var. *macrocarpa* DC.) und einer kleinfruchtigen var. *microcarpa* DC. vor.

Die unreifen Früchte weisen, wie die ganze Pflanze, einen unangenehmen wanzenähnlichen Geruch auf; er soll durch das Vorkommen von *trans*-Tridecen-2-al hervorgerufen sein.

Inhaltsstoffe

Der angenehme Geruch und Geschmack der reifen Korianderfrüchte beruht auf dem Gehalt an ätherischem Öl mit dem rechtsdrehenden Linalool als Hauptkomponente. Einige charakteristische Bestandteile des Korianderöls sind:

(3S)-(+)-Linalool
(Synonym: Coriandrol)
60-80%

γ-Terpinen
bis 10%

Limonen
~2%

p-Cymen
~4%

Kampfer
bis 5%

n=7: Nonanal; 0,07%
n=8: Decanal; 0,31%

n=6: *trans*-Decen-2-al; 0,07%
n=8: *trans*-Dodecen-2-al; 0,4%

Weitere Inhaltsstoffe gehören zu den im Pflanzenreich weit verbreiteten Stoffen:
- primäre Stoffwechselprodukte: Zucker (Glucose, Fructose, Saccharose), Proteine (11–17%), fettes Öl (20–21%);
- sekundäre Stoffwechselprodukte: Chlorogen- und Kaffeesäure, Flavonoide, Sterine und Triterpene (bisher nicht detailliert untersucht).

Anwendung

Als belegte Indikationsgebiete gelten dyspeptische Beschwerden, Appetitlosigkeit. Korianderfrüchte sind ein viel verwendetes Gewürz: als Brotgewürz, als Bestandteil von Lebkuchengewürzen, von Fischgewürzen und Wurstgewürzmischungen; zum Aromatisieren von Likören und medizinischen Spirituosen, wie des bekannten Karmelitergeistes. Koriander ist als Geruchs- und Geschmackskorrigens auch

Koriander   Coriandri fructus
Coriandrum sativum Apiaceae

Herkunft:
Mittelmeergebiet, Rußland, Ostasien.

Pflanze (s. Abb. 4.11):
Bis 60 cm hohe Pflanze, Blätter fiederteilig, Dolden 3- bis 5strahlig, Kronblätter weiß oder rötlich, Frucht kugelig.

Anwendung:
Zur Unterstützung der Behandlung von Völlegefühl, Blähungen, krampfartigen Magen-Darm-Störungen.

Inhaltsstoffe:
1) Ätherisches Öl mit Linalool, Monoterpenkohlenwasserstoffen, 2-Alkenalen C_{10}–C_{14}.
2) Phenolcarbonsäuren mit Chlorogensäure; Cumarine mit Scopoletin und Umbelliferon; fettes Öl (ca. 20%).

für Teemischungen geeignet. Daß die bei Überdosierung von Sennesblättern oder Faulbaumrinde auftretenden Bauchschmerzen durch Zusatz von Koriander antagonisiert werden, wird immer wieder behauptet: Ob tatsächlich spasmolytisch wirksame Konzentrationen in der Zubereitung vorliegen, ist jedoch fraglich.

4.1.13
Kümmel und Kümmelöl

Kümmel

Herkunft

Kümmel besteht aus den reifen Spaltfrüchten kultivierter Sorten von *Carum carvi* L. (Familie: *Apiaceae* bzw. *Umbelliferae*).

Inhaltsstoffe

Als Reserveorgan enthalten Kümmelfrüchte mengenmäßig vorherrschend Reservestoffe, und zwar fettes Öl (10–20%), Proteine (etwa 20%), Reservekohlenhydrate, hauptsächlich $\beta(1,4)$-Mannane, aber keine Stärke. Der Gewürzcharakter wird von dem ätherischen Öl (3–7%) bestimmt, das im Mesokarp, in sog. Ölgängen oder Ölstriemen lokalisiert ist.

Medizinisch in Form der zerquetschten Früchte allein oder mit anderen carminativ wirkenden Drogen als blähungstreibendes Mittel bei Völlegefühl, leichten krampfartigen Magen-Darm-Störungen sowie bei nervösen Herz-Magen-Beschwerden, dem sog. Roemheld-Syndrom („Standardzulassung").

Kümmelöl

Herkunft

Kümmelöl ist das aus den reifen Früchten der Kümmelpflanze durch Wasserdestillation gewonnene ätherische Öl.

Chemische Zusammensetzung

Hauptbestandteil ist mit Gehalten von 40–80% (S)-(+)-Carvon. Die Arzneibücher legen Grenzwerte fest; das DAB beispielsweise fordert Gehalte zwischen 50,0 und 65%, die B.P. zwischen 53 und 63%. Das (+)-Carvon bestimmt weitgehend den sensorischen Charakter des Öls; die Begleitstoffe modifizieren Geruch und Geschmack nur unwesentlich.

Monoterpenbestandteile des Kümmelöls:

(−)-Isodihydro-
carveol
(1R, 2S, 4S)

(S)-(+)-Carvon

(+)-Dihydrocarveol
(1S, 2S, 4S)

+

(−)-Neodihydrocarveol
(1S, 2R, 4S)

> **Kümmel**   Carvi fructus
> **Carum carvi**   Apiaceae
>
> *Herkunft:*
> Europa, Asien; aus Kulturen von Türkei, Polen, Ägypten.
>
> *Pflanze* (Abb. 4.12):
> Bis 75 cm, 2jähriges Kraut, 1. Jahr Rosette, Stengel verästelt, Blatt doppelt fiederteilig, Blättchen quirlig stehend, Blüten in 10strahligen Dolden, Döldchen ohne Hülle; Frucht sichelförmig.
>
> *Anwendung:*
> Dyspeptische Beschwerden wie leichte krampfartige Beschwerden im Magen-Darm-Bereich, Blähungen und Völlegefühl.
>
> *Inhaltsstoffe:*
> 1) Ätherisches Öl (DAB mindestens 4,0%) mit Carvon, Limonen, Carveol, Dihydrocarveol.
> 2) Fettes Öl, Proteine, Kohlenhydrate, Kaffeesäure, frei und verestert.

Wirkungen, Anwendung

Bei innerlicher Gabe wirkt Kümmelöl appetitanregend und vermutlich (auf reflektorischem Wege) auch sekretionsfördernd auf Magensaft, Pankreas (?) und Galle (?). Es wirkt sodann spasmolytisch im Magen-Darm-Trakt. Kümmelöl enthaltende Präparate sind für die folgenden Anwendungsgebiete zugelassen: Dyspeptische Beschwerden wie leichte krampfartige Beschwerden im Magen-Darm-Bereich, Blähungen und Völlegefühl. Das Öl hat zwar die gleichen Indikationen wie der Kümmel selbst, doch sind die sicher erheblichen Unterschiede in der Wirkungsstärke zu berücksichtigen. Der Gehalt eines Infuses an Kümmelöl dürfte nicht allzu hoch zu veranschlagen sein, verglichen beispielsweise mit der Einnahme des Öls auf etwas Zucker.

Äußerlich wirkt Kümmelöl lokal hyperämisierend. Bei Blähungsbeschwerden verwendet man es in Form 10%iger Salben zum Einreiben des Abdomens.

4.1.14
Kampfer (Campher)

Herkunft

Kampfer, manchmal auch Campher geschrieben, stellt ein kristallines Pulver dar oder besteht aus farblosen Stücken, die eigenartig durchdringend riechen und einen zunächst scharf-brennenden, später kühlenden Geschmack aufweisen. Das Arzneibuch läßt sowohl den rechtsdrehenden (+)-(1R, 4R)-Campher als auch den synthetischen *rac.*-Campher zu. Der natürliche Campher stellt eine Teilfraktion – und zwar den bei Zimmertemperatur festen Anteil – des aus *Cinnamomum camphora* (L.) SIEBOLD destillierten ätherischen Öls dar.

Cinnamomum camphora ist ein bis 40 m hoher Baum mit immergrünen, ledrigen und aromatisch duftenden Blättern. Beheimatet ist die Art in den Küstengebieten Ostasiens. Führend in der Erzeugung von Naturkampfer ist Formosa, gefolgt von Japan mit seinen Kampferbaumbeständen auf Kyushu, der südlichsten

> **Kampfer** Camphora
> Cinnamomum camphora Lauraceae
>
> *Herkunft:*
> Ostasien; kultiviert in Ostasien, Ostafrika, Japan, Taiwan.
>
> *Pflanze* (Abb. 4.13):
> Immergrüner hoher Baum, Rinde glatt grünlich; Blatt langgestielt, oval-länglich, ganzrandig; Blüten an blattachselständigen Stielen, klein, weiß; Frucht: einsamige Steinfrucht.
>
> *Anwendung:*
> Äußerlich: Muskelrheumatismus, katarrhalische Erkrankungen der Luftwege, Herzbeschwerden.
> Innerlich: Hypotone Kreislaufregulationsstörungen, katarrhalische Erkrankungen der Luftwege.
>
> *Anmerkung:*
> Gewinnung durch Wasserdampfdestillation des Holzes alter Bäume und Ausfrieren aus dem Kampferöl.

der japanischen Inseln. Der Kampfer ist in den Ölzellen sämtlicher Organe des Baums enthalten, jedoch in jungen Zweigen zunächst nur in geringen Mengen; mit zunehmendem Alter der Organe verändert sich die Zusammensetzung des Öls, und zwar bildet sich immer mehr Kampfer auf Kosten anderer Ölbestandteile, vermutlich das Borneols. Wirtschaftlich, zur technischen Gewinnung lohnend, ist nur das Holz von Stamm und Wurzel alter (50–60 Jahre) Bäume. Man fällt die Bäume, zerkleinert das Holz und unterwirft es der Wasserdampfdestillation. Aus dem Öl scheidet sich ein Teil des Kampfers unmittelbar aus; ein weiterer Anteil an Kampfer fällt bei der fraktionierten Destillation des Restöls an.

Chemische Zusammensetzung

(1S,4S)-(–)-Kampfer   (1R,4R)-(+)-Kampfer

Aus Cinnamomum-camphora-Bäumen gewonnener Kampfer ist rechtsdrehend und nach der Cahn-Ingold-Prelog-Konvention als (1R, 4R)-2-Bornanon zu bezeichnen. In anderen Pflanzenarten, beispielsweise im Rainfarnöl von *Tanacetum vulgare* oder im ätherischen Öl von *Salvia triloba*, kommt Kampfer in der spiegelbildlichen linksdrehenden Form vor.

Wirkungen, Anwendung

Kampfer löst auf der Haut Kältesensationen aus und wirkt schwach lokalanästhetisch und antipruriginös. Inhalativ wirkt die Substanz, reflektorisch über Trigeminusreizung in der Nasenschleimhaut, atemanaleptisch. Außerdem soll Kampfer wie andere ätherische Öle durch direkte Reizung der serösen Bronchialdrüsen expectorierend wirken.

Angewendet wird Kampfer in Form von Einreibungen (Kampferspiritus, Linimente, Salben) zur Abschwächung rheumatischer Beschwerden. Er ist zusammen mit anderen ätherischen Ölen Bestandteil von „Erkältungssalben", um die expectorierende Wirkung zu nutzen.

Unerwünschte Wirkungen

Kampfer ist eine giftige Substanz: 1 g (oral) gilt als minimale Lethaldosis für Kleinkinder; für Erwachsene dürfte sie bei 20 g liegen. Bei Säuglingen und Kleinkindern kommt es verhältnismäßig häufig zu Vergiftungen infolge perkutaner Resorption und gleichzeitiger Inhalationsvergiftung durch Kampferdämpfe aus kampferhaltiger Salbe.

Anwendung im Nasenbereich kann reflektorisch zu lebensbedrohlichen Zwischenfällen in Form von Laryngospasmen und Glottiskrämpfen mit Atemnot führen. Lokalzubereitungen von Kampfer sind in den USA und in Großbritannien vom Markt genommen.

4.1.15
Eukalyptusblätter, Eukalyptusöl und Cineol

Herkunft

Eukalyptusblätter (Eucalypti folium) bestehen aus den getrockneten Laubblättern (Folgeblättern) älterer Bäume von *Eucalyptus globulus* LABILL.

Eukalyptusöl (Eucalypti aetheroleum) erhält man aus den frischen Blättern oder Zweigspitzen cineolreicher *Eucalyptus*-Arten wie *Eu. globulus* LABILL., *Eu. fruticetorum* F. V. MUELLER oder *Eu. smithii* R. T. BAKER durch Wasserdampfdestillation und Rektifikation.

Cineol (Synonym: Eukalyptol) erhält man aus cineolhaltigen Ölen durch Ausfrieren mittels Kältemischung oder durch fraktionierte Destillation.

Chemische Zusammensetzung

Rektifizierte Eukalyptusöle enthalten hauptsächlich Eucalyptol (= 1,8-Cineol; 70–80%) neben α-Pinen (etwa 12%), Borneol und Myrtenol. Die im nichtrektifizierten Öl enthaltenen Aldehyde, wie Butyraldehyd-, Valer- und Capronaldehyd sind wegen ihrer Reizwirkung auf die Atemwege unerwünscht. Nichtrektifizierte Öle enthalten auch höhere Anteile an trizyklischen Sesquiterpenen vom Viridifloroltyp.

Wirkungen, Anwendung

Eukalyptusöl und Eukalyptol haben antiseptische Eigenschaften; der Phenolkoeffizient des reinen Cineols hat den Wert 2,2. Im Tierexperiment (Kaninchen) wirkt Cineol sekretionsfördernd. Eukalyptusöl soll eine dem Codein nahekommende antitussive Wirkung aufweisen.

Eukalyptusöl und Cineol werden inhalativ, peroral und äußerlich (dermal) angewendet. Sie sind regelmäßiger Bestandteil der sog. Erkältungsbalsame oder Erkältungssalben.

152   4 Ätherische Öle

Myrtenol

Eucalyptol (1,8-Cineol)

> **Eukalyptusblätter**   **Eucalypti folium**
> **Eucalyptus globulus**   **Myrtaceae**
>
> *Herkunft:*
> Australien, in subtropischen Gebieten weltweit kultiviert.
>
> *Pflanze* (Abb. 4.14):
> Bis 70 m hoher Baum mit faseriger Rinde, die leicht abfällt, und glatter Innenrinde, Jugendblätter eiförmig zugespitzt, gegenständig, Folgeblätter wechselständig, sichelförmig; Knospe mit Deckel, nach dessen Abfall viele gelbe Staubblätter mit ausgebreiteten Fäden.
>
> *Anwendung:*
> Erkältungskrankheiten der oberen Luftwege.
>
> *Inhaltsstoffe:*
> Ätherisches Öl mit Cineol; ca. 0,5 % Euglobale d.s., Acylphloroglucinterpenoide; Quercetinglykoside.
>
> *Gegenanzeigen:*
> Entzündliche Erkrankungen im Magen-Darm-Bereich und der Gallenwege; bei schweren Lebererkrankungen.
>
> *Nebenwirkungen:*
> Übelkeit, Erbrechen, Durchfall.
>
> *Anmerkung:*
> Die Blattdroge spielt in der Therapie keine große Rolle mehr.

Bei Säuglingen und Kleinkindern dürfen Eukalyptus-Zubereitungen nicht im Bereich des Gesichts, speziell der Nase, aufgetragen werden.

Toxizität

Nach inhalativer und dermaler Anwendung sind keine ernsthaften Vergiftungsfälle bekannt. Bei innerer Anwendung sind Cineol und Eukalyptusöl hingegen relativ toxisch. Symptome: Übelkeit, Erbrechen, Miosis, Tachykardie, Erstickungsgefühl, Zyanose und Krämpfe.

4.1.16
Anhang: Pyrethrum

Zu den natürlich vorkommenden Insektiziden zählen die Pyrethrumwirkstoffe, die Rotenoide und Alkaloide (Nicotiana-Alkaloide und Ryanodin). Unter der Bezeichnung **Flores Pyrethri** oder Insektenblüten werden die getrockneten Blütenkörbchen einiger *Chrysanthemum*-Arten (Familie: *Asteraceae*) gehandelt. Zur Wirkstoffgewinnung am geeignetsten erwies sich *Ch. cinerariifolium* (TREV.) VIS., die hauptsächlich in Kenia angebaut wird. Die Blüten werden kurz nach dem Aufblühen geerntet und dann entweder getrocknet und gemahlen oder aber direkt mit organischen Lösungsmitteln extrahiert, auf ein kleines Volumen reduziert und auf einen bestimmten Wirkstoffgehalt standardisiert. Beide, Pulver und Extrakt, führen die Handelsbezeichnung **Pyrethrum**. Sie werden bevorzugt auf dem Hygienesektor gegen Fliegen und Moskitos eingesetzt. Nachteilig ist die geringe Haltbarkeit von Pyrethrum. Dem chemischen Aufbau nach handelt es sich bei den Wirkstoffen um Ester von C_{10}-Monoterpencarbonsäuren mit Hydroxy-Cyclopentanonen. Entscheidend für die insektizide Wirkung ist der durch geminale Methylgruppen substituierte Cyclopropanring. Es handelt sich um reine Kontaktgifte, die rasch in das Nervensystem gelangen und zunächst Erregung, später Lähmung und Tod herbeiführen. Dabei setzt die Wirkung rasch ein („knockdown"-Effekt). Der molekulare Wirkungsmechanismus der Pyrethrumwirkstoffe ist nicht bekannt. Es liegen Anhaltspunkte dafür vor, daß die Funktion der Natrium-Kanäle im Sinne einer verlängerten Öffnungszeit verändert wird.

Pyrethrin I   (+)-*trans*-Chrysanthemumsäure   (+)-Pyrethrolon

Insektenblüten   Pyrethri flos
Chrsyanthemum cinerariifolium   Asteraceae

Herkunft:
Jugoslawien; Droge aus Kulturen.

Pflanze (Abb. 4.15):
Bis 1 m hohes ausdauerndes Kraut; Blatt grundständig, grau behaart, fiederspaltig; Köpfchen langgestielt, Zungenblüten weiß, Scheibenblüten gelb.

Anwendung:
Zur Gewinnung von Pyrethrum (25% Wirkstoffgehalt) durch MeOH-/Kerosinextraktion.

Inhaltsstoffe:
Pyrethrin I und II: Ester aus Chrysanthemum- bzw. Pyrethrinsäure (irreguläre Monoterpene) und Pyrethrolonen d. s. alkenylsubstituierte Cyclopentenone.

Anmerkung:
Synergist: Sesamöl (Lignan). Synthetische Pyrethroide sind wesentlich stabiler.

4.2
Ätherische Öle und Drogen mit überwiegend Sesquiterpenen

Siehe Abschn. 3.3, Seite 74.

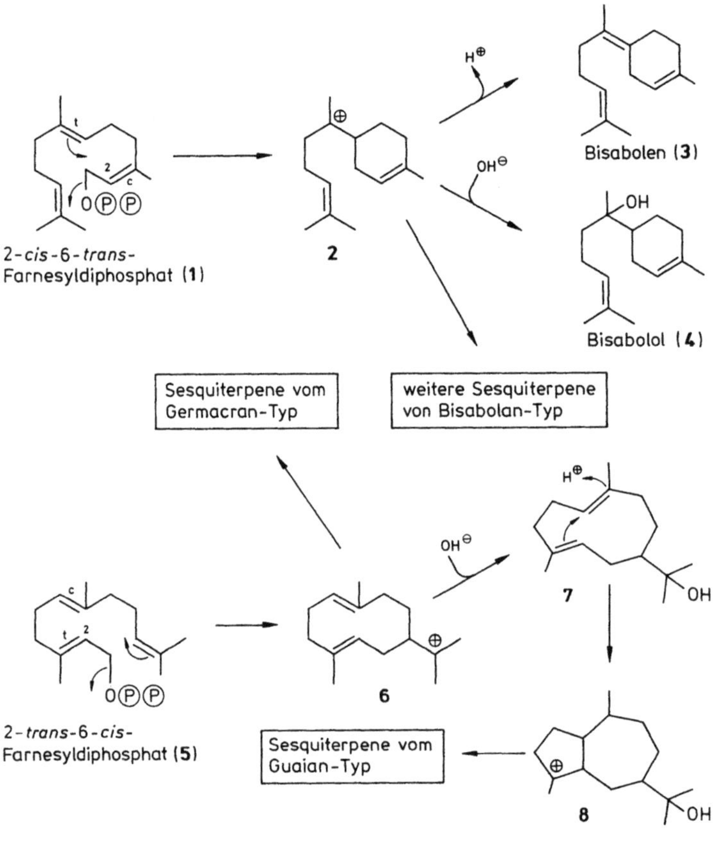

Abb. 4.2 Die unterschiedliche Geometrie der olefinischen Doppelbindungen in den verschiedenen Farnesyldiphosphat-Isomeren in Verbindung mit unterschiedlicher Vorfaltung der C_{15}-Kette auf Enzymoberflächen führt zu einer großen Mannigfaltigkeit von zyklischen Sesquiterpenen. Die Zyklisierung der monozyklischen Verbindung 7 vom Germacrantyp zum bizyklischen Guaianderivat 8 ist als H^+-katalysierte Cycloaddition formuliert; doch ist in Wirklichkeit der Biosynthesemechanismus bisher nicht bekannt

4.2.1
Kamillenblüten

Herkunft

Die getrockneten Blütenköpfchen von *Chamomilla recutita* (L.) RAUSCHERT (Synonym: *Matricaria recutita* L. und *Matricaria chamomilla* auct.), Familie: *Asteraceae (Compositae)*.

4.2 Ätherische Öle und Drogen mit überwiegend Sesquiterpenen

Inhaltsstoffe

- Ätherisches Öl (0,25–1,0 %) von – je nach Provenienz und Sorte – etwas wechselnder Zusammensetzung: Bisaboloide; Guajanolide (die Proazulene Matricin und Matricarin); Azulene (2–18 %, überwiegend Chamazulen, nicht genuin); Spathulenol [etwa 1 %; ein trizyklisches Sesquiterpen (Guajangerüst; die C_3-Seitenkette als Cyclopropan ausgebildet)]; Spiroether, das sind Acetylenderivate mit Spiroketalgruppierung (20–30 %).
- Flavone (bis zu 6 %, hauptsächlich Apigenin und Apigenin-7-glucosid) neben Quercetin- und Luteolinglykosiden sowie lipophilen Flavonoiden, worunter man Flavonoide versteht, deren phenolische Gruppen durch Methyletherverbindung „verschlossen" sind.

trans-(Z)-Spiroether   *cis-(E)-Spiroether*

R	
H	Apigenin-7-glucosid
Acetyl	Apigenin-7-(6-O-acetyl)-β-glucosid
Apiosyl	Apigenin-7-(6-O-apiosyl)-β-glucosid

- Cumarine [Umbelliferon, 7-Hydroxycumarin und Herniarin (7-Methoxycumarin); 0,01–0,08 %].
- Schleimstoffe (saure Schleime; etwa 10 %).
- Mineralische Bestandteile (8–9 %).

Wirkungen

Chamazulen und Bisabolol wirken antiphlogistisch; allerdings ist die maximale Wirkungsstärke im Vergleich zur Wirkungsstärke der klassischen Antiphlogistika Phenylbutazon, Salicylamid und Prednisolon gering.

Apigenin und verwandte Flavone zeigen eine papaverinähnliche spasmolytische Wirkung. Auch wäßrige Kamillenauszüge zeigen spasmolytische Aktivität. Ferner wirkt auch das lipophile (–)-Bisabolol im Tierversuch spasmolytisch, und zwar in der Wirkungsstärke dem Papaverin vergleichbar.

Mit der Mehrzahl der ätherischen Öle teilt das Kamillenöl die Eigenschaft, antibakteriell wirksam zu sein.

Anwendung

- Innerlich: Als Tee bei Magengeschwüren anstelle der schleimhautreizenden coffeinhaltigen Getränke. Bei akuter Gastritis, bei verdorbenem Magen,

Kamillenblüten   Matricariae flos
Chamomilla recutita   Asteraceae

Herkunft:
Aus Kulturen in Argentinien, Ägypten, Ungarn, Tschechien.

Pflanze (Abb. 4.16):
Krautige Pflanze, 50 cm, 2- bis 3fach gefiederte Blätter, zahlreiche Blüten. Anthemis spec.: kein hohler Blütenboden.

Anwendung:
Äußerlich:
- Haut- und Schleimhautentzündungen sowie bakterielle Hauterkrankungen einschließlich der Mundhöhle und des Zahnfleisches,
- entzündliche Erkrankungen und Reizzustände der Luftwege (Inhalationen),
- Erkrankungen im Anal- und Genitalbereich (Bäder und Spülungen).

Innerlich:
Gastrointestinale Spasmen und entzündliche Erkrankungen des Gastrointestinaltrakts.

Inhaltsstoffe:
1) Mindestens 0,4% ätherisches Öl mit (−)-α-Bisabolol und dessen Oxide A und B, Chamazulen, Spiroether.
2) Flavone mit Apigenin und dessen Glykosiden.
3) Cumarine mit Umbelliferon und Herniarin.
4) Schleime.

dyspeptischen Beschwerden, Blähungen, Leibschmerzen als Carminativum und Spasmolytikum.
- Äußerlich: Der Hauptgrund für die ausgiebige Anwendung der Kamille ist ihr angenehmes Aroma, das sie zu einem ausgezeichneten Desodorans macht. Hinzu kommt als erwünscht, daß ihr lokal haut- und schleimhautreizende Eigenschaften abgehen. Kamillenblüten, oder besser Kamillenextrakte, sind nützlich als Badezusatz im Rahmen der Behandlung von Dekubitusgeschwüren und anderen nekrotisierenden Entzündungen, die mit Geruchsbelästigung einhergehen. In der Zahnmedizin zu Mundbädern bei Läsionen der Mundschleimhaut, bei rezidivierenden Aphthen, bei *Gingivitis* sowie bei *Stomatitis ulcerosa*; auch bei üblem Mundgeruch (*Foetor ex ore*).
- Zu Inhalationen oder als Kamillendampfbad bei Entzündungen der Nase und der Nebenhöhlen.

Unerwünschte Wirkungen

Auftreten von Kontaktallergie durch Kamille gehört zu den großen Seltenheiten. Zwar kann Kamille argentinischer Provenienz bis zu 0,3% ein Sesquiterpenlacton mit allergener Potenz enthalten (Anthecotulid), unter Berücksichtigung der häufigen Anwendung der Kamille und der geringen Zahl der Fallbeschreibungen ist die Gefahr der Sensibilisierung durch Kamillenzubereitungen jedoch als gering einzustufen.

Matricin

Matricin kommt in Kamillenblüten vor und kann daraus durch Extraktion mit Chloroform und weitere Reinigung des Extraktes gewonnen werden. Farblose Kristalle, die nicht unzersetzt mit Wasserdampf flüchtig sind. Matricin gehört zu den Azulenbildnern (= Proazulenen), worunter man Stoffe versteht, die unter milden Bedingungen in Azulene, das sind tiefblau gefärbte Sesquiterpenkohlenwasserstoffe, übergehen.

Matricin ist Vorläufer des Chamazulens; in schwach saurer Lösung bildet sich zunächst Guajazulencarbonsäure, die bei ca. 50 °C leicht unter CO_2-Abspaltung in Chamazulen übergeht.

[Reaktionsschema: Matricin → Chamazulencarbonsäure → Chamazulen ⇌ Azuleniumkation]

4.2.2
Kamillenöl, Bisabolol und Guajazulen

Herkunft

Kamillenöl ist das aus der echten Kamille, *Matricariae flos*, durch Destillation mit Wasserdampf gewonnene Öl. Seine entzündungshemmenden Eigenschaften beruhen wesentlich auf dem Gehalt an (−)-α-Bisabolol und an Chamazulen. Anstelle des reinen Inhaltsstoffes Chamazulen (7-Ethyl-1,4-dimethylazulen) verwendet man das preiswerte Gujazulen (7-Isopropyl-1,4-dimethylazulen). Gujazulen ist halbsynthetisch aus dem Gujaol des Guajakholzes zugänglich. Kamillen-Bisabolol wird häufig durch den billigen, isolierten Wirkstoff aus *Vanillosmopsis erythropappa*, einer holzigen Komposite Brasiliens, ersetzt.

Eigenschaften

Kamillenöl: Tiefblaue oder bläulichgrüne Flüssigkeit, deren Farbe bei Luft- und Lichteinfluß in braun übergeht, von süß-krautigem Geruch und bitter-aromatischem Geschmack.

Bisabolol $C_{15}H_{26}O$, *rac.*-2-Methyl-(4-methyl-3-cyclohexenyl)-6-hepten-2-ol, ist eine farblose, luftempfindliche Flüssigkeit mit schwach blumigem Geruch.

Guajazulen, 7-Isoprophyl-1,4,dimethylazulen, $C_{15}H_{18}$, ist kristallin in Form dunkelblauer Kristalle erhältlich; Handelsprodukte sind meist flüssig oder stellen Mischungen aus festen und flüssigen Anteilen dar. Guajazulen ist nahezu geruchlos.

(-)-α-Bisabolol

Bisabololoxid A

Bisabololoxid B

Wirkungen

Experimentell erzeugte Entzündungen – Senfölchemosis am Kaninchenauge; durch UV-Licht erzeugtes Lichterythem der menschlichen Rückenhaut – werden durch Kamillenöl, durch Azulene und Bisabole gehemmt.

Anwendung

Äußerlich in Hautcremes, in Hautölen oder als Bestandteil von Badezusätzen bei Entzündungen der Haut; auch in Mundwässern, Zahnpasten, Schminken und Shampoos.

4.2.3
Römische Kamille

Herkunft

Die getrockneten Blütenköpfchen von gefülltblütigen – fast nur aus Zungenblüten bestehenden – Kultursorten der zur Familie der *Asteraceae (Compositae)* zählenden Art *Chamaemelum nobile* (L.) ALLIONI (Synonym: *Anthemis nobilis* L.).

Inhaltsstoffe

- Ätherisches Öl (0,4–1%), das geringe Mengen an Chamazulen enthält, ansonsten aber in der Zusammensetzung vom Kamillenöl der *Chamomilla recutita* völlig abweicht. Die Zusammensetzung wird durch Ester bestimmt. Als Säurekomponenten fungieren Angelikasäure, Isobuttersäure, Tiglinsäure und Methylacrylsäure; als Alkoholkomponente wurden Butylalkohol, Isoamylalkohol und Methylethylpropylalkohol gefunden. Mengenmäßig dominiert der Angelikasäurebutylester.
- Sesquiterpenlaktone (0,6%) vom Germacranoliydtyp, insbesondere Nobilin und 3-Epinobilin. Sie sind wasserdampfflüchtig und kommen daher auch als

Römische Kamille   Chamomillae romanae flos
Chamaemelum nobile   Asteraceae

Herkunft:
Aus Kulturen in Frankreich, Polen, Tschechien.

Pflanze (Abb. 4.17):
Krautige Pflanze, 15 cm, Varietät mit fast nur Zungenblüten.

Anwendung:
Dyspeptische Beschwerden wie Blähungen, Völlegefühl, bei leichten krampfartigen Bauchschmerzen, Menstruationsbeschwerden; zur Mundspülung.

Inhaltsstoffe:
1) Mindestens 0,7 % ätherisches Öl mit Estern aus Angelika-, Isobutter-, Triglinsäure und Butyl-, Isoamylalkohol.
2) Sesquiterpenlactone mit Nobilin.
3) Phenole mit Kaffee- und Ferulasäure.
4) Flavone, Cumarine.

Komponenten im ätherischen Öl vor. Sie weisen einen bitteren Geschmack auf und machen damit die römische Kamille zu einer Bitterstoffdroge.
- Phenole in größter Mannigfaltigkeit, insbesondere als
Phenolcarbonsäuren vom Typ der Kaffee- und Ferulasäure, die in der Droge meist frei vorliegen, genuin aber überwiegend esterartig (!) an Glucose gebunden sind,
Flavone, darunter Apigenin, Luteolin und Quercetin, überwiegend in glykosidischer Bindung (z. B. als 7-Glucosidoxy-4′,5-dihydroxyflavon = Apigenin-7-glucosid = Cosmosiosid oder als Quercitrin),
Cumarine, insbesondere das Scopolosid (Scopoletin-7-β-glucosid),
Catechine (bisher nicht näher analysiert), welche für die Braunfärbung der Droge beim Lagern verantwortlich sind.

Tiglinsäure   Angelikasäure   Nobilin

Anwendungsgebiete

Römische Kamille ist ein Amarum-Aromatikum mit einer schwach spasmolytischen und vermutlich auch einer schwach antibakteriellen Begleitwirkung. Innerlich (als Infus) ist die Droge angezeigt bei dyspeptischen Beschwerden, bei Völlegefühl und Blähungen, sowie bei leichten krampfartigen Bauchschmerzen. Das Infus verwendet man auch zu Mundspülungen.

4.2.4
Javanische Gelbwurz (Curcumae xanthorrhizae rhizoma)

Herkunft

Javanische Gelbwurz, auch als *Temoe Lawak* bezeichnet, stammt von der auf Java heimischen *Curcuma xanthorrhiza* ROXB. ab. Anders als die *Curcuma-domestica*-Rhizome werden *Curcuma-xanthorrhiza*-Rhizome nicht gebrüht, so daß sie keine verkleisterte Stärke enthalten.

Anmerkung: in der pharmazeutischen Literatur hat sich die ethnologisch korrekte (griechisch: xanthos = gelb) Schreibweise für xanthorrhiza eingebürgert; nach dem internationalen Code der Botanischen Nomenklatur (ICBN) ist die wissenschaftlich richtige Schreibweise zanthorrhiza.

Inhaltsstoffe

Ätherisches Öl (3–12%) mit monozyklischen Sesquiterpenen vom Bisabolentyp als Hauptkomponenten. Charakteristischer Bestandteil der Sesquiterpenfraktion ist das Xanthorrhizol, ein Phenol, das dem Carvacrol vergleichbar aufgebaut ist, anstelle des Isopropyl- einen 2,6-Dimethylhexen-2(3)-yl-Rest trägt. Xanthorrhizol fehlt in anderen Curcuma-Arten und fungiert in der Drogenanalytik als Leit-

Tabelle 4.2 Inhaltsstoffe der Curcumaarten

	C. xanthorrhiza	*C. domestica*
Ätherisches Öl mit Xanthorrhizol	≧6% (ml/100 g) Nachweisbar	≧3% (ml/100 g) Fehlt
Curcuminoide mit Di-*p*-Cumaroylmethan	≧1% (g/g) Fehlt	≧3% (g/g) Nachweisbar

Javanische Gelbwurz Rhizoma Curcumae xanthorrhizae
Curcuma xanthorrhiza Zingiberaceae

Herkunft:
Ostindien, kultiviert in Indien, Südchina und anderen tropischen und subtropischen Gebieten.

Pflanze (Abb. 4.18):
Staude mit dickem Rhizom; unten Niederblätter, darüber bis zu 1 m lange Laubblätter. Blätter lanzettlich in langen scheideartigen Blattstiel verschmälert; zu zweit in den Achseln der großen Deckblätter; bilden einen 20 cm langen Blütenstand. Gelbe Einzelblüten besitzen 3lappigen Kelch und 3zipfelige Krone.

Anwendung:
Dyspeptische Beschwerden.

Inhaltsstoffe:
3–6% ätherisches Öl (Xanthorrizol), Curcuminoid.

substanz. Schließlich enthält die Droge 1 bis 2% Curcuminoide, hauptsächlich Curcumin und Desmethoxycurcumin (*p*-Cumaroyl-*p*-feruloylmethan).

[Strukturformel: R¹-substituierter Phenylring mit HO-Gruppe, verbunden über CH=CH-CO-CH₂-CO-CH=CH-Kette mit R²-substituiertem Phenylring mit OH-Gruppe]

R¹	R²	
OCH₃	OCH₃	Curcumin
OCH₃	H	Desmethoxycurcumin
H	H	Bisdesmethoxycurcumin

Wirkungen, Anwendung

Nach älteren pharmakologischen Untersuchungen wirken die Curcuminoide choleretisch, das ätherische Öl cholekinetisch.

Kurkumazubereitungen als Tee oder in Form von Liquidapräparaten haben einen gewissen Amarum-Aromatikum-Charakter. Der angenehme Geschmack führt, so darf man annehmen, zu einer vermehrten Speichelsekretion, die ihrerseits *via* reflektorischer Mechanismen mit der Stimulation anderer sekretorischer Drüsen, insbesondere der Bauchspeicheldrüse einherzugehen pflegt. Vergleichbar den Pfefferminzblättern kommen daher als Anwendungsgebiete der javanischen Gelbwurz Magen-Darm-Galle-Beschwerden in Frage.

4.2.5
Kurkumawurzelstock

Herkunft

Die Kurkumawurzel stammt von *Curcuma domestica* VALETON (Synonym: *C. longa* L.), einer ingwerähnlichen Pflanze (Familie: *Ziniberaceae*: Ingwergewächse), die in weiten Teilen Ostasiens kultiviert wird. Das frische Rhizom läßt sich nur schlecht trocknen. Das von einer dicken Korkschicht umgebene innere Gewebe gibt das Wasser nur schwer ab, weshalb man die Wurzelstöcke vor dem Trocknen abbrüht (kocht). Durch das heiße Wasser verkleistert die massenhaft vorhandene Stärke, so daß die Droge nach dem Trocknen eine „hornartige" Beschaffenheit aufweist. Auch diffundieren die gelben Farbstoffe aus den Idioblasten und färben den Querschnitt gleichmäßig gelb.

Kurkumawurzel enthält 3 bis 5 % ätherisches Öl, in dem Sesquiterpenketone den Hauptanteil bilden, Sie enthält ferner 3 bis 5 % Curcuminoide, darunter neben Curcumin das Di-*p*-cumarylmethan, das in der javanischen Gelbwurz fehlt.

Zubereitungen aus der Droge, insbesondere ethanolische Auszüge, verwendet man gegen dysepeptische Beschwerden, speziell bei Völlegefühl nach den Mahlzeiten sowie bei Meteorismus.

4.3
Ätherische Öle und Drogen mit überwiegend Phenylpropanen

Als Phenylpropane bezeichnet man stickstofffreie Pflanzenstoffe, die sich biosynthetisch von den aromatischen Aminosäuren Phenylalanin, Tyrosin und DOPA (3,4-Dihydroxyphenylalanin) ableiten. Lipophile Vertreter sind flüchtig und kommen als Bestandteile ätherischer Öle vor. Die C_3-Seitenkette dieser lipophilen Vertreter liegt in der Regel als Allyl- oder als Propenylrest vor.

	R^1	R^2	R^3		R^1	R^2	R^3
Myristicin	$O-CH_2-O$		OCH_3	Isomyristicin	$O-CH_2-O$		OCH_3
Eugenol	OCH_3	OH	H	Isoeugenol	OCH_3	OH	H
Methyleugenol	OCH_3	OCH_3	H	Methylisoeugenol	OCH_3	OCH_3	H
Elemicin	OCH_3	OCH_3	OCH_3	Isoelemicin	OCH_3	OCH_3	OCH_3

4.3.1
Anis und Anisöl

Anis

Herkunft

Unter Anis versteht man die getrockneten Spaltfrüchte (Doppelachänen) von *Pimpinella anisum* L. (Synonym: *Anisum vulgare* GAERTN.), einer einjährigen, zur Familie der *Apiaceae* zählenden Pflanze. Im östlichen Mittelmeergebiet beheimatet, wird Anis heute in der ganzen Welt angebaut.

Anis   Anisi fructus
Pimpinella anisum   Apiaceae

Herkunft:
Mittelmeergebiete, Westindien, Ägypten.

Pflanze (Abb. 4.19):
Meist einjährig bis 50 cm hoch; Blatt: untere gestielt, ungeteilt, rundlich, obere 2- bis 3fach fiederschnittig; Dolden locker, 7- bis 15strahlig, Kronblatt weiß.

Anwendung:
Innere Anwendung: dyspeptische Beschwerden.
Innere und äußere Anwendung: Katarrhe der Luftwege.

Inhaltsstoffe:
1) Ätherisches Öl (DAB mindestens 2,0 %) mit *trans*-Anethol, Methylchavicol, Anisaldehyd, Ester des Methyloxypropenyl-phenols (nicht im Sternanis).
2) Cumarine, Fette.

Inhaltsstoffe

- *Speicherstoffe:* Ihrer Funktion als Frucht bzw. Samen entsprechend enthalten Anisfrüchte im Endosperm Reservestoffe, und zwar
fettes Öl (20–30%), hauptsächlich Glyceride der Ölsäure, begleitet von freien Fettsäuren und Lipiden, darunter Sterinen (Phytosterolen),
Proteine (etwa 18%),
Kohlenhydrate, darunter Mannit, hingegen keine Stärke.
- *Sekundäre Pflanzenstoffe:* Aromatische Verbindungen, und zwar
einfache Phenylpropane vom Typus des Anethols,
Phenolcarbonsäuren (Chlorogen- und Kaffeesäure),
Cumarine (etwa 0,01%; Umbelliferon, Scopoletin),
Flavone (etwa 0,2%; darunter Glykoside und Glucosyle der Quercetins, Luteolins und Apigenins).

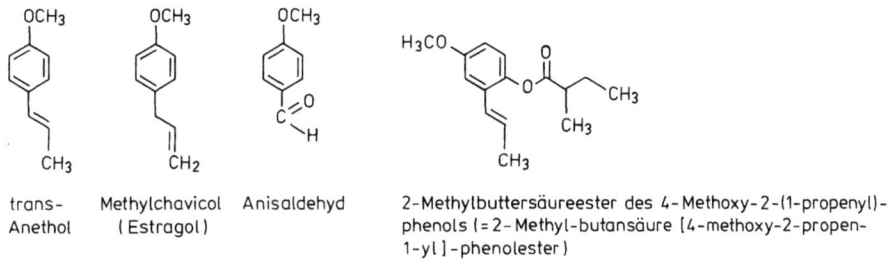

trans-Anethol | Methylchavicol (Estragol) | Anisaldehyd | 2-Methylbuttersäureester des 4-Methoxy-2-(1-propenyl)-phenols (= 2-Methyl-butansäure [4-methoxy-2-propen-1-yl]-phenolester)

Wirksamkeitsbestimmende Inhaltsstoffe

Die Bestandteile des ätherischen Öls (2,6%) mit *trans*-Anethol als Hauptkomponente (80 bis > 95%).

Anwendung

Als Gewürz z. B. für Brot, Backwaren oder eingemachte Früchte. Bestandteil von industriell hergestellten Teemischungen, insbesondere von Brusttees, Hustentees, Abführtees und carminativ wirkenden Tees (z. B. „Vier-Winde-Tee"). Wird auch anderen Teemischungen zur Geruchs- und Geschmacksverbesserung zugesetzt. Ausgangsmaterial für Extrakte, die zu sofortlöslichen Tees (Instanttees) weiterverarbeitet werden. Zur Gewinnung von Anisöl.

Anisöl

Herkunft

Das ätherische Öl von *Pimpinella anisum* L. und von *Illicium verum* HOOKER fil.

Zusammensetzung

Mit einem Anteil von 80 bis > 95% ist das *trans*-Anethol Hauptbestandteil. Begleitet wird Anethol von einer isomeren Verbindung, dem Methylchavicol, sowie von geringen Anteilen Anisketon, Anissäure und Monoterpenkohlenwasserstoffen.

Anmerkung

Pimpinella-anisum-Öl ist analytisch am Vorkommen des Methylbuttersäureesters eines Isoanethols (Formel s. S. 163) erkenntlich; Illicium-verum-Öl am Vorkommen von 1-Isoamylenoxy-4-propenylbenzol (= Foeniculin).

Das *cis*-Anethol ist 10- bis 20mal giftiger als das *trans*-Anethol. Auch echtes Anisöl kann *cis*-Anethol dann enthalten, wenn es nicht lichtgeschützt aufbewahrt wird (UV-Lichtreaktion).

Wirkungen, Anwendung

Anisöl hat die folgenden Wirkungen:

- Es wirkt auf den isolierten Muskel spasmolytisch. Daher kann es bei leichteren Darmspasmen (Bauchweh) als Carminativum nützlich sein.
- Am Versuchstier Hund zeigt es choleretische Wirkungen. Wirkungsweise ist unbekannt (reflektorisch über Sinnesreize?).
- Nach Zufuhr von den sehr geringen Dosen (0,0015 mg/kg KG) kommt es beim Versuchstier Katze oder Kaninchen zur vermehrten Ausscheidung von Bronchialsekret; auch ist die Viskosität des Sekrets herabgesetzt. Somit kann die expectorierende Wirkung des Anisöls als gesichert gelten. Für den Menschen wird die wirksame Einzeldosis auf 0,05–0,25 g (d. s. 1–5 Tropfen; nicht unverdünnt einnehmen) geschätzt.

Angewendet wird Anisöl meist als Bestandteil fixer Kombinationen innerlich bei Blähungen und leichten krampfartigen Magen- und Darmbeschwerden; ferner innerlich oder inhalativ bei Katarrhen der Atemwege.

Sonstige Verwendung

Anisöl wird zur Aromatisierung von Süß- und Backwaren sowie von Spirituosen (Pernod, Raki, Ouzo, Anisette) verwendet. Ähnlich in der Pharmazie als Geruchs- und Geschmackskorrigens, z.B. als Bestandteil des Liquor Ammonii anisati oder zum Aromatisieren von Extrakttees (Instanttees); ferner als Bestandteil von Hustensäften, Hustentropfen und Hustenpastillen.

Unerwünschte Wirkungen

Soll wegen lokal hyperämisierender Wirkungen nicht unverdünnt eingenommen werden. Langzeitversuche am Versuchstier Ratte erbrachten keine Hinweise für Cancerogenität. Wirkt sehr selten allergisierend.

4.3.2
Fenchel und Fenchelöl

Herkunft

Die Art *Foeniculum vulgare* wird heute botanisch gegliedert in eine ausdauernde Wildrasse (*F. vulgare* subspec. *piperitum* = Pfeffer- oder Eselsfenchel) und in eine wenigjährige Kulturrasse (*F. vulgare* subspec *vulgare*). Von der zuletzt genannten

4.3 Ätherische Öle und Drogen mit überwiegend Phenylpropanen

Fenchel
Foeniculum vulgare ssp. vulgare

Foeniculi fructus
Apiaceae

Herkunft:
Mittelmeergebiete, kultiviert in Europa, Asien, Afrika, Südamerika.

Pflanze (Abb. 4.20):
Pflanze blaugrün, Wurzelstock spindelförmig, Blattscheiden länglich, Blätter fiederschnittig, linealisch, Dolde 15- bis 40strahlig, Kronblatt gelb, Frucht linsenförmig.

Anwendung:
1) Bei Blähungen und krampfartigen Magen-Darm-Beschwerden, besonders bei Säuglingen und Kindern.
2) Bei Katarrhen der oberen Luftwege.

Inhaltsstoffe:
1) Ätherisches Öl (DAB 10 mindestens 4,0 %) mit *trans*-Anethol, Fenchon (bis 20 %), Methylchavicol, Kohlenwasserstoffe.
2) Fettes Öl, Proteine, Phenolcarbonsäuren (u. a. Chlorogen- u. Kaffeesäure), Flavonolglykoside.

Unterart leiten sich drei Varietäten ab: var. *azoricum* (Gemüsefenchel, dessen junge Blattsprosse im unterirdischen Teil zwiebelförmig sind), var. *dulce* (Gewürz- oder Süßer Fenchel mit süß schmeckenden Früchten) und var. *vulgare* (Bitterfenchel).

Das DAB 10 enthält drei Drogenmonographien:

- Bitterer Fenchel, Foeniculi amari fructus, bestehend aus den getrockneten ganzen Früchten und Teilfrüchten von *Foeniculum vulgare* MILLER subspec. *vulgare*, var. *vulgare*;
- Süßer Fenchel, Foeniculi dulcis fructus, d. s. die Früchte und Teilfrüchte von *Foeniculum vulgare* MILLER subspec. *vulgare*, var. *dulce* (MILLER) THELLUNG;
- Fenchelöl, Foeniculi aetheroleum, das ätherische Öl aus den reifen Früchten von *Foeniculum vulgare* MILLER var. *vulgare*.

Fenchel

Inhaltsstoffe

Ähnlich wie in den Anisfrüchten: fettes Öl und freie Fettsäuren (etwa 20 %); Proteine und Aminosäuren (etwa 20 %), Zucker (4 – 5 %).

Wertbestimmende Inhaltsstoffe

2 – 6 % ätherisches Öl, ein Gemisch aus Phenylpropanen [Anethol 50 – 70 %, Methylchavicol, Foeniculin, wenig Estragol] und Monoterpenen (Fenchon, Limonen und α-Pinen). Siehe dazu Tabelle 4.3.

(+)-Fenchon $C_{10}H_{16}O$

Tabelle 4.3 Inhaltsstoffe der Fenchelöle

	Fenchel	
	Bitter [%]	Süß [%]
trans-Anethol	60–75	80–95
(+)-Fenchon	12–22	<1
Limonen	1,5–2,5	4,2–5,4
Estragol	2,5–4,5	3–4

Anwendung

Zur Herstellung von Teepräparaten, vorzugsweise in Filterbeuteln. Zur Herstellung von Extrakten und Sprühtrockenextrakten, die zu Markenartikeln weiterverarbeitet werden: zu sofortlöslichen Tees, zu Tropfen, Dragees, Bonbons, zu Sirupen und zu Fenchelhonig.

Die Droge dient ferner zur Gewinnung des ätherischen Öls.

Vorzugsweise süßen Fenchel nimmt man zum Würzen von Brot, Gebäck, bestimmten Gemüsen und Salaten sowie zum Aromatisieren von Likören (Boonekamp, Stonsdorfer).

Fenchelöl

Herkunft

Der Fenchongehalt bestimmt Sorte und Verwendung:

– Bitterfenchelöl für rein pharmazeutischen Zwecke; aufgrund seines höheren Fenchongehaltes schmeckt es ziemlich bitter und findet folglich vor allem bei Kindern nur geringe geschmackliche Akzeptanz;
– Süßfenchelöl als Lebensmittel-, Gewürz- und Parfümzusatz; aufgrund seines sehr niedrigen Fenchon- und hohen Anetholanteils schmeckt es angenehm süßlich;
– Öle mit mittlerem Fenchongehalt, der weder eindeutig auf Bitter- noch auf Süßfenchel hinweist; geschmacklich noch akzeptabel und sowohl für Lebensmittel- als auch pharmazeutische Zwecke einsetzbar.

Anwendungsgebiete

Fenchelöl wird ähnlich wie Fenchelextrakte, häufig auch anstelle der Extrakte, angewendet. Fenchelöl wirkt bakteriostatisch und trägt zur Haltbarkeit von Zubereitungen bei. Tierexperimentell konnte belegt werden, daß es die Expectoration beeinflußt. Fenchelöl gilt als ein mildes Carminativum. Seine häufige Verwendung dürfte aber wohl damit zu tun haben, daß es ein hervorragendes Geschmacks- und Geruchskorrigens ist.

4.3.3
Zimtrinde

Übersicht über die Handelssorten

Unter Zimt versteht man die zumeist von äußeren Gewebeschichten (Kork und primäre Rinde) ganz oder teilweise befreite, getrocknete Rinde von jungen Stämmen, Ästen oder Wurzelschößlingen verschiedener ostasiatischer *Cinnamomum*-Arten (Familie: *Lauraceae*).

Die folgenden Handelssorten werden in Europa angeboten

- Ceylon-Zimt von *Cinnamomun verum* PRESL. (Synonym: *C. zeylanicum* BLUME),
- chinesischer Zimt von *C. aromaticum* NEES (Synonym: *C. cassia* BLUME).

Ceylon-Zimt

Cinnamomum zeylanicum BLUME ist ein immergrüner Baum mit schönen lederartigen Blättern und rispig angeordneten gelben Blüten. In den Kulturen wird die Pflanze zurückgeschnitten, um sie strauchartig niedrig zu halten; durch das Abschneiden des Hauptstamms erzielt man, daß sich mehr lange, dünne Triebe entwickeln, welche die beste Droge liefern. Die Rinde dieser Triebe wird mit dem Messer abgelöst und von den Rindenstückchen das äußere Gewebe bis auf den Steinzellenring abgeschabt. Beim Trocknen verfärbt sich die ursprünglich helle Rinde braunrot, offenbar infolge enzymatischer Phlobaphenbildung aus reichlich vorhandenen Catechinen.

Inhaltsstoffe

Neben Zucker, Stärke, Schleim-, Gerb- und Farbstoffen ätherisches Öl (1–2%) mit Zimtaldehyd als Hauptkomponente (65–75%); weitere 4–10% entfallen auf

---

Zimt Cinnamomi ceylanici cortex
Cinnamomum verum Lauraceae

Herkunft:
Sri Lanka, Südostindien, Indonesien, Westindien.

Pflanze (Abb. 4.21):
Mittelgroßer immergrüner Baum, Rinde glatt; Blatt gegenständig, groß, eiförmig-lanzettlich, Hauptnerv und 2 parallele Nebennerven, Blüten in Rispen, klein, weiß.

Anwendung:
Appetitlosigkeit; dyspeptische Beschwerden wie leichte krampfartige Beschwerden im Magen-Darm-Bereich; Völlegefühl; Blähungen.

Inhaltsstoffe:
1) Ätherisches Öl 0,5–2,5%, mit Zimtaldehyd (65–80%) Eugenol, Zimtsäure.
2) Gerbstoffe, Schleime.

Kontraindikation:
Überempfindlichkeit gegen Zimt oder Perubalsam; Schwangerschaft.

168   4 Ätherische Öle

Phenole, hauptsächlich auf Eugenol. Gaschromatographisch wurden etwa 20 weitere Substanzen nachgewiesen, darunter Zimtsäure, Dihydrozimtaldehyd, Benzaldehyd und das in ätherischen Ölen überaus verbreitete Caryophyllen (β-Caryophyllen) neben Humulen (α-Caryophyllen).

R=H: Zimtaldehyd (1)   Dihydrozimtaldehyd
R=OCH$_3$: o-Methoxy-1   Eugenol

Verwendung

Als Gewürz für Süßspeisen, Back- und Süßwaren, für Magenbitter sowie zu Cola-Getränken. In der Pharmazie als Geruchs- und Geschmackskorrigens; beliebter Bestandteil in Alkohol enthaltenden Magentonikas.

**4.3.4
Nelkenöl und Eugenol**

Herkunft

Nelkenöl gibt es in 3 verschiedenen Handelsformen:
- Nelkenblütenöl aus den getrockneten Blütenknospen,
- Nelkenstielöl aus den als Abfall anfallenden Nelkenstielen, an denen sich die Nelkenknospen befinden,
- Nelkenblätteröl aus den Blättern des Baumes.

Stammpflanze ist in allen drei Fällen ein in tropischen Ländern vorkommender 15–20 m hoch werdender Baum aus der Familie der *Myrtaceae*: *Syzygium aromaticum* (L.) MERR. et L.M.PERRY (Synonym: *Eugenia caryophyllata* THUNB.). Dem DAB entsprechendes Nelkenöl darf sowohl von Blütenknospen als auch von Nelkenstielen oder Laubblättern stammen.

Zusammensetzung

Mit 70–90% dominiert als Hauptbestandteil Eugenol, gefolgt von Eugenolacetat; das geruchlich feinere Blütenöl weist einen höheren Acetatgehalt (10–15%) auf als die anderen oben aufgezählten Herkünfte (2–3%). Die dem Nelkenöl im Vergleich mit reinem Eugenol zukommende frische Geruchsnote beruht auf dem Vorkommen von Methylheptylketon. Weitere Begleitstoffe sind Caryophyllene (Humulen, Caryophyllen und Caryophyllenepoxid).

Die drei genannten Hauptbestandteile des Nelkenöls machen zusammen etwa 99% des Öls aus. Für die Geruchs- und Geschmackseigentümlichkeiten des echten Nelkenöls sind noch weitere Inhaltsbestandteile mit entscheidend, die nur in Spuren darin vorkommen. Bisher hat man mehr als 15 derartige Begleitstoffe nachgewiesen, u. a. Methylsalicylat, Methylbenzoat, Furfurol, Vanilin und Methyl-

> **Nelkenöl**   Caryophylli aetheroleum
> Syzygium aromaticum   Myrtaceae
>
> *Herkunft:*
> Molukken, Philippinen; kultiviert in Tropenländern.
>
> *Pflanze* (Abb. 4.22):
> Bis 20 m hoher immergrüner Baum; Blatt gegenständig, gestielt, länglich, ganzrandig; Blüten in Trauben, Achsenbecher rot, Kronblatt weiß.
>
> *Anwendung:*
> In der Zahnheilkunde (unverdünnt) zur lokalen Schmerzstillung. In Mundwässern mit 1 bis 5 % Nelkenöl bei entzündlichen Veränderungen der Mund- und Rachenschleimhaut.
>
> *Inhaltsstoffe:*
> 1) Ätherisches Öl (15–20 %) mit Eugenol, Aceteugenol, Caryophyllen, Heptanon.
> 2) Gerbstoffe, Triterpene.
>
> *Anmerkung:*
> In konzentrierter Form wirkt Nelkenöl gewebereizend.

n-heptylketon; der für das Nelkenaroma entscheidende Begleitstoff aber ist das Methyl-amylketon $CH_3-CO-C_5O_{11}$.

Wirkungen und Anwendungen von Eugenol und Nelkenöl

Im Vergleich zum einfachen Phenol ist Eugenol in Wasser weniger und in Lipoidlösungsmitteln besser löslich. Seine desinfizierende und lokalanalgetische Wirkung ist stärker, der entzündungserregende bzw. gefäßschädigende Effekt schwächer als der des Phenols. Unentbehrlich ist Eugenol in der konservierenden Zahnheilkunde. Es besitzt die Eigenschaft, mit Zinkoxid angerührt zu einer festen Masse zu erhärten, die sich als Unterfüllung und als provisorischer Zahnzement hervorragend eignet: Zu guten mechanischen Qualitäten kommen bakteriostatische und schmerzstillende Eigenschaften.

4.3.5
Ingwer

Herkunft

Ingwer besteht aus dem geschälten oder ungeschälten Rhizom von *Zingiber officinale* ROSCOE (Familie: *Zingiberaceae*), einer in vielen tropischen Gebieten der Erde – insbesondere auf Jamaika, in Südchina, Indien und Westafrika – kultivierten Staude. Der pharmazeutisch verwendete Ingwer kam traditionell aus Jamaika. Heute ist Jamaika-Ingwer schwer erhältlich; die aus China importierte Ware soll jedoch qualitativ ebenbürtig sein.

4 Ätherische Öle

> **Ingwer** Zingiberis rhizoma
> Zingiber officinalis Zingiberaceae
>
> *Herkunft:*
> Südostasien; genaue Heimat nicht sicher bekannt; kultiviert in tropischen Ländern.
>
> *Pflanze* (Abb. 4.23):
> Ingwer besitzt einen kriechenden Wurzelstock, der durch Blattscheiden geringelt ist. Der blätterentwickelnde Stengel ist ca. 1 m hoch, ca. 8 mm dick, Blütenschäfte bis ca. 25 cm hoch mit Blütenähre und ziegeldachartigen Deckblättern. Blüten mit 3spaltigem innerem Perigon und einer 3lappigen Lippe (umgewandeltes Staubblatt).
>
> *Anwendung:*
> Dyspeptische Beschwerden; Verhütung der Symptome der Reisekrankheit; Gewürz.
>
> *Inhaltsstoffe:*
> 1) Ätherisches Öl mit Zingiberen.
> 2) Scharfstoffe mit Gingerol.

Inhaltsstoffe

- Ätherisches Öl (1–2%; nach ÖAB, mindestens 1,5%); nach Pharm. Helv. VI mindestens 1,7%) mit (−)-Zingiberen (30%), β-Bisabolen (10–15%), (−)-Sesquiphellandren (15–20%), (+)-*ar*-Curcumen, Citral und Citronellylacetat als Hauptbestandteilen.
- Nicht wasserdampfflüchtige, lipophile Stoffe („Harz"; etwa 5–8%), darunter Scharfstoffe, insbesondere 5-Hydroxy-1-(4-hydroxy-3-methoxyphenyl)-3-decanon und Homologe (= Gingerole); daneben die den Gingerolen entsprechenden Anhydroverbindungen (= Shogaole) sowie Vanillylaceton (= Zingeron).

Zingiberen; $C_{15}H_{24}$
(~30%)

Gingerole (R = −H, n = 1, 2, 3, 4, 6, 8 oder 10)

Verwendung

Fein gemahlen als Gewürz für Süßwaren (Lebkuchen, Printen, Biskuits), Suppen und Fleischgerichte; als Bestandteil von Gewürzmischungen, insbesondere des Currypulvers. Als Ingwerextrakt zur Herstellung von Likören und des in den angelsächsischen Ländern beliebten *ginger ales*, eines alkoholfreien Getränkes.

Trinken eines Infuses aus Ingwer ruft im Mund und Magen Brennen und Wärmegefühl hervor; diese subjektiven Effekte sind erwünscht, wenn eine Schwitzkur durchgeführt werden soll.

Wie mehr oder weniger alle Stoffe mit Wirkung auf die chemischen Sinne (Geruch und Geschmack), induziert Ingwer reflektorisch die Sekretion von Verdauungssäften, insbesondere von Speichelsekret. Daher verwendet man Ingwerextrakte als Rezepturbestandteil in appetitanregenden Tonika.

Ingwerpulver soll in einer Dosierung von 2 g präventiv gegen Reisekrankheit (Fahrkrankheit) wirksam sein; es soll in der Wirkungsstärke mit der antiemetisch wirksamen Einzeldosis des Diphenhydramin (100 mg) vergleichbar sein. Anwendungsweise: 2 g frisch gepulverte Droge mit etwas Flüssigkeit einnehmen. Ein spezifischer Wirkstoff ist nicht bekannt; daher bleibt abzuwarten, ob mehr als ein Plazeboeffekt im Spiel ist.

Literatur

Carle R (Hrsg) (1993) Ätherische Öle – Anspruch und Wirklichkeit. Wissenschaftliche Verlagsgesellschaft, Stuttgart

Czygan F-C (1994) Schafgarbe: Alte Heilpflanze neu untersucht. Pharm Z 6:438

Hänsel R, Keller K, Rimpler H, Schneider G (Hrsg) (1992–1995) Hagers Handbuch der Pharmazeutischen Praxis, Band 4, 5 u. 6 (Drogen), Springer, Berlin Heidelberg New York

Hof-Mussler S (1990) Ätherische Öle. Pharmakologische Untersuchungen zur spasmolytischen Wirkung ätherischer Öle. Dtsch Apotheker Z 44:2407

Koch HP (1993) Saponine in Knoblauch und Küchenzwiebel. Dtsch Apotheker Z 41:3733

Schmidt PC, Vogel K (1992) Kamille. Untersuchungen zur Stabilität von Kamillenhandelspräparaten. Dtsch Apotheker Z 10:462

Abb. 4.3   Ernte von Pfefferminztee

Abb. 4.4   Melisse

Farbtafeln zu Kapitel 4   173

Abb. 4.5   Rosmarin

Abb. 4.6 a   Echter Salbei, Blätter ungeteilt

Abb. 4.6 b   Dreilappiger Salbei, Blätter mit 2 Lappen

Abb. 4.7   Thymian

Abb. 4.8 Wacholder, Sproß mit Beerenzapfen

Abb. 4.9 Kiefer, blühender und fruchtender Sproß

Farbtafeln zu Kapitel 4   175

Abb. 4.10   Pomeranze, Blütenstand

Abb. 4.11   Koriander, Blütenstand

Abb. 4.12   Kümmel, Blütenstand

Abb. 4.13   Kampferbaum, Zweig

Farbtafeln zu Kapitel 4   177

Abb. 4.14   Eucalyptus spec., blühender Zweig

Abb. 4.15   Dalmatinische Insektenblume

Abb. 4.16   Blühende Kamille

Abb. 4.17 Römische Kamille

Abb. 4.18 Javanische Gelbwurz

Abb. 4.19 Anis, Blütenstand

Abb. 4.20 Fenchelpflanze, Teilausschnitt

Farbtafeln zu Kapitel 4 179

Abb. 4.21 Zimtbaum, blühender Zweig

Abb. 4.22 Gewürznelkenbaum, blühender Zweig

Abb. 4.23 Ingwerpflanze

KAPITEL 5

Phenolische Verbindungen

5.1
Cumarine (Kumarine)

Cumarine oder 1,2-Benzopyrone stellen zyklische Lactone einer entsprechenden o-Hydroxycarbonsäure dar. In Lauge öffnet sich der Lactonring unter Bildung wasserlöslicher Natriumsalze der o-Hydroxycarbonsäuren; Ansäuern führt zur Rezyklisierung. Diese Eigenschaft der Cumarine – Löslichkeit in wäßriger alkalischer Lösung und Extrahierbarkeit mit Ether oder Essigester nach Sauerstellen der wäßrigen Phase – kann zur Isolierung von Cumarinen aus pflanzlichem Material ausgenutzt werden. Voraussetzung für die Anwendbarkeit dieser Methode ist es, daß weder säure- noch basenkatalysierte Umlagerungen eintreten.

Cumarine kommen in zwei Polaritätsstufen vor:

- als Glykoside von Hydroxycumarinen und
- als lipophile Cumarine, die dadurch gekennzeichnet sind, daß das Cumaringerüst durch terpenoide Reste substituiert ist. Auch die Furanocumarine können zu den lipophilen Cumarinen gezählt werden.

Lipophile Cumarine sind teils sublimierbar, teils gehen sie mit Wasserdampf flüchtig und bilden dann charakteristische Inhaltsstoffe bestimmter ätherischer Öle, vornehmlich der Öle von *Citrus*-Arten (Agrumenöle).

R^1	R^2	R^3	
H	OH	H	Umbelliferon
H	OCH_3	H	Herniarin
OH	OH	H	Aesculetin
H	OH	OH	Daphnetin
OCH_3	OH	H	Scopoletin
OCH_3	OH	OH	Fraxetin

Limettin (= Citropten)

Aesculin (6-Glucosid):
zeigt intensive Fluoreszenz

Cichoriin (7-Glucosid des Aesculetins):
zeigt keine Fluoreszenz

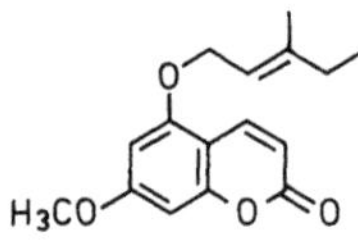

5-Geranyloxy-7-methoxycumarin

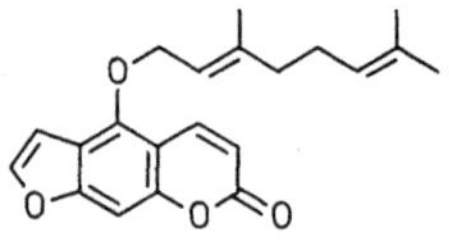

Bergamottin

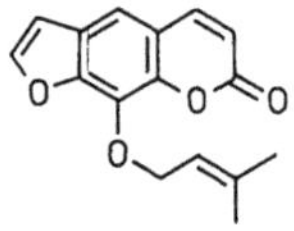

Imperatorin

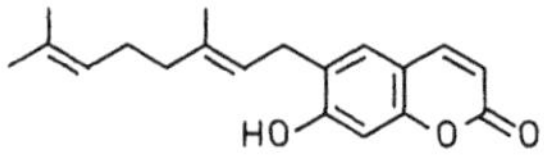

Ostruthin

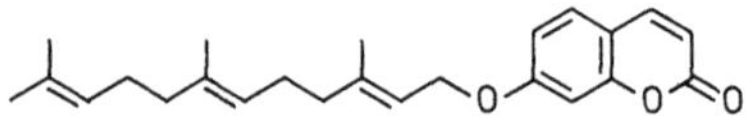

Umbelliprenin (aus *Angelica*-Wurzel und *Ferula*-Harz)

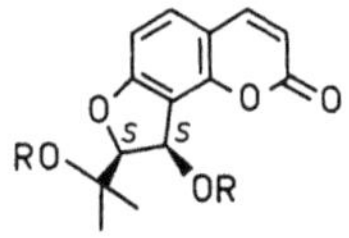

Athamantin — R = (Isovaleryl)
Archangelicin — R = (Angeloyl)

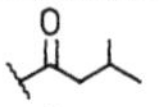

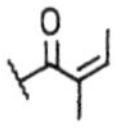

Wirkungen

Als lipophile Substanzen können Cumarine vom Magen-Darm-Trakt aus resorbiert werden. Allerdings liegen keine Angaben über Resorptionsquoten vor. Um mögliche systemische Wirkungen von cumarinführenden Arzneidrogen abschätzen zu können, fehlt es überdies an Untersuchungen über Freisetzungsraten aus der Droge (z. B. über Cumaringehalte im Infus).

Als fettlösliche Stoffe gelangen sie nach Resorption in das Zentralnervensystem. Viele Cumarine entfalten dort – im Sinne der Lipidtheorie von Overton und Meyer – unspezifische narkotische Wirkungen.

Möglicherweise hängt mit der Beeinflussung von Vorgängen an Grenzflächen auch die gefäßspasmolytische Wirkung bestimmter Cumarine zusammen. Spasmolytisch z. B. wirken Visnadin, Athamantin und Archangelicin.

Als lipophile Substanzen können, ähnlich wie die lipophilen Carotinoide, auch die Cumarine zum Teil in der Haut abgelagert und gespeichert werden. Dies bliebe unbemerkt, wenn nicht bestimmte Cumarine – und zwar die angularen Furanocumarine der Psoralenreihe – photosensibilisierende Eigenschaften hätten. Am eingehendsten untersucht ist das Xanthotoxin (Synonym: 8-Methoxypsoralen, abgekürzt 8-MOP), das auch klinisch angewendet wird.

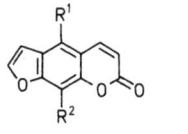

linearer Typ (Psoralene)

R¹	R²	
H	H	Psoralen
H	OCH₃	Xanthotoxin
H	OH	Xanthotoxol
OCH₃	H	Bergapten
OH	H	Bergaptol
OCH₃	OCH₃	Isopimpinellin

angulärer Typ

R¹	R²	
H	H	Angelicin
OCH₃	H	Isobergapten
H	OCH₃	Sphondin
OCH₃	OCH₃	Pimpinellin

Lichtsensibilisierende Cumarine

Definitionen; Photodermatitis durch Psoralene

Der Begriff Sensibilisierung ist im vorliegenden Zusammenhange nicht im Sinne der Allergielehre, sondern im Sinne der Physik zu verstehen. Photosensibilisatoren absorbieren Lichtquanten des biologisch unschädlichen UV-Bereiches 320–400 nm, wandeln die absorbierte Lichtenergie nicht in Wärme um, sondern induzieren chemische Reaktionen, wie z.B. die Bildung von Pyrimidin-Dimeren; oder es werden hochreaktive Radikale gebildet, die ihrerseits eine Reihe von zelltoxischen Läsionen setzen. In der Dermatologie ist Photosensibilisierung definiert als die Herabsetzung der Lichtreizschwelle der Haut durch endo- oder exogene Einlagerungen lichtsensibilisierender Stoffe. Als Folge davon: Es kommt unter der Einwirkung von Licht, dessen Intensität und Wellenlänge zur Anregung photobiologischer Reaktionen an sich nicht ausreicht, zu erwünschten oder unerwünschten Erscheinungen auf der Haut. Erwünscht ist die Hautbräunung, nicht nur aus kosmetischen Gründen, reichlich Melanin schützt die Haut vor schädlichen Folgen der Besonnung. Unerwünscht sind Hautschäden. Phototoxische Stoffe steigern bereits bei einmaliger Einwirkung auf die Haut und gleichzeitiger Lichtexposition dosisabhängig die Empfindlichkeit der Haut gegen Sonnenbestrahlung: Es kommt zu Photodermatitiden. Die „Wiesendermatitis" ist eine Sonderform, hervorgerufen beim Liegen auf Wiesen, wenn der nackte Körper mit bestimmten Pflanzen in Kontakt kommt. Es können sich Hautläsionen bilden, deren Ausmaße genaue Reproduktionen der Stengel und Blätter sind, welche die Hautentzündungen hervorgerufen haben. In Frage kommen:

- die Gartenraute (*Ruta graveolens* L.),
- Bärenklau-Arten (*Heracleum*-Arten),
- Schafgarbe (*Achillea millefolium* L.),
- Pastinak (*Pastinaca sativa* L.)
- Engelwurz (*Angelica archangelica* L.),
- Liebstöckel (*Levisticum officinale* L.),
- Blätter des Feigenbaums (*Ficus carica* L.),
- die aus Mittelmeerländern eingeschleppte *Ammi majus* L.

5.1.1
Steinklee

Herkunft

Arzneilich verwendet werden die auf einen bestimmten Cumaringehalt eingestellten Extrakte der beiden gelbblühenden *Melilotus*-Arten: *M. officinalis* MILL. (echter Steinklee) und *M. altissimus* THUILL. (hoher Steinklee) (Familie: *Fabaceae*). Die Droge, Steinkleekraut, besteht aus den zur Blütezeit gesammelten und getrockneten Blättern und blühenden Zweigen der genannten Arten.

Sensorische Eigenschaften

Die Droge riecht angenehm nach „frischem Heu".

Inhaltsstoffe

Eine systematische Analyse über alle Polaritätsstufen steht noch aus. Bisher wurden gefunden:

- Cumarin (1,2-Benzopyron; 2H-1-Benzopyran-2-on; 0,4 – 0,9 %) frei und in der offenkettigen glykosidischen Vorstufe Melilotosid;
- Cumarinderivate: Dihydrocumarin, o-Dihydrocumarsäure, o-Cumarsäure (= 2-Hydroxyzimtsäure), Scopoletin und Umbelliferon;
- Quercetin- und Kämpferolglykoside.

R	
H	o-Cumarsäure
β-D-Glucosyl	Melilotosid

Cumarin; C_9H_6O

Dihydrocumarin; C_9H_8O (Melilotin)

R = H: 7-Hydroxycumarin
R = Glucuronyl: 7-Glucuronoylcumarin

Wirkungen, Anwendung

Im Tierexperiment wirkt Melilotusextrakt in einigen Entzündungsmodellen (Carrageenödemtest) in Dosen von 100 mg/kg KG antiphlogistisch.

Cumarin stimuliert die Proteolyse, die durch Enzyme der Makrophagen hervorgerufen wird, was die Viskosität der Ödemflüssigkeit vermindert.

Cumarin wirkt „lymphokinetisch", d. h. es beschleunigt im Tierversuch den Abtransport der Lymphe.

Cumarin hat anders als Dicumarol keine blutgerinnungshemmende Wirkung.

Angewendet werden Zubereitungen aus Steinklee innerlich gegen Beschwerden bei chronisch venöser Insuffizienz wie Schweregefühl in den Beinen, nächtliche

> **Steinkleekraut** **Meliloti herba**
> Melilotus officinalis (Abb. 5.1) Fabaceae
>
> *Herkunft:*
> Europa, Asien.
>
> *Beschreibung:*
> 30–150 cm; Blatt 3zählig; Blüten gelb in 4–10 cm langen Trauben, Flügel länger als Schiffchen.
>
> *Anwendung:*
> Innerlich:
> 1) Venöse Insuffizienz wie Schmerzen und Schweregefühl in den Beinen, nächtliche Wadenkrämpfe, Schwellungen.
> 2) Thrombophlebitis, Hämorrhoiden.
> Äußerlich:
> Prellungen, Verstauchungen, Blutergüsse.
>
> *Inhaltsstoffe:*
> 1) Cumarinderivate: Melilotosid (DAB mindestens 0,1%).
> 2) Flavonoide, Saponine.
>
> *Anmerkung:*
> In höheren Dosen führt Steinkleekraut zu Kopfschmerzen.

Wadenkrämpfe, Juckreiz und Schwellungen. Äußerlich verwendet man Steinkleezubereitungen, meist Extrakte inkorporiert in Salben, Gele oder Linimente, bei Prellungen, Verstauchungen und oberflächlichen Blutergüssen.

Hinweise zur Pharmakokinetik

Beim Menschen wird nach peroraler Gabe Cumarin rasch resorbiert. Cumarin unterliegt einem sogenannten „first pass effect", d.h. es wird, ehe es an den potentiellen Wirkort gelangt, zu 7-Hydroxycumarin und zu 7-Hydroxycumaringlucuronid metabolisiert und mit einer biologischen Halbwertszeit von 1,5 h über den Urin ausgeschieden. Maximal 4% der oral zugeführten Cumarindosis ist bioverfügbar.

Unerwünschte Wirkungen

Beim Menschen erzeugen 4 g Melilotusextrakt Übelkeit, Erbrechen, Kopfschmerzen und Schwächegefühl. Akute Intoxikationen sind durch Fertigarzneimittel bei bestimmungsgemäßem Gebrauch nicht zu befürchten, da die therapeutische Richtdosis (0,025 g Extrakt) weit unterhalb der Intoxikationsschwelle bleibt.

5.1.2
Ammi-visnaga-Früchte

Herkunft

Die Droge besteht aus den getrockneten, reifen Umbelliferenfrüchten (Doppelachänen, meist in ihre Teilfrüchte zerfallend) von *Ammi visnaga* (L.) LAM. (Familie: *Apiaceae* = *Umbelliferae*). Verwendet werden in der Regel Trockenextrakte, hergestellt mit dem Auszugsmittel Methanol-Wasser, als Bestandteil fixer Arzneikombinationen.

Sensorische Eigenschaften

Der Geruch der Droge ist schwach aromatisch; ihr Geschmack etwas bitter und leicht aromatisch.

Inhaltsstoffe

- Ätherisches Öl (0,02–0,03%), u.a. mit Carvon, Kampfer, Linalool, *cis*- und *trans*-Linalooloxid.
- Furanochromone (2–4%); insbesondere Khellin.
- Pyranocumarine (0,2–0,5%); insbesondere Visnadin.
- Flavonole, darunter Quercetin, Isorhamnetin und Kämpferol, großenteils in Form ihrer 3-Hydrogensulfatester vorliegend.

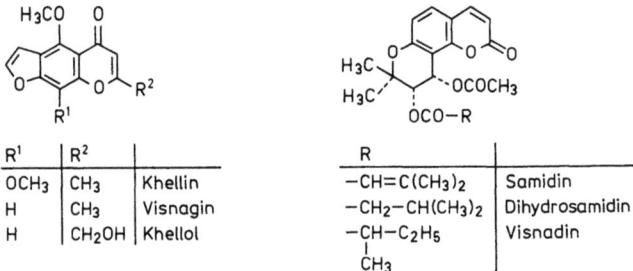

Anwendung

Ammi-visnaga-Früchte waren eine Zeit lang von erheblichem Interesse als Ausgangsmaterial zur Herstellung des Extraktes und zweier Reinsubstanzen, des Khellins und des Visnadins. Der Extrakt wurde vorwiegend zur Behandlung leichter stenokardischer Beschwerden und leichter Formen obstruktiv bedingter

> **Ammi-visnaga-Früchte**   Ammeos visnagae fructus
> Ammi visnaga   Apiaceae
>
> *Herkunft:*
> Kanarische Inseln bis Persien, Kulturen in Ägypten.
>
> *Pflanze* (Abb. 5.2):
> Einjähriges Kraut, bis 1,5 m, Stengel aufrecht; große langgestielte Blütenschirme; Doldenstrahlen bis zu 100; Frucht glatt, eiförmig.
>
> *Anwendung:*
> Zubereitungen aus Ammi-visnaga-Früchten werden bei Angina pectoris, Koronarinsuffizienz, paroxysmaler Tachykardie, Extrasystolen, Altersherz mit Hypertonie, Asthma, Keuchhusten sowie krampfartigen Beschwerden des Unterleibs angewendet..
>
> *Inhaltsstoffe:*
> 1) Furanochromone (mindestens 1% Pyrone) mit Khellin.
> 2) Pyranocumarine mit Visnadin.
> 3) Ätherisches Öl, Flavonole.

Atemwegserkrankungen verwendet (weitere Anwendungsgebiete s. oben). Die Wirksamkeit gilt als nicht hinreichend belegt. Khellin wurde in der Vergangenheit ebenfalls vorwiegend zur Behandlung der Angina pectoris und des Asthma bronchiale eingesetzt. In neueren Untersuchungen konnte die Wirksamkeit nicht belegt werden. Überdies kommt es nach längerer Einnahme infolge Kumulation zu zentralnervös bedingten Nebenwirkungen wie Nausea und Schlaflosigkeit. Auch das Visnadin hat heute in der Therapie der koronaren Herzkrankheit keine Bedeutung mehr.

5.1.3
Methoxsalen

Methoxsalen (Synonyme: Xanthotoxin, 8-Methoxypsoralen) kommt in den Früchten von *Ammi majus* L. (Familie: *Apiaceae*) vor, daneben noch in einer Reihe weiterer Pflanzen. Es kann durch Extraktion aus *Ammi-majus*-Früchten oder durch Synthese gewonnen werden.

Wirkungen

Methoxsalen ist eine photosensibilisierende Substanz, die eine Empfindlichkeitszunahme der Haut gegenüber langwelligem UV-Licht des Wellenlängenbereiches 320 bis 400 nm auslöst. Sie wird aufgrund dieser Eigenschaft zur Photochemotherapie (PUVA-Therapie = *P*soralen-*U*ltra*v*iolett-*A*-Wellenlängen) der Psoriasis sowie zur Behandlung der Vitiligo eingesetzt. Nach oraler Einnahme bewirkt Methoxsalen eine sehr stark erhöhte Absorption der Strahlenenergie und löst in belichteten Hautarealen photobiologische Hautreaktionen aus. Die Wirkungen bestehen vornehmlich auf der UV-A induzierten kovalenten Bindung an die DNA. Daneben treten auch Photoreaktionen mit Proteinen auf. Der wesentliche Wirkungsmechanismus besteht darin, daß es nach UV-A-Bestrahlung zu einer Einschränkung der DNA-Synthese in der Hautepidermis kommt.

5.2
Lignane

5.2.1
Podophyllin

Herkunft

Podophyllin ist ein harzartiges Produkt, das aus den unterirdischen Organen von *Podophyllum peltatum* L. (Familie: *Berberidaceae*) gewonnen wird. Der Herstellungsprozeß besteht im Extrahieren des pulverisierten Podophyllumwurzelstocks mit Ethanol, Einengen des alkoholischen Extraktes und Fällen mit Wasser, das meist mit Salzsäure leicht angesäuert ist. Das ausfallende Harz wird mit Wasser gewaschen, getrocknet und pulverisiert.

Sensorische Eigenschaften

Podophyllin stellt ein amorphes, hellbraun bis grünlichgelb gefärbtes Pulver dar. Es riecht eigenartig; der Geschmack ist leicht bitter.

Hinweis

Podophyllin reizt die Haut und Schleimhäute aufs heftigste; beim Umgang mit dem Produkt ist daher besondere Sorgfalt angezeigt.

Inhaltsstoffe

Peltatum-Podophyllin enthält zwei Gruppen von Inhaltsstoffen: Flavone, darunter Quercetin, und Lignanolide vom Tetrahydronaphthalintyp, darunter

- Podophyllotoxin (etwa 20%),
- α-Peltatin (etwa 10%),
- β-Peltatin (etwa 5%).

	R^1	R^2	R^3
Podophyllotoxin	CH_3	OH	H
Demethylpodophyllotoxin	H	OH	H
α-Peltatin	H	H	OH
β-Peltatin	CH_3	H	OH

Die Podophyllotoxingruppe unterscheidet sich von der Peltatingruppe durch das Vorkommen einer sekundären OH-Gruppe in Position 1.

Podophylli rhizoma Podophyllum-peltatum-Rhizom
Podophyllum peltatum Berberidaceae

Herkunft:
Nordamerika.

Pflanze (Abb. 5.3):
Ausdauernde Pflanze mit verzweigtem Rhizom, ein fertiler Sproß mit 5- bis 7lappigen Blättern und eine hängende weiße Blüte, ein steriler Sproß mit einem 7- bis 9fachen behaarten Blatt.

Anwendung:
Zur Gewinnung von Podophyllin(um), eines Harzes; antimitotische Wirkungen zur topischen Behandlung von Genitalwarzen.

Inhaltsstoffe:
1) Lignane mit Podophyllotoxin, α- und β-Peltatin.
2) Flavone.

Wirkungen

Podophyllin wirkt zellteilungshemmend, und zwar greift es sowohl in der M-Phase (Mitosephase) als auch in der S-Phase (DNA-Synthesephase) ein. Die Mitose blockiert Podophyllin ähnlich wie Colchicin in der Metaphase, indem durch Reaktion mit dem Tubulin die Ausbildung des mikrotubulären Spindelapparats unterbunden wird.

Anwendung

Lokal zur Behandlung der *Condylomata acuminata*, meist in 25%-Suspensionen in Paraffinum subliquidum.

Das spitze Kondylom oder die Feigwarze ist eine Abart der gewöhnlichen Warze, es wird ebenfalls durch ein Virus der Papovagruppe hervorgerufen, tritt aber vorzugsweise in der After-/Geschlechtsgegend auf und wird häufig durch Geschlechtsverkehr übertragen.

Die gewöhnlichen Warzen, *Verrucae vulgares*, werden durch Podophyllin nicht beeinflußt, da die Wirkstoffe die äußeren Keratinschichten anscheinend nicht durchdringen können.

5.3
Arbutin und Bärentraubenblätter

Herkunft

Die getrockneten Laubblätter von *Arctostaphylos uva-ursi* (L.) SPRENG. (Familie: Ericaceae). Die Stammpflanze ist ein kleiner, immergrüner Zwergstrauch, der in Nord- und Mitteleuropa, in Asien und in Nordamerika verbreitet ist. Die Droge stammt ausschließlich aus Wildvorkommen.

Sensorische Eigenschaften

Die Ganzdroge ist fast geruchlos; die frisch pulverisierte Droge riecht schwach aromatisch, etwas an schwarzen Tee erinnernd. Der Geschmack ist adstringierend und schwach bitter.

Inhaltsstoffe

- Iridoidglykosid (Monotropein);
- Triterpene (0,4 – 0,8 %), darunter die Ursolsäure, eine pentazyklische Triterpensäure, und der entsprechende Alkohol Uvaol;
- Phenole vom Typus des Hydrochinons, insbesondere Arbutin = Arbutosid (~ 6 %) und Methylarbutin = Methylarbutosid;
- Flavonolglykoside (1 – 2 %), darunter Quercetin-3-glucosid und -3-galactosid (Synonym: Hyperosid);
- Gerbstoffe (10 – 20 %), hauptsächlich vom Typus der Gallotannine (Penta- bis Hexa-O-galloylglucose).

R^1	R^2	
H	H	Hydrochinon
β-D-Glc	H	Arbutin
β-D-Glc	CH_3	Methylarbutin

R	
CH_2OH	Uvaol
COOH	Ursolsäure

Hinweise zur Pharmakokinetik und Bioverfügbarkeit

Arbutin wird vom menschlichen Organismus rasch resorbiert, was aus dem schnellen Auftreten von Metaboliten im Harn geschlossen wird. Als Metaboliten treten überwiegend Hydrochinonglucuronid neben geringen Mengen an freiem Hydrochinon auf.

Wirkungen, Anwendungsgebiete

In der Phytotherapie bei entzündlichen Erkrankungen der ableitenden Harnwege (Bundesanzeiger Nr. 109 vom 15. 6. 1994). Kontrollierte klinische Studien zur Wirksamkeit liegen jedoch nicht vor.

Unerwünschte Wirkungen, Toxizität

Trinken von Bärentraubenblättertee über längere Zeiträume kann zur chronischen Hydrochinonvergiftung führen. Es gibt tierexperimentelle Hinweise für eine karzinogene Aktivität des Hydrochinons.

Akute Unverträglichkeiten sind hauptsächlich auf den hohen Gerbstoffgehalt der Droge zurückzuführen.

Bärentraubenblätter	Uvae Ursi folium
Arctostaphylos uva-ursi	Ericaceae

Herkunft:
Sammeldroge von Spanien, Balkanländern, Rußland.

Pflanze (Abb. 5.4):
Kleiner ausdauernder Strauch mit niederliegenden 1 m langen Ästen. Blätter ledrig, länglich, verkehrt eiförmig. Blüten in Trauben, nickend, Krone krugförmig, weiß, Lappen rosarot. Steinfrucht erbsengroß, rot.

Anwendung:
Entzündliche Erkrankungen der ableitenden Harnwege.

Inhaltsstoffe:
1) Hydrochinonderivate mit Arbutin (mindestens 5% DAB).
2) 10–20% Gerbstoffe.
3) Flavonolglykoside, Triterpene, Iridoidglykoside.

Nebenwirkungen:
Übelkeit durch Magenschleimhautreizung; durch Kaltmazerat werden weniger Gerbstoffe extrahiert.

Wegen der noch ungeklärten Toxikologie der Gerbstoffe empfiehlt es sich, die Dauer einer Bärentraubenblätterkur möglichst kurz zu bemessen. Auch sollen Bärentraubenblätterzubereitungen nicht während der Schwangerschaft angewandt werden.

Dosierung

2,0 g Droge pro Tasse als Infus oder Kaltansatz, 3- bis 4mal täglich. Mit dieser Dosierung werden bei einem durchschnittlichen Gehalt von 8% Arbutin eine Tagesdosis von mindestens 0,5 g Arbutin eingenommen.

5.4
Flavone und Flavonoide

5.4.1
Bauprinzip, Einteilung

Flavonoide enthalten zwei aromatische Ringe, die über eine C_3-Brücke miteinander verbunden sind. Die aromatischen Ringe sind unterschiedlich substituiert: Ring A weist das Substitutionsmuster des Phloroglucins oder des Resorcins auf; der Ring B ist gewöhnlich in 4'-Stellung, in 3',4'-Stellung oder in 3',4',5'-Stellung hydroxyliert. Die C_3-Brücke weist gleichfalls einen unterschiedlichen Oxidationsgrad auf. Die Ausgestaltung dieser C_3-Kette – sie bestimmt weitgehend das analytische Verhalten der Flavonoide mit – dient zugleich als Ordnungsfaden um die große Klasse der Flavonoide in Unterklassen einzuteilen.

$3 \times C_2$ Kaffeesäureteil

Ein Flavon (2-Phenylchromon)

$C_6-C_3-C_6$-Körper

Hypothetische Vorstufe der $C_6-C_3-C_6$-Körper

Flavonoide kommen in allen höheren Pflanzen vor. Sie fehlen hingegen bei Bakterien, Algen und Pilzen, ebenso im gesamten Tierreich.

Die Biosynthese der Flavonoide erfolgt durch stufenweise Kondensation einer aktivierten Hydroxyzimtsäure (C_6-C_3) mit drei aktivierten Malonsäuren. Das primär entstehende Chalkon ($C_6-C_3-C_6$) steht im Gleichgewicht mit den Flavanonen. Nach neuen Untersuchungen kann die Kondensation mittels einer Flavanonsynthase auch unmittelbar zum Flavanon führen, so daß das Chalkon keine obligatorische Zwischenstufe darstellt. Vom Flavanon aus sind einerseits die Flavone, andererseits, nach Hydroxylierung mittels einer Flavanonoxidase, die Flavanonole zugänglich. Von den Flavanonolen schließlich führen Wege zu den Flavan-3-olen (Catechinen) und den Anthocyanidinen (Abb. 5.5).

In der Gruppe der Flavone im engen Sinne kommen Apigenin und Luteolin als Drogeninhaltsstoffe häufig vor. Hoch mit Methylgruppen substituiert findet man sie gehäuft in Drogen, die ätherisches Öl führen, nicht selten abgelagert in Exkreträumen gemeinsam mit Terpenen, beispielsweise das Nobiletin in Citrusfrüchten (Abb. 5.6).

Noch häufiger, nahezu ubiquitär, sind die 3-Hydroxyflavone, bekannter unter der Bezeichnung Flavonole. Auch innerhalb dieser Gruppe trifft man auf polare Vertreter in Form von Glykosiden und auf lipophile Vertreter. Casticin ist Bestandteil der Lipoidfraktion von Vitexagnus-castus-Früchten; Artemetin und Artimistin wurden aus Wermutkraut isoliert (Abb. 5.7).

Bioverfügbarkeit

Flavone und Flavonole werden vom Magen-Darm-Trakt aus in unveränderter Form nicht oder nur langsam und zu einem geringen Prozentsatz resorbiert. Aus der „Nichtabsorbierbarkeit" auf systemische Wirkungslosigkeit zu schließen, ist aber vielleicht insofern übereilt, als dabei die mögliche Bedeutung der mikrobiellen Metabolite nicht berücksichtigt wird. Flavone werden von der Intestinalflora rasch verändert. Die Metabolite scheinen dann einem enterohepatischen Kreislauf zu unterliegen. Im übrigen bedarf die Einzelsubstanz einer individuellen Untersuchung: Beispielsweise wird das Diosmin nach peroraler Zufuhr weit-

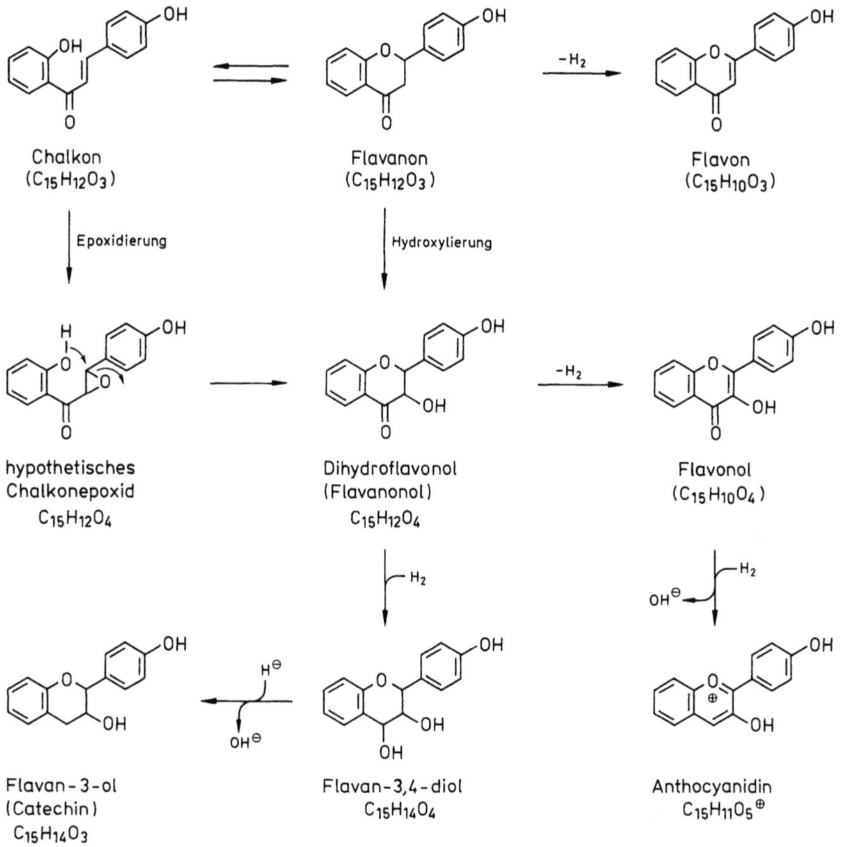

Abb. 5.5 Übersicht über die einzelnen Flavonoidunterklassen: Die biogenetischen Zusammenhänge sind bisher nicht gesichert

gehend resorbiert, während das gleichfalls lipophile Nevadensin kaum resorbiert wird.

Flavone als unspezifische Schutzfaktoren

Künstlich am Skorbut erkrankte Meerschweinchen bleiben länger am Leben, wenn die Tiere eine tägliche Zulage von 1 mg Paprikaflavone zur Diät erhalten.

Ähnlich läßt sich die Lebensdauer von Ratten, die auf eine thrombogene Diät gesetzt sind, verlängern, wenn dem Futter Rutin, Tangeretin oder Naringin beigemischt wird.

- Flavonoide wirken gefäßschützend durch Erhöhung der Kapillar-Resistenz, nachweisbar beispielsweise im Petechientest und durch Verminderung der Kapillar-Permeabiltität, nachweisbar durch Hemmung des Austritts von injizierten Farbstoffen aus den Hautkapillaren.
- Flavonoide wirken ödemprotektiv, nachweisbar durch die Hemmung experimentell erzeugter Entzündungen unterschiedlichster Art.

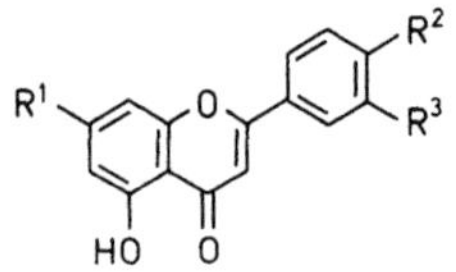

5 Phenolische Verbindungen

R¹	R²	R³	
H	H	H	Primuletin
OH	OH	H	Apigenin
OH	OCH₃	H	Acacetin
OH	OH	OH	Luteolin
OH	OCH₃	OH	Diosmetin

Flavon - Aglykone

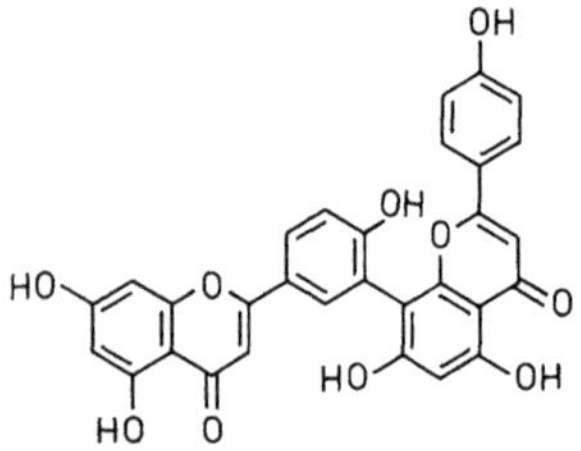

Amentoflavon, ein Biflavon
(Bi-Apigenin)
Inhaltsstoff der Schneeballrinde

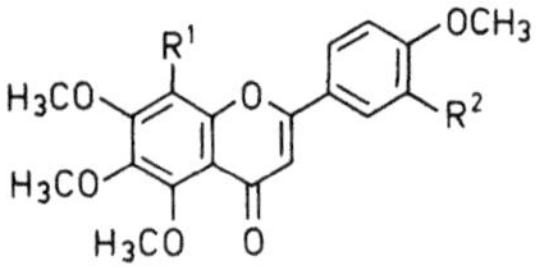

R¹	R²	
H	OCH₃	Sinensetin
OCH₃	OCH₃	Nobiletin
OCH₃	H	Nevadensin

Lipophile Flavon - Aglykone

Abb. 5.6
Beispiele für Flavone

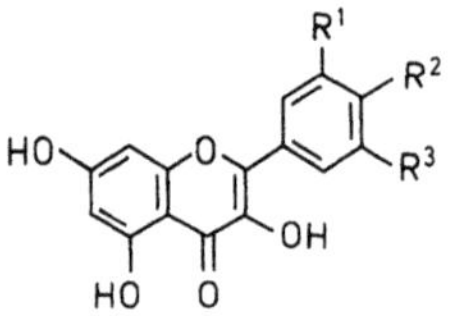

R¹	R²	R³	
H	H	H	Galangin
H	OH	H	Kämpferol
H	OH	OH	Quercetin
OH	OH	OH	Myricetin
OCH₃	OH	H	Isorhamnetin
OH	H	OH	Morin

Flavonol - Aglykone

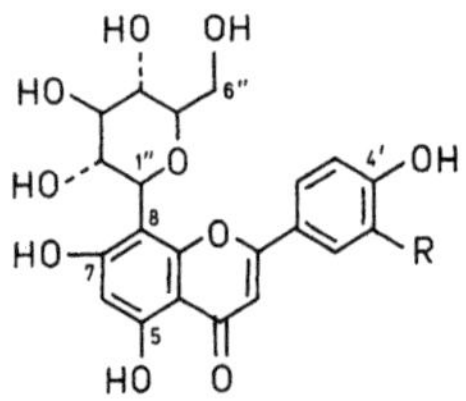

R	
H	Vitexin
OH	Orientin
OCH₃	Scoparosid

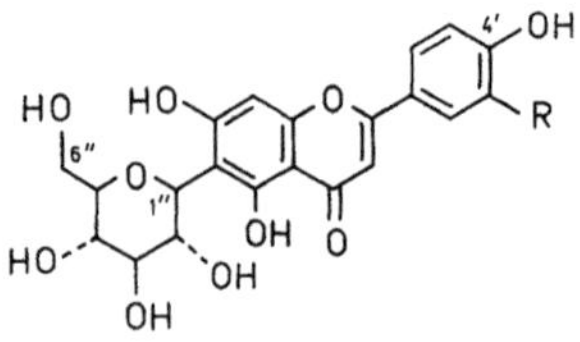

R	
H	Isovitexin
OH	Isoorientin

Abb. 5.7
Als Inhaltsstoffe von
in Drogen auftretende
Flavonole und
Flavone-C-glucosyle

Experimentell werden protektive Effekte in Versuchsanordnungen gemessen, die so angelegt sind, daß den Versuchstieren eine Zeitlang der Arzneistoff verabreicht wird, und daß erst danach experimentell eine Noxe gesetzt wird.

Anwendung

- Isolierte Flavone und partialsynthetisch modifizierte Flavone (Diosmin, Hesperidin-methylchalkon, Trihydroxyethylrutosid) gelten als die wirksamen Bestandteile von Venenmitteln. Sie wirken protektiv antiödematös, d.h. sie erschweren die Ödementstehung.
- Verschiedene Flavone, insbesondere das Apigenin und andere lipophile Flavone, wirken papaverinartig krampflösend. In Form von Zubereitungen aus Kamillenblüten oder aus römischer Kamille verwendet man sie bei Magen-Darm-Beschwerden.
- Flavonoide wie Catechin und die Silybum-marianum-Flavone binden unspezifisch an Zellmembranen, wodurch z.B. tierexperimentell in Leberschädigungsmodellen die Penetration von verschiedenen Giften gehemmt wird. Extrakte aus Silybum-marianum-Früchten werden als Leberschutzmittel verwendet.
- In verschiedenen Hypoxiemodellen (z.B. Asphyxie am Meerschweinchen, Hypoxietest an Mäusen) erhöhen Flavonoide die Toleranz gegen Sauerstoffmangel. Dieser Effekt trägt zur Wirksamkeit von Crataegusextrakt bei.
- Teezubereitungen aus zahlreichen flavanoidhaltigen Drogen gelten als harntreibend. Nach älteren Angaben wirken speziell Luteolin, Robinin, Scoparin und die Lespedeza-capitata-Flavone diuretisch. Diese Angaben bedürfen der Überprüfung.

5.4.2
Weißdorn

Stammpflanzen

In Frage kommen mehrere der in Europa heimischen *Crataegus*-Arten (Familie: *Rosaceae*).

- *Crataegus monogyna* JACQ. emend. LINDM., der eingrifflige Weißdorn, ist ein mittelgroßer Baum oder kleiner Strauch mit dornigen Zweigen, tief gelappten Blättern, weißen bis rosafarbenen Blüten und tiefrot gefärbten einsamigen Scheinfrüchten. Er kommt in zahlreichen Spielarten – insbesondere auch als Mischform mit *C. laevigata* – in ganz Europa vor; in weiten Teilen Asiens und in Nordafrika ist er als Kulturpflanze weit verbreitet.
- *Crataegus laevigata* (POIR.) DC (Synonym: *C. oxyacantha* L.), der zweigrifflige Weißdorn ist ebenfalls in Europa beheimatet. 2–4 m hoher Baum oder Strauch. Dem *C. monogyna* sehr ähnlich, jedoch mit 2 oder 3 Griffeln sowie zwei- bis dreisamigen Früchten.
- *C. azarolus* L., der Azaroldorn, auch italienische Mispel genannt; im östlichen Mittelmeergebiet beheimatet, in Süditalien kultiviert; bis 10 m hoch wachsendes Holzgewächs, ohne Dornen, mit gelappten Blättern, weißen Blüten und gelben oder orangeroten Früchten.

> **Weißdornblätter mit Blüten** Crataegi folium cum flore
> C. monogyna, C. laevigata,
> C. pentagyna, nigra, azarolus.
>
> *Herkunft:*
> Ganz Europa, besonders Südosteuropa.
>
> *Pflanze* (Abb. 5.8):
> C. laevigata: Mittelgroßer Strauch oder kleiner Baum; Blatt breit-eiförmig; Blüten in Trugdolden, weiß; Frucht eiförmig-kugelig, einsteinig.
>
> *Anwendung:*
> Nachlassende Leistungsfähigkeit des Herzens.
>
> *Inhaltsstoffe:*
> Glykosylflavone, Flavonolglykoside, oligomere Procyanidine.

- *C. nigra* WALDST. et KIT., der schwarzfrüchtige Weißdorn; in Ungarn und Jugoslawien beheimatet; Habitus ähnlich dem *C. monogyna*, die Blätter jedoch entlang der Nerven behaart.
- *C. pentagyna* WALDST. et KIT., der fünfgrifflige Weißdorn; im östlichen Mitteleuropa, bis zum Balkan und der Süd-Ukraine verbreitet; ebenfalls baum- oder strauchartig, mit 1 cm langen Dornen, Blätter gelappt und an der Unterseite behaart; Früchte schwärzlich-purpurn, matt.

Drogen

Für Weißdorn enthaltende Arzneimittel werden die folgenden Drogen verwendet:

- Weißdornblätter mit Blüten (Crataegi folium cum flore DAB 10). Als Stammpflanzen dürfen nach DAB 10 alle vier oben (unter Stammpflanzen) genannten *C.*-Arten herangezogen werden. Sie bestehen außer aus Blätter und Blüten auch aus dunkelbraunen, holzigen, etwa 1 bis 2 mm dicken Stengelstücken. Leicht bitter schmeckend.
- Weißdornblätter (Crataegi folium) bestehen aus den getrockneten Laubblättern der unter Stammpflanzen genannten *C.*-Arten. Außer Blüten fehlen dickere Aststücke. Die Droge schmeckt leicht bitter bis adstringierend.
- Weißdornblüten (Crataegi flos) bestehen nach DAB 7 aus den getrockneten Blüten der unter Stammpflanzen genannten europäischen *C.*-Arten. Die Droge riecht unangenehm und schmeckt leicht süßlich.
- Weißdornfrüchte (Crataegi fructus) sind die beerenartigen Scheinfrüchte von *C. laevigata* und/oder *C. Monogyna*. Nach dem deutschen Arzneimittelkodex (DAC 86) sind Früchte anderer *C.*-Arten nicht zugelassen.

Die verschiedenen Weißdorndrogen lassen sich zu einer Vielzahl von Arzneiformen verarbeiten, deren chemische Zusammensetzung sich, u.a. auch in Abhängigkeit von Extraktionsverfahren und entsprechendem Lösungsmittel (z.B. Wasser, Mischungen Wasser-Ethanol, Methanol für Trockenextrakte), vermutlich erheblich unterscheiden können. Mit Wasser werden relativ leicht die (di- bis hexameren oligomeren) Proanthocyanidine extrahiert, mit hochprozentigem Ethanol die polymeren Proanthocyanidine sowie Triterpensäuren.

Inhaltsstoffe

- Flavone (Apigenin, Luteolin) mit glykosylisch gebundenem Zuckeranteil: Vitexin, Vitexinrhamnosid (Synonym: Rhamnosylvitexin), Monoacetylvitexinrhamnosid (Acetylgruppe am 4-OH der Glucose). Flavonolglykoside, darunter Quercetin-3-galactosid (Synonym: Hyperosid), Rutin und Quercetin-4'-glucosid (Synonym: Spiraeosid; vornehmlich in der Blütendroge).

R = H : Vitexin
R = Rha : Vitexinrhamnosid

4'''-Acetyl-vitexinrhamnosid

trans-Kaffeesäure

Chlorogensäure

- Catechine, darunter (+)-Catechin und (–)-Epicatechin.
- Oligomere Procyanidine (n = 2 bis n = 8 Catechin- bzw. Epicatechin-Einheiten), darunter das dimere Procyanidin B-2, Gesamtgehalte 1–3%.
- Aromatische Carbonsäuren, hauptsächlich Chlorogen- und Kaffeesäure.
- Pentazyklische Triterpene, hauptsächlich Ursolsäure, Oleanol- und 2-α-Hydroxy-Oleanolsäure (Synonym: Crataegolsäure). Gehalte: Blätter 0,5–1,4%, Blüten 0,7–1,2%; Früchte 0,3–0,5%.
- Zahlreiche weitere, in geringer Konzentration enthaltene Stoffe: Einfache Amine (Cholin, Acetylcholin, Alkylamine) und Polyamine (Spermidin).

Dimeres Procyanidin B-2
(Epicatechin-4β → 8')-Epicatechin)

- Xanthinderivate (Adenin, Adenosin, Harnsäure).
- Mineralische Bestandteile mit hohem Gehalt an Kaliumsalzen.

Hinweise zur Bioverfügbarkeit und Pharmakokinetik

Flavonole und Flavonolglykoside werden vom Magen-Darm-Kanal langsam und in geringem Umfang, wenn überhaupt, resorbiert. Glykosylische Flavone wurden bisher nicht untersucht; ein aktiver Transport scheint nicht ausgeschlossen.

Die oligomeren Proanthocyanidine werden rasch resorbiert (Prozentangaben fehlen). Maximale Blutspiegelwerte sind nach 45 min erreicht; die Halbwertszeit der Elimination beträgt 5 h (Versuchstier: Ratte, Maus). Versuche mit radioaktiv markierten Proanthocyanidinen beweisen, daß sie bis in den Herzmuskel gelangen und dort stärker als in den übrigen Organen angereichert werden.

Wirkung und Anwendung

Im Experiment entfalten Crataegusextrakte eine Vielzahl von Wirkungen auf allen Ebenen: am Ganztier, an isolierten Organen und biochemisch.
Unter anderem wurden die folgenden Wirkungen nachgewiesen: Erhöhung der Toleranz des Myokards gegenüber Sauerstoffmangel (Ganztier: Kaninchen); Steigerung der Schwimmleistung von Mäusen nach Prämedikation (5–20 Tage) mit Crataegusflavonen; Zunahme des Koronardurchflusses und der Myokarddurchblutung; Verbesserung der Kontraktilität des Herzmuskels (positiv-inotrope Wirkung).

In humanpharmakologischen Studien wurden nach der Gabe von 160 bis 900 mg/Tag wäßrig-alkoholischer Extrakte (eingestellt auf oligomere Procyanidine bzw. auf Flavonole) über einen Zeitraum bis zu 56 Tagen bei Herzinsuffizienz Stadium II nach NYHA eine Besserung subjektiver Beschwerden sowie Steigerung der Arbeitstoleranz, Senkung des Druckfrequenzprodukts, Steigerung der Ejektionsfraktion und Erhöhung der anaeroben Schwelle festgestellt.
Für Fertigarzneimittel, die eingestellte Trockenextrakte aus Crataegi folium cum flore enthalten (Auszugsmittel Ethanol- oder Methanol-Wasser), gilt das folgende Anwendungsgebiet als belegt: Nachlassende Leistungsfähigkeit des Herzens entsprechend Stadium II nach NYHA. Hinweis: NYHA ist die Abkürzung für eine funktionelle Klassifizierung der Schweregrade I bis IV nach einem Vorschlag der *New York Heart* Association.

Fertigarzneimittel oder galenische Zubereitungen, die hinsichtlich ihrer pharmazeutischen Qualität nicht den Vorgaben der Monographie (Bundesanzeiger Nr. 133 vom 19.7.1994) entsprechen, werden traditionell bei den folgenden Beschwerden verwendet:

- Leichte stenokardische Beschwerden: Intervallbehandlung leichter Formen der Koronarinsuffizienz;
- funktionelle Herzbeschwerden;
- adjuvant bzw. ergänzend zum physikalischen Ausdauertraining im Alter und vor ungewohnten körperlichen Anforderungen (zur Besserung der oxidativen Kapazität).

5.4.3
Ginkgo-biloba-Blätter

Herkunft

Der Ginkgobaum, *Ginkgo biloba* L., ist der letzte lebende Repräsentant der im Mesozoikum auf der Erde weit verbreiteten *Ginkoatae*, einer Klasse von Pflanzen aus der Unterabteilung der *Gymnospermae* (Nacktsamer). Wildwachsend wurde der Ginkgobaum an zwei Orten im östlichen und mittleren China gefunden. In Ostasien wurde er seit den ältesten Zeiten als Tempelbaum angepflanzt; er ist heute als Zierbaum überall in den gemäßigten Breiten zu finden, wo er sich auch in Industriebezirken als sehr widerstandsfähig gegen die Luftverschmutzung erwies. Allerdings erstreckt sich die Widerstandsfähigkeit gerade nicht auf die heute häufigsten phytotoxischen Bestandteile verschmutzter Luft: auf Schwefeldioxid und Ozon.

Rohstoff für die Herstellung der verschiedenen Arzneimittel sind die grün, noch nicht gelb gefärbten Laubblätter von *Ginkgo biloba* L. Die Droge wird aus Kulturen und aus Wildbeständen gewonnen; in Kulturen werden die Pflanzen beschnitten, so daß sie zur leichteren Ernte der Blätter eine strauchartige Wuchsform annehmen. Entsprechende Kulturen befinden sich in Südfrankreich (nahe Bordeaux), in Kalifornien, in Südkorea und in China.

Die Ernte erfolgt zu einem Zeitpunkt, solange die Blätter noch eine rein grüne Farbe haben. Beim Trocknen verlieren sie runde drei Viertel ihres Frischgewichtes.

Die getrockneten Blätter werden zu großen Ballen gepreßt, um Fermentierungsprozesse bei Wiederzutritt von Feuchtigkeit hintanzuhalten. Getrocknete Ginkgoblätter haben einen nur sehr schwachen, eigenartigen Geruch. Sie schmecken bitter, bedingt durch den Gehalt an Ginkgoliden.

Inhaltsstoffe

- Flüchtige Stoffe: 2-Hexenal (Blattaldehyd), vielleicht als Abbauprodukt der das fette Öl des Blattes aufbauenden Linolensäure.
- Terpenoide: Bilobalid (um 0,02 %) und die Ginkgolide (um 0,06 %).
- Steroide: Sitosterol und Sitosterolglucosid.
- Pflanzensäuren: Kynurensäure, Protocatechusäure, Shikimisäure.
- Flavonoide in unterschiedlicher Ausgestaltung (Tabelle 5.1).
- Kohlenhydrate: Glucose, Fructose, Saccharose; Cyclite.
- Ginkgole und Ginkgolsäuren d. s. Phenole bzw. Phenolcarbonsäuren mit einer langen aliphatischen Seitenkette (n = 11 bis 19).

Analytische Kennzeichnung

Dünnschichtchromatographische Prüfung der Flavonoide mit Rutin als Referenzsubstanz. Die das Ginkgoblatt eigentlich charakterisierenden Stoffe, das Bilobalid und die 3 Ginkgolide A, B und C, sind analytisch schwer faßbar: Sie kommen in nur geringer Konzentration vor; es gibt keine selektiven und spezifischen Nachweisreagenzien; sie sind von Stoffen begleitet, welche beim DC- und HPLC-Nachweis stören, so daß eine vorherige Abtrennung nötig ist.

5 Phenolische Verbindungen

Bilobalid, $C_{15}H_{18}O_8$
But^t = t-Butylrest C_4H_9

C-Skelett des Bilobalids

R^1	R^2		
OH	H	Ginkgolid A	$C_{20}H_{26}O_9$
OH	OH	Ginkgolid B	$C_{20}H_{26}O_{10}$

But^t = t-Butylrest C_4H_9

p-Cumarsäure

Quercetin

β-D-Glucose

α-L-Rhamnose

- Anreicherungen (Herstellung einer Prüflösung): Blattpulver mit Ethanol extrahieren → Rückstand des Ethanolextrakts in Wasser suspendieren und lipophile Stoffe durch Ausschütteln mit Cyclohexan entfernen; auf pH 2 einstellen und erschöpfend mit Ethylacetat extrahieren; auf kleines Volumen gebracht = Prüflösung.
- Dünnschichtchromatographie; Kieselgel; Cyclohexan-Ethylacetat (50 + 50); Sichtbarmachen: mit Acetanhydrid-Reagens besprühen (150 °C, 20 – 30 min) → orangerote Flecken.

Tabelle 5.1 Flavonoide im Ginkgo-biloba-Blatt	
Flavonoid-gruppe	Name
Catechine	(+)-Catechin, (−)-Epicatechin, (+)-Gallocatechin, (+)-Epigallocatechin
Dehydrocatechine	Proanthocyanidine, insbesondere Prodelphinidin
Flavone (Flavenone)	Luteolin, 2′-Hydroxyluteolin (Synonym: Delphidenon), Delphidenonglucosid
Flavonole (Flavenonole)	Kämpferol, Quercetin [frei sowie über 3-OH gebunden an Glucose, Glucorhamnose und Cumaroyl-glucorhamnose (6-OH der Glucose verestert)]
Biflavone (Dehydrodiflavone)	Ginkgetin, Isoginkgetin, Bilobetin

Charakterisierung des Extraktes

Der Ginkgo-biloba-Trockenextrakt ist wie folgt gekennzeichnet:

- Das Droge zu Extrakt-Verhältnis beträgt im Durchschnitt 50:1 (Variationsbreite 35 – 67:1).
- Der Extrakt ist eingestellt auf 22 – 27% Flavonolglykoside, bestimmt als Querecetin plus Kämpferol inklusive Rhamnetin.
- Er muß 5 bis 7% Terpenlactone enthalten, davon 2,8 bis 3,4% Ginkgolide A, B und C sowie 2,6 bis 3,2% Bilobalid.
- Er darf nicht mehr als 5 ppm Ginkgolsäuren enthalten.

Anwendung

Zur symptomatischen Behandlung von hirnorganisch bedingten Leistungsstörungen mit der Leitsymptomatik: Gedächtnisstörungen, Konzentrationsstörungen, depressive Verstimmung, Schwindel, Ohrensausen, Kopfschmerzen.

Ferner zur Verbesserung der sog. schmerzfreien Gehstrecke bei peripheren arteriellen Durchblutungsstörungen.

Anmerkung: Ginkgoextrakt (50:1) kann in die Gruppe der Nootropika eingeordnet werden, worunter Pharmaka verstanden werden, die die Hirndurchblutung steigern oder den Hirnstoffwechsel verbessern. Nootropika sollen höhere zerebrale Funktionen besonders des kognitiven Bereichs – Aufmerksamkeit, Konzentrationen, Merkfähigkeit, Gedächtnis – aktivieren. Nootropika führen zu keiner sofortigen Besserung der Symptomatik, so daß sich ein Therapieversuch mit Ginkgo-Extrakt (50:1) über einen Mindestzeitraum von 8 Wochen erstrecken soll (Bundesanzeiger Nr. 133 vom 19.7.1994). Auch die Besserung der Gehstreckenleistung setzt eine Behandlungsdauer von mindestens 6 Wochen voraus, um die Wirksamkeit beurteilen zu können.

Ginkgo-biloba-Blätter
Ginkgo biloba   Ginkgoaceae

Herkunft:
Südostasien.

Pflanze (Abb. 5.9):
Bis zu 15 m hoher Baum, weibliche Pflanzen ausladend verzweigt, männliche Pflanzen schmal. Blätter mit Gabelnervatur an Kurzsprossen wenig, an Langsprossen deutlich gelappt. Männliche Blüten in Kätzchen an Kurztrieben, weibliche Blüten langgestielt an Kurztrieben mit 2 Samenanlagen, Samen mit fleischigem gelbem Samenmantel.

Anwendung:
Zur Herstellung eines Trockenextraktes (ca. 50:1) mit nootroper Wirksamkeit.

Inhaltsstoffe:
1) Flavonoide (Tab. 5.1).
2) Terpenoide: Bilobalid, Ginkgolide.
3) Catechine, Proanthocyanidine.
4) Kynurensäure.
5) Pflanzensäuren, Steroide, Hexenal.

5.4.4
Mariendistelfrüchte

Herkunft

Die Droge besteht aus den reifen, vom Pappus befreiten Früchten von *Silybum marianum* GAERTN. Die Stammpflanze, ein distelartiges Gewächs mit großen grünweiß marmorierten Blättern und purpurfarbenen Röhrenblüten, gehört zum Tribus der *Cynareae* innerhalb der großen Familie der *Asteraceae*. Aus dem befruchteten Blütenstand entwickeln sich die Früchte: hartschalige Achänen mit einem seidigen, weißen Pappus, der aber – im Unterschied zu den sonst ähnlichen Früchten von *Cnicus benedictus* – leicht abgeworfen wird. Die 6 – 7 mm langen und bis etwa 3 mm breiten Früchte haben eine glänzend braunschwarze oder matt graubraune, dunkel- oder weißgrau gestrichelte Fruchtschale, die den geraden Embryo mit den zwei dicken, fettreichen Kotyledonen umschließt.

Mariendistelfrüchte   Cardui mariae fructus
Silybum marianum   Asteraceae

Herkunft:
Aus Kulturen von Deutschland, Mittelmeerländern, Argentinien, Indien.

Pflanze (Abb. 5.10):
1- oder 2jährige 60–150 cm hohe Pflanze, ästig verzweigt. Laubblätter glänzend grün, an den Nerven entlang weißlich gefleckt, ungestielt mit dornigen Lappen. Köpfe 4–5 cm lang, eiförmig. Hüllblätter kahl, stachelig. Blüten purpurn. Früchte glatt, braun-fleckig, Pappus weiß.

Anwendung:
1) Leichte Verdauungsbeschwerden.
2) Standardisierte Zubereitungen aus Mariendistelfrüchten: bei toxischen Leberschäden, zur unterstützenden Behandlung bei chronisch-entzündlichen Lebererkrankungen und Leberzirrhose.

Inhaltsstoffe:
1) 3% Silymarin (mindestens 1% DAB 10) mit Silybin, Silydianin, Silycristin.
2) Flavonoide, dimere Coniferylalkohole.
3) Fettes Öl, Phytosterole, Eiweiß.

Inhaltsstoffe

„Silymarin" enthält ein komplexes Gemisch von Flavanolignanen, worunter Flavanone verstanden werden, deren biogenetischer Phenylpropananteil ($C_6 - C_3$) mit einer weiteren $C_6 - C_3$-Einheit verknüpft ist, im vorliegenden Falle mit einem 4-Hydroxy-3-methoxyzimtalkohol. Den Flavanonteil der Silybum-Flavanolignane stellt das $(2R, 3R)$-Dihydroquercetin, ein 3-Hydroxyflavanon, bekannter unter dem Trivialnamen Taxifolin. Die Inhaltsstoffe des „Silymarins" laufen in der Literatur unter je 2 unterschiedlichen Namen:

Silybin = Silibinin (INN),
Silychristin = Silicristin (INN) und
Silydionin = Silidianin (INN).

Das therapeutisch wichtige Silybin ist ein 1:1-Gemisch der Diastereomerenpaare Silybin A (im Formelbild gezeigt, CH_2OH-Gruppe am 1,4-Dioxanring α-ständig) und Silybin B (β-ständige CH_2OH).

offenkettige Form   Halbketal-Form

Silidionin, ein Bicyclooctan[2.2.2]-Derivat

Silybin, ein Benzodioxanderivat   Silicristin, ein Benzofuranderivat

Hinweis zur Bioverfügbarkeit und Pharmakokinetik

Die orale Resorptionsquote des Silybins beim Menschen wird auf 20 – 50 % der zugeführten Dosis geschätzt. Die Ausscheidung erfolgt hauptsächlich biliär in Form von Sulfat- und Glucuronidkonjugaten; 3 – 7 % (bezogen auf die applizierte Dosis) werden mit dem Urin ausgeschieden.

Über die Begleitkomponenten des Silybins in den Silybumflavonoid-Gesamtpräparaten liegen keine vergleichbaren Untersuchungen vor: Das Silidianin scheint einem weitgehenden Abbau zu unterliegen.

Wirkungen, Anwendungsgebiete

- Silybin hebt die schädigenden Effekte verschiedener Lebergifte wie α-Amanitin, Phalloidin, Tetrachlorkohlenstoff, Galactosamin oder Thioacetamid auf, wenn es früher als das toxische Agens appliziert wird (hepatoprotektiver Effekt).
- Silybin hemmt die Lipidoxidation; es hemmt ferner die Prostaglandinsynthese und mindert damit die Bildung von entzündungserregenden Stoffen im Gewebe.

- Silybin erhöht über die Stimulierung der nukleolären Polymerase I die Synthesegeschwindigkeit von ribosomalen Ribonukleinsäuren. Dadurch können Proteinbiosynthese verstärkt und Zellregenerationsprozesse beschleunigt werden (kann als kurativer Effekt gedeutet werden).

Silybumflavone werden als Adjuvans bei Leberkrankheiten eingesetzt, um bei etwaiger Belastung mit potentiell leberschädlichen Stoffen zusätzliche Noxen zu antagonisieren. Partialsynthetisch leicht modifiziertes Silibinin – die beiden alkoholischen OH-Gruppen mit Bernsteinsäure verestert; – ist ein wichtiges Therapeutikum bei Knollenblätterpilzvergiftungen.

5.4.5
Birkenblätter

Herkunft

Die Droge besteht aus den getrockneten Laubblättern von *Betula pendula* ROTH (Synonym: *Betula verrucosa* ERHART) und/oder *Betula pubescens* ERHART (Familie: Betulaceae). Beide Birkenarten bilden bis zu 30 m hohe Bäume, die in Europa bis nach Westsibirien weit verbreitet vorkommen. Abhängig vom Alter der Bäume ist der Stamm der Birke schneeweiß oder dunkel. Bei der *B. pendula* (lateinisch *pendulus* = überhängend) sind die Zweige überhängend, bei *B. pubescens* abstehend oder aufrecht ausgebreitet. Die Blätter der *B. pubescens* (lateinisch = behaart) sind schwach behaart. Die Blätter der *B. pendula* sind am Rande scharf doppelt gesägt, unbehaart und beiderseits dicht drüsig punktiert.

Sensorische Eigenschaften

Frisch geerntete Droge riecht schwach aromatisch; sie schmeckt schwach bitter.

Birkenblätter   Betulae folium
Betula pendula u. B. pubescens   Betulaceae

Herkunft:
Europa, Import aus Balkanländern, Rußland.

Pflanze (Abb. 5.11):
3–30 m hoher Baum; Rinde weiß; Blätter rautenförmig-dreieckig mit spitzlichen Seitenecken lang ausgezogener Spitze; doppelt gesägt; Männliche Blütenkätzchen hängend.

Anwendung:
Zur Förderung der Harnbildung, zur Behandlung von Erkrankungen bei denen erhöhte Harnbildung erwünscht ist.

Inhaltsstoffe:
1) Flavonolglykoside (mindestens 1,5%) mit Hyperosid, Quercitrin u.a.; Proanthocyanidine.
2) Mineralische Bestandteile, u.a. Kaliumtartrat.
3) Gerbstoffe, ätherisches Öl, Chlorogensäure, Ascorbinsäure.
4) Saponine (Triterpenalalkohole vom Dammarantyp).

Inhaltsstoffe

Das Vorkommen von Saponinen in der Droge war lange Zeit strittig. Nunmehr scheint gesichert, daß hämolytisch wirkende Substanzen vorkommen: Triterpenalkohole vom Dammarantyp, deren 3-OH mit Malonsäure verestert ist. Der amphiphile Charakter der Substanzen erklärt sich aus dem lipophilen Triterpenteil in der Verbindung mit der freien Carboxylgruppe von Malonsäurehalbestern.

R = OH: Betulasaponin I
R = H :   „   II

Anwendung

Zur Förderung der Harnbildung sowie zur Behandlung von Erkrankungen bei denen eine erhöhte Harnbildung erwünscht ist.

5.4.6
Schachtelhalmkraut

Im Sommer gesammelte und getrocknete grüne, sterile Sprosse von *Equisetum arvense* L. (Familie: *Equisetaceae*).

Herkunft

Der echte Ackerschachtelhalm ist eine mehrjährige Pflanze. Im Frühjahr treibt er einen graubraunen Fruchttrieb mit endständiger Sporenähre. Der (ausschließlich als Droge geeignete) sterile, grüne Sommersproß erscheint nach dem Absterben des fertilen Triebes; etwa 20–30 cm hoch mit quirlig verzweigten Seitenästen; knotig gegliedert.

Sensorik

Die Droge ist geruch- und geschmacklos; sie knirscht beim Zerkauen zwischen den Zähnen.

Inhaltsstoffe

Der Schachtelhalm ist chemisch sehr unvollständig untersucht. Die Droge enthält 5 bis 8 % Kieselsäure, wovon etwa ein Zehntel in wasserlöslicher Form vorliegt. Das Vorkommen von Saponinen konnte neuerdings nicht bestätigt werden.

5 Phenolische Verbindungen

Schachtelhalmkraut **Equiseti herba**
Equisetum arvense   Equisetaceae

Herkunft:
Osteuropa.

Pflanze (Abb. 5.12):
Unfruchtbarer Sproß mit abstehenden und verzweigten Seitensprossen, 6- bis 9rippig. Scheiden 5–12 mm lang, etwas abstehend, Zähne dreieckig-lanzettlich.

Anwendung:
Als Infus zur Durchspülung bei bakteriellen und entzündlichen Erkrankungen der ableitenden Harnwege und bei Nierengrieß.

Inhaltsstoffe:
1) Kieselsäure.
2) Flavonolglykoside, hauptsächlich des Kämpferols und Quercetins.

Verfälschung:
Equisetum palustre mit toxischem Palustrin.

Anwendung

Als rationales Anwendungsgebiet kämen Kieselsäuremangelzustände in Frage, die allerdings schwer diagnostizierbar sein dürften. Möglicherweise steckt hinter der volksmedizinischen Verwendung von Equisetumdekokt gegen Haarausfall und rissige Fingernägel eine zutreffende Beobachtung.

Üblich ist die Anwendung von Kieselsäuretee als „Diuretikum" zur Erhöhung des Harnflusses bei Katarrhen im Bereich von Niere und Blase.

Palustrin, das toxische „Alkaloid" in Equisetumarten

Palustrin ist formal aus Spermidin und einer C_{10}-Carbonsäure aufgebaut. Da Spermidin und Säureamidgruppe Teil eines heterozyklischen Ringsystems sind, wird das Palustrin meist zu den Alkaloiden gerechnet. Palustrin kommt in Mengen von 0,1–0,3 % in *Equisetum palustre* L., dem Sumpfschachtelhalm vor.

Palustrin

5.4.7
Orthosiphonblätter

Kurz vor der Blütezeit geerntete, getrocknete Laubblätter und Stengelspitzen von *Orthosiphon aristatus* (BL.) MIQ. (Synonym: *O. spicatus* Benth. (Familie: *Lamia-*

> **Orthosiphonblätter**   Orthosiphonis folium
> **Orthosiphon aristatus**   Lamiaceae
>
> *Herkunft:*
> Tropisches Asien, in Indonesien kultiviert.
>
> *Pflanze* (Abb. 5.13):
> Ausdauernder bis 120 cm hoher Halbstrauch; Blatt länglich eiförmig, gezähnter Blattrand; Blüten weiß oder lila, mit lang herausragenden Staubblättern und Griffeln.
>
> *Anwendung:*
> Zur Durchspülung bei Katarrhen der Niere und Blase sowie bei Nierengrieß.
>
> *Inhaltsstoffe:*
> 1) 0,02 – 0,1 % Ätherisches Öl mit Sesquiterpenen.
> 2) 0,2 % lipophile Flavone mit Sinensetin u. a.
> 3) Saponine, ca. 3 % K-Salze.
>
> *Kontraindikation:*
> Ödeme infolge eingeschränkter Herztätigkeit.

ceae), einer im tropischen Asien beheimateten und in Indonesien kultivierten, im Aussehen an die Pfefferminze erinnernden Pflanze.

Die Droge riecht schwach eigenartig (Geruchsrichtung „Kuhstall"). Der Geschmack ist etwas salzig, schwach bitter und adstringierend.

Inhaltsstoffe

Die Droge ist chemisch wenig untersucht. Sie enthält ca. 0,2 % lipophile Flavone, darunter Sinensetin (Abb. 5.6).

Anwendung

Als Teeaufguß zur Förderung vermehrter Harnbildung bei Katarrhen im Bereich von Niere und Blase, auch zur Vorbeugung einer Konkrementbildung in den ableitenden Harnwegen.

5.4.8
Hauhechelwurzel

Herkunft

Getrocknete Wurzel von *Ononis spinosa* L. (Familie: *Fabaceae*). Die Stammpflanze ist eine 10–60 cm hohe Staude, die in mehreren Formen, darunter auch in einer dornenlosen Form, in Europa und Asien vorkommt. *Ononis spinosa* bildet eine bis 50 cm lange, holzig, schwach verzweigte Pfahlwurzel aus. Die ästig verzweigten Stengel verholzen in ihren unteren Teilen; die Seitenzweige enden bei den für die Art typischen Formen in scharfe Dornen (lateinisch *spinosa* = dornig). Die Schmetterlingsblüten sind 1–2 cm groß und meist rosarot gefärbt.

5 Phenolische Verbindungen

Hauhechelwurzel Ononidis radix
Ononis spinosa Fabaceae

Herkunft:
Südeuropa.

Pflanze (Abb. 5.14):
Am Grunde holzige Staude; 30–60 cm hoch; Pflanzen ohne Ausläufer; Stengel aufrecht; Blättchen eiförmig-länglich, gezähnt-gesägt; Blüten blattachselständig, einzeln.

Anwendung:
Förderung der Harnausscheidung bei Nierenbecken- und Blasenkatarrhen, Harngrieß und zur Vorbeugung von Harnsteinen.

Inhaltsstoffe:
1) Isoflavone.
2) Triterpene.
3) Ätherisches Öl, mineralische Bestandteile.

Sensorische Eigenschaften

Die Droge riecht eigenartig, an den Geruch des Süßholzes erinnernd. Der Geschmack ist süßlich, schleimig, später schwach bitter und leicht kratzend.

Inhaltsstoffe

- Mineralische Bestandteile (neuere Analysen fehlen).
- Isoflavone, darunter Ononin und Trifolirhizin.
- Triterpene (Onocerin) und Phytosterole (β-Sitosterin).
- 0,02–0,1% wasserdampfflüchtige Stoffe (= ätherisches Öl).

R	
H	Formononetin
β-D-Glc	Ononin

R	
H	Inermin
β-D-Glc	Trifolirhizin

α-Onocerin

Anwendung

Als Teeaufguß – meist als Bestandteil einer Teemischung (z.B. als *Species diureticae*) – zur Durchspülung bei entzündlichen Erkrankungen der ableitenden Harnwege. Als Durchspülung zur Vorbeugung und Behandlung von Nierengrieß. Hinweis: Bei eingeschränkter Herz- oder Nierentätigkeit und dadurch bedingten Ödemen ist eine Zufuhr größerer Flüssigkeitsmengen nicht angezeigt.

5.4.9
Echtes Goldrutenkraut

Echtes Goldrutenkraut, Solidaginis virguaureae herba, besteht aus den während der Blütezeit gesammelten und schonend getrockneten oberirdischen Teilen von *Solidago virgaura* L. Die über fast ganz Europa und Asien mit Ausnahme tropischer und subtropischer Regionen verbreitete Art ist polymorph. Allein der europäische Formenkreis gliedert sich in zwei Unterarten ssp. *virgaurea* und ssp. *minuta*.

Inhaltsstoffe

Triterpensaponine vom Oleanan-Typ, und zwar Bisdesmoside der Polygalasäure (Olean-12-en-28-säure mit vier OH-Gruppen in den Positionen 2β, 3β, 16α, 23); die 28-Carboxylgruppe ist esterartig an eine Tetra- oder Pentasaccharidkette gebunden, die 3-OH glykosidisch an Glucose oder an ein Disaccharid.

Flavonolglykoside (1,2%) mit Isorhamnetin, Kämpferol, Quercetin und Rhamnetin als Aglykonkomponenten, darunter Rutosid. In europäischen Herkünften wurde Virgaureosid A gefunden, d.i. ein Bisglucosid eines Esters der 2-Hydroxybenzoesäure und des 2-Hydroxybenzylalkohols.

Echtes Goldrutenkraut	Solidaginis virgaureae herba
Solidago virgaurea	Asteraceae

Herkunft:
Heimisch in Europa, Asien, Nordafrika, Nordamerika; Droge stammt aus Wildvorkommen.

Pflanze (Abb. 5.15):
20–100 cm hohe Staude, in Blütenregion verzweigt, Blatt am Grund elliptisch, obere Blätter lanzettlich, Blütenkörbchen mit leuchtend gelben Zungen- und Röhrenblüten.

Anwendung:
Zur Erhöhung der Harnausscheidung bei Entzündung von Niere oder Blase.

Inhaltsstoffe:
Etwa 1,5% Flavonolglykoside; ca. 1,5% Saponine; ätherisches Öl, Phenolcarbonsäuren, mineralische Bestandteile.

Anmerkung:
Gegenanzeige: chronische Nierenerkrankung. Verfälschung: früher Solidago gigantea, heute Austauschdroge.

Verfälschungen und Verwechslungen

1. Solidaginis giganteae herba, Riesengoldrutenkraut, stammt von *S. gigantea* AIT., einheimisch in Nordamerika, in Europa eingebürgert. Zum Unterschied vom echten Goldrutenkraut kommen Diterpene vom *cis*-Clerodantyp vor. Die Saponine sind Bisdesmoside des Bayogenins (Olean-12-en-28-carbonsäure mit drei OH-Gruppen in den Positionen 2β, 3β, 23). Das Flavonolmuster ähnelt qualitativ dem der Virgaureadroge, Quercitrin (1,3 %) ist dominierende Hauptkomponente. Der Gesamtgehalt (3,6 %) ist höher.

2. Solidago-canadensis-Kraut. Stammt von *S. canadensis* L., einheimisch in Nordamerika, in Europa als Zierpflanze eingebürgert. Die Droge führt Diterpene. Die Saponine ähneln strukturell den Giganteasaponinen, können aber zusätzlich Arabinose acylglykosidisch gebunden enthalten.

Anwendung

Als Teeaufguß bei Erkrankungen, bei denen eine erhöhte Harnmenge erwünscht ist.

5.4.10
Holunderblüten

Herkunft

Die getrockneten trugdoldigen Blütenstände von *Sambucus nigra* L. (Familie: *Caprifoliaceae*). Der schwarze Holunder ist ein bis 6 m hoher Strauch, der über fast ganz Europa und Mittelasien verbreitet ist. Die Äste enthalten ein reinweißes Mark. Die Blätter sind unpaarig gefiedert, die Fiederblätter wenig behaart, am Rande gesägt. Die unangenehm süßlich riechenden, gelblichweißen Blüten bilden dichte Schirmrispen. Die Fruchtstände sind überhängend; die Einzelfrucht ist eine glänzende, schwarze beerenartige Steinfrucht mit tiefrotem, stark färbendem Saft.

Zur Drogengewinnung werden die Blütenstände im ganzen abgeschnitten und getrocknet. Pharmakopögerechte Ware besteht aus den abgerebelten Einzelblüten. Es werden aber auch die getrockneten Blütenstände einfach in Schneidmaschinen zerkleinert; diese Ware enthält hohe Anteile an Blütenstandsachsen.

Inhaltsstoffe

- Etwa 0,1 % wasserdampfflüchtige Stoffe, zur Hauptsache aus freien Fettsäuren und *n*-Alkanen bestehend. Die das Aroma bedingenden Stoffe sind nicht bekannt.
- 1–2 % Flavonolglykoside, hauptsächlich Rutin und Isoquercitrin.
- Etwa 3 % phenolische Carbonsäuren, insbesondere Chlorogensäure.
- „Gerbstoffe" (Menge unbekannt; nähere Analysen fehlen)
- Triterpensäuren, darunter Ursol-, Oleanol- und 20β-Hydroxyursolsäure.
- Schleimstoffe.
- 8–9 % Mineralische Bestandteile mit hohen Anteilen an Kaliumnitrat.

Holunderblüten   Sambuci flos
Sambucus nigra   Caprifoliaceae

Herkunft:
Europa, West- und Mittelasien, Nordafrika.

Pflanze (Abb. 5.16):
3–7 m hoher Strauch, Blatt unpaarig gefiedert, Fiederblätter fein gezähnt; Stengelmark weiß; Blüten in Doldenrispe, Krone radförmig gelbweiß, Beeren schwarz.

Anwendung:
Schweißtreibend bei fieberhafter Erkältung.

Inhaltsstoffe:
1) Ätherisches Öl (0,03–0,14%) mit freien Fettsäuren.
2) Flavonolglykoside (DAC mindestens 0,8%) mit Rutin.
3) Chlorogensäuren (ca. 3%).
4) Sambunigrin (Spuren), Triterpene, Schleime, Gerbstoffe.

Wirkungen, Anwendung

In Versuchen mit gesunden Probanden wurden Hinweise auf eine schweißtreibende Wirkung gefunden. Nach wie vor ist aber der potentielle Wirkstoff unbekannt. Nach wie vor überwiegt die Auffassung, daß lediglich das heiße Wasser des Aufgusses die Diaphorese bewirke, der Droge selbst lediglich die Funktion als Geschmackskorrigens zukomme.

Verwendet werden Hollunderblüten in Form des Infuses zum Schwitzen bei beginnender Erkältung. Daneben dient die Droge als Geschmackskorrigens und als Schönungsdroge in Teemischungen unterschiedlichster Art, speziell in Abführ-, Rheuma- und Blasentees.

5.4.11
Passionsblumenkraut

Herkunft

Passionsblumenkraut besteht aus den getrockneten blattreichen Schlingtrieben mit Ranken sowie eventuellen Blüten oder jungen Früchten von *Passiflora incarnata* L., einer tropischen Schlingpflanze aus der Familie der *Passifloraceae*. Die Stammpflanze kommt im südlichen Nordamerika (Florida bis Texas, Virginia, Missouri), in Mexiko, auf den Antillen und auf den Bermudas vor.

Inhaltsstoffe

Flavone, darunter Vitexin (ein C-Glucosylapigenin). Das Vorkommen von Cumarinen ist fraglich. Maltol wurde aus einer Drogenprobe isoliert (0,05%): es ist unbekannt, ob es regelmäßig in allen Drogenherkünften zu finden ist. Angaben in der Literatur, daß bis zu 0,05% Harmanalkaloide enthalten seien, ließen sich in neuen Untersuchungen nicht bestätigen.

> **Passionsblumenkraut** **Passiflorae herba**
> Passiflora incarnata Passifloraceae
>
> *Herkunft:*
> Amerika.
>
> *Pflanze* (Abb. 5.17)
> Ausdauernde bis 10 m hohe Kletterstaude, Blatt wechselständig 3- bis 5lappig, Blattstiel bis 8 cm; korkenzieherartige Ranken, blattachselständig; Blüte blattachselständig, Kelchblätter weiblich, Korolle weiß, Korona haarförmig purpurn.
>
> *Anwendung:*
> Nervöse Unruhezustände.
>
> *Inhaltsstoffe:*
> 1) 1–2% Flavonoide mit Vitexin.
> 2) ätherisches Öl, Chlorogensäuren.
> 3) 1% Passiflorin (ein 24-Methyllanostanderivat).

Wirkungen, Anwendungsgebiete

Passifloraextrakte weisen papaverinähnliche Spasmolyseeffekte auf und senken die motorische Aktivität. Die Wirkungsstärke des Extrakts ist aber gering, überdies ist die in den fertigen Kombinationsmitteln enthaltene Passifloraextraktmenge niedrig dosiert. Mit Passiflorapräparationen lassen sich im pharmakodynamischen Sinne wirksame Spasmolyse und ZNS-sedierende Wirkungen kaum erreichen, so daß sie unter Praxisbedingungen Plazebopräparate darstellen dürften. Es liegt jedoch eine Positivmonographie der Kommission E am BGA vor (Bundesanzeiger Nr. 223 vom 30.11.1985).

5.4.12
Ringelblumenblüten

Herkunft

Die Droge besteht aus den köpfchenförmigen Blütenständen von *Calendula officinalis* L. Die Pflanze ist in ganz Mittel- und Südeuropa, Westasien, USA und Ägypten als Kultur- und Zierpflanze verbreitet. Verwildert ist sie vielfach auf Schuttplätzen anzutreffen.

Inhaltsstoffe

- Triterpensaponine (2–10%) sind am C-3 der Oleanolsäure immer mit Glucuronsäure verbunden, die ihrerseits mit Glucose oder Galactose verknüpft ist.
- Triterpenalkohole mit Mono-, Di- und Trihydroxytriterpenen.
- Carotinoide (1,5%) mit orangefarbenen Carotinen und gelben Xanthophyllen.
- Flavonoide, darunter Isorhamnetin- und Quercetinglykoside.

> **Calendulablüten**   Calendulae flos
> **Calendula officinalis**   Asteraceae
>
> *Herkunft:*
> Südeuropa; Anbau Balkanländer, Ägypten, USA.
>
> *Pflanze* (Abb. 5.18):
> Bis 50 cm hohe, meist einjährige Pflanze, Stengel oben verästelt; Blatt bis hoch hinauf am Stengel ganzrandig, spatelförmig bis länglich; Blütenköpfe mit lanzettlichen Hüllblättern, Blüten gefüllt oder ungefüllt, orangefarben, dottergelb.
>
> *Anwendung:*
> Entzündung von Haut und Schleimhaut (Mund, Rachen), Quetsch- und Brandwunden.
>
> *Inhaltsstoffe:*
> 1) Ätherisches Öl mit Cadinol u. Fettsäuren.
> 2) Flavonole: Isorhamnetin- und Quercetinglykoside.
> 3) Saponine: Oleanolglykoside, Triterpenalkohole.
> 4) Carotine und Xanthophylle, Polysaccharide, Bitterstoffe.

- Ätherisches Öl (0,2 %) besteht vorwiegend aus Sesquiterpenen, Hauptbestandteil ist Cadinol, dazu auch Fettsäuren.
- Wasserlösliche Polysaccharide: verzweigtketige Heteroglykane, deren Struktur Rhamno- bzw. Arabinogalactanen entspricht.

Wirkung

Die antimikrobielle Wirkung wird dem ätherischen Öl zugeschrieben. Die Tinktur hat eine antiphlogistische Aktivität. Eine wundheilfördernde Wirkung konnte mit ethanolischen und wäßrigen Extraktivstoffen nachgewiesen werden.

Anwendungsgebiete

Äußerlich wird Calendula als Tinktur und in Form von Salben bei Wunden mit schlechter Heilungstendenz angewandt sowie bei akuten und chronischen Hautentzündungen. Innerlich, als „innere lokale Anwendung", wird Calendulatinktur oder das Infus bei entzündlichen Veränderungen der Mund- und Rachenschleimhaut angewendet.

5.5
Hopfenzapfen

Herkunft

Hopfenzapfen sind die getrockneten, im August/September geernteten, weiblichen Blütenstände von *Humulus lupulus* L. Hopfen ist eine ausdauernde rechtswindende Kletterpflanze. In Hopfenkulturen baut man nur weibliche Pflanzen an; dadurch wird vermieden, daß reife Samen (bis 6 cm lange Nüsse), die viel wiegen, aber

214 5 Phenolische Verbindungen

keinen Nutzwert haben, in die Hopfenernte gelangen. Die weiblichen Blütenstände sind dichtblütige Kätzchen; das zapfenartige Aussehen bekommen sie durch die zahlreichen Brakteen (Hochblätter als „Zapfenschuppen"). Jede Einzelblüte ist von einem Tragblatt, dem Vorblatt, umschlossen. Hoch- und Vorblätter sind mit becherförmigen Drüsenschuppen bedeckt, die sowohl ätherische Öle als auch die Bitterstoffe enthalten.

Inhaltsstoffe

Bitterstoffe (18%), ätherisches Öl (0,2–0,5%), Tannine (Polyphenole: 3,5%), Rohprotein (20%), Ballaststoffe (Rohfaser: 15%), mineralische Bestandteile (Asche: 8%).

	R
Humulon	1
Cohumulon	2
Adhumulon	3

	R
Lupulon	1
Colupulon	2
Adlupulon	3

Autoxidationsprodukt des Humulons

Xanthohumol (Chalkonform)

Isoxanthohumol (Flavanonform des Xanthohumols)

Myrcen, $C_{10}H_{16}$

Methylbutenol, $C_5H_{10}O$

Humulen, $C_{15}H_{24}$

Caryophyllen, $C_{15}H_{24}$

5.5 Hopfenzapfen (Humulus)

Hopfenzapfen Strobuli lupuli
Humulus lupulus Cannabaceae

Herkunft:
In vielen Ländern kultiviert, Heimat Kaukasus.

Pflanze (Abb. 5.19):
Zweihäusige, ausdauernde rechtswindende Kletterpflanze, in Kulturen nur weibliche Pflanzen; männliche Blüten mit weißlichem Perigon in lockeren Rispen; weibliche in grünen, kleinen Scheinähren, aus denen sich durch Vergrößerung der Blütendeckblätter die Hopfenzapfen entwickeln.

Anwendung:
Befindensstörungen wie Unruhe, Schlafstörungen und Angstzustände.

Inhaltsstoffe:
1) Bitterstoffe (18%), Acylphloroglucine: Humulon, Lupulon.
2) Ätherisches Öl mit Methylbutenol.
3) Flavonoide mit Xanthohumol.
4) Tannine.

Wertbestimmende Inhaltsstoffe

Das Hopfenaroma beruht wesentlich auf dem *ätherischen Öl*. Über 150 Verbindungen wurden nachgewiesen; darunter die mengenmäßig dominierenden Stoffe Humulen, Caryophyllen und Myrcen. Nach dem Mengenverhältnis der Terpene unterscheidet man zwischen myrcenreichen und humulenreichen Hopfensorten. Die humulenreichen Sorten (z.B. Hallertauer, Saazer) zeichnen sich durch ein besonders feines Aroma aus.

Der *Bitterwert* des frisch geernteten Hopfens beruht hauptsächlich auf der Humulongruppe (dem sogenannten α-Harz), einem Stoffgemisch, dessen Einzelbestandteile in der Seitenkette variieren: Isovalerianylrest im Humulon, Isobutyryl im Cohumulon und 2-Methylbutyryl im Adlupulon.

Analytische Leitstoffe

Gelagerter Hopfen (>1 Jahr), Hopfenextrakte und Hopfenextrakte enthaltende Fertigarzneimittel enthalten, sofern keine besonderen Vorsichtsmaßnahmen getroffen werden, keine nachweisbaren Mengen genuiner Bitterstoffe.

In den erwähnten Präparationen können jedoch die folgenden Bestandteile noch analytisch faßbar sein:

- 3-Methy-3-buten-2-ol,
- Xanthohumol,
- Flavonole (hauptsächlich Quercetin-3-rhamnosid und Astragalin).

Art der Anwendung

Innerlich: Die Droge als Teeaufguß oder Tinktur. Extrakte als Bestandteil vorzugsweise von in Drageeform hergestellten Kombinationspräparaten.

Wirkung und Anwendung

Als aromatische Bittermittel erweisen sich Infus und Tinktur aus möglichst frischem Hopfen bei atonischer Dyspepsie als nützlich. Die Fertigarzneimittel, welche Hopfenextrakte aus älterem „Pharmahopfen" oft in Kombination mit Baldrianextrakten enthalten, gelten als wirksam bei Hysterie, Unruhe und Schlafstörungen. Ob es sich dabei um mehr als ein Plazeboeffekt handelt, wird immer wieder in Zweifel gezogen. Es liegt jedoch eine Positivmonographie der Kommission E am BGA vor (Bundesanzeiger Nr. 228 vom 5. 12. 1984).

5.6
Kawarhizom

Herkunft

Das *Piper-methysticum*-Rhizom auch als Kawa-Kawa oder Kawarhizom bezeichnet, ist das getrocknete Rhizom des Rauschpfeffers, *Piper methysticum* FORSTER (Familie: *Piperaceae*). Von *Piper methysticum* sind ausschließlich sterile Kultursorten bekannt, die sich wahrscheinlich aus fertilen Wildformen entwickelt haben, einer Art, die als *Piper wichmannii* C. DC. botanisch beschrieben wurde.

Die Handelsware Kava-Kava-Rhizome besteht aus geschnittenen Rhizomteilen und Wurzelstücken. Die Droge riecht erdig-aromatisch; beim Kauen ruft sie eine lang andauernde Anästhesie auf der Zunge hervor.

Inhaltsstoffe

- Ätherisches Öl (geringe Mengen).
- Kawapyrone, darunter Kawain (1 – 2 %), Dihydrokawain (Synonym: Marindinin: 0,6 – 1,0 %); Methysticin (1,2 – 2,0 %), Dihydromethysticin (0,5 – 0,8 %) und Yangonin (0,9 – 1,7 %).

$R^1 = R^2 = H$: (+)-(6S)-Dihydrokawain
$R^1 + R^2 = OCH_2O$: Dihydromethysticin

$R^1 = R^2 = H$: (+)-(6R)-Kawain
$R^1 + R^2 = OCH_2O$: Methysticin

R=H: Desmethoxyyangonin
R=OCH_3: Yangonin

Bauprinzip der Kawapyrone: Beispiel Yangonin

p-Cumarsäure C_6-C_3

Acetoacetat $2 \times C_2$

C_1

Yangonin

- Flavonoide, und zwar Chalkone und Flavanone, darunter Flavokawin A.
- Stärke (reichlich).

Verwendung

Zur Herstellung eines *Piper-methysticum*-Trockenextrakts, der als Bestandteil pflanzlicher Psychopharmaka verwendet wird.

Wirkungen

Tierexperimentell scheint der Kavaextrakt bestimmte Wirkungsqualitäten von Neuroleptika und von Benzodiazepinen in sich zu vereinigen:
- In Dosen von 150 mg/kg KG (Maus) reduziert der Kavaextrakt die durch Tetrabenazin induzierte Ptosis und hemmt die durch Apomorphin verursachte Hyperreaktivität auf einen externen Reiz.
- Die narkotische Wirkung ist sehr schwach ausgeprägt. Die Narkosebreite der Kawapyrone, ausgedrückt als Faktor $LD_5 : SLD_{95}$ (SL = Eintritt der Seitenlage) beträgt 0,92 (Hexobarbital 3,3).
- In Dosen von 10 mg/kg KG wirken die Kawapyrone bei der Maus antagonistisch gegen experimentell hervorgerufene Krämpfe (Strychninkrampf, Pentetrazolkrampf, Elektroschock).
- Untersuchungen der hirnelektrischen Aktivität: Mittlere muskelrelaxierende Dosen (20 mg/kg KG i.v.) vermehren ähnlich wie Sedativahypnotika die Spindeltätigkeiten sowie die Schwelle für die EEG-Weckreaktionen.
- Weiterhin wurden narkosepotenzierende, muskulotrop spasmolytische, zentral muskelrelaxierende (mephenesinartige) und lokalanästhetische Wirkungen beschrieben (Kretzschmar u. Teschendorf 1974).

Anwendungsgebiete

In Tagesdosen entsprechend 60 – 120 mg Kawapyrone werden Fertigarzneimittel bei Angst-, Spannungs- und Unruhezuständen verwendet. In dieser Dosierung

Kawarhizom   Kava-Kava Rhizoma
Piper methysticum   Piperaceae

Herkunft:
Polynesien, Neuguinea.

Pflanze (Abb. 5.20):
2 – 3 m hoher Strauch, Stamm knotig; Blatt breitoval-herzförmig; Blüten in walzenförmigen Ähren.

Anwendung:
Nervöse Angst-, Spannungs- und Unruhezustände.

Inhaltsstoffe:
Kawapyrone mit Kawain, Methysticin und deren Dihydroverbindungen, Yangonin; Farbstoffe (Chalkone).

ähnelt die Kawamedikation der Gabe langsam anflutender Tranquillantien. Kawapräparate eignen sich nicht zur Behandlung akuter Angstzustände wie z. B. Panikattacken.

Unerwünschte Wirkungen

In seltenen Fällen Dyskinesien (durch Biperiden behebbar).
Die Wirkung von Alkohol, von Barbituraten und Psychopharmaka kann verstärkt werden.

5.7
Gerbstoffe

5.7.1
Hydrolysierbare Gerbstoffe (Gallotannine)

Chemischer Aufbau, Farbreaktionen

Hydrolysierbar sind diese Gerbstoffe deshalb, weil sie Ester darstellen. Als Alkoholkomponente fungiert D-Glucose oder ein anderer Zucker einschl. der Cyclite; als Säurekomponente Gallussäure, Gallussäuredepside, wie z. B. *m*-Trigallussäure, oder C-C-verknüpfte Diphen- oder auch Triphensäuren (Abb. 5.21).

Ein sehr einfaches Gallotannin ist 1-Galloyl-β-D-Glucose, die in den Wurzeln des Medizinalrhabarbers vorkommt; im allgemeinen enthält aber die Glucose mehrere Gallussäurereste. Durch Anknüpfung von Digallussäureresten gelangt man zu Tanninen, in denen die Zahl der Gallussäuremoleküle größer ist als die Zahl der Hydroxygruppen im Zuckerteil. In den sogenannten Ellagitanninen ist die Glucose mit Hexahydroxydiphensäure verestert.

Gallotannine geben die folgenden Farbreaktionen:

- Eisen(III)-Salze geben in alkoholischer Lösung blaue Färbungen.
- Bariumhydroxidlösung verfärbt Tanninlösung grün; bei Vorliegen höherer Konzentrationen bilden sich grünliche Niederschläge. Die Reaktion wird von allen phenolischen Stoffen mit vicinaler Trihydroxy-Gruppierungen gegeben.
- Lösungen von Eiweißen, z. B. eine Gelatinelösung, geben Niederschläge.
- Ellagitannine reagieren mit salpetriger Säure in sehr charakteristischer Weise; Lösungen färben sich zunächst karminrot, um über braungrüne und purpurfarbene Ione schließlich indigoblaue Lösungen zu geben.

Pflanzengallen

Gallen sind pflanzliche Wachstumsabnormitäten, deren Bildung durch einen tierischen Organismus veranlaßt wird. Sie stellen eine Wachstumsreaktion auf die vom fremden Organismus ausgehenden Reize dar.

Im Handel unterscheidet man zwischen den türkischen und den chinesischen Gallen. Die Bildung der früher offizinellen türkischen Gallen wird durch die Eiablage von Gallwespen auf den Vegetationspunkt der austreibenden Knospen

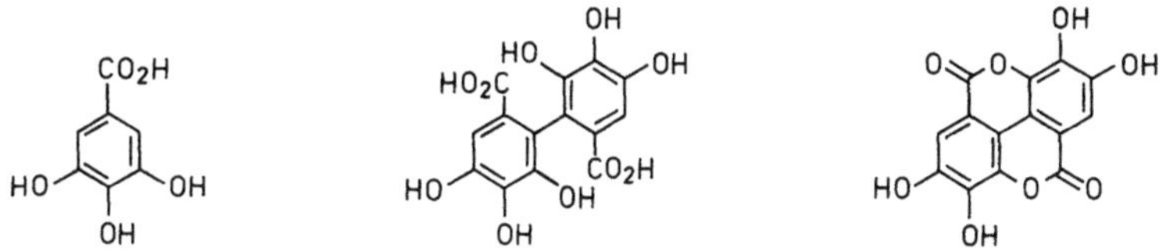

Gallussäure   Hexahydroxydiphensäure   Ellagsäure

Abb. 5.21 Grundkörper der Gallotannine

kleinasiatischer Quercus-Arten hervorgerufen. An Stelle normaler Triebe bilden sich kugelige 1,5 – 2,5 cm große Wucherungen, deren sich die Larven als Behausung und Nahrung bedienen.

5.7.2
Proanthocyanidine

Begriffe

Alle farblosen Pflanzenstoffe, die beim Erhitzen mit verdünnten Mineralsäuren gefärbte Anthocyanidine liefern, bezeichnet man als Proanthocyanidine. Unter Berücksichtigung der chemischen Struktur unterteilt man die so definierten Proanthocyanidine in zwei Hauptgruppen:
- in die Leukoanthocyane und in
- kondensierte Proanthocyanidine (= Catechingerbstoffe).

Leukoanthocyane sind monomere C_{15}-Verbindungen.

Kondensierte Proanthocyanidine sind Biopolymere mit Flavan-3-olen (= Catechinen) als Monomer (Abb. 5.22).

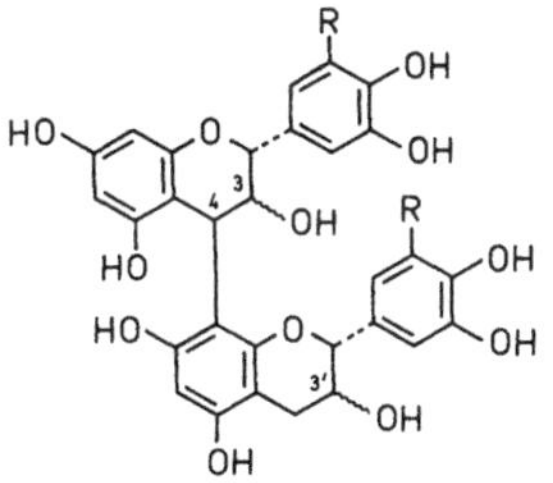

Typ	3	3'	4
B-1	R	S	R
B-2	R	R	R
B-3	S	S	S
B-4	S	R	S

Farbreaktionen

- Erhitzen mit verdünnten Mineralsäuren in organischen Lösungsmitteln ruft Rotfärbung hervor. Mit Wasser als Lösungsmittel erhält man braunrote phlobaphenartige Produkte.
- Mit Vanillin und Salzsäure (oder Phosphorsäure) entstehen farbige Produkte. Vermutlich laufen zwei Reaktionen nebeneinander ab: Bildung von Anthocyanidinen unter Säureeinfluß und Kondensation des phloruglucinsubstituierten Rings A mit Vanillin zu farbigen Produkten.

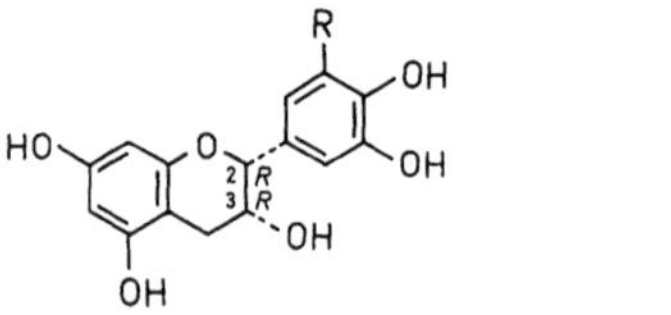

220   5 Phenolische Verbindungen

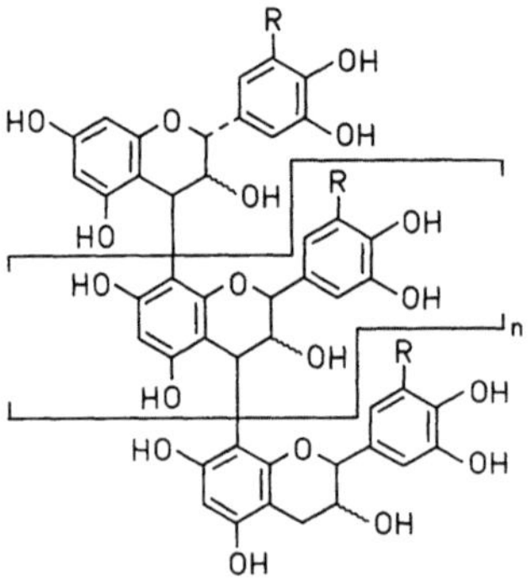

Abb. 5.22 Grundkörper oligomerer Proanthocyanidine und ein trimeres Procyanidin (R = H)

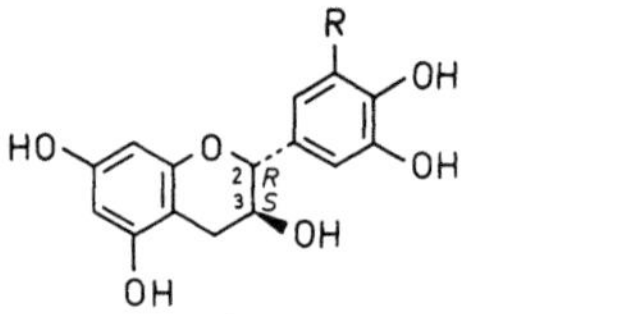

Vorkommen

Gemische extrahierbarer Proanthocyanidine kommen in sehr vielen Pflanzen vor, besonders reichlich in Wurzel, Blatt, Rinde und Frucht von Holzgewächsen. Pflanzenteile, die auffallend hohe Konzentrationen führen, finden seit altersher als „Gerbstoffdrogen" technische und medizinische Anwendung. In geringen Mengen kommen oligomere Proanthocyanidine in vielen pflanzlichen Nahrungs- und Genußmitteln vor, so im Kakao, im Tee, im Wein, in Weintrauben und Äpfeln. Die durchschnittliche Menge, die pro Person und pro Tag vom Menschen mit der Nahrung aufgenommen werden, schätzt man auf 460 mg.

Wirkungen, biologische Wertbestimmung

Die auffallende Wirkung der oligomeren Proanthocyanidine ist ihre adstringierende Wirkung (lateinisch *adstringere* = zusammenziehen). Der Wirkung liegt die allen Adstringentien gemeinsame Eigenschaft zugrunde, daß sie mit Eiweißen unlösliche Verbindungen bilden.

Auf dem Eiweißfällungsvermögen basiert eine Reihe von biologischen Wertbestimmungsmethoden. Eine sehr einfache Methode ist die Fällung von Hämoglobin, dessen Konzentration gut photometrisch meßbar ist. Man bestimmt einmal mit und einmal ohne Zusatz des zu prüfenden Pflanzenstoffes die Hämoglobinkonzentration einer Hämoglobinlösung. Das Fällungsvermögen zeigt deutliche Abhängigkeit vom Polymerisationsgrad der Proanthocyanidine:

Polymerisationsgrad	Relative Adstringenswirkung
Dimere	8–12
Trimere	23–33
Tetramere	33–40
Penta- bis Heptamere	~50

Arzneistoffe mit adstringierender Wirkung wendet man lokal auf Oberflächen von Schleimhäuten an. Konzentrationen, die noch keine Eiweißfällung bewirken, dichten die Zellmembranen ab, die Kapillarpermeabilität wird herabgesetzt, was bei entzündlichen Zuständen von Bedeutung sein dürfte.

Höhere Konzentrationen führen zu einer Ausfällung von Eiweiß, es kommt zu einer Verdichtung des kolloiden Gefüges, zur Ausbildung einer zusammenhängenden, schützenden Membran und einer leichten Kompression des unmittelbar darunterliegenden Gewebes. Bakterien finden auf der auf diese Weise physikalisch-chemisch veränderten Membran einen weniger günstigen Nährboden: Adstringentien haben daher, teils auch durch direkte Wirkung auf die Bakterien, einen milden antibakteriellen Effekt.

Dringen Adstringentien bis in die Schleimdrüsen ein, so wird deren Funktion herabgesetzt. Auf diese Weise wird der für die entzündete Schleimhaut typischen Hypersekretion entgegengewirkt.

Bei Blutungen aus den feinsten Kapillaren wird das Blut zur Koagulation gebracht (Eiweißfällung), weshalb Adstringentien auch eine schwache hämostatische Wirkung besitzen.

Therapeutische Anwendung

Zubereitungen aus oligomeren Proanthocyanidinen (= kondensierten Gerbstoffen) wendet man an:

- als Pinselung bei Entzündungen und Blutungen von Zahnfleisch und Mundschleimhaut,
- als Gargarisma (= Gurgelmittel) bei *Pharyngitis*,
- bei akuten, unspezifischen Durchfallerkrankungen.

5.7.3
Eichenrinde

Eichenrinde stammt von den beiden bei uns heimischen Arten ab, von *Quercus robur* L. (Synonym. *Qu. pedunculata* ERH.) und *Quercus petraea* (MATTUSCHKA) LIEBL (Synonym. *Qu. sessiliflora* SALISB.) (Familie: *Fagaceae*). Die beiden Eichenarten sind sich sehr ähnlich: Bei *Qu. robur*, der Stiel- oder Sommereiche, stehen jedoch die weiblichen Blüten und Früchte an einem mehr oder weniger langen Stiel, die Blätter sind kurz gestielt; bei *Qu. petraea*, der Stein- oder Wintereiche sitzen die weiblichen Blüten, später die Früchte, einzeln oder auch traubig gehäuft in den

Blattachseln; die Blätter sind länger gestielt. Die Droge besteht aus der Rinde der jüngeren Äste, Zweige und Stockausschläge. Die Ernte der Eichenrinde erfolgt im zeitigen Frühjahr, da sie zu diesem Zeitpunkt den höchsten Gehalt an wasserlöslichen Gerbstoffen aufweist und da sie sich überdies dann am leichtesten vom Holzkörper der Stämme und Äste ablöst.

Eichenrinde riecht in angefeuchtetem Zustand schwach, aber charakteristisch („loheartig"). Sie schmeckt stark zusammenziehend und schwach bitter.

Die Droge enthält, abhängig vom Erntezeitpunkt und vom Alter der Zweige, wechselnde Mengen (8–20 %) Gerbstoffe. Die Gerbstofffraktion besteht sowohl aus hydrolysierbaren Gerbstoffen als auch aus oligomeren Proanthocyanidinen. Hauptkomponenten der hydrolysierbaren Gerbstoffe sind Ellagitannine, darunter die monomeren Ellagitannine Castalgin, 2,3-(S)-Hexahydroxydiphenoylglucose und Pedunculagin Die oligomeren Proanthocyanidine (Catechingerbstoffe) liegen in einem durchschnittlichen Polymerisationsgrad von 6,1 vor. Sie sind aus Catechin- und Gallocatechineinheiten im Verhältnis 6:4 aufgebaut. Isoliert wurden u.a. Procyanidin B-3 (Formel s. S. 219) und Gallocatechin-(4,8)-catechin. Mit Beginn der Borkenbildung kommt es zunehmend zu einer oxidativen Polymerisation der oligomeren Proanthocyanidine zu nicht mehr gerbend wirkenden Phlobaphenen. Daher besteht die offizielle Eichenrinde aus der sog. „Spiegelrinde", der Rinde jüngerer, höchstens 15–20 Jahre alter Bäume, besonders der sog. Stockausschläge, welche noch keine oder nur ganz wenig Borkenbildung zeigen.

Eichenrinde verwendet man als 10–20 %iges Dekokt für Umschläge und als Badezusatz. Dazu die fein geschnittene oder pulverisierte Rinde in kaltem Wasser ansetzen, einige Stunden am Sieden halten (verdampfendes Wasser ersetzen). Abseihen und dem Badewasser beigeben. Vorsicht: Benutztes Geschirr, Badewanne und Wäsche können fleckig werden.

Eichenrinde   Quercus cortex
Quercus robur und Quercus petraea   Fagaceae

Herkunft:
Europa.

Pflanze (Abb. 5.23):
Quercus robur: bis 20 m, dunkelbraune rissige Rinde mit knorrig ausladenden Ästen; Blatt kurz gestielt, Grund herzförmig; Fruchtstand langgestielt.
Quercus petraea: Blatt lang gestielt; Frucht kurz gestielt.

Anwendung:
Entzündungen von Zahnfleisch und Mundschleimhaut; vermehrte Fußschweißsekretion; ergänzende Behandlung bei Frostbeulen und Analfissuren.
Äußere Anwendung: Entzündliche Hauterkrankungen.
Innere Anwendung: Unspezifische, akute Durchfallerkrankungen.
Lokale Behandlung leichter Entzündungen im Mund- und Rachenbereich sowie im Genital- und Analbereich.

Inhaltsstoffe:
Oligomere Proanthocyanidine und Ellagitannine.

Anmerkung:
Nur Spiegelrinde entspricht den Arzneibüchern.

5.7.4
Hamamelisblätter und -rinde

Von *Hamamelis virginiana* stammen die beiden Drogen Hammamelisblätter (Hamamelidis folium) und Hamamelisrinde (Hamamelidis cortex): Außerdem werden frische Blätter und Zweige zur Herstellung von Wasserdampfdestillaten (Hamameliswasser) verwendet.

Blätter und Rinde enthalten Hamamelistannine, eine Gruppenbezeichnung für Galloylester, die bei der Hydrolyse neben Gallussäure Hamamelose, einen verzweigtkettigen Zucker liefern, darunter die 2′,5-Di-O-galloyl-D-Hamamelose; ferner Proanthocyanidine, Ellagitannine und Catechin-3-gallat.

Anwendung

Zur Herstellung Tannine enthaltender Extrakte, die, in Salben oder Suppositorien inkorporiert, bei Hämorrhoiden und Krampfaderleiden lindernd wirken sollen.

Hamameliswasser enthält flüchtige Stoffe (0,01 – 0,02 %) „ätherisches Öl" mit ketonischen Inhaltsstoffen), aber keine Tannine. Es wird vornehmlich zu kosmetischen Präparaten verwendet. Nach Ansicht der Kommission für die phytotherapeutischen Therapierichtung am Bundesgesundheitsamt kann Hamameliswasser trotz seiner abweichenden Zusammensetzung bei denselben Indikationen wie die tanninhaltigen Zubereitungen aus Hamamelisblättern und -rinde eingesetzt werden: bei leichten Hautverletzungen, lokalen Entzündungen der Haut und Schleimhäute, bei Hämorrhoiden und Krampfaderbeschwerden.

Hamamelisblätter   Hamamelidis folium
Hamamelis virginiana   Hamamelidaceae

Herkunft:
Östliches Nordamerika, Herkunft der Droge aus Kulturen in Europa und Nordamerika.

Pflanze (Abb. 5.26):
Bis 7 m hoher Strauch; sehr stark buschig. Blätter (z. Z. der Blüte meist schon abgefallen) rautenförmig, buchtig gezähnt. Blüten im September bis Dezember klein goldgelb 4zähnig, in Knäueln. Frucht haselnußähnliche Kapsel.

Anwendung:
Zur Unterstützung der Therapie akuter, unspezifischer Durchfallerkrankungen bei Schulkindern und Erwachsenen. Entzündungen von Zahnfleisch und Mundschleimhaut. Leichte Hautverletzungen, lokale Entzündungen der Haut- und Schleimhäute; Hämorrhoiden, Krampfaderbeschwerden.

Inhaltsstoffe:
1) 3–10 % Gallotannin- und Catechingerbstoffe.
2) Flavonolglykoside.
3) Wasserdampfflüchtige Stoffe, darunter Carbonylverbindg. wie Hexenal und 6-Methylheptadien-3,5-on-2.

5.7.5
Ratanhiawurzel

Ratanhiawurzel stammt von *Krameria lappacea* (DOMB) BURD. et SIMP. (Familie: *Krameriaceae*) einem auf den Abhängen der Kordilleren von Peru wachsenden, kleinen Strauch. Die Droge besteht aus der oben bis faustdicken Hauptwurzel sowie aus deren mehrere Meter langen, etwa fingerdicken Nebenwurzeln.

Ratanhiawurzel ist braunrot (Phlobaphene führend) und hinterläßt über Papier gerieben Farbspuren. Sie ist geruchlos und schmeckt stark zusammenziehend, besonders die Rinde.

Ratanhiawurzel enthält bis zu 15% Gerbstoffe, und zwar ausschließlich vom Typus der kondensierten Proanthocyanidine. Dem Substitutionstyp nach handelt es sich um Gemische von Procyanidinen und Propelargonidinen. Mit zunehmender Lagerdauer der Droge verschiebt sich das Verhältnis zwischen adstringierend wirkenden oligomeren Proanthocyanidinen und Phlobaphenen zunehmend zugunsten der Phlobaphene.

Die Droge enthält ferner lipophile Neolignane und Norneolignane, darunter die Ratanhiaphenole I, II und III, die unterschiedlich substituierte 2-Phenyl-5-propenylbenzofurane darstellen.

	R^1	R^2	R^3
Ratanhiaphenol I	−OH	−OCH$_3$	−H
Ratanhiaphenol II	−H	−OH	−CH$_3$
Ratanhiaphenol III	−OCH$_3$	−OH	−H

Ratanhiawurzel Ratanhiae radix
Krameria lappacea Krameriaceae

Herkunft:
Bolivien, Peru.

Pflanze (Abb. 5.25):
Zirka 1 m hoher Halbstrauch mit niederliegenden Zweigen und einfachen, weiß behaarten Laubblättern. Blüten 4gliedrig. Kelch rot, größer als rote Krone. Frucht: einsamige Beere.

Anwendung:
Entzündungen von Zahnfleisch und Mundschleimhaut.

Inhaltsstoffe:
1) Bis 15% Catechingerbstoffe (mindestens 10% nach DAB 10).
2) Lipophile Neolignane, darunter Ratanhiaphenole.

Anwendung vorzugsweise als Tinktur, für Pinselungen oder zum Einmassieren im Mund- und Rachenraum bei Zahnfleischentzündungen, Zungenrhagaden und Stomatitis; mit Wasser verdünnt auch zum Gurgeln.

5.7.6
Tormentillwurzelstock

Tormentillwurzel besteht aus dem im Frühjahr gesammelten und getrockneten Wurzelstock der in fast ganz Europa heimischen *Potentilla erecta* (L.) RAEUSCHEL (Synonym: *Potentilla tormentilla* STOKES) (Familie: *Rosaceae*).

Die Droge ist geruchlos; sie schmeckt bitter und stark zusammenziehend.

Tormentillwurzel enthält 15–20% Gerbstoffe, und zwar Vertreter beider Gruppen, der kondensierten Proanthocyanidine (= Catechingerbstoffe) als auch Gallo- und Ellagitannine mit der Hauptkomponente Agrimoniin. Mengenmäßig überwiegen die Proanthocyanidine.

Verwendet wird die Tormentillwurzel als Adstringens mit gleichen Indikationen wie Ratanhiawurzel.

Tormentillwurzelstock   Tormentillae rhizoma
Potentilla erecta   Rosaceae

Herkunft:
Osteuropa.

Pflanze (Abb. 5.26):
Wurzelstock schief in der Erde liegend, mehrköpfig, innen gelblich-weiß, später rot. Stengel 15–30 cm, bogig aufsteigend, Stengelblätter sitzend 3zählig; 2 Nebenblätter, 3- bis 5spaltig. Blüten einzeln auf langen Stielen, Blumenkrone 4blättrig, 5–12 Früchtchen.

Anwendung:
1) Akute, unspezifische Druchfallerkrankung.
2) Leichte Schleimhautentzündungen im Mund- und Rachenraum.

Inhaltsstoffe:
1) 15–20% Catechingerbstoffe (mindestens 15% DAB 10), geringere Mengen Gallotannine.
2) Triterpene, darunter Tormentosid; Phenolcarbonsäuren.

5.8
Anthranoide und Emodindrogen

5.8.1
Einleitung, Begriffe

Als Emodindrogen faßt man die folgenden laxierend wirkenden Drogen zusammen: Rhabarber, Aloe, Faulbaumrinde, Amerikanische Faulbaumrinde, Sennesblatt und Sennesschoten. Emodine sind definiert als Derivate des 1,8-Dihydroxyanthrachinons mit abführender Wirkung. Durch diese Definition sind die in Pflanzen weit verbreiteten Anthrachinone vom Alizarintyp ausgeschlossen. Die Wortbildung Emodin leitet sich von der griechischen Bezeichnung „Hemodi" (= Rhabarber aus dem Himalaya-Gebiet) ab. Aussagekräftig ist auch der Begriff Anthranoide.

Die Emodine werden in der Pflanze nicht direkt gebildet; sie entstehen aus reduzierten Vorstufen die man als Emodinanthrone bezeichnet und die der chemischen Nomenklatur nach 9(10H)-Anthracenone darstellen.

In der Regel liegen sie als Glykoside vor. Als Zuckerpartner fungieren, wenig variabel, D-Glucose, L-Rhamnose, Apiose und Xylose.

R^1	R^2	
H	CH_3	Chrysophanol
H	CH_2OH	Aloe-Emodin
H	CO_2H	Rhein
OH	CH_3	Emodin (= Rheumemodin = Frangulaemodin)
OCH_3	CH_3	Physcion

8 × C_2 → Oktoketid

Ketoform

Emodinanthron

8 × C_2 minus CO_2

$-CO_2$

Enolform; C_{16}-Zwichenstufe

Biogenetisch stellen die Emodinanthrone Oktaketide dar. Das Grundgerüst sollte somit aus 16 Kohlenstoffatomen bestehen; man nimmt an, daß im Zuge der Biosynthese ein C-Atom durch Decarboxylierung verloren geht.

Häufig vorkommende Variation des C_{15}-Emodin-anthrongerüstes sind die folgenden:

- Die 3-CH_3-Gruppe liegt in einer höheren Oxidationsstufe vor: als Hydroxymethyl (z. B. im Aloeemodinanthron) oder als Carboxyl (im Rheinanthron).
- Emodinanthronglykoside werden enzymatisch zu Dianthronglykosiden (Typus: Sennoside) dehydriert.
- Zucker werden nicht nur an phenolische oder alkoholische OH-Gruppen transferiert, sondern auch auf die aktivierte 10-Methylengruppe. Es kommt zur Bildung von Glykosylen. Bisher sind nur Glykosyle bekannt, in denen D-Glucose als Partner auftritt (Beispiel: Aloin).

5.8.2
Metabolisierung

Dianthronglykoside sind am Beispiel der Sennoside am intensivsten untersucht worden.

Wenn Sennoside oral verabreicht werden, so gelangen sie unverändert ins Colon: Im Magen und im Dünndarm von Maus oder Ratte – dasselbe trifft für den Menschen zu – kommen keine Enzyme vor, welche die β-glykosidisch gebundene D-Glucose abzuspalten imstande wären, wodurch das Restmolekül labilisiert würde. Erst im Zäkum (Blinddarm) und im Kolon (Grimmdarm) hydrolysieren die Darmbakterien die Glucosidbindung; das freigesetzte Sennidin ist labil und zerfällt spontan in Rheinanthronradikale, die von den Reduktasen der Darmflora weiter zu Rheinanthron reduziert werden. Eine Teilmenge der Rheinanthronradikale geht – vermutlich autoxidativ – in die Anthrachinonform (= Rhein) über. Rhein und Rheinanthron werden, im Gegensatz zum Sennosid, teilweise resorbiert und nach Glucoronidierung und Sulfatierung mit dem Harn ausgeschieden. Ein Teil der zugeführten Sennoside wird in Form von unverändertem Sennosid, von Sennosidin, von Rhein sowie von Rheinanthron mit der Fäzes ausgeschieden.

10-Glucosylanthrone vom Typus des Aloins sind bisher in ihrer Pharmakokinetik unerforscht, obwohl weltweit Aloepräparate im Werte Hunderter Millionen verkauft und eingenommen werden. Von den chemischen Eigenschaften des Aloins läßt sich die berechtigte Vermutung herleiten, daß die Metabolisierung einen den Sennosiden vergleichbaren Ablauf nimmt: Die in die tieferen Darmabschnitte gelangenden Anteile zerfallen, vielleicht nur zu einem geringen Bruchteil, in Aloeemodinanthron und in Aloeemodin. Wirkformen sind vermutlich unverändertes Aloin und Aloeemodinanthron. Wahrscheinlich ist im Falle des Aloins der Anteil, der während der Magen-Darmpassage resorbiert wird, erheblich größer als im Falle der Sennoside.

Anthrachinonglykoside. Sie gelangen unverändert bis ins Zäkum und Kolon und werden dort von den β-Glykosidasen der Darmbakterien in Zucker und in freie Anthrachinone gespalten. Die Anthrachinone können, entgegen älteren Angaben, nicht von Colibakterien oder anderen Mikroorganismen der Symbiontenflora zu Anthronen reduziert werden.

Sie wirken hydragog, wenn auch wesentlich schwächer als die korrespondierenden Anthrone.

5.8.3
Wirkungen

Für die laxierende Wirkung sind die in den Anthranoiddrogen vorkommenden Anthranoide verantwortlich. Neben einer direkten Stimulation der Peristaltik des Kolons mit Beschleunigung der Darmpassage bewirken Anthranoide eine gesteigerte Sekretion von Elektrolyten und Wasser in das Darmlumen und hemmen deren Rückresorption aus dem Dickdarm. Dadurch nimmt das Volumen des Darminhaltes zu, der Füllungsdruck steigt und die Darmperistaltik wird zusätzlich indirekt angeregt. Der molekulare Wirkungsmechanismus ist nicht bekannt. Zwei Möglichkeiten werden aufgrund von In-vitro-Versuchen diskutiert. (1) Die Kittleisten der Darmepithelzellen werden für Wasser und Natriumionen stärker durchlässig, da die Anthranoide die Natrium-Kalium-ATPase („Ionenpumpe") hemmen. (2) Für die Störung der Elektrolytbewegungen sei primär eine starke Hemmewirkung der Anthranoide an den Natriumkanälen verantwortlich.

Unerwünschte Wirkungen

Es können kolikartige Schmerzen leichten bis schweren Grades im Unterleibsbereich auftreten; sie gehen auf verstärkte spastische Kontraktionen der glatten Muskulatur des Darmes zurück. „Bauchgrimmen" tritt besonders häufig bei der Verwendung von Aloepräparaten und Sennesblättertee auf.

Auf reflektorischem Wege vom Darm aus können Anthranoide, vornehmlich wiederum die Aloe, eine kräftige Blutfüllung der Abdominalgefäße im ganzen Becken bewirken; daher können Menstruationsblutungen verstärkt werden.

Als Laxantienmißbrauch bezeichnet man die nicht ärztlich kontrollierte und gewohnheitsmäßige Anwendung von Abführmitteln. Mögliche Folgen sind Störungen des Elektrolytstoffwechsels, insbesondere Kaliumverlust mit dem Circulus vitiosus: Abnahme des Defäkationsreflexes, Verstärkung der Obstipation und Höherdosierung des Mittels.

Neue Ergebnisse aus In-vitro-Testverfahren weisen auf mutagene und potentiell tumorpromovierende Eigenschaften einiger (nicht aller) Anthranoide hin. Ob sich daraus ein erhöhtes Krebsrisiko für Personen mit lang anhaltendem Abführmittelmißbrauchs herleiten läßt, wird kontrovers diskutiert.

5.8.4
Aloe

Arten

Die Gattung umfaßt an die 250 Arten. Wasserspeichernde Xerophyten (Sukkulenten), die an warme Wüstenregionen angepaßt sind. Der Wuchsform nach kraut-,

Aloe

Aloe barbadensis	Liliaceae	Curaçao-Aloe
Aloe ferox	Liliaceae	Kap-Aloe

Herkunft:
Aloe barbadensis: Heimat Afrika, kultiviert auf den westindischen Inseln, Venezuela.
Aloe ferox: In Süd- und Ostafrika kultiviert.

Pflanze (Abb. 5.27):
Aloe ferox: Bis 3 m hoher Stamm mit 30- bis 50blättriger Rosette, Blatt bis 60 cm lang, am Rande un unterseits mit Stacheln. Blütenschaft bis 60 cm lang mit roten Blüten.
Aloe barbadensis: Kurzer Stamm, Blattunterseite ohne Stacheln, gelbe Blüten.

Anwendung:
Stark wirkendes Dickdarmlaxans, Dosierung 0,1–0,2 g.

Inhaltsstoffe:
Curaçao-Aloe: Mindestens 28 % Hydroxyanthracenderivate (Anthranoide). Aloine A u. B; 7-Hydroxyaloin; 2-Alkylchromone, hauptsächlich Aloeresin B.
Kap-Aloe: Mindestens 19 % Hydroxyanthracenderivate (Anthranoide). Aloine A u. B; 5-Hydroxyaloin; Aloinoside; 2-Alkylchromone, hauptsächlich Aloeresin A u. B.

Anmerkung:
Beide Aloe-Herkünfte sind Ausgangsmaterial zur Herstellung des eingestellten Aloeextraktes (Aloes extractum siccum normatum DAB 10). Homonataloin kommt nur in nichtoffizinellen Aloe-Herkünften vor und dient als analytischer Hinweis („Marker").

strauch- oder baumartig; dickfleischig ledrige Blätter, die mit Zähnen versehen sind und oft mit stacheliger Spitze enden; bis 40 cm lange, ährige Blütenstände mit meist gelb oder rot blühenden Blütenkorollen; die Frucht ist eine loculicide Kapsel.

Gewinnung von Kap-Aloe

Ausgangsmaterial sind die baumartigen 2–3 m hohen Pflanzen von *Aloe ferox* MILL. sowie von Hybriden dieser Art mit *A. africana* MILL. oder *A. spicata* BAK. Die genannten Arten sind in Südafrika weit verbreitet.

Die Blätter werden quer abgeschnitten; jeweils etwa 200 von ihnen werden mit der Schnittfläche nach unten am Rande einer Erdvertiefung aufgeschichtet, die mit einer Ziegenhaut oder mit wasserdichtem Segeltuch ausgelegt ist. Nur der freiwillig austropfende Saft darf gesammelt werden.

Sog. *Lucida*-Ware entsteht, indem der Aloesaft etwa 4 h lang über offenem Feuer eingeengt wird; die in der Hitze halbfeste Masse gießt man in Kanister, in denen sie erstarrt. Eindunsten durch Stehenlassen an der Sonne liefert die „*Hepatica*-Ware".

Gewinnung von Curaçao-Aloe

Das in den Pharmakopöen als Curaçao-Aloe, lateinisch als *Aloe barbadensis*, bezeichnete Produkt stammt von der Art *Aloe barbadensis* MILL., einer *Aloe*-Art vom krautigen Typ; ein 30-50 cm hoher Stamm endet in einem Schopf dichtspiralig angeordneter Blätter; das einzelne Blatt 30-60 cm lang und 6-7 cm breit; nur am Rande stachelig. Die heute zur Drogengewinnung dienenden Pflanzen stammen aus Kulturen der folgenden Gebiete: der Antilleninsel Aruba, den benachbarten Küstenstrichen von Venezuela und neuerdings den subtropischen Gebieten der USA. Man erntet die Blätter maschinell und plaziert sie in V-förmige Tröge, die ein Gefälle aufweisen, so daß der Blattsaft am unteren Ende des Troges in ein Sammelgefäß abfließen kann. Die Temperatur, bei der eingedickt wird, wird im allgemeinen niedriger gehalten als im Falle der Kap-*Lucida*-Ware; Curaçao-Aloe ist daher im typischen Falle stumpfopak. In zunehmendem Maße führen sich heute schonende Trocknungsmethoden ein, in erster Linie die Vakuum-Sprühtrocknung.

Sensorische Eigenschaften

Kap- und Curaçao-Aloe weisen einen starken charakteristischen Geruch und einen bitteren, unangenehmen Geschmack auf.

Inhaltsstoffe

- 25-40% Barbaloin, ein Gemisch zweier diastereomerer 10-Glucosylanthrone, die als Aloin A und Aloin B unterschieden werden.
- Aloinoside, das sind Aloine, die an der primären Hydroxymethylgruppe glykosidisch mit α-L-Rhamnose verknüpft sind (nur in Kap-Aloe).
- Bis 1% freies Aloe-Emodin.
- 5-Hydroxyaloine (nur in Kap-Aloe).
- 7-Hydroxyaloine (fehlen in der Kap-Aloe).
- 2-Alkylchromone (Aloesine = Aloeresine).
- Spuren eines ätherischen Öles (bedingen die phenolisch-holzige Geruchsnote der Aloe).
- 1-2% Mineralstoffe.

Anwendung, Risiken

In der Vergangenheit wurde Aloe ausgiebig verwendet, nicht nur als „rein pflanzliches" und daher vermeintlich unschädliches Laxans, sondern auch in versteckter Form: in Leber-Galle-Mitteln, in bitteren Magentonika wie in den bekannten Schwedenkräutermischungen und in sog. Entschlackungsmitteln. Vor einer Langzeitanwendung wird heute gewarnt: Bisher sind keine Studien zur chronischen Toxizität publiziert, so daß eine sichere Risikobewertung zur Zeit nicht möglich ist. Eine kurzfristige Einnahme zur Behandlung einer vorübergehenden Obstipation dürfte risikolos sein. Bei schwerer Obstipation kann die Anwendung unter ärztlicher Überwachung und Kaliumsubstitution gerechtfertigt sein.

R = p-Cumaroyl: Aloesin A
R = H: Aloesin B
Vorkommen: s. Text

R^1	R^2	R^3	
H	β-D-Glc	H	Aloin A
H	H	β-D-Glc	Aloin B
α-L-Rha	H	β-D-Glc	Aloinosid A
α-L-Rha	β-D-Glc	H	Aloinosid B

R^1	R^2	
β-D-Glc	H	5-Hydroxyaloin A
H	β-D-Glc	- „ - B

Homonataloine

5.8.5
Cascararinde

Definition nach Arzneibuch

Cascararinde besteht aus der getrockneten Rinde von *Rhamnus purshianus* DC. Sie enthält mindestens 8 % Hydroxyanthracen-Glykoside, von denen mindestens 60 % Cascaroside sind, beide berechnet als Cascarosid A.

Herkunft

Rhamnus purshianus DC. (Synonym: *Frangula purshiana* (DC) J.G. COOPER) (Familie: *Rhamnaceae*) ist ein in der pazifischen Küstenzone Nordamerikas beheimateter Baum, der eine Höhe von etwa 10 m erreicht. Die Droge stammt aus Wildvorkommen; verstreute Bestände finden sich vor allem in den Gebirgswäldern Oregons, Washingtons und British Columbiens.

Gewinnung

In dünnere Stämme werden Längsschnitte gesetzt; die Rinde läßt sich daraufhin abheben. Daneben ist es auch üblich, Bäume zu fällen, um zusätzlich von den größeren Ästen Rinde zu sammeln. Das Sammelgut wird an der Luft getrocknet.

> **Cascararinde** Rhamni purshiani cortex
> Rhamnus purshianus   Rhamnaceae
>
> *Herkunft:*
> Pazifische Küstenzone von Nordamerika, auch kultiviert.
>
> *Pflanze* (Abb. 5.28):
> Bis 10 m hoher Baum oder Strauch; Stammdurchmesser bis ca. 30 cm, Äste schwarzbraun, glatt; Blätter wechselständig, gestielt, einfach, ungeteilt, breit-elliptisch, an der Spitze abgestumpft oder kurz zugespitzt, Rand gezähnt; Frucht bildet eine 3köpfige, 3samige Steinbeere, Samen verkehrt eiförmig, schwarz.
>
> *Anwendung:*
> In Form von Tees oder Extrakten zur Behandlung von Obstipation.
>
> *Inhaltsstoffe:*
> Mindestens 80% Hydroxyanthracen-Glykoside.
> 1) Cascaroside (Anteil mindestens 60%).
> 2) Aloinderivate.
> 3) O-Glykosid mit Frangulin-Emodin als Aglykon.
>
> *Anmerkung:*
> Die Droge muß wie die Faulbaumrinde vor der Verwendung 1 Jahr lang gelagert oder künstlich gealtert werden, um schleimhautreizende Anthrone zu Anthrachinonen zu oxidieren.

Die Ernte muß, ehe sie medizinisch verwendet werden kann, mindestens 1 Jahr lang gelagert werden; durch den Alterungsprozeß werden, ähnlich wie bei der europäischen Faulbaumrinde, Emodinanthronglykoside zu den weniger lokal reizenden Anthrachinonglykosiden oxidiert.

Sensorische Eigenschaften

Die Droge riecht schwach eigenartig; der Geschmack ist bitterlich und etwas schleimig.

Inhaltsstoffe

Mindestens 8% eines komplexen Gemisches von Anthranoiden, die sich in vier Gruppen aufgliedern lassen:
- O-Glykoside von Anthrachinonen, hauptsächlich mit Aloe- und Frangula-Emodin als Aglykon (10–20% des Gemisches ausmachend).
- 10-Glucosyle vom Alointyp (Aloine und deren 11-Desoxyderivate, die Chrysaloine) (20–30%).
- Cascaroside (60–70%), das sind O-Glykoside der Aloine und der Chrysaloine.
- Wenig freie Emodine.

Anwendung

Die amerikanische Faulbaumrinde steht in ihrer chemischen Zusammensetzung des Anthanoidspektrums der Aloe bedeutend näher als der europäischen Faul-

β-D-Glc-O   O   OH

(structure with CH$_2$R^1, R^3, R^2 substituents)

R^1	R^2	R^3	Cascarosid
OH	β-D-Glc	H	A
OH	H	β-D-Glc	B
H	β-D-Glc	H	C
H	H	β-D-Glc	D

baumrinde. Die Anwendung der Cascararinde entspricht daher auch in etwa der der Aloe.

5.8.6
Faulbaumrinde

Herkunft

Faulbaumrinde besteht aus der getrockneten Rinde der Stämme und Zweige von *Rhamnus frangula* L. (Synonym: *Frangula alnus* MILL.) (Familie: *Rhamnaceae*).

Gewinnung der Droge

Die Rinde läßt sich wegen der schwachen Verzweigung des Strauches leicht vom Stamm und Ästen abschälen. Sie wird an der Sonne getrocknet und muß trocken dann noch mindestens 1 Jahr gelagert werden, da sie in frischem Zustande brechenerregend wirkt.

Faulbaumrinde   Frangulae cortex
Rhamnus frangula   Rhamnaceae

Herkunft:
Europa.

Pflanze (Abb. 5.29):
1–4 m hoher Baum oder Strauch; Stammdurchmesser bis 25 cm; Äste schwarzbraun und glatt; Blätter wechselständig, gestielt, einfach, ungeteilt, breitelliptisch, an der Basis meist abgerundet, Rand gezähnt; Frucht bildet eine breite, 3samige Steinbeere.

Anwendung:
In Form von Tees oder Extrakten zur Behandlung von Obstipation.

Inhaltsstoffe:
Anthrachinon-Glykoside (mindestens 6%) mit Glucofrangulin A und B, Frangulin A und B.

Anmerkung:
Vor der Verwendung 1 Jahr lang lagern.

Veränderungen beim Lagern

Durch Alterung werden, so nimmt man an, in der Droge genuin vorliegende magenschleimhautreizende Anthronglykoside zu besser verträglichen Anthrachinonglykosiden oxidiert.

Von der Art der Veränderungen, die sich beim Trocknen und Lagern abspielen, gibt eine einfache Tüpfelreaktion einen Hinweis; abgelagerte Rinde färbt sich mit Kalkwasser betupft sofort rot; frische Rinde hingegen erst nach vorheriger Oxidation, z. B. mittels Peroxid-Lösung. Die einfache Reaktion zeigt an, daß beim Reifen (Ablagern) der Faulbaumrinde reduzierte Anthrone in oxidierte Anthrachinone übergehen. Die Pharmakopöen lassen auf reduzierte Anthrone gezielt mittels halbquantitativer Dünnschichtchromatographie prüfen. Die Chromatogramme werden mit einer Lösung von Nitrosodimethylanilin in Pyridin besprüht: Die Anthronzonen färben sich infolge von Azomethinbildung graublau an.

Aussehen und sensorische Eigenschaften

Faulbaumrinde von jungen Zweigen ist außen glatt und rötlichbraun, ältere Rindenteile sind grau mit feinen Längsrunzeln bedeckt. Beide sind mit heller gefärbten Lentizellen bedeckt. Die Innenseite ist glatt und variierend hellgelb bis dunkelbraun gefärbt.

Faulbaumrinde ist nahezu geruchlos und von schleimigem, etwas süßlichem und leicht bitteren Geschmack.

Inhaltsstoffe

Hauptwirkstoffe der gereiften Faulbaumrinde sind die Anthrachinonglykoside Glucofrangulin A und B sowie deren 8-Desglucosylderivate, die Franguline A und B.

In geringeren Mengen kommen weitere Glykoside vor, darunter das für Rhamnusrinden typische Emodin-8-β-glucosid, sowie – abhängig von Trocknungsbedingungen und Art der Lagerung – unterschiedliche Mengen freier Anthrachinone.

R^1	R^2	
α-L-Rha p	β-D-Glc p	Glucofrangulin A
α-L-Rha p	H	Frangulin A
D-Api	β-D-Glc p	Glucofrangulin B
D-Api	H	Frangulin B
β-D-Glc p	β-D-Glc p	Emodingentiobiosid
β-D-Glc p	H	Emodinmonoglucosid
H	H	Emodin (Frangulaemodin)

Anmerkung

Von den übrigen Anthranoiddrogen unterscheidet sich gelagerte Faulbaumrinde dadurch, daß die Wirkstoffe überwiegend in der Anthrachinonform vorliegen. Die Anthrachinone sind im Vergleich mit Dianthron- und 10-Glucosylanthronen weniger stark antiabsorptiv und hydragog wirksam, wodurch die milde Wirkung der Faulbaumrinde ihre Erklärung findet.

5.8.7
Rhabarberwurzel

Definition nach Arzneibuch

Rhabarberwurzel besteht aus den getrockneten unterirdischen Teilen von *Rheum palmatum* L. oder *Rheum officinale* BAILL. oder aus Hybriden der beiden Arten oder aus deren Mischung. Die unterirdischen Teile sind meist geteilt; sie sind vom Stengel und weitgehend von der Außenrinde mit den Wurzelfasern befreit. Rhabarberwurzel enthält mindestens 2,5 Prozent Hydroxyanthracenderivate, berechnet als Rhein.

Gewinnung der Droge

Der echte chinesische Rhabarber wird von wildwachsenden Pflanzen, die etwa sechs Jahre alt sind, zur Blütezeit gesammelt, im frischen Zustand geschält, in Stücke geschnitten und getrocknet. Der Export erfolgt über Tientsin, Schanghai oder Hongkong.

Rhabarber — Rhei radix
Rheum palmatum und/oder Rheum officinale
sowie deren Bastarde; Polygonaceae

Herkunft:
Nordwestchina, Osttibet; in Europa kultiviert.

Pflanze (Abb. 5.30):
Pflanze 1,5–3 m hoch, mehrköpfige Wurzel, große 5- bis 7lappige bis 1 m lange Blätter am Grund mit Ochrea; gelbe bzw. rote kleine Blüten in endständigen Rispen.

Anwendung:
In Form von Tees oder Extrakten zur Behandlung von Obstipation.

Inhaltsstoffe:
1) Anthrachinonglykoside, Dianthronglykoside.
2) Phenylbutanonderivate.
3) Gerbstoffe (5–10%).

Anmerkung:
Offizinelle Zubereitung: Eingestellter Rhabarbertrockenextrakt (Rhei extractum siccum normatum).

5 Phenolische Verbindungen

Die Droge besteht im wesentlichen aus Teilen der Rübe und der verdickten Nebenwurzeln. Die aus Kulturen stammende Droge wird von jungen Pflanzen gewonnen, da eine 6- bis 7jährige Kultur kaum rentabel wäre. Europäischer Rhabarber besteht daher aus jüngeren Rübenstücken mit hohen Anteilen an Wurzeln.

Sensorische Eigenschaften

Rhabarberwurzel weist einen charakteristischen Geruch auf, dessen Geruchsnote schwer beschreibbar ist. Einige Herkünfte haben eine leicht bis stark brenzlige Beinote. Der Geschmack ist aromatisch und, je nach Sorte, schwach oder stark bitter, zugleich zusammenziehend oder auch zugleich schleimig. Beim Kauen bemerkt man ein Knirschen zwischen den Zähnen, herrührend von großen Calciumoxalatkristallen; der Speichel färbt sich gelb.

Inhaltsstoffe

Rhabarberwurzel enthält, je nach Herkunft, 1 bis über 5% Anthranoide, die sich im typischen Fall, wie folgt, verteilen:

- 60–80% Anthrachinonmonoglykoside oder Diglykoside (Physciongentiobiosid),
- 10–25% Dianthronglykoside, darunter die Sennoside A und C,
- 0,5–1,0% freie Anthrachinone.

Da nahezu alle Substitutionsmuster vertreten sind, so ist das Anthranoidspektrum der Rhabarberwurzel außerordentlich komplex. Nach oxidativer Hydrolyse lassen sich mindestens fünf Emodine nachweisen; Aloeemodin, Chrysaphanol, Emodin, Physcion und Rhein.

Jedes dieser Aglyka kann mit jeweils einem, zwei oder auch mehreren Zuckermolekülen verknüpft sein; bisher wurde nur D-Glukose als Zuckerkomponente gefunden. Die Glykoside wiederum können als Anthron- oder als Dianthron-Glykoside vorliegen.

Weitere Inhaltsstoffe

- Phenylbutanonderivate, u. a. Lindleyin = 4-(4'-Hydroxyphenyl)-2-butanon-4'-β-D-glucosid.
- Gerbstoffe und zwar sowohl Proanthrocyanidine als auch Gallotannine. An einfachen Bauelementen dieser Gerbstoffe wurden gefunden (–)-Catechin, (–)-Epicatechin, Glucogallin (1-Galloyl-β-D-glucose) und (–)-Epicatechingallat. Rhatannin ist ein Gemisch oligo- bis polymer verknüpfter Procyanidine aus 4,8-verknüpften (–)-Epicatechin-3-O-gallat-Einheiten, mit teilweise (+)-Catechin als Endgruppe.
- Weitere Stoffe: Rutin, Fettsäuren, Zucker, Stärke (16%), Calciumoxalat (6%).

Anwendung

Rhabarberwurzel enthält sowohl laxierend als auch adstringierend wirkende Prinzipien. Sie wird mit anderen Anthranoiddrogen als Laxans verwendet;

zusammen mit anderen *Amara-Aromatica* als Stomachicum bei dyspeptischen Beschwerden.

Kombinationspräparate mit Rhabarberwurzel (Magenpulver, Magentabletten, Kräutertropfen u. a. m.) werden in allen bekannten Arzneiformen angeboten: als Pulver, als Teemischung, als Tropfen, in Tabletten- und in Drageeform.

Prüfung auf Reinheit

Sie zielt darauf ab, die nicht der Pharmakopöe-Definition entsprechenden Drogenherkünfte durch den dc-Nachweis von Rhaponticin und Rhapontigenin zu erkennen. Die beiden Stoffe fallen durch intensiv blaue Eigenfluoreszenz auf.

R = H: Rhapontigenin (**1**)
R = β-D-Glc: Rhaponticin (**2**)

5.8.8
Sennesblätter und Sennesfrüchte

Definition der Arzneibuchdrogen

Das Arzneibuch kennt drei von *Cassia*-Arten stammende Drogen: Sennesblätter, Alexandriner-Sennesfrüchte und Tinnevelly-Sennesfrüchte. Sennesblätter (*Sennae folium* Ph. Eur.) bestehen aus den getrockneten Fiederblättchen von *Cassia senna* L. (*Cassia acutifolia* DEL.), bekannt als Alexandriner- oder Khartum-Senna, oder von *Cassia angustifolia* VAHL, bekannt als Tinnevelly-Senna, oder aus einer Mischung beider Arten. Sie enthalten mindestens 2,5 % Hydroxyanthracen-Derivate, berechnet als Sennosid B.

Alexandriner-Sennesfrüchte (*Sennae fructus acutifiliae* Ph. Eur.) bestehen aus den getrockneten Früchten von *Cassia acutifolia* DEL. (*Cassia senna* L.). Sie enthalten mindestens 3,4 % Hydroxyanthracen-Derivate, berechnet als Sennosid B.

Tinnevelly-Sennesfrüchte (*Sennae fructus angustifoliae* Ph. Eur.) bestehen aus den getrockneten Früchten von *Cassia angustifolia* VAHL. Sie enthalten mindestens 2 % Hydroxyanthracen-Derivate, berechnet als Sennosid B.

Beschaffenheit der Drogen

Beide Sorten von Sennesblättern sind an der Basis etwas schief, d. h. ungleichseitig entwickelt; 2,5 – 6 cm lang und bis 2 cm breit; wenig behaart, hellgrün; die Seitennerven treten auf beiden Blattseiten deutlich hervor. Sennesblätter riechen schwach eigenartig; sie schmecken anfangs süßlich, dann bitter und kratzend.

Die beiden Sennesblatt-Herkünfte lassen sich außer an Hand morphologischer Merkmale auch aufgrund von Unterschieden im Vorkommen von Naphthalinglykosiden unterscheiden. Diese Zuordnung mittels DC ist auch bei Extrakten möglich (s. unten).

Sennesfrüchte sind flach, pergamentartig, grau- bis bräunlichgrün, von nierenförmigen Umriß; die Lage der 6 – 7 Samen zeichnet sich durch örtliche Erhebungen ab. Sennesfrüchte riechen schwach arteigen und schmecken etwas bitter. Pharmazeutisch relevanter als die Zuordnung der Droge zu einer der beiden Arten, ist der Umstand, daß Tinnevelly-Senna zur Zeit als qualitativ überlegen gilt. Das hängt weniger mit der Zugehörigkeit zu einer der beiden Arten zusammen als damit, daß die Tinnevelly-Senna aus Kulturen stammt, die auf gut geeigneten Böden angelegt sind, und sodann, daß die Droge mit Sorgfalt geerntet und aufbereitet wird.

Inhaltsstoffe

Die Wirkstoffe von Sennesblatt und Sennesfrucht leiten sich von den beiden Anthronen, dem Aloeemodin und dem Rheinanthron, ab. Anheftung von β-D-Glu-

---

Sennesblätter   Sennae folium

Cassia angustifolia und/oder Cassia senna (= C. acutifolia) Caesalpiniaceae.

Herkunft:
Cassia angustifolia: in Indien kultiviert.
Cassia senna: in Nordostafrika kultiviert.

Pflanzen (Abb. 5.31):
Ausdauernde Pflanze mit mehreren bis 60 cm hohen Stengeln. Blätter wechselständig. 4- bis 5paarig gefiedert, ca. 12blütige Trauben mit gelben schmetterlingsähnlichen Blüten, Hülsen papierartig mit wenig runzeligen Samen.

Anwendung:
In Form von Tees oder Extrakten zur Behandlung von Obstipation.

Inhaltsstoffe:
1) Dianthronglykoside: Sennoside A, B, C, D.
2) Anthrachinonglykoside.
3) Naphthalinglykoside.

Kontraindikation:
Darmverschluß, Schwangerschaft, Stillzeit.

Neben- und Wechselwirkungen:
Kaliumverlust; dadurch Wirkung der Herzglykoside verstärkt. In Einzelfällen, häufiger bei Überdosierung, krampfartige Magen-Darm-Beschwerden. Mitunter verursachen Sennesblätter beim Verarbeiten inhalative Allergie.

cose in Stellung O-8 führt zu den entsprechenden Glykosiden; sie wurden beide als Drogeninhaltsbestandteile nachgewiesen. Bisher wurden lediglich die beiden Homo-dianthrone Sennosid A und B und die beiden Hetero-dianthrone Sennosid C und D in den Drogen aufgefunden.

R	Konfiguration C-10	Konfiguration C-10'	
CO_2H	R	R	Sennosid A
CO_2H	R	S	Sennosid B
CH_2OH	R	R	Sennosid C
CH_2OH	R	S	Sennosid D

Die Aglykone von Sennosid A und B, die sog. Sennidine A und B, enthalten zwei strukturell identische Chiralitätszentren (an C-10). Im Sennidin A sind beide Zentren so angeordnet, daß sich die Drehwerte addieren (beide drehen die Ebene des polarisierten Lichtes nach rechts); im Sennidin B hingegen zeigen sie entgegengesetzte optische Drehung und kompensieren sich intramolekular. Sennidin B stellt demnach die optisch inaktive Mesoform dar. Über die Konfiguration der Chiralitätszentren C-10 und C-10' bei den Sennosiden liegen bisher keine Angaben vor.

Ohne pharmakologische Bedeutung, aber wichtig zur Unterscheidung der beiden Herkünfte von Sennesblättern sind die Naphthalinglykoside: Tinnevellinglucosid kommt nur in C.-angustifolia-Blättern vor, 6-Hydroxymusizinglucosid nur in C.-senna-Blättern, was eine dünnschichtchromatographische Unterscheidung erlaubt. Hinweis: Die beiden Glykoside leiten sich vom 2-C-Acetyl-1-hydroxy-3-methoxynapthalin ab. Das Tinnevellinglukosid trägt zusätzlich eine 6-D-Glucopyranosyloxygruppe und eine 8-Methoxygruppe; das 6-Hydroxymusizinglucosid ist durch eine 6-Hydroxy- und eine 8-D-Glucopyranosylgruppe substituiert.

Anwendung

Sennesblatt und Sennesfrüchte werden in Form des Infuses bei akuter Obstipation verwendet. Gleichsam getarnt sind sie in industriell hergestellten Tees enthalten, die u. a. wie folgt deklariert sind: Kräutertee, Zitronentee, Blutkreislauftee, Blutreinigungstee, Rheumatee, Hautreinigungstee, Schlankheitstee, Schwedenkräutertee, Stoffwechseltee, Umkehrtee, Venentee.

Ähnlich verwendet man Sennes-Extrakt nicht nur für Abführdragees oder Abführtabletten, sondern für Arzneimittel, die als Cholagoga und Gallenwegstherapeutika deklariert sind; ferner zu Magentropfen und zu Tonika.

5.8.9
Johanniskraut (Hyperici herba)

Herkunft

Johanniskraut besteht aus den zur Blütezeit geernteten und anschließend getrockneten Zweigspitzen von *Hypericum perforatum* L. (Familie: *Hypericaceae* = *Guttiferae*).

Sensorische Eigenschaften

Geruch: schwach eigenartig. Geschmack: zusammenziehend.

Inhaltsstoffe

- Naphthodianthronderivate, hauptsächlich Hypericin und Pseudohypericin (= Hydoxyhypericin; anstelle der 2-CH_3 des Hypericins eine 2-CH_2OH).
- Flavone und Flavonole (2 – 4 %), vorwiegend Glykoside des Quercetins wie Hyperosid, Isoquercitrin, Quercitrin und Rutosid.
- Proanthocyanidine (6 – 15 %), darunter das dimere Procyanidin B-2.

R = H: Hypericin
R = OH: Pseudohypericin

(3 → 8) - Biapigenin

(3' → 8) - Biapigenin
(Amentoflavon)

Hyperforin

Hinweis

In frischen Blüten kommt ein als Hyperforin bezeichnetes tetraprenyliertes Phloruglucinderivat (etwa 3 %) vor, das in seinem chemischen Aufbau den Hopfenbitterstoffen, den Humulonen und Lupulonen nahesteht.

Analytik

Die Prüfung auf Identität in Extraktzubereitungen stützt sich auf den Nachweis des Flavonoidspektrums (Rutin, Hyperosid, Isoquercitrin, Quercitrin, Biapigenin und

Johanniskraut — **Hyperici herba**
Hypericum perforatum — **Hypericaceae**

Herkunft:
Aus Wildvorkommen und Kulturen in Europa und dem westlichen Asien.

Pflanze (Abb. 5.32):
30–50 cm hohe Pflanze, Stengel 2kantig, markig. Blätter oval-länglich, durchscheinend punktiert. Blüten 5zählig mit lanzettlichen, spitzen Kelchblättern. Kronblätter goldgelb.

Anwendung:
Zur Unterstützung und Behandlung von nervöser Unruhe und Schlafstörungen. Innerlich: Psychovegetative Störungen, depressive Verstimmungszustände, Angst und/oder nervöse Unruhe. Ölige Hypericumzubereitungen bei dyspeptischen Beschwerden. Äußerlich: Ölige Hypericumzubereitungen zur Behandlung und Nachbehandlung von scharfen und stumpfen Verletzungen, Myalgien und Verbrennungen 1. Grades.

Inhaltsstoffe:
1) 0,1–0,15 % Hypericine (mindestens 0,04 % DAC).
2) Flavonoide, Hyperforin, ätherisches Öl, Gerbstoffe, Xanthone (Spuren).

Nebenwirkungen:
Lichtüberempfindlichkeit, besonders bei hellhäutigen Personen.

Quercitin) in Verbindung mit den analytisch durch eine rote Fluoreszenz (UV 366 nm) auffallenden Hypericinen.
Quantitativ lassen sich die genannten Stoffe am besten mittels HPLC-Analyse bestimmten.

Wirkungen, Anwendungsgebiete

Die wirksamkeitsbestimmenden Inhaltsstoffe von Hypericum-perforatum-Extrakten sind nicht bekannt. Man vermutet sie in den Hypericinen. Hypericine sind rote Pflanzenfarbstoffe, die seit langem durch ihre photodynamische Wirkung bekannt sind. Unter photodynamischen Wirkungen versteht man Wirkungen, die unter oder nach Lichteinwirkung eintreten (s. S. 183). Daß Hypericumextrakte in therapeutischer Dosierung photodynamische Effekte auslösen können zeigte eine Studie mit gesunden Probanden: nach einer Anwendungsdauer von drei Wochen kam es zu einer signifikanten Steigerung der nächtlichen Malatoninsekretion, ein Effekt, der vom Doxepin, einem trizyklischen Antidepresivum, bekannt ist. Über die Bedeutung dieser Wirkung für die Wirksamkeit von Hypericum-Extrakt kann vorerst nur spekuliert werden, da über die Bedeutung des Malatonins für Stimmung und Psyche zu wenig bekannt ist.

Zur Pharmakokinetik der Hypericine liegen orientierende Daten vor. Nach Einzalgabe von 300 bis 1800 mg Extrakt wurden Plasmaspiegel an Hypericin von 1,5 bis 14,2 ng/mL zwei bis drei h nach oraler Gabe gefunden; Maxima wurden 15 bis 30 min nach Gabe erreicht; die Eliminationshalbwertszeit von Hypericin beträgt etwa 24 h, die von Pseudohypericin 16 bis 20 h.

Folgende Indikationen sind für standardisierte Johanniskrautpräparationen zugelassen: psychovegatative Störungen, depressive Verstimmungszustände; Angst und/oder nervöse Unruhezustände.

Johanniskrautöl

Johanniskrautöl ist ein unter Verwendung eines Pflanzenöls (in der Regel nimmt man Olivenöl) hergestellter Auszug aus den frischen blühenden Zweigspitzen, wobei der Ansatz etwa 6 Wochen lang dem Sonnenlicht ausgesetzt wird. Das Öl enthält die lipophilen Bestandteile, insbesondere das aus *n*-Alkanen bestehende ätherische Öl sowie Abbauprodukte der Hypericine (sog. Ölhypericine). Eigentliche Analysen des Öls liegen aber nicht vor. Anwendungsgebiete sind: Vorbeugung von Wundliegen, zur Pflege von Amputationsstellen und zur Pflege unreiner und spröder Haut.

Literatur

Bertram B (1989) Flavonoide. Eine Klasse von Pflanzeninhaltsstoffen mit vielfältigen biologischen Wirkungen, auch mit karzinogener Wirkung? Dtsch Apoth Ztg 129:2561–2571

Braun R, Dittmar W, Machut M, Weickmann S (1982) Valepotriate mit Epoxidstruktur – beachtliche Alkylanzien. Dtsch Apoth Ztg 122:1109–1113

Hänsel R, Lazar J (1985) Kawapyrone. Inhaltsstoffe des Rauschpfeffers in pflanzlichen Sedativa. Dtsch Apoth Ztg 125:2056–2058

Hänsel R, Schulz J (1986) Hopfen und Hopfenpräparate. Fragen zur pharmazeutischen Qualität. Dtsch Apoth Ztg 126:2033–2037

Herrschaft H (1994) Zur klinischen Anwendung von Ginkgo biloba bei dementiellen Syndromen. Pharmazie in unserer Zeit 21:266–275

Hölzl J (1992) Inhaltsstoffe von Ginkgo biloba. Pharm Unserer Zeit 21:206–214

Hölzl J, Sattler S, Schütt H (1994) Johanniskraut: eine Alternative zu synthetischen Antidepressiva? Pharm Z 139:3959

Koch A, Kraus L (1991) Pflanzliche Laxanzien mit Anthranoiden als Wirkstoffen. Dtsch Apoth Ztg 131:1459

Kretzschmar R, Teschendorf HJ (1974) Pharmakologische Untersuchungen zur sedativ-tranquillisierenden Wirkung des Rauschpfeffers. Chemiker-Zeitung 98:24–28

Krieglstein J, Grusla D (1988) Zentral dämpfende Inhaltsstoffe im Baldrian. Valepotriate, Valerensäure, Valeranon und ätherisches Öl sind jedoch unwirksam. Dtsch Apoth Ztg 128:2041–2046

Loew D, Bergmann U, Schmidt M, Überla KH (1994) Anthranoidlaxanzien: Ursache für Kolonkarzinom? Dtsch Apoth Ztg 134:3180–3184

Lund K, Rimpler H (1985) Tormentillwurzel. Dtsch Apoth Ztg 125:105–108

Meier B (1995) Passiflora incarnata: Passionsblume, Portrait einer Arzneipflanze. Zeitschr Phytotherapie 16:115–126

Meißner C, Morck H (1992) Knoblauch: Heilpflanzen mit wissenschaftlichem Profil. Pharm Z 137:782

Nahrstedt A (1984) Drogen und Phytopharmaka mit sedierender Wirkung. In: Schriftenreihe der Bundesapothekerkammer zur wissenschaftlichen Fortbildung. Bd XII Werbe und Vertriebsgesellschaft Deutscher Apotheker Frankfurt/M, S 77–101

Oberpichler-Schwenk H, Krieglstein J (1992) Pharmakologische Wirkungen von Ginkgo biloba-Extrakt und -Inhaltsstoffen. Dtsch Apoth Ztg 132:224–227

Rauwald HW, Lohse K, Bats JW (1989) Bestimmung der Konfiguration der beiden diastereomeren C-Glucosylanthrone Aloin A und B. Angew Chemie 101:1539–1540

Saller R, Hellenbrecht D (1992) Johanniskraut. internist prax 32:684–694
Schneider K, Kosik A, Kubelka W (1991) Zur Zusammensetzung von „Equisetonin". Sci Pharm 59:57
Sticher O (1992) Ginkgo biloba – Analytik und Zubereitungsformen. Pharmazie unserer Zeit 21:253–265
Veith M (1987) Die Schachtelhalme. Dtsch Apoth Ztg 127:2049–2056
Veith M (1994) Probleme bei der Bewertung pflanzlicher Diuretika. Zs f Phytotherapie 16:331–341
Volz H-P, Hänsel R (1994) Ginkgo biloba: Grundlagen und Anwendung in der Psychiatrie. Phytopharmakotherapie 1:70–76
Volz H-P, Hänsel R (1994) Kava-Kava und Kavain in der Psychotherapie. Psychopharmakotherapie 1:33–39
Willuhn G (1989) Lindenblüten. In: Wichtl M (Hrsg): Teedrogen – ein Handbuch für die Praxis auf wissenschaftlicher Grundlage. 2. Aufl. Wissenschaftl. Verlagsges. Stuttgart
Wohlfahrt R, Hänsel R, Schmidt H (1983) Nachweis sedativ-hypnotischer Wirkstoffe im Hopfen. 4. Mittlg. Die Pharmakologie des Hopfeninhaltsstoffes 2-Methyl-3-buten-2-ol. Planta Medica 48:120–123

Abb. 5.1 Steinklee

Abb. 5.2 *Ammi visnaga* (L.) LAM

Farbtafeln zu Kapitel 5   245

Abb. 5.3   *Podophyllum peltatum* L.

Abb. 5.4   Bärentraube: Blüte (**a**) und Frucht (**b**)

Abb. 5.8 Weißdorn: Blüte (**a**) und Frucht (**b**), *Foto: Herbert E. Maas*

Abb. 5.9 Ginkgoblätter, *Foto: Herbert E. Maas*

Abb. 5.10 Mariendistel, *Foto: Herbert E. Maas*

Abb. 5.11 Weißbirke, Standortaufnahme im Herbst

Abb. 5.12 Ackerschachtelhalm, steriler Sproß

248   5 Phenolische Verbindungen

Abb. 5.13   *Orthosiphon aristatus* MIQ., Nierenteepflanze; Blütenstand vor dem Aufblühen

Abb. 5.14   Dornige Hauhechel, Blütenstand   **Abb. 5.15**   Goldrutenkraut

Abb. 5.16 Holunder, Zweig mit Blütenständen (Trugdolden)

Abb. 5.17 Passionsblume, *Foto: Herbert E. Maas*

Abb. 5.18 Ringelblume, *Foto: Herbert E. Maas*

Abb. 5.19 Hopfenzapfen

Abb. 5.20 Rauschpfeffer, frisch ausgegrabener Wurzelstock eines jungen Strauches

Abb. 5.23 Eichenblätter und Eicheln

Abb. 5.24 Zaubernuß (*Hamamelis virginiana* L.), Blütenstand mit vorjährigem Blatt, *Foto: Herbert E. Maas*

Abb. 5.25 *Krameria lappacea* BURD. et SIMP., Bildausschnitt mit Blüten, *Foto: H. Buser, CH-Arlesheim*

Abb. 5.26 Blutwurz (*Potentilla erecta* (L.) RÄUSCH.), eine Rosazee mit 4zähligen Blüten spec.

Abb. 5.27 Aloe

Farbtafeln zu Kapitel 5   253

Abb. 5.28   Amerikanischer Faulbaum (*Rhamnus purshianus* DC.), Zweig mit blattachselständigen Blüten

Abb. 5.29   Faulbaum (*Rhamnus frangula* L.), Zweig mit Früchten

Abb. 5.30 *Rheum palmatum* L. mit rispenförmigen Blütenstand, *Foto: Herbert E. Maas*

Abb. 5.31 Indische Senna

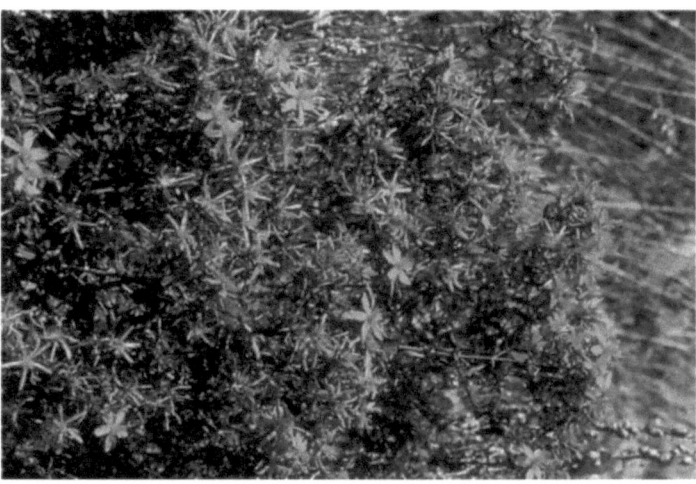

Abb. 5.32 Johanniskraut, *Foto: Herbert E. Maas*

KAPITEL 6

N-haltige Verbindungen außer Alkaloide

6.1
Ephedrakraut

Herkunft

Unter Ephedrakraut versteht man die getrockneten, oberirdischen Teile verschiedener ephedrinführender Ephedra-Arten, insbesondere der Arten:
- *E. gerardiana* WALL ex STAPF.
- *E. intermedia* SCHRENK (die beiden Arten liefern das indische bzw. pakistanische Ephedrakraut).
- *E. equisetina* BUNGE und
- *E. sinica* STAPF (liefern das chinesische Ephedrakraut).

Die Gattung *Ephedra* umfaßt etwa 40 Arten, die vorwiegend Trockengebiete besiedeln. Die knotig gegliederten blaßgrünen Stengel übernehmen die Aufgabe der Photosynthese, da die Blätter zu kleinen schuppenförmigen Organen reduziert sind. *Ephedra*-Arten sind diözisch. Die Blüten stehen zu knäueligen gelbgrünen Infloreszenzen zusammengefaßt.

Inhaltsstoffe

Systematische Untersuchungen fehlen. Als Inhaltsstoffe von *E. gerardiana* wurden ätherisches Öl, Phenole (Ellagsäure, Gallussäure, Catechine) und Saponine nachgewiesen (Mengenangaben fehlen). Die spezifischen Wirkstoffe der Droge sind Alkaloide mit dem (1R,2S)-(–)-Ephedrin als Hauptalkaloid. Als Nebenalkaloide treten Norephedrin und Methylephedrin sowie die den drei Ephedrinen analogen Derivate der Pseudoephedrinreihe auf.

L-Ephedrinreihe mit 1R,2S-Konfiguration

D-Pseudoephedrinreihe mit 1S,2S-Konfiguration

R^1	R^2	
H	H	Norephedrin
H	CH$_3$	Ephedrin
CH$_3$	CH$_3$	N-Methylephedrin

R^1	R^2	
H	H	Norpseudoephedrin
H	CH$_3$	Pseudoephedrin
CH$_3$	CH$_3$	N-Methylpseudoephedrin

6 N-haltige Verbindungen außer Alkaloide

Ephedrakraut   Ephedrae herba
Ephedra sinica   Ephedraceae

Herkunft:
Subtropisches Asien.

Pflanzen (Abb. 6.1):
E. sinica: Bis 30 cm hoher Strauch, diözisch, einfach verzweigt; Rinde grün; Blätter 2–4 mm, gegenständig, scheidig reduziert; Staubblätter in Büscheln, weibliche Blütenstände 2blütig, Beerenzapfen rot, kugelig.

Anwendung:
Atemwegserkrankungen mit leichtem Bronchospasmus.

Inhaltsstoffe:
L-Ephedrin 0,1–3%, daneben L-Nor-, D-Pseudo-, D-Norpseudoephedrin; Gerbstoffe.

Anmerkung:
Der hohe Gerbstoffgehalt kann die Bioverfügbarkeit der Ephedrine therapierelevant vermindern.

Anwendung des Ephedrakrautes

Die wirksamkeitsbestimmenden Inhaltsstoffe sind (–)-Ephedrin und seine Diastereomere. Extrakte verwendet man in Hustenmitteln, zusammen beispielsweise mit Thymian- oder Primelwurzelextrakt und ätherischen Ölen. Tierexperimentell ließ sich ein durch Reizung der Tracheal- oder der Bronchialschleimhaut ausgelöster Husten unterdrücken. Man vermutet, daß der antitussive Effekt eine Folge der bronchienerweiternden Ephedrinwirkung sei, doch soll er auch bei nichtasthmatischen Patienten in der therapeutischen Situation vorhanden sein. Eine expectorierende Komponente scheint Ephedrazubereitungen hingegen zu fehlen; im Tierexperimente wurde eher eine Verminderung der Bronchialsekretproduktion beobachtet.

Anhang: Kat (Kath)

Unter Kat (Abessinischem Tee) versteht man die zum Genuß bestimmten Zweigspitzen, Blätter oder jungen Astausschläge von *Catha edulis* FORSK., einem Holzgewächs aus der Familie der *Celastraceae*. Kat wird zu Genußzwecken gekaut; er schmeckt aromatisch, bitter, leicht anästhesierend, etwas adstringierend.

Hauptwirkstoff der Droge ist das (S)-(–)-Cathinon, eine Substanz mit struktureller Ähnlichkeit zum Amphetamin, mit Ähnlichkeit auch in pharmakologischer Hinsicht. Cathinon ist ein potentes indirektes Sympathikomimetikum, wie tierexperimentell gezeigt wurde: an der gesteigerten Motorik, der erhöhten Körpertemperatur, dem erhöhten Grundumsatz und der verminderten Eßlust. Beim Menschen werden die Folgen des Katkauens wie folgt beschrieben: Müdigkeit verschwindet, anstrengende Arbeit läßt sich leichter bewältigen, eine leichte Exzitation führt zur vermehrten Rededrang, so daß man sich besonders in Gesellschaft wohl fühlt.

Kat hat als Genußmittel nur sehr lokale Bedeutung. Es muß frisch konsumiert werden, da der Hauptwirkstoff Cathinon beim Trocknen der Droge rasch enzymatisch zu den wesentlich weniger wirksamen Derivaten Norephedrin und Norpseudoephedrin umgewandelt wird. Dabei sinkt die zentrale Weckaminwirkung auf ein Drittel ab.

(−)-Cathinon; (S)-(−)-α-Aminopropiophenon

Trocknen der Droge;
Pflanzeneigene
Enzyme

(1R,2S)-Norephedrin   (1S,2S)-Norpseudoephedrin

Cinnamoylteil C_2-N-Teil

Cinnamoylethylamin

6.2 Cayennepfeffer

Herkunft

Capsicum frutescens L. *sensu latiore* (Familie: *Solanaceae*) ist eine ausdauernde, bis 180 cm hoch wachsende Pflanze mit holzigem Stengel. Cayennepfeffer ist im tropischen Südamerika beheimatet und wird heute in allen tropischen und subtropischen Gegenden der Erde kultiviert. Zu Gewürz- und Arzneizwecken verwendet man die glänzend orangerot bis tief dunkelrot gefärbten Früchte (Trockenbeeren), die entweder getrocknet (z.B. als Peperoni) oder zu Pulver vermahlen in den Handel gelangen.

Inhaltsstoffe

- Ätherisches Öl, darunter verschiedene Ester der Butter-, Valerian- und Capronsäure sowie Capsidiol (ein bizyklisches irregulär gebautes Sesquiterpen).
  Anmerkung: 2-Methoxy-3-isobutyl-pyrazin, der charakteristische Aromastoff der *Capsicum-annuum*-Früchte, wurde in Chilies bisher nicht entdeckt.
- Scharf schmeckende Capsaicinoide (0,3–1,5 %), das sind Vanillylamide verschiedener Säuren mit dem Capsaicin, dem Amid der 8-Methyl-non-6-ensäure als Hauptkomponente.

258   6 N-haltige Verbindungen außer Alkaloide

- Weitere Inhaltsstoffe: Carotinoide, hauptsächlich Capsanthin; fettes Öl, Zucker, Ascorbinsäure (0,1–0,5%).

[Struktur: H₃CO-/HO-Phenylring-CH₂-NH-C(=O)-R]

R	
(ungesättigt, verzweigt)	Capsaicin (48%)
(ungesättigt)	Homocapsaicin (2%)
(gesättigt, verzweigt)	Dihydrocapsaicin (36%)
(gesättigt)	Nordihydrocapsaicin (7%)
(gesättigt, länger)	Homodihydrocapsaicin (2%)

Vorkommen

Bildung und Vorkommen von Capsaicin und Capsaicinoiden beschränken sich auf die Plazenta in den Früchten von *Capsicum*-Arten (Familie: *Solanaceae*).

Eigenschaften

Capsaicin und die Capsaicinoide sind farblose kristalline Verbindungen, die in Wasser sehr schwer, in Ethanol und Chloroform leicht löslich sind. Sie rufen auf der Zunge starkes Brennen hervor. Capsaicin und die Capsaicinoide sind mit

---

Cayennepfeffer   Capsici fructus acer
Capsicum frutescens   Solanaceae

Herkunft:
Tropisches Amerika; in allen wärmeren Ländern kultiviert.

Pflanze (Abb. 6.2):
Bis 180 cm hoher ausdauernder Strauch, sparrig verzweigt; Blatt eiförmig-lanzettlich, ganzrandig, gestielt, Blüten 1–3 nickend, Krone radförmig weiß oder gelblich, Frucht 2–7 cm.

Anwendung:
1) Zur Isolierung von Capsaicin. Capsaicin stimuliert Speichelfluß, erzeugt Hautreizung.
2) In Salben und Pflastern zur Hautreizung.

Inhaltsstoffe:
1) Capsaicinoide (0,3–1,5%) mit Capsaicin, Dihydrocapsaicin.
2) Ascorbinsäure (0,1–0,5%), Carotinoide, fettes Öl.

Wasserdampf flüchtig; die Dämpfe reizen Augen und beim Einatmen die Atemwege.

Hinweise zur Pharmakokinetik

Capsaicin wird vom Magen und vom Dünndarm aus rasch resorbiert (85% innerhalb von 3 h); die maximale Konzentration im Serum ist nach 40 min erreicht.

Toxizität

Im Tierversuch (Ratten, 1 mg/kg KG peroral) führt Capsaicin zu Schädigungen der Schleimhäute des Magen-Darmtraktes. Ultrastrukturelle Veränderungen zeigen sich markant an den Mitochondrien durch Matrixschwellung, Desorganisation der Cristae sowie an der Deformation der Kerne. Die LD_{50} beträgt 120–294 mg/kg KG.

Wirkungen

- In kleinen Dosen, peroral gegeben, wirkt Capsaicin stimulierend auf die Speichel- und Magensaftsekretion.
- Die Magenmotorik wird angeregt.
- Es kommt zu einer Mehrausschüttung von Nebennierenrindenhormonen ins Blut.
- Capsaicin fördert die Schweißsekretion.
- Auf Schleimhäute oder auf zartere Hautpartien gebracht erzeugt Capsaicin heftiges Brennen und Schmerzgefühl. Die Erregung der Wärme- und Schmerzrezeptoren kommt über die Ausschüttung einer entsprechenden Transmittersubstanz, der Substanz P (eines Dekapeptids) zustande.
- Der Wärmereiz löst reflektorisch im Applikationsgebiet Hyperämie aus.

Anwendung

Äußerlich in Form von Pflastern, Salben und Linimenten als Hautreizmittel bei Myalgien. Innerlich in Form der Tinktur als Carminativum. Als Hilfsmittel in der neurobiologischen Forschung.

6.3
Pfeffer

Vorbemerkung

Man unterscheidet drei Handelsformen, die alle gleichermaßen von *Piper nigrum* L. (Familie: *Piperaceae*) stammen:
- Schwarzer Pfeffer besteht aus den ausgewachsenen, unreif geernteten und getrockneten Früchten.
- Weißer Pfeffer wird aus den reifen rotgefärbten Früchten hergestellt, indem der äußere Teil der Fruchtwand durch Abreiben entfernt wird. Eine weniger gute

6 N-haltige Verbindungen außer Alkaloide

Pfeffer   Piperis nigri fructus
Piper nigrum   Piperaceae

Herkunft:
In den Tropen kultiviert, Hauptanbauländer sind Brasilien, Indien und Indonesien.

Beschreibung:
Kletterpflanze mit sproßbürtigen Haftwurzeln; Blatt groß ganzrandig, wechselständig; Blüte an einer Ähre sitzend, klein, weiß, nach Befruchtung beerenähnliche Steinfrucht, grün, rot, gelb.

Anwendung:
Gewürz, als verdauungsförderndes Mittel (reflektorische Magensaftanregung).

Inhaltsstoffe:
1) Ätherisches Öl 1–3 % mit 90 % Kohlenwasserstoffen mit Sabinen, Limonen u. a. und Phenylpropanen mit Piperonal, Eugenol.
2) Scharfstoffe mit Piperin (Säureamid).

Qualität wird dadurch gewonnen, daß schwarzer Pfeffer mittels besonderer Schälmaschinen von der äußeren schwarzen Schale befreit wird.
– Als grüner Pfeffer bezeichnet man die frischen unreifen Früchte, die – gefriergetrocknet oder in Salz oder Essig eingelegt – in den Handel gelangen.

Hinweis: Beim sog. rosa Pfeffer handelt es sich um die Früchte von *Schinus molle* L. (Familie: *Anacardiaceae*).

Herkunft

Die Stammpflanze, *Piper nigrum* L., ist ein im südlichen Indien (Wälder der Malabarküste) beheimateter Kletterstrauch.

Inhaltsstoffe

- Ätherisches Öl (schwarzer Pfeffer: 1,2–3,6 %; weißer Pfeffer: 1,0–2,4 %).
- Scharf schmeckende Säureamide (5–10 %), hauptsächlich Piperin.
- Ubiquitäre Stoffe: Stärke (etwa 50 %), fettes Öl (etwa 8 %).

Verwendung

Pfeffer ist ein viel verwendetes Gewürz für Fleisch- und Wurstwaren, Fischgerichte und Käse. In der Volksmedizin verwendet man Pfeffer als Zusatz zu verdauungsfördernden Mitteln, in Indien darüber hinaus als Expectorans bei Bronchitis.

Piperin

Piperanin
(Dihydropiperin)

Piperettin

Piperolein A

6.4 Cyanogene Glykoside

Definition

Cyanogene Glykoside sind O-Glykoside, bei denen der Zucker an die sekundäre oder tertiäre Alkoholgruppe eines 2-Hydroxynitrils (= Cyanhydrins) gebunden ist. Sie stammen biogenetisch von Aminosäuren ab.

$$R^2\!\!-\!\!C(O\text{-}\beta\text{-Zucker})(R^1)\!-\!C\equiv N$$

Vorkommen

In den folgenden Pflanzenfamilien kommen Arten, die Blausäurebildner sind, relativ häufig vor: in Rosengewächsen (*Rosaceae*), Schmetterlingsblütlern (*Fabaceae*), Leinengewächsen (*Linaceae*), Wolfsmilchgewächsen (*Euphorbiaceae*), Passionsblumen (*Passifloraceae*) und Süßgräsern (*Gramineae* = *Poaceae*). Pharmazeutisch interessierende Vertreter bringt die Tab. 6.1.

Eigenschaften

Die Blausäureglykoside bilden weiße kristalline Substanzen, die sich in Wasser und Ethanol leicht, in Ether und Chloroform nicht lösen. Sie sind geruchlos; sie schmecken bitter.

6 N-haltige Verbindungen außer Alkaloide

Tabelle 6.1 Beispiele für Blausäureglykoside

Glykosid Name	Struktur R_1	R_2	Zucker	Vorläufer-Aminosäure	Vorkommen (Samen)
Linamarin	CH_3	CH_3	Glucose	Val	Leinsamen
(R)-Lotaustralin	C_2H_5	CH_3	Glucose	Ile	Leinsamen
(R)-Prunasin	Phenyl	H	Glucose	Phe	Prunusarten
(R)-Amygdalin	Phenyl	H	Gentiobiose	Phe	Bittere Mandeln

Aufbau und Abbau

Die Biosynthese der Blausäureglykoside läuft bis zur Aldoximstufe parallel mit der Biosynthese der Senfölglykoside (Glucosinolate). Sie geht von Aminosäuren aus und führt über das Aldoxim im Falle der Blausäureglykoside über die Nitril- und Cyanhydrinzwischenstufe zu cyanogenen Glykosiden; Zwischenstufen im Falle der Senfölglykoside (Glucosinolate) sind Thiohydroximsäuren und Desulfoglucosinolate (Abb. 6.3). Der Abbau von cyanogenen Glykosiden und von Senfölglykosiden erfordert, daß Glucose spaltende Enzyme, die in unterschiedlichen Kompartimenten und unterschiedlichen Zelltypen lokalisiert sind, durch Aufreißen von Zellstrukturen bei der Zerkleinerung der Samen in Kontakt kommen. Eingeleitet wird der Abbau der cyanogenen Glykoside durch eine β-Glucosidase, deren Spezifität auf das Aglykon ausgerichtet ist. So hydrolysiert das Glykosidasengemisch „Emulsin" der bitteren Mandeln nur cyanogene Glykoside, die sich vom Tyrosin und vom Phenylalanin ableiten, beispielsweise das Amygdalin, nicht aber Linamarin.

Toxikologie

Die cyanogenen Glykoside selbst sind praktisch ungiftig. Allerdings fungieren sie als „Pro-Toxin" in dem Sinne, daß im Organismus unter bestimmten Bedingungen Cyanwasserstoff freigesetzt wird, der gut resorbierbar ist. Die resorbierte Blausäure wird mit Hilfe des Enzyms Rhodanase rasch unschädlich gemacht; pro Stunde können 30–60 mg HCN in das wenig toxische Rhodanid (Thiocyanat) übergeführt werden. Wird die Entgiftungskapazität des Organismus überschritten, kommt es zu Vergiftungen. So führte der Genuß von bitteren Mandeln bei Erwachsenen und Kindern mehrfach zu Vergiftungen, z. T. mit tödlichem Verlauf. Gefährdet sind besonders Personen mit mangelhaft ausgebildeter Geschmacksempfindung. Auch sind Vergiftungen durch ein Getränk bekannt, bei dem eine größere Zahl von zerklopften Aprikosenkernen verwendet worden war.

Leinsamen

Leinsamen enthalten cyanogene Glykoside in Mengen von 0,1–0,8 %. Trotzdem kommt es, wie Versuche am Menschen zeigten, nach Einnahme von 100 g eines Leinsamenpräparates zu keinem nachweisbaren Anstieg des HCN-Spiegels im Blut.

Die Anwendung von ganzen Leinsamen oder von Leinsamen, deren Samenschale nur leicht aufgebrochen ist, scheint somit risikolos zu sein.

Laetrile

Unter dieser Bezeichnung wird ein Präparat zur unorthodoxen Krebsbehandlung empfohlen, das zur Hauptsache aus Amygdalin besteht.
Gewonnen wird es durch Extraktion aus bitteren Aprikosen- und Pfirsichkernen. Die Anwendung als Krebstherapeutikum beruht auf der Annahme, die mit β-Glucosidase ausgestattete Tumorzelle sei imstande, Amygdalin zu HCN abzubauen, nicht hingegen die gesunde Zelle.

6.5 Glucosinolate

Glucosinolate sind β-S-Glucoside von Thiohydroximsäuren, die infolge Veresterung mit Schwefelsäure als Anion vorliegen (Abb. 6.3).
Biosynthetisch leiten sich die Glucosinolate von Aminosäuren ab. Neben biogenen Aminosäuren wie Phenylalanin und Tyrosin kommen nichtproteinogene Aminosäuren als Vorstufen vor; die nichtproteinogenen Aminosäuren der Glucosinolatpräkursoren leiten sich von proteinogenen Aminosäuren durch Kettenver-

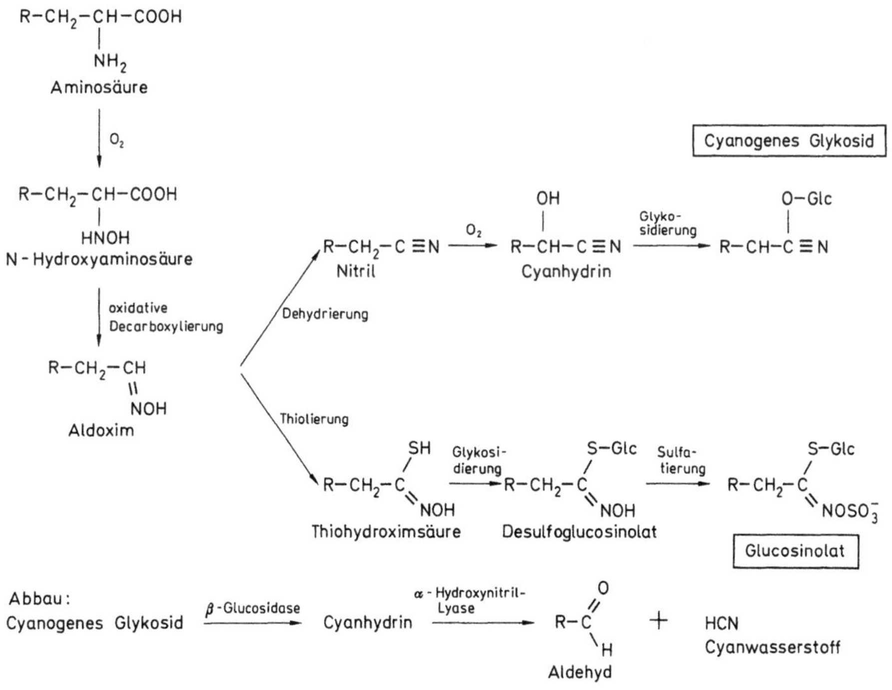

Abb. 6.3 Bildung und enzymatischer Abbau von cyanogenen Glykosiden; Bildung von Glucosinolaten (Senfölglykosiden). Zum Abbau s. S. 264

6 N-haltige Verbindungen außer Alkaloide

Tabelle 6.2 Beispiele für Glucosinolate: Vorkommen und biosynthetische Beziehung zu Aminosäuren

Trivialname	Halbsystematischer Name	Aminosäure-vorstufe	Vorkommen
Glucobrassicin	3-Indolylmethyl-glucosinolat	Tryptophan	Wirsingkohl, Kohlrabi
Gluconasturtiin	Phenylethyl-glucosinolat	Homophenyl-alanin	Brunnenkresse (*Nasturtium officinale*)
Glucotropäolin	Benzylglucosinolat	Phenylalanin	Gartenkresse (*Lepidium sativum*), Kapuzinerkresse (*Tropaeolum majus*)
Sinalbin	*p*-Hydroxybenzyl-glucosinolat	Tyrosin	Weißer Senf (*Sinapis alba*)
Sinigrin	Allylglucosinolat	Homomethionin	Schwarzer Senf (*Brassica nigra*)

längerung ab: Phenylalanin → Homophenylalanin; Methionin → Homomethionin und Homomethionin → Dihomomethionin (Tabelle 6.2).

Beim Zerkleinern des Gewebes werden die Glucosinolate durch eine Thioglucosidase, die Myrosinase, zu den entsprechenden Isothiocyanaten (Senfölen) abgebaut. Der Abbau entspricht dem Lossen-Abbau von Hydroxamsäuren. Neben Isothiocyanaten wurden auch Rhodanide und Nitrile als Reaktionsprodukte nachgewiesen.

6.5.1
Senfsamen

Herkunft

Senfsamen (schwarze Senfsamen) sind die reifen, getrockneten Samen von *Brassica nigra* (L.) W. D. J. Koch oder *Brassica juncea* (L.) Czern. Der schwarze Senf, eine wahrscheinlich im Mittelmeergebiet beheimatete Kulturpflanze, ist einjährig; aus den gelben Blüten entwickeln sich linealische Schoten mit 4–10 kugeligen, kleinen Samen mit dunkelbrauner, netzgrubiger Schale.

Schwarze Senfsamen Sinapis nigrae semen
Brassica nigra *juncea* Brassicaceae

Herkunft:
Aus Anbau.

Pflanze:
1jährige, 50–150 cm hohe Pflanze mit sparrig-ästigem Stiel; untere Blätter eiförmig, gelappt, obere länglich. Blütentraube end- und achselständig. Blüten 4zählig, Fruchtstiel und Schote aufrecht. Samen kugelig, 1 mm dick.

Anwendung:
1) Senfmehl in Form des Senfwickels und Senffußbad als Hautreizmittel bei Bronchitis.
2) Senfpflaster zur Segmenttherapie.

Inhaltsstoffe:
1) Allylglucosinolat-Kalium (= Sinigrin) ca. 1%.
2) Fettes Öl (etwa 30%), Schleimstoffe, Eiweiß.

Anmerkung:
Weißer Senf von Sinapis alba enthält etwa 2,5% Sinalbin.

Weißer Senf von *Sinapis alba* L., auch gelber oder englischer Senf, früher als *Semen Erucae* offizinell, unterscheidet sich durch Farbe und Größe deutlich vom schwarzen Senf. Die Samen sind größer (2–2,5 mm im Durchmesser); die Oberfläche ist gelblich bis rötlichweiß.

Inhaltsstoffe

- Fettes Öl (etwa 30%), bestehend aus Glyceriden der Erucasäure (13-Docosaensäure), der Öl- und Linolensäure, etwa im Verhältnis 5:3:2;
- Eiweiß (etwa 30%);
- Schleimstoffe (geringe Mengen, Unterschied zum weißen Senf);
- Sinapin = Cholinester der Sinapinsäure (3,5-Dimethoxy-4-hydroxyzimtsäure);
- Weißer Senf enthält etwa 2,5% Sinalbin.
- Schwarzer Senf enthält 1–1,2% Allylglucosinolat (= Sinigrin).

Wirkungen, Anwendungsgebiete

Äußere Anwendung: Zu Breiumschlägen bei Katarrhen der Luftwege sowie zur Segmenttherapie bei chronisch-degenerativen Gelenkerkrankungen und Weichteilrheumatismus.

Senfmehl ist in Form des Senffußbades und der Senfwickel ein im Rahmen physikalischer Therapieverfahren häufig angewandtes Hautreizmittel. Dosierung für Teilbäder: Etwa 30 g Senfmehl pro 10 l Wasser. Man darf kein Wasser mit Temperaturen über 50°C verwenden, da infolge der Enzyminaktivierung die Bildung von Allylsenföl verhindert wird. Hinweis für den Apotheker: Kein überaltertes Senfmehl abgeben. Entfettetes Senfmehl ist länger haltbar als das nichtentfettete Produkt.

6.6
Knoblauch und Knoblauchpräparate

Herkunft

Knoblauch ist eine Kurzbezeichnung sowohl für die Knoblauchpflanze, *Allium sativum* L. (Familie: *Alliaceae*), als auch für die als Gewürz verwendete Knoblauchzwiebel. Knoblauch ist eine ausdauernde Pflanze, die sich u. a. dadurch auszeichnet, daß sie eine von derben weißen Häutchen umhüllte Zwiebel bildet, die jedoch morphologisch völlig anders als die bekannte Küchenzwiebel aufgebaut ist. Während die Küchenzwiebel aus ineinandergeschachtelten Blättern besteht – es handelt sich um eine Schalenzwiebel – umschließt beim Knoblauch ein Hüllblatt jeweils eine ganze Gruppe von kleinen Zwiebeln; die kleine Einzelzwiebel, die sog. Knoblauchzehe, besteht aus einem einzigen röhrenförmigen fleischig verdickten Blatt (botanisch-morphologisch ein Niederblatt), das am Grunde die hellgrüne Sproßknospe umschließt und von einem zähen trockenen Hüllblatt, der „Zwiebelhaut" umgeben ist.

Pharmazeutisch verarbeitet wird sowohl der frische Knoblauch als auch die geschnittene und getrocknete Droge.

Inhaltsstoffe (frische unverletzte Zwiebel)

- Fettsäuren und Phospholipide (0,06%).
- Phenole, darunter Kaffeesäure und Flavone (keine Mengenangaben).
- Schwefel im Molekül enthaltende Verbindungen: Alliin (bis etwa 1%), Glutamylcysteinpeptide, glykosidische Peptide (Scordinine).
- Proteine, darunter zahlreiche Enzyme, insbesondere die Alliinase.
- Adenosin (etwa 0,6%).
- Kohlenhydrate (10–20%) darunter inulinähnliche Polyfructosane und Schleimstoffe.

Knoblauch Allii sativi bulbus
Allium sativum Liliaceae

Herkunft:
Orient.

Pflanze (Abb. 6.4):
Bis 70 cm hohes Kraut, Stengel unten von röhrigen Blattscheiden umgeben; Blatt breit, flach; weiße Blüten in endständiger Dolde von lang geschnäbeltem Deckblatt umgeben; zwischen Blüten, die z. T. fehlen, Brutzwiebel; Frucht wird gewöhnlich nicht gebildet.

Anwendung:
Zur Prophylaxe der Artheriosklerose, verdauungsfördernd (möglicherweise antiinfektiös).

Inhaltsstoffe:
Ätherisches Öl (0,2%), Alliine, Allicin (Spaltprodukt), weitere Abbauprodukte, Polysulfide.

$H_2C\diagdown\diagup S\diagdown\diagup COOH$ with O double-bonded to S and NH$_2$ on α-carbon

Alliin (S-Allyl-L-(+)-cysteinsulfoxid)

Allicin (Diallylthiosulfinat)

Diallyldisulfid

Allylmethyltrisulfid

2-Vinyl-(4H)-1,3-dithiin

3-Vinyl-(4H)-1,2-dithiin

cis-Ajoen

trans-Ajoen

Umwandlung des Allicins

Am eingehendsten untersucht wurden die Vorgänge, die sich an die Einwirkung des Enzyms Alliinase auf die Aminosäure Alliin anschließen. Zu den Reaktionsprodukten gehören auch die unangenehm riechenden Diallylsulfide (Di-, Tri- und Tetrasulfide).

Nach enzymatisch induzierter Umwandlung des genuin vorliegenden Alliins enthält Knoblauch die folgenden Schwefel im Molekül enthaltenden Stoffe Ajoen (etwa 0,1 %), 2-Vinyl-1,3-dithiin (etwa 4 %), 3-Vinyl-1,2-dithiin (etwa 0,1 %), Diallylsulfid (etwa 0,3 %), Allylmethyltrisulfid (etwa 0,1 %), Diallytrisulfid (etwa 0,3 %).

Knoblauchpräparate

- *Knoblauchpulver (nichtstabilisiertes)*. Sie werden aus frischem Knoblauch durch Entwässerung hergestellt, was durch Trocknen an der Sonne oder durch Erhitzen auf Temperaturen bis 105 °C erfolgen kann; schonender ist die Gefriertrocknung (Lyophilisation). Das Trockenpulver wird in der Regel zu Dragees verarbeitet.

- *Knoblauchpulver (stabilisiertes).* Der frische Knoblauch wird vor der Trocknung mit heißen Alkoholdämpfen behandelt. Dadurch werden die Enzyme einschl. der Alliinase inaktiviert, wodurch das Knoblauchpulver die Eigenschaft verliert, bei Berührung mit Wasser die bekannten Folgeprodukte einschl. der unangenehm riechenden Sulfide zu bilden. Stabilisierte Knoblauchpulver sind somit Alliinpräparate.
- *Ölmazerate.* Frischer Knoblauch wird zerkleinert und mit einem fetten Öl – Sojabohnenöl, Weizenkeimöl, Rüböl – mazeriert oder unter gelindem Erwärmen digeriert. Der von den im Öl unlöslichen Bestandteil befreite Oleosumextrakt wird meist in Weichgelatinekapseln abgefüllt, die sich im Dünndarm lösen.
- *Knoblauchsäfte.* Sie werden durch Wässern, Abpressen und Sterilisieren hergestellt.
- *Präparate mit „ätherischem Knoblauchöl".* Der zerkleinerte und mit Wasser angerührte Knoblauch wird einige Zeit der Autolyse (Enzymeinwirkung) überlassen. Der Ansatz wird sodann der Wasserdampfdestillation unterworfen. Die Ausbeute an öligem Destillat beträgt durchschnittlich 0,1%. „Ätherisches Knoblauchöl" enthält zum Unterschied vom Oleosumauszug oder dem Knoblauchsaft kein Alliin. Knoblauchöl wird in Gelatinekapseln angeboten.

Wirkungen

Im Verlauf von 4 Wochen können 3 g frischer Knoblauch pro Tag bei gesunden Probanden zu einer Senkung des Serumcholesterinspiegels führen.

100–150 mg/kg KG frischen Knoblauchs, das sind 6–10 g pro Person führen nach etwa 1 h zu einer Hemmung der Thrombozytenaggregation, die nach 2–5 h wieder abklingt.

Anwendungsgebiete

- Zur Unterstützung diätetischer Maßnahmen bei erhöhten Blutfettwerten.
- Unterstützend zu anderen präventiven Maßnahmen, um die Progredienz arteriosklerotischer Gefäßveränderungen zu hemmen.

Dosierung

Mittlere Einzeldosis des frischen Knoblauchs 3–5 g, entsprechend etwa 2 g der getrockneten Produkte.

Anmerkung

Einige der industriell hergestellten Knoblauchpräparate enthalten wesentlich weniger Knoblauchäquivalent, von Präparat zu Präparat unterschiedlich zwischen 1 bis etwa 10% der oben angegebenen mittleren Einzeldosis.

6.7
Lektine

6.7.1
Allgemeine Eigenschaften

Lektine (Synonyme: Phythämagglutinine, Phytagglutinine) sind Proteine pflanzlicher oder tierischer Herkunft, die mit bestimmten Zuckerstrukturen spezifisch reagieren (sie „auslesen", lateinisch: legere). Sie reagieren entsprechend spezifisch auch mit zellmembranständigen Zuckern, so daß sie auch als rezeptorspezifische Proteine bezeichnet werden können. Aus Reaktionen mit zellulär gebundenen Glykokonjugaten resultiert Agglutination, mit löslichen Präzipitation.

Es sind viele hunderte von Lektinen bekannt, die vor allem in pflanzlichen Samen anzutreffen sind, gehäuft in Samen vieler Leguminosen. Sie lassen sich nach unterschiedlichsten Gesichtspunkten einteilen, beispielsweise nach funktionellen Gesichtspunkten unter Berücksichtigung ihrer Hauptwirkungen:

- agglutinierend und präzipitierend wirkende Lektine,
- mitogen wirkende Lektine und
- toxisch wirkende Lektine durch Thiolspaltung

$$(B)-SS-(A) \rightarrow (B)-SH \text{ (Hapten)} + (A)-SH \text{ (Toxin)}.$$

Agglutinierende Wirkung

Am längsten bekannt ist die Eigenschaft von Lektinen, Erythrozyten zu agglutinieren, weshalb diese Gruppe als Phytagglutinine bezeichnet wurden. Phytagglutinine, die alle Erythrozyten ohne Unterschied der Tierspezies oder der Blutgruppe agglutinieren, nennt man nichtspezifische Agglutinine. Im Unterschied dazu gibt es spezifische Agglutinine, die nur mit einer ganz bestimmten Blutgruppe des Menschen oder einer Tierspezies reagieren. Man verwendet sie praktisch zur Blutgruppendiagnostik, zur Differenzierung innerhalb des bekannten AB0-Systems. Eine weitere interessante Eigenschaft besteht darin, daß tumorspezifische Membranantigene mittels Lektinen nachgewiesen werden können, da transformierte Zellen eine erhöhte Agglutinierbarkeit aufweisen.

Mitogene Wirkung

Einige Lektine assoziieren sich an Oberflächenstrukturen von Lymphozyten mit dem Ergebnis, daß die Lymphozyten stimuliert und zur Proliferation angeregt werden. Während ein bestimmtes Antigen über den spezifischen Rezeptor höchstens einige wenige Zellklone stimuliert, aktivieren die Mitogene zahlreiche Klone verschiedener Klassen oder Subklassen von Lymphozyten unabhängig von ihrer Spezifität. Lektine mit mitogener Aktivität haben als polyklonale Aktivatoren immunstimmulierende Eigenschaften. Von den Pflanzenlektinen stimuliert das sogenannte *Pokeweed*-Mitogen (= Lektin aus *Phytolacca americana* L.) sowohl B- als auch T-Lymphozyten. Concanavalin A und Phytohämagglutinin

(Phaseolus-vulgaris-Lektin) stimulieren ausschließlich T-Lymphozyten. Die *Viscum-album*-Lektine stimulieren weder B- noch T-Lymphozyten.

Pokeweed-Mitogen, Conacanavalin A und Phytohämagglutinin sind viel verwendete Hilfsmittel in der immunologischen Diagnostik und Forschung.

Insulinomimetische Wirkung

Einige Lektine wie beispielsweise Concanavalin A oder Weizenkeimagglutinin binden sich an Adipozyten und rufen insulinartige Wirkungen hervor: sie stimulieren die Lipogenese und den Glucosetransport. Es ist nicht untersucht, ob die in der Volksmedizin als antidiabetisch geltenden Drogen insulinomimetische Lektine führen.

Toxizität

Bekannte Beispiele für hochtoxische Lektine, auch bei oraler Gabe, sind das Ricin der Rizinussamen, das Lektin der Paternoster-Erbse von *Abrus precatorius* und die Mistellektine von *Viscum album*. Beispielhaft seien einige Eigenschaften dieses Lektintypus beschrieben. Das Ricin besteht aus zwei Untereinheiten, der A-Kette (Molmasse 32 000) und der B-Kette (Molmasse 34 000). Träger der Toxizität ist die A-Kette (Effektomer); die B-Kette (Haptomer) ermöglicht die Anlagerung des Ricinmoleküls an bestimmte galactosehaltige Strukturen der Zelloberfläche. Nach Aufspaltung der die beiden Untereinheiten A und B miteinander verbindenden Disulfidbrücke dringt das Effektomer (Untereinheit A) in die Zelle ein und blockiert dort die Proteinsynthese.

**6.7.2
Mistelkraut**

Herkunft

Mistelkraut besteht aus getrockneten Stengeln, Blättern und gelegentlich auch Früchten von *Viscum album* L. (Familie: *Loranthaceae* oder *Viscaceae*).

Die Pflanze *Viscum album* wird allgemein bei den *Loranthaceae* eingeordnet. Nach einem neueren Vorschlag wird diese Familie auf zwei neue Familien aufgegliedert: in die *Loranthaceae* im engen Sinne und in die *Viscaceae* mit der sehr artenreichen Gattung *Viscum*. Die weiße Mistel ist ein wintergrüner Strauch, ein Halbschmarotzer, der auf Bäumen lebt. Blätter gegenständig, sitzend, gelbgrün, ledrig. Blüten unscheinbar, zweihäusig. Frucht beerenartig (Scheinbeere), erbsengroß, zuerst grün, dann weiß bis gelblich mit schleimigem Fruchtfleisch.

Inhaltsstoffe

- Viscumproteine: Sie bilden eine komplexe Fraktion aus mindestens 10 Einzelproteinen mit einem Molekulargewicht zwischen 14 000 und 125 000. Die 3 Hauptkomponenten, die über 60 % des Gesamtkomplexes ausmachen, liegen im

Mistelkraut   Visci herba
Viscum album   Loranthaceae

Herkunft:
Europa, Asien.

Pflanze (Abb. 6.4):
Pflanze bis 1 m, Halbschmarotzer auf Bäumen. Zweige gabelig, Blätter gegenständig, ledrig, immergrün. Blüten unscheinbar in Gabeln zwischen den Zweigen.

Anwendung:
1) Bei entzündlichen Gelenkerkrankungen zur intrakutanen Injektion.
2) Zur unspezifischen Reiztherapie, adjuvant bei malignen Tumoren.

Inhaltsstoffe:
1) Lektine, Viscotoxine (Polypeptide) Viscumproteine.
2) Triterpene, Flavonoide, Phenolcarbonsäuren.

Molekularbereich von 20000. Sie gehören zu den basischen Proteinen und ähneln insofern den Histaminen, mit denen sie auch die Affinität zur Bindung an Nukleinsäuren teilen.
- Lektine, darunter das Mistellektin I, bestehend aus 2 Untereinheiten, die über Disulfidbrücken miteinander verbunden sind; es hat eine Molmasse von etwa 60000 und enthält einen Kohlenhydratanteil von 11%. Mistellektin I bindet an terminale Galactoseeinheiten von Zuckerketten in Glykoproteinen und Glykolipiden. Es wirkt in jeweils bestimmten Konzentrationsbereichen mitogen, toxisch und agglutinierend.
- Viscotoxine (0,05 – 0,1%), ein Gemisch zahlreicher Polypeptide; isoliert und näher untersucht sind die Viscotoxine A_2, A_3 und B, die jeweils aus 46 Aminosäuren – aber unterschiedlichen Sequenzen – bestehen; 6 der 46 Aminosäuren sind Cysteinmoleküle, wobei die beiden Cysteine in Position 16 und 26 der Sequenz eine intrachenare Disulfidbrücke ausbilden.
- Weitere Inhaltsstoffe: Phytosterole und Triterpene, darunter Oleanolsäure (0,8%) und β-Sitosterin, Phenolcarbonsäuren, darunter Anis-, Ferula-, Gentisin-, Kaffee-, Protocatechu-, Sinapin-, Syringa- und Vanillinsäure. Flavonole, darunter Quercetin, sowie Mono-, Di- und Trimethylether des Quercetins. Syringin (Synonym: Syringosid), d. h. der in Position 5 methoxylsubstituierte Coniferylalkohol. Aminosäuren (etwa 0,02%), darunter mengenmäßig vorherrschend Arginin, Asparaginsäure und Prolin.

Wirkungen

- Die Viscotoxine sind in ihrer Wirkung mit dem Bienengift vergleichbar. Nach intrakutaner Injektion kommt es am Injektionsort zu Entzündungen, je nach Dosis von Quaddelbildung bis Nekrose. Die unspezifische Entzündung hat die Aktivierung der zellulären Immunabwehr (insbesondere die Aktivierung von Makrophagen) zur Folge.
- Im Tierversuch wirken Mistellektine im Dosisbereich von 1 – 2 ng pro kg KG immunstimulierend. Höhere Dosen können die Immunantwort schwächen.

Anwendungsformen und Anwendungsgebiete

Gereinigte wäßrige Auszüge in Ampullenform sind zur subkutanen, intrakutanen oder intravenösen Anwendung bestimmt. Ihr Hauptanwendungsgebiet sind Arthrosen, Bandscheibenerkrankungen und Ischalgien. Sodann in der Krebsbehandlung: Prophylaktisch bei Risikopatienten, postoperativ zur Rezidivprophylaxe (adjuvant) und palliativ bei inoperablen Tumoren.

6.8
Verdauungsenzyme

6.8.1
Papain

Die Bezeichnung Papain verwendet man für zwei verschiedene Produkte:
- für den getrockneten Milchsaft aus *Carica papaya* L. (Familie: *Caricaceae*), der als pulverisierte Handelsware ein Gemisch mehrerer enzymatischer und nichtenzymatischer Inhaltsstoffe darstellt, und
- für das in kristallisierter Form erhältliche proteolytische Enzym, das aus dem Latex isoliert wird.

Pflanze

Der Papaya- oder Melonenbaum ist kein Baum, sondern eine 6–7 m hoch wachsende Staude, die heute überall in den Tropen kultiviert wird. Der Stamm, der kein sekundäres Holz bildet, ist im Inneren hohl und endet in einen schirmförmigen Schopf langgestielter, handförmig gelappter Blätter. Die Papayafrüchte sind fleischige Beeren, 5–30 cm im Durchmesser, 400–2000 g schwer, an Melonen erinnernd. Das süß schmeckende Perikarp umschließt die Höhlung, in der an die 1000 schwarze, wie Kaviar aussehende, runde Samen enthalten sind, die infolge ihres Gehaltes an Allylsenföl einen senfartigen Geschmack aufweisen.

Gewinnung von Papain

Alle Teile der Pflanze, am reichlichsten die unreifen Früchte, enthalten Milchsaft (*Latex*). Die äußerste Fruchtschale wird angeritzt, der herabtropfende Saft wird in untergespannten Tüchern aufgefangen und an der Luft, besser aber im Vakuum bei 50 °C getrocknet.

Eigenschaften

Das nach dem Pulvern und Sieben gewonnene Rohpapain ist ein weißgraues bis bräunliches Pulver. Es ist nahezu geruchlos, kann aber mit abstoßendem Geruch behaftet sein. Leicht hygroskopisch: löst sich aber in Wasser nicht vollständig. Mittlere Handelsqualitäten verdauen das 35fache ihres Gewichtes an Magerfleisch. Beste Qualitäten bewirken die Auflösung der 200–300fachen Menge an koaguliertem Hühnereiweiß.

> **Papain**
> Carica papaya   Caricaceae
>
> *Herkunft:*
> Tropisches Südamerika, kultiviert in Indien, China, Florida.
>
> *Pflanze* (Abb. 6.5):
> 4–6 m hoher strauchartiger Baum; am Gipfel ein kugelförmiger Schopf von großen, langgestielten, 5- bis 7teiligen Laubblättern. Blüten gelblich-weiß; weibliche Blüten fast in den Blattachseln am Stamm sitzend; Beerenfrüchte länglich rund bis 5 kg schwer, gelb bis grüngelb.
>
> *Anwendung:*
> Zur Substitution von Verdauungsenzymen (bei Verdauungsstörung als Anthelmintikum, äußerlich zur Behandlung von Nekrosen, Ekzemen.
>
> *Inhaltsstoffe:*
> Papain = pflanzliche Proteinase aus 212 Aminosäuren.

Anwendung von gereinigtem Papain

Papain wird als Wurmmittel verwendet. Angesichts der nicht ausreichend belegten Wirksamkeit und angesichts therapeutischer Alternativen wird die therapeutische Anwendung heute nicht mehr empfohlen. Technisch zum Zartmachen von Fleisch: Das Enzympräparat wird entweder auf die Fleischstücke aufgesprüht oder durch Injektion über das Adersystem der Tiere kurz vor der Schlachtung verteilt.

6.8.2
Bromelaine

Definition

Bromelaine sind natürliche Gemische proteolytischer Enzyme, die aus der Ananaspflanze, *Ananas comosus* (L.) MERR. (Familie: *Bromeliaceae*) gewonnen werden.

Gewinnung

Die Abfälle der Ananasplantagen nach Einbringen der Ernte, zur Hauptsache Stengelteile, werden mit Wasser ausgepreßt; aus dem wäßrigen Extrakt werden die Eiweiße mit Aceton oder Methanol ausgefällt, gesammelt und getrocknet. Herstellungsländer sind Hawaii (USA), Japan und Taiwan.

Eigenschaften

Stengelbromelain ist ein Glykoprotein mit einem Molekulargewicht von etwa 28 000. Pro Molekül enthält es einen Oligosaccharidrest und wie Papain eine reaktive Thiolgruppe. Der Oligosaccharidteil besteht aus 3 Mol Mannose, aus je

1 Mol D-Xylose, L-Fucose und aus 2 Mol N-Acetyl-D-Glucosamin. Das Heptasaccharid ist kovalent an ein Asparaginmolekül des Peptidteils gebunden. Wie Papain und Chymopapain ist auch Bromelain gegen oxidierendes Milieu sehr empfindlich (Inaktivierung).

Verwendung

Zur Substitutionstherapie bei „Verdauungsstörungen"; gilt als überholt.

In der Lebensmittelindustrie (Zartmacher für Fleisch, Kältetrübung des Bieres etc.) wird Bromelain heute oft anstelle des relativ teuren Papains verwendet.

6.8.3
Pilzenzyme

Die als „Verdauungshilfen" verwendeten Enzympräparate werden aus Pilzen der Aspergillusgruppe produziert, so von *Aspergillus oryzae*, *A. niger* oder *A. saitoi*. Die Methoden zur Enzymherstellung unterscheiden sich nicht wesentlich von den Fermentationsmethoden, die beispielsweise zur Antibiotikaproduktion verwendet werden. Die Enzyme fallen extrazellulär an. Das flüssige Medium wird abfiltriert und schonend getrocknet. Die Produkte enthalten Enzymgemische. Standardisiert werden sie auf Gehalte an Proteasen, Cellulasen und Amylasen. Die Aktivitäten werden in sog. FIP-Einheiten angegeben. Als Indikation wird beansprucht: Störungen des Kohlenhydratstoffwechsels, dyspeptische Beschwerden bei Kleinkindern.

6.9
Tierische Strukturproteine

6.9.1
Steriles Catgut

Chorda resorbilis aseptica, steriles Catgut, besteht nach der Ph. Eur. „aus Fäden, die aus den Kollagen der Darmwand von Säugetieren hergestellt werden. Nach der Reinigung werden die Darmschichten in der Längsrichtung in verschieden breite Streifen geschnitten, welche in kleiner Zahl je nach gewünschtem Durchmesser zusammengelegt, unter Spannen gedreht, getrocknet, poliert, sortiert und sterilisiert werden. Die Einzelfadenlänge von Catgut darf 350 cm nicht überschreiten. Die Fäden sind dazu bestimmt, mit einem Mal verwendet zu werden. Catgut kann mit chemischen Mitteln wie Chromsalzen zur Resorptionsverzögerung behandelt worden sein."

Catgut ist das gebräuchlichste resorbierbare chirurgische Nahtmaterial. Die Bezeichnung „Catgut" ist irreführend: es wird **nicht** aus Katzendarm hergestellt, was nach der obigen Definition der Ph. Eur. zwar nicht ausgeschlossen wäre, sondern aus dem Dünndarm von Hammel und Rind. Die Resorption beginnt wenige Stunden nach Implantation der Fäden und ist nach 8 bis 15 Tagen abgeschlossen. Im Vergleich dazu beträgt die Resorptionsdauer von Chromcatgut 15 bis 20 Tage.

Steriles Catgut Chorda resorbilis aseptica

Herkunft:
Dünndarm von Säugetieren (Schafe, Ziegen, Rinder).

Beschreibung:
Elastischer und geschmeidiger Faden mit maximaler Länge von 3,5 m, von unterschiedlichem Durchmesser (Nummer = Durchmesser in 0,1 mm).

Anwendung:
Resorbierbares, d. h. enzymatisch abbaubares (8–20 Tage) Nahtmaterial.

Zusammensetzung:
Kollagenes Eiweiß.

Anmerkung:
Kollagen beteht aus Kollagenfibrillen, die aus Tropokollagenbausteinen aufgebaut sind. Tropokollagen ist ein stäbchenförmiges Molekül, M_R 360 000, aus 3 schraubenförmigen, verdrillten Peptidketten.

Die mikroskopische Anatomie der Darmwand zeigt deren Aufbau aus mehreren Schichten: aus der Schleimhaut (*Tunica mucosa*), der bindegewebigen Verschiebeschicht (*Tela submucosa*), der Muskelhaut (*Tunica muscularis*) und der *Tunica serosa*. Catgut aus Hammel-Dünndarm besteht aus der Submucosa-Schicht, d. h. die anderen Schichten, die sich nicht zur Herstellung von Catgut eignen, werden entfernt. Vom Rind verwendet man die Serosa-Schicht, welche eine dünne, feinfaserige Bindegewebsschicht darstellt. Catgut baut sich folglich aus Faserproteinen auf, die dem Kollagentyp angehören.

6.9.2
Gelatine

Gelatine ist ein technisches Produkt, das aus Kollagen gewonnen wird. Kollagen wiederum ist das im Tierreich am häufigsten vorkommende Strukturprotein; es fehlt hingegen bei Pflanzen und Mikroorganismen. Bei höheren Tieren kann Kollagen bis zu $^1/_3$ des Gesamtkörpergewichtes ausmachen. Es ist v. a. am Aufbau der Sehnen und der Haut beteiligt. Hornhaut besteht fast ganz aus reinem Kollagen.

Am Aufbau der Kollagene sind drei Aminosäuren mit überdurchschnittlich hohen Anteilen beteiligt: Glycin mit 30 %, Prolin mit 12 % und Alanin mit etwa 11 %. Sodann zeichnen sich die Kollagene durch den Einbau zweier sog. nichtproteinogener Aminosäuren aus, des Hydroxyprolins (etwa 9 %) und des Hydroxylysins. Hingegen fehlen fast ganz Aminosäuren mit einem aromatischen Kern. Eine Einzelkette der Kollagene besteht aus 1024 Aminosäuren, die zu einer linksgängigen Helix aufgewunden ist. Je drei dieser linksgängigen Helices sind zu einer rechtsgängigen Überhelix verdrillt. Im Gegensatz zu dieser für die Kollagenfibrillen typischen Tertiär- und Quartärstruktur liegen bei den Gelatinen die Polypeptidketten (oberhalb von 35 °C) in Lösung als freibewegliche Einzelketten vor (s. unten). Kollagene sind Glykoproteine, indem nämlich mit Hydroxygruppen

> **Gelatine** Gelatina
>
> *Herkunft:*
> Aus kollagenhaltigen Knochen, Knorpel und Hautteilen von gesunden Schlachttieren.
>
> *Beschreibung:*
> Dünne, farblose, elastische glasartig glänzende Blätter oder gelblichweißes grobkörniges Pulver.
>
> *Anwendung:*
> 1) Zusatz beim Granuieren und Mikroverkapselung, für Hart- und Weichgelatinekapseln.
> 2) Als Blutexpander in Form von Derivaten.
>
> *Zusammensetzung:*
> Gereinigtes Peptidgemisch mit 60 000 – 90 000, mit geringem Gehalt an Methionin und Tyrosin; Cystein und Tryptophan fehlen.

von Hydroxylysinresten Glucosidgalactosylreste verknüpft sind. Der Gesamtkohlenhydratgehalt von Kollagenen beträgt 1–2 %.

Gewinnung

Beim Kochen in Wasser ergibt Kollagen Gelatine. Zur technischen Gelatinegewinnung werden die kollagenhaltigen (= leimgebenden) Knochen, Knorpel und Hautteile von Schlachttieren verwendet. Das Material muß von gesunden Schlachttieren stammen. (Lediglich Leim kann auch aus Knochen verendeter Tiere hergestellt werden.) Der Rohstoff wird zerkleinert, entfettet (mit Benzin oder Trichlorethylen) und mit verdünnter Salzsäure (8 %ig) mazeriert (= aufgeschlossen). Die Umwandlung des Kollagen in Gelatine erfolgt technisch durch Extraktion in Heißwasser-Extraktoren. Nach Abkühlen, Absetzen und Klären der Gelatinelösung wird i. v. die Lösung eingedickt und in Streifen oder Platten gegossen. Gelatinepulver wird im Sprühverfahren hergestellt.

Im Verlaufe dieser Herstellungsprozedur spielen sich beim Übergang vom Kollagen zur Gelatine folgende Vorgänge ab:

1) es wird die Quervernetzung zwischen den Dreischraubenketten gespalten;
2) die Schraubenstruktur löst sich auf und
3) die Polypeptidketten verkürzen sich durch partielle Hydrolyse.

Gelatine für Infusionszwecke

Einfache Gelatinelösung ist für Infusionszwecke nicht geeignet, da v. a. ihre Gelierungstendenz zu ausgeprägt und damit ihre Nebenwirkungsquote zu hoch ist. Unter der Handelsbezeichnung **Haemaccel** verwendet man ein Produkt, das aus Polypeptidketten mit einem Molekulargewicht von 12 000 – 15 000 besteht, die mittels Diisocyanat quervernetzt werden. Nach Quervernetzung nehmen die zuvor länglich-stäbchenförmigen Polypeptide eine annähernd globuläre Gestalt an (M ~ 35 000 – 36 000). Ausgangsmaterial für dieses in Deutschland wohl wichtigste Gelatinepräparat ist eine aus Rinderknochen gewonnene Gelatine mit einem mittleren Molekulargewicht von etwa 100 000. Dieses wird thermisch bei 120 °C zu einem Polypeptidgemisch mit einem mittleren MG von 12–15 000 abgebaut. Ein weiteres Präparat, das aus abgebauter Gelatine hergestellt wird, ist die **Oxypolygelatine** (Gelifundol). Die thermischen Hydrolyseprodukte (3 h bei 120 °C) von Knorpelgelatine werden mit Glyoxal quervernetzt: das Kondensationsprodukt wird oxidativ mittels Waserstoffsuperoxid zu Makromolekülen mit dem mittleren Molekulargewicht ~ 20 000 hydrolysiert.

6.9.3
Seidenfaden

Filum bombycis tortum asepticum, steriler geflochtener Seidenfaden, wird nach Ph. Eur. „durch Flechten einer dem Durchmesser entsprechenden Anzahl ausgekochter Seidenfäden erhalten, die durch Abkapseln der Kokons der Seidenspinnerraupe *Bombyx mori* L. gewonnen werden. Der Seidenfaden kann mit zugelassenen Farbstoffen gefärbt sein. Anschließend wird er sterilisiert."

Der beim Verpuppen der Raupe des Seidenspinners als Drüsensekret entstehende taubeneigroße Kokon besteht aus einem einzigen Faden von 300–4000 m Länge. Die Faser wiederum besteht aus dem Seidenfibroin (dem eigentlichen Faden) und dem Sericin (dem Seidenbast), einer leimartigen Kittsubstanz, die das Fibroin umhüllt. Sericin ist in heißem Wasser löslich; um in Zuge der Seidenfasergewinnung die Faser vom Kokon abhaspeln zu können, bringt man die abgetöteten Larven in heißes Wasser, wodurch sich das Sericin erweicht.

Das Seidenfibroin gehört zu den sog. Faserproteinen; deren wichtigste Klassen sind die Keratine und Kollagene. Seidenfibroin gehört zu den Keratinen, von denen es wiederum zwei Unterklassen gibt. Die α-Keratine sind die typischen Strukturproteine im Epithelgewebe von Landwirbeltieren; sie kommen vor in Schuppen, Schnäbeln, Federn, Hufen, Krallen, Hörnern, Pelzen und Haaren. Kennzeichnend für die α-Keratine ist u. a., ein hoher Gehalt an Cystin (bis zu 22%). Für genuin vorkommenden β-Keratine, deren bekanntester Vertreter das Seidenfibroin ist, ist kennzeichnend, daß (1) keine Cystein- oder Cystinreste am Aufbau

---

Steriler geflochtener Seidenfaden von der Seidenraupe Bombyx mori (Abb. 6.6) Filum bombycis tortum asepticum

Herkunft:
Drüsensekret der Raupe des Seidenspinners durch Abkapseln des Kokons.

Beschreibung:
Weißer, evtl. mit zugelassenem Farbstoff gefärbter Faden.

Anwendung:
Nichtresorbierbares chirurgisches Nahtmaterial.

Zusammensetzung:
Seidenfibroin (Faserprotein) aus der Gruppe der β-Keratine, MR 365 000, stammt zusammen mit Seidenlein (Sericin) von der Seidenraupe. Das Faserprotein besteht aus 2 Untereinheiten von Polypeptidketten.

beteiligt sind, daß (2) ausschließlich oder überwiegend nur Aminosäuren mit kleinen Seitenketten am Aufbau beteiligt sind, und daß (3) die Polypeptidketten antiparallele Faltblattkonformation aufweisen. Antiparallel bedeutet: man kann sich das Molekül als aus zwei Untereinheiten mit identischen Polypeptidketten aufgebaut denken, und zwar so: ist die eine Kette vom N-terminalen zum C-terminalen Ende hin angeordnet, so läuft die zweite Kette in entgegengesetzter Richtung. Die Peptidketten enthalten zahlreiche sich wiederholende Sequenzen aus folgenden Aminosäuren:

(Gly-Ser-Gly-Ala-Gly-Ala).

Literatur

Beuth J, Ko HL, Pulverer G (1994) Angewandte Lektinologie. Dtsch Apoth Ztg 134:2331–2342

Gabius H-J, Gabius S (1994) Die Misteltherapie auf dem naturwissenschaftlichen Prüfstand. Pharm Z 139:1745–1752

Kalix P (1988) Khat – ein pflanzliches Amphetamin. Dtsch Apoth Ztg 128:2150–2153

Nahrstedt A (1973) Cyanogene Glykoside in höheren Pflanzen. Pharmazie unserer Zeit 2:147–155

Rüdiger H, Gabius H-J (1993) Lectinologie. Geschichte, Konzept und pharmazeutische Bedeutung. Dtsch Apoth Ztg 133:2371–2381

Schorno HX (1982) Kath, Suchtdroge des Islams. Pharmazie unserer Zeit 11:65–73

Farbtafeln zu Kapitel 6 279

Abb. 6.1 *Ephedra distachya* L., Meerträubel; besenartige Zweige und rote Beerenzapfen

Abb. 6.2 Spanischer Pfeffer, **a** Blüte, **b** Frucht   **Abb. 6.2 b**

Abb. 6.4 Knoblauch

Abb. 6.5 Mistel, *Foto: Herbert E. Maas*

Abb. 6.6 *Carica papaya* L., „Melonenbaum", Staude mit Früchten

Abb. 6.7 Seidenraupe und Kokon

KAPITEL 7

Alkaloide

7.1
Einleitung, Allgemeines

Definition

Alkaloide sind stickstoffhaltige, zumeist heterozyklische Verbindungen bevorzugt pflanzlichen Ursprungs. Die meisten Alkaloide sind Basen, kompliziert gebaut und von großer struktureller Vielfalt. In den tierischen oder menschlichen Organismus gebracht entfalten sie auffallende pharmakologische und/oder toxikologische Wirkungen, sehr häufig dadurch, daß sie primär auf das Zentralnervensystem wirken (Tabelle 7.1).

Vorkommen

Etwa drei Viertel der bisher bekannten etwa 6000 Alkaloide kommen in höheren Pflanzen vor. Im Pflanzensystem nach Engler werden höhere Pflanzen in 60 Ordnungen zusammengefaßt: In 34 Ordnungen davon kommen Alkaloide führende Arten vor.

Die wichtigsten Pflanzenfamilien, die Alkaloiddrogen liefern, sind die folgenden: *Berberidaceae, Menispermaceae, Papaveraceae, Erythroxylaceae, Fabaceae, Rutaceae, Loganiaceae, Apocynaceae, Rubiaceae, Asteraceae (Compositae – Tubuliflorae)* und *Colchicaceae*.

Tabelle 7.1 Einige Wirkungen von Alkaloiden auf Neurorezeptoren

Rezeptorsystem	Alkaloide
Cholinerges System	Tubacurarin, Hyoscyamin, Lobelin, Physostigmin, Berberin, Sempervirin, Galanthamin
Adrenerges System	Cocain, Harmala-Alkaloide, Nicotin, Ephedrin
Opiatrezeptoren	Morphin
Serotoninerge Rezeptoren	Derivate der Lysergsäure, Mescalin, Psilocin, Harmin
Adeninrezeptoren	Coffein, Theophyllin

Verteilung in der Einzelpflanze

Alkaloide können zwar in allen Pflanzenorganen (Wurzel, Sproß, Blatt, Blüte, Frucht) enthalten sein, allerdings nicht notwendigerweise in allen Organen einer individuellen Pflanze. Synthetisiert werden sie von metabolisch aktivem Gewebe der Wurzel oder des Sprosses; sie werden dann entweder am Bildungsort gespeichert oder durch die Leitungsbahnen über die Pflanze verteilt.

Bindungszustand in der Pflanze

Die basisch reagierenden Alkaloide liegen als Salze mit niedermolekularen Säuren – Äpfelsäure, Zitronensäure, Oxalsäure, Bernsteinsäure – vor, in einigen Fällen sind Anionen seltener Säuren die Partner, wie z. B. die Mekonsäure im Falle der Opiumalkaloide. Des weiteren können Alkaloide an Polysaccharide der Membranen, an Proteine und an Gerbstoffe gebunden werden. So liegen die Chinaalkaloide in der Chinarinde an Catechingerbstoffe gebunden vor.

Gewinnung

Durch ihre Löslichkeit in (angesäuertem) Wasser unterscheiden sich Alkaloide von den lipophilen Naturstoffen und durch ihre Extrahierbarkeit mit Ether, Methylenchlorid (Dichlormethan) oder Chloroform aus alkalisch eingestelltem Wasser von den hydrophilen Naturstoffen sowie von Säuren.

Im Laufe der Zeit lernte man immer mehr Pflanzenstoffe kennen, die zwar strukturell den Alkaloiden nahestehen, ohne aber basischen Charakter aufzuweisen. Beispielsweise zeigen Colchicin, Capsaicin und Piperin als Säureamide fast neutrale Eigenschaften. Wenig ausgeprägte basische Eigenschaften zeigen ferner Alkaloide mit Lactam-, N-Oxid- oder Pyridin-Struktur. Eine eigene Gruppe bilden die Alkaloide mit quartärem Stickstoff, zu ihnen zählen die bekannten Curarealkaloide, und zwar insofern, als sie auch in Gegenwart von Alkalihydroxiden gut wasserlöslich sind. Die Abb. 7.1 zeigt auf, daß Alkaloide sich über den gesamten Basizitätsbereich erstrecken.

Anreicherungsverfahren

Zur Anreicherung (Abb. 7.1) und Isolierung der typischen basischen Alkaloide haben sich zwei Verfahren bewährt, die – abgesehen von unbedeutenden Modifizierungen – auch in der Arzneibuchanalytik verwendet werden.

- Verfahren A. Die gepulverte Droge wird mit konz. Ammoniak- oder Natriumcarbonatlösung durchfeuchtet, um die als Salze vorliegenden Alkaloide in die freien Basen zu überführen, die sich dann mit einem lipophilen organischen Lösungsmittel (Ether, Chloroform) extrahieren lassen. Dem auf ein kleines Volumen reduzierten organischen Extrakt, der neben den Basen auch die neutralen Extraktivstoffe enthält, werden mit verdünnter Mineralsäure die Alkaloide entzogen, die sich – nach Phasentrennung – nunmehr als Salze in wäßriger Lösung finden.
- Verfahren B. Das Drogenpulver wird mit verdünnter Mineralsäue (z. B. 0,1 N-Schwefelsäure) extrahiert. Durch Ausschütteln mit einem organischen mit

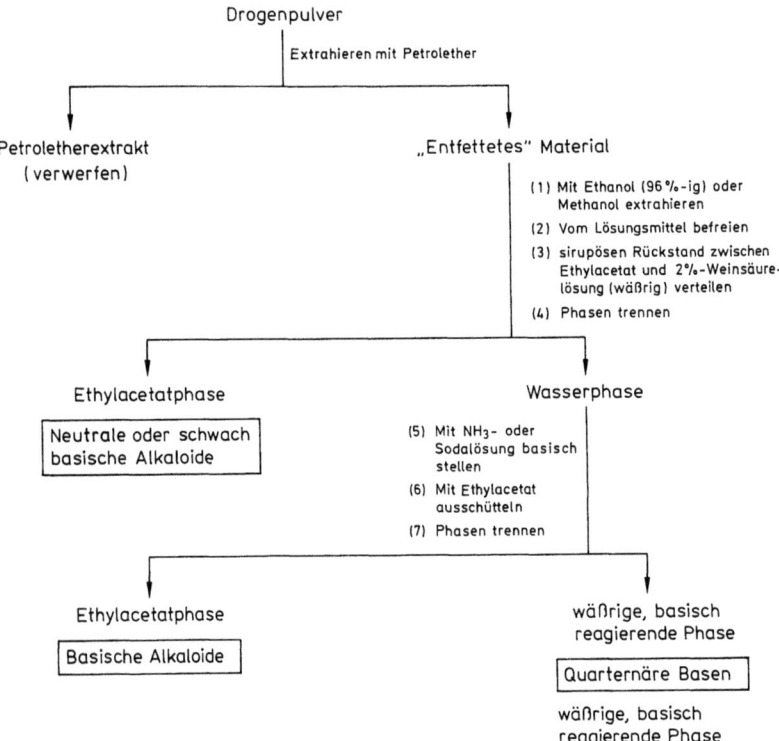

Abb. 7.1 Ein typischer Fraktionierungsgang zur Isolierung von Alkaloiden aus pflanzlichem Material

Wasser nicht mischbaren Lösungsmittel (Ethylacetat, Toluol, Chloroform) entfernt man die in diesen organischen Lösungsmitteln löslichen Naturstoffe. Nach Basischstellen der verunreinigten wäßrigen Phase entzieht man mit dem gleichen Lösungsmittel der wäßrigen Phase die Alkaloide.

Nomenklatur

Die Nomenklatur der Alkaloide ist ziemlich verwirrend.
  Einigkeit besteht darüber, Trivialbezeichnungen für Alkaloide mit dem Suffix -in enden zu lassen. Die Trivialnamen selbst leiten sich sehr oft von den botanischen Gattungs- oder Artnamen der Pflanze ab, in der das Alkaloid vorkommt: Papaverin, Nicotin, Hydrastin, Berberin, Atropin, Cocain u. a. m. Auch andere Gesichtspunkte können zur Geltung kommen, so physikalische Eigenschaften beim Hygrin (Hygroskopizität) oder eine Wirkung beim Emetin (wirkt emetisch). Nach einem Alkaloidchemiker ist das Pelletierin benannt.
  Der Angriffspunkt vieler Alkaloide ist das Nervensystem, und zwar ist – abhängig vom individuellen Alkaloid – einmal mehr das zentrale, dann wieder das autonome Nervensystem betroffen oder auch Bereiche sensibler Nerven. Funktionen der Nerven können angeregt werden (mimetische Effekte), sie können gehemmt oder auch blockiert werden.

7.2
Alkaloide mit biogenetischer Beziehung zu Ornithin

Ornithin ist eine nichtproteinogene C_5-Aminosäure mit enger Verwandtschaft zur Glutaminsäure und zum Prolin.

7.2.1
Kokain (Cocain) und verwandte Alkaloide

Stammpflanzen

Das einzige Vorkommen von Cocain im Pflanzenreich ist *Erythroxylum coca* LAM. (Familie: *Erythroxylaceae*), eine Sammelart, die mehrere domestizierte Varietäten umfaßt (von einigen Taxonomen als eigene Arten aufgefaßt). Die Wildformen der heutigen Kulturpflanzen sind nicht mehr bekannt.

Droge

Die Cocablätter erinnern in ihrem Aussehen an die als Gewürz bekannten Lorbeerblätter von *Laurus nobilis* L. Charakteristisch sind zwei Streifen, die sich auf der Ober- und Unterseite bandförmig von der Basis zur Spitze, etwa parallel zur Mittelrippe ziehen, so „als wäre hier ein kleines Blatt abgedruckt". Die Blattoberseite ist stets dunkler gefärbt als die Unterseite, die eher graugrün ist.

Die Droge riecht eigenartig (sehr schwach teeähnlich). Der Geschmack ist bitter, leicht aromatisch, später Zunge und Lippen anästhesierend.

Hauptanbaugebiet für Coca sind Bolivien, Columbien und Peru. Bolivien und Columbien allein produzieren jährlich zusammen etwa 100 000 Tonnen Blätter, von denen mindestens 75 000 Tonnen in den illegalen Handel gelangen.

Cocablätter   Cocae folium
Erythroxylum coca   Erythroxylaceae

Herkunft:
In den Anden kultiviert (Wildvorkommen unbekannt).

Pflanze (Abb. 7.2):
Bis 5 m hoher Strauch, Blatt länglich-oval, ganzrandig, auf der Blattunterseite links und rechts vom Mittelnerv 2 gebogene Linien, Blüten klein, grünlich- bis gelblichweiß in Büscheln; Steinfrucht rot.

Anwendung:
Zum Kokakauen bei den südamerikanischen Indios. Zur Isolierung von Cocain, als Lokalanästhetikum am Auge.

Inhaltsstoffe:
1) Alkaloide (0,7–2,5%) mit Cocain, Truxilline (Gemisch dimerer Cinnamoylcocaine).
2) Ätherisches Öl, Gerbstoffe.

Anmerkung:
Beim Kauen von Blättern mit Kalk wird Kokain zu Ecgonin gespalten.

7 Alkaloide

Inhaltsstoffe

Cocablätter enthalten drei Typen von Alkaloiden:

- Derivate des Ecgonins: Cocain, Cinnamoylcocain, und die Cocamine (α- und β-Truxillin). Kennzeichnung: Pseudotropanolcarbonsäuregerüst mit Phenylcarbonsäuren verestert; die β-Carboxylgruppe mit Methanol verestert.
- Derivate des Tropins: Tropacocain. Kennzeichnung: (Unterschied zum Ecgonin): Carboxyl fehlt; OH-Gruppe ist α-ständig.
- Derivate des Hygrins: Hygrin und Cuscohygrin. Kennzeichnung: monozyklische N-Methylpyrrolidine.
- Nicht alkaloidische Inhaltsstoffe: 6–7% Wasser; 8–10% mineralische Bestandteile; Phenole, darunter Flavonolglykoside (Rutin = Rutosid, Isoquercitrin = Isoquercitrosid) und Chlorogensäuren; geringe Mengen (0,05–0,10%) ätherisches Öl mit Methylsalicylat als Hauptbestandteil.

Ecgonin (R = CH$_3$)
3β-Hydroxy-1αH, 5αH-tropan-2β-carbonsäure

Trivialname	R^1	R^2
Cocain	CH$_3$	C$_6$H$_5$CO Benzoyl
Cinnamoylcocain	CH$_3$	C$_6$H$_5$-CH=CH-CO Cinnamoyl
Benzoylecgonin	H	C$_6$H$_5$CO Benzoyl
Methylecgonin	CH$_3$	H
Cocamin (α-Truxillin)	CH$_3$	α-Truxillsäure*
Isococamin (β-Truxillin)	CH$_3$	β-Truxillsäure*

*dimere Zimtsäuren

Gewinnung und Eigenschaften von Cocainhydrochlorid

Sie erfolgt nicht durch direkte Isolierung des im Cocablatt vorliegenden Cocains, was eine komplizierte Trennung von den begleitenden Ecgoninbasen (Cinnamoylcocain, Cocamine) erfordern würde. Die Basen werden gesamthaft angereichert; das Rohalkaloidgemisch wird durch Hydrolyse zum Ecgonin vereinheitlicht; Ecgonin wird partialsynthetisch durch Veresterung mit Methanol und durch Benzoylierung des Zwischenprodukts (Ecgoninmethylesters) in (−)-Cocain übergeführt.

Farblose Kristalle oder weißes, kristallines Pulver, geruchlos; bitter und scharf schmeckend, gefolgt von einer anästhesierenden Wirkung auf die Zunge.

Wirkungen, Anwendung

Träufelt man 2 - 3 Tropfen einer 1 - 3 %igen Cocainhydrochloridlösung ins Auge, so verspürt man zunächst infolge der sauren Reaktion der Lösung ein leichtes Brennen, das von einem Gefühl der Kälte abgelöst wird; 3 - 4 min später sind Konjunktiva und Kornea anästhetisch. Weitere 15 - 20 min später erweitern sich die Pupillen mittelweit und die sichtbaren Gefäße werden enger. Cocain zeigt somit – abweichend von den anderen Kornealanästhetika – zugleich mydriatische und vasokonstriktorische Eigenschaften. Die gefäßverengende Wirkung des Cocains hat den durchaus erwünschten Nebeneffekt im Gefolge, daß das Anästhetikum weniger rasch abtransportiert wird und die Anästhesie länger anhält.

Der Wirkungsmechanismus des Cocains als Lokalanästhetikum besteht in einer reversiblen und örtlich begrenzten Hemmung der Erregungsleitung in den Nervenfasern, indem es den depolarisierenden Na^+-Einstrom hemmt, möglicherweise über eine Interferenz mit der Bindung des Calciums an die Membran.

Cocaismus und Cocainismus

Man versteht unter Cocaismus das gewohnheitsmäßige Kauen von Coca-Blättern. Im typischen Fall werden die Blätter mit ungelöschtem Kalk oder mit Pflanzenasche vermischt, in Kugelform (als sog. Kokabissen) in den Mund geschoben und gekaut; der sich reichlich entwickelnde Speichel wird mit den Extraktivstoffen des Blatts geschluckt. Bereits während des Kauens wird infolge der Basizität ein Großteil des chemisch wenig stabilen Cocains verseift; ein anderer Teil wird während der Magen-Darm-Passage gespalten. Als Hydrolyseprodukt entsteht Ecgonin, das (im Tierexperiment) weckaminartig wirkt, dem auf jeden Fall die psychischen Wirkungen des Cocains fehlen. Damit erklärt sich die alte Beobachtung, daß der Kokakauer wesentlich seltener süchtig wird als der Cocainschnupfer. Die Reinsubstanz wird von den Schleimhäuten aus schnell und unzersetzt aufgenommen.

Die suchtbedingte Einnahme von Kokapaste oder Cocain durch Schnupfen, durch Inhalation der Dämpfe (Rauchen) oder durch parenterale Zufuhr von Salzen wird als Cocainismus oder Kokainsucht bezeichnet.

7.2.2
Tropanalkaloide der Solanazeen

Tropanalkaloide kommen in einigen wenigen Gattungen der insgesamt 85 Gattungen umfassenden Familie der Nachtschattengewächse (*Solanaceae*) vor: in den Gattungen *Atropa, Datura, Duboisia, Mandragora* und *Scopolia*.

Chemischer und biogenetischer Aufbau

Bei den Tropanalkaloiden handelt es sich um Esteralkaloide, deren Alkoholkomponente das 3α-Tropanol (= Tropin) ist, oder anders, es liegen 3α-Acyloxyderivate des Tropans vor. Das Tropangerüst besteht aus einem starren bizyklischen Ringsystem, an dem die Substituenten *cis*- und *trans*-ständig zueinander ange-

> **Belladonnablätter** **Belladonnae folium**
> Atropa belladonna Solanaceae
>
> *Herkunft:*
> Mittel-, Südeuropa.
>
> *Pflanze* (Abb. 7.3):
> Bis 150 cm; Blatt länglich eiförmig, kurz herablaufend, im Blütenstandsbereich scheinbar gegenständig, 1 großes und 1 kleineres Blatt; Blüten einzeln, blattachselständig; Krone glockig braun-violett, Frucht schwarz.
>
> *Anwendung:*
> 1) Zur Herstellung von Tinktur und Extrakten.
> 2) Zubereitungen innerlich bei Spasmen im Bereich des Gastrointestinaltraktes.
>
> *Inhaltsstoffe:*
> 1) Tropanalkaloide (mindestens 0,3% DAB) mit L-Hyoscyamin, Scopolamin.
> 2) Flavonolglykoside, Cumarine.

ordnet sein können. Bei den Belladonna-Basen steht die Hydroxygruppe des Kohlenstoffatoms C-3 *trans*-ständig zur N-Brücke; anders bei den Coca-Alkaloiden, die *cis*-Stellung aufweisen. Die *cis*-Tropinreihe wird auch als 3β-Tropanolreihe bezeichnet. In den Solanazeen kommen fast ausschließlich Ester des 3α-Tropinols vor.

Tropin
(Tropan-3α-ol)

Pseudotropin
(Tropan-3-β-ol)

Hyoscyamin
Racemat: Atropin

Scopolamin (= Hyoscin)
Racemat: Atroscin

Meteloidin

Beide raumisomeren Moleküle, 3α- und 3β-Tropanol sind achiral gebaut und daher optisch inaktiv. Die optische Aktivität der natürlichen linksdrehenden Alkaloide (−)-Hyoscyamin und (−)-Scopolamin beruht auf dem asymmetrischen C-Atom in ihrer Acylkomponente, der (−)-Tropasäure, für die experimentell die S-Absolutkonfiguration gefunden wurde. Für die Absolutkonfiguration von natürlichem Hyoscyamin und Scopolamin folgt daraus ebenfalls S-Konfiguration; daher sind sie präzise als S-(−)-Hyoscyamin und S-(−)-Scopolamin zu bezeichnen. Unter Basen- und Säureeinwirkung racemisiert S-(−)-Tropasäure leicht zu einem optisch inaktiven Gemisch von (+) und (−) Tropasäure; analog das S-(−)-Hysocyamin zu Atropin und das S-(−)-Scopolamin zu Atroscin.

Phenylalanin → Phenylbrenztraubensäure → [Zwischenprodukt] $\xrightarrow{H_2}$ (S)-Tropasäure

In biogenetischer Sicht besteht das 3-Tropanol aus einer vom Ornithin sich herleitenden N-Komponente und einem C_3-Nichtaminteil, der acetogeniner Herkunft ist. Die Tropasäure gehört in die Gruppe der Phenylpropankörper; die Isopropan-Verzweigung ist das Ergebnis einer Umlagerung (1,2-Verschiebung des Carboxyls), die wahrscheinlich über eine Epoxyzwischenstufe erfolgt.

Tropanalkaloidführende Drogen

Eine Palette von mehr als 20 Tropanalkaloiden sind bekannt. Medizinisch von Interesse sind lediglich S-(−)-Hyoscyamin, dessen Artefakt und Razemat Atropin sowie S-(−)-Scopolamin. Diese 2 bzw. 3 Alkaloide sind die wirksamkeitsbestimmenden Inhaltsstoffe der folgenden Drogen: Belladonnablätter (Belladonnae folium), Belladonnawurzel (Belladonnae radix), Hyoscyamusblätter (Hyoscyami folium) und Stramoniumblätter (Stramonii folium). Für die 3 Blattdrogen gibt es Arzneibuchmonographien, desgleichen für die normierten Drogenpulver.

Analytik. Zur Identitätsprüfung der Alkaloide selbst (Hyoscyamin, Atropin, Scopolamin), aber auch der Drogen, wird nach wie vor die Vitali-Reaktion herangezogen. Dazu werden die Alkaloide aus dem sauren, wäßrigen Drogenauszug nach Alkalisieren in Ether aufgenommen. Der Rückstand wird mit rauchender Salpetersäure versetzt und zur Trockene gebracht; beim Alkalisieren entsteht eine intensive Violettfärbung. In saurem Milieu erfolgt partiell Bildung der Apo-Derivate (Atropamin) und Nitrosierung der Aromaten. Im alkalischen Bereich bildet sich dann durch Deprotonisierung das gefärbte Anion.

Dünnschichtchromatographisch läßt das Arzneibuch auf dragendorffpositive Flecke, d. h. auf das Vorkommen von Hyoscyamin und Scopolamin und auf die Abwesenheit von Tropanol und Apoatropin, die in alten Drogen enthalten sein könten, prüfen. Aus der relativen Intensität der Zonen für Hyoscyamin zu Scopolamin läßt sich zugleich auf die Identität des Drogenauszuges schließen. Belladonnablätter (20:1), Hyoscyamusblätter (ca. 1:1) und Stramoniumblätter (2 bis 5:1).

Die drei Blattdrogen enthalten ferner Flavonolglykoside und Cumarine, die analytisch ausgewertet werden.

Die Gehaltsbestimmung wird im Prinzip wie folgt durchgeführt:

- Versetzen der Droge mit konz. Ammoniaklösung und Extraktion der Alkaloidbasen aus einem Chloroform-Ether-Gemisch,
- Überführung der Alkaloide in die Salzform und damit Abtrennung der Neutralstoffe,
- Alkalisieren der Alkaloidlösung mit konz. Ammoniaklösung und Extraktion der Alkaloidbasen mit Chloroform,
- Abdampfen des Chloroforms und weiteres Erhitzen zur Entfernung flüchtiger Basen,
- Acidimetrische Bestimmung der Alkaloidbasen.

Die Gehaltsbestimmung ist Grundlage zur Herstellung der „eingestellten Pulverdrogen". Drogen, die einen über der Norm liegenden Alkaloidgehalt aufweisen, werden entweder mit Hilfe gepulverter Lactose oder durch Zusatz von gepulverter Droge mit zu niedrigen Werten „normiert". Normbereiche: Belladonnae pulvis normatus mit 0,28 bis 0,32 %, Hyoscyami pulvis normatus mit 0,05 bis 0,07 %, Stramonii pulvis normatus mit 0,23 bis 0,27 %, berechnet als Hyosxyamin.

Gewinnung der Alkaloide

Zur Gewinnung von S-(-)-Hyoscyamin im Industriemaßstab dienen die folgenden Drogen als Ausgangsmaterial:

- Datura-metel-Samen. *D. metel* ist heimisch in den Tropen und Subtropen Asiens und Afrikas; weltweit verschleppt und eingebürgert; in Indien, China und Mittelamerika kultiviert. Die Samen enthalten Sopolamin, dem nur sehr wenig Hyoscyamin beigemischt ist.
- Blätter bestimmter selektionierter Sorten von *Duboisia myoporoides* und *D. leichhardtii*, baum- oder strauchartige Vertreter der Nachtschattengewächse. Zur industriemäßigen Gewinnung von Scopolamin werden besonders selektionierte Hybride beider *D.*-Arten in Australien, Japan, auf Neuguinea und Neukaledonien in Plantagen kultiviert.
- Das Kraut von *Hyoscyamus muticus*. Die Art ist in Ägypten bis Sudan heimisch, sie wird in Pakistan und Indien zur Gewinnung von Hyoscyamin kultiviert.
- Scopolia-carniolica-Wurzeln. Die Stammpflanze ist eine Solanazee, die in ihrem Habitus sehr an *Atropa belladonna* erinnert. Auch morphologisch-anatomisch spiegeln sich Ähnlichkeiten wider, etwa darin, daß es ziemlich schwierig ist, die Blatt- und Wurzeldrogen der beiden Arten zu unterscheiden. Die Art ist in Mitteleuropa bis Südosteuropa (Karpathengebiet) heimisch; sie kann kultiviert werden. Die Wurzeldroge enthält bis zu 1 % Alkaloide überwiegend Hyoscyamin.

Wirkungen, Anwendung

Hyoscyamin und Scopolamin bestimmen das Wirkbild der Drogen und ihrer Zubereitungen. Die therapeutische Anwendung heute beschränkt sich auf die Belladonnatinktur und den eingestellten Belladonnaextrakt. Diese Zubereitungen wirken als Parasympathicolytikum/Anticholinergikum über eine kompetitive Antagonisierung des neuromuskulären Transmitters Acetylcholin. Dieser Antagonismus betrifft vorwiegend die muscarinähnliche Wirkung des Acetylcholins, weniger die nicotinähnlichen Wirkungen an Ganglien und der neuromuskulären Endplatte. Atropa-belladonna-Zubereitungen entfalten periphere, auf das vegetative Nervensystem und die glatte Muskulatur gerichtete sowie zentrale Wirkungen. Infolge ihrer parasympathikolytischen Eigenschaften bewirken sie Erschlaffung glattmuskulärer Organe und Aufhebung spastischer Zustände, vor allem im Bereich des Gastrointestinaltraktes und der Gallenwege. Die Erschlaffung der Bronchialmuskulatur führt zu einer Erweiterung der Bronchien, insbesondere dann, wenn bereits eine spastische Kontraktion vorliegt wie beim Asthma bronchiale.

Anwendungsgebiete sind Spasmen und kolikartige Schmerzen im Bereich des Gastrointestinaltraktes und der Gallenwege.

Nebenwirkungen: Mundtrockenheit, Abnahme der Schweißdrüsensekretion, Akkomodationsstörungen, Hautrötung und -trockenheit, Wärmestau, Tachykardie, Miktionsbeschwerden, Halluzinationen und Krampfzustände (vor allem bei Überdosierung).

Bilsenkrautblätter   Hyoscyami folium
Hyoscyamus niger   Solanaceae

Herkunft:
Europa, Nord-/Westasien.

Pflanze (Abb. 7.4):
Meist 2jährig, bis 80 cm hoch, einfach oder verästelt; Blatt unten gestielt, oben stengelumfassend, länglich, buchtig fiederspaltig, Blüten festsitzend in Wickeln, Krone schwach zygomorph, gelb mit violettem Geäder, Deckelkapsel.

Anwendung:
Zubereitungen bei Spasmen im Bereich des Gastrointestinaltraktes.

Inhaltsstoffe:
1) Alkaloide (mindestens 0,05%) mit Hyoscyamin, Scopolamin.
2) Cumarinderivate.

Stechapfel   Stramonii folium
Datura stramonium   Solanaceae

Herkunft:
Südöstliches Rußland, Balkanländer.

Pflanze (Abb. 7.5):
Einjähriges Kraut mit großen weißen Trichterblüten und weichstacheligen, rundlichen bis länglichen Kapseln mit zahlreichen schwarzen Samen.

Anwendung:
Wird nicht mehr verwendet.

Inhaltsstoffe:
L-Hyoscyamin, Atropin, L-Scopolamin, Belladonnin, Apoatropin; bis 7% Gerbstoffe; Flavonolglykoside, Cumarine (Umbelliferon, Scopolin).

Anmerkung:
Droge und Stammpflanze haben toxikologische Bedeutung.

7.2.3
Pyrrolizidinalkaloide

Verbreitung

Schwerpunkte ihrer Verbreitung im Pflanzenreich sind die folgenden Pflanzenfamilien:

- *Boraginaceae,*
- *Asteraceae (Compositae),*
- *Fabaceae (Papilionaceae).*

Arzneidrogen, die Pyrrolizidinalkaloide führen, entstammen u. a. den folgenden Gattungen:

- *Cynoglossum (Boraginaceae),*
- *Symphytum (Boraginaceae),*
- *Eupatorium (Asteraceae),*
- *Petasites (Asteraceae),*
- *Senecio (Asteraceae),*
- *Tussilago (Asteraceae).*

Chemie

Das chemische Merkmal ist, wie in der Namensgebung zum Ausdruck kommt, der Pyrrolizidinring. Allerdings zählt man auch Alkaloide ohne Pyrrolizidinring mit hinzu, sofern sie chemisch und biosynthetisch den Pyrrolizidinbasen nahe stehen (Beispiel: Senkirkin). In der Regel handelt es sich um Ester-Alkaloide mit einem

Senecionin　　　　　　Senkirkin　　　　　　Fuchsisenecionin

Echimidin　　　　　　Tussilagin

Dihyroxypyrrolizidin als Alkoholkomponente. Man unterscheidet Monoester (z. B. Fuchsisenecionin), Diester mit zwei Monocarbonsäuren (z. B. das Echimidin der Beinwellwurzel) und zyklische Diester mit einer Dicarbonsäure (z. B. das in *Senecio*-Arten weit verbreitete Senecionin).

Toxizität

Zu unterscheiden ist zwischen der akuten und chronischen Toxizität der Alkaloide. Für Senecionin z. B. wurde bei der Ratte eine LD_{50} von 85 mg/kg KG gemessen. Werden den Tieren zweimal wöchentlich Dosen entsprechend 0,1 % der LD_{50} zugeführt, so führt dies zum Auftreten von primären Lebertumoren und in der Folge innerhalb von 6 Monaten zum Tod. Aufgrund entsprechender Tierversuche konnten in vielen Ländern Maßnahmen eingeleitet werden, um die Verwendung von Pyrrolizidine enthaltenden Kräutermedizinen durch den Menschen einzuschränken. In Europa wurde die Aufmerksamkeit auf die folgenden drei Drogen gelenkt: Beinwellwurzel, Huflattichblätter und Kreuzkraut.

- Beinwellwurzel von *Symphytum officinale* L. (Familie: *Boraginaceae*) enthält etwa 0,02 – 0,07 % Alkaloide vom Echimidintyp, das sind Diester mit 2 Monocarbonsäuren. Die Konzentration ist hinreichend hoch, um von der innerlichen Anwendung abzuraten. Hingegen ist eine vergleichbare Gefährdung bei äußerlicher Anwendung nicht gegeben.
- Huflattichblätter von *Tussilago farfara* L. enthalten zwischen 0,0001 – 0,01 % Alkaloide, darunter das Senkirkin, das hepatotoxisch ist, und das Tussilagin, das infolge Fehlens einer Allylesterstruktur untoxisch sein dürfte.
- Kreuzkraut, die getrockneten oberirdischen Teile von *Senecio nemorensis* L. subspec. *fuchsii* GMEL. (Familie: *Asteraceae*) enthalten nach einer Analyse 0,37 % Fuchsisenecionin und 0,007 % Senecionin. Fuchsisenecionin weist keine 1,2-Doppelbindung auf, die für die hepatotoxische und kanzerogene Wirkung der Senecioalkaloide Voraussetzung ist. Da aber für die Alkaloidgesamtfraktion entsprechende Wirkungen nachgewiesen wurden, sind die Drogen und ihre Zubereitungen als potentiell genotoxisches Kanzerogen für den Menschen einzustufen. Vor allem eine Langzeitanwendung (als „Diabetikertee") ist nicht verantwortbar.

7.3
Tabak und Nicotin

Biogenetische Einordnung

Der Pyridinring im Nicotin und verwandten Alkaloiden wird von höheren Pflanzen aus Aspariginsäure und Dihydroxyacetonphosphat über die Chinolinsäure als Zwischenstufe gebildet. In einem biochemischen System gehören sie somit zu den Alkaloiden mit biogenetischen Beziehungen zum Aspartat.

Tabak, Herkunft und Geschichte

Der Tabak als industrieller Rohstoff besteht aus den getrockneten Blättern von *Nicotiana tabacum* L. (Familie: *Solanaceae*), seltener aus den Blättern von *N. ru-*

stica L., dem Bauerntabak, in Rußland Machorka genannt. *N. rustica* ist sehr alkaloidreich und wird heute überwiegend zur Gewinnung von Nicotin angebaut. Die *N.*-Arten sind in der neuen Welt heimisch. Auch die Sitte des Tabakrauchens kam zuerst in Amerika auf. In Südamerika rauchte man eine Art Zigarre mit Deckblatt, von Westindien ab nach Norden jedoch die Pfeife, deren Namen „Taboga" oder „Tobago" auf Kraut und Pflanze übergegangen ist. 1556 gelangten die ersten Samen der Pflanze nach Frankreich, wo der Gesandte Frankreichs in Portugal Jean Nicot (1530 – 1600) die ersten Tabakpflanzen daraus aufzog. Auf Nicot gehen der Gattungsnamen *Nicotiana* und auch der Name des Inhaltsstoffes Nicotin zurück. Nicot und seine Zeitgenossen betrachteten die Tabakblätter nicht als Genuß-, sondern als Universalheilmittel. Wenn auch der Tabak und seine Inhaltsstoffe heute kein unmittelbares Interesse als Therapeutika mehr beanspruchen können, so haben die Alkaloide des Tabaks als Ausgangsmaterialien für therapeutisch verwendete Substanzen wie Nicotinsäure und Nicotinsäureamid (Partialsynthese) sowie als Schädlingsbekämpfungsmittel eine gewisse Bedeutung.

Ernte und Verarbeitung

Zur Ernte werden die Blätter entweder einzeln gepflückt oder es wird die ganze Pflanze geschnitten. Die Trocknung, die nicht in einer einfachen Abgabe von Wasser besteht, bei der vielmehr chemische Umsetzungen mannigfachster Art vor sich gehen, erfordert höchste Aufmerksamkeit und größte Erfahrung; ebenso die sog. Fermentation, bei der die Blätter zu Haufen geschichtet und einer Art Gärung unterworfen werden. Bei den sich über Monate hinstreckenden Manipulationen des Trocknens und Fermentierens entwickeln sich die bekannten Aromastoffe, während der Gehalt der Blätter an Eiweißkörpern abnimmt. Nicht unwesentlich trägt aber zur Geschmacksveredelung das sog. Saucieren bei, eine Behandlung mit wässerigen Auszügen von Zuckerstoffen, Gewürzen, Salzen, wohlriechenden Stoffen und Färbemitteln. Sein hellgelbes Aussehen erhält mancher Tabak durch Färben oder Schwefeln. Alle diese Verfahren sind rein empirisch ausgebaut worden, und nur sehr langsam und unter Schwierigkeiten beginnt die Wissenschaft in die verwickelten Vorgänge einzudringen. Sicher zu sein scheint, die Tabakfermentation ist kein rein durch Mikroorganismen induzierter Prozeß, vielmehr sind wesentlich die blatteigenen Enzyme daran beteiligt. Das Verhältnis Kohlenhydrate/Proteine bestimmt den pH-Wert des Rauchens. Zigarrentabak wird nicht ganz reif geerntet und hat nach der Trocknung und Fermentation die im Blatt vorhandenen löslichen Kohlenhydrate, die Zucker, weitgehend abgebaut, so daß beim Schwelprozeß des Rauchens die aminostickstoffhaltigen Proteinspaltprodukte basische Bestandteile in Mengen in den Rauch übertreten lassen, die von den sauren Schwelprodukten der Cellulose und der Pektine nicht neutralisiert werden können. Der Rauch von Zigarren hat deshalb meistens einen pH-Wert von 8,0 – 8,6. Hingegen sind die hellfarbigen Orient- und Virginiatabake, die zu Zigaretten verarbeitet werden, im Rauch deutlich sauer.

Nicotingewinnung

In technischem Maßstabe durch Extraktion von Tabakabfällen, die bei der Herstellung von Zigaretten, Zigarren und Pfeifentabak in großen Mengen anfallen; es ist ferner Nebenprodukt bei der Herstellung nikotinarmen Tabaks. Behandelt man Tabak mit Ammoniak und Wasserdampf, kann der Nicotingehalt vermindert und zugleich Nicotin isoliert werden.

Chemie, Analytik

Nicotin ist eine dibasische Substanz mit zwei tertiären N-Atomen, deren eines (das Pyridin-N) schwach, deren zweites (das Pyrrolidin-N) stark basisch ist.

Chinolinsäure   Ornithin

Nicotin; $C_{10}H_{14}N_2$

Wirkungen

Nicotin, in Form von Tabakrauchen zugeführt, entfaltet eine Vielzahl von Wirkungen: Stimulation nicotinerger cholinerger Rezeptoren im ZNS bei niedriger Dosierung, Blockade bei höherer Dosierung. Nicotin stimuliert die Bildung von Catecholaminen und von Serotonin im Gehirn, was mit der verbesserten Aufmerksamkeit als Folge des Rauchens in Zusammenhang gebracht wird. Insgesamt führt bei Rauchern die Zufuhr von Nicotin zu beschleunigter Reaktionszeit, verbesserter Konzentrationsfähigkeit, reduzierter Aggressivität und Reduktion von Angstgefühlen. Bei chronischem Abusus muß mit 2 Hauptfolgen gerechnet werden: mit Gefäßschäden und mit einem erhöhten Lungenkrebsrisiko (Plattenepithelkarzinom). Die Abstinenzerscheinungen beim Versuch der Entwöhnung sind kognitiver und emotionaler, weniger physischer Natur, so daß bei Nicotin nicht von physischer Abhängigkeit gesprochen werden kann.

Anwendung in der Medizin

Rationale Anwendungsgebiete sind keine bekannt. Angeboten werden Nicotinpräparate als Tabakentwöhnungsmittel. Sie enthalten 2 mg (oder 4 mg) Nicotin, das, an ein Retardierungsmittel gebunden, in Kaugummimasse inkorporiert ist. Bei Rauchverlangen wird 1 Kaugummi etwa 30 min lang – mit Pausen – gekaut. Als unerwünschte Wirkungen wurden beschrieben: schmerzende Kiefer, leichte Übelkeit, Mattigkeit, Kopfschmerz. Die Substitution der Zigarette durch nicotinhaltigen Kaugummi soll die Assoziation des Tabakrauchens mit positiv verstärkenden Reaktionen unterbrechen und eine negative Reaktion auf Zigaretten konditionieren. Man nutzt, in psychologischer Sprache, den Mechanismus des Geschmacksaversionslernens aus.

7.4
Spartein und Besenginsterkraut

Spartein ist ein tetrazyklischer Vertreter der Chinolizidinalkaloide, zu denen zahlreiche weitere Gift- und Bitterstoffe der Leguminosen gehören. Biogenetisch leiten sich die Alkaloide von der Aminosäure Lysin ab. Die Aminosäure wird im Biosyntheseverlauf unter Bildung von Cadaverin decarboxyliert und partiell oder vollständig desaminiert. Rein formal betrachtet stecken im Sparteinmolekül drei C_5-Bausteine, die alle aus Lysin stammen.

(−)-Spartein; $C_{15}H_{26}N_2$

(−)-Spartein; (Konformation)

(−)-Cytisin; $C_{11}H_{14}N_2O$

Δ^1-Piperidein

Lysin

Glutardialdehyd

Piperidein — Piperidein
Glutardialdehyd

Besenginsterkraut

Sarothamni scoparii herba besteht aus den zur Blütezeit geernteten Zweigspitzen von *Sarothamnus scoparius* (Besenginster, *Fabaceae*), einem in Europa heimischem Strauchgewächs. Die Droge soll nach DAC mindestens 0,8 % Alkaloide enthalten. Hauptalkaloid ist (−)-Spartein. Weitere Bestandteile sind Scoparosid (8-C-Glucosyl-luteolin) und biogene Amine wie Dopamin und N-Methyldopamin. In der Phytotherapie werden Zubereitungen aus der Droge bei funktionellen Herz- und Kreislaufbeschwerden angewendet. Mit einer Wirksamkeit bei Herzrhythmusstörungen ist nicht zu rechnen, da mit einer Tagesdosis entsprechend 1,0 bis 1,5 g Droge lediglich ca. 1 mg Spartein zugeführt wird. Davon abgesehen, auch für das Spartein selbst liegen keine klinischen Studien vor, die die Wirksamkeit bei Herzrhythmusstörungen belegen.

7.5
Vom Dihydroxyphenylalanin abgeleitete Alkaloide

Phenylalanin und *p*-Hydroxyphenylalanin (= Tyrosin) gehören zu den proteinogenen Aminosäuren, sehr im Gegensatz zum Dihydroxyphenylalanin (= DOPA), das nicht in Proteine eingebaut wird. Dafür ist aber L-DOPA sowohl im tierischen als auch im pflanzlichen Organismus Bauelement einer sehr großen Anzahl unterschiedlichster Naturstoffe, so vor allem einer Vielzahl von Alkaloiden.

7.5.1
Opium

Stammpflanze

Papaver somniferum L. (Familie: *Papaveraceae*), der Schlafmohn, ist ein 70-120 cm hohes, einjähriges Kraut mit länglich-eiförmigen, durch Wachsbelag graugrünen Blättern, weißen oder rötlichvioletten Blüten und einer zur Reifezeit walnußgroßen Kapsel, die sich mit Poren öffnet. Die Kapsel enthält einige hundert blaugraue nierenförmige Samen. Alle Teile der Pflanze sind mit einem dichten Netz untereinander anastomisierender Milchröhren durchzogen, in deren Latex die Alkaloide synthetisiert, gespeichert und metabolisiert werden. Besonders dicht mit Milchröhren durchzogen ist das Pericarp der Fruchtkapsel.

Papaver somniferum gedeiht von den Tropen bis nach Nordnorwegen. Man hat zwischen Mohnanbau zur Ölsaatgewinnung und zur Opiumgewinnung zu unterscheiden. Gemäß UNO-Protokoll vom Jahre 1953 ist der legale Opiumanbau auf die folgenden Länder beschränkt: Bulgarien, Griechenland, Iran, Indien, Kirgisien (mit Anbaugebieten im Issyl-Kul-Gebirgstal), Türkei und Jugoslawien. Große Anbaugebiete außerhalb der genannten Länder finden sich in China, in Mexiko, in Vietnam und vor allem im sogenannten Goldenen Dreieck, dem Grenzgebiet zwischen Birma, Thailand und Laos.

Man geht zur Opiumgewinnung so vor, daß die unreifen Kapseln mit speziellen Messerchen oder Klingenkombinationen (um Parallelschnitte zu ermöglichen) eingeritzt werden, was zweckmäßigerweise in den Nachmittags- oder Abendstunden geschieht. Der austretende, zunächst weiße Milchsaft, verfärbt sich rasch dunkel (enzymatische Oxidation phenolischer Inhaltsstoffe) und trocknet über Nacht zu einer braunen, klebrigen Masse ein. Die Masse wird abgeschabt, gesam-

---

Opium
Papaver somniferum   Papaveraceae

Herkunft:
Griechenland, Indien, Jugoslawien, Türkei, Krigisien, Iran.

Pflanze (Abb. 7.6):
80-150 cm hohe Pflanze, Blatt stengelumfassend ungeteilt, länglich, gekerbt, Blüte violett, rot-weiß, am Grund gefleckt, kugelige Porenkapsel.

Anwendung:
1) zur Gewinnung von Morphin.
2) Als Tinktur gegen Diarrhö.

Inhaltsstoffe:
Rohopium: 1) 20-30% Alkaloide, Morphin 12%, Codein 1%, Papaverin 1%.
2) Säuren (Meconsäure), Proteine, Schleimstoffe, Kautschuk, Harze.

melt und in Sammelstellen zu Kugeln, Würfeln oder Ziegeln geformt. Da eine einzelne Kapsel nur etwa 20 mg Opium liefert, ist zur Gewinnung von 1 kg Opium ein Arbeitsaufwand von 300 h errechnet worden.

Inhaltsstoffe

Unter den Inhaltsstoffen des Opiums sind an erster Stelle die Alkaloide zu nennen, die bis ein Viertel des Opiumgewichtes ausmachen können. Sie liegen nicht in freier Form vor, sondern gebunden an verschiedene Säuren, wie z.B. an Meconsäure, an Fumarsäure und an Milchsäure. Für Opium typisch ist dabei die Meconsäure, die bis zu 5% im Opium enthalten sein kann; chemisch handelt es sich um eine Hydroxypyron-dicarbonsäure.

Meconsäure;
$C_7H_4O_7$

Chelidonsäure;
$C_7H_4O_6$

Biogenetischer Zusammenhang von Benzylisochinolin- und Morphinantyp

Morphin
(Schreibweise nach DAB 10)

R = H: Morphin
R = CH_3: Codein

Weitere Inhaltsstoffe des Opiums sind Eiweiß, Kautschuk, Harze, Zucker, Fett, Schleimstoffe und Wachse. Wegen des Vorkommens dieser zuletzt genannten Stoffe im Opium können einfache Opiumauszüge nicht parenteral appliziert werden. Außerdem werden als Bestandteile des Opiums Enzyme erwähnt. Oxidationsfermente bedingen die Braunfärbung des ursprünglich weißen Mohnsaftes; sie sollen ferner die Ursache für die Abnahme des Morphingehaltes während der Opiumlagerung sein. Der Wassergehalt schwankt je nach dem Grade der Austrocknung zwischen 5 und 20%. Außer dem von Sertüner entdeckten Morphin sind im Opium noch etwa 40 weitere Alkaloide aufgefunden worden; darunter Noscapin, Codein, Thebain, Narcein, Reticulin und Papaverin. Bei einigen der aus

Opium isolierten Alkaloide dürfte es sich um Artefakte handeln, die durch Oxidation, Hydrolyse oder Razemisierung während des Eintrocknens des Milchsaftes entstehen.

Papaverin; $C_{20}H_{21}NO_4$

R	
OCH_3	(−)-Noscapin; $C_{22}H_{23}NO_7$

Biogenetische Einordnung

Das Benzylisochinolinalkaloid (−)-Reticulin ist die erste gemeinsame biogenetische Vorstufe aller Morphinanalkaloide. Im Molekül des Reticulins seinerseits stecken als biogenetische Bauelemente Dopamin und als Nichtaminkomponente der Dihydroxyphenylacetaldehyd (C_6–C_2-Baustein). Das trizyklische Reticulin wird durch oxidative Kupplung zum tetrazyklischen Salutaridin umgesetzt. Selektive Reduktion führt zum korrespondierenden Dienolderivat. Durch Ausbildung einer Etherbrücke entsteht Thebain mit charakteristischer Enolether-Struktur.

(R)-Reticulin

Salutaridin
(Morphinandienon-Typ)

Reduktion

Thebain

−H_2O

Offizinelle Opiumpräparate

Opium

Nach DAB mindestens 10,0 % Morphin, mindestens 2 % Codein und höchstens 3 % Thebain.

Eingestelltes Opium besteht aus Opium, das getrocknet und hernach pulverisiert wird; mit Lactose wird das Pulver auf einen Morphingehalt zwischen 9,8–10,2 % gebracht.

Opiumextrakt

Opium wird mit Wasser mazeriert, der Auszug filtriert und bei einer Temperatur unterhalb von 60 °C im Vakuum zur Trockene eingedampft. Nach Bestimmung des Morphingehaltes wird das hellbraune Pulver durch Verreiben mit Lactose oder Dextrin auf einen Gehalt von mindestens 19,6 und höchstens 20,4 % Morphin gebracht.

Opiumtinktur

Opiumtinktur wird aus 1 Teil Opium und einer Mischung (1:1) von Ethanol (70 %; V/V) und Wasser nach dem Mazerationsverfahren hergestellt, so daß 1 Teil der Droge etwa 8–10 Teile Tinktur ergeben. Nach Bestimmung des Alkaloidgehaltes wird Ethanol-Wasser zugesetzt, so daß die Tinktur einen Morphingehalt zwischen 0,95 % und 1,05 % Morphin aufweist.

Anwendung

In Form der Tinktur als Obstipans bei Diarrhö. Heute weitgehend durch das synthetische Loperamid ersetzt, das keine unerwünschten Wirkungen am Zentralnervensystem aufweist. Opium ist Ausgangsmaterial zur Extraktion von Morphin und Codein.

Extraktion von Morphin und Codein

Morphin gewinnt man durch Extraktion aus dem Opium. Das eigentliche Problem besteht in der Abtrennung des Morphins aus dem Alkaloidgemisch, wofür es eine Reihe von technischen Lösungen gibt. Eine Methode läßt sich wie folgt skizzieren: Die Droge wird mit Calciumchlorid zu einer dünnen Paste angerieben, wodurch die Meconsäure und andere Säuren sich als schwer lösliche Calciumsalze niederschlagen. Die Alkaloide wiederum werden dadurch in die Hydrochloride überführt und lassen sich mit reinem Wasser extrahieren. Die Auftrennung der therapeutisch wichtigen Alkaloide beruht auf deren sehr unterschiedlicher Basizität. Indem man dem Extrakt Natriumacetat zusetzt, fallen Narcotin und Papaverin aus, durch Ammoniakzusatz, Morphin; das Codein läßt sich aus dem Filtrat mit Benzol oder Chloroform extrahieren.

Codein gewinnt man zum geringeren Teil durch Extraktion aus Opium, zum größeren Teil partialsynthetisch durch Methylierung von Morphin. Da die phenolische Gruppe verschlossen ist, reagiert Codein nicht mehr positiv gegenüber Phenolreagenzien.

7.5.2 Schöllkraut

Herkunft

Die Droge Chelidonii herba besteht aus den zur Blütezeit gesammelten, getrockneten oberirdischen Teilen von *Chelidonium majus* L. (Familie: *Papaveraceae*).

7.5 Vom Dihydroxyphenylalanin abgeleitete Alkaloide   301

Schöllkraut   Chelidonii herba
Chelidonium majus   Papaveraceae

Herkunft:
Anbau in gemäßigten Zonen.

Pflanze (Abb. 7.7):
30–60 cm hohe Pflanze mit gelbem Milchsaft; Blatt fiederteilig, blaugrün; gelbe Blüten in 2- bis 8blütigen Dolden, 2zählig, Frucht eine Schote.

Anwendung:
Als Trockenextrakt in Zubereitungen bei krampfartigen Beschwerden im Bereich der Gallenwege und des Magen-Darm-Trakts.

Inhaltsstoffe:
1) Alkaloide (DAB mindestens 0,6%) mit Coptisin, Chelidonin, Sanguinarin, Chelerythrin.
2) Chelidonsäure.

Anmerkung:
Im Kraut ist Coptisin Hauptalkaloid, in der Wurzel Chelidonin.

Schöllkraut ist eine 20–60 cm hohe, ausdauernde Pflanze mit orangegelbem Milchsaft. Die Blätter sind fiedrig gelappt; die goldgelben Blüten stehen in lockeren Dolden. In den gemäßigten Zonen weit verbreitet.

Inhaltsstoffe

0,1–1% Gesamtalkaloide, darunter Coptisin, Chelidonin, Sanguinarin und Chelerythrin. Die Alkaloide liegen zum Teil als Salze der Chelidonsäure vor. Coptisin gehört zu den Phenylisochinolin-, die übrigen zu den Benzophenanthridinalkaloiden.

Die Benzophenanthridinalkaloide sind in biosynthetischer Hinsicht Oxidations- und Umlagerungsprodukte des Protoberberins. Vertreten wird die Gruppe durch die im Schöllkraut vorkommenden Alkaloide: durch Chelidonin, Chelerythrin und Sanguinarin.

Coptisin   Chelidonin

Protoberberin-Typ   Benzophenanthridin-Typ

Analytik

Die photometrische Bestimmung des Gesamtalkaloidgehaltes nach DAB 10 erfaßt Alkaloide mit einer Methylendioxygruppe. Nach Anreicherung wird die Alkaloidfraktion mit verdünnter Schwefelsäure umgesetzt; der sich abspaltende Formaldehyd wird in Schwefelsäure mit Chromotropsäure zu einem violetten Xanthenfarbstoff umgesetzt. Die Extinktion der Lösung wird mit einer Vergleichslösung bekannten Chelidoningehaltes rechnerisch in Beziehung gesetzt. Das Ergebnis wird als Chelidonin berechnet.

Nach neuen Untersuchungen ist nicht Chelidonin, sondern Coptisin das mengenmäßig dominierende Hauptalkaloid der Droge. Da es gleich dem Chelidonin zwei Methylendioxygruppen trägt, wird es bei der Bestimmung nach DAB 10 gleichermaßen erfaßt.

Zubereitungsformen

Selten als Infus; häufiger als Trockenextrakt zu Dragees oder als Tinktur zu Tropfen (in der Regel als Bestandteil von Kombinationspräparaten).

Anwendung

Galenika und Fertigarzneimittel werden empfohlen bei chronischen Cholezystopathien, bei Beschwerden nach Galleoperation sowie bei funktionellen Störungen im Gallenwegsbereich.

7.5.3
Tubocurarin

Tubocurarin ist ein offizineller Arzneistoff. Die Arzneibücher (z. B. Ph. Eur., DAB) beschreiben ihn als weißes oder leicht gelblich gefärbtes Pulver, das sich in Wasser und Ethanol löst, in Aceton, Chloroform und Ether unlöslich ist. Es ist optisch aktiv und zwar stark rechts drehend.

Chondrodendron-tomentosum-Rinde
Chondodendron tomentosum, Menispermaceae

Herkunft:
Brasilien, Peru.

Pflanze:
Kletterstrauch, Blatt ganzrandig, herzförmig; kleine Blüten in Büscheln.

Anwendung:
Zur Herstellung von Tubocurarinchlorid.

Inhaltsstoffe:
Bisbenzylisochinolinalkaloide: Chondocurarin, Tubocurarin.

7.5 Vom Dihydroxyphenylalanin abgeleitete Alkaloide

(+)-Tubocurarin ist ein Inhaltsstoff von *Chondrodendron tomentosum* RUIZ et PAV., Holzpflanzen aus der Familie der *Menispermaceae*. Wässerige Spissumextrakte aus Blättern und Zweigen von *Chondrodendron*-Arten waren wirksamer Hauptbestandteil des sog. *Tubocurare*, eines Pfeilgiftes südamerikanischer Indianer, so benannt nach der Verpackung in Bambusröhren. Dem biosynthetischen Aufbau nach gehört (+)-Tubocurarin zu den Benzyltetrahydro-isochinolinalkaloiden und zwar zu den dimeren Basen: zwei Moleküle sind durch zwei Etherbrücken unsymmetrisch miteinander verknüpft (C-8 → C-12' und C-11 → C-7'). Demnach sind im Molekül zwei N-Atome (N-2 und N-2') enthalten; davon liegt das eine (und zwar das N-2') als quartäres N-Atom vor.

R^1	R^2	
H	H	Chondocurin
CH_3	H	(+)-Tubocurarin
CH_3	CH_3	Chondocurarin

Die Bereitung und Verwendung von Curare ist weitgehend auf Südamerika, v. a. auf das Einzugsgebiet des Amazonas vom tropischen Urwald Brasiliens im Süden bis zu den Anden im Westen und Guayana im Norden beschränkt. Verwendet wurde das Gift in Form von Blasrohrpfeilen zur Jagd. Da die Curare-Wirkstoffe als quartäre Basen vom Magen-Darm-Trakt aus nur langsam resorbiert werden, bleibt die Jagdbeute für den Menschen genießbar.

(+)-Tubocurarin ist ein peripher angreifendes Muskelrelaxans. Es wird in der Regel i. v. angewendet: zur Muskelerschlaffung bei Operationen im Bauch- und Thoraxraum, auch zum Einrichten von Frakturen und Luxationen.

7.5.4
Colchicin

Herkunft

Colchicin ist das Hauptalkaloid in Knollen und Samen der Herbstzeitlose, *Colchicum autunmale* L. (Familie: *Colchicaceae*, früher *Liliaceae*).

Die Herbstzeitlose ist eine bis 40 cm hohe ausdauernde Knollenpflanze. Die Blätter, die den Tulpenblättern ähneln, erscheinen im Frühjahr gleichzeitig mit den Früchten (dreifächrigen Kapseln mit fast kugeligen, dunkelbraunroten Samen). Zur Blütezeit im Herbst sind die Blätter eingezogen. Die hell-lila-rosa farbenen Blüten gehen aus der tief im Boden liegenden Sproßknolle hervor.

304   7 Alkaloide

Inhaltsstoffe

0,1–1,2% Colchicin neben Demecolcin und Colchicosid. Die Hauptmenge der Sameninhaltsstoffe entfallen auf primäre Stoffwechselprodukte: 5% reduzierende Zucker, 5–10% Fette und 20% Proteine.

Colchicingewinnung. Der Ethanolauszug aus Knollen bzw. aus Herbstzeitlosensamen wird mit Wasser mazeriert. Von Fetten und anderen Lipiden wird abfiltriert und dem wäßrigen Filtrat des Colchicins mit Chloroform entzogen. Aus konzentrierter Chloroformlösung kristallisiert das Alkaloid in Form eines Chloroformkomplexes aus.

Biosynthetische Einordnung

Das fertige Molekül des Colchicins läßt die Bauelemente, aus denen es biosynthetisiert wird, nicht mehr erkennen: Es ist zu stark oxidativ modifiziert. Hingegen lassen sich in Nebenalkaloiden der Herbstzeitlose, z. B. im Androcymbin, die beiden Biosynthesevorstufen DOPA und Zimtsäure (bzw. Sinapinsäure) noch deutlich ausmachen. Die weitere Metabolisierung von Androcymbinzwischenstufen zum Colchicin schließt u. a. eine oxidative Ringerweiterung und eine oxidative N-C-Spaltung ein.

7.5 Vom Dihydroxyphenylalanin abgeleitete Alkaloide

Herbstzeitlosensamen **Colchici semen**
Colchicum autumnale Colchicaceae

Herkunft:
Kleinasien, Europa.

Pflanze (Abb. 7.8):
5–40 cm hohe Pflanze mit Knolle; Blatt breit-lanzettlich, grundständig, etwas fleischig, im Frühjahr zusammen mit Kapsel erscheinend; Blüte mit lilafarbener Krone, unten zu 20 cm langer Röhre verwachsen, entwickelt sich im Herbst.

Anwendung:
Colchicin bei Gicht; Cytodiagnostik; Polyploidisierung.

Inhaltsstoffe:
1) Alkaloide (DAC mindestens 0,4%), Cochicin, Colchicosid.
2) Fettes Öl, Eiweißstoffe, Hemicellulose.

Chemischer Aufbau

Das Molekül des Cholchicins baut sich aus dem trizyklischen Ringsystem des Benzoheptalens auf. Der Stickstoff ist nicht Teil eines Ringsystems; er liegt als aliphatische N-Acetylgruppe vor und ist infolge des Säureamidcharakters nur sehr schwach basisch (pKa ~ 2). Colchicin enthält vier Methoxygruppen, von denen die 10-OCH_3 säurekatalysiert sehr leicht hydrolisiert werden kann.

Anwendung

- Als Arzneistoff zur Behandlung des akuten Gichtanfalls.
  Wirkweise: Die in den Gelenken abgelagerten Harnsäurekristalle rufen eine Entzündung hervor. Entzündungsmediatoren locken chemotaktisch Leukozyten an, welche die Harnsäurekristalle phagozytieren, letztlich aber durch ihren Zerfall die Entzündung weiter eskalieren. Colchicin lagert sich spezifisch an kontraktile Eiweißelemente (Tubulin) an; dadurch werden sowohl die Leukozytenmobilität als auch Phagozytoseaktivität gehemmt.
- Als Reagens zur Auslösung von Erbänderungen (Polyploidie) bei Pflanzen. Colchicin wirkt auf die tierische und pflanzliche Zelle antimitotisch: Es stört die Verteilung der Chromosomen bei der Kernteilung.

Unerwünschte Wirkungen, Toxizität

Die therapeutische Breite ist gering. Nicht selten treten bereits in therapeutischer Dosierung (orale Einzelgabe berechnet auf Colchicin: 0,0005 g = 0,5 mg) erste Vergiftungssymptome auf, wie Diarrhö, Übelkeit, Erbrechen oder Bauchschmerzen.

7.5.5
Ipecacuanhawurzel

Herkunft

Die Droge besteht aus den getrockneten unterirdischen Organen von *Cephaelis ipecacuanha* (BROT.) A. RICH., bekannt unter der Bezeichnung Rio-Ware oder Brasilianische Ipecacuanha, oder von *Cephaelis acuminata* KARST., auch als Cartagena-, Nicaragua- oder Panama-Ipecacuanha bekannt, oder aus einem Gemisch beider Herkünfte. Der Gesamtgehalt an Alkaloiden, berechnet als Emetin bezogen auf die bei 100–150 °C getrocknete Droge, muß mindestens 2% betragen.

C. *ipecacuanha* ist ein immergrüner Zwergstrauch, der in den dichten, schattigen und feuchten Wäldern Brasiliens und Boliviens vorkommt. Die unterirdischen Organe bilden ein mäßig verzweigtes System, aus einem glatten Rhizom und zwei Arten von Seitenwurzeln (glatten und geringelten). Der 20–40 cm hoch werdende, aufrechte, am Grunde verholzte Stamm trägt eine geringe Anzahl von gegenständig angeordneten Laubblättern, die etwa 5–10 cm lang sind, ganzrandig, oberseits glänzend, auf der Unterseite matt. 10–20 der kleinen weißen Blüten sind zu einem Köpfchen geordnet (Gattungsname *Cephaëlis* vom gr. kephalé = Kopf und eilein = versammeln). Die Früchte sind 1- oder 2samige, purpurrote Beeren. *Cephalelis acuminata* kommt in den feuchten Wäldern Kolumbiens, Nicaraguas und Costa Ricas vor.

Inhaltsstoffe

Hauptalkaloide sind Emetin und Cephaelin. Dabei ist die Rio-Ware emetinreich und cephaelinärmer als die Cartagena-Ware. Daneben kommen in geringen Mengen die den beiden Hauptalkaloiden entsprechenden 1',2'-Dehydroderivate vor: das Psychotrin und das O-Methlypsychotrin. Cephaelin und Psychotrin

---

Ipecacuanhawurzel   Ipecacuanhae radix
Cephaelis ipecacuanha, *C. acuminata*   Rubiaceae

Herkunft:
Cephaelis ipecacuanha: Tropisches Brasilien, kultiviert Indien.
Cephaelis acuminata: Mittelamerika, kultiviert Indien.

Pflanze (Abb. 7.9):
Cephaelis ipecacuanha: bis 40 cm hoher immergrüner Strauch, Blätter dekussiert, groß, ganzrandig; Nebenblätter pfriemartig; Blüten in Köpfchen, Korolle weiß; Steinfrucht.

Anwendung:
1) Zur Herstellung von Infus, Tinktur, Sirup; in kleinen Dosen zur Erleichterung des Abhustens von Schleim
2) Zur Isolierung von Emetin. E. eingesetzt bei Amoebiasis.

Inhaltsstoffe:
1) Isochinolinalkaloide (mindestens 2% DAB) mit Emetin und Cephaelin, Ipecosid.
2) Glykoprotein (Allergen).

enthalten eine freie phenolische Gruppe, worauf sich die Nachweismethoden aufbauen. Lokalisiert sind die Alkaloide hauptsächlich in der Rindenschicht der Wurzeln, während der Holzkörper alkaloidarm ist. Bei der Probeentnahme zur Gehaltsbestimmung ist dieser Umstand zu beachten. Die Droge enthält mineralische Bestandteile (4–5%) und Stärke (30–40%), ein N-haltiges Glykosid (Ipecosid) und ein Glykoprotein, das allergene Eigenschaften hat. Saure Saponine kommen entgegen älteren Angaben nicht vor.

R	
H	Cephaelin
CH₃	Emetin

C-Skelett der Ipecacuanha-alkaloide
Aufbauprinzip:

| 2 Dopamin + 1 Secoiridoid |

Wirkungen, Anwendung

In kleinen Dosen – entsprechend einer Einzeldosis von 0,05 g = 50 mg (für Erwachsene) – wirken Ipecacuanha-Zubereitungen (Infus, Tinktur, Sirup) expektorierend. Anwendung: Zur Erleichterung des Abhustens bei zähem Schleim. Der Sirup, höher dosiert, als Brechmittel zur Eliminierung oral aufgenommener Gifte.

Unerwünschte Wirkungen

Bei bestimmungsgemäßem Gebrauch ist in „Expektorantien-Dosen" mit Nebenwirkungen kaum zu rechnen. Bei Dosisüberschreitung: Übelkeit, Brechreiz, Schleimhautreizung im Magen-Darm-Bereich. In seltenen Fällen tritt nach Gabe von Ipecacuanha-Sirup als Brechmittel lang anhaltendes Erbrechen (24 h) auf, was zu Komplikationen wie z. B. zum Pneumomediastinum führen kann.

7.5.6
Kanadische Gelbwurzel

Die Stammpflanze der Kanadischen Gelbwurzel ist *Hydrastis canadensis* L. (Familie: *Ranunculaceae*), eine mehrjährige Pflanze, die in den Waldgebieten des östlichen Kanadas und der Oststaaten der USA beheimatet ist. Das Rhizom wird im Herbst gegraben und sorgfältig getrocknet. Die Droge hat einen schwachen, charakteristischen Geruch; sie schmeckt bitter und färbt beim Kauen den Speichel gelb. Ursache des bitteren Geschmacks und der Gelbfärbung ist der relativ hohe Berberingehalt. Hauptalkaloid (1,5–3%) ist jedoch das farblose Hydrastin.

Hydrastin wirkt in geringen Dosen (0,02–0,03 g) auf zentralem Wege gefäßkonstriktorisch und blutdrucksteigernd. In höheren Dosen wirkt es toxisch, und zwar zunächst krampferregend, später lähmend. In der Volksmedizin wird der Fluidextrakt gegen Menstruationsbeschwerden genommen; äußerlich das Infus zu Waschungen bei entzündlicher Schleimhaut, besonders im Vaginalbereich, auch bei Hämorrhoiden. Die Wirksamkeit bei den genannten Anwendungsgebieten ist nicht hinreichend dokumentiert. In den USA ist Hydrastisrhizom eine Modedroge unter Rauschgiftsüchtigen. Das Infus, innerlich genommen, soll den Nachweis von Rauschgiften bzw. von deren Metaboliten im Harn stören. Obwohl wissenschaftlich widerlegt, scheint sich der Mythos zu halten (Tyler 1993).

Kanadische Gelbwurzel Hydrastis-canadensis-Rhizom
Hydrastis canadensis Ranunculaceae

Herkunft:
Kanada; nördliche Teile der USA.

Pflanze (Abb. 7.10):
Bis 30 cm hohe Pflanze, meist 2 gestielte, handförmig gelappte Blätter; Blütenhülle 3 blättrig, klein, grünlichweiß; Frucht ähnlich einer Brombeere aus einem Dutzend kleiner, saftiger Beeren.

Anwendung:
Therapeutisch obsolet.

Inhaltsstoffe:
Alkaloide: Hydrastin, Berberin, Berberastin, Hydrastinin, Meconin; wenig ätherisches Öl, Chlorogensäure, Lipide mit Fettsäuren.

7.6
Vom Tryptophan abgeleitete Alkaloide

7.6.1
Mutterkorn

Geschichtliches

Das Mutterkorn hat in früheren Jahrhunderten durch die ungenügende Säuberung des Brotgetreides in Gegenden, die Roggen zu Brot verarbeiten (Deutschland, die Länder Osteuropas), zu Massenvergiftungen geführt. Noch in den Jahren 1926/27 kam es in Rußland zu einer chronischen Mutterkornvergiftung mit über 11000 Erkrankungen. Bei den historisch in Erscheinung getretenen Epidemien waren bald mehr Krämpfe im Vordergrund (*Ergotismus convulsivus*), bald Nekrosen, bisweilen ganzer Gliedmaßen (*Ergotismus gangraenosus*).

Unter Mutterkorn versteht man das vor allem in Roggenähren vorkommende, schwarz-violette, 2 bis 3 cm lange, hornförmig gekrümmte Dauermyzel des Mutterkornpilzes *Claviceps purpurea* (FRIES) TULASNE. *Claviceps*-Arten (lateinisch: *clava* = Keule, *-ceps* = köpfig, nach den gestielten Köpfchen, die sich aus den Sklerotien heraus entwickeln) gehören zur Ordnung der *Clavicipetales* und zur Klasse der Schlauchpilze oder *Ascomycetes* (nach dem charakteristischen schlauchförmigen Sporangium, dem Askus, vom griechischen *askos* = Schlauch).

Natürlicher Entwicklungszyklus des Mutterkornpilzes

- Im natürlichen Lebenszyklus wachsen aus dem Sklerotium nach Überwinterung lang gestielte, kugelige Fruchtkörperchen (*Stromata*). Unter der

---

Mutterkorn (Ab. 7.11)   Secale cornutum
Claviceps purpurea   Clavicipitaceae

Herkunft:
Kulturen in Spanien und Ungarn.

Beschreibung:
Ascosporen zur Blütezeit auf Blüte, Myzelbildung; Konidien in Honigtau; nach Resorption des Fruchtknotengewebes Verdichtung der Hyphen zu Sklerotien.

Anwendung:
Zur Gewinnung von Mutterkornalkaloiden; Zubereitungen aus der Droge obsolet.

Inhaltsstoffe:
1) 0,3–1% Alkaloide, 50 Ergolin-Alkaloide Ergotamin, -toxin, -metrin.
2) Amine, Steroide, fettes Öl, Anthrachinonfarbstoffe.

Anmerkung:
In neuerer Zeit Vergiftungsfälle durch Mehl, das aus verunreinigtem Roggen selbst hergestellt worden war.

Oberfläche dieser Köpfchen bilden sich ovale Behälter (*Perithezien*), welche die Schläuche (*Asci*) mit jeweils acht dünnen Askosporen enthalten.
- Eine Askospore, die durch den Wind auf die Narbe einer Roggenblüte gelangt, keimt dort mit Pilzfäden aus, welche die Samenanlage befallen (Primärinfektion). Der Fruchtknoten wird mit einem Myzel überzogen, das von einem bestimmten Zeitpunkt an Konidien abzuschnüren beginnt.
- Durch einen vom Myzel ausgeübten Reiz scheidet die Roggenpflanze eine zuckerhaltige, zähe Flüssigkeit aus, den Honigtau, der mit Konidiosporen durchsetzt ist. Wie die Askosporen, sind auch die Kondiosporen befähigt, Roggenblüten zu infizieren. Der Honigtau lockt Insekten an, die auf diese Weise zu zahlreichen Sekundärinfektionen beitragen. Das Honigtaustadium des Pilzes wird in der Literatur auch als *Sphacelia*stadium bezeichnet.
- Nachdem das Fruchtknotengewebe vom Pilz aufgezehrt worden ist, entwickelt sich ein kompaktes Hyphengeflecht, das nach und nach das lockere konidienbildende Myzel verdrängt. Durch starkes interkalares Wachstum vergrößert sich das Sklerotium so, daß es aus der Ähre herausragt. Es stellt nunmehr das Mutterkorn dar, das für die Überwinterung gerüstet ist.

Gewinnung der Handelsdroge

Die Handelsware von Mutterkorn stammt nicht aus Wildvorkommen sondern aus der parasitischen Freilandkultur. Hierzu werden im Laboratorium große Mengen von Konidien von besonders aktiven Stämmen gezüchtet, mit denen Freiland Roggenblüten infiziert werden, so daß sich viele Sklerotien von alkaloidreichen Claviceps-Stämmen bilden. Die selektionierten Hochleistungsstämme werden meist in submerser Kultur in kleinen Fermentern weiter kultiviert. Es bildet sich ein dem Sphaceliastadium vergleichbares Hyphengeflecht aus, das reichlich sporuliert. Diese im Submersverfahren erhaltenen Konidiosporen werden in Wasser suspendiert, so daß etwa eine Million Sporen pro mL enthalten sind. Durch Übersprühen mit der Suspension werden die blühenden Roggenpflanzen beimpft. Bei der Beimpfung handelt es sich um eine Intialinfektion. In den künstlich infizierten Fruchtknoten werden viele neue Konidien gebildet, die weitere Roggenblüten infizieren. Pro Hektar Roggen ergeben sich Erträge von 200 – 500 kg Mutterkorn.

Alkaloidgewinnung

Das Drogengut wird mit dem schwach sauer reagierenden Aluminiumsulfat vermischt; Extraktion mit lipophilen organischen Lösungsmitteln (z. B. Toluol) führt zur Entfernung lipophiler Neutralstoffe und lipophiler Säuren. Nach erschöpfender Vorextraktion wird das Extraktionsgut durch Durchleiten von Ammoniak basisch gestellt. Extrahieren mit dem gleichen lipophilen Lösungsmittel löst nunmehr die freien Alkaloidbasen heraus. Die pharmazeutische Industrie verfügt heute über *Claviceps*-Stämme, welche einzelne Peptidalkaloide nahezu frei von Nebenalkaloiden bilden, wodurch sich die weitere Verarbeitung zu kristallinen Arzneistoffen stark vereinfacht.

Lysergsäure

Chemie

Das Molekül der Lysergsäure setzt sich aus einem tetrazyklischen Ringsystem zusammen: Je nachdem welche zwei von den vier Ringen man betrachtet, erkennt man das Indolsystem, das Tetralin- und das Octahydrochinolinsystem. Die biosynthetische Einordnung ist durch den Aufbau aus Tryptamin und Hemiterpen gegeben. Lysergsäure hat sowohl saure als auch basische Eigenschaften. Sie epimerisiert leicht zur Isolysergsäure. Die Isolysergsäurederivate kennzeichnet man durch das Suffix „in" hinter dem Trivialnamen des betreffenden Lysergsäurederivates, z. B. Ergosin/Ergosinin, Ergotamin/Ergotaminin usw. Hydrierung der 9,10-Doppelbindung liefert Dihydrolysergsäure bzw. die entsprechenden Dihydroderivate (z. B. Ergotamin → Dihydroergotamin), die nicht mehr leicht epimerisieren.

Lysergsäure

Lysergsäure gewinnt man heute nach Fermentationsverfahren aus geeigneten Stämmen von *Claviceps paspali* STEVENS et HALL. Die *Claviceps paspali*-Fermentation dauert 8–10 Tage, da die Lysergsäurekonzentration erst in einem verhältnismäßig späten Stadium der Myzel-Entwicklung ihr Maximum erreicht.

Paspalsäure; $C_{16}H_{16}N_2O_2$

Lysergsäure
R^1 = COOH
R^2 = H

Lysergsäure ist Zwischenprodukt für die Partialsynthese des Ergometrins sowie der genuin nicht vorkommenden Derivate Methylergometrin und Methysergid. Alle diese Derivate werden therapeutisch verwendet. Lysergsäurediethylamid, LSD, hingegen beansprucht toxikologisches Interesse als Psychotomimetikum und als Halluzinogen. Die winzige Dosis von 0,05 mg reicht aus, um Rauschzustände besonderer Art hervorzurufen. Bemerkenswert ist das Verschmelzen der Sinne: Berührung kann als ein Geräusch, ein Ton als visueller Farbeindruck wahrgenommen werden. Als Psychotomimetikum hat man LSD bezeichnet, weil es schwerwiegende Reaktionsformen auslösen kann: akute Attacken von panischer Angst und/oder dauernde psychotische Zustände, die eine gewisse Ähnlichkeit mit der paranoiden Schizophrenie aufweisen.

Ergometrinhydrogenmaleat wird in der Geburtshilfe angewendet: in der Nachgeburtsperiode zur Austreibung der Plazenta (bei Atonie des Uterus vor oder nach Plazentalösung); im Wochenbett bei atonischen Blutungen nach Plazentalösung. Zur Geburtseinleitung oder in der Austreibungsperiode ist das Alkaloid wegen der Gefahr, Dauerkontraktion des Uterus auszulösen, nicht geeignet.

R^1	R^2	
H	H	Ergin
–CH–CH₃ OH	H	Hydroxyethylergin
–C₂H₅	–C₂H₅	LSD
H	–CH–CH₂OH CH₃	Ergometrin (Ergonovin, Ergobasin)

Mutterkornpeptidalkaloide als Arzneistoffe

In industriellem Maßstab gewinnt man die folgenden Alkaloide bzw. Alkaloidfraktionen: Ergotamin, Ergocristin, und Ergotoxin (Gemisch aus Ergocornin, Ergocristin, α- und β-Ergokryptin). Von diesen Präparationen wird heute nur noch das Ergotamin unmittelbar als Arzneistoff verwendet; die übrigen erst nach partialsynthetischer Umwandlung in die Dihydroderivate. Somit stehen aus der Reihe der Ergot-Peptidalkaloide die folgenden Arzneistoffe zur Verfügung:

- Ergotamintartrat (DAB),
- Dihydroergotamin, meist als Dihydroergotaminmesylat (-methansulfat),
- Dihydroergocristin, meist als Dihydroergocristinmesylat,
- Dihydroergotoxin;

Die Dihydroderivate unterliegen keiner entsprechenden Isomerisierung.

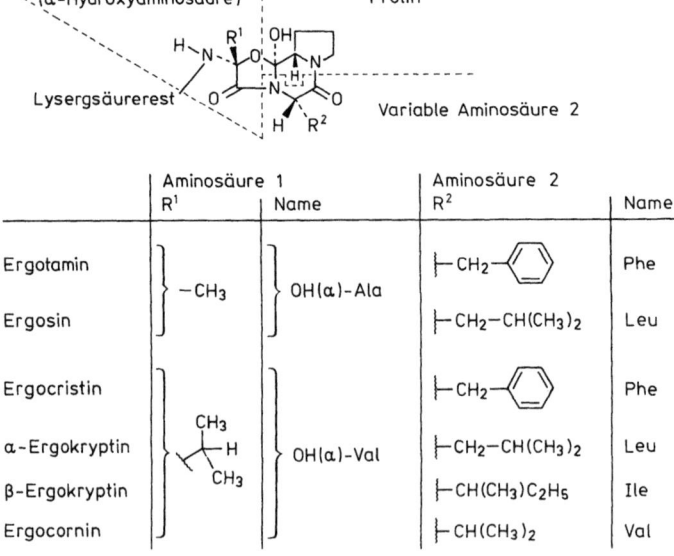

| | Aminosäure 1 | | Aminosäure 2 | |
	R^1	Name	R^2	Name
Ergotamin	} –CH₃	} OH(α)-Ala	├CH₂–⟨⟩	Phe
Ergosin			├CH₂–CH(CH₃)₂	Leu
Ergocristin			├CH₂–⟨⟩	Phe
α-Ergokryptin	} ⟨CH₃,H,CH₃⟩	} OH(α)-Val	├CH₂–CH(CH₃)₂	Leu
β-Ergokryptin			├CH(CH₃)C₂H₅	Ile
Ergocornin			├CH(CH₃)₂	Val

Stabilität

Die nichthydrierten Peptidalkaloide sind nahezu gegen alle Umwelteinflüsse empfindlich: gegen Lichteinwirkung, Sauerstoff, Wärme, sowie in Lösung gegen Spuren von Säuren oder Basen. Die hydrierten Alkaloide sind stabiler, doch gilt für beide Gruppen, daß die entsprechenden Arzneimittel vor allem nach Anbruch kühl und vor Licht geschützt aufzubewahren sind.

Anhang: Farbreaktionen

Nach DAB 10 unterschichtet man eine Lösung des Mutterkornalkaloids in Eisessig mit Eisen(III)-chlorid und Eisessig. Nach Erwärmen auf 80 °C entwickelt sich nach 10 min eine blaue oder violette Färbung.

Indolderivat (1) → (2) [Glyoxylsäure]

Farbstoff (4) ← Oxidation [H_2, CO_2] ← Leukoverbindung (3)

Lysergsäurederivate + 4-Dimethylaminobenzaldehyd

[H_2SO_4, Fe^{3+}-Ionen]

Eines von mehreren möglichen Produkten der van Urk-Reaktion

Vorstellungen zum Mechanismus der Farbreaktion nach Keller mit Eisen(III)-chlorid und Eisessig. Das eigentlich reagierende Prinzip ist wahrscheinlich die im Eisessig in Spuren enthaltene Glyoxylsäure. Die Farbreaktion der Mutterkornalkaloide nach Keller könnte somit in Analogie ablaufen zu der bekannten Umsetzung des Tryptophans mit Glyoxylsäure in Gegenwart von konzentrierter

Schwefelsäure. Der durch Oxidation aus einer Leukoverbindung entstehende Farbstoff absorbiert bei 545 nm. Ein ähnlich gebauter Farbstoff könnte im Zuge der Van-Urk-Reaktion entstehen: Blaufärbung nach Umsetzung mit 4-Dimethylaminobenzaldehyd in Fe(III)-haltiger H_2SO_4 konz.

7.6.2
Rauwolfiawurzel

Rauwolfiawurzel besteht aus den getrockneten Wurzeln von *Rauvolfia serpentina* (L.) BENTHAM ex KURZ. Sie enthält mindestens 1,0 Prozent Alkaloide, berechnet als Reserpin und bezogen auf die bei 100 bis 105 °C getrocknete Droge. Rauwolfiawurzel ist geruchlos und hat einen bitteren Geschmack. Hauptausfuhrländer sind Indien und Thailand.

Inhaltsstoffe

0,8 – 2 % Indolalkaloide je nach Provenienz wechselnder Zusammensetzung, darunter die therapeutisch nutzbaren Alkaloide Reserpin, Ajmalin, Raubasin und Serpentin. Insgesamt wurden an die fünfzig Alkaloide isoliert, die sich auf Grund ihrer Basizität in schwach basische Alkaloide, in mittelstark und stark basische einteilen lasen. Dem chemischen Aufbau nach entfallen mengenmäßig die Rauwolfia-Alkaloide auf drei Strukturtypen:

- Alkaloide der Yohimbinreihe, gekennzeichnet durch einen carbozyklischen Ring E (z. B. Reserpin und Rescinnamin).
- Alkaloide der Heteroyohimbanreihe, gekennzeichnet durch den heterozyklischen Ring E (Serpentin, Ajmalin/Raubasin).
- Indolinalkaloide vom Ajmalintyp; gekennzeichnet durch ein hexazyklisches Ringsystem, in dem als Teilelement außer dem Indolin- und dem Chinolizidinsystem auch das Chinuclidin-System enthalten ist. Als Indolenine verhalten sie sich analytisch anders als die Indole (z. B. im DC Sprühreagentien gegenüber), deren Reaktionen auf die Reaktivität des Wasserstoffatoms in 2-Stellung zurückzuführen sind.

Biogenetischer Aufbau

Die Rauwolfiaalkaloide setzen sich formal aus zwei Bausteinen zusammen: der Aminkomponente Tryptamin und der Nichtaminkomponente Secoiridoid (Typus Loganin). Die Iridoidkomponente tritt in zwei Varianten, als C_{10}- und als C_9-Körper, auf.

Anwendung

Die gepulverte Droge dient zur Herstellung standardisierter Extrakte, die zu Fertigarzneimitteln weiter verarbeitet werden. Als Anwendungsgebiete für Rauwolfiaalkaloide werden genannt: Leichte, essentielle Hypertonie (Grenzwerthypertonie), besonders bei erhöhtem Sympathikotonus mit zum Beispiel Sinustachycardie, Angst und Spannungszuständen und psychomotorischer Unruhe, sofern diätetische Maßnahmen allein nicht ausreichen.

Diese Indikationen stützen sich auf ältere klinische Studien oder auf anerkannte Fachbücher und Sammelwerke. Ergebnisse methodisch einwandfrei durchgeführter klinischer Prüfungen liegen dazu nicht vor.

Als unerwünschte Nebenwirkungen können sich einstellen: verstopfte Nase, depressive Verstimmung, Müdigkeit, Potenzstörungen.

Reserpin

Eigenschaften

Handelsprodukt und zugleich Arzneistoff ist die freie Base: ein kristallines Pulver oder schwach gelbgefärbte Kristalle, unter Lichteinfluß langsam dunkler werdend; praktisch unlöslich in Wasser; geruchlos und fast ohne Geschmack.

Reserpin ist ein Diester. Alkalikatalysierte Hydrolyse spaltet in Trimethoxybenzoesäure, in Methanol und in den eigentlichen Alkaloidgrundkörper, die Reserpsäure. Die im Organismus vorliegenden Esterasen spalten selektiv in Trimethoxybenzoesäure und in Reserpsäuremethylester. Die pharmakologischen, toxikologischen und therapeutischen Qualitäten des Reserpin sind weitgehend an das intakte Diestermolekül gebunden.

R	Trivialname; Bruttoformel
(3,4,5-Trimethoxybenzoyl)	Reserpin; $C_{33}H_{40}N_2O_9$
(3,4,5-Trimethoxycinnamoyl)	Rescinnamin; $C_{35}H_{42}N_2O_9$

Anwendung

Antihypertonikum. Wegen unerwünschter Nebenwirkungen heute als Monotherapeutikum seltener gebraucht; häufiger in schwacher Dosierung kombiniert mit anderen blutdrucksenkenden Mitteln.

7 Alkaloide

Rauwolfiawurzel **Rauwolfiae radix**
Rauvolfia serpentina Apocynaceae

Herkunft:
Indien, Südostasien, kultiviert auch in Zentralafrika.

Pflanze (Abb. 7.12):
Bis 60 cm hoher, im unteren Teil verholzter Strauch, Blatt gegenständig oder in Wirteln, elliptisch-länglich; Blüten 5zählig in Trugdolden, weiß bis rosa, Blütenstiele rot, Kronröhre unten kugelig erweitert; Steinfrucht purpurfarben.

Anwendung:
1) Zur Isolierung von Ajmalin, Raubasin und Reserpin.
2) Als Gesamtextrakt bei leichten Formen essentieller Hypertonie.

Inhaltsstoffe:
Indolalkaloide (mindestens 1% DAB), ca. 50 Alkaloide mit Reserpin, Ajmalin, Raubasin, Yohimbin, Serpentin.

Ajmalin

Herkunft

Ajmalin ist das mengenmäßig dominierende Hauptalkaloid der *Rauvolfia-serpentina*-Wurzel. Es wird technisch aber bevorzugt durch Extraktion der *Rauvolfia-vomitoria*-Wurzel hergestellt. Abtrennung über Basizität (pH 7) möglich.

Eigenschaften

Ein weißes oder schwach gelbgefärbtes kristallines Pulver; nahezu geruchlos und bitter schmeckend; in Wasser nahezu unlöslich.

Es liegt eine Indolinbase vor. Die typischen Farbreaktionen auf Indole sprechen nicht an. Auf Chromatogrammen zeigt Ajmalin mit Salpetersäure-Reagens eine tiefrote Zone.

Formalchemisch ist das Ajmalin ein Diol mit 2 sekundären Alkoholgruppen in den Positionen 17 und 21. Die 21-OH steht benachbart zum Brücken-N; als Carbinolamin verhält es sich analytisch wie eine Aldehydgruppe, indem sie ammoniakalische Silbernitratlösung reduziert und Oxime bildet.

Ajmalin; $C_{20}H_{26}N_2O_2$

Ajmalin (Stereoformel)

Anwendung

Ajmalin hat die gleiche Herzwirkung wie Chinidin: Es setzt die Erregbarkeit herab und wirkt negativ inotrop. Man verwendet es peroral oder intravenös bei bestimmten Formen von Herzarrhythmien. Als nachteilig gilt seine im Einzelfall schlecht vorhersehbare Resorptionsquote. Nach Quarternisierung zum Prajmaliumbitartrat wird – völlig überraschend – die Resorption wesentlich verbessert.

Ajmalicin (Raubasin)

Raubasin kommt als Nebenalkaloid in den Wurzeln der *Rauvolfia*-Arten vor. Es ist Hauptalkaloid in den Wurzeln von *Catharanthus roseus* (L.) G. DON. Man gewinnt Raubasin nach zwei Verfahren:
- durch Extraktion aus *Catharanthus-roseus*-Wurzeln und
- partialsynthetisch durch Hydrierung (z. B. mittels Raney-Nickel in Methanol) von Serpentin. Serpentin fällt als Nebenprodukt bei der Reserpingewinnung aus Rauwolfia-Wurzeln an.

Raubasin ist ein Vertreter der Heteroyohimbanreihe und weicht insofern von den Alkaloiden der Reserpingruppe im chemischen Aufbau ab; dennoch sind blutdrucksenkende und zentraldämpfende Wirkungen auch dem Raubasin eigen. Verwendet wird es allerdings hauptsächlich als gefäßerweiterndes Mittel bei zerebralen und peripheren arteriellen Durchblutungsstörungen. Ausreichende Daten zum Beleg der Wirksamkeit liegen nicht vor.

7.6.3
Antineoplastische Indolalkaloide (Vinblastin und Vincristin)

Herkunft

Ausgangsmaterial zur Gewinnung von Vinblastin und Vincristin sind die Blätter von *Catharanthus roseus* (L.) G. DON (Familie: *Apocynaceae*). Die Stammpflanzen sind 40–80 cm hohe ausdauernde Kräuter bzw. Halbsträucher, die am Grunde verholzen. In Blattform und Blütenbau bestehen Ähnlichkeiten zum einheimischen Immergrün. Farbe der Korolle wechselnd: violett, rosa oder weiß. Heimat ist Madagaskar, doch kommt die Art über die Tropen der ganzen Welt verbreitet vor.

Catharanthus-roseus-Kraut

Catharanthus roseus   Apocynaceae

Herkunft:
Madagaskar; verbreitet in den Tropen; Europa: Zierpflanze.

Pflanze (Abb. 7.13):
Bis 80 cm hoher Halbstrauch; Blatt gegenständig, eiförmig; Blüten violett, rosa oder weiß, mit Augenflecken; Fruchtbälge mit 12–20 Samen.

Anwendung:
Zur Isolierung von Vinblastin und Vincristin.

Inhaltsstoffe:
Indolalkaloide (0,7 %) mit ca. 90 Verbindungen, darunter 20 Dimere; Vinblastin, Vincristin (5 mg bzw. 1 mg/100 g).

Chemie

Vinblastin und Vincristin werden als Arzneistoffe in Form ihrer Sulfate verwendet. Die Sulfate sind farblose bis schwefelgelb gefärbte, geruchlose amorphe oder kristalline Pulver; sehr hygroskopisch und empfindlich gegen Lichteinwirkung und Sauerstoff. Entsprechende Arzneimittel müssen daher bei Temperaturen zwischen 2–10 °C und lichtgeschützt aufbewahrt werden. In ihrem grundsätzlichen Aufbau stimmen Vinblastin und Vincristin überein. Sie gehören biogenetisch zu den dimeren Indol-Indoleninbasen.

R	
CH_3	Vincaleukoblastin (Vinblastin)
CHO	Leucocristin (Vincristin)

Wirkungen

Von den zahlreichen Wirkungen interessieren im Hinblick auf die therapeutische Verwendung

- die zytotoxische Wirkung und
- die antimitotische Wirkung.

Die Zytotoxizität beruht auf einer Hemmung sowohl der DNA- als auch der RNA-Synthese. Sie läßt sich in so ziemlich allen entsprechenden Versuchsanordnungen auf zellulärer Ebene nachweisen (Ehrlich-Ascites-Tumorzellen, isolierte Milzzellen, Rückenmarkszellen, menschliche Leukozyten u. a. m.). Auf biochemischer Ebene zeigt sich Vincristin hemmend auf die RNA-Polymerase und Vinblastin eher auf die DNA-Polymerase.

Vincristin und Vinblastin blockieren beide die Mitose in der Metaphase. Sie teilen diese Eigenschaft mit dem Colchicin und den Derivaten des Podophyllotoxins, was auf Ähnlichkeiten im Wirkungsmechanismus beruht. Der eigentliche Angriffspunkt ist das Tubulin, wodurch die Mikrotubuli des Spindelapparates funktionsunfähig werden.

Anwendung

Vinblastin und Vincristin werden bei vielen malignen Erkrankungen, meist im Rahmen von Kombinationsregimen angewendet. Hauptindikationsgebiete sind maligne Lymphome und Morbus Hodgkin.

Wegen der schlechten Resorption vom Magen-Darm-Trakt aus verabfolgt man beide Alkaloide intravenös.

7.6.4
Vincamin

Vincamin kommt neben zahlreichen weiteren Alkaloiden in den Blättern von *Vinca minor* L. (Familie: *Apocyanceae*) vor.

Vinca minor, das Kleine Immergrün, ist ein am Boden kriechender Zwergstrauch mit aufrechten, blütentragenden Stengeln; die Blätter ledrig, oval geformt, gegenständig angeordnet; Blüten hellblau. Verbreitet in Europa. Wird zur Drogengewinnung feldmäßig angebaut.

Die Blätter enthalten 0,15 bis maximal 1% Alkaloide, ein komplexes Gemisch, darunter das Vincamin (0,05 – 0,1 %).

Vincamin ist ein farb- und geruchsloses kristallines Pulver, das sich als Base in Wasser nicht, als Salz (Hydrochlorid oder Tartrat) gut löst. Resorptionsquote und Biochemie der Metabolisierung sind nicht bekannt. Nach peroraler Gabe von 60 mg Vincamin wurde 2 h nach Einnahme eine maximale Plasmakonzentration von 250 ng/ml gemessen. Die Ausscheidung polarer Metaboliten erfolgt mit dem Harn.

Vincamin wird zur Therapie bei zerebrovaskulärer Insuffizienz empfohlen: die Hirndurchblutung wird verbessert und der zerebrale Stoffwechsel stimuliert.

Anhang: Immergrünkraut

Die Droge Immergrünkraut, Vincae minoris herba, besteht aus den oberirdischen Teilen von *Vinca minor*. Extrakte werden als Bestandteil von Fertigarzneimittel bei den gleichen Indikationen verwendet wie das Reinalkaloid Vincamin. Zum Unterschied vom Reinalkaloid führte die Verabreichung von Vinca-minor-Extrakten im Tierversuch zu Blutbildveränderungen wie Leukozytopenie und Erniedrigung des α_1-, α_2- und γ-Globulinspiegels, vermutlich infolge einer immunsuppressiven Wirkung. Diese unerwünschten Wirkungen, zusammen mit der Tatsache, daß mit dem Drogenextrakt beim Menschen kein ausreichender Plasmaspiegel an Vincamin erreichbar ist, lassen die therapeutische Verwendung von Vinca-minor-Extrakten als nicht vertretbar erscheinen.

7.6.5
Strychnin und Brucin

Herkunft

Die beiden Alkaloide kommen in den Samen von *Strychnos nux-vomica* L. (Familie: *Loganiaceae*) vor, kleinen Bäumen, die in den Wäldern von Sri Lanka, an der Malabarküste und im nördlichen Australien vorkommen. Die Frucht ist eine apfelgroße Beere mit harter Schale; im weichen Fruchtmus sind vier bis fünf flache Samen eingebettet.

Eigenschaften

Strychnin und Brucin bilden farblose Kristalle, die sich in Wasser wenig, in Alkohol und Chloroform besser lösen. Noch in sehr hoher Verdünnung schmecken wäßrige Lösungen bitter: Strychnin mit Schwellenwerten 1:130000, Brucin 1:200000. Beide Alkaloide enthalten ein identisches heptazyklisches Ringsystem, darunter einen Oxepamring als Teilelement. Unterschiede betreffen die Substitution am Indolinteil: Brucin ist das 10,11-Dimethoxystrychnin (Bezifferung nach dem biogenetischen System).

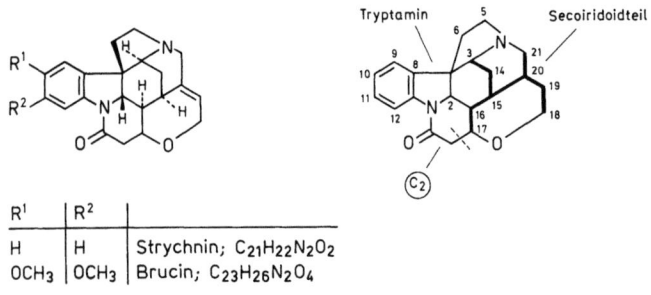

R^1	R^2	
H	H	Strychnin; $C_{21}H_{22}N_2O_2$
OCH_3	OCH_3	Brucin; $C_{23}H_{26}N_2O_4$

Wirkungen, Anwendung

Gaben, die noch keine systemischen Wirkungen entfalten, steigern aufgrund des stark bitteren Geschmacks von Strychnin und Brucin reflektorisch die Sekretion der exokrinen Drüsen des Verdauungstraktes.

Strychnin wirkt als spezifischer, kompetitiver Antagonist des Neurotransmitters Glycin. Da Glycin die Hemmung von Motoneuronen vermittelt, kommt es unter Strychnin zu Erregungszuständen. Glycerinerge Rezeptoren kommen besonders im Rückenmark vor; daher ist Strychnin in erster Linie ein Rückenmarksgift. Die Intoxikationssymptome gleichen einem schweren Tetanus. Doch werden auch höhere Zentren leichter erregbar. Die Wahrnehmung von Sinneseindrücken wird verstärkt. Farb- und Helligkeitsunterschiede werden besser wahrgenommen, das Gesichtsfeld wird vergrößert und das Tastempfinden verbessert.

Zubereitungen aus Brechnußsamen oder Strychnin in subkonvulsiver Dosierung werden in Kombinationspräparaten als Tonikum und als appetitanregendes Mittel verwendet. Bei längerer Anwendung, besonders beim Vorliegen von Leberschäden, kumuliert Strychnin. Erste Vergiftungssymptome äußern sich im Gefühl von Nackenstarre. Angesichts der Risiken ist eine therapeutische Verwendung heute nicht mehr vertretbar.

7.6.6
C-Toxiferin und Calebassen-Curare

Herkunft

C-Toxiferin ist einer von über 40 alkaloidischen Inhaltsstoffen des Calebassen-Curare; auf diese Herkunft weist das Präfix C in der Stoffbezeichnung hin. Unter Calebassen versteht man ausgehöhlte Flaschenkürbisse, in denen die Indianer

Brasiliens und Perus ihr Pfeilgift aufbewahren. Im wesentlichen stellt das Calebassen-Curare einen wäßrigen Auszug aus zahlreichen Pflanzen dar, der auf offenem Feuer oder in der Sonne bis zum Spissumextrakt eingedickt wird. Als Ausgangsdrogen wurden Rinde und Stengelteile der folgenden *Strychnos*-Arten (Familie: *Loganiaceae*) identifiziert: *S. toxifera* BENTH, *S. crevauxii* G. PLANCH und *S. castalnei* WEDD.

Isolierung

Die toxischen Inhaltsstoffe des Calebassen-Curare sind dimere C_{40}-Verbindungen, die alle als quarternäre Salze vorliegen. Sie lassen sich daher nicht aufgrund ihrer Basizität anreichern und trennen. Man fällt sie als Reineckate oder trennt sie direkt verteilungschromatographisch an Zellulose.

Eigenschaften

C-Toxiferin-I (Synonym: Toxiferin I) ist als Dichlorid eine kristalline, farblose Substanz, die sich gut in Wasser löst. Von den vier N-Atomen im Molekül sind die beiden Indolin-N-Atome nur sehr schwach basisch, die beiden anderen N-Atome (N-4 und N-4') liegen quarternisiert vor.

R = CH_3 : Toxiferin I
R = $CH_2-CH=CH_2$: Alloferin® (Alcuronium)

Anwendung

Toxiferin ist das wohl wirksamste periphere Muskelrelaxans. Es wird aber heute kaum noch therapeutisch in unveränderter Form angewendet, sondern als partialsynthetisches Abwandlungsprodukt Diallylnortoxiferiniumchlorid (Alcuroniumchlorid, Alloferin), das den Vorzug einer kürzeren Wirkungsdauer hat.

Hinweis: Toxiferin I und Alcuronium werden nicht durch Extraktion aus Strychnosearten gewonnen; man stellt beide Alkaloide partialsynthetisch aus Strychnin her.

7.6.7
Chinarinde und Cinchona-Alkaloide

Herkunft

Chinarinde besteht aus der getrockneten Rinde von *Cinchona pubescens* VAHL. (*C. succirubra* PAV.) oder von deren Varietäten (Familie: *Rubiaceae*) (Tabelle 7.2). Die Stammpflanzen sind stattliche Bäume von 15–20 m Höhe mit rotbrauner Rinde und dichter Baumkrone. Heimat der *Cinchona*-Arten sind die östlichen Anden. In den Kulturen – die Hauptanbaugebiete liegen auf Java und den tro-

Tabelle 7.2 Inhaltsstoffe der Cinchona-Arten

Cinchona-Art	Gesamt-gehalt [%]	Chinin	Cinchoni-din	Chinidin	Amorphe Restfraktion
C. ledgeriana (C. calisaya var. ledgeriana)	5,0–14,0	3,0–13,0	0–2,5	0–0,5	0,2–2
C. calisaya	3 – 7	0 – 4,0	0–2	0–3	0,2–2
C. pubescens (succirubra)	4,5– 8,5	1 – 3	1–5	0–0,3	0,3–2

pischen Teilen Afrikas – werden die Bäume gefällt, lange bevor sie ihre maximale Höhe erreichen. Ein typisches Verfahren besteht darin, die Bäume in einem Alter von 6–12 Jahre samt Wurzeln auszugraben, um außer der Stamm- und Zweigrinde auch die Wurzelrinde ernten zu können („uprooting").

Inhaltsstoffe

5–15% Gesamtalkaloide, darunter als Hauptalkaloide Chinin, Chinidin, Cinchonin und Cinchonidin;

Chinin

Chinidin

Corynantheal
(Tryptamin + C_9-Secoiridoid)

Cinchonamin

Chinin / Chinidin
(Grundgerüst)

Chemisch sind die Cinchonaalkaloide wie folgt charakterisiert: ein Chinolinring ist über eine C_1-Brücke mit einem Chinuclidinring verknüpft. Obwohl den Cinchonaalkaloiden der für die Indolalkaloide charakteristische Indolring fehlt, leiten sie sich biogenetisch von der Aminosäure Tryptophan bzw. dem biogenen Amin Tryptamin ab. Bei der Biosynthese der Cinchonaalkaloide wird die Zwischenstufe des Corynantheals (Bauprinzip: Tryptamin plus C_9-Secoiridoid) durch-

Chinarinde Cinchonae cortex
Cinchona pubescens Rubiaceae

Herkunft:
In den Anden beheimatet; kultiviert auf Java, Indien, Ceylon, Zentralafrika.

Pflanze (Abb. 7.15):
Bis 20 m hoher Baum, Blätter gegenständig, 15–30 cm lang, elliptisch, flaumartig behaart. Blütenstand pyramidenförmig, Blüten 1,5–2,5 cm lang, rosafarben.

Anwendung:
Appetitlosigkeit; dyspeptische Beschwerden wie Blähungen und Völlegefühl.

Inhaltsstoffe:
5–15% Alkaloide (mindestens 6,5% DAB 10) mit Chinin (30–60%), Chinidin, Cinchonin, Cinchonidin.

Kontraindikation:
Schwangerschaft, Überempfindlichkeit gegen Chinin und verwandte Alkaloide.

laufen. Nach Ringöffnung zwischen N-4 und C-5 wird die Zwischenstufe des Cinchonaminals erreicht; das korrespondierende Reduktionsprodukt (–CHO → CH_2OH), das Cinchonamin, kommt in Chinarinden gespeichert vor und läßt sich isolieren. Vom Cinchonamintyp gelangt man formal über eine Spaltung zwischen N-1 und C-7 und Rezyklisierung (N-1 → C-5) zu den Alkaloiden vom Chinintyp.
Weitere Inhaltsstoffe der Chinarinde:

- Bitterstoffe vom Typus der Chinovasäure (glykosidische Triterpene);
- Säuren, darunter Chinasäure und Kaffeesäure;
- Chinchonaine, d.s. Catechin- und Proanthocyanidinderivate in besonderer Ausgestaltung. Bisher sind zwei Typen bekannt: phenylpropansubstituierte Epicatechine und phenylpropansubstituierte Procyanidine;
- 3–5% Catechingerbstoffe.

Chinovasäure, $C_{30}H_{46}O_5$

Chinasäure

Zubereitungen

Chinarinde wird zur Herstellung eines weingeistigen Chinaextrakts, eines Chinafluidextrakts, einer Chinatinktur und einer zusammengesetzten Chinatinktur verwendet. Der Alkaloidgehalt der Galenika ist relativ niedrig, da der Alkaloidgerbstoffkomplex schwer löslich ist.

324   7 Alkaloide

Wirkungen, Anwendungsgebiete

Als reflektorisch wirkendes Bittermittel bei Dyspepsien und subaziden Gastritiden. Da Chinin den Grundumsatz senkt, hat man früher die Galenika gern adjuvant als Roborantien bei hyperthyreotischen Zuständen verwendet.

Chininsulfat

Gewinnung

Obwohl Synthesen bekannt sind, wird es, da billiger, nur durch Extraktion aus dafür geeigneter Chinarinde gewonnen. Die Anreicherung der Gesamtalkaloide erfolgt im Prinzip nach dem Verfahren: Vermahlen des Rindenpulvers mit gelöschtem Kalk, Extrahieren der freigesetzten Alkaloidbasen mit einem unpolaren Lösungsmittel und Auschütteln der Rohalkaloide mit verdünnter Schwefelsäure. Da sich das Chininsulfat in Wasser bedeutend schwerer löst als die Sulfate der Begleitalkaloide, kristallisiert es beim Neutralisieren mit Soda als erstes aus.

Anwendung

Chininsulfat beseitigt in vielen Fällen die durch die Schizontenform des Malariaerregers hervorgerufenen Fieberanfälle. Insbesondere in Kombination mit synthetischen Antimalariamitteln setzt man es gegen *Plasmodium falciparum*-Stämme ein, die gegenüber den synthetischen Arzneistoffen Resistenz entwickelt haben.

Chinin ist ein wirksames Mittel zur Behandlung der nächtlichen Wadenkrämpfe. Empfohlen wird, eine Gabe von 100–300 mg vor dem Schlafengehen einzunehmen.

In einer Einzeldosis von etwa 1 mg kann Chinin als Bittermittel verwendet werden. In vielen Ländern erlaubt es die Lebensmittelgesetzgebung Chinin selbst Limonaden zuzusetzen. Hinweis: Manche Personen reagieren selbst gegenüber kleinsten Dosen Chinchonaalkaloiden in Form eines Erythems oder einem unerträglich juckendem Nesselfieber.

Chinidin; Chinidinsulfat

Gewinnung

Einen Teil des heute benötigten Chinidins gewinnt man aus den Mutterlaugen der Chininfabrikation. Chinidin ist in Chinarinden aber in einer vergleichsweise geringen Menge enthalten; daher hat die Partialsynthese aus Chinin heute Bedeutung.

- Extraktionsverfahren. Aus den Mutterlaugen der Chininherstellung wird das Chinidin mit überschüssiger Weinsäure ausgefällt. Die weitere Reinigung erfolgt über die freie Base, die schließlich in das Sulfat überführt wird.
- Partialsynthese durch Isomerisierung des Chinins. Das Verfahren erfordert zwei Schritte: (1) eine Oppenauer Oxidation zum Cinchonaketon, das partiell enolisiert (Aufhebung der Asymmetriezentren C-8 und C-9); (2) eine stereospezifisch geleitete Meerwein-Pondorf-Reduktion.

Anwendung

Chinidin wirkt hemmend auf das Natriumtransportsystem der Zellmembran insbesondere am Sinusknoten, so daß die Erregbarkeit des Herzens herabgesetzt wird: Chinidin kann daher zur Behandlung bestimmter Formen von Arrhythmien eingesetzt werden.

7.7
Vom Histidin abgeleitete Alkaloide

7.7.1
Jaborandiblätter und Pilocarpin

Droge

Die Jaborandiblätter stammen von einer ganzen Anzahl verschiedener *Pilocarpus*-Arten (Familie: *Rutaceae*), darunter von

- *P. jaborandi* HOLMES, liefert die Pernambuco-Jaborandi,
- *P. microphyllus* STAPF, liefert Maranham-Jaborandi,
- *P. pennatifolius* LEM, liefert die Paraguay-Jaborandi,
- *P. racemosus* VAHL, liefert die Guadeloupe-Jaborandi.

Die *Pilocarpus*-Arten sind Bäume oder Sträucher mit Hauptverbreitungsgebiet in Südamerika. Sie besitzen unpaarig gefiederte Blätter: Die Droge besteht nicht aus dem gesamten Blatt, sondern aus den getrockneten einzelnen Fiederblättchen. Jaborandiblätter enthalten ein ätherisches Öl, das ihnen beim Zerreiben einen eigenartig aromatischen, an getrocknete Pomeranzenschalen erinnernden Geruch und beim Kauen einen scharfen Geschmack verleiht. Verwendet werden Jaborandiblätter zur Herstellung von Pilocarpin.

Jaborandiblätter   Jaborandi folium
Pilocarpus jaborandi   Rutaceae

Herkunft:
Nordbrasilien.

Pflanze (Abb. 7.16):
Kleine Bäume oder Sträucher mit dicht beblätterten Zweigen; Blatt unpaarig gefiedert, gegenständig, lederartig, Spitze eingebuchtet; Blüten klein; Frucht 1- bis 5klappig aufspringend.

Anwendung:
Zur Isolierung von Pilocarpin.

Inhaltsstoffe:
1) Alkaloide (0,7–0,8%) Pilocarpin.
2) Ätherisches Öl (0,5%).

7 Alkaloide

Eigenschaften

Pilocarpin selbst, die freie Base, ist eine niedrig schmelzende (Schmp. 34 °C) Substanz, die bei höherer Raumtemperatur ölig ist. Zum Unterschied von den meisten Alkaloiden ist Pilocarpin auch als Base in Wasser leicht löslich. Wird bei der Rezeptur die sauer reagierende Pilocarpinsalzlösung durch Alkalizusatz abgestumpft, so kommt es nicht zum Ausfällen der Alkaloidbase, wie dies z. B. beim Atropin der Fall ist.

Die Pilocarpinsalze bilden farblose, an der Luft beständige, lichtempfindliche Kristalle, die in Wasser leicht löslich sind.

(3S, 4R)-(+)-Pilocarpin; $C_{11}H_{16}N_2O_2$

Verwendung

- In der Opthalmologie als Miotikum bei Glaukom zur Verringerung des intraokularen Druckes. Zum Einträufeln in das Auge in 0,5–2%iger Lösung.
- Weitaus die Hauptmenge des produzierten Pilocarpins geht in die kosmetische Industrie und wird in Haarlotionen inkorporiert. Das Alkaloid gilt als haarwuchsfördernd.

7.7.2
Anhang: Physostigmin

Physostigmin wird ähnlich wie Pilocarpin zur Glaukombehandlung benutzt. Bei längerer Anwendung nimmt seine Wirksamkeit ab, es ist daher zum Unterschied

---

Kalabarbohnen   Physostigmatis semen
Physostigma venenosum   Fabaceae

Herkunft:
Tropisches Westafrika.

Pflanze (Abb. 7.17):
Kletterpflanze, bis 15 m, windend, nur am Grund holzig, Blatt 3zählig; Blüte groß, schneckenartig eingerollt, purpurn, in Traube stehend; Hülse breit mit 1–3 dunkelbraunen Samen.

Anwendung:
Zur Gewinnung von Pilocarpin.

Inhaltsstoffe:
Alkaloide (0,3–0,5 %) mit Physostigmin, Eseramin, Geneserin.

Anmerkung:
Die Droge früher in Afrika Ordalgift; Physostigmin Antidot bei Atropinvergiftung.

vom Pilocarpin nicht zur Dauerbehandlung geeignet. Auch wurden synthetische Varianten mit größerer therapeutischer Breite synthetisiert. Chemisch stellt das Physostigmin ein Pyrrolidino(2,3-b)indolin dar, dessen Hydroxygruppe an C-5 mit Methylcarbaminsäure verestert ist. Der heterozyklische Teil des Moleküls enthält formal biogenetisch als Aminkomponente Tryptamin und als Nichtaminkomponente drei Methylgruppen. Im biogenetischen System der Alkaloide hat somit das Physostigmin bei den Alkaloiden, die sich vom Tryptophan ableiten, seinen systematischen Platz.

7.8
Purindrogen

Die Vertreter der Purinderivate Coffein, Theobromin und Theophyllin stellen Methylderivate des Xanthins d. i. des 2,6(1H, 3H)-purindions dar. Das Purinskelett wird aus kleinen Einheiten aufgebaut, und zwar läuft die Biosynthese auf der Stufe der Ribonukleosidmonophosphate ab. Der größte Einzelbaustein (C-C-N) stammt aus dem Glycin, zwei N-Atome aus dem Amidstickstoff des Glutamins, das letzte N der 4 N-Atome aus Aspartat; 2 C-Atome kommen aus Formiat, 1 C-Atom schließlich stammt aus CO_2. Im Molekül des Xanthins stehen 3 sekundäre Amin-Stickstoffatome für Alkylierungen zur Verfügung. Durch Methylierung entstehen 2 Monomethylderivate, das 1-Methyl- und das 7-Methylxanthin. Vom 1-Methylxanthin führt der Weg weiter zum 1,3-Dimethylxanthin (Theophyllin) und zum 1,3,7-Trimethylxanthin (Coffein). Coffein kann auch aus 7-Methyl- über 3,7-Dimethylxanthin (Theophyllin) biosynthetisiert werden.

7.8.1
Kolanuß

Die Kolanuß ist keine Nuß im botanischen Sinne, vielmehr handelt es sich um den von der Samenschale befreiten, getrockneten Samenkern verschiedener Cola-Arten. Stammpflanzen sind:

- *Cola nitida* (VENT.) SCHOTT et ENDL.,
- *Cola acuminata* (BEAUV.) SCHOTT et ENDL.,
- *Cola verticillata* STAPF (Familie: *Sterculiaceae*).

> **Kolasamen**   Colae semen
> Cola acuminata   Sterculiaceae
>
> *Herkunft:*
> Westliches tropisches Afrika; kultiviert auf Madagaskar, in Indien, Südamerika.
>
> *Pflanze* (Abb. 7.18):
> Bis 25 m hoher Baum, Blätter wechselständig, lanzettlich oder oval bis 20 cm lang; kauliflore, eingeschlechtige, einhäusige Blüten in rispigen Trugdolden. Die sternförmige Frucht besteht aus 6, meist aber weniger Balgkapseln, sie enthalten 3-6 Samen.
>
> *Anwendung:*
> Genuß- und Anregungsmittel.
>
> *Inhaltsstoffe:*
> Coffein, Theobromin, Catechingerbstoffe.

Sensorische Eigenschaften

Nahezu geruchlos. Geschmack: Zusammenziehend und schwach bitter.

Inhaltsstoffe

- 1,5-2,5% Coffein neben 0,05% Theobromin.
- (+)-Catechin und (−)-Epicatechin; Proanthocyanidine, Gerbstoffe.
- Reservestoffe: Stärke (34-43%), Zucker (3%), Eiweiß (7%), Fett (0,5%).
- Mineralstoffe (~3%).

Frische Kolanüsse enthalten reichlich (4-6%) Catechine, hauptsächlich (+)-Catechin und (−)-Epicatechin. Unter dem Einfluß von Enzymen und in Gegenwart von Luftsauerstoff gehen diese Catechine in Gerbstoffe unterschiedlichen Polymerisationsgrades über, die bis zu Molekulargewichten von etwa 3000 Dalton adstringierend schmecken. Mit zunehmender Polymerisation bilden sich unlösliche Phlobaphene („Kolarote"), die ihre adstringierende Wirkung und auch ihre Bindungsfähigkeit an Coffein verloren haben. In der frischen Droge liegt das Coffein an Catechine und an Gerbstoff gebunden vor.

Kolagetränke

Kolagetränke zählen lebensmittelrechtlich zu den Limonaden. Sie enthalten neben Kolaextrakt Extrakte aus aromatischen Drogen wie Ingwer, Tonkabohnen, Limettenschalen und Orangenblüten. Weiterhin werden Johannisbrotextrakt und Zucker (10-13%) sowie (häufig) Phosphorsäure (etwa 0,07%) zugesetzt.

    Johannisbrotextrakt fungiert offenbar als Zucker- und als Gerbstofflieferant. Die Phosphorsäure kaschiert geschmacklich den hohen Zuckergehalt.

    Die Farbgebung erfolgt durch Zuckercouleur. Vielfach wird der Coffeingehalt durch Coffein anderer Herkunft auf den jeweils gewünschten Gehalt (6,5-25 mg/100 ml) gebracht.

7.8.2
Guarana

Herkunft

Guarana wird aus den Samen von *Paullinia cupana* H. B. K. (Familie: *Sapindaceae*) gewonnen. Die Stammpflanze ist ein Kletterstrauch, der im Amazonasgebiet beheimatet ist. Die Pflanze wird in Paraguay, Brasilien und Venezuela auch kultiviert, und zwar wird der Strauch – ähnlich unserem Hopfen – an Stützen hochgezogen. Die haselnußgroßen Früchte stellen eine dreifächerige Kapsel dar, in der sich jedoch in der Regel ein einziger Same befindet. Der Same besteht zur Hauptsache aus den konvexen Kotyledonen. Zur Guaranagewinnung werden die Kotyledonen geröstet, zerkleinert und sodann mit Wasser zu einem Brei angestoßen. Der Brei wird zu Stangen, Kugeln oder Broten geformt und getrocknet.

Inhaltsstoffe

Coffein (4 – 6 %); daneben etwas Theobromin; Saponine; Bis 12 % Tannine, davon ca. 10 % Proanthocyanidine; 6 % (+)-Catechin und 3 % (–)-Epicatechin; sehr viel Stärke; Mineralstoffe (3 – 4 %) und Wasser (6 – 8 %).

Anwendung

In Brasilien wird von den geformten Stangen bei Bedarf eine entsprechende Menge Pulver abgeraspelt und durch Einrühren in eine Flüssigkeit das Guaraná-Getränk hergestellt. Das Pulver schmeckt bitter, an Kakao erinnernd. Guaranapulver ist in den letzten Jahren in Europa zu einer Modedroge geworden, die in unterschiedlichsten Zubereitungsformen – als Tablette, Kapsel, Trinkampulle, als „Softdrink" auch in Kombination mit Ascorbinsäure und Traubenzucker – angeboten wird. Die Produkte genießen den Ruf eines Aufputschmittels.

Wirkungen

Es handelt sich bei der „Aufputschwirkung" der Guaranapräparate um die bekannte Coffeinwirkung. 3 – 5 g des Produktes entsprechen etwa 200 mg Coffein oder 2 – 3 Tassen Kaffee. Coffein wirkt in diesen Drogen einer Abnahme der Vigilanz entgegen, beispielsweise sinkt die Fehlerrate im Aufmerksamkeitstest. Unerwünscht ist: Sobald der Abbau des Coffeins im Organismus beginnt, kommt es zu einer Dämpfung auf mentaler und Verhaltensebene. Eine zunächst unterdrückte Müdigkeit tritt schneller und verstärkt ein, was bei monotonen Tätigkeiten wie beispielsweise dem Autofahren die Gefahr einzuschlafen erhöht.

7.8.3
Kaffee

Unter Kaffee versteht man die fast vollständig von der Samenhaut befreiten rohen (Rohkaffee) oder gerösteten (Röstkaffee), ganzen oder zerkleinerten Samen mehrerer in Kultur genommener *Coffea*-Arten (Familie: *Rubiaceae*). *Coffea arabica* liefert rund 75 % der Welterzeugung, *C. canephora* (Synonym: *C. robusta*) rund 25 %,

Kaffeebohnen (Abb. 7.19)   Coffeae semen
Coffea arabica   Rubiaceae

Herkunft:
Äthiopien; kultiviert in den Tropen.

Beschreibung:
Bis 6 m hoher strauchartiger Baum; Blatt länglich, biegsam, schwach wellig; Blüten zu 10 – 20 in Blattachseln, sitzend, mit 5 weißen an der Basis verwachsenen Kronblätter; Steinfrucht blauschwarz.

Anwendung:
Zentral anregend, Steigerung der HCl-Produktion im Magen, gallensekretionanregend.

Inhaltsstoffe:
1) Coffein bis 2,5 %, Spuren von Theobromin, Theophyllin.
2) Chlorogensäure, Röstkaffeefett, Proteine, Rohfaser.
3) Aromastoffe, über 600 Verbindungen.

C. *liberica* unter 1 %. Von diesen drei Arten sind an die 80 Varietäten bekannt. Alle Varietäten von C. *canephora* sind als Robusta im Handel; ansonsten wird Rohkaffee nach seiner Herkunft bezeichnet.

Inhaltsstoffe von Rohkaffee

- Die grünen Bohnen enthalten durchschnittlich 1,16 % (0,58 – 1,7 %) Coffein neben sehr geringen Mengen anderer Purinalkaloide, Theophyllin 5 – 25 ppm;
- Der Gehalt an Chlorogensäuren liegt zwischen 5,5 bis 7,6 %; Hauptkomponente ist Chlorogensäure (5-Caffeoylchinasäure);
- ca. 16 % Kaffeeöl, davon 1 % Diterpenalkohole wie Kahweol und Cafestol, mit Palmitin- und Linolsäure verestert;
- ca 1 % Trigonellin (Nicotinsäure-N-methylbetain); als Bestandteil des Kaffeewachses 500 – 1000 ppm Fettsäurederivate des 5-Hydroxytryptamins.

R = H: Cafestol (I)
R = CH$_3$: 16-O-Methyl-I

Röstung, Inhaltsstoffe von Röstkaffee

Beim Röstprozeß verdampft zunächst das in den Bohnen enthaltene Wasser. Durch den inneren Überdruck von Wasserdampf und Röstgas werden die Bohnen auf etwa das Doppelte ihres ursprünglichen Volumens aufgebläht, die Farbe verändert sich ins Dunkelbraune und in den Zellen bilden sich, eingeschlossen und adsorbiert, u. a. 1 – 2 % Kohlendioxid und kleiner Mengen Kohlenstoffmonoxid.

- Der Coffeingehalt verringert sich durch den Röstprozeß nur geringfügig. Coffein bildet teilweise einen hydrophoben π-Molekülkomplex mit Chlorogensäure im molaren Verhältnis 1:1;
- die Chlorogensäuren werden bei normaler Röstung zu etwa 30% abgebaut, bei starker Röstung zu 70%. Durchschnittliche Gehalte: 2% Chlorogensäure, 0,2% Kryptochlorogensäure (4-Caffeoylchinasäure) und 1% Neochlorogensäure (3-Caffeoylchinasäure).

Aromastoffe: Durch sehr komplexe Reaktionen, überwiegend durch Carbonylamino-Reaktionen im Verlauf der Maillard-Reaktionen entsteht das eigentliche Kaffeearoma, von dem bisher 655 Verbindungen indentifiziert wurden. Die Aromastoffe gehören den unterschiedlichsten chemischen Stoffklassen an; zahlenmäßig stark vertreten sind heterozyklische Verbindungen, darunter viele 2-, und 2,5-substituierte Furane, Pyrrole, Pyrazine und Oxazole. Hinweis: Maillard-Reaktion ist identisch mit dem Begriff der nichtenzymatischen Bräunung von Lebensmitteln, bes. bei längerer Lagerung und höheren Temperaturen: es reagieren reduzierende Zucker mit Proteinen, Peptiden und Aminosäuren.

Am wenigsten durch den Röstprozeß wird die Lipidfraktion verändert. Von Interesse sind das Kaffeewachs, das u.a. Hydroxytryptamide verschiedener Fettsäuren wie der Arachin-, Behen- und Lignocerinsäure enthält.

Bitterstoffe. Thermolytische Folgeprodukte der Maillard-Reaktion sind auch die Bitterstoffe des Röstkaffees. In Modellversuchen zeigte sich, daß besonders intensiver Bittergeschmack beim Erhitzen von Saccharose mit Prolin auftritt. Am bitteren Geschmack des Kaffees ist auch das Coffein beteiligt.

Das Kaffeegetränk

Die unterschiedliche Art, ein Kaffeegetränk herzustellen, ist nicht nur Geschmackssache oder Gewöhnung; klinische Studien zeigen, daß die „Galenik" des Kaffees, ob Dekokt oder Infus, auch gesundheitliche Aspekte aufweist. Wird, wie dies in den skandinavischen Ländern üblich ist, gemahlener Kaffee mit kochendem Wasser übergossen (Infus) und der nach 10 min dekantierte Extrakt getrunken, so kommt es bei einem täglichen Konsum von durchschnittlich 5 – 6 Tassen nach 9 Wochen zu einem signifikanten Anstieg des Gesamt- sowie des LDL-Cholesterols (Bak *et al.* 1989). Bei dieser Art der Zubereitung wird offenbar ein cholesterolämischer Faktor entweder freigesetzt oder neu gebildet, welcher mit einer Filtration durch Papierfilter zusammen mit 80% der Kaffeelipide entfernt werden kann.

Im Filtrationsverfahren (Perkolation) wird das Kaffeepulver auf einer filtrierenden Unterlage mit heißem Wasser extrahiert. Dieses Prinzip liegt den Kaffeemaschinen zugrunde.

Beim Aufgußverfahren (Aufbrühen) läßt man den Kaffee etwa 10 min lang mit kochend heißem Wasser ziehen und seiht ab. Beim Aufkochverfahren wird der Kaffee ins heiße Wasser gegeben, kurz aufgekocht und abgeseiht. Im Orient bereitet man Kaffee nicht als Klargetränk; staubfein gemahlenes Kaffeepulver setzt man mit kaltem Wasser an, erhitzt zum Sieden und trinkt den ganzen Ansatz als Trübgetränk (Türkischer Mokka).

Behandelter Kaffee

Um Röstkaffee für empfindliche Personen bekömmlicher zu machen, wurden Verfahren entwickelt, die Konzentration an Reizstoffen herabzusetzen. Als Reizstoffe für Menschen mit empfindlichem Magen und/oder Galle gelten die auf der Bohnenoberfläche befindlichen Kaffeewachse und die phenolischen Säuren. Ein Verfahren besteht darin, die gerösteten Bohnen mit flüssigem Kohlendioxid zu waschen. Durch Wasserdampfbehandlung der Rohbohne unter Druck sollen ebenfalls die Oberflächenwachse entfernt und überdies Chlorogensäure gespalten werden. Die Entfernung von Wachsen läßt sich über eine Analyse der Carbonsäuretryptamide nachweisen.

Entcoffeinierter Kaffee. Eine normale Tasse Kaffee enthält etwa 0,1 g Coffein. Dies ist der 15. Teil der maximalen Tagesdosis von 1,5 g. Ein starker Kaffeetrinker kann an diese Maximaldosis herankommen. Zeichen eines zu starken Kaffeegenusses sind hochroter Kopf, zitternde Hände, Geschwätzigkeit und Ideenflucht. Viele Menschen empfinden die durch Coffein hervorgerufene Stimulierung als unangenehm, besonders wenn sie sich in Übererregbarkeit, Herzklopfen und Schlaflosigkeit äußert; in sehr seltenen Fällen kann Kaffeetrinken auch eine depressive Phase einleiten. Für solche Menschen kann sog. „Coffeinfreier Kaffee" ein gewisses Bedürfnis sein. Um coffeinarmen Kaffee herzustellen, sind mehrere Verfahren geläufig. Das in Europa nach wie vor gebräuchlichste Verfahren besteht im Aufschließen der Bohnen mit gespanntem Wasserdampf und der anschließenden selektiven Extraktion des Coffeins mit organischen Lösungsmitteln (z. B. Ethylacetat, Dichlormethan); den entcoffeinierten Bohnen wird das Lösungsmittel durch Abdämpfen entzogen. Entcoffeinierter Kaffee enthält noch bis zu 0,08 % Coffein.

Wirkungen

Kaffee wird im allgemeinen der anregenden Wirkung wegen getrunken, die im wesentlichen auf dem Coffeingehalt beruht. Bei einer Zufuhr einer Coffeindosis von 100 bis 300 mg, entsprechend 1 bis 3 Tassen Kaffee, wird das Zentralnervensystem auf mehr oder weniger allen Ebenen stimuliert, wobei sich die Wirkung am deutlichsten in der Großhirnrinde nachweisen läßt, gefolgt vom Hirnstamm: Gedankenassoziationen werden rascher und klarer, Auswendiglernen geht leichter vonstatten, Müdigkeit und Schläfrigkeit werden eingedämmt. Eine gesteigerte Aktivität der Nervenzellen kommt im Normalfall über eine verbesserte Blutversorgung zustande. Entgegen dieser Erwartungen erbrachten Untersuchungen: die Blutzufuhr zum ZNS wird unter Coffein verringert, hingegen wird der über den Glucoseumsatz gemessene Energieumsatz des Großhirns merklich gesteigert. Es gibt mehrere Hypothesen, die pharmakologischen Wirkungen auf zellulärer Ebene zu erklären. Am plausibelsten erscheint jene der kompetitiven Blockierung der an der Zelloberfläche liegenden Adenosinrezeptoren. Coffein kompetitiert mit Adenosin um diese Bindungsstellen. Höhere cAMP-Konzentrationen führen zu mehr Glucoseproduktion und höherer Zellaktivität.

Wirkungen auf den Verdauungstrakt

Die Wirkung der galenischen Zubereitung „Kaffeegetränk" ist jedoch keine reine Coffeinwirkung. Am Beispiel der magensaftsekretionsfördernden Wirkung kann gezeigt werden, wie Begleitstoffe die Gesamtwirkung modifizieren. Die orale Zufuhr von 200 mg Chlorogensäure stimuliert beim Menschen die Magensekretion. Dieser Effekt erklärt möglicherweise weshalb beide, normaler und entcoffeinierter Kaffee, die gastrale Sekretion doppelt so stark anregen wie Coffein allein.

Unerwünschte Wirkungen, Risiken

Coffeinabusus über längere Zeit, entsprechend einer Aufnahme von 1,5 bis 1,8 g führt zu einem Komplex unspezifischer Symptome wie Angst, Ruhelosigkeit, Reizbarkeit, Schlaflosigkeit, Zuckungen, Herzklopfen, Extrasystolen, Erbrechen, Durchfall, Kopfschmerzen, Beschleunigung der Atmung, Ohrenklingen u.a. m. Nach dem Absetzen des Kaffees oder der andern coffeinhaltigen Getränke klingen die Symptome ab.

Trotz einer Fülle an Untersuchungen sind hingegen die Risiken des chronischen Gebrauchs in moderaten Dosen nicht anzugeben. Diskutiert werden vor allem mögliche Risiken unter den Gesichtspunkten kardiovaskulärer Erkrankungen, der Kanzero-, Muta- und Teratogenität sowie der menschlichen Reproduktion (James 1991).

Aufgrund entsprechender Tierversuche hat in den USA die zuständige Behörde die Empfehlung an schwangere Frauen gegeben, den Coffeinkonsum einzuschränken. Als Richtschnur gilt: die tägliche Einnahme von mehr als 3 Tassen Kaffee, 9 Tassen Tee oder 7 Tasssen Cola-Getränk währen der Schwangerschaft dürfte einen Risikofaktor für Fehlgeburten darstellen (Seeger 1994). Insgesamt gilt aber nach wie vor, daß trotz der Fülle an Untersuchungen gesicherte Aussagen über Coffein als Risikofaktor nicht gemacht werden können.

Anhang: Kaffeekohle

Kaffeekohle, Coffeae carbo, wird durch Rösten der grünen, trockenen Kaffeebohnen bis zur Schwarzfärbung und Verkohlung der äußeren Samenpartien und anschließender Vermahlung hergestellt. Das Produkt riecht und schmeckt nach gebranntem Kaffee. Kaffeekohle enthält noch 75% des ursprünglich vorhandenen Coffeins; die Verbindungen der Chlorogensäure bleiben weitgehend erhalten. Angewendet wird Kaffeekohle bei den folgenden Indikationen: Unspezifische, akute Durchfallerkrankungen; lokale Therapie leichter Entzündungen der Mund- und Rachenschleimhaut.

Hinweis: Aufgrund des Adsorptionsvermögens der Kaffeekohle kann die Resorption anderer, gleichzeitig verabreichter Arzneimittel beeinträchtigt werden.

7.8.4
Schwarzer und grüner Tee

Zur Ethymologie des Wortes Tee

Das Wort Tee ist dem südchinesischen Amoy-Dialekt entlehnt. Mit einigen Säcken eines chinesischen Pflanzenproduktes, die im Jahre 1601 ein Kapitän der ostindischen Handelskompagnie von einer chinesischen Dschunke in Java an Bord nahm, brachte er zugleich die Produktbezeichnung *t'e* nach Holland. Seither werden in allen jenen Ländern, in die „chinesischer Tee" erstmals auf dem Seeweg über Holland, wenig später nach England, gelangten, mit einer dem südchinesischen *t'e* entlehnten Namen bezeichnet. Anders in den Ländern, in die der „chinesische Tee" zuerst auf dem Landwege über Rußland transportiert wurde, wo sich an das russische „Tschai" anklingende Bezeichnungen eingebürgert haben. Nach Rußland gelangte Tee erstmalig mit einer Teekarawane im Jahre 1638 als ch'a, die für chinesischen Tee im Kantondialekt und im Mandarinchinesisch übliche Bezeichnung. Im Deutschen, ebenso wie im Englischen erfuhr die Bezeichnung „Tee" allmählich eine Erweiterung: zunächst von der Droge zum daraus hergestellten Teegetränk, bald jedoch zu allen Drogen aus denen sich trinkbare Aufgüsse herstellen lassen.

Schwarzer Tee

Die Droge besteht aus den einem eigenartigen Ernteaufbereitungsprozeß unterworfenen Blättern von *Camellia sinensis*. Geerntet werden die noch jungen Triebe, die üblicherweise aus zwei bis drei jungen Blättern und der noch nicht geöffneten Blattknospe bestehen.

Die einzelnen Stufen der Teeverarbeitung sind: Welken, Rollen, Fermentieren und Trocknen. Der Welkvorgang ist ein unvollständiger Trocknungsprozeß, bei dem der Wassergehalt so weit vermindert wird, daß sich die Blätter „rollen" lassen, ohne dabei zu brechen. Der wichtige Vorgang des Rollens zielt auf ein Zerquetschen der Blätter, indem man sie, ursprünglich, jeweils eine Handvoll Blätter mit dem Handballen auf einer glatten Oberfläche ausrollte. Heutzutage gibt es dafür Spezialmaschinen, die man sich im Prinzip als Zerkleinerungsmaschinen vorstellen muß, durch welche die Blätter in Intervallen von je zwanzig Minuten gedreht und gebrochen werden. Beim Rollen geben die Blätter einen sog. Teesaft frei; dieser Zellsaft setzt sich an der Oberfläche der Teeblätter als dünner Film ab, wodurch dem Luftsauerstoff Zugang für die anschließende Oxidation verschafft wird. Im intakten Teeblatt befindet sich die Polyphenoloxidase im Chloroplasten, währen die Polyphenole in den Vakuolen angereichert sind. Durch das Rollen werden die semipereablen Membranen der Zellen beschädigt, wodurch Enzyme freigesetzt werden. In der anschließenden Fermentierung können auf diese Weise beide miteinander reagieren. An den Rollvorgang schließt sich die Fermentation an: man breitet die Teeblätter in dünner Schicht auf großen Flächen aus und setzt sie feuchter und kühler Luft aus. Beim Fermentieren wirkt sich die durch das Rollen ermöglichte Oxidation der verschiedenen Polyphenole durch Polyphenoloxidasen auf Farbe und Aroma voll aus. Dabei bilden sich *o*-Chinone, die nichtenzymatische Reaktionen auslösen, wodurch sich der herbe Geschmack verliert. Die als Theaflavine und Thearubigene bezeichneten Oxidationsprodukte bestimmen weitgehend die Teequalität. Während der Fermentation verändert sich die Farbe der Blätter von grün nach rotbraun. Je nach Beschaffenehit des Blattgutes dauert der Fermentationsprozeß 40 bis 120 min; er muß im geeigneten Zeitpunkt durch Heißluftbehandlung, dem sog. *Firing,* abgebrochen werden.

Inhaltsstoffe

Purinalkaloide. Hauptalkaloid ist das Coffein, früher auch als Thein bezeichnet. Durchschnittswerte: Für Tee aus Pakistan 4,0%, aus Indien 3,4%, aus Indonesien 3% und aus Sri Lanka 2,4%. Die Gehalte an Theobromin liegen zwischen 0,16 und 0,2%, die an Theophyllin zwischen 0,02 und 0,04%.

Phenolische Verbindungen. 25 – 5% der Trockenmasse von frischen jungen Teeblättern sind phenolische Verbindungen, 80% davon Catechine. Der Rest verteilt sich auf Proanthocyanidine, phenolische Säuren, Flavonole und Flavone. Während der Fermentation werden die Flavonole enzymatisch oxidiert. Die Folgeprodukte sind für Farbe und Geschmack von schwarzem Tee von großer Bedeutung. Die kräftige rötlich-gelbe Farbe eines Aufgusses aus schwarzem Tee ist im wesentlichen auf Theaflavine und Thearubigene zurückzuführen, während die Geschmacksstärke mit dem Gesamtphenolgehalt und der Aktivität der Polyphenoloxidasen korreliert ist.

Theagallin

Theaspiran

Theaflavine
R^1, R^2 = H oder Galloylreste

Thearubigene
(Proanthocyanidintyp)
R = H, OH; R^1 = H oder Galloylreste

Aminosäuren. Freie Aminosäuren machen etwa 1% der Trockenmasse von Teeblättern aus, etwa die Hälfte davon (0,3 – 0,6%) entfallen auf Theanin (5-*N*-Ethylglutamin).

Aromastoffe. Die flüchtigen Verbindungen (0,01 – 0,02 % der Trockenmasse) bilden ein Bouquet von bisher 300 identifizierten Stoffen, darunter die Theaspirane und Theaspirone. Aufgrund der niedrigen Geruchsschwelle trägt das unten formelmäßig wiedergegebene Theaspiran mit seinem erdigen Aroma zum Teearoma wesentlich bei.

Mineralstoffe. Kaliumionen machen ca. 40 % des Mineralstoffgehaltes von Teeblättern aus (9 bis 34 mg/g). Manche Teesorten enthalten viel Fluoride (0,13 bis 0,18 mg/g), vorwiegend als Kaliumfluorid vorliegend.

Resorption von Coffein aus dem Infus

Manche Individuen können nach Kaffee gut schlafen, nicht aber nachdem sie Tee getrunken haben. Dieses Phänomen wurde mit der protrahierten Coffeinfreisetzung des Coffeins aus einer Bindung an Gerbstoffe erklärt. Versuche am Menschen haben jedoch gezeigt, daß der Plasmaspiegel an Coffein nach dem Genuß von Tee genauso rasch ansteigt, wie nach der Aufnahme von Kaffee oder Coca Cola (Teuscher 1992).

Anwendungsgebiete

Die Anwendung bei Ermüdungserscheinungen z. B. bei älteren Patienten zur Unterdrückung des mittäglichen Schlafbedürfnisses im Sinne der Förderung des Nachtschlafes, die Anwendung bei Migräne, ausgelöst durch Tonusverlust der Hirngefäße, die Anwendung zur kurzfristigen Behandlung von Durchfallerkrankungen und als angenehmes leistungsstimulierendes Getränk, ist in Analogie zu anderen Coffein- und Gerbstoffdrogen plausibel.

Ungesüßte Aufgüsse von Schwarzem Tee werden verbunden mit 1 – 2tägigem Fasten bei „verdorbenem Magen" angewendet. Schwarzer Tee ist in „Schlankheitsunterstützungstees" enthalten und in Form des Extraktes, Extractum Theae nigrae, in Fertigarzneipräparaten zur Therapie von Durchfällen.

Unerwünschte Wirkungen. Bei magenempfindlichen Personen Magenreizung möglich. Durch Teeaufgüsse mit hohem Gerbstoffgehalt können Obstipationen ausgelöst werden. *Gegenanzeigen* s. Tab. 7.3.

Wechselwirkungen. Gerbstoffe können mit organischen Verbindungen, die ein oder mehrere Stickstoffatome enthalten, schwerlösliche Komplexe bilden. Die Komplexbildung von N-haltigen Neuroleptika mit Gerbstoffen im Gastrointestinaltrakt kann die Bioverfügbarkeit der Arzneistoffe therapierelevant vermindern. Auch bei Antidepressiva besteht die Gefahr einer Unterdosierung. Grundsätzlich sollten daher Medikamente nicht gleichzeitig sondern allenfalls zeitlich versetzt mit Tee eingenommen werden.

Grüner Tee

Zur Herstellung des grünen Tees werden die Blätter gleich nach der Ernte gedämpft, so daß die pflanzeneigenen Enzyme inaktiviert werden und eine Fermentation nicht eintreten kann. Im grünen Tee fehlen die Thearubigene und Theaflavine, dafür enthält er höhere Konzentrationen an Catechinen, Flavonol-

Tabelle 7.3 Gegenanzeigen von Theae folium (Ludewig 1995)

Krankheit, Symptom	Unerwünschte Wirkung	Bemerkungen
Schlafstörung	analeptische Wirkung	zumindest nicht abends trinken
Krampfleiden	analeptische Wirkung	Vorsicht
Glaukom	Augendrucksteigerung durch Coffein (?) und zuviel Flüssigkeit	Warnung vor Tee im Normalfall unberechtigt
Diabetes	Catecholaminfreisetzung durch Coffein	praktisch wenig bedeutsam; kein Zuckerzusatz
Hyperthyreose	Catecholaminfreisetzung durch Coffein	meist Unverträglichkeit (Pulskontrolle)
Tachykardie	Catecholaminfreisetzung durch Coffein	Tee kontraindiziert
Hypertonie	Catecholaminfreisetzung durch Coffein	Tee im allgemeinen hier ungefährlich
Ischämische Herzerkrankungen	Zentrale und kardiale Wirkungen der Methylxanthine	individuelle Verträglichkeit prüfen (cave Tachykardie)
Obstipation	Gerbstoffwirkung	Tee nur mit Milchzusatz
Lebererkrankungen	Gerbstoffwirkung und Metaboliten	Tee u. U. nachteilig, evtl. Milchzusatz
Schwangerschaft	Coffein (etwa ab 600 mg/die)	Tee in üblicher Menge harmlos, Nebenwirkungen beachten, ggf. Milchzusatz

glykosiden, Bisflavonolen und an Chlorogensäure. Der Gehalt an Aromastoffen ist wesentlich geringer, die Zusammensetzung unterschiedlich. Hinsichtlich der Purine bestehen zwischen schwarzem und grünen Tee keine wesentlichen Unterschiede. Hingegen soll grüner Tee viel mehr Theanin als schwarzer Tee enthalten. Grüner Tee liefert sehr helle und bitter schmeckende Aufgüsse.

7.8.5
Maté

Maté, auch Paraguay-, Paraná- oder Jesuitentee genannt, besteht aus den getrockneten Blättern von *Ilex paraguariensis* var. *genuina* und anderen coffeinhaltigen *Ilex*-Arten.

Die den Maté liefernden *Ilex*-Arten finden sich wild in den südlichen Staaten Brasiliens, in Paraguay und in Nordargentinien. Zur Matégewinnung wird *Ilex paraguarensis* auch angebaut. Matékulturen großen Stils wurden im 17. Jahrhundert durch die Jesuiten in ihren Indianersiedlungen namentlich im Gebiet des heutigen Paraguay angelegt; daher rührt die Bezeichnung Jesuiten- oder Missionstee für die Droge. Bei der Stammpflanze handelt es sich um einen immergrünen

6–12 m hohen Baum, der in Kulturen zur leichteren Ernte niedrig gehalten wird. Sammler durchziehen die Wälder und schlagen mit großen Macheten die Spitzen der Zweige samt den Blättern ab. Das Material wird zunächst zur Halbtrocknung und, um das Schwarzwerden zu verhüten, durch Feuer gezogen (Fermentinaktivierung). Man nennt diesen Vorgang Zapekieren („supeco"). Man trocknet das Sammelgut sodann auf Hürden über offenem Holzfeuer. Beim „Barbacua-Verfahren" läßt man warme Luft durch einen gemauerten Gang streichen, unterhalb eines Gerüstes mit der Droge; durch Wenden der Zweige wird für rasche Trocknung Sorge getragen. Die Blattemperaturen hält man zwischen 80 und 100 °C; höhere Temperaturen würden zu Coffeinverlusten führen. Die Ganzdroge besteht aus ledrigen, 6–12 cm langen, bis 5 cm breiten verkehrt-eiförmigen Blättern, die am Rande etwas gekerbt sind. Bei vollständiger Fermentaktivierung behält die Droge die hellgrüne Farbe des frischen Blattes bei. War die Fermentabtötung unvollständig, dann verfärbt sich das Blatt hell- bis dunkelbraun. Nach dem Trocknen wird die Droge zerkleinert. Der Coffeingehalt schwankt in dem weiten Bereich von 0,9 bis 2,2 %, wobei das Alter der Blätter die Höhe des Gehaltes bestimmt. Junge, bis 1 Jahr alte Blätter weisen Gehalte von 2,0–2,2 % auf. Die Befunde zum Vorkommen von Theobromin und Theophyllin sind widersprechend. Zum Teil konnten die beiden Methylxanthine in Maté nicht nachgewiesen werden; nach anderen Angaben wurden 0,3 % Theobromin und 0,004 % Theophyllin gefunden. Weiterhin kommen Polyphenole vor, hauptsächlich Chlorogensäure und isomere Chlorogensäuren sowie deren Oxidationsprodukte („Resinotannole"), die sich erst sekundär während der Drogenaufbereitung bilden. Flavanole (Catechine und Leukoanthocyane) fehlen oder kommen allenfalls in geringer Konzentration vor.

Maté ist das Nationalgetränk in vielen Teilen Südamerikas. Zur Teebereitung wird die Droge in einem Gefäß mit heißem Wasser übergossen. Als Gefäß diente früher durchweg ein ausgehöhlter Flaschenkürbis, der Maté genannt wird. Diese aus der Inkasprache stammende Bezeichnung für Kürbis ist später auf den Tee übergegangen. Die Droge selbst heißt Yerba Maté (span. Matékraut). Der Tee wird direkt aus dem Zubereitungsgefäß mit Hilfe der sog. Bombilla genossen. Es ist dies ein mit einer siebartigen verschlossenen Erweiterung versehenes Röhrchen, durch das der Tee gesaugt wird, das aber die Blattstückchen nicht durchtreten läßt. Für 1 L Maté-Getränk nimmt man 40–50 g Blätter; doch kann das Blatt/Wasser-Verhältnis nicht genau angegeben werden, da neues Wasser während des Trinkens zugesetzt wird. Oft setzt man Zucker und Zitrone zu. Im Durchschnitt dürften mit 150 mL Maté-Tee 25 mg Coffein zugeführt werden. Kein Wunder, wenn Maté als gesünder gilt, verglichen mit Kaffee oder dem schwarzen bzw. grünen Tee, weil er, des Abends getrunken, beim Einschlafen weniger störe. Der ungewohnte, etwas rauchige Geschmack des Maté ist wohl dafür verantwortlich, daß er sich in Europa gegen den wesentlich teureren Schwarztee nicht durchzusetzen vermochte.

7.8.6
Kakaobohnen, Kakaoschalen

Kakaobohnen sind die Samen der im nördlichen Südamerika heimischen und jetzt in den meisten Tropengegenden kultivierten Art *Theobroma cacao* (Familie: *Sterculiaceae*). Als Wildform wird die Pflanze bis zu 15 m hoch; in den Pflanzungen wird sie durch starkes Beschneiden auf 4 – 8 m Wuchshöhe niedrig gehalten, um die Ernte der Früchte zu erleichtern. Bemerkenswert ist die als Kauliflorie bekannte Erscheinung; die Blüten entspringen direkt dem Stamm. Ihre Bestäubung scheint vorwiegend durch kleine Fliegen zu erfolgen. Aus den Fruchtknoten entwickeln sich etwa 25 cm lange, gurkenartige Beeren. Nach der Ernte überläßt man die Früchte einer kurzen Nachreife, öffnet sie dann und entnimmt die Samen. Die Samen werden fermentiert, d. h. 3 – 9 Tage lang enggepackt sich selbst überlassen: durch die Fermentation erhalten sie erst das feine Aroma; der ursprünglich vorhandene bittere Geschmack wird gemildert, die Farbe verändert sich von weiß nach braunrot. Nach der Fermentation röstet man die Samen, was das Aroma weiter verbessert, außerdem die Entfernung der Samenschalen (Kakaoschalen) erleichtert. Die gerösteten Rohbohnen werden in Brech- und Reinigungsanlagen zu folgenden Produkten weiter verarbeitet: gebrochene Kakaokerne (78 – 80 %), Kakaoschalen (10 – 12 %), Keimlinge und Abfall (4 %).

Die gebrochenen Kakaokerne werden weiter zerkleinert und vermahlen. Dabei entsteht eine homogene fließfähige Mase, die Kakaomasse. Um aus der Kakaomasse Kakao (den nicht alkalivorbehandelten Kakao) zu gewinnen, muß ein Teil des Fettes unter Erwärmen abgepreßt werden. Neben dem Kakaopulver fällt Kakaobutter an, die zur Schokoladenherstellung verwendet wird. Früher spielte sie in der Pharmazie als Suppositorienmasse (Cacao oleum) eine wichtige Rolle. Kakaomasse enthält im Durchschnitt 1,22 % Theobromin und 0,21 % Coffein. Je nach Herkunft des Produktes variiert das Verhältnis Theobromin/Coffein innerhalb der weiten Spanne von 3 : 1 und 23 : 1. Kakaopulver enthält im statistischen Mittel 2,82 ± 0,16 % Purinalkaloide, bezogen auf das wasserfreie Produkt. Mit einer Tasse Kakao (150 mL) nimmt man im Mittel 64 mg Coffein auf.

Kakaoschalen dienen als Rohstoff zur Extraktion von Theobromin, technisch zur Herstellung von Aktivkohle und Korkersatz. In kleinem Umfange bietet man sie als Tee zur Herstellung des Kakaoschalentees an.

7.9
Diterpenoide Alkaloide

7.9.1
Aconitin

Aconitin ist ein in *Aconitum*-Arten (Familie: *Ranunculaceae*) vorkommendes stark wirkendes Gift, dessen tödliche Dosis mit etwa 4 mg angegeben wird. Es ist ein C_{19}-Diterpenalkaloid mit einem hexazyklischen Grundgerüst, das mit acht OH-Gruppen substituiert ist. Zwei OH-Gruppen liegen mit Benzoe- und Essigsäure verestert vor (Esteralkaloid). In wäßriger Lösung ist Aconitin unbeständig; es findet partielle Verseifung zu Benzoylaconin und Aconin statt.

Eisenhut und Eisenhutknollen

Stammpflanze der früher offizinellen Eisenhutknollen ist *Aconitum napellus* L., eine in den Mittel- und Hochgebirgen Europas heimische Art. Die ausdauernde Pflanze ist gekennzeichnet durch einen aufrechten, bis 1,5 m hohen Stengel; durch

340   7 Alkaloide

R^1	R^2	
COC_6H_5	$COCH_3$	Aconitin
COC_6H_5	H	Benzoylaconin
H	H	Aconin

Biogenetische Einordnung:

Tetrazyklisches Diterpen   Nor-Diterpen, N-eingebaut   Aconitingerüst

geteilte Blätter und dunkelblaue in Trauben angeordnete zygomorphe Blüten; das obere von den fünf Blütenblättern ist helmförmig geformt (daher die deutschen Namen Eisenhut und Sturmhut).

Wirkweise

Aconitin wirkt in toxischen Dosen zuerst stimulierend, dann lähmend auf das Nervensystem, auf das Myokard und auf andere Muskeln. Primärer Angriffspunkt sind die Natriumkanäle. Aconitin erzwingt die Erhöhung der Natriumpermeabilität der Zellmembran. Die Aktionspotentialbildung wird zunächst verstärkt, dann gehemmt. Als Anwendungsgebiet galten Schmerzzustände bei Neuralgien, insbesondere aber die sonst schwer zu beeinflussenden Trigeminusneuralgien.

Eisenhut   Aconiti tuber
Aconitum napellus   Ranunculaceae

Herkunft:
Gebirge Mitteleuropas, Asiens.

Pflanze (Abb. 7.20):
Krautige Pflanze, Blätter wechselständig, große dunkelblaue Blüten, Blütenstand traubig, Helm meist breiter als hoch.

Anwendung:
In Tropfen- oder Salbenform bei Neuralgien (Als zu risikoreich nicht zu empfehlen).

Inhaltsstoffe:
Alkaloide: Aconitin, Napellin.

Anmerkung:
Stark giftig, 2 – 4 g Knolle tödlich.

7.9.2
Taxol

Taxol hat in jüngster Zeit großes Interesse gefunden: Es erwies sich als ein Zytostatikum mit einem neuartigen Wirkungsmechanismus und es zeigt klinisch eine zytostatische Wirkung bei Ovarialkarzinom.

Taxol kommt im Gemisch mit zahlreichen weiteren Taxusalkaloiden in Rinde und Borke von *Taxus brevifolia* und *T. cuspidata* vor. *T. brevifolia* ist eine in den Westküstenregionen Nord- und Mittelamerikas einheimische Eibenart. Das Verbreitungsgebiet von *T. cuspidata* erstreckt sich über Ostsibirien und Japan. Die Isolierung von Taxol ist mühsam und erfordert mehrere chromatographische Aufarbeitungsschritte des Ethanolextraktes. Die Ausbeuten sind sehr gering; man erhält aus 1 kg Droge 65 bis 100 mg Taxol.

Zum biogenetischen Aufbau: Das tetrazyklische C_{20}-Taxanskelett mit vier Methyl- und einer exozyklischen Methylengruppe läßt deutlich die diterpenoide Herkunft erkennen. Im Taxol ebenso wie in den anderen Taxusalkaloiden ist dieses Diterpengrundgerüst hoch mit funktionellen Gruppen beladen. Mehrere Hydroxygruppen sind verestert, im typischen Fall mit L-3,4-Dimethylamino-3-phenyl-propancarbonsäure (der sog. Wintersteinsäure). Diese β-Aminocarbonsäure leitet sich vom Phenylalanin durch 2,3-Wanderung der Aminogruppe ab. Im speziellen Falle des Taxols ist die Wintersteinsäure durch die komplexere L-3-Amino-2-hydroxyphenylpropan-N-benzoyl-carbonsäure ersetzt.

Wintersteinsäure   Taxan-Grundgerüst

Taxol

Wirkungen: Wie Colchicin, die Podophyllotoxine und die Vinca-Alkaloide gehört Taxol zu den Hemmstoffen der Kern- und Zellteilung. Die Mechanismen unterscheiden sich. Die zuerst genannten Gifte binden primär an Tubulin und zerstören damit den Aufbau des Kern-Spindelapparates. Taxol greift an den Mikrotubuli an und beschleunigt die Polymerisationsreaktion des Tubulins zu Mikrotubuli. Es kommt auf diese Weise zur Bildung zahlreicher neuer Mikrotubuli sowie zu verstärkten seitlichen Assoziationen innerhalb der Mikrotubuli und zwischen Spindelfasern. Die normalen Chromosomenbewegungen werden gestört, was letztlich eine normale Mitose unmöglich macht.

Anwendung: Zur Zeit ist Taxol lediglich zur Behandlung therapieresistenter Ovarialkarzinome zugelassen. Eine Erweiterung des Indikationsgebietes aus Mamma-, Bronchial- und Plattenepithelkarzinome des Kopf- und Halsbereiches wird von Experten für wahrscheinlich gehalten.

7.10
Steroidalkaloide

Viele *Solanum*-Arten enthalten basische Alkaloide mit zugleich auffallenden saponinähnlichen Eigenschaften: sie wirken hämolysierend, besitzen gutes Schaumbildungsvermögen und geben mit Cholesterol schwerlösliche Komplexe. Nach hydrolytischer Abspaltung der Zucker liefern sie Alkamine mit einem C_{27}-Steroidgrundgerüst, vergleichbar dem des Cholesterols. Vom Alkamin gibt es zwei Typen, je nachdem ob der Stickstoff sekundär (Spirosolantyp) oder tertiär (Solanidantyp) gebunden vorliegt. Die Spirosolane weisen das Aza-oxaspiransystem auf und sind somit analog den Steroidsapogeninen gebaut, mit denen sie auch vergesellschaftet auftreten. In den Solanidanen gehört das N-Atom zwei Ringen gemeinsam an, was durch das Suffix „izin" – hier Indolizin – angezeigt wird.

In der Regel kommen Steroidkaloide in sämtlichen Organen einer Pflanzenart vor; allerdings sind sie in der Regel in den oberirdischen Organen in höherer Konzentration zu finden. Bei der Tomatenpflanze *Lycopersicon lycopersicum* (Synonym: *Solanum lycopersicum*) sind die Blüten und jungen Früchte am alkaloidreichsten; in dem Maße wie die Frucht zur Reife gelangt, werden die Alkaloide abgebaut, bis daß reife Tomaten nur noch Spuren an Tomatin enthalten.

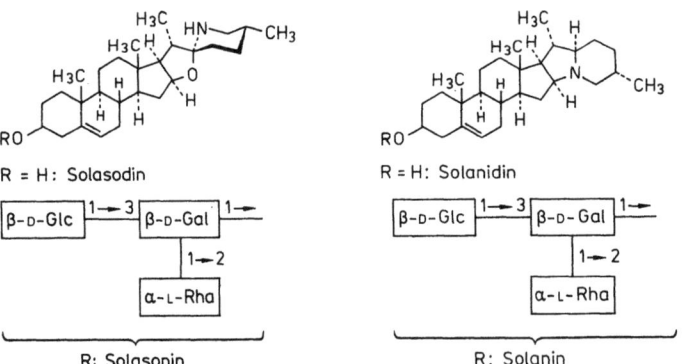

Die Giftigkeit der Glykoalkaloide scheint man auf Grund älterer Berichte stark zu überschätzen. An der Maus wurde die LD_{50} (intraperitoneale Zufuhr), wie folgt ermittelt:

	mg/kg KG
Solanin	30,0
Chaconin	27,5
Tomatin	33,5

Beim Kaninchen beträgt die Dosis letalis minima (i.p. Zufuhr) für Solanin 40 mg/kg und für Chaconin 50 mg/kg (Nishie et al. 1975). Nach *peroraler* Zufuhr von 1000 mg/kg zeigen die Tiere keine Reaktion. Man darf daher annehmen, daß die orale Resorptionsquote sehr niedrig ist. allenfalls resorbierte Mengen werden mit dem Harn rasch ausgeschieden (Nishie et al. 1971).

7.10.1
Bittersüßstengel

Solanum-dulcamara-Stengel oder Bittersüßstengel (*Dulcamarae stipes*) sind die getrockneten zwei- bis dreijährigen Triebe der im ganzen gemäßigten Europa und Asien heimischen, kletternden Staude Solanum dulcamara L. (Familie: *Solanaceae*). Die Pflanze bildet bis 2 m lange, kletternde oder niederliegende Sprosse. Die Droge wird im Frühjahr vor dem Austreiben der Blätter oder im Spätherbst nach dem Abfallen der Blätter gesammelt. Die Droge ist geruchlos; sie schmeckt bitter, dann unangenehm süß.

Die Droge enthält Glykoalkaloide, die sich vom Solasodin, dem 5,6-Dihydrosolasodin (= Soladulcidin) und dem 5,6-Dehydrotomatidin ableiten. Begleitet werden die Azasteroide von N-freien Spirostanglykosiden mit Diosgenin, Tigogenin und Yamogenin als Aglykonkomponente. Ferner kommen die offenkettigen Proto-Saponine, und zwar bisdesmosidische Furost-5-ene (Solayamocinoside) vor, die für den bitteren Geschmack der Droge verantwortlich sind.

Die Art Solanum dulcamara ist hinsichtlich der Steroidführung (Steroidalkaloide und Sterodsaponine) sehr variabel. Es existieren chemische Sippen, so daß auch die qualitative und quantitative Zusammensetzung der Droge variabel ist. Untersuchungen großer Serien von Drogenmustern fehlen: die bisherigen Analysen zeigten Gehalte von 0,07 bis 0,4% für die Steroidalkaloide und 0,18% für die Steroidsaponine an.

Die Droge ist häufiger Bestandteil in Rheumatees; die Wirksamkeit bei der angegegebenen Indikation ist nicht hinreichend dokumentiert. Zubereitungen aus der Droge werden ferner innerlich und äußerlich zur unterstützenden Therapie bei chronischen Hautleiden, wie Ekzemen, verwendet.

Bittersüßstengel　　　　　　　Dulcamarae stipes
Solanum dulcamara　　　　　　Solanaceae

Herkunft:
Mitteleuropa, Asien, Nordafrika.

Pflanze (Abb. 7.21):
Rankender Halbstrauch mit biegsamem Stengel, unterer Teil verholzt; Blätter gestielt, herz- bis eiförmig; Blüten langgestielt, rispenförmig oder trugdoldenartig angeordnet, Blüten 5zipfelig, violett; Staubblätter gelb, kegelförmig; scharlachrote Beeren.

Anwendung:
Zur unterstützenden Therapie bei chronischem Ekzem.

Inhaltsstoffe:
Steroidalkaloide mit Solasonin, Steroidsaponine, Gerbstoffe.

Literatur

Bak AAA, Grobbe DE (1989) The effect on serum cholesterol levels of coffee brewed by filtering or boiling. N Engl J Med 321:142–147
Baumann W, Seitz R (1992) Coffea. In: Hänsel R, Keller K, Rimpler H, Schneider G (Hrsg) Handbuch der Pharmazeutischen Praxis, Bd 4, Springer, Berlin Heidelberg New York, S 926–940
Belitz HD, Grosch W (1992) Lehrbuch der Lebensmittelchemie. 4. Aufl., Springer, Berlin Heidelberg New York
Birbaumer N, Schmidt RF (1991) Biologische Psychologie. Springer, Berlin Heidelberg New York
Czygan F (1983) Ist Huflattich in Hustentee gefährlich? Dtsch Apoth Ztg 123:1779
Ditzel W, Kovar K-A (1983) Rausch- und Suchtmittel. Deutscher Apotheker Verlag, Stuttgart
Eich W (1992) Ergolin-Derivate. Pharmaz Ztg 137:1601
Elbert Th, Rockstroh B (1990) Psychopharmakologie. Springer, Berlin Heidelberg New York
Fulde G, Wichtl M (1994) Analytik von Schöllkraut. Dtsch Apoth Ztg 134:17–21
Frohne D (1993) Solanum dulcamara, der bittersüße Nachtschatten. Zeitsch Phytotherapie 14:337–342
Hahn-Deinstrop E (1994) Schöllkraut, dünnschicht-chromatographische Untersuchungen. Dtsch Apoth Ztg 134:4449–4454
James JE (1991) Caffeine and Health. Academic Press, London
Linde O (1994) Antidepressiva und Schwarztee. Dtsch Apoth Ztg 134:3306–3308
Ludewig R (1995) Schwarzer und grüner Tee als Genuß- und Heilmittel. Dtsch Apoth Ztg 135:2203–2218
Oertel J (1994) Taxol. In: v. Bruchhausen F, Dannhardt G, Ebel S et al. (Hrsg) Hagers Handbuch der Pharmazeutischen Praxis. Springer, Berlin Heidelberg New York, Bd 9, S 781–782
Roeder E (1995) Medicinal plants in Europe containing pyrrolizidine alkaloids. Pharmazie 50:83–98
Schneider B (1994) Taxol, ein Arzneistoff aus der Rinde der Eibe. Dtsch Apoth Ztg 134:3389–3400
Schneider K, Jurenitsch J, Jentzsch K (1986) Über Inhaltsstoffe der Brechwurzel. Sci Pharm 54:339–345
Seeger H (1994) Starker Coffeinkonsum kann zu Fehlgeburten führen. Dtsch Apoth Ztg 134:2371–2372
Seeger R (1994) Aconitin und verwandte Diterpenalkaloide. Dtsch Apoth Ztg 134:2749–2758
Teuscher E (1992) Camellia. In: Hänsel R, Keller K, Rimpler H, Schneider G (Hrsg) Hagers Handbuch der Pharmazeutischen Praxis, Bd 4, Springer, Berlin Heidelberg New York, S 628–640
Tyler V (1993) The Honest Herbal. 4th ed, Pharmaceutical Products Press, New York London Norwood
Willuhn G (1989) Kreuzkraut. In: Wichtl M (Hrsg) Teedrogen. Wissenschaftliche Verlagsgesellschaft, Stuttgart, S 289–291

Farbtafeln zu Kapitel 7 345

Abb. 7.2 Kokastrauch

Abb. 7.3 Tollkirsche

Abb. 7.4 Bilsenkraut

Abb. 7.5 Stechapfel, *Foto: Herbert E. Maas*   **Abb. 7.6** Mohn

Abb. 7.7 Schöllkraut

Farbtafeln zu Kapitel 7   347

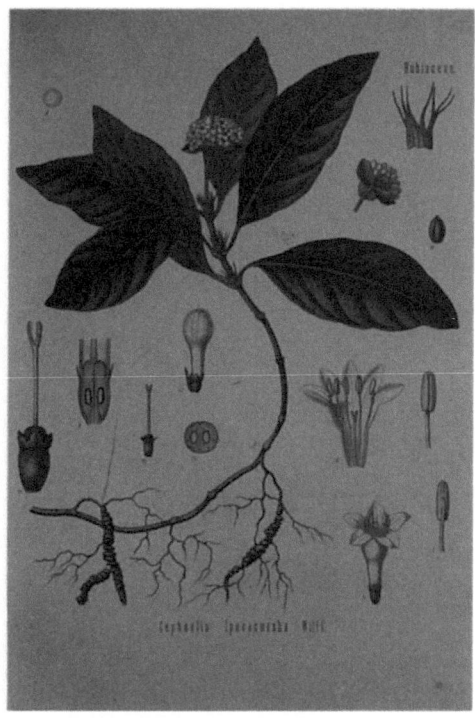

Abb. 7.8   Herbstzeitlose

Abb. 7.9   Brechwurz

348 7 Alkaloide

Abb. 7.10   Kanadische Gelbwurzel

Abb. 7.11   Mutterkorn

Abb. 7.12   Indische Schlangenwurzel

Farbtafeln zu Kapitel 7 349

Abb. 7.13 Catharanthus

Abb. 7.14 Immergrün

Abb. 7.15 *Cinchona pubescens* VAL, blühender Zweig

Abb. 7.16 Jaborandiblätter

Abb. 7.17 Kalabarbohne

Farbtafeln zu Kapitel 7   351

Abb. 7.18   Frucht des Kolabaums („Kolanuß")

Abb. 7.19   Kaffeestrauch, blühender Zweig

Abb. 7.20 Eisenhut

Abb. 7.21 *Solanum dulcamara* L., **a** Blütenstand, **b** Fruchtstand

Teil 2

KAPITEL 8

Arnzeipflanzen und Drogen

E. Teuscher

8.1
Arzneipflanzen

8.1.1
Arznei- und Gewürzpflanzen als Nutzpflanzen

Arzneipflanzen sind Pflanzen, deren Organe aufgrund ihres Gehalts an Wirkstoffen in aufbereiteter Form arzneiliche Anwendung finden oder zur Gewinnung von Wirkstoffgemischen oder reinen Wirkstoffen dienen. In der Umgangssprache werden Arzneipflanzen, deren Organe man direkt arzneilich verwendet, auch Heilkräuter genannt.

Als **Gewürzpflanzen** werden solche Pflanzen bezeichnet, deren Organe in frischer, getrockneter oder konservierter Form aufgrund ihres Gehalts an geschmacks- und geruchsverbessernden Stoffen als Zutaten zu Nahrungs- und Genußmitteln eingesetzt werden. Die meisten Gewürzpflanzen sind Arzneipflanzen aus den Indikationsgruppen Stomachika und Karminativa. Sie regen durch reflektorische Wirkungen oder durch direkten Einfluß auf die Verdauungsorgane den Appetit an, fördern die Verdauungsprozesse und beugen Verdauungsstörungen, z.B. Koliken, vor.

Arzneipflanzen und Gewürzpflanzen sind **Nutzpflanzen**, unabhängig davon, ob sie als **Kulturpflanzen** züchterisch bearbeitet worden sind und landwirtschaftlich angebaut werden, oder ob sie, in ihrem genetischen Material vom Menschen nicht gezielt beeinflußt, als **Wildpflanzen** am natürlichen Standort gedeihen.

In Kultur entstandene Varietäten werden als **Sorten** oder Cultivare (cv., von „cultivated variety") bezeichnet. Sie erhalten neben dem lateinischen oder latinisierten Artnamen eine Sortenbezeichnung aus einer lebenden Sprache, die in Anführungsstriche eingeschlossen wird, z.B. *Datura stramonium* L. „Bernburger". Sorten mit gemeinsamen Merkmalen werden als Konvarietäten (conv.) zusammengefaßt. Sorten können sein:

- **Klone**, d.h. genetisch einheitliche Pflanzen, die durch vegetative Vermehrung eines Individuums entstanden sind,
- **Linien**, die auf einen Standardtyp streng ausgelesen wurden und die selbstbefruchtend sind bzw. durch Inzucht vermehrt wurden,
- fremdbefruchtete Individuen, die sich aber in mindestens einem konstanten Merkmal von anderen Sorten unterscheiden oder
- Individuen, die jedesmal durch Kreuzung neu gewonnen werden.

Besonders für die Charakterisierung von Arzneipflanzen sind die Begriffe Biotyp, Rasse und chemische Rasse wichtig.

Zu einem **Biotyp** gehört die Gesamtheit der Pflanzen, die genetisch einheitlich sind, sich aber aufgrund der Einwirkung äußerer Einflüsse im Erscheinungsbild und/oder im Gehalt an Inhaltsstoffen unterscheidet.

Zu einer **Rasse** gehört die Gesamtheit der Individuen einer Art, die sich in gemeinsamen, erblich konstanten Eigenschaften von anderen Gruppen der gleichen Art unterscheidet. Da eine einmal entstandene Rasse unter natürlichen Bedingungen nur fortbestehen kann, wenn sie durch Isolation an der genetischen Durchmischung mit anderen Rassen gehindert wird, muß sie auf bestimmte Areale beschränkt sein, so daß man auch von **einer geographischen Rasse** spricht. Besteht der Unterschied einer Rasse zu anderen Rassen vorwiegend im Inhaltsstoffspektrum, bezeichnet man sie als chemische Rasse. Sind die an eine Rasse zu stellenden Bedingungen bei abweichender chemischer Zusammensetzung der Pflanze nicht voll erfüllt, spricht man auch von **Chemotypen** bzw. **Chemodemen.**

Der Begriff Rasse ist relativ unscharf, er kann jedoch wegen der Schwierigkeit der Abgrenzung durch die Begriffe Unterart, Varietät und Form nicht voll ersetzt werden.

8.1.2
Intraspezifische Schwankungen des Wirkstoffgehalts von Arzneipflanzen

Das Erscheinungsbild, der Phänotyp, von Individuen einer Art, ja auch eines infraspezifischen Taxons, d. h. einer Unterart, einer Varietät bzw. eines Cultivars oder einer Form, oder selbst von Einzelpflanzen der gleichen Sippe, kann eine relativ große Variationsbreite besitzen. Dabei kann es sich um **erbliche Variabilität** handeln, bedingt durch unterschiedliches Erbgut, oder/und um durch äußere Einflüsse bedingte, nichterbliche **Modifikationen.**

Für den Pharmazeuten ist die Kenntnis dieser Variationsbreite, die ja auch Unterschiede im Wirkstoffspektrum und im Gehalt an den einzelnen Wirkstoffen umfaßt, von großer Bedeutung. Diese qualitativen, diskontinuierlichen Unterschiede und die quantitativen, kontinuierlichen Unterschiede spiegeln sich auch in den Drogen wider.

Infraspezifische, genetisch bedingte Variabilität ist beispielsweise von der Gartenpetersilie, *Petroselinum crispum* (MILL.) NYM., bekannt. Von ihr existieren 3 Rassen. Die Myristicinrasse enthält in den Früchten 55–75 % Myristicin, die Apiolrasse 60–80 % Apiol und die Allyltetramethoxybenzenrasse 50–60 % Allyltetramethoxybenzen. Vom Rainfarn, *Tanacetum vulgare* l., wurden allein in Ungarn 26 chemische Rassen gefunden.

Modifizierende Faktoren können beispielsweise sein:
Lichtqualität und -quantität, Temperatur, Niederschlagsmenge, physikalische und chemische Faktoren des Bodens und Streßfaktoren, z. B. Befall durch Mikroorganismen. Sie führen in erster Linie zu quantitativen Unterschieden nicht nur im Ertrag an Pflanzenmasse, sondern auch im Wirkstoffgehalt.

Streßfaktoren können jedoch auch die Bildung von in der gesunden Pflanze nicht enthaltenen Wirkstoffen, sog. Phytoalexinen, auslösen, die z. T. starke physiologische Wirkungen auf den Menschen haben. Von toxikologischem Interesse ist beispielsweise das Auftreten von hepatotoxischen und zu Lungenerkrankungen führenden Furanosesquiterpenen in den Knollen der Süßkartoffel, *Ipomoea batatas* (L.) LAM., nach Infektionen der Pflanze.

Natürlich ist der Wirkstoffgehalt auch vom jeweiligen Entwicklungszustand der Pflanze abhängig. Beispielhaft sei der relativ hohe Anteil an den qualitätsmindernden Komponenten Menthofuran und Menthon im ätherischen Öl der jungen Blätter und der geringe in dem der alten Blätter der Pfefferminze genannt. Außerdem steigt der Gehalt an qualitätssteigernden Mentholestern mit zunehmendem Blattalter.

Die Organspezifität des Wirkstoffgehalts zeigt beispielsweise der Ceylon-Zimtbaum, *Cinnamomum verum* J.S. PRESL. Das ätherische Öl der Rinde enthält vorwiegend Zimtaldehyd, das der Blätter Eugenol und das der Wurzel Campher.

Anliegen des Arzneipflanzenzüchters muß es sein, die genetische Variabilität zu ergründen und sie zugunsten einer Optimierung des Genotyps von Arzneipflanzen einzusetzen. Der Arzneipflanzenanbauer muß die Grenzen der Modifizierbarkeit kennen und sie in seinem Sinne ausnutzen.

8.1.3
Züchtung von Arzneipflanzen

Zuchtziele

- Veränderung des Wirkstoffspektrums zugunsten erwünschter und zuungunsten unerwünschter Wirkstoffe,
- Erhöhung des Wirkstoffgehalts,
- Erhöhung der Ertragsleistung,
- Verbesserung der Ertragssicherheit, z.B. durch Widerstandsfähigkeit gegen Dürre, Frost, Insekten und Pflanzenkrankheiten,
- Verbesserung der Erntesicherheit, z.B. durch möglichst gleichmäßige Entwicklung einer Population zur Erreichung gleichzeitiger Erntereife, durch Beseitigung des Früchteabwurfs, durch günstige Eigenschaften für eine mechanisierte Ernte, z.B. Erzielung eines Ebenstraußes bei der Kamille zur Erleichterung des Einsatzes von Pflückmaschinen, Verhinderung des Ausfallens der Samen bei der Ernte, z.B. beim Schlafmohn, oder durch hohe Standfestigkeit zur Ermöglichung des Abmähens,
- Erreichung von Ertragsstabilität, d.h. Erhaltung der züchterisch erhaltenen günstigen Eigenschaften der Pflanze auch bei den Nachkommen,
- Akklimatisierung.

Züchtungsmethoden

Die Arzneipflanzenzüchtung steht, verglichen mit der Züchtung anderer Nutzpflanzen, noch am Anfang. Nur Pflanzen, die in sehr großen Mengen benötigt werden, z.B. Schlafmohn, Wolliger Fingerhut, Roter Fingerhut, Pfefferminze, Baldrian, Kümmel und Kamille, wurden züchterisch intensiv bearbeitet.

In der Arzneipflanzenzüchtung angewendete Methoden sind der Züchtung von anderen Nutzpflanzen entlehnt, es sind v.a. die Auslesezüchtung, seltener die Kombinationszüchtung und die Mutationszüchtung.

Bei **Auslesezüchtung**, auch Selektionszüchtung genannt, versucht man unter Ausnutzung der natürlichen infraspezifischen Variabilität durch Auswahl und Vermehrung von Individuen einer Population, die den züchterischen Zielen am besten entsprechen, zu neuen Sorgen zu gelangen. Wegen der großen Variabilität führt die Auslesezüchtung bei Arzneipflanzen rasch zu guten Ergebnissen, ist also die am häufigsten eingesetzte Methode. Auf diese Weise konnten beispielsweise Elitepflanzen von *Arnica montana* L. erhalten werden, die eine Droge mit einem Gehalt von über 1 % Sesquiterpenlactonen lieferten.

Um Konstanz der gewünschten Merkmale bei dem ausgelesenen, zunächst keineswegs reinerbigen Pflanzenmaterial zu erreichen, kann man Massen- oder Individualauslese betreiben. Bei der Massenauslese werden die Samen aller ausgelesenen Individuen, die den züchterischen Zielen nahe kommen, gemeinsam vermehrt. Bei der Individualauslese werden die Einzelindividuen getrennt kultiviert. Die Auslese wird über mehrere Generationen fortgesetzt, bis ein einigermaßen genetisch einheitliches Material mit den gewünschten Eigenschaften erhalten worden ist.

Die **Kombinationszüchtung**, auch Kreuzungszüchtung genannt, versucht durch Kreuzung von Pflanzen mit guten Eigenschaften die wertvollen Merkmale der Elternpflanzen in den Nachkommen zu vereinen oder durch günstige Genkombinationen Nachkommen zu erhalten, deren wertsteigernde Eigenschaften die der Eltern übertreffen. Nach erfolgter Selbstung, d. h. Vermehrung durch erzwungene Selbstbestäubung der entstandenen Bastarde (F 1), kann in deren Nachkommenschaft (F 2) die gewünschte Neukombination ausgelesen werden.

Da Merkmale gewöhnlich polygen, d. h. durch mehrere Gene vererbt werden, sind die zunächst erhaltenen Bastarde nicht reinerbig. Sie würden bei Vermehrung durch Samen entsprechend der 2. Mendel-Regel aufspalten. Um genetisch einheitliches Material zu erhalten, müssen die Hybride einer weiteren, über mehrere Generationen fortgesetzten Auslese unterworfen werden. Man kann jedoch auch verklonen, d. h. man vermehrt das Individuum mit den erwünschten Eigenschaften nur vegetativ, z. B. durch Stecklingsvermehrung, Stockteilung oder mit Hilfe von Zellkulturen, auch als Meristemkulturen bezeichnet. Bei sterilen Hybriden, z. B. bei der Pfefferminze, *Mentha* × *piperita* L., ist man sogar zur vegetativen Vermehrung gezwungen.

Auch Zellkulturen können als Werkzeuge der Kombinationszüchtung eingesetzt werden. Durch Fusion von durch Enzymbehandlung von der Zellwand befreiten nackten Zellen, d. h. von Protoplasten, kann man Art- und in einigen Fällen auch Gattungskreuzungen durchführen, die aufgrund von Kreuzungsinkompatibilitäten bei intakten Pflanzen nicht möglich wären. Die fusionierten Zellen lassen sich zu intakten Pflanzen regenerieren. Meistens sind jedoch nur Hybride eng verwandter Sippen lebensfähig und fertil. Größere Erfolge hat man erzielt, als intakte Protoplasten mit solchen fusioniert wurden, in denen man die DNA durch Bestrahlung fragmentiert hatte. Bisweilen kam es dann zum Einbau von DNA-Stücken mit erwünschten Eigenschaften in die DNA der intakten Zelle.

Von besonderem Interesse bei der Kombinationszüchtung ist der Einsatz von haploiden Zellkulturen. Sie werden durch sog. Antherenkultur erhalten, bei der aus unreifen Pollenkörnern haploide Zellen hervorgehen. Mit ihnen können rascher reinerbige Hybride erhalten werden als mit diploiden Pflanzen. Sind beispielsweise bei einem Versuch 4 durch je 1 Gen vererbte Merkmale von 2 reinerbigen Eltern in einer reinerbigen Hybride zu vereinigen, so sind in der F 2-Generation $2^{4+4} = 256$ Kombinationen möglich. Bei haploidem Material gibt es nur $2^4 = 16$ Kombinationen.

Auch Versuche, das genetische Material einer Pflanze durch Einschleusung von Fremd-DNA, z.B. mit Hilfe von *Agrobacterium tumefaciens* als Genvektor, zu erweitern, sind gemacht worden. Dieses Bakterium ist fähig, sein Plasmid, das sog. Ti-Plasmid (Ti = „tumor inducing") in Zellen bestimmter Pflanzen einzuschleusen. Teile dieses Plasmids werden in die Pflanzen-DNA eingebaut und lösen die Bildung von Tumoren und neuen Sekundärstoffen, vorwiegend Aminosäuren, aus. Man hofft, durch Ersatz des tumorauslösenden Anteils im Plasmid durch genetische Informationen, die zu erwünschten Merkmalen führen, völlig neue Pflanzen, sog. transgene Pflanzen, zu konstruieren.

Treten die positiven Auswirkungen der Genkombinationen nur in der 1. Nachkommenschaftsgeneration auf (bei den sog. F 1-Hybriden), spricht man von Heterosis. Für die Praxis bedeutet das, daß man zur Aussaat derartiger Hybridsorten nur vom Züchter gewonnenes Saatgut der F 1-Generation verwenden kann oder daß man vegetativ vermehren muß. Sind die wertsteigernden Eigenschaften nach einer Kreuzung auch bei späteren Nachkommen sichtbar oder werden sie gar verstärkt, spricht man von Transgression.

Die **Mutationszüchtung** versucht, die natürliche infraspezifische Variabilität durch experimentell erzeugte Genmutation zu vergrößern, um eine breitere Basis für die Auslesezüchtung zu schaffen. Genmutationen können durch Röntgenbestrahlung oder durch chemische Mutagene erhalten werden.

Auch Genommutationen, die durch Behandlung mit Colchicin provoziert werden, können zur Verbesserung der Eigenschaften von Arzneipflanzen führen. Beispiele dafür sind polyploide Sorten der Echten Kamille, des Baldrians und der Pfefferminze, die sich durch sehr gute Wüchsigkeit und einen hohen Gehalt an ätherischen Ölen mit guten Komponentenspektren auszeichnen.

Von besonderem Interesse ist auch hier der Einsatz von haploiden Zellkulturen. Protoplasten dieser Kulturen werden mit Mutagenen behandelt und wieder diploidisiert. Auf diese Weise werden für die erwünschte Eigenschaft homozygote, d. h. reinerbige Pflanzen erhalten, bei denen beide Allele mutiert sind und eine Unterdrückung eines rezessiv mutierten Allels durch ein Wildallel ausbleibt.

Für die Auslese von Pflanzen mit hohem Wirkstoffgehalt und optimalem Wirkstoffspektrum sind umfangreiche analytische Untersuchungen nötig. Sie erfordern möglichst einfache Methoden mit hohem Durchsatz. Besonders bewährt hat sich der Einsatz chromatographischer Methoden, z.B. der DC, GC, HPLC, und immunologischer Verfahren, z.B. eines RIA („*radio-immuno-a*ssay").

8.1.4
Sammeln und Anbau von Arzneipflanzen

Das **Sammeln** von wildwachsenden Arzneipflanzen hat auch heute noch große Bedeutung. Etwa $^2/_3$ aller Arten von Arzneipflanzen und etwa die Hälfte der benötigten Arzneipflanzenmenge stammen aus Wildvorkommen. Gründe dafür sind besonders die Tatsachen, daß

- das Sammeln häufig ökonomischer ist als der Anbau, das gilt besonders für langsam wachsende Pflanzen wie für Sträucher und Bäume, z. B. für Wildrosen, Faulbaum, Kastanien, Eichen, Linden und Birken, oder Pflanzen, die in der Natur sehr häufig sind, z. B. Löwenzahn, Johanniskraut;
- einige Pflanzen in Kultur nicht oder nur schlecht gedeihen, dazu gehören beispielsweise Kalmus und Ackerschachtelhalm.

Der **Anbau** von Arzneipflanzen erfolgt in Deutschland auf etwa 6000 ha, davon allein in Bayern auf 1500 ha. Er muß durchgeführt werden, wenn der Bedarf durch Sammeln nicht gedeckt werden kann. Darüber hinaus hat er folgende Vorteile:

- das Aufkommen ist weitgehend planbar, damit kann die Versorgung mit den benötigten Mengen gesichert werden,
- durch Kultivierung von Hochleistungssorten werden hochwertige Arzneipflanzen gewonnen, die den Anforderungen der Standards genügen,
- das erhaltene Pflanzenmaterial ist sehr einheitlich,
- die Gefahr von Verwechslungen und Verfälschungen ist gering,
- die erhaltenen Pflanzen sind bei sachgemäßem Anbau weitgehend frei von Pflanzenschutzmitteln und Schadstoffen,
- der Anbau ist häufig ökonomischer,
- die Ausrottung seltener Pflanzen wird vermieden,
- unter Naturschutz stehende oder im Gebiet nicht vorkommende Pflanzen sind nur durch Anbau erhältlich.

Beim Anbau entscheiden die bereits oben genannten Faktoren, v. a. Lichtqualität und -quantität, Temperatur, Wasser- und Nährstoffversorgung, über Ausbeute und Qualität. Dabei ist zu berücksichtigen, daß jede Arzneipflanze sehr spezifische Ansprüche stellt.

Das Licht spielt bereits bei der Keimung der Samen eine Rolle, einige Samen keimen nur im Dunkeln, z. B. Eibisch, Lavendel oder Liebstöckel, andere nur im Licht, z. B. Baldrian, Fingerhut und Kamille. Die Lichtquantität beeinflußt die Ausbeute an Grünmasse. Der Beleuchtungsrhythmus entscheidet bei vielen Pflanzen darüber, ob eine Pflanze zur Blüte gelangt oder nicht. Kurztagspflanzen blühen nur bei Unterschreiten einer bestimmten täglichen Belichtungsdauer, Langtagspflanzen nur bei deren Überschreiten. Das Blühen wiederum ist häufig Voraussetzung für die Ausbildung eines bestimmten Wirkstoffspektrums. Das gleiche gilt für das Erreichen des für jede Pflanze spezifischen Temperaturoptimums. Auch hinsichtlich der Wasser- und Nährstoffversorgung stellt jede Arzneipflanzenart eigene Ansprüche. Beide Faktoren nehmen nicht nur Einfluß auf die Ausbeute an Biomasse, sondern auch auf Wirkstoffspektrum und -konzentration. So läßt sich beispielsweise durch Stickstoff- und Phosphatdüngung der Gehalt vieler Arzneipflanzen an Alkaloiden und ätherischen Ölen erhöhen.

Der Anbau erfolgt, wenn nicht vegetativ vermehrt werden muß, meistens durch direkte Aussaat. Dazu werden Drill- oder Dibbelmaschinen verwendet. In einigen Fällen wird auch nach Vorkultur im Freiland, im Frühbeet oder im Gewächshaus, ausgepflanzt.

Zukünftig wird sicherlich auch die Vermehrung auf dem Weg über Zellkulturen große Bedeutung erlangen. Sie erlaubt eine vegetative Massenvermehrung, denn jede Zelle einer Kultur kann unter geeigneten Bedingungen zu einer Pflanze regeneriert werden. Da sie relativ teuer ist, wird sie nur dort eingesetzt werden, wo sie große Vorteile bietet, z. B. wo Samen schwer zugänglich sind bzw. schlecht keimen oder wo es darauf ankommt, große Uniformität des Pflanzenmaterials zu erreichen. Virusfreie Klone lassen sich auf dem Weg über Zellkulturen ebenfalls erhalten. Durch Tieftemperaturkonservierung von Zellkulturen läßt sich genetisches Material sehr lang erhalten.

Arzneipflanzen, die mit guter Ausbeute in Mitteleuropa kultiviert werden können, sind u. a. Alant, Angelika, Anis, Berg-Wohlverleih, Baldrian, Kleine Bibernelle, Dill, Eibisch, Engelwurz, Gelber Enzian, Estragon, Feldstiefmütterchen, Fenchel, Roter Fingerhut, Wolliger Fingerhut (Abb. 8.1), Hopfen, Johanniskraut, Echte Kamille, Knoblauch, Kornblume, Krauseminze, Kümmel, Lein, Liebstöckel, Majoran, Blaue Malve, Mariendistel, Medizinalrhabarber, Melisse, Petersilie, Pfefferminze, Salbei, Schlafmohn, Schwarzer Senf, Weißer Senf, Sonnenhut, Spitzwegerich, Stechapfel, Thymian, Tollkirsche, Wermut, Wiesenarnika, Wildrose und Zitronenmelisse.

Der kontrollierte Anbau in Mitteleuropa schließt Qualitätsmängel weitgehend aus, wie sie bei Importware, besonders aus Entwicklungsländern, oft auftreten, z. B. Verunreinigungen, schwer kontrollierbare Pflanzenschutzmittelrückstände, hohe mikrobiologische Kontamination, hoher Gehalt an Schwermetallen und, besonders bei Importen aus Ländern mit feuchtwarmem Klima, an Mycotoxinen.

8.1.5
Einsatz von Pflanzenschutzmitteln

Integrierter Pflanzenschutz besteht in der Vorbeugung des Befalls von Pflanzen mit Schädlingen, z. B. durch Verwendung von gesundem Saat- und Pflanzgut, Wahl geeigneter Anbaustandorte sowie geeigneter Fruchtfolge, intensive Pflege, angemessene Düngung, Züchtung resistenter Rassen bzw. Ausrottung von Zwischenwirten, aber auch in der Behandlung erkrankter oder von Insekten befallener Pflanzen mit chemischen Pflanzenschutzmitteln.

Nach Möglichkeit ist die Anwendung chemischer Pflanzenschutzmittel beim Arzneipflanzenanbau zu vermeiden. Auch der Boden sollte frei von Rückständen einer früheren Behandlung mit diesen Mitteln sein. Es ist jedoch wichtig zu wissen, daß dennoch auch im Arzneipflanzenanbau chemische Pflanzenschutzmittel eingesetzt werden. Auch durch Abdrift beim Besprühen benachbarter Felder ist eine Verunreinigung von Arzneipflanzen mit diesen Stoffen möglich.

Zu den Pflanzenschutzmitteln gehören Herbizide, Fungizide, Insektizide, Akarizide, Molluskizide und Rodentizide.

Herbizide werden zur Begrenzung einer Verunkrautung der Felder verwendet. Unkräuter beeinträchtigen nicht nur das Wachstum der Arzneipflanzen, sondern führen auch zur Verunreinigung der Drogen. Herbizide werden gewöhnlich vor der Aussaat oder vor dem Auflaufen der Saat eingesetzt. Muß die Anwendung bei voll entwickeltem Pflanzenbestand erfolgen, sind Wartezeiten vom Einsatz des Herbizids bis zur Ernte der Pflanzen einzuhalten.

Fungizide sind gegen den Befall der Pflanzen durch mikrobielle Pilze gerichtet. Durch Pilzinfektionen treten häufig erhebliche Verluste im Arzneipflanzenanbau auf.

Insektizide, Akarizide, Molluskizide und **Rodentizide** werden zur Bekämpfung von Insekten, Milben, Schnecken oder Nagetieren verwendet. In der Literatur wird über totale Ertragsausfälle durch Insektenbefall berichtet, z. B. bei Auftreten von *Lygus campestris* L., einer Blindwanze, in Fenchelfeldern.

Die verwendeten Präparate sind meistens organische Verbindungen sehr vieler Stoffklassen, die größtenteils auch für den Menschen toxisch sind.

8.1.6
Ernte von Arzneipflanzen

Für die Qualität der Drogen ist nicht nur die Qualität der Arzneipflanzen, sondern auch der Erntezeitpunkt, die sachgemäße Ernte und die Aufbereitung von entscheidender Bedeutung.

Für den **Erntezeitpunkt** gilt:

- Blüten, Blätter und Kräuter sollen nie während oder kurz nach Regenperioden, sondern immer nach 1-2 regenfreien Tagen geerntet werden, da wasserlösliche Wirkstoffe, z.B. Glykoside oder Alkaloide, durch den Regen ausgewaschen werden oder da während des lange dauernden Trockenprozesses feuchten Pflanzenmaterials Wirkstoffe durch postmortalen Enzymfreilauf bzw. durch Mikroorganismen abgebaut werden können.
- Pflanzen mit ätherischem Öl sollten möglichst bei bedecktem Himmel geerntet werden, Sonnenbestrahlung mindert den Gehalt an flüchtigen Stoffen.
- Oberirdische Pflanzenteile sammelt man kurz vor oder zu Beginn der Blüte, zu dieser Zeit ist ihre Wirkstoffkonzentration am größten.
- Unterirdische Organe werden in der Ruheperiode der Pflanzen geerntet, also vom Herbst bis zum Frühjahr, während der Vegetationsperiode ist ihr Gehalt an Wirkstoffen gering.
- Samen und Früchte erntet man während der Vollreife, der Gehalt an Wirkstoffen ist in vielen Fällen in unreifen Früchten gering, kurz vor der Vollreife erntet man, wenn Gefahr besteht, daß die reifen Früchte während der Ernte verloren gehen, in einigen Fällen werden jedoch auch die unreifen Früchte geerntet (z.B. bei Vanille, Pfeffer).
- Rinden werden zu Beginn des Saftstroms im Frühjahr gewonnen, dann ist der Wirkstoffgehalt hoch, und sie lassen sich leicht ablösen.

Die **Ernte** erfolgt bei kultivierten Arzneipflanzen in vielen Fällen maschinell durch Mahd mit speziellen Schwadmähern (z. B. bei der Pfefferminze; Abb. 8.2), Schneidladern (z.B. beim Roten Fingerhut) oder Mähdreschern (z.B. beim Fenchel), mit Hilfe von Pflückmaschinen (z.B. bei der Kamille; Abb. 8.3) oder durch Rodung mit Schwingsieb- oder Kettenrodern (z.B. beim Eibisch oder Baldrian). Einige Pflanzenteile müssen auch mit der Hand geerntet werden, z.B. Rinden, Lindenblüten, Birkenblätter und Weißdornfrüchte.

8.2
Drogen

8.2.1
Drogen als Arzneistoffe oder Arzneimittel

Drogen sind biogene Arzneistoffe komplexer Natur, die als **Arzneidrogen** in die Hand des Patienten gelangen oder als **Industriedrogen** zur Gewinnung von Fertigarzneimitteln oder arzneilich einsetzbaren Wirkstoffen dienen. Drogen sind entweder zellulär organisiert, d. h. sie sind getrocknete Pflanzen oder Tiere bzw. Teile von ihnen, oder sie sind aus Pflanzen gewonnene Produkte, die keine Organstruktur mehr aufweisen, z. B. ätherische Öle, Harze, Stärke, Fette, Wachse, isolierte Schleimstoffe und Tiergifte.

Die **Bezeichnung der Drogen** erfolgt mit lateinischen oder deutschen Namen. Dabei sind lateinische Bezeichnungen vorzuziehen, weil sie international verständlich sind und eine Droge eindeutig charakterisieren. Die lateinische Bezeichnung setzt sich aus der botanischen Bezeichnung der die Droge liefernden Pflanze, im Genitiv stehend, und der Angabe des verwendeten Organs bzw. des aus der Droge erhaltenen Produkts, im Nominativ singularis stehend, zusammen, z. B. Rhamni purshianae cortex bzw. Menthae piperitae aetheroleum. Aus traditionellen Gründen wird oft nur der Gattungsname angegeben, z. B. Frangulae cortex, auch wenn er heute nicht mehr gültig ist, z. B. Sennae folium. Entspricht die Droge den Anforderungen eines Standards (s. unten), so wird das angegeben, z. B. Frangulae cortex DAB 10.

Unzerkleinerte, zellulär organisierte Drogen, die so, wie sie bei der Ernte und Verarbeitung anfallen, in den Handel kommen, bezeichnet man als Ganzdrogen (z. B. Frangulae cortex totus). Dazu gehören ganze getrocknete Pflanzen ebenso wie Blätter, Blüten, Samen, Früchte, Rindenstücke oder Wurzelstücke.

Zerkleinerung von Ganzdrogen führt zu zerteilten oder bearbeiteten Drogen. Als Zerkleinerungsgrade werden gewöhnlich die Zusätze concisus (geschnitten), minutim concisus (fein geschnitten), pulvis grossus (grobes Pulver) oder pulvis subtilis (feines Pulver) gemacht, z.B. Frangulae cortex minut. concisus.

8.2.2
Verarbeitung von Arzneipflanzen zu Drogen

Frischpflanzen werden nur äußerst selten als Arzneistoffe oder Arzneimittel benutzt. In der Regel werden sie durch Wasserentzug konserviert. Er erfolgt meistens durch Trocknung.

Im Verlauf des Trocknungsprozesses werden Zellmembranen und Endomembransysteme zerstört. Vorher von den Substraten räumlich getrennte Enzyme können nun hydrolytische oder oxidative Veränderungen von Wirkstoffen auslösen. Auch spontan ablaufende Reaktionen führen zum Abbau von Inhaltsstoffen und zu Verfärbungen der Drogen. Wird ein bestimmter Wassergehalt, etwa 10%, unterschritten, so kommt es durch Dehydratisierung zur Unterbrechung dieser Vorgänge. Deshalb muß die Trocknung möglichst rasch, unmittelbar nach der Ernte, ohne langdauernden Transport des Erntegutes erfolgen.

Nur selten sind diese postmortalen Vorgänge erwünscht, z. B. um Wirkstoffe aus glykosidischer Bindung freizusetzen. Dann fördert man sie durch Verzögerung der Trocknung. Ein Beispiel dafür ist die Fermentation der Vanillefrüchte zur Freisetzung des Vanillins aus dem Glykosid Vanillosid. Auch zum Abbau unerwünschter Stoffe, z. B. der Bitterstoffe der Kakaosamen, können die postmortalen Vorgänge genutzt werden.

Die Trocknung erfolgt entweder unter natürlichen Bedingungen im Freien bzw. in Räumen oder in Trocknungsanlagen.

Zur natürlichen Trocknung werden die Arzneipflanzen in etwa 2–5 cm hoher Schicht auf Tüchern oder Papier, möglichst auf Horden oder Gestellen, getrennt nach Pflanzenarten ausgebreitet. Ein Wenden zur Beschleunigung der Trocknung sollte unterbleiben. Sonnenbestrahlung ist zu vermeiden. Der Trocknungsprozeß ist beendet, wenn Blätter rascheln, Stengel sich leicht brechen lassen und Wurzeln, Samen und Früchte auch innen hart sind.

Aus hygienischen Gründen ist die in südlichen Ländern praktizierte Bodentrocknung abzulehnen.

Die Trocknung bei erhöhter Temperatur erfolgt in kommerziellen Trocknungsanlagen, wie z. B. Flächentrocknern, Hordentrocknern, Bandtrocknern, Trommeltrocknern oder Silodurchlauftrocknern. Die günstigste Trocknungstemperatur liegt für Blütendrogen bei 35–40 °C, bei Blatt-, Kraut- und Samendrogen bei 45–50 °C und bei Wurzeldrogen bei 50–60 °C. Die Trocknungstemperatur sollte bei Baldrian 40 °C nicht übersteigen.

Die Trocknungszeit sollte so kurz wie möglich gehalten werden, Übertrocknung führt, besonders bei Arzneipflanzen mit ätherischen Ölen, zu Wirkstoffverlusten.

Bisweilen werden bei der Gewinnung von Krautdrogen, z. B. bei der Pfefferminze, die Arzneipflanzen vor dem Trocknen gehäckselt. Anschließende Windfege zur Abtrennung der Blatt- von den Stengelfragmenten führt zu sog. Blattkrüll. Blätter und Blüten kann man durch Abstreifen, sog. Rebeln, von den Stengeln befreien. Nur Wurzeln, Wurzelstöcke sowie Knollen werden gewaschen und gespalten, bisweilen auch geschält, bei Industriedrogen häufig vor dem Trocknen zerkleinert.

Die getrockneten Drogen werden meistens zerkleinert, um ein geringes Transportvolumen zu erreichen, um das benötigte Lösungsmittelvolumen bei der Extraktion gering zu halten und um den Extraktionsvorgang durch Vergrößerung der Oberfläche zu begünstigen. Das Zerkleinern kann besonders bei Drogen mit ätherischen Ölen zu erheblichen Wirkstoffverlusten führen und den Abbau von Inhaltsstoffen durch oxidative Vorgänge begünstigen.

8.2.3
Chemische Verunreinigungen von Drogen

Neben Verunreinigungen durch Teile fremder Pflanzen und Mineralien, z. B. Sand oder Steine, auf die makroskopisch und mikroskopisch geprüft werden kann, können Drogen auch nur mit chemischen Methoden nachweisbare Verunreinigungen enthalten.

So können **Pflanzenschutzmittel** in Arzneipflanzen angereichert werden. Auf ihre Rückstände ist zu prüfen. Nach einer Verlautbarung der Deutschen Arzneibuchkommission ist die Höchstmengenverordnung für Pflanzenbehandlungsmittel in oder auf Lebensmitteln aus dem Jahr 1982, Neufassung 1989 (HMVO), sinngemäß auf Drogen anzuwenden. Die für die einzelnen Pflanzenschutzmittel in dieser Verordnung angegebenen Grenzwerte dürfen auch in Drogen nicht überschritten werden. Wegen der großen Vielfalt der Wirkstoffe der Pflanzenschutzmittel – z. Z. werden weltweit etwa 500 verschiedene chemische Verbindungen eingesetzt – gestaltet sich ihr Nachweis sehr schwierig. Er wird erheblich vereinfacht, wenn die Herkunft der Drogen und die Art des praktizierten Pflanzenschutzes bekannt sind. Besondere Gefahren ergeben sich für diejenigen, die Arzneipflanzen an Feld- oder Straßenrändern sammeln und sie im eigenen Haushalt verbrauchen. Die aus ihnen gewonnen Drogen können hohe Konzentrationen an Pflanzenschutzmitteln, aber auch an Schwermetallen enthalten.

Vorratsschutzmittel, die zur Verhinderung von Insektenbefall von Drogen eingesetzt werden, können ebenfalls zu Verunreinigungen führen.

Entwesungs- und Entkeimungsmittel bzw. deren Reaktionsprodukte, z. B. mit Pflanzeninhaltsstoffen, in Drogen lassen sich nur ausschließen, wenn Methoden rückstandsfreier Entwesung eingesetzt werden.

Zu diesen Rückständen kommen **Schwermetalle** aus dem verunreinigten Boden oder der Luft, z. B. Cadmium-, Blei-, Nickel- oder Quecksilberionen. Zur Zeit stehen folgende zulässige Obergrenzen pro kg Droge zur Diskussion: für Blei 5,0 mg, für Quecksilber 0,1 mg und für Cadmium 0,2 mg, für Leinsamen, Schafgarbenkraut und Weißdornblätter mit Blüten jedoch 0,3 mg/kg Cadmium, für Birkenblätter, Johanniskraut, Stechpalmenblätter und Weidenrinde 0,5 mg Cadmium.

Bakterien- und Mycotoxine können ebenfalls enthalten sein. Sie werden von auf Pflanzen, also epiphytisch, oder in ihnen, also endophytisch, lebenden bzw. im Boden vorkommenden Bakterien und Pilzen gebildet. Aber auch während unsachgemäßer Trocknung oder Lagerung können sie entstehen.

Auch **radioaktive Isotope**, z. B. aus Reaktorunfällen und Kernwaffentests, können in biologischem Material vorkommen. Daher ist auch eine Prüfung auf γ-Strahlen vorzunehmen. Als EG-Norm gilt ein Grenzwert von 600 Bcq/kg, bezogen auf das Frischgewicht.

Wenn auch in den Monographien der Arzneibücher keine Prüfung auf die oben genannten Stoffe vorgeschrieben ist, so wird doch ihre Abwesenheit in für den Menschen schädlichen Konzentrationen vorausgesetzt. Es heißt im DAB 10: „So ist zum Beispiel eine Verunreinigung, die mit Hilfe der vorgeschriebenen Prüfmethoden nicht nachgewiesen wird, nicht erlaubt, wenn die Vernunft und eine gute pharmazeutische Praxis ihre Abwesenheit erfordern".

Da die genannten Stoffe nur in sehr geringen Konzentrationen vorliegen, müssen zu ihrer Erfassung Methoden der Spurenanalytik wie HPLC oder GC, für Schwermetalle die Atomabsorptionsspektrometrie, angewendet werden. Da bei der Herstellung von Drogenzubereitungen durch Extraktion Verunreinigungen nur z. T. in den Extrakt übergehen, ist ihre Bestimmung in Drogenzubereitungen sicherlich von größerem Aussagewert als die in Drogen.

8.2.4
Mikrobielle Verunreinigungen von Drogen

Auf jeder Arzneipflanze, bisweilen auch in ihr, leben Bakterien und Schimmelpilze, die auch bei der Verarbeitung zur Droge lebensfähig bleiben können. Die Keimbelastung von Drogen ist etwa der von Lebensmitteln oder Gewürzen gleich und liegt in der Regel zwischen 10^3 bis 10^8 Keime pro g Droge. Meistens handelt es sich um apathogene aerobe Sporenbildner, Hefen, Schimmelsporen und coliforme Keime. Keime pathogener Bakterien treten nur sehr selten auf. Die Keimzahl ist etwa proportional der Drogenoberfläche, d. h. bei Blatt-, Blüten- und Krautdrogen ist sie besonders hoch.

Es gibt bisher kein für Drogen geeignetes Verfahren zur Reduktion der Keimzahlen. Wegen der Empfindlichkeit der Wirkstoffe gegenüber hohen Temperaturen verbietet sich eine Hitzesterilisation. Wegen der nicht geklärten toxikologischen Unbedenklichkeit der gebildeten Zersetzungsprodukte bei der Sterilisation mit γ-Strahlen oder Ethylenoxid dürfen beide Verfahren in Deutschland bei Drogen nicht eingesetzt werden. Bei der Herstellung von Drogenzubereitungen, seien es Teeaufgüsse oder ethanolische Extrakte, findet eine starke Reduktion der Keimzahl statt. Gefahren können jedoch besonders bei Kräuterdragees und Kaltwassermazeraten auftreten.

Das DAB 10 fordert für Drogen Freiheit von sichtbaren Schimmelpilzen und erlaubt für Arzneitees, die vor der Anwendung eine Keimzahlverminderung durch Überbrühen erfahren, und äußerlich anzuwendende, ganze oder zerkleinerte Drogen enthaltende Zubereitungen pro g:

- höchstens 10^7 aerob wachsende Keime,
- höchstens 10^4 Hefen und Schimmelpilze,
- höchstens 10^2 Escherichia coli,
- höchstens 10^4 andere Enterobakterien,
- keine Salmonellen;

für sonstige innerlich anzuwendende, ganze oder zerkleinerte Drogen enthaltende Zubereitungen pro g:

- höchstens 10^5 aerob wachsende Keime,
- höchstens 10^3 Hefen und Schimmelpilze,
- höchstens 10^1 Escherichia coli,
- höchstens 10^3 andere Enterobakterien,
- keine Salmonellen.

8.2.5
Lagerung von Drogen

Bei der Lagerung von Drogen können mehr oder weniger rasch Qualitätsminderungen auftreten. Durch spontan ablaufende oder enzymatisch katalysierte chemische Reaktionen kann es zu Wirkstoffverlusten kommen. Farbstoffe werden abgebaut. Unangenehm riechende und schmeckende Zersetzungsprodukte können entstehen. Flüchtige Inhaltsstoffe, z. B. ätherische Öle, verdunsten. Befall

durch Bakterien oder Pilze ist möglich. Diese Mikroorganismen können toxisch wirksame Bakterien- oder Mycotoxine in den Drogen anreichern. Insektenfraß kann die Drogen vernichten. Flüchtige Stoffe aus der Umgebung können adsorbiert werden.
Feuchtigkeit, erhöhte Temperatur und Licht begünstigen diese Prozesse. Daher sind eine Reihe von Maßnahmen zu treffen, die genannten Prozesse zu verhindern oder zu verzögern. Es ist folgendes zu beachten:

- Drogen sind in trockenen Räumen zu lagern, die relative Feuchtigkeit sollte 60% nicht übersteigen. Feuchtigkeit macht enzymatische Reaktionen möglich und begünstigt spontan auftretende chemische Veränderungen.
- Die Temperatur sollte 25°C nicht überschreiben, höhere Temperaturen beschleunigen Zersetzungsprozesse und die Verdunstung flüchtiger Stoffe.
- Die Lagertemperatur sollte möglichst konstant sein, da bei Temperaturschwankungen die Gefahr besteht, daß bei Einwirkung warmer Luft auf kaltes Drogenmaterial Kondenswasserbildung auftritt.
- Lichteinfluß ist möglichst zu vermeiden. Licht trägt zur Radikalbildung bei und begünstigt so oxidative Veränderungen.
- Drogen dürfen nicht zusammen mit flüchtigen Chemikalien gelagert werden, sie nehmen den Geruch dieser Stoffe an.
- Längere Lagerung in Säcken und Papierbeuteln ist nicht zweckmäßig, zur Lagerung kleiner Mengen sind Holzkästen, für Drogen mit flüchtigen Bestandteilen mit gasdichtem Material ausgekleidet (z.B. Weißblech) oder Gefäße aus Porzellan oder Glas geeignet. Beutel aus Polyethylen sind zur Lagerung von Drogen mit ätherischen Ölen ungeeignet, das Material ist durchlässig für flüchtige lipophile Stoffe, geeignet sind hingegen Beutel aus polyethylenkaschierter Aluminiumfolie.
- Drogen, die anfällig für Insektenfraß sind, müssen in geeigneter Weise von lebenden Insekten und ihren Eiern befreit, d.h. einer Entwesung unterworfen, und vor ihnen geschützt werden. Das kann durch Dämpfe von Methylbromid oder durch Druckentwesung mit CO_2, dem sog. PEX-Verfahren, geschehen.
- Flüssige Drogen oder solche von salbenförmiger Konsistenz sind, um Sauerstoff weitgehend auszuschließen, in völlig gefüllten Gefäßen aufzubewahren.
- Drogengefäße sollten immer völlig entleert und gereinigt werden, bevor die nächste Charge eingefüllt wird. Zurückbleibende, mit Mikroorganismen oder Insekten kontaminierte Reste, bei fetten und ätherischen Ölen gebildete Radikale, beschleunigen den Verderb.

8.2.6
Standardisierung und Normierung von Drogen

Die oben erwähnten großen Schwankungen im Wirkstoffgehalt von Arzneipflanzen und die möglichen Veränderungen der Inhaltsstoffe bei der Aufbereitung können dazu führen, daß der Gehalt von Drogen an wertbestimmenden Stoffen sehr stark schwankt. Beispielsweise können in Pfefferminzblättern 0,4-3,8% ätherisches Öl oder in Bärentraubenblättern 5-12% an Arbutin enthalten sein. Um eine möglichst gleichbleibende therapeutische Wirkung zu garantieren, ist es daher notwendig, Drogen zu standardisieren und ggf. zu normieren.

Bei der **Standardisierung** gilt es, eine Droge nach einem vorgegebenen Standard (z. B. nach der Monographie eines Arzneibuchs, eines offiziellen Kodex, z. B. des Deutschen Arzneimittelcodex (DAC), oder eines Industriestandards) zu prüfen und sie durch Verwerfen den Anforderungen nicht entsprechenden Materials diesem Standard anzugleichen. Dazu ist neben der Prüfung auf Identität und Reinheit meistens eine Gehalts- oder Wertbestimmung vorgeschrieben.

Sofern die Wirkstoffe einer Droge ausreichend bekannt und mit vertretbarem Aufwand analytisch erfaßbar sind, fordern die Standards **Gehaltsbestimmungen** und verlangen einen Mindestgehalt an einem Hauptwirkstoff oder mehreren Hauptwirkstoffen (z. B. für Opium DAB 10 mindestens 10 % Morphin, mindestens 2 % Codein und höchstens 3 % Thebain) oder an einem Wirkstoffkomplex (z. B. mindestens 1,2 % an ätherischem Öl für Pfefferminzblätter DAB 10). Gehaltsbestimmungen erfolgen mit physikochemischen und/oder chemischen Verfahren. Da sehr häufig Konventionsmethoden eingesetzt werden, erhält man oft keine Absolut- sondern Relativwerte.

Wertbestimmungen werden gefordert, wenn sie die Wirkstoffe schwer oder nicht quantitativ erfassen lassen, z. B. bei Schleim-, Bitterstoff- oder Saponindrogen, und/oder wenn die Droge einen Wirkstoffkomplex enthält, dessen Komponenten (wie beispielsweise die herzwirksamen Steroidglykoside der Digitalis-purpurea-Blätter) sich in ihrer Wirkung stark unterscheiden, so daß eine Gehaltsangabe wenig über den therapeutischen Wert aussagt. Wertbestimmungen erfolgen mit physikochemischen, chemischen, organoleptischen, pharmakologischen oder mikrobiologischen Methoden.

Wertbestimmungen führen zu keinen Gehaltsangaben, sondern zu Aussagen über:
- bestimmte physikochemische Parameter oder Wirkungen, z. B. die Quellungszahl bei Schleimstoffen, die hämolytische Aktivität bei Saponinen,
- sensorisch bestimmbare Grenzwerte, z. B. den Bitterwert bei Bitterstoffen,
- mit Standardsubstanzen vergleichbare Wirkungen am Tier oder auf Mikroorganismen, auch als Wirkwerte bezeichnet, z. B. der Wirkwert von Drogen mit herzwirksamen Glykosiden.

So fordert das DAB 10 für die Eibischwurzel eine Quellungszahl von 10, d. h. das Pulver von 1 g der Droge muß nach 4stündiger Quellung in Wasser ein Volumen von 10 ml einnehmen. Enzianwurzel muß einen Bitterwert von mindestens 1000 aufweisen, d. h. bei Extraktion von 1 g Droge mit 1000 ml Wasser muß ein Extrakt erhalten werden, der noch bitter schmeckt. Eingestelltes Digitalis-purpurea-Pulver muß am Meerschweinchen eine Wirkung aufweisen, die einem Gehalt von 1 % Digitoxin entspricht.

Bei Drogen mit stark wirksamen Inhaltsstoffen mit geringer therapeutischer Breite muß der Wirkstoffgehalt auch nach oben begrenzt werden, um Vergiftungen auszuschließen. Deshalb wird bei einigen Drogen eine **Normierung** durchgeführt. Von den Arzneibüchern wird der Einsatz auf einen bestimmten Normwert, d. h. auf einen bestimmten Wirkstoffgehalt oder Wirkwert eingestellter Präparate vorgeschrieben. Dabei kann es sich um Drogenpulver oder -extrakte handeln.

DAB 10 fordert die Normierung folgender Drogen:
- Drogen mit stark wirksamen Alkaloiden als Hauptwirkstoff, das sind Eingestelltes Belladonnapulver, Eingestelltes Hyoscyamuspulver, Eingestelltes Ipecacuanhapulver, Eingestelltes Opium, Eingestelltes Stramoniumpulver,

- Drogen mit herzwirksamen Glykosiden, das sind Eingestelltes Adonispulver, Eingestelltes Digitalis-lanata-Pulver, Eingestelltes Digitalis-purpurea-Pulver, Eingestelltes Maiglöckchenpulver, Eingestelltes Meerzwiebelpulver und Eingestelltes Oleanderpulver.

Das Einstellen auf den vorgeschriebenen Gehalt erfolgt durch Verreiben mit inerten Substanzen, z. B. Milchzucker, oder besser durch Mischen von Drogenpulvern unterschiedlichen Gehalts.

Gehaltsbestimmungen geben zusammen mit den geforderten Prüfungen auf Identität oder Reinheit zwar Auskunft über die pharmazeutische Qualität einer Droge, aber nicht immer über ihren therapeutischen Wert. Oft sind viele Wirkstoffe oder Wirkstoffkomplexe an der Wirksamkeit einer Droge beteiligt, aber nur ein Einzelwirkstoff oder nur die Vertreter eines chemisch verwandten Wirkstoffkomplexes werden erfaßt. Bei der Bestimmung von Wirkstoffkomplexen bleibt unberücksichtigt, daß das Spektrum an stark oder schwach wirksamen Komponenten sehr variabel sein kann. Bei der Normierung durch Mischen mit inerten Stoffen ist zu bedenken, daß neben der Konzentration der Hauptwirkstoffe auch die der Nebenwirkstoffe herabgesetzt wird. Die zur Wertbestimmung benutzten Methoden lassen ebenfalls nicht in allen Fällen Rückschlüsse auf die Wirkungsstärke am Menschen zu. Um diese Unsicherheitsfaktoren zu überwinden, muß man bei einigen Drogen mit stark wirksamen Inhaltsstoffen, z. B. beim Mutterkorn, auf die Anwendung verzichten und die isolierten Wirkstoffe einsetzen.

8.2.7
Risiken beim Umgang mit Drogen

Viele Drogen enthalten stark wirksame oder/und schleimhautreizende Inhaltsstoffe, die bereits in Mengen, die beim Pulvern oder Schneiden eingeatmet werden, Anlaß zu Vergiftungen sein können. Dazu gehören Drogen mit stark wirksamen Alkaloiden, z. B. Ipecacuanhawurzel, Eisenhutknolle, oder mit herzwirksamen Glykosiden.

Drogen mit Allergenen können beim Einatmen von Stäuben, bei Hautkontakt oder bei Kontakt mit aus ihnen hergestellten Extrakten nach Sensibilisierung zu heftigen Reaktionen führen. Ein hohes Sensibilisierungspotential haben u. a. Arnikablüten, Römische Kamille, Cardobenediktenkraut und Rainfarnblüten. Allergische Reaktionen können, wenn auch selten, jedoch ebenfalls nach wiederholtem Kontakt mit Schafgarbenkraut, Kamillenblüten, Löwenzahnkraut, Ratanhiawurzel, Lavendelblüten, Propolis, Gewürznelken, Vanilleschoten und Pfefferminzblättern auftreten.

Beim Pulvern von Drogen, aber auch beim Umfüllen, sollten die Atemwege vor Stäuben geschützt werden. Für allergische Erkrankungen prädisponierte Personen sollten den Kontakt mit Drogen meiden.

Abb. 8.1 Anbau von *Digitalis lanata*, Wolliger Fingerhut, 1jährige Kultur, *Foto: Prof. Dr. H. Schröder, Agrargenossenschaft e. G., Calbe/Saale*

Abb. 8.2 Ernte von *Foeniculum vulgare*, Fenchel, mit einem Schwadmäher, *Foto: Dr. F. Pank, Bundesanstalt für Pflanzenzucht, Quedlinburg*

Abb. 8.3 Ernte von *Matricaria recutita*, Echte Kamille, mit einer Kamillenpflückmaschine, Typ Linz III, *Foto: Dr. F. Pank, Bundesanstalt für Pflanzenzucht, Quedlinburg*

KAPITEL 9

Antibiotika

H. Häberlein

9.1
Einleitung und Definitionen

Die Wachstumshemmung oder Abtötung von Mikroben durch Stoffwechselprodukte anderer Organismen bezeichnet man als Antibiose. Die hierbei grundlegende Entdeckung des stofflichen Wirkprinzips führte zum Begriff der Antibiotika.

Antibiotika sind allgemein Stoffwechselprodukte von lebenden Organismen, wie Bakterien, Pilze, Flechten, Algen, höhere Pflanzen und niedere Tiere, die schon in geringer Konzentration eine inhibitorische Aktivität gegen Mikroorganismen, Viren und eukaryotische Zellen entfalten, ohne den Wirtsorganismus dabei wesentlich zu beeinträchtigen.

Therapeutisch relevante Antibiotika mit z. T. sehr unterschiedlichen chemischen Grundstrukturen stammen bislang von Mikroorganismen und lassen sich aufgrund ihres biologischen Ursprungs von den Chemotherapeutika unterscheiden. Antibiotika gehören heute zu den am häufigsten in der Human- und Veterinärmedizin verwendeten Therapeutika, obgleich sie beispielsweise gegen Protozoeninfektionen (Malaria, Schlafkrankheit) und Virusinfektionen (Grippe, spinale Kinderlähmung, Tollwut) nicht wirksam sind.

Die Wirkung eines Antibiotikums bezeichnet man als bakteriostatisch, wenn die verursachte Wachstumshemmung nach Entfernung des Wirkstoffs wieder aufgehoben werden kann. Bakterizidie bedeutet dagegen irreversible Schädigung und Zelltod des Erregers. Die antibakterielle Wirkung bestimmter Antibiotika kann, u. a. abhängig von der Konzentration, sowohl bakteriostatisch als auch bakterizid sein. Nicht nur bei Bakterien, sondern auch bei Pilzen lassen sich wachstumshemmende Antibiotika mit entsprechend fungistatischen und fungiziden Wirkungen unterscheiden.

Entscheidend für das Verständnis der selektiven Schädigung bestimmter Organismen war die Aufklärung der verschiedenen Antibiotikawirkungsmechanismen. Für die einzelnen Antibiotika resultieren daraus charakteristische Wirkungsspektren, die bei bestimmten Erregern durchaus übereinstimmen können. Die für einen Erreger wirksamen, aber auch unwirksamen Antibiotika lassen sich in einem sog. Antibiogramm zusammenfassen. Zur Beurteilung der bakteriostatischen Aktivität vergleicht man die minimale Hemmkonzentration (MHK, µg/ml), d. h. die im Kulturansatz letzte noch hemmende Verdünnung eines Antibiotikums. Die bakterizide Wirkungsstärke wird durch die minimale bakterizide Konzentration (MBK, µg/ml) erfaßt, bei der 99,9 % des eingeimpften Erregers abgetötet werden.

Obgleich mit den zur Verfügung stehenden Antibiotika eine antibakterielle Therapie von Infektionskrankheiten weitestgehend möglich ist, wird die gezielte

Suche nach neuen aktiven Substanzen (Antibiotikascreening) weiterhin intensiv fortgesetzt. Die Gründe hierfür sind u. a. die Verbesserung der antimikrobiellen Wirksamkeit besonders gegen resistente Mikroorganismen, die Beseitigung von Nebenwirkungen sowie unbefriedigende oder fehlende Therapieansätze im Bereich von Virus-, Krebs- und Parasitenerkrankungen.

9.2
Antibiotikascreening und Testsysteme

Die Wahrscheinlichkeit, mit der über ein Screeningprogramm ein neues Antibiotikum entdeckt wird, ist zunächst einmal abhängig von der Auslesemethodik, d. h. der Möglichkeit, antimikrobielle Wirkungen festzustellen (Abb. 9.1).

So wird z. B. eine kontaminierte Erdbodenprobe mit Wasser intensiv geschüttelt und der Überstand, in dem sich nun zahlreiche Mikroorganismen befinden, in stark verdünnter Suspension auf eine Agarschicht gegossen und verteilt. Nach erfolgter Inkubation entsteht beinahe aus jedem einzelnen Mikroorganismus eine einheitliche Kolonie, wobei die jeweils produzierten Stoffwechselprodukte, einschließlich der Antibiotika, in den Agar diffundieren. Wird nun die Agarplatte mit einem meist nicht pathogenen Testbakterium besprüht, so wird der Testkeim dort nicht zur Entwicklung kommen, wo Antibiotika gebildet werden. Die Detektion von Antibiotikabildnern innerhalb einer Mischkultur erfolgt somit durch Ausbildung durchsichtig erscheinender Hemmzonen in einem durch Keimvermehrung sonst trüb gewordenen Agar. Voraussetzung für eine nun weiterführende mikrobiologische Diagnostik ist das Anlegen von Reinkulturen. Dabei werden von der Mischkultur Mikroorganismen einer Einzelkolonie auf ein frisches, steriles Nährsubstrat überimpft. Anschließend erfolgt durch Optimierung der Kultivierungsbedingungen antibiotikapotenter Mikroorganismen die biotechnologische Realisierung von sog. Produktionsstämmen.

Aussagen über die antimikrobielle Aktivität der Wirkstoffe lassen sich jedoch erst mit der Isolierung des reinen Antibiotikums und der vollständigen Strukturaufklärung treffen. Beim Plattendiffusionstest wird die zu untersuchende Antibiotikalösung auf den mit einem Testkeim beimpften Nähragar gebracht, in dem sie

a) in ausgestanzte Löcher (Lochplattentest) oder
b) in aufgesetzte Glas- oder Metallzylinder einpipettiert werden (Zylinderplattentest) oder
c) in Filterpapier aufgesogen und als Filterpapierscheiben aufgelegt werden (Blättchentest).

Bei positiver Reaktion wird nach Inkubation unabhängig vom Testsystem eine Hemmzone sichtbar, deren Durchmesser dem Logarithmus der Antibiotikumkonzentration proportional ist. Der Plattendiffusionstest läßt sich nicht nur zur Bestimmung des Wirkspektrums einsetzen, sondern ist auch bei der Ermittlung des Antibiogramms sowie für den Nachweis von Synergismen (Wirkungspotenzierung) und Antagonismen (Wirkungsabschwächung) zwischen verschiedenen Antibiotika geeignet. Im Verdünnungstest wird das Antibiotikum mit einer Nährlösung stufenweise verdünnt, die zuvor mit einem Testkeim beimpft wurde. Nach der Inkubation ermittelt man die Antibiotikakonzentration, die eine

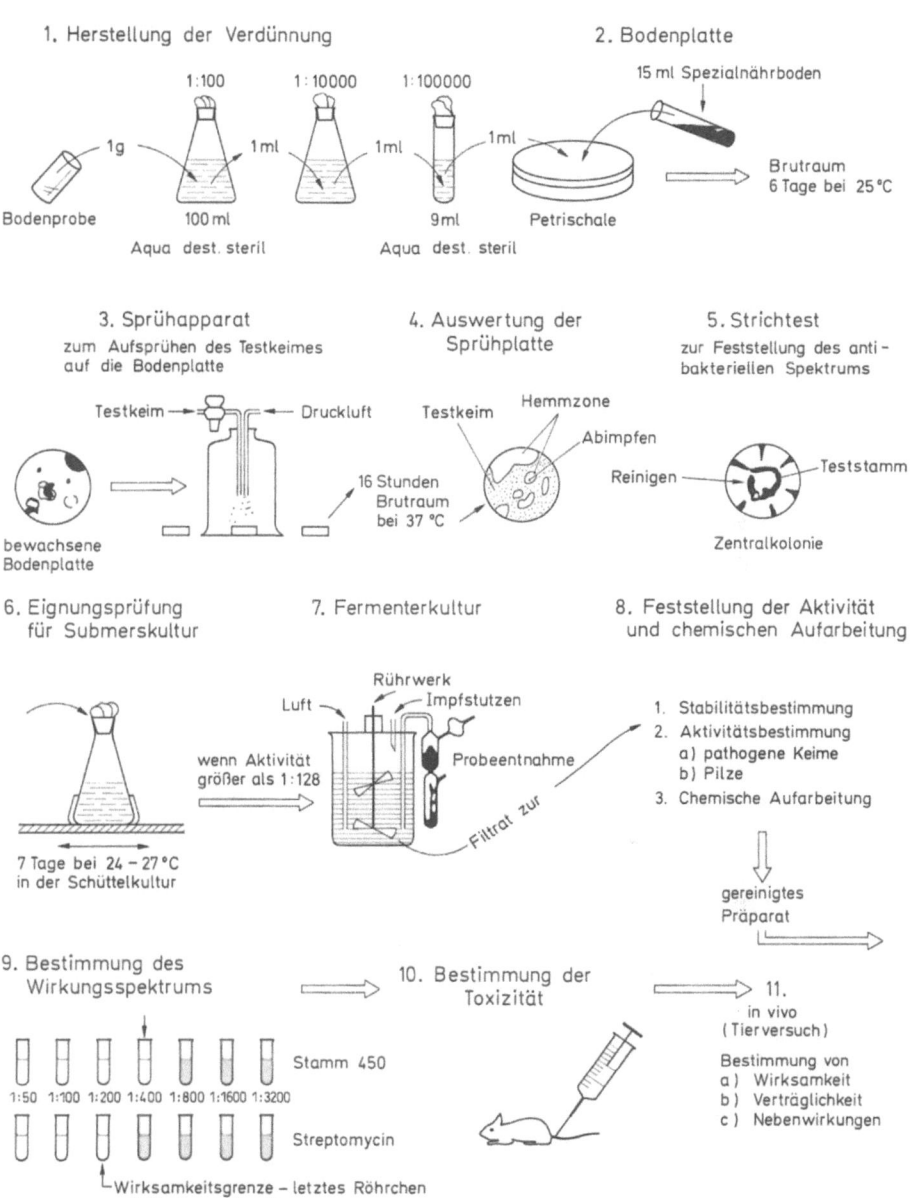

Abb. 9.1 Organisation eines Antibiotikascreeningprogramms. (Aus: Wallhäusser u. Schmidt 1976)

Keimvermehrung gerade noch verhindert. Die Bedeutung des Verdünnungstests liegt hauptsächlich in der Bestimmung der minimalen Hemmkonzentration (MHK).

Das Screening und die Gewinnung eines Antibiotikums hängt einerseits von den Bedingungen der Auslesemethodik ab und wird andererseits durch die Eigenschaften des Antibiotikumbildners beeinflußt. Unterschiede im Wachstum des Mikroorganismus und Produktion des Antibiotikums können je nach Zusammensetzung des Nährbodens festgestellt werden. Für Mikroorganismen gilt häufig eine inverse Korrelation zwischen Wachstumsrate und Antibiotikabildung. Im Anschluß an die Wachstumsphase (= Tropophase), innerhalb der die Populationsdichte unter Verbrauch wachstumsfördernder Substrate stark zunimmt, findet die maximale Antibiotikaproduktion meist in der sich anschließenden stationären Phase (= Idiophase) statt. In der Regel ist die Empfindlichkeit eines Mikroorganismus gegen ein bestimmtes Antibiotikum um so größer, je rascher der Stamm wächst und je geringer die Populationsdichte ausfällt.

9.3
Biogenetische Herkunft wichtiger Antibiotika

Die Vielfalt der chemischen Grundstrukturen von Antibiotika umfaßt neben Aminosäuren, Peptiden, Lactonen, Polyenen, glykosidischen und aromatischen Verbindungen auch O-, N- und S-haltige Ringsysteme. Trotz heterogenem Molekülaufbau lassen sich die wichtigsten Antibiotika ihrer biogenetischen Herkunft nach in wenige Gruppen zusammenfassen (Tabelle 9.1). Bemerkenswert ist, daß von den wichtigsten Bakterien- und Pilzgattungen insbesondere die Streptomyces Antibiotika mit unterschiedlicher Biogenese bilden, während z.B. die Gattungen Bacillus, Penicillium und Cephalosporium eine durchaus homogene Antibiotikabildung aufweisen.

Antibiotika beeinflussen im wesentlichen die Zellwandbiosynthese sowie den Aufbau und die Funktion von Nukleinsäuren, Proteinen und Zytoplasmamembranen. Die Kenntnis der verschiedenen Wirkungsmechanismen ist für die gezielte Therapie und für die Abschätzung von Nebenwirkungen und Toxizität von praktischer Bedeutung.

9.4
In die DNA- bzw. RNA-Biosynthese eingreifende Antibiotika

9.4.1
Hemmstoffe der Purin- bzw. Pyrimidinbiosynthese

L-Azaserin, DON (6-Diazo-5-oxo-L-norleucin)

L-Azaserin und DON greifen in den Aufbau von Nukleinsäurevorstufen ein und hemmen damit indirekt die DNA- und RNA-Biosynthese. Derartige Wirkstoffe zeigen antivirale Wirkung und eine hohe Zytotoxizität. Als Glutaminantagonisten gehen L-Azaserin und DON irreversible Bindungen mit den SH-Gruppen

Tabelle 9.1 Biogenetische Herkunft, Vorkommen und Einteilung der Antibiotika

Antibiotika-gruppen	Antibiotika	Biogenetische Herkunft	Mikroorganismen
Lincosamide	Clindamycin	Monosaccharid	Partialsynthese
	Lincomycin		Streptomyces
Aminoglykoside	Framycetin		Streptomyces
	Gentamycin		Micromonospora
	Kanamycin	Oligosaccharide	Streptomyces
	Neomycin		Streptomyces
	Streptomycin(e)		S. griseus
	Tombramycin		Streptomyces
Polyene	Amphotericin B		Streptomyces
	Nystatin		Streptomyces
Ansamycine	Rifamycin		Streptomyces
	Rifampicin		Partialsynthese
Makrolide	Erythromycin		S. erythreus
	Spiramycin		Streptomyces
		Polyketide	
Tetracycline	Tetracyclin(e)		S. aureofaciens
	Chlortetracyclin		S. aureofaciens
	Doxycyclin		Partialsynthese
	Rolitetracyclin		Partialsynthese
Anthracycline	Daunorubicin		Streptomyces
Griseofulvin	Griseofulvin		Penicillium
Chloramphenicol	Chloramphenicol		Streptomyces
		Aminosäure	
Aminosäure-metabolite	L-Azaserin		Streptomyces
	DON		Streptomyces
β-Lactame	Benzylpenicillin		P. notatum
	Phenoxymethyl-penicillin		P. chrysogenum
	Ampicillin	Dipeptide	Penicillium
	Oxacillin		Penicillium
	Amoxicillin		Penicillium
	Cephalosporin(e)		Cephalosporium
Polypeptide	Bacitracin		Bacillus subtilis
	Polymyxin B		B. polymyxa
	Thyrothricin		B. brevis
	Gramicidine	Oligopeptide	Bacillus
	Dactinomycin		Streptomyces
	Bleomycine		Streptomyces
Purinanaloga	Puromycin	Nucleosid	Strepromyces

der Phosphorribosylformylglycinamid-Synthase ein und blockieren so die Purinbiosynthese. Im Verlauf der Pyrimidinbiosynthese wird bei der Bildung von Cytidintriphosphat die UTP-Aminase gehemmt. Für eine selektive Virustherapie kommen solche allgemein wirksamen Substanzen kaum in Betracht. Von größerer Bedeutung sind vielmehr Antibiotika mit virusspezifischem Wirkort innerhalb des Replikationszyklus (z. B. Rifamycine: Hemmung der DNA-abhängigen RNA-Polymerase in Prokaryoten, nicht aber in Zellkernen von Eukaryoten).

Azaserin   DON

L-Azaserin und DON zeigen im Tierversuch eine deutliche Hemmwirkung gegen experimentelle Tumoren und Leukämie. In der Klinik sind mit L-Azaserin in einigen Fällen von Lymphogranulomatose und chronisch lymphatischer sowie akuter Leukämie kurzdauernde Remissionen erzielt worden. Remissionen von Trophoblastentumoren wurden bei Anwendung von DON festgestellt. Bemerkenswert ist, daß die enantiomeren Verbindungen D-Azaserin und 6-Diazo-5-oxo-D-norleucin vollkommen unwirksam sind.

9.4.2
Hemmung der Transkription bzw. der RNA-Biosynthese durch Interkalation

Dactinomycin

Dactinomycin (= Actinomycin D) gehört zur Gruppe heteromerer Chromopeptide und enthält wie alle anderen Actinomycine als Chromophor das Actinocin (= 2-Amino-4,6-dimethyl-3-phenoxazinon-1,9-dicarbonsäure). Das Phenoxazinonchromophor ist im Dactinomycin peptidisch mit 2 identischen Pentapeptidketten verbunden, die terminal über N-Methyl-L-valin und Threonin verknüpft als Lacton vorliegen (Abb. 9.2).

Bei der Biosynthese von Dactinomycin spielt die intermediär gebildete 3-Hydroxy-4-methylanthranilsäure in zweierlei Hinsicht eine wichtige Rolle. Einerseits dient diese Verbindung als Starter für die Pentapeptidbildung durch einen Multienzymkomplex, andererseits wird durch oxidative Zyklisierung von zwei 3-Hydroxy-4-methylanthranilsäurepentapeptid-Einheiten das Phenoxazinonchromophor letztlich gebildet.

Der Wirkungsmechanismus besteht in einer Komplexbildung mit der DNA, wobei Dactinomycin bevorzugt zwischen Guanin-Cytosin-Basenpaaren Wasserstoffbrücken ausbildet. Durch Torsion der DNA-Supercoils wird das Fortschreiten der RNA-Polymerase an der DNA-Matrize blockiert. Für die Interkalation von Dactinomycin ist die NH_2-Gruppe des Phenoxazinonchromophors sowie der chinoide Sauerstoff erforderlich.

Dactinomycin wird zur Behandlung von Wilms-Tumoren, Rhabdomyosarkomen und Hodenkarzinomen eingesetzt.

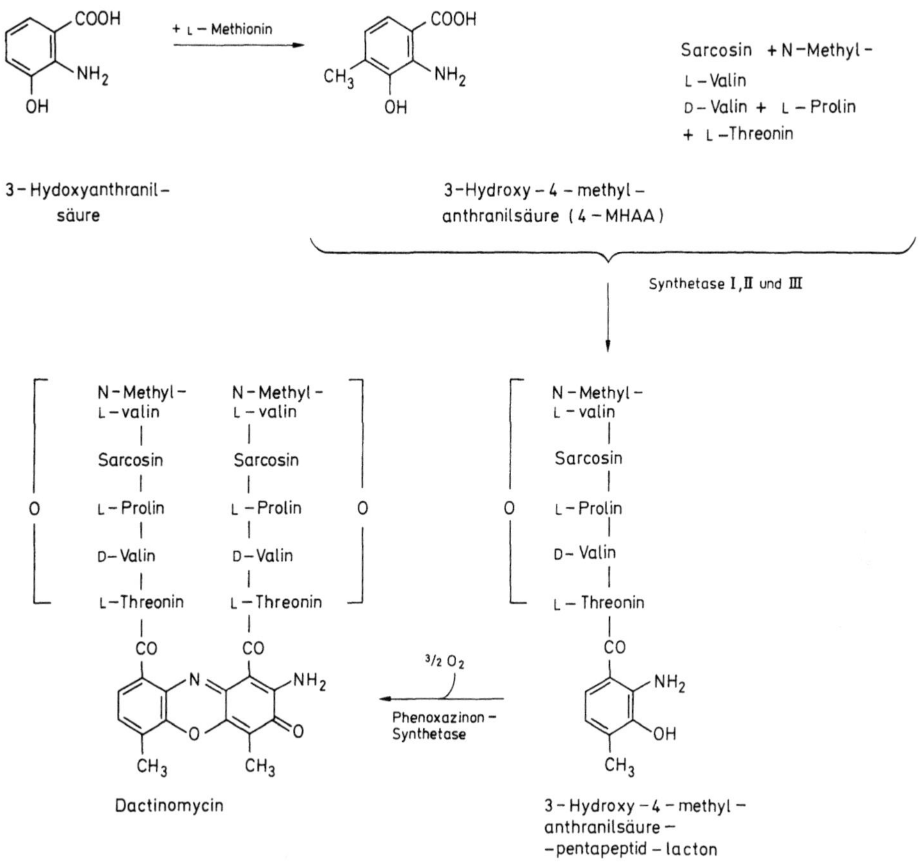

9.4 In die DNA- bzw. RNA-Biosynthese eingreifende Antibiotika

Abb. 9.2 Biosynthese von Dactinomycin

Daunorubicin

Daunorubicin ist das Derivat eines Tetrahydronaphthacenchinons und zählt somit zu den Anthracyclinen. Von den 4 Ringen bilden 3 ein planares Anthrachinonchromophor. Der 4. nichtebene Ring ist u. a. mit dem Aminozucker Daunosamin substituiert.

Während die planaren Ringe B und C in der kleinen Furche der DNA bevorzugt mit den Basen Guanin und Cytosin interkalieren, wird eine Stabilisierung des

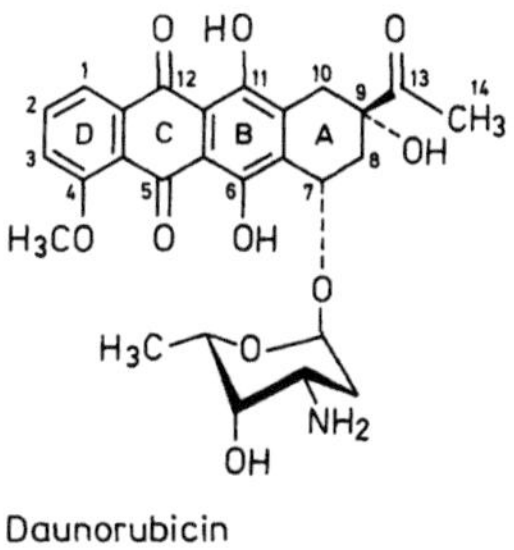

Daunorubicin

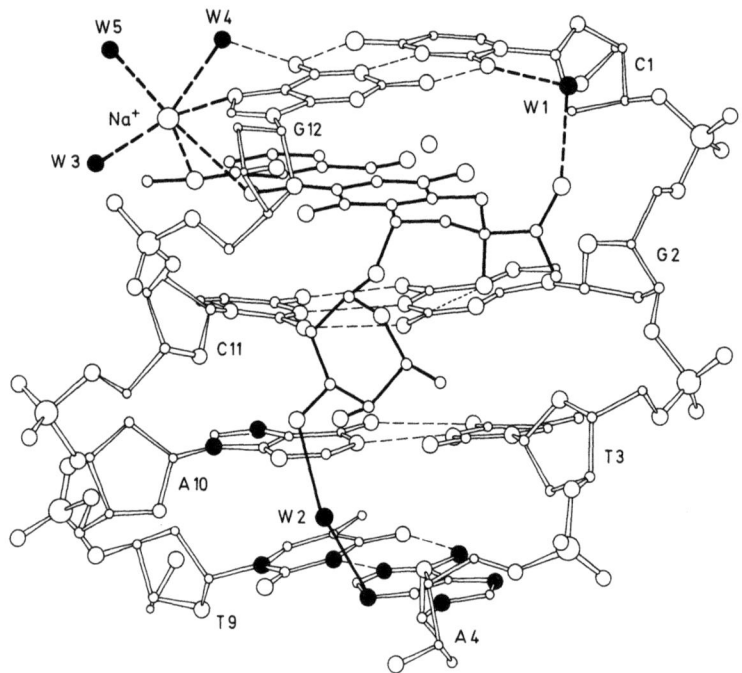

Abb. 9.3 Schematische Darstellung eines interkalierten Daunorubicinmoleküls ●—● in einer DNA-Doppelhelix ●—● (*D* Daunorubicin, *G* Guanin, *A* Adenin, *W* Wassermolekül, *C* Cytosin, *T* Thymin). (Aus: Wang et al. 1987)

Komplexes durch Interaktion zwischen der NH_2-Gruppe des Zuckerrestes und den Phosphorsäureresten der Nucleotide in der äußeren helikalen Region erreicht (Abb. 9.3). Die antineoplastische Wirkung der Anthracycline läßt sich vermutlich auf die Inhibierung von Helicasen und Topoisomerasen zurückführen. Daunorubicin wird bei akuten lymphatischen und myeloischen Leukämien eingesetzt. Es treten kardiotoxische Nebenwirkungen auf, die sich auf die Bildung freier Radikale durch Reduktion des p-Chinonsystems mittels NADPH-P450-Cytochromreduktase und andere Flavoproteinenzyme zurückführen lassen.

9.4.3
Hemmung der Replikation durch DNA-strangbruchinduzierende Wirkstoffe

Bleomycine

Die Bleomycine gehören zur Gruppe heteromerer Glykopeptidantibiotika. Therapeutische Anwendung findet ein aus 13 verschiedenen Substanzen zusammengesetztes Bleomycingemisch mit den Hauptkomponenten Bleomycin A_2 und Bleomycin B_2.

Die Grundstruktur ist durch ein lineares Hexapeptid charakterisiert, dessen Bisthiazolteil mit variablem carboxyterminalen Aminrest für die basenspezifische Erkennung der DNA notwendig ist. Der β-Aminoalaninpyrimidin-β-hydroxy-

Bleomycin A$_2$: R = −HN−(CH$_2$)$_3$−S$^\oplus$−CH$_3$
                                      |
                                      CH$_3$

Bleomycin B$_2$: R = −HN−(CH$_2$)$_4$−HN−C−NH$_2$
                                      ‖
                                      $^\oplus$NH$_2$

histidin-Teil ist für die Fe^{2+}-Chelatbildung und O$_2$-Aktivierung von Bedeutung. Der Kohlenhydratteil ist ein Disaccharid aus α-L-Glucose und 3-O-Carbamoyl-β-D-Mannose.

Bleomycine hemmen die Replikation, indem sie einerseits mit ihrem Bisthiazolrest interkalieren und andererseits Strangbrüche in der DNA induzieren. Der Mechanismus geht dabei von einem aktivierten Bleomycin-Fe^{2+}-O$_2$-Komplex aus, der über radikalische Zwischenstufen eine katalytische Freisetzung von DNA-Basen bewirkt. In der klinischen Anwendung besitzt Bleomycin als kanzerostatisches Antibiotikum große Bedeutung insbesondere bei der Behandlung von Plattenepithelkarzinomen, Gliomen, Bronchialkarzinomen und malignen Lymphomen.

9.4.4
Hemmstoffe der RNA-Polymerase bzw. Inhibitoren der RNA-Biosynthese

Rifamycine

Rifamycin ist ein Gemisch aus hauptsächlich 5 makrozyklischen Verbindungen (A, B, C, D und E), von denen Rifamycin B die größte Bedeutung erlangt hat. Gemeinsames Strukturmerkmal ist ein chromophores Naphthohydrochinonsystem, das über eine Amidbindung und ein Ethersauerstoffatom henkelartig mit einer langkettigen aliphatischen Brücke verknüpft ist. Die Rifamycine werden durch ihren Molekülaufbau zu den Ansamycinen (Ansa = Henkel) gerechnet.

Die Wirkungsweise der Rifamycine ist im wesentlichen gleichartig und besteht in einer direkten Hemmung der prokaryotischen DNA-abhängigen RNA-Polymerase. Durch Komplexbildung mit der β-Untereinheit des Enzyms wird die Initiation der RNA-Synthese, d.h. die Anlagerung des ersten Nucleotids an die komplementäre Base der DNA-Matrize blockiert. Die Elongation, d.h. die Kettenverlängerung einer bereits laufenden RNA-Synthese wird dagegen nicht unterbrochen. Für die koordinative Bindung an die RNA-Polymerase sind für die Rifamycine die O-Funktionen an C-5, C-6, C-17 und C-19 sowie das aromatische

Ringsystem und der mittlere Teil der Ansakette von Bedeutung. Die RNA-Polymerase eukaryotischer Zellen wird mit Ausnahme der Mitochondrien- und Chloroplastenenzyme durch Rifamycine nicht beeinflußt. Dagegen hemmen Rifamycin SV und Rifampicin die DNA-Polymerase onkogener Viren und die reverse Transkriptase von Retroviren.

Für die Pharmakodynamik der Rifamycine ist von Bedeutung, daß eine partialsynthetische Umwandlung der Acetoxygruppe in eine Hydroxylgruppe (Rifamycin B zu SV) die antibakterielle Wirkung deutlich steigert. Rifamycin SV kann nur parenteral oder lokal appliziert werden, da es nach oraler Gabe kaum resorbiert wird. Führt man an C-8 des Rifamycin SV einen geeigneten Substituenten ein, so läßt sich das Penetrationsverhalten im Gewebe und somit die Pharmakokinetik optimieren. Rifampicin besitzt im Vergleich zu Rifamycin B und SV eine stark verbesserte bakterizide Aktivität bei oraler Wirksamkeit.

Rifamycine sind weitestgehend gegen grampositive Bakterien gut wirksam, sollten aber der Behandlung mykobakterieller Infektionen vorbehalten bleiben. Rifampicin gilt als Mittel der ersten Wahl bei Tuberkulose und sollte aufgrund rascher Resistenzentwicklung nur in Kombination angewandt werden. Inzwischen konnte durch weitere Derivatisierung beispielsweise zum CGP 4832 das Wirkungsspektrum der Rifamycine auf einige gramnegative Keime erweitert werden.

9.5 Hemmstoffe der ribosomalen Proteinbiosynthese (Translation)

9.5.1 Tetracycline

Tetracycline besitzen wie die Anthracycline einen partiell hydrierten Naphthacengrundkörper. Das Substitutionsmuster weist neben alkoholischen, phenolischen und enolischen Hydroxylgruppen auch eine Carboxamid-, eine Dimethylamino- sowie eine vinyloge Carbonsäuregruppierung auf. Zuckerbestandteile fehlen in der Regel, obgleich kürzlich glykosidische Tetracycline aus Dactylosporangium beschrieben wurden.

	R^5	$R^{6\alpha}$	$R^{6\beta}$	R^7	R
Tetracyclin	H	CH_3	OH	H	H
Chlortetracyclin	H	CH_3	OH	Cl	H
6-Demethyltetracyclin	H	H	OH	H	H
6-Demethylchlortetracyclin	H	H	OH	Cl	H
Oxytetracyclin	OH	CH_3	OH	H	H
Doxycyclin	OH	CH_3	H	H	H
Minocyclin	H	H	H	$N(CH_3)_2$	H
Rolitetracyclin	H	CH_3	OH	H	$CH_2-N\bigcirc$

Die natürlich vorkommenden Tetracycline als auch die partialsynthetisierten Derivate binden spezifisch an die 30-S-Unterheit und hemmen gleichartig die Elongation der ribosomalen Proteinbiosynthese. Am vollständigen 70-S-Ribosom wird die Bindung des Aminoacyl-tRNA/EF-Tu/GTP-Komplexes an die Akzeptorseite der 30-S-Untereinheit blockiert (Abb. 9.4). Die Peptidyltransferaseaktivität wird jedoch nicht beeinflußt. Obgleich Tetracycline nicht nur die prokaryotische, sondern auch die eukaryotische ribosomale Proteinbiosynthese inhibieren, sind sie zumindest in niedriger Konzentration trotzdem selektiv gegen Bakterien wirksam, da Tetracycline offensichtlich nur von Prokaryoten mittels aktiver Transportsysteme aufgenommen werden.

Tetracycline sind Breitbandantibiotika mit bakteriostatischer Wirkung gegen grampositive und gramnegative Bakterien. In der Klinik ist v. a. die antibiotische Aktivität gegen Rikettsien, Chlamydien und Mykoplasmen von Bedeutung. Resistenzentwicklung bei Staphylokokkus-, Streptokokkus- und Enterokokkusarten sowie bei Pseudomonas aeruginosa verringert allerdings zunehmend das Wirkungsspektrum.

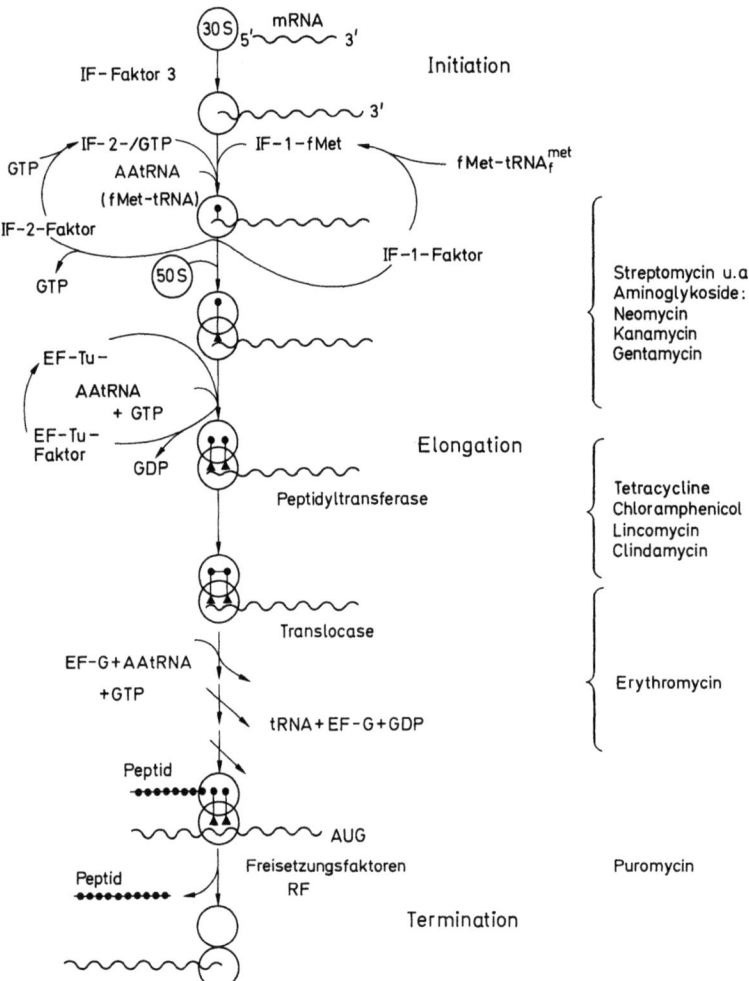

Abb. 9.4 Schematische Darstellung der bakteriellen Proteinsynthese und Wirkorte einiger Antibiotika [*AA-tRNA* Aminoacyl-*t*RNA; *IF* Initiationsfaktoren; *EF* Elongationsfaktoren; *RF* Release-Faktoren (Terminationsfaktoren); *GTP* bzw. *GDP* Guanosintri- bzw. -diphosphat, *fMet-tRNA$_f^{met}$* Formylmethionin-tRNA$_f^{met}$]

Auf der Suche nach neuen Tetracyclinen mit besseren chemotherapeutischen Eigenschaften wurden, z. B. durch Aminomethylierung des Amidstickstoffs, gut wasserlösliche, wirksame Derivate hergestellt, unter denen insbesondere das Rolitetracyclin (= Pyrrolidinomethyl-Tetracyclin) als erstes gut verträgliches Injektionspräparat Bedeutung erlangte. Doxycyclin läßt sich aus Oxytetracyclin partialsynthetisch herstellen und ist aufgrund einer hohen Resorptionsrate und einer verlängerten Halbwertszeit das am häufigsten eingesetzte Tetracyclin. Durch die verbesserte Pharmakokinetik konnte bei Doxycyclin die Dosierung reduziert und die Häufigkeit von Nebenwirkungen vermindert werden. Tetracycline bilden mit mehrwertigen Kationen wie Ca^{2+}, Mg^{2+}, Fe^{3+} und Al^{3+} unlösliche Komplexe.

Bei Aufnahme bestimmter Arzneimittel (z. B. Antazida), aber auch Nahrungsmittel (z. B. Milch) muß mit einer Beeinträchtigung der Resorption gerechnet werden. Erhöhte Kariesbildung sowie irreversible Zahnveränderungen (z. b. Braunfärbung) können bei Gabe von Tetracyclinen während der Zahnmineralisation auftreten.

9.5.2
Aminoglykoside

Aminoglykosidantibiotika sind basische Oligosaccharide. Neben Aminozuckern findet man einen in der Regel äquatorial substituierten Cyclohexanbaustein, der in Position 1 und 3 eine basische Funktion und meist in 4, 5 und 6 eine Hydroxygruppe trägt. Alizyklische Polyole werden auch als Cyclitole bezeichnet, und in Verbindung mit Aminozuckern läßt sich daraus der Begriff Aminocyclitole alternativ zu Aminoglykoside ableiten. Häufiger Bestandteil der Strukturen ist das Streptamin, das 2-Desoxystreptamin und das Streptidin.

Streptamin   2-Desoxystreptamin   Streptidin

Zu den wichtigsten natürlich vorkommenden Aminoglykosiden zählen das 6-monosubstituierte Cyclitol Streptomycin, die 4,5-disubstituierten Cyclitole der Neomycine sowie die 4,6-disubstituierten Cyclitole der Gentamycine, der Kanamycine und des Tobramycins.

Der im Prinzip ähnliche Wirkmechanismus der hier aufgeführten Aminoglykoside ist auf eine Störung der Initiationsphase und Elongationsphase zurückzuführen. Zu Beginn der Initiationsphase werden die Aminoglykoside an Proteine der 30-S-Untereinheit gebunden. Nach Aufbau der 70-S-Ribosomen erfolgt durch Wechselwirkung mit der P-Stelle eine Destabilisierung sowie ein Zerfall des Initiationskomplexes in die beiden Untereinheiten, mRNA und fMet-tRNA.

Während der Elongation führt die Aminoglykosidwechselwirkung mit der A-Stelle zu einer konformativen Verspannung der Codon-Anticodon-Paarung. Durch Ablagerung falscher Aminoacyl-tRNAs treten Ablesefehler („misreading") vom mRNA-Codon auf. Die falsch translatierten Proteine (Misread-Proteine) lösen durch Einbau in die Bakterienzellwand eine Membranschädigung aus. Es kommt zum ungehinderten Eintritt der polaren Aminoglykoside und einer autokatalytischen Verstärkung des „misreading".

Das Wirkungsspektrum der Aminoglykoside erreicht einige grampositive und v. a. gramnegative Erreger. Als Nebenwirkungen sind insbesondere Schädigungen der Niere und des Hörvermögens zu nennen. Die teilweise rasch auftretenden Resistenzen beruhen meist auf der Mutation des Gens, welches das aminoglykosidbindende Protein kodiert, bzw. auf der Bildung von Enzymen, die durch chemische Modifizierung die Aminoglykoside inaktivieren.

9.5.3
Streptomycin

Streptomycin ist ein Streptidinderivat mit Streptobiosamin als Substituenten in Position 6. Streptobiosamin ist ein aus N-Methyl-2-L-glucosamin und Streptose aufgebautes Disaccharid. Streptomycin ist als freie Base relativ instabil. Die glykosidischen Bindungen sind bei einem pH < 2 hydrolysierbar, die Guanidingruppen werden bei einem pH > 8,5 angegriffen. Streptomycin wird überwiegend als Sulfatsalz therapeutisch verwendet.

Durch katalytische Hydrierung der Aldehydgruppe der Streptoseeinheit zur Hydroxymethylengruppe entsteht aus Streptomycin das etwas stabilere Dihydrostreptomycin. Dieses Antibiotikum hat praktisch die gleiche Wirksamkeit wie Streptomycin, wird aber wegen der deutlich größeren Ototoxizität fast ausschließlich im veterinärmedizinischen Bereich eingesetzt.

In der Klinik wird Streptomycin hauptsächlich in Kombination mit anderen Chemotherapeutika bei Tuberkulose und bakterieller Endokarditis sowie bei Tularämie parenteral verwendet. Nach oraler Gabe erfolgt praktisch keine Resorption.

9.5.4
Neomycin

Neomycin ist ein Gemisch basischer Oligosaccharide mit den Komponenten A, B und C. Neomycin B und C haben als gemeinsames Strukturmerkmal 2-Desoxystreptamin und D-Ribose sowie 2 Aminozucker. Während in Neomycin C 2 Moleküle Neosamin C gebunden sind, findet man im Neomycin B die stellungsisomeren Aminozucker Neosamin B und C. Neomycin A ist ein aus Neosamin C und 2-Desoxystreptamin bestehendes Abbauprodukt der Neomycine B und C.

Die Wirksamkeit von Neomycin B ist etwas größer als die von Neomycin C. Neomycin A besitzt nur etwa 10% der Neomycin-B-Aktivität. Therapeutische Verwendung findet Neomycin B als Sulfatsalz mit einem maximal zulässigen Neomycin-C-Anteil von 15%. Reines Neomycin B ist im DAB 10 als Framycetinsulfat aufgeführt. Neomycin B wird lokal bei bakteriellen Haut-, Schleimhaut-, Augen- und Ohreninfektionen insbesondere durch Staphylokokken angewandt. Obgleich die Substanz oral kaum resorbiert wird, findet sie gelegentlich bei der Behandlung des Leberkomas Anwendung.

9.5.5
Kanamycin

Kanamycin ist ein basisches Oligosaccharidgemisch. Es besteht aus der Hauptkomponente Kanamycin A und den Nebenkomponenten Kanamycin B und C. Bei den 3 Verbindungen handelt es sich um disubstituierte Derivate des 2-Desoxystreptamins mit 3-D-Glucosamin (= Kanosamin) in Position 6 sowie einem variablen Aminozucker in Position 4. Dieser gibt sich in Kanamycin A als 6-D-Glucosamin, in Kanamycin B als Neosamin C und in Kanamycin C als 2-D-Glucosamin zu erkennen.

Die Möglichkeit zur Acetylierung an N-3 und N-6', zur Adenylierung an O-2" und O-4' und zur Phosphorylierung an O-3' führt zur raschen Resistenz gegen Kanamycin A. Partialsynthetische Derivate wie Amikacin und Dibekacin sind

2-Desoxystreptamin

	R^1	R^2	R^3	R^4	R^5
Kanamycin A	OH	NH$_2$	H	OH	OH
Kanamycin B	NH$_2$	NH$_2$	H	OH	OH
Kanamycin C	NH$_2$	OH	H	OH	OH
Amikacin	OH	NH$_2$	L	OH	OH
Dibekacin	NH$_2$	NH$_2$	H	H	H
Tobramycin	NH$_2$	NH$_2$	H	OH	H

L = L (-) – CO – CH – CH$_2$ – CH$_2$ – NH$_2$
                    |
                    OH

gegen enzymatische Inaktivierungen jedoch wesentlich weniger empfindlich. Tobramycin ist ein Kanamycin-B-Analogon, bei dem die 3-Hydroxygruppe im Neosamin C fehlt. Damit ist in dieser Position eine enzymatische Phosphorylierung nicht mehr möglich, womit zumindest teilweise die Resistenzentwicklung vermindert ist. Tobramycin läßt sich aus Kanamycin B partialsynthetisch herstellen.

Tobramycin wird insbesondere bei Pseudomonas-aeruginosa-Infektionen der Harnwege, der unteren Atemwege, des Magen-Darm-Traktes oder des ZNS verwendet. Kanamycin B ist deutlich toxischer als Kanamycin A. Fermentationsansätze versucht man deshalb, zur Produktion hoher Kanamycin-A-Anteile zu bringen. Kanamycin, mit maximal zulässiger Verunreinigung von 4 % an Kanamycin B, findet in der Klinik als Sulfatsalz Verwendung und wird in der Bundesrepublik Deutschland nur noch in Augensalben und Dermatika eingesetzt.

9.5.6
Gentamycin

Gentamycin besteht aus mehreren nahe verwandten Verbindungen, von denen im Handelsprodukt hauptsächlich die Gentamycine C$_1$, C$_2$ und C$_{1a}$ in Form von Sulfatsalzen vorkommen. Gemeinsames Strukturmerkmal dieser Verbindungen ist das 2-Deoxystreptamin und das Garosamin. Unterschiede bestehen lediglich in der Substitution des Purosaminmolekülteils.

In der Klinik findet Gentamycin insbesondere gegen gramnegative Problemkeime Anwendung. Es wird bei Harnwegsinfektionen und meist in Kombination bei schweren Infektionen wie Sepsis, Endokarditis etc. eingesetzt.

9.5 Hemmstoffe der ribosomalen Proteinbiosynthese (Translation)

Gentamicin	R^1	R^2	R^3	R^4	R^5
C_1	NH_2	H	H	CH_3	$NHCH_3$
C_2	NH_2	H	H	CH_3	NH_2
C_{1a}	NH_2	H	H	H	NH_2
C_{2a}	NH_2	H	H	CH_3	NH_2
C_{2b}	NH_2	H	H	H	$NHCH_3$
X_2	NH_2	OH	OH	H	OH
B	OH	OH	OH	H	NH_2
B_1	OH	OH	OH	CH_3	NH_2

9.5.7 Lincosamide

Lincosamide sind Derivate des Lincosamins, einer 6-Amino-Octose. Zu den wichtigsten Verbindungen zählen Lincomycin und Clindamycin, deren Lincosaminbaustein über eine Amidbindung mit 1-Methyl-4-propyl-L-prolin substituiert ist. Clindamycin wird partialsynthetisch aus Lincomycin hergestellt und besitzt eine höhere antibakterielle Wirksamkeit sowie eine bessere und raschere Resorption nach oraler Gabe.

Lincomycin und Clindamycin binden an die 50-S-Untereinheit bakterieller Ribosomen und verhindern während der Elongation die Ausbildung von Peptidbindungen durch Hemmung der Peptidyltransferase. Das Wirkungsspektrum der beiden Antibiotika umfaßt grampositive Kokken sowie grampositive und gramnegative anaerobe Bakterien. Lincomycin und Clindamycin sind bei der Behandlung von Staphylokokken- und Bacterioides-fragilis-Infektionen, bei denen andere Antibiotika wegen Resistenzentwicklung unwirksam geworden sind oder nicht angewandt werden können, von klinischer Bedeutung. Lincomycin wird aber wegen der gegenüber Clindamycin deutlich schlechteren Pharmakokinetik kaum noch angewandt.

9.5.8
Chloramphenicol

Chloramphenicol ist ein N-haltiges Phenylpropanderivat mit ungewöhnlichem Nitro- bzw. Dichloracetamidsubstituenten. Chloramphenicol wird heute ausschließlich synthetisch hergestellt, wobei von den 4 möglichen Stereoisomeren nur die D-threo-Verbindung antibakterielle Wirksamkeit besitzt.

$$\begin{array}{c} NO_2 \\ | \\ \text{(Phenyl)} \\ | \\ HO-C-H \\ | \\ H-C-NH-C-CHCl_2 \\ | \quad\quad || \\ CH_2OH \quad O \end{array}$$

Chloramphenicol

Chloramphenicol bindet in einer 1:1-Stöchiometrie an die 50-S-Untereinheit mikrobieller 70-S-Ribosomen. Durch Hemmung der Peptidyltransferase wird die Elongation des entstehenden Proteins unterbrochen. Die Proteinbiosynthese eukaryotischer 80-S-Ribosomen wird nicht gehemmt. Chloramphenicol ist ein Breitbandantibiotikum mit weitgehend bakteriostatischer Wirkung gegen die meisten grampositiven und gramnegativen Bakterien sowie gegen Rikettsien, Chlamydien und Spirochäten.

Als Nebenwirkungen treten schwerwiegende Knochenmarkschädigungen auf, die wahrscheinlich auf eine mitochondriale Hemmung der Proteinbiosynthese bzw. auf den Verlust der Vermehrungsfähigkeit von Knochenmarkzellen zurückzuführen sind. Chloramphenicol ist daher nur noch bei Salmonelleninfektionen (Typhus) und bakterieller Meningitis indiziert, kommt aber je nach Resistenzlage bei gramnegativen Bakterien als Reserveantibiotikum sowie zur Lokalbehandlung von Augeninfektionen in Betracht. Gegen Chloramphenicol resistente Bakterien bilden Acetyltransferasen, die die Veresterung der Hydroxygruppen zu inaktivem Diacetylchloramphenicol katalysieren.

9.5.9
Erythromycin

Erythromycin besitzt als Strukturmerkmal einen 14gliedrigen Lactonring (= Erythronolid) mit glykosidisch gebundenem D-Desosamin und L-Cladinose und zählt somit zu den Makrolidantibiotika.

Beide Zucker sind essentiell für die biologische Wirkung des Erythromycins, wobei die NH_2-Gruppe des Desosamins für die Bindung an das 70-S-Ribosom in 1:1-Stöchiometrie erforderlich ist. Erythromycin bindet an die bakterielle 50-S-Untereinheit und unterbricht die Proteinbiosynthese während der Elongationsphase. Durch Wechselwirkung mit der P-Stelle wird die Translokation durch Ablösung der Peptidyl-tRNA vom Ribosom unterbrochen.

Erythromycin wirkt in therapeutisch erreichbaren Konzentrationen bakteriostatisch, v. a. gegen grampositive Erreger, die gegen Penicilline oder Tetracycline

9.5 Hemmstoffe der ribosomalen Proteinbiosynthese (Translation) 389

[Strukturformel Erythromycin mit Beschriftungen: Erythronolidrest, Desosaminrest, Cladinoserest]

Erythromycin

resistent geworden sind. Erythromycin wird bei penicillinallergischen Patienten verwendet und ist ferner das Mittel der Wahl bei Mykoplasma- und Legionellainfektionen. Wegen der schlechten Resorption sollte Erythromycin heute durch die besser wirksamen Makrolide Clarithromycin und Roxithromycin ersetzt werden.

9.5.10
Puromycin

Puromycin besitzt als Strukturmerkmale 6-Dimethylaminopurin, 3-Amino-3-desoxy-D-ribose, O-Methyl-L-tyrosin und gleicht in seiner Konstitution dem 3'-Terminus der Aminoacyl-tRNA.

[Strukturformel Puromycin]

Puromycin

Durch Ausbildung von Peptidylpuromycin wird die Elongation sowohl an pro- als auch an eukaryotischen Ribosomen vorzeitig unterbrochen (Fragmentreaktion). Aufgrund der geringen Selektivität besitzt Puromycin eine hohe Toxizität. Die Bedeutung von Puromycin liegt weniger im therapeutischen Nutzen, als vielmehr im Modellcharakter der Fragmentreaktion zur Aufklärung von Wirkungsmechanismen anderer Antibiotika. Substanzen, die die Puromycinwirkung aufheben, hemmen demnach auch die ribosomale Bildung von Peptidbindungen und lassen einen ähnlichen Bindungsort wie für Puromycin vermuten.

9.6
Hemmstoffe der Biosynthese von Zellwandbausteinen

9.6.1
Aufbau und Biosynthese der Bakterienzellwand

Die Zellwände grampositiver und gramnegativer Bakterien zeigen wesentliche Unterschiede im Aufbau und in der Zusammensetzung. Beim grampositiven Bakterium Staphylokokkus aureus ist auf die Zytoplasmamembran eine dreidimensional vernetzte, ca. 20 nm dicke Schicht aus Murein aufgelagert, das kovalent an Teichonsäuren gebunden ist. Die Zellwandbestandteile liegen nicht in getrennten Schichten vor, sondern sind in allen Zellwandbereichen anzutreffen.

Teichonsäuren bestehen aus 8–50 Glycerol- oder Ribitolmolekülen, die über Phosphodiesterbindungen verknüpft sind. Die freien Hydroxylgruppen des langkettigen Grundgerüsts sind teilweise mit D-Alanin, D-Glucose oder N-Acetyl-D-glucosamin verknüpft.

Murein ist ein Peptidoglykan, dessen heteropolymere Hauptkette N-Acetylglucosamin und N-Acetylmuraminsäure alternierend in β-1,4-glykosidischer Bindung aufweist. Bei Staphylokokkus aureus (grampositiv) trägt die Lactylgruppe der N-Acetylmuraminsäure eine kurze Peptidkette aus L-Alanin, D-Glucose, L-Lysin und D-Alanin-D-Alanin. Die Peptiduntereinheiten benachbarter Hauptketten werden durch Pentaglycininterpeptidketten miteinander verknüpft, und es entsteht ein sackförmiges Riesenmolekül, der Mureinsacculus (Abb. 9.5).

Die Quervernetzung wird durch Transpeptidasen katalysiert, die das terminale D-Alanin abspalten und die freigewordene Carboxygruppe des vorletzten D-Alanins mit der Amingruppe des endständigen Glycins der Interpeptidbrücke verknüpfen. Die Zahl der Quervernetzungen wird durch Carboxypeptidasen reguliert, die lediglich das terminale D-Alanin hydrolytisch spalten.

Beim gramnegativen Bakterium Escherichia coli ist die Mureinschicht viel dünner, es fehlen die Teichonsäuren sowie die Interpeptidbrücken. Die Peptiduntereinheiten aus L-Alanin, D-Glutaminsäure, Mesodiaminopimelinsäure und D-Alanin-D-Alanin werden ebenfalls mittels einer Transpeptidase direkt verbunden (Abb. 9.5). Unter Abspaltung des terminalen D-Alanins überträgt das Enzym die Acylgruppe des vorletzten D-Alanins auf die Amingruppe der an Position 3 stehenden Mesodiaminopimelinsäure einer zweiten Untereinheit. Die Zahl der Quervernetzungen kann ebenfalls durch hydrolytische Abspaltung des terminalen D-Alanins mittels Carboxypeptidasen reguliert werden.

Dem Murein ist eine zweischichtige Membran mit lipopolysaccharidhaltiger Außenseite und phospholipidhaltiger Innenseite aufgelagert. Die Membran ist von Proteinporen (= Porine) durchsetzt und bildet zusammen mit der Mureinschicht die äußere Abgrenzung eines periplasmatischen Raums, der nach innen von der Zytoplasmamembran begrenzt wird.

Die Mureinbiosynthese grampositiver und gramnegativer Bakterien verläuft im Prinzip gleichartig (Abb. 9.5). Im Zytoplasma entstehen die monomeren Bausteine UDP-N-Acetyl-D-glucosamin und UDP-N-Acetylmuraminsäurepentapeptid. Bemerkenswert ist, daß die Pentapeptidseitenkette nicht durch die normale ribosomale Proteinbiosynthese erfolgt, sondern durch spezifische, teilweise RNA-

9.6 Hemmstoffe der Biosynthese von Zellwandbausteinen

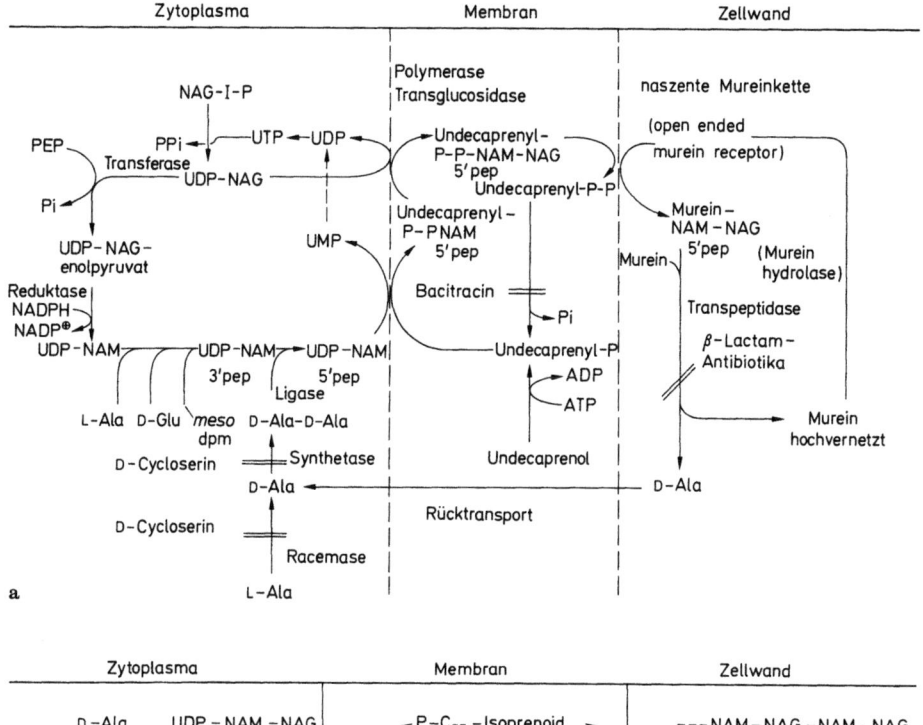

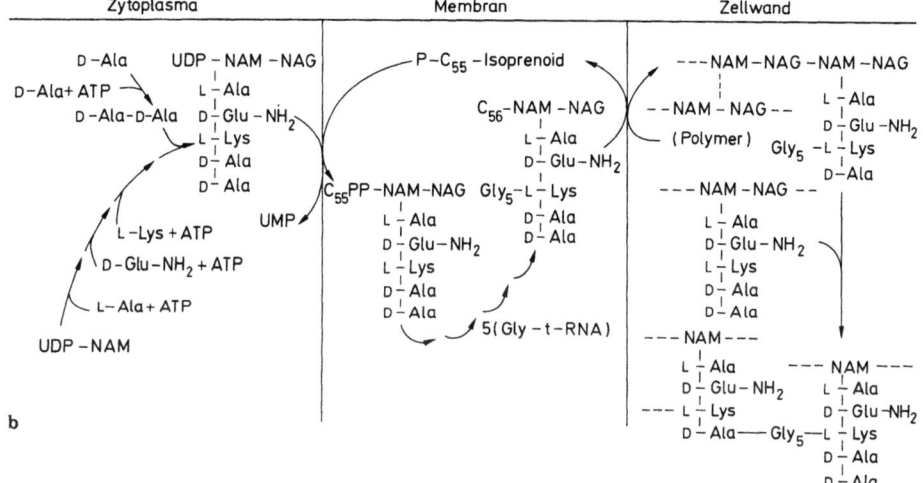

Abb. 9.5 Schematischer Ablauf der bakteriellen Zellwandsynthese und Angriffspunkte einiger Inhibitoren; *a* gramnegatives, *b* grampositives Bakterium (*NAG* N-Acetyl-D-Glucosamin, *NAM* N-Acetylmuraminsäure, *3-pep* Tripeptid, *5-pep* Pentapeptid, *meso-dpm* meso-Diaminopimelinsäure)

unabhängige Enzyme katalysiert wird. In der Zytoplasmamembran werden die Disacharidpentapeptide ggf. mit Interpeptidbrücken gebildet. Die Zellwandbausteine werden mit Hilfe eines C_{55}-isoprenoiden Carrier-Alkohols durch die Zytoplasmamembran transportiert. Auf der Membranaußenseite erfolgt die Polymerisation der Zellwandbausteine sowie die Quervernetzung der Peptidoglykanhauptketten zum Murein (Abb. 9.5).

Für die Bakterienzellwand ist das Vorkommen von Murein, Mesodiaminopimelinsäure, D-Alanin und D-Glutaminsäure von besonderer Bedeutung, da diese Strukturelemente bei Tieren und höheren Pflanzen nicht anzutreffen sind und damit die Möglichkeit einer gezielten antimikrobiellen Therapie eröffnen.

9.6.2
Bacitracin

Bacitracin ist ein aus ähnlichen Strukturen zusammengesetztes Polypeptidgemisch. Die Hauptkomponente Bacitracin A besteht aus einem Cycloheptapeptid mit einer aus 5 Aminosäuren linear aufgebauten Seitenkette. Das terminale L-Isoleucin und das L-Cystein sind hier nicht über eine Amidbindung verknüpft, sondern bilden einen hydrolyse- und oxidationsempfindlichen Thiazolinring, der jedoch für die antibiotische Wirksamkeit wesentlich ist.

```
D-Asp — L-His — D-Phe — L-Ile
 |                          |
L-Asn —ε→ L-Lys ——→ D-Orn
            ↑α
          L-Ile
            ↑
          D-Glu
            ↑
          L-Leu
```

Bacitracin A

Bacitracin wirkt bakterizid gegen aerobe grampositive Bakterien und gramnegative Kokken. Durch Bindung an das Undecaprenoldiphosphat wird die Hydrolyse zum Undecaprenolphosphat verhindert und damit die Mureinbiosynthese proliferierender Bakterien gehemmt (Abb. 9.5). Das systemisch hochtoxische Bacitracin bindet auch an Polyprenoldiphosphate (z. B. Farnesyldiphosphat, ein Zwischenprodukt bei der Steroidbiosynthese) eukaryotischer Zellen und wird deshalb ausschließlich als Lokalantibiotikum äußerlich zur Behandlung von Haut- und Augeninfektionen meist in Kombination mit anderen Antibiotika (Polymyxin, Neomycin) angewandt.

9.6.3
Penicilline

Penicilline sind nichtribosomal biosynthetisierte Dipeptide und bestehen aus L-Cystein und D-Valin sowie einem charakteristischen β-Lactamring als Struk-

9.6 Hemmstoffe der Biosynthese von Zellwandbausteinen

turmerkmal. Sie werden deshalb auch zu den β-Lactam-Antibiotika gerechnet (Abb. 9.6).

Von den natürlich vorkommenden Penicillinen hat nur das Benzylpenicillin therapeutische Bedeutung erlangt. Es ist nahezu untoxisch für den Menschen und besitzt eine hohe bakterizide Wirkung gegen grampositive Bakterien wie Staphylokokken, Streptokokken und Pneumokokken. Gramnegative Bakterien werden weniger erfaßt, weil das Antibiotikum deren dünne Mureinschicht nicht erreicht.

Benzylpenicillin gewinnt man fermentativ in erhöhter Ausbeute durch Zugabe von Phenylessigsäure als Precursor, wobei gleichzeitig die Bildung anderer Penicilline weitgehend unterdrückt wird. Nach einer Kulturdauer von 5–8 Tagen bei Temperaturen zwischen 24 und 27 °C wird die Kulturlösung abfiltriert, schwach angesäuert und mit Amylacetat ausgeschüttelt. Das extrahierte Benzylpenicillin läßt sich aus der organischen Phase als K^+- oder Na^+-Salze ausfällen. Benzylpenicillin zeigt eine rasche Resistenzentwicklung besonders bei Staphylokokken, die durch Bildung einer β-Lactamase aus Benzylpenicillin enzymatisch Benzylpenicillosäure entstehen lassen (Abb. 9.7).

Das säurelabile Benzylpenicillin muß parenteral verabreicht werden, da es nach oraler Gabe im Magen u. a. zur unwirksamen Benzylpenillsäure abgebaut wird.

Obgleich eine breite Anwendung von Precursoren wegen Hemmung des Pilzwachstums eher begrenzt ist, wird Phenoxymethylpenicillin rein fermentativ durch Zusatz von Phenoxyessigsäure hergestellt. Das Wirkungsspektrum des säurestabilen und damit oral wirksamen Phenoxymethylpenicillins umfaßt wie Benzylpenicillin grampositive Bakterien und wird insbesondere bei Infektionen mit penicillinempfindlichen grampositiven Kokken verordnet.

Die Säurestabilität von Phenoxymethylpenicillin läßt sich auf die elektronenziehende Gruppe in der Seitenkette zurückführen, die den elektrophilen Angriff

		Säurestabilität, orale Wirksamkeit	β-Lactamase-stabilität	Wirkungsbreite
Durch Fermentation gewonnen: Benzylpenicillin (Penicillin G)	R: ⌬–CH_2–CO–	–	–	Schmal; grampositive Erreger
Phenoxymethylpenicillin (Penicillin V)	R: ⌬–O–CH_2–CO–	+	–	
Aus 6-Aminopenicillansäure partialsynthetisch hergestellt: Ampicillin	R: ⌬–CH–CO– $\;\;\;\;$ | $\;\;\;\;$ NH_2	+	–	Erweitert: grampositive und verschiedene gramnegative Erreger
Oxacillin	R: (Isoxazolyl)–CO–	+	+	

Abb. 9.6 Struktur, Stabilitäten und Wirkungsbreite von Penicillinen

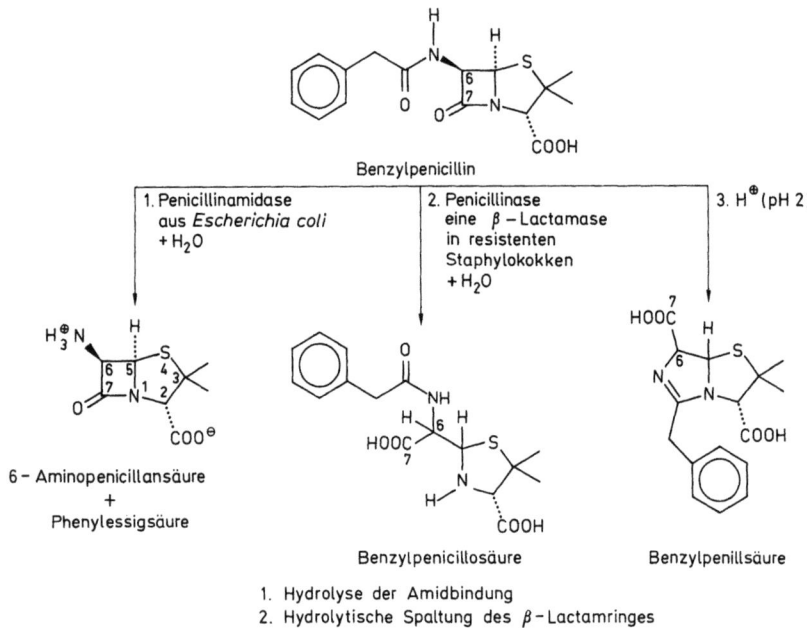

Abb. 9.7 Enzymatische und säurekatalysierte Inaktivierung von Benzylpenicillin

des Protons und damit die Penillsäureumlagerung verhindert. Resistenzen besonders gegen β-Lactamase-bildende Staphylokokken treten auch bei Phenoxymethylpenicillin auf.

Ausgehend von 6-Aminopenicillansäure (6-APS) versucht man, durch Acylierung der Aminogruppe säurefeste und penicillinasestabile Derivate mit erweitertem Wirkungsspektrum partialsynthetisch herzustellen. 6-APS wurde früher durch Fermentation in streng precursorfreiem Milieu produziert, heute dagegen wird es nur noch enzymatisch unter Einwirkung von Penicillinacylase durch Abspaltung von Phenylessigsäure aus Benzylpenicillin gewonnen. Gezielte Acylierungsversuche von 6-APS führten zum säurestabilen Ampicillin sowie zum säure- und β-Lactamase-stabilen Oxacillin.

Oxacillin besitzt in der Seitenkette einen sterisch anspruchsvollen Substituenten, der den Angriff der β-Lactamase verhindert. Das β-Lactamase-labile Ampicillin, mit seiner polaren Amingruppe am α-C-Atom des Acylrestes, kann aufgrund seiner Hydrophilie durch die mit Wasser gefüllten Porinkanäle gramnegativer Bakterienzellwände schnell genug wandern und erfaßt neben grampositiven auch einige gramnegative Bakterien.

Penicilline hemmen den letzten Schritt der Mureinbiosynthese, d. h. die Quervernetzung der Peptidoglykanhauptketten. Penicilline sind mit dem D-Alanin-D-Alanin-Teil des N-Acetylglucosamin-N-Acetylmuraminsäure-Pentapeptids isoster und werden deshalb von der D-Alanintranspeptidase erkannt (Abb. 9.8).

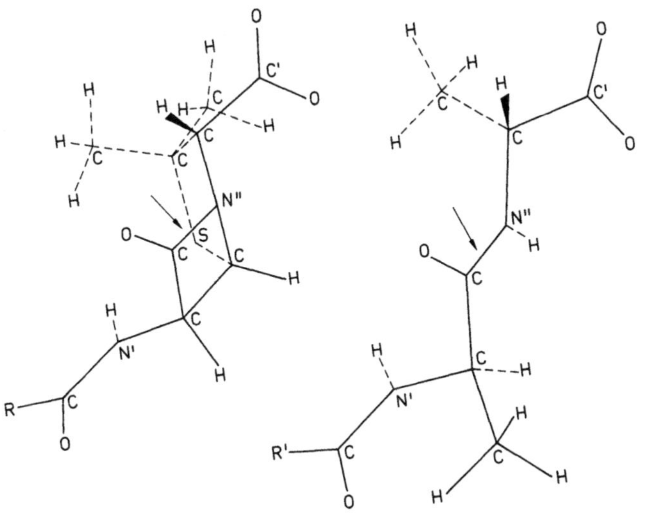

Abb. 9.8 Sterische Übereinstimmung von Penicillin (a) und Acyl-D-Alanyl-D-Alanin (b)

Das Enzym wird unter Öffnung des β-Lactamrings zum Penicilloyl-Enzym-Komplex acyliert. Da dieser Komplex nur langsam wieder zerfällt, kann die Zellwandbiosynthese nur sehr eingeschränkt ablaufen. Die Zellwände können dem im Bakterium herrschenden Druck damit nicht mehr standhalten.

9.6.4
Cephalosporine

Cephalosporine sind Derivate der 7-Amino-Cephalosporansäure (7-ACS) mit einem β-Lactam-Dihydrothiazin-Ringsystem als Grundgerüst. Biogenetisch lassen sich die Cephalosporine wie die Penicilline von den Aminosäuren L-Cystein und D-Valin ableiten.

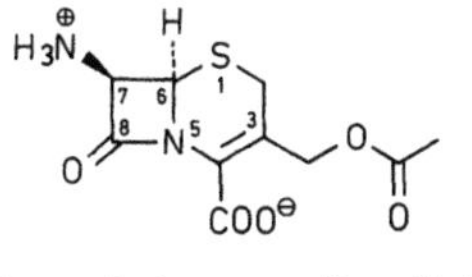

7-Aminocephalosporansäure (7-ACS)

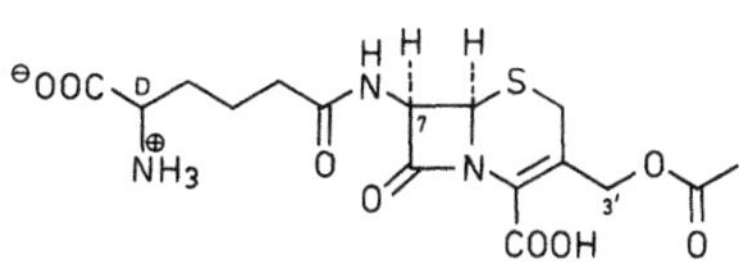

Cephalosporin C 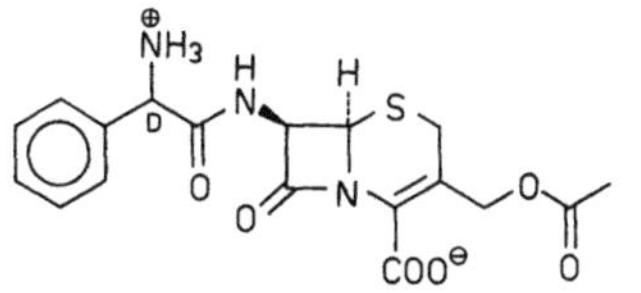   Cephaloglycin

Das natürlich vorkommende β-Lactamase-stabile und gegen Säuren relativ unempfindliche Cephalosporin C ist wegen der schwach antibiotischen Wirksamkeit therapeutisch unbedeutend. Trotzdem wird Cephalosporin C fermentativ produziert, da es als Ausgangsmaterial für die Darstellung von 7-ACS durch chemische Abspaltung von α-D-Aminoadipinsäure dient. Durch Variationen an der 7-Aminogruppe und am C-3' versucht man, Cephalosporine (z. B. Cephaloglycin) mit breiterem Wirkungsspektrum sowie verbesserter Pharmakokinetik und Pharmakodynamik partialsynthetisch herzustellen. Cephalosporine wirken wie Penicilline störend auf die Mureinbiosynthese und finden Anwendung bei Atemwegsinfektionen und Mischinfektionen der Harnwege.

9.6.5
D-Cycloserin

D-Cycloserin, ein Strukturanalogon des D-Alanins, hemmt die Alaninracemase und D-Alanin-D-Alanin-Synthetase, zwei Enzyme, die für die zytoplasmatische Synthese des UDP-N-Acetylmuraminylpentapeptids wichtig sind (Abb. 9.5).

D-Cycloserin

D-Cycloserin verhindert den Aufbau des D-Alanin-D-Alanin-Dipeptids. Es kommt zur Akkumulation von UDP-N-Acetylmuraminyltripeptid, einem Baustein, der für die Mureinbiosynthese nicht verwertet werden kann.

Das oral wirksame D-Cycloserin wird wegen toxischer Nebenwirkungen nur noch in Ausnahmefällen bei Lungentuberkulose angewandt.

9.7
Destabilisatoren der Zytoplasmamembran bei Bakterien

Die Zytoplasmamembran der Bakterien besteht aus einer Lipiddoppelschicht, in die integrale und periphere Proteine mit essentiellen Funktionen im zellulären Energiestoffwechsel, im Transport von Metaboliten und in der Sekretion sowie Synthese von Zellwandbestandteilen eingebettet sind. Ein weiterer Baustein der bakteriellen Zytoplasmamembran sind lipidähnliche Substanzen, sog. Hopanoide, die u. a. eine konstante Aktivität lipidabhängiger Enzyme ermöglichen. Obgleich sämtliche Membrankomponenten sich ständig in seitlicher Umorientierung befinden, ist eine Verschiebung zwischen äußerer und innerer Halbmembran nahezu ausgeschlossen. Auf diese Weise bleibt die für die Membranfunktion bedeutende strukturelle Asymmetrie bestehen.

Die Zytoplasmamembran ist selektiv permeabel und überwacht den spezifischen bidirektionalen Stofftransport. Membranaktive Antibiotika werden in die Zytoplasmamembran eingebaut und führen zu Störungen des Energiehaushalts sowie zu Membranstrukturveränderungen der Bakterienzelle. Dadurch können kleinere polare Moleküle und Ionen unkontrolliert die Membran passieren,

Fremdstoffe sowie Antibiotika können sogar in das Zytoplasma gelangen. Es kommt zum Wachstumsstillstand der Bakterien bis hin zum Zelltod.

9.7.1
Tyrothricin

Das Polypeptidgemisch Tyrothricin besteht hauptsächlich aus zyklischen Tyrocidinen und in der Regel linear aufgebauten Gramicidinen. Tyrocidine sind homomere basische Dekapeptide, die sich durch 2 variable Aminosäuren unterscheiden. Gramicidine sind heteromere neutrale Pentadecapeptide mit ebenfalls 2 variablen Aminosäuren und einer alternierenden D-/L-Aminosäuresequenz mit N-terminaler Formylgruppe und C-terminalem Ethanolaminrest.

Gramicidine

OHC ⟶ X ⟶ Gly ⟶ L-Ala ⟶ D-Leu ⟶ L-Ala ⟶
D-Val ⟶ L-Val ⟶ D-Val ⟶ L-Try ⟶ D-Leu ⟶
Y ⟶ D-Leu ⟶ L-Try ⟶ D-Leu ⟶ L-Try ⟶ NH–CH$_2$–CH$_2$–OH

X = L-Try: Gramicidin A
X = L-Phe: Gramicidin B
X = L-Tyr: Gramicidin C
Y = L-Val: Valin-Gramicidine A,B,C
Y = L-Ile: Isoleucin-Gramicidine A,B,C

Tyrocidine

L-Val ⟶ L-Orn ⟶ L-Leu ⟶ D-Phe ⟶ L-Pro
↑   ↓
L-Tyr ⟵ L-Glu ⟵ L-Asn ⟵ Y ⟵ X

X = L-Phe, Y = D-Phe: Tyrocidin A
X = L-Try, Y = D-Phe: Tyrocidin B
X = L-Try, Y = D-Try: Tyrocidin C

Tyrocidine und Gramicidine sind membrandesorientierende Substanzen, die aufgrund ihrer Oberflächenaktivität die Permeabilität der Zytoplasmamembran erhöhen. Nach Adsorption an die Zellwand und Penetration in den periplasmatischen Raum gehen die Tyrocidine und Gramicidine Wechselwirkungen mit den Lipid-Proteinkomplexen der Zytoplasmamembran ein. Es kommt zur Desorientierung von Membranstrukturen, zum Verlust kleiner Moleküle für das Bakterium, zum Abbau von Proteinen und Nukleinsäuren als Folge der gestörten Homöostase und letztlich zur Lysis.

Daneben verfügen die Gramicidine zusätzlich über eine membrankanalbildende Eigenschaft, weshalb sie eine wesentlich höhere antibakterielle Wirksamkeit als die Tyrocidine besitzen. Zwei Gramicidinmoleküle, über die Formylenden Kopf an Kopf verbunden, bilden einen mit Wasser gefüllten Kanal, durch den insbesondere kleine, einwertige Kationen die Zytoplasmamembran unkontrolliert passieren (Abb. 9.9).

Tyrothricin wirkt bakterizid, v. a. auf grampositive Bakterien. Nach oraler Gabe wird es kaum resorbiert. Wegen der hohen Toxizität bei parenteraler Applikation

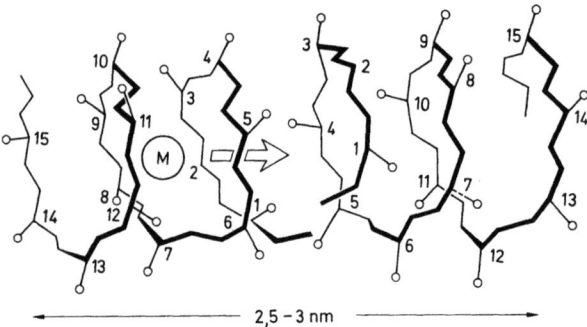

Abb. 9.9 Ionenkanal aus 2 Gramicidinmolekülen

wird Tyrothricin nur noch als Lokalantibiotikum in Form von Salben, Puder oder Spray eingesetzt. Bei Infektionen im Mund und Rachenraum ist zu beachten, daß die Behandlung einer Streptokokkenangina mit Tyrothricinlutschtabletten keine vollwertige Therapie ist und Spätkomplikationen nicht verhütet.

9.7.2
Polymyxin B, Colistine

Polymyxin B besteht aus den heteromeren basischen Dekapeptiden Polymyxin B 1 und B 2. Die Strukturen sind durch ein zyklisches Heptapeptid mit Tripeptidseitenkette und einem N-terminalen 6-Methyloctan- bzw. 6-Methylheptansäurerest gekennzeichnet.

Polymyxin / Colistin

```
L-DAB ← L-DAB ← L-Leu ← X
  ↓                        ↑
L-Thr ─γ→ L-DAB ──→ L-DAB
          ↑α
         L-DAB
          ↑
         L-Thr
          ↑
         L-DAB
          ↑
          R
```

X = D-Phe: Polymyxin B

$R = -\underset{\underset{O}{\|}}{C}-(CH_2)_4-\underset{\underset{CH_3}{|}}{CH}-CH_2-CH_3:$

$R = -\underset{\underset{O}{\|}}{C}-(CH_2)_4-\underset{\underset{CH_3}{|}}{CH}-CH_3:$

X = D-Leu: Colistin (= Polymyxin E)

Polymyxin B/1,
Colistin A (= Polymyxin E/1),

Polymyxin B/2,
Colistin B (= Polymyxin E/2).

Colistin (= Polymyxin E) setzt sich aus den Komponenten Colistin A und B zusammen. Strukturell unterscheiden sie sich von Polymyxin B nur in einer zyklisch gebundenen Aminosäure.

Polymyxine und Colistine gehen als basische Peptide bevorzugt Wechselwirkungen mit sauren Phospholipiden der Zytoplasmamembran ein. Als membrandesorientierende Substanzen beeinflussen sie wie die Tyrocidine und Gramicidine u. a. auch die Permeabilität sowie verschiedene Funktionen der Zytoplasmamembran.

Das Wirkungsspektrum der bakteriziden Polymyxine und Colistine umfaßt gramnegative Bakterien. In der Klinik finden die besser wasserlöslichen Salze Polymyxin-B-Sulfat, Colistinsulfat und Colistimethatnatrium bei Ohren- und Augeninfektionen mit Pseudomonas aeruginosa Anwendung. Oral werden die Substanzen kaum resorbiert und bei der Therapie von Darminfektionen mit pathogenen E.-coli-Stämmen, Pseudomonas aeruginosa sowie Shigella eingesetzt. Eine parenterale Applikation sollte nur bei ernsten Infektionen erfolgen, die nicht auf andere Antibiotika ansprechen. Die relativ toxischen Polymyxine und Colistine rufen v. a. Nieren- und Nervenschädigungen hervor, da sie auch die Zytoplasmamembran des Wirtsorganismus schädigen können.

9.8
Destabilisatoren der Zytoplasmamembran bei Pilzen

9.8.1
Nystatin, Amphotericin B

Nystatin und Amphotericin B sind Polyenantibiotika mit amphoterem Charakter. Die Strukturen sind durch einen makrozyklischen Lactonring charakterisiert, der auf der unpolaren Seite konjugierte Doppelbindungen besitzt und auf der polaren Seite mit β-D-Mycosamin sowie mehreren Hydroxygruppen substituiert ist.

Amphotericin B

Nystatin A/1

Nystatin ist ein Polyenantibiotikagemisch mit Nystatin A 1 als Hauptkomponente. Während im Nystatin A 1 neben einer Tetraen- auch eine Diengruppierung vorkommt, findet man im Amphotericin B 7 durchkonjugierte Doppelbindungen. Aufgrund ihrer besonderen Struktur gehen Nystatin und Amphotericin B mit

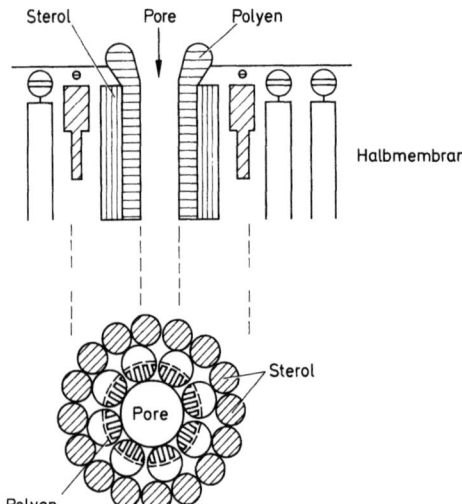

Abb. 9.10 Ionenkanal aus Polyenantibiotika und Sterolmolekülen, Ansicht von der Seite (*oben*) und von oben (*unten*)

Sterolmolekülen der Zytoplasmamembran geordnete 1:2-Komplexe ein. Acht dieser Komplexe assoziieren zu einer Halbpore (Abb. 9.10).

Durch Verlängerung mit einer 2. Halbpore entsteht ein wassergefüllter Membrankanal, der für zytoplasmatische Substanzen wie K^+-, NH_4^+-Ionen, Zucker, organische Säuren und Nucleotide durchlässig ist und u. a. zum Zusammenbruch des Energiestoffwechsels der Zelle führt.

Da Steroide nur in eukaryotischen Biomembranen vorkommen, sind Polyenantibiotika gegen Bakterien unwirksam. Aufgrund der größeren Affinität zum pilzlichen Ergosterol als zu dem in Säugermembranen vorkommenden Cholesterol lassen sich Nystatin bei lokalen und Amphotericin B bei systemischen Pilzinfektionen mit Candida-, Blastomyces-, Kryptokokkus- und Kokzidioidesarten einsetzen.

9.9
Hemmstoffe des Wachstums von Dermatophyten

9.9.1
Griseofulvin

Griseofulvin ist ein chlorhaltiges Polyketid, dessen Grundgerüst sich biogenetisch aus einem Acetylkoenzym A und 6 Malonylkoenzym A aufbaut. Auf der Zwischenstufe Griseophenon C erfolgt nach Methylierung und Chlorierung eine oxidative Kupplungsreaktion zum Dehydrogriseofulvin mit anschließender Hydrierung zum Griseofulvin (Abb. 9.11).

Obgleich Griseofulvin in mehreren Penicilliumarten vorkommt, wird es heute aus Submerskulturen von Penicillium griseofulvum Dierckx (Synonym: Penicillium patulum Bain.) gewonnen. Griseofulvin wirkt fungistatisch gegen Dermatophyten mit Chitinzellwand und wird daher bei Infektionen der Haut, Nägel und

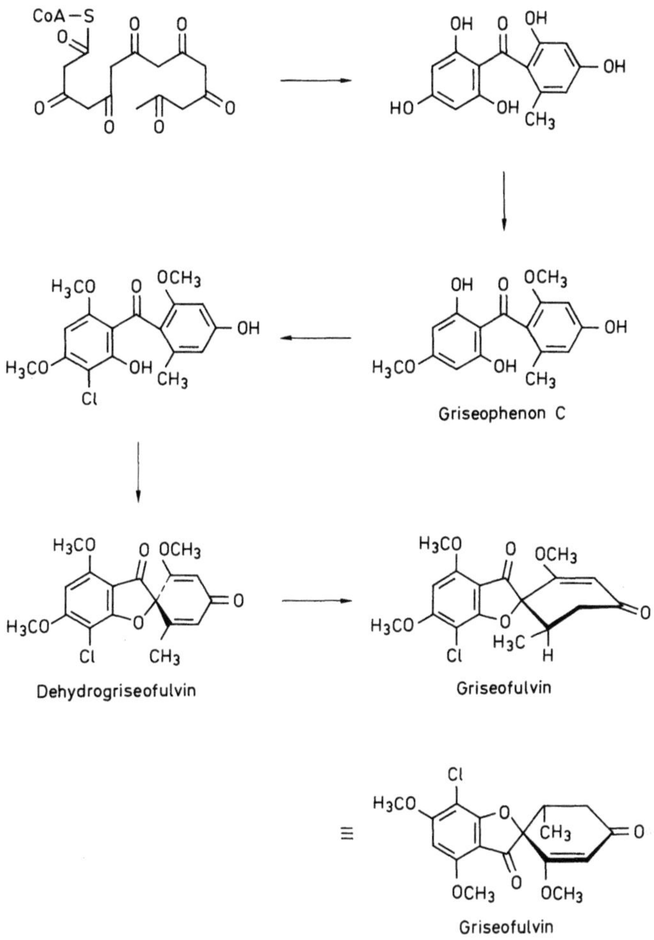

Abb. 9.11 Biosynthese von Griseofulvin

Haare mit Microsporum-, Trichophyton- und Epidermophytonarten eingesetzt. Nach oraler Applikation erreicht das Antibiotikum über den Blutweg den Pilzherd. Durch Einlagerung in die hornbildenden Zellen wandert die Substanz im Verlauf des Verhornungsprozesses in die oberen pilzbefallenen Hornhautschichten und bewirkt nach ausreichender Therapiedauer eine vollständige Sanierung der Gewebe. Griseofulvin ist ein Spindelgift und inhibiert wahrscheinlich das Gleiten der Tubulinuntereinheiten innerhalb der Mikrotubuline während der Mitose.

Aufgrund der unzuverlässigen Resorption und des ungünstigen Nutzen-Risiko-Verhältnisses sollte Griseofulvin durch stärker wirksame Azole oder Terbinafin ersetzt werden.

9.10
Persistenz und Antibiotikaresistenz von Mikroorganismen

9.10.1
Persistenz

Bakterizide Antibiotika allein können nicht alle Erreger eines Infektionsherdes beseitigen. Trotz optimaler Antibiotikakonzentration und mikrobieller Empfindlichkeit überleben wenige Keime als sog. Persister. Persistenz tritt zumeist bei den Mikroorganismen auf, die sich während der Antibiotikaeinwirkung gerade in einer Ruhephase befanden. Nach Beendigung einer Antibiotikatherapie sind persistierende Keime häufig die Ursache einer erneuten Erkrankung oder lassen den Wirtsorganismus zum Keimträger werden. Daher sollte die Anwendung bakterizider Antibiotika nicht auf eine einmalige massive Dosis beschränkt bleiben, sondern stets über einen längeren Zeitraum erfolgen, wobei die körpereigenen Abwehrmechanismen zusätzlich eine wichtige Rolle bei der endgültigen Eliminierung der Keime spielen.

9.10.2
Resistenz

Resistenz bedeutet, gegenüber chemischen, physikalischen und biologischen Schädigungen Widerstand zu leisten. Dabei ist die ererbte Resistenz grundsätzlich von der während des Individuallebens erworbenen Immunität zu unterscheiden. Subletale Antibiotikakonzentrationen und genetisch programmierte Anpassungsprozesse an veränderte Lebensbedingungen lassen bei Mikroorganismen Antibiotikaresistenzen entstehen. In der Klinik spricht man bereits von einer Resistenz, wenn sich Keime bei der therapeutisch erreichbaren Antibiotikakonzentration noch vermehren, die minimale Hemmkonzentration (MHK) in vitro höher ist als die in vivo erreichbare Serum- bzw. Gewebekonzentration. Grundsätzlich lassen sich 3 Resistenztypen unterscheiden:
- die natürliche Resistenz,
- die primär bzw. sekundär erworbene Resistenz und
- die übertragbare Resistenz.

Natürliche Resistenz

Bei der natürlichen Resistenz zeigen alle Erreger eines Stammes oder einer Art eine angeborene, stets vorhandene Unempfindlichkeit gegenüber einem bestimmten Antibiotikum. Die natürliche oder auch konstitutive Resistenz entspricht damit der Lücke im Wirkungsspektrum eines Antibiotikums. So sind die meisten gramnegtiven Bakterien wie z.B. Pseudomonas aeruginosa aufgrund ihrer äußeren Lipidmembran und der periplasmatischen β-Lactamasen gegen Benzylpenicillin resistent.

Primäre und sekundäre Resistenz

Mikroorganismen, die gegen ein bestimmtes Antibiotikum normalerweise empfindlich sind, können durch Mutation in $1:10^6$ bis $1:10^{13}$ Fällen resistent werden.

Bei der primären Resistenz geschieht dies ohne vorherigen Kontakt mit dem Wirkstoff, bei der sekundären Resistenz erst während der Antibiotikaeinwirkung. Da von seiten der Mikroorganismen keine Abwehrmechanismen ablaufen, vermehren sich unter dem Selektionsdruck des Antibiotikums nur die widerstandsfähigen Erreger, die eine Erkrankung aufrechterhalten oder erneut verursachen können. Je nach Antibiotikum und Wirkungsmechanismus werden sekundäre Resistenzen unterschiedlich schnell gebildet. Die Einstufenresistenz, mit rascher Entwicklung hoher Resistenzgrade, entsteht unabhängig von der Antibiotikakonzentration und wird als Streptomycintyp bezeichnet. Die Mehrstufenresistenz vom Penicillintyp erfolgt dagegen langsam und stufenweise in mehreren Mutationsschritten. Die Höhe des Resistenzgrades ist hier abhängig von der Antibiotikakonzentration.

Übertragbare Resistenz

Die Übertragung von chromosomalem und extrachromosomalem Genmaterial zwischen Bakterienzellen beruht auf 3 verschiedenen Mechanismen, der Transformation, Transduktion und Konjugation.

Bei der *Transformation* werden von einer Akzeptorzelle DNA-Fragmente einer zuvor lysierten Donorzelle aufgenommen und durch genetische Rekombination in das Chromosom integriert. Die Akzeptorzelle erlangt auf diese Weise neue erbliche Eigenschaften wie z.B. die Resistenz gegen ein bestimmtes Antibiotikum. Der Resistenzerwerb durch Transformation ist ineffektiv, weil er auf der gezielten Lysis einer resistenten Bakterienzelle basiert.

Bei der *Transduktion* werden Genomteile durch Phagen übertragen, die in der infizierten Bakterienzelle Teile der Bakterien-DNA aufnehmen, um nach Absterben der Wirtszelle wiederum andere Bakterien zu befallen. Dort wird die übertragene DNA durch Rekombination in das Bakterienchromosom eingebaut und durch Zellteilung weitergegeben. Auf diese Weise können durch Transduktion von Resistenzgenen antibiotikaresistente Bakterienklone entstehen.

Bei der *Konjugation* erfolgt die Übertragung von DNA-Bruchstücken über einen direkten Kontakt zwischen 2 unterschiedlichen Bakterientypen. Die Donorzelle bildet dabei eine Plasmabrücke (Pili) zur Rezeptorzelle aus, über die der Gentransfer in Form von F-Faktoren stattfindet. F-Faktoren sind meist extrachromosomale ringförmige DNA-Abschnitte, die, falls sie Resistenzgene tragen, auch als R-Faktoren oder allgemein als Plasmide bezeichnet werden. In der Regel besitzen R-Faktoren mehrere Resistenzdeterminanten. Die entsprechenden Bakterien zeigen dadurch gegen verschiedene Antibiotika gleichzeitig eine sog. bakterielle Mehrfachresistenz. Die über Konjugation erworbene Resistenz nennt man auch infektiöse Resistenz, weil sie ohne Antibiotikakontakt direkt auf andere Bakterien übertragen werden kann.

9.10.3
Kreuzresistenz

Bei der Kreuzresistenz ist ein Erreger gleichzeitig gegen verschiedene Antibiotika mit ähnlicher Struktur und/oder gleichem Wirkungsmechanismus resistent.

404   9 Antibiotika

Kreuzresistenz besteht z. B. zwischen den Aminoglykosiden Neomycin und Kanamycin, den Polypeptiden Polymyxin B und Colistin, bei Benzylpenicillin und den Oralpenicillinen sowie bei nahezu allen Tetracyclinen. Keine Kreuzresistenz herrscht dagegen zwischen Benzylpenicillin und den Cephalosporinen.

9.10.4
Biochemische Resistenzmechanismen

Die Resistenz gegen Antibiotika läßt sich im wesentlichen auf 2 biochemische Mechanismen zurückführen. Entweder verhindern strukturelle Veränderungen des Bakteriums den antibiotischen Angriff, oder das Antibiotikum selbst wird durch die bakterielle Synthese von z. B. acetylierenden, adenylierenden oder phosphorylierenden Enzymen inaktiviert.

Während Chloramphenicol durch eine spezifische Chloramphenicol-Acetyltransferase in sein Diacetylderivat modifiziert wird, erfolgt die Umwandlung von Streptomycin zu antibiotisch unwirksamen Verbindungen durch Phosphorylierung bzw. Adenylierung (Abb. 9.12).

Benzylpenicillin verliert dagegen durch Hydrolyse der Amidbindung der Seitenkette mittels spezifischer Penicillinamidasen bzw. durch Spaltung des β-Lactamrings mittels spezifischer β-Lactamasen seine antibiotische Aktivität.

Beim Erythromycin verhindern plasmidkodierte Methylgruppenübertragungen auf die ribosomale RNA den Angriff des Antibiotikums. Das Ribosom ist damit aus sterischen Gründen für Erythromycin nicht mehr zugänglich.

Resistenzen gegen Polymyxin B beruhen u. a. auf der Bildung von Lipid A mit überwiegend veresterten Phosphatresten als Zellwandbestandteil sowie dem

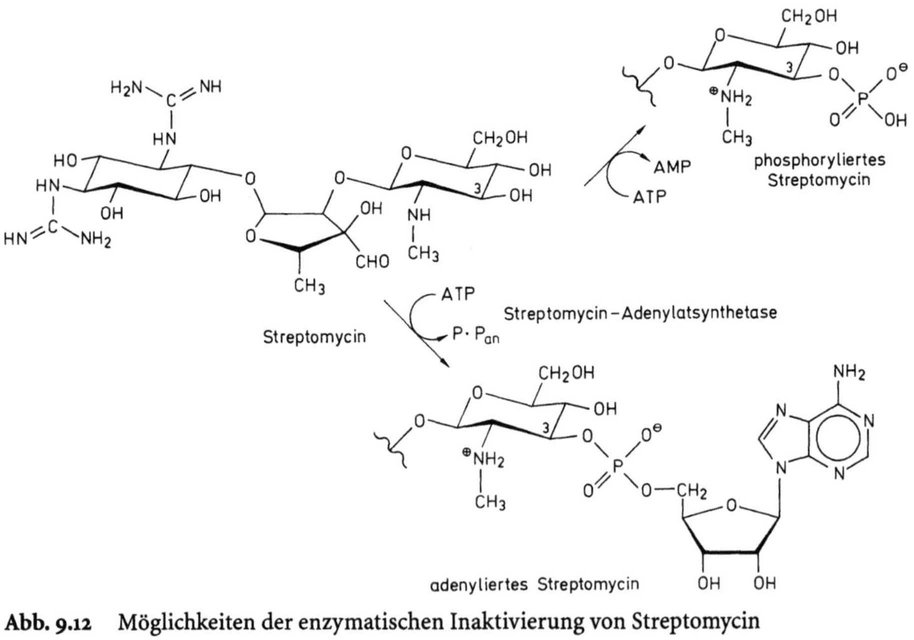

Abb. 9.12 Möglichkeiten der enzymatischen Inaktivierung von Streptomycin

nahezu vollständigen Fehlen von Phosphatidylglycerolen in der Zytoplasmamembran von Bakterien.

Literatur

Dürckheimer W, Blumbach J, Lattrell R, Scheunemann KH (1985) Neue Entwicklungen auf dem Gebiet der β-Lactam-Antibiotika. Angew Chem 97:183

Hauser TP, Nierhaus KG (1988) Proteinbiosynthese und ihre Hemmung durch Antibiotika. Biol Uns Zeit 18:129

Kühn K, Zimmermann R (1986) β-Lactam-Antibiotika. Dtsch Apotheker Z 126:1991

Otto HH (1989) β-Lactam-Antibiotika - ein Fortschrittsbericht. Pharm Z 134:2343

Schrinner E, Limbert M (1982) Antibiotikaresistenz von Bakterien - Entstehung und Wirkungsmechanismen. Med Mo Pharm 5-528

Sprecher E (1984) Antibiotika. Dtsch Apotheker Z 124:2099

Sprecher E (1986) Antibiotika. Dtsch Apotheker Z 126:1435

Adam D, Thoma K (1994) Antibiotika - Neuere Wirkstoffe und Darreichungsformen. Wiss Verlagsges, Stuttgart

Wallhäuser KH, Schmidt H (1976) Sterilisation, Desinfektion, Konservierung, Chemotherapie. Thieme, Stuttgart

Wang AHJ, Ughetto G, Quigley GJ, Rich A (1987) Interactions between an anthracycline antibiotic and DNS: Molecular structure of daunorubicin complexed to d(CpGpTpApCpG) at 1.2 Å resolution. Biochemistry 26:1152

Immunsystem

W. Ax

10.1
Einführung – Grundbegriffe

Das Immunsystem dient der Erhaltung der Individualität und Unversehrtheit eines Lebewesens. Ein Immunsystem tritt in der Entwicklungsgeschichte erstmals bei den Vertebraten auf. Drei Grundelemente bilden das Abwehrsystem:

- lymphoide Zellen in der Zirkulation,
- Antikörpersynthese,
- zellvermittelte Abwehrreaktionen.

Das Immunsystem eines höheren Organismus hat nicht nur die Möglichkeit, „körperfremd" von „körpereigen" zu unterscheiden, sondern besitzt außerdem die besondere Fähigkeit, aus solchen Begegnungen zu „lernen" und bei erneutem Kontakt mit fremden Stoffen diese wieder zu erkennen und rascher und besser zu attackieren. Diese Reaktion ist hochspezifisch –schon die geringste Veränderung des Fremdstoffs ruft erneut Abwehr wie bei einem Erstkontakt hervor.

Erkrankt ein Kind beispielsweise an Masern (Erstkontakt), so wird es nach Überwindung dieser Infektionskrankheit eine lebenslange, nahezu 100%ige Immunität erworben haben. Ein späterer zweiter oder wiederholter Kontakt führt nicht mehr zu einer Erkrankung: es herrscht Immunität.

Nach Zweitkontakt tritt das Masernvirus nur noch vorübergehend auf, ohne Manifestation der Erkrankung.

Immunität manifestiert sich demnach als spezifische, schnelle Reaktion auf einen Fremdstoff bei wiederholtem Kontakt. Eine „schlechte" Zweitreaktion auf den Fremdstoff bewirkt sog. Toleranz oder auch eine Allergie. Wiedererkennen und Spezifität qualifizieren daher eine Immunantwort.

Fremdstoffe, die eine Immunreaktion auslösen, bezeichnet man als Antigene (Antikörper generierend), innerhalb einer Spezies auch als Immunogen, falls Immunität hervorgerufen wird. Antigene können sehr komplex sein, die Abwehr richtet sich dann gegen Teile eines Antigens sog. Determinanten. Die Teile eines Antigens, die zu klein sind, um eine Immunantwort auszulösen, nennt man Haptene [Molekulargewicht (MG) < ca. 1000]. Sind Haptene an Trägermoleküle (= „carrier") gekoppelt, so können sie zu Antigenen (Immunogenen) werden. Große Moleküle eines Antigens können mehrere unterschiedliche Bereiche tragen, gegen die sich die Immunabwehr richten kann; man nennt sie Epitope. Fremdstoffe werden im Verlauf einer erfolgreichen Immunreaktion neutralisiert und anschließend eliminiert.

Die Immunabwehr soll sich nicht gegen körpereigene Strukturen richten. Das „Immunorgan" wird daher durch ein sehr komplexes Kontrollsystem überwacht und gesteuert, das sich aus der Zusammenarbeit der Zellen des Immunsystems ergibt.

10.2
Zellen des Immunsystems

10.2.1
Lymphozyten

Für die Spezifität der Immunantwort sind allein die Lymphozyten verantwortlich. Als Blutzellen gehen sie aus pluripotenten Stammzellen hervor. Nach der Geburt befinden sich die Stammzellen im Knochenmark, wo sie sich einerseits als Stammzellen reproduzieren und andererseits die Vorstufen bestimmter Lymphozyten darstellen.

Lymphozyten erkennen Antigene mit Hilfe von Rezeptoren in der Zellmembran. Ausgereifte Lymphozyten besitzen Rezeptoren mit jeweils *einer* Spezifität, welche als „Zellklon" weitergegeben wird. Man schätzt, daß der Mensch gegen bis zu 10^8 Antigene reagiert. Entsprechend groß müßte die Zahl der unterschiedlichen Rezeptormoleküle sein, die im Lauf der Lymphozytenreifung gebildet werden. Ein Antigen reagiert jeweils nur mit denjenigen Lymphozyten, die den passenden Rezeptor tragen und, nachdem das Antigen gebunden hat, anfangen, sich klonal zu vermehren (Selektionstheorie).

In Thymus und Knochenmark werden pro Tag ca. $10-15 \times 10^9$ neue Lymphozyten gebildet. Ein Erwachsener besitzt etwa 10^{12} (ca. 1000 g) lymphatische Zellen, verteilt auf Zirkulation und Gewebe des Immunsystems, entsprechend ungefähr 2 % des Körpergewichts.

Ausgereifte Lymphozyten können als „Gedächtniszellen" viele Jahre überleben (bis zu 20). Mit 65 Jahren könnte ein Mensch demnach bis zu 275 kg lymphatische Zellen gebildet haben

Funktionen der Zellen des Immunsystems

T-Lymphozyten:	– zelluläre Immunreaktionen, – Immunregulation, Hilfe, Suppression,
B-Lymphozyten:	– Synthese von Antikörpern, Antigenerkennung, Antigenpräsentation,
mononukleäre Phagozyten:	– Phagozytose, Zytotoxizität, Synthese von Mediatoren, – Aktivierung von Lymphozyten, Antigenpräsentation
Granulozyten:	– Phagozytose, Fremdstoffabbau, – Synthese von Mediatoren der Entzündung,
basophile Mastzellen:	– Synthese und Sekretion von Mediatoren der Entzündung und Allergie.

T- und B-Lymphozyten

Die 2 Hauptklassen der Lymphozyten entstehen durch ihren unterschiedlichen Differenzierungsweg. Aus dem Reservoir der lymphatischen Stammzellen wandert ein Teil in den Thymus ein. Dort findet in mehreren Teilungs- und Differenzierungsschritten die Reifung zu immunologisch kompetenten Lymphozyten statt, welche den Thymus als T-Lymphozyten (thymusabhängige Lymphozyten) verlassen.

Sie besiedeln in den sog. peripheren lymphatischen Organen, wie Lymphknoten und Milz, bestimmte Areale: sog. „thymusabhängige Areale". T-Lymphozyten haben typischerweise die Fähigkeit zur Rezirkulation, was bedingt, daß 60–80 % der Blutlymphozyten aus T-Lymphozyten bestehen.

Bei Vögeln findet eine andere Differenzierung in einem bestimmten Organ, der Bursa Fabricii, einem modifizierten Darmabschnitt, statt. Da bei Säugern dieser Organabschnitt fehlt, werden bestimmte Lymphozyten auch im Knochenmark zur Reife gebracht.

Diese Art reifer B-Lymphozyten (B von Bursa oder „bone marrow dependent") besiedeln die sog. Keimzentren der Lymphknoten und die weiße Pulpa der Milz; sie zirkulieren nur wenig (10–15 %).

Reife T- und B-Lymphozyten werden bereits im Fetus gebildet. Morphologisch lassen sich T- und B-Lymphozyten nicht unterscheiden. Während ihrer Differenzierung exprimieren B- und T-Lymphozyten auf der Zelloberfläche sog. Marker. Mit Hilfe dieser Moleküle ist es heute möglich, Subpopulationen von B- und T-Lymphozyten zu klassifizieren (Tabelle 10.1).

Dies gelingt mit Hilfe monoklonaler Antikörper aus Lymphozytenhybridomen. Sie werden hergestellt durch die Fusion kernhaltiger Zellen und anschließend gleichzeitiger Kernteilung mit Vereinigung der Chromosomen in einem Kern. Antikörperproduzierende Lymphozyten, die sich normalerweise nur begrenzt vermehren, werden mit transformierten Myelomlymphozyten – die sich unbegrenzt vermehren und die latente Fähigkeit zur Antikörperherstellung besitzen –

Tabelle 10.1 Vergleich von T- und B-Lymphozyten (*MHC* „major histocompatibility complex")

	T-Zellen	B-Zellen
Anteil im Blut	80 %	20 %
Anteil in der Milz	60 %	40 %
Antikörpersynthese	Nein	Ja
Immunglobulin auf der Zellmembran	Nein	Ja
Rezeptoren	T-Zellrezeptoren	Antigenrezeptoren (Ig)
MHC	Klasse I (aktiv II)	Klasse II
Zellvermittelte Immunreaktion	Ja	Nein

fusioniert. Es entstehen Lymphozytenhybridome, welche unsterbliche Zellklone darstellen, die hochspezifische, reproduzierbar herzustellende Antikörper erzeugen. Bisher ist dieses Verfahren nur im Maussystem erfolgreich. Die unterschiedlichen Marker der menschlichen Subpopulationen werden in einer internationalen CD-Nomenklatur („cluster of differentiation") erfaßt.

Lymphozytensubpopulationen

Innerhalb der Lymphozytenhauptklassen werden die unterschiedlichen Funktionen durch Subpopulationen erfüllt, die sich durch einzelne oder eine Kombination von CD-Markern bestimmen lassen (Tabelle 10.2). Beispielsweise erkennt man T-Lymphozyten mit einer Helferfunktion während der Antigenerkennung an dem Marker CD 4. Andere T-Lymphozyten tragen den Marker CD 8 und geben sich damit als sog. zytotoxische oder Suppressorzellen zu erkennen.

Die Bedeutung der CD-Marker wurde durch AIDS erst voll erkannt: Das HI-Virus dringt ausgerechnet mit Hilfe der CD 4-Moleküle in das Immunsystem ein und dezimiert die CD 4-positiven T-Helferzellen. Die Anzahl der CD 4-positiven Zellen im Blut ist z. Z. noch die einzige Verlaufskontrolle dieser fatalen Erkrankung des Immunsystems, die mit dem Verlust der immunologischen Erinnerung (der T-Helferzellen) den Organismus schutzlos macht gegen Keime, die normalerweise ständig der Kontrolle des Immunsystems unterliegen.

Tabelle 10.2 Mit Hilfe monoklonaler Hybridantikörper detektierbare CD-Marker (Auswahl)

Marker/Antigen	Vorkommen/Funktion
CD 1	Thymozyten, Langerhans-Zellen
CD 2	T-Zellen: „Schaferythrozytenrezeptor"
CD 3	T-Zellen: T-Zell-Antigen-Rezeptor-Komplex
CD 4	T-Helferzellen: MHC-Klasse-II-vermittelte Antigenerkennung
CD 8	T-Suppressor-/zytotoxische Zellen: MHC-Klasse-I-Antigenerkennung
CD 10	Frühe B-Zellen, lymphatische Leukämie, (cALL)
CD 14	Monozyten
CD 15	Granulozyten
CD 16	Killerzellen
CD 19	B-Zellen
CD 22	B-Zellen (auch frühe)
CD 23	B-Zellen, aktiviert
CD 25	Aktivierte T-Zellen: IL-2-Rezeptor
CD 28	T-Zelluntergruppe, nach Aktivierung
CD 34	Hämatopoetische Vorläuferzelle
CD 41	Plättchen (+ Vorläufer)
CD 45	Pan-Leukozyten
CD 71	Transferrinrezeptor auf aktivierten Zellen

10.2.2
Mononukleare Phagozyten

Hierunter versteht man phagozytierende Zellen, die von Monozyten abstammen. Phagozytose ist die archaische Form der Verteidigung gegen körperfremde Stoffe und Organismen durch Aufnahme und intrazelluläre Verdauung.

Makrophagen reifen heran aus Monozyten und besiedeln Körperhöhlen und Gewebe. Sie phagozytieren Mikroorganismen und andere Fremdstoffe bzw. Antigene. Makrophagen gelten auch noch als „antigenpräsentierende Zellen" (APC, „antigen presenting cell"), die aufbereitete Fremdstoffe den T-Lymphozyten darbieten.

Makrophagen können Mediatorstoffe abgeben, die in den Ablauf einer Entzündung eingreifen. Ihrerseits werden sie durch T-Lymphozyten aktiviert.

Phagozytose und intrazelluläre Abtötung von Mikroorganismen bzw. Krankheitserregern in Vakuolen werden beschleunigt durch sog. *Opsonierung*. Dabei markieren spezifische Antikörper – durch Immunisierung entstanden – den Fremdkörper und ermöglichen den Phagozyten mit Hilfe von Rezeptoren, die am Antikörpermolekül festmachen, rasche Erkennung und Aufnahme.

Es besteht also eine funktionale Zusammenarbeit zwischen den antigenspezifischen Lymphozyten und immunologisch unspezifischen Effektorzellen – den Makrophagen.

Nach Stimulation im Verlauf einer Immunreaktion sezernieren Makrophagen zahlreiche unterschiedliche Produkte wie Enzyme, O_2-Radikale und Faktoren, die das Zellwachstum hemmen oder fördern können.

Makrophagen haben eine außergewöhnliche Migrationsfähigkeit, die es ihnen ermöglicht, in nahezu alle Körperregionen vorzudringen, um ihre Wirkung zu entfalten.

Die unterschiedlichen Funktionen der Makrophagen haben zur Definition von Subpopulationen geführt, die ihre Aktivität entsprechend dem umgebenden Gewebe entfalten.

10.2.3
Dentritische Zellen

Ähnlich den Makrophagen zeigen dentritische Zellen Phagozytoseaktivität, sind sehr adhärent und zeichnen sich durch sehr lang ausgestreckte dentritische Zellfortsätze aus. Sie können Antigen speichern – aber nicht prozessieren – kommen in lymphatischen Geweben, z. B. den Keimzentren der Lymphknoten, und in der Haut vor, wo sie als sog. Langerhans-Zellen an der immunologischen Barriere der Epidermis beteiligt sind.

10.3
Funktionelle Anatomie des Immunsystems

Die Masse des Immunsystems, als Organ, das sich aus den genannten Zellen zusammensetzt, beträgt ca. 1,5 kg. Man unterscheidet primäre und sekundäre lymphatische Gewebe des Menschen. *Primäre* Gewebe sind die Orte der Lymphopoese: T-Lymphozyten entstehen im Thymus, B-Lymphozyten im Knochenmark.

Sekundäre (periphere) lymphatische Gewebe enthalten reife Lymphozyten und akzessorische Zellen (makrophage und dentritische Zellen). Lymphozyten wandern über Blut- und Lymphgefäße in sekundäre lymphatische Gewebe ein. Lymphknoten und Milz sind organisierte, verkapselte Organe. Nichtverkapselte lymphatische Gewebe verteilen sich auf Schleimhäute, Respirations- und Urogenitaltrakt.

10.3.1
Immunreaktion

Immunität bedeutet Resistenz gegen Krankheitserreger.

Nach Erstkontakt mit dem Antigen lassen sich wenige Tage später Antikörper nachweisen. Dieses sind meist Immunglobuline der Klasse M. Die Primärreaktion mit Antikörperproduktion dauert in der Regel mehrere Wochen. Bei erneutem Kontakt mit dem gleichen Antigen bewirken die Gedächtniszellen eine sog. Sekundärantwort, die sich auszeichnet durch schnellere Reaktion auf das Antigen, länger andauernde, erhöhte Antikörperproduktion – meist der Klasse IgG – und stärkere Bindung der Antikörper an Antigen.

Durch Kontakt mit Antigen und erfolgreicher Immunantwort erwirkt der Organismus *aktive* Immunität, die jahrelang oder sogar lebenslang anhalten kann. *Passive* Immunität erzielt man durch Verabreichung von „vorgefertigten" spezifischen Antikörpern. Typische Anwendung für diese passive Immunisierung ist die Neutralisation der Toxine der Erreger von Diphtherie und Tetanus (Antitoxine). Passive Immunität kann durch Abbau der (fremden) Antikörper wieder verlorengehen (s. Kap. 11).

10.3.2
Immundefekte (Tabelle 10.3)

Angeborene, primäre Immundefekte entstehen durch Störungen des T-Lymphozyten- und/oder B-Lymphozytensystems. Nicht funktionierende T-Lymphozyten hemmen die Antigenerkennung und die zellvermittelte Immunabwehr. Defekte B-Lymphozyten bewirken Antikörpermangel.

Tabelle 10.3   Defekte Funktionen bei Abwehrstörungen

Abwehrsystem	Defekt	Fehlende Abwehr gegen
B-Zellen	Antikörperopsonierung	Bakterien, Viren, Pilze, Protozoen
T-Zellen	Antigenerkennung Lymphokinbildung, Makrophagenaktivierung	Bakterien, Viren, Pilze, intrazelluläre pathogene Keime
Granulozyten	Phagozytose	Bakterien
Komplement	Opsonierung von Immunkomplexen	Immunkomplexerkrankungen

Erworbene, sekundäre Immundefekte betreffen ebenfalls die beiden Lymphozytenkompartimente und werden verursacht durch Erkrankungen, die die Funktion der Zellen des Immunsystems beeinträchtigen.

AIDS („aquired immune deficiency syndrome") ist das derzeit bekannteste Beispiel eines erworbenen Immundefekts. Virusinfektion (HIV) und Befall einer T-Lymphozytenpopulation (T-Helferzellen, CD 4-positive T-Zellen) verursachen den totalen Zusammenbruch der Antigenerkennung und damit der Immunabwehr.

Weitere sekundäre Immundefizienzen: rezidivierende Furunkulose, Malignome im Immunsystem, Polytrauma, Neurodermitis und persistierende Viruserkrankungen.

10.3.3
B-Lymphozytenstimulation

B-Lymphozyten produzieren Antikörper, die der Antigenerkennung dienen; membranständig stellen sie den *Antigenrezeptor* der B-Zellen dar. Nach Aktivierung durch das spezifische Antigen und Reifung sezerniert der nunmehr entstandene B-Zellklon Immunglobuline derselben Antigenspezifität, wie sie der Rezeptor hatte. Durch Transformation entstehen Lymphoblasten und daraus die Endstufe, die antikörperproduzierenden *Plasmazellen*, die eine Lebensdauer von nur noch wenigen Tagen haben.

Die *Antikörper* im Serum machen etwa 20% der Gesamtmenge an Plasmaproteinen aus. Sie sind bifunktionelle Moleküle mit 2 Aufgaben: Antigenerkennung und Antigeneliminierung durch Interaktion mit akzessorischen Effektorzellen (s. Abschn. 10.2.2). Antikörpermoleküle enthalten einen variablen Teil – angepaßt an die Antigenstruktur – und einen konstanten Teil, der die Effektorwirkung steuert.

Antikörper sind Glykoproteine, sie wandern in der Elektrophorese hauptsächlich in der γ-Globulinfraktion, als *Immunglobuline*. Diese werden in die Klassen IgG, IgM, IgA, IgD und IgE eingeteilt.

Die Grundstruktur bilden 4 Polypeptidketten, 2 schwere H-Ketten („heavy chain", MG = 50 000 – 70 000) und zwei leichte L-Ketten („light chain", MG = 25 000). Die Polypeptidketten sind miteinander durch Disulfidbrücken verbunden. H- und L-Ketten sind zu globulären Regionen gefaltet, die jeweils ca. 110 Aminosäurereste enthalten. L-Ketten haben 2 solche Domänen, die H-Ketten 4–5.

Antigene werden am variablen aminoterminalen Ende gebunden, je von einer L- und einer H-Kette. Ein Antikörpermolekül kann an 2 Stellen desselben Antigens binden – es ist bivalent. Auf einem Immunglobulinmolekül gibt es immer nur einen Typ L-Kette.

Papain spaltet das Molekül in 3 Teile: 2 Fab- und 1 Fc-Fragment (Fab = „fragment antigen binding", Fc = „fragment crystallizable"). Fab-Fragmente enthalten die variable H-Kette (V_H) und die konstante H-Domäne (C_{H1}). Das 3. Fragment enthält die restlichen konstanten Domänen der 2 schweren Ketten.

Das Fc-Stück aktiviert Lymphozyten, Makrophagen und sog. Mastzellen durch Bindung an den Fc-Rezeptor.

IgM (5–10% der Serumimmunglobuline) hat eine pentamere Struktur, zusammengesetzt aus 5 Untereinheiten vergleichbar dem IgG. Außer 10 H- und 10

L-Ketten enthält das IgM-Molekül noch eine J-Kette („joining"), die für die Verknüpfung der Untereinheiten mitverantwortlich ist (Abb. 10.1).

Das Antikörperrepertoir der 10^6-10^8 verschiedenen Antikörperspezifitäten entsteht dadurch, daß getrennte Gensegmente für die variablen und konstanten Teile der Immunglobulinketten kodieren. Viele verschiedene Gene kodieren für die variablen Abschnitte und jeweils ein Gen für den konstanten Teil einer Immunglobulinklasse. Die Gensegmente werden während der B-Lymphozytenreifung miteinander kombiniert, und zwar durch Rekombination auf DNA-Ebene.

Nur einige wenige Aminosäuren im variablen Bereich der H- und L-Ketten sind maßgebend für die Spezifität eines Immunglobulins. Sie liegen im sog. hypervariablen Bereich, der aus etwa 5 Aminosäuren in je 3 Bereichen besteht, was einen Gesamtbereich von 15 Aminosäuren ergibt. Da das Antigen gemeinsam von je einer H- und einer L-Kette gebunden wird, stehen 30 Aminosäuren zur Verfügung. 12 Aminosäuren können die einzelnen Positionen des hypervariablen Abschnittes besetzen, was bedeutet, daß 12^{30} Variationsmöglichkeiten gegeben sind – eine fast unbegrenzte Zahl von Kombinationen und damit Antigenspezifitäten der Immunglobuline.

10.3.4
T-Lymphozytenstimulation

T-Zellen erkennen Antigen mit Hilfe des *T-Zellrezeptors* auf ihrer Zellmembran. Zwischen den Antigenrezeptoren auf T- und B-Zellen bestehen strukturelle Ähn-

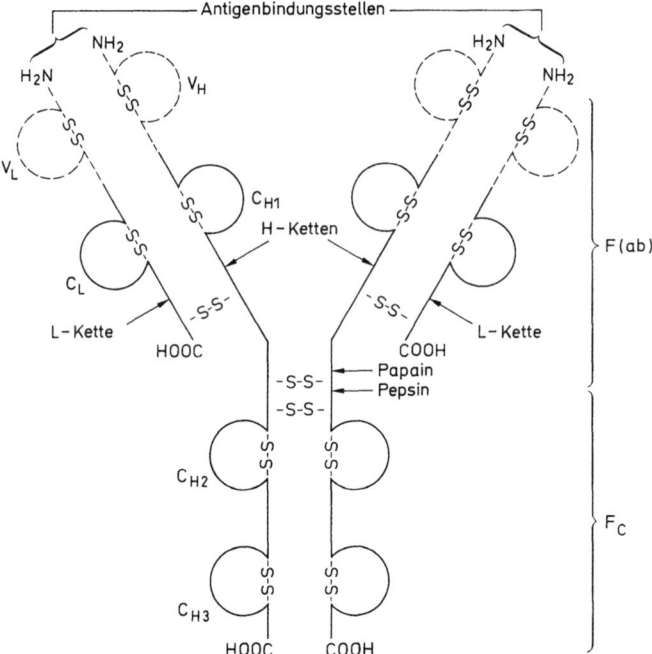

Abb. 10.1 Die Struktur des Immunglobulins

lichkeiten. B- und T-Zellen erkennen unterschiedliche Regionen auf dem Antigen, und damit bestimmt die Konfiguration der Antigendeterminante, ob eine B- oder T-Zellstimulation in Gang gesetzt wird.

T-Lymphozyten erkennen Antigen auf der Oberfläche anderer Zellen. Dies können sein: entweder virusinfizierte Zellen, die durch zytotoxische T-Zellen attackiert werden, oder antigenpräsentierende Zellen (APC = „antigen presenting cells"), die T-Zellen zur Teilung anregen. APC (z. B. Makrophagen) nehmen Antigen auf und prozessieren es, bevor sie es in immunogener Form präsentieren.

Alle Immunreaktionen, an denen T-Lymphozyten beteiligt sind, unterliegen einer *genetischen Restriktion*. Virusspezifische zytotoxische T-Zellen erkennen das entsprechende Virusantigen nur auf der Oberfläche infizierter Zellen, die denselben MHC-Typ besitzen wie sie selbst. MHC ist der „major histocompatibility complex" (Haupthistokompatibilitätskomplex) entsprechend dem HLA-Gen-Komplex auf dem Chromosom 6 des Menschen (HLA = „human leukocyte antigen"). Ein hoher Genpolymorphismus entsteht durch 5 Loci und ergibt mehr als 100 HLA-Determinanten. Die HLA-Antigene wurden als Ursache für die Transplantatabstoßung entdeckt. Ihre eigentliche Rolle spielen die MHC(HLA)-Moleküle jedoch – wie man heute sicher weiß – in der Antigenpräsentation.

Man unterscheidet Klasse-I- und Klasse-II-MHC-Moleküle, wobei Klasse I auf allen kernhaltigen Zellen vorkommt. Klasse II dagegen nur auf B-Zellen, Monozyten/Makrophagen und aktivierten T-Zellen, (s. Tabelle 10.1). Die T-Zellantigenerkennung läuft ab im Zusammenwirken von T-Zellrezeptor, MHC-Molekül und präsentiertem Antigen. Die MHC-Moleküle eines Individuums bestimmen, welcher Teil eines Antigens präsentiert wird, womit die Art und die Stärke einer Immunantwort des Individuums auf dieses Antigen festgelegt wird.

Zytotoxische T-Lymphozyten (CD 8), die für die Elimination virusinfizierter Zellen in allen Geweben zuständig sind, erkennen Antigen nur in Verbindung mit MHC-Klasse-I-Molekülen. Klasse-II-restringierte Helferzellen (CD 4) steuern die Immunantwort, indem sie Antigen plus Klasse-II-Moleküle erkennen, die auf B-Zellen und/oder APC vorhanden sind (Abb. 10.2).

Die Reaktion auf Antigen bewirkt die Freisetzung von *Interleukinen* durch bestimmte T-Lymphozyten. Interleukine sind Polypeptide, die ähnlich Hormonen, eine Vielzahl von Zellfunktionen beeinflussen. Das derzeit bekannteste Interleukin 2 (IL 2) ist charakteristisch für die T-Zellaktivierung. IL 2 wird von CD 4-positiven T-Zellen produziert und bindet dann an einen IL 2-Rezeptor, der auf T-Zellen, aber auch auf B-Zellen und Makrophagen exprimiert wird. IL 2 stellt somit einen Wachstumsfaktor für T-Zellen dar. Glukokortikoide und das Cyclosporin A inhibieren die IL 2-Produktion und dienen daher als Immunsuppressiva.

10.3.5
Zytokine

Außer IL 2 gibt es noch eine große, ständig wachsende Zahl von sog. Zytokinen. Sie steuern Proliferation und Differenzierung der Immunzellen: GM-CSF (Granulozyten/Makrophagen-CSF), ursprünglich benannt nach der Eigenschaft, Kolonien von Knochenmarkzellen (in vitro) zu erzeugen („colony stimulating factor"). Dieser Faktor stimuliert die Differenzierung und Vermehrung von

10.3 Funktionelle Anatomie des Immunsystems

Klasse	Grundstruktur	Hauptfunktion
IgG	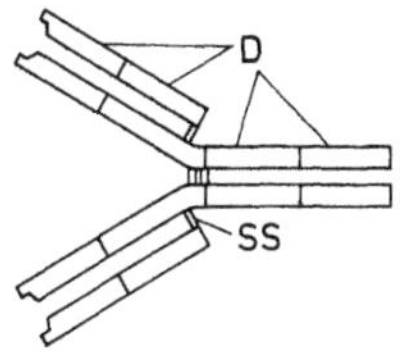	Schützt den Extravaskulärraum vor Mikroorganismen und / oder deren Toxinen
IgM	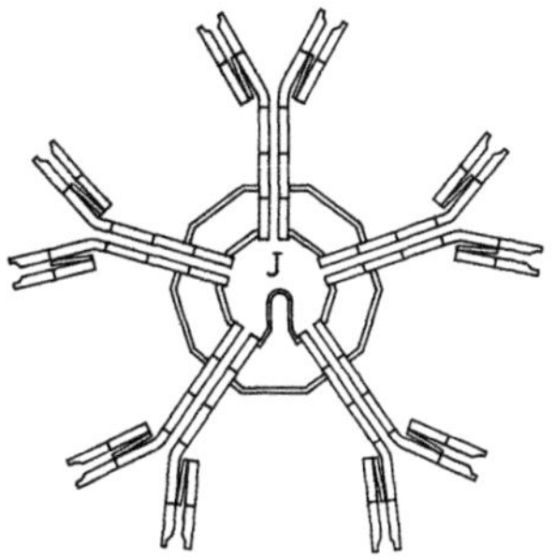	Wirksame erste Abwehrlinie gegen Mikroorganismen im peripheren Blut
IgA	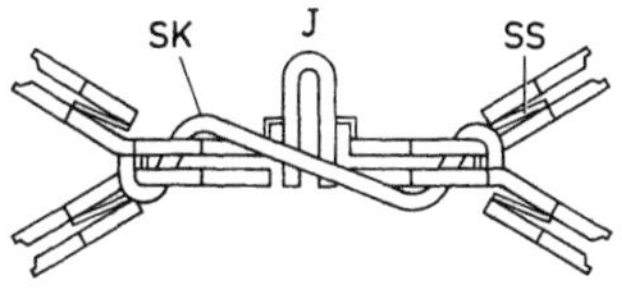	Schützt Schleimhautoberflächen
IgD	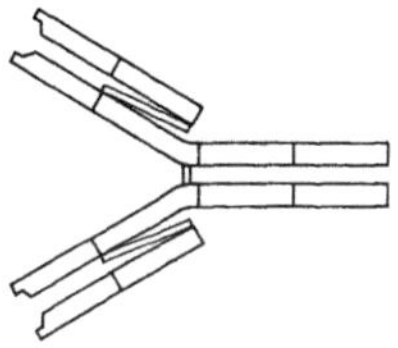	beeinflußt Lymphozytenfunktionen ?
IgE	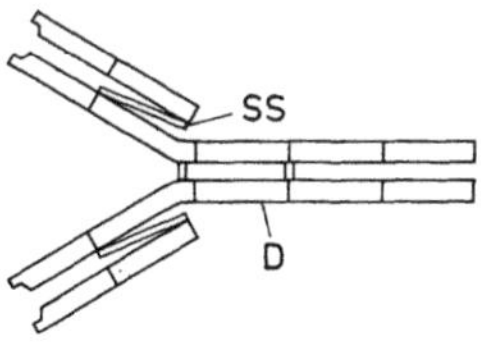	Schützt gegen Darmparasiten, verantwortlich für die Auslösung einer anaphylaktischen Reaktion

Abb. 10.2 Immunglobuline des Menschen (*D* Domänen, *SS* Disulfidbindungen, *J* J-Peptid, *SK* sekretorische Komponente). (Aus: Staines N *et al.* 1987)

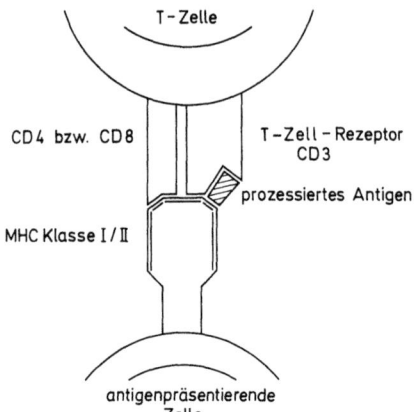

Abb. 10.3 T-Zellinteraktion. CD 4 auf Klasse-II-restringierten Zellen interagiert mit Klasse-II-Molekülen auf antigenpräsentierenden Zellen und mit dem T-Zellrezeptor, CD 8 entsprechend mit Klasse I. Prozessiertes Antigen wird von MHC-Molekülen präsentiert und vom T-Zellrezeptor (CD 3-Komplex) er-

Granulozyten und Makrophagen im Knochenmark. GM-CSF bewirkt zusätzlich bei diesen Zellen die Adhärenz, Migration, Phagozytose und Rezeptorexpression.

Im Menschen wird GM-CSF außer in T-Lymphozyten auch noch von Endothelzellen, Fibroblasten und von Monozyten gebildet.

Interferone sind lösliche Faktoren, die ursprünglich aus virusinfiziertem Gewebe isoliert wurden und mit der Virusvermehrung „interferierten". Man unterscheidet 3 Arten von Interferon (IFN): IFN-α wird von Leukozyten gebildet (MG 18000 – 20000), IFN-β (MG 23000), aus Fibroblasten und Leukozyten und IFN-γ oder Typ-II(Immun)Interferon (MG 20000–25000), das von T-Lymphozyten nach Stimulation durch Antigen gebildet wird. Als Polypeptidhormone haben die Interferone antivirale, antiproliferative und immunmodulierende Wirkungen, deren klinische Bedeutung bei Virusinfektionen und Tumorerkrankungen derzeit erforscht wird.

MIF-Migrationsinhibitionsfaktor, obwohl schon 1966 als erstes Zytokin beschrieben, ist in seiner Struktur bisher nicht aufgeklärt, und es ist wahrscheinlich, daß sich hinter der MIF-Aktivität (erhöhte Adhärenz von Makrophagen in vitro) eine Vielzahl heute bekannter Zytokine verbirgt – wie z. B. GM-CSF.

10.4
Komplementsystem

Es wird definiert als ein System von mehr als 12 Serumfaktoren, welches durch Antigen-Antikörper-Komplexe (Immunkomplexe) aktiviert wird.

Das System steigert *unspezifisch* die Wirkung von Immunreaktionen. Das Komplementsystem besteht aus Proteinen, gebildet in Darmepithel, Leberparenchym, Milzzellen und Makrophagen. Die Faktoren sind hitzelabil, d. h. Komplementinaktivierung erreicht man bereits durch Erhitzen eines Serums für 30 min bei 56°C. Etwa 5% aller Plasmaproteine sind Komplementfaktoren. 21 definierte Proteine reagieren nach einer festen Ordnung miteinander (Kaskade).

Komplementkomponenten werden mit C 1 – C 9 oder mit Großbuchstaben gekennzeichnet (Faktor B, Faktor H usw.). Die „klassische" Teilsequenz C 1, C 4 und C 2 wird unterschieden von der „alternativen" C 3, Faktor B, D und Properdin. Eine gemeinsame Endsequenz haben die Komponenten C 5, C 6, C 7, C 8 und C 9.

Das Komplementsystem wird außer durch Immunkomplexe (klassischer Weg) auch noch durch Bakterienpolysaccharide, IgA und andere Substanzen (alternativer Weg) aktiviert. Wichtige Wirkungen des Komplementsystems sind: Chemotaxis, Förderung der Phagozytose durch Opsonierung, Membranlysis von Erythrozyten und gramnegativen Bakterien, Membranschädigung kernhaltiger Zellen, Histaminfreisetzung aus Mastzellen, was Vasodilatation und erhöhte Kapillarpermeabilität erzeugt (Allergie).

Immunkomplexe, die das Komplementsystem nicht aktivieren und daher nicht eliminiert werden, können sich im Körpergewebe ablagern (z. B. Gelenke) und so schwere Schäden bei Autoimmunerkrankungen hervorrufen (z. B. Rheuma bzw. Arthritis).

10.5
Autoantigene

Der menschliche Organismus unterscheidet zwischen „selbst" und „nichtselbst"; dieser Lernprozeß resultiert in der *Immuntoleranz*. Immunkompetente Zellen kommen jedoch mit gewissen Körpergeweben während der „Lernphase" nicht in Kontakt. Dazu zählen ZNS-Gewebe, Linse und Sperma. Gelangen diese „körpereigenen" Antigene als Autoantigene in das Immunsystem des Körpers (Kreislauf), so können sie eine Autoimmunreaktion bzw. -erkrankung auslösen (Tabelle 10.4).

Es können auch sog. Kreuzreaktionen ausgelöst werden, wenn Antikörper gegen Antigene gebildet werden, die mit körpereigenen Antigenen teilidentisch sind (z. B. Streptokokkenantigene und Herzgewebe). Die Anlagerung fremder

Tabelle 10.4 Autoimmunerkrankungen des Menschen

Erkrankung	Betroffene Gewebe	Autoantigen
Systemischer Lupus erythematodes	Systemisch	DNS, DNS-Proteine, Mitochondrien
Rheumatoide Arthritis	Synovialmembran	Fc-Stück des IgG
Unfruchtbarkeit des Mannes	Spermatozoen	Spermatozoen
Perniziöse Anämie	Mukosa des Magens	Belegzellen
Myasthenia gravis	Herz-, Skelettmuskeln	Muskelzellen, myoide Zellen des Thymus
Hashimotothyreoiditis	Schilddrüse	Thyreoglobulin, Schilddrüsenzellen

Antigene an körpereigenes Gewebe kann ebenfalls eine Autoimmunreaktion hervorrufen.

Literatur

Brostoff J, Scadding GK, Male D, Roitt IM (1991) Clinical immunology. Gower, London New York
Gemsa D, Kalden JR, Resch K (1991) Immunologie, 3. Aufl. Thieme, Stuttgart New York
Quast U, Thilo W, Fescharek R (1993) Impfreaktionen. Hypokrates, Stuttgart
Roitt IM, Brostoff J, Male DK (1991) Kurzes Lehrbuch der Immunologie, 2. Aufl. Thieme, Stuttgart New York
Staines N, Brostof J, James K (1987) Immunologisches Grundwissen. Edition La Roche, Basel
Thomas L (Hrsg) (1992) Labor und Diagnose, 4. Aufl. Med Verlagsges, Marburg

KAPITEL 11

Impfstoffe und Allergenextrakte ad usum humanum

R. Fescharek

11.1
Impfstoffe

Impfstoffe induzieren einen wirksamen, lang andauernden, spezifischen Schutz gegen gefährliche Infektionskrankheiten. Sie werden eingesetzt gegen solche Infektionskrankheiten, bei denen es in aller Regel keine Behandlungsmöglichkeiten gibt (wie bei den Viruserkrankungen) oder bei denen es trotz antibiotischer Behandlung zu schweren Dauerschäden kommen kann (wie z.B. bei Meningokokkenmeningitis). Menschen wird durch Impfung prophylaktisch Antigen in verträglicher Form verabreicht. Je nach Impfstoff kann das Antigen bestehen aus lebenden oder abgetöteten Krankheitserregern (Ganzkeimvakzine), Bruchstücken von Viren oder Bakterien (Spaltvakzinen und Subunit-Vakzinen) oder aus meist durch Formaldehyd detoxifiziertem Toxin von Bakterien (Toxoide). Der Organismus selbst baut nach ein- oder mehrmaliger Applikation des entsprechenden Antigens einen wirksamen Schutz auf (aktive Immunisierung). Meist wird der meßbare Schutz durch die Titerhöhe der spezifischen Antikörper der Immunglobulinklasse IgG definiert, die in Abhängigkeit der Titerhöhe mehr oder weniger lang persistieren bzw. bei erneutem Antigenkontakt sehr schnell wieder nachproduziert werden können (Booster-Effekt; s. auch Kap. 10).

Monovalente Impfstoffe enthalten nur Antigen einer Erregerart, z.B. nur Poliovirus Typ I.

In *polyvalenten Impfstoffen* werden Antigene aus mehreren Typen oder Subtypen einer Erregerart gemischt (z.B. trivalente Polioschluckimpfung gegen die Subtypen I, II, III). *Kombinationsvakzinen* enthalten unterschiedliche Erregerspezies bzw. ihre Antigene (z.B. MMR-Vakzine oder DPT-Impfstoff).

Impfstoffe weisen im Vergleich zu Pharmazeutika mehrere Besonderheiten auf. Mit Impfstoffen wird Prophylaxe betrieben, und zwar sowohl zum Individualschutz, z.B. gegen Tetanus als auch zum Schutz großer Gemeinschaften bis hin zur Ausrottung von Seuchen wie z.B. der Pocken. Wegen des großen Nutzens für das Gemeinwohl haftet deshalb bei öffentlich empfohlenen Impfungen der Staat nach § 51 Bundesseuchengesetz für die sehr seltenen Impfschäden.

Die Applikation von Impfstoffen erfolgt in aller Regel an Gesunden; schon aus diesem Grund werden an Herstellung, Qualitätskontrolle und klinische Prüfung, Transport und Lagerung sowie an den Impfarzt besonders hohe Anforderungen gestellt. Hinzu kommt, daß die Herstellung immunbiologischer Präparate die Beherrschung komplexer Systeme wie Zellkulturen in industriellem Maßstab voraussetzt. Schwankungen der Qualität von Charge zu Charge sind daher auch eher möglich als bei Pharmazeutika. Aus diesem Grund gibt es für diese Präparate eine sog. Chargenzulassung, d.h. jede Charge muß jeweils vom Paul-Ehrlich-Institut freigegeben werden. Daher stellen immunbiologische Präparate im allgemeinen, und speziell Impfstoffe, besonders hohe Anforderungen an Qualitätskontrolle und die Arzneimittelsicherheit, d. h. die Überwachung der Verträglichkeit nach Anwendung in klinischer Prüfung und nach der Zulassung.

Information der Hersteller über Qualitätsmängel oder Nebenwirkungen durch die Anwender sind unerläßlich für die Sicherheit der Präparate.

Obwohl Impfstoffe zu den am besten verträglichen Arzneimitteln gehören, kann es zu *Impfreaktionen* kommen, die als harmlose Auseinandersetzung des Immunsystems mit dem Antigen anzusehen sind. Bei Lebendimpfstoffen kann es zu einer sog. *Impfkrankheit* kommen (z. B. Impfmasern). *Impfkomplikationen* sind sehr selten und werden bei öffentlich anerkannten Impfungen versorgungsrechtlich entschädigt (s. oben).

11.1.1
Klassifikation

Lebendimpfstoffe

Bei Lebendimpfstoffen werden lebende, attenuierte, d. h. in ihrer Virulenz geschwächte Erreger in einer definierten Dosis appliziert. Daher erhalten diese Vakzinen auch keine Konservierungsmittel. Nach Applikation vermehren sich die Impfkeime im Organismus.

Diese Vermehrungsphase (Inkubationsphase) läuft im Vergleich zu derjenigen der Infektionserkrankung meist verkürzt ab. Nebenreaktionen sind – mit Ausnahme sehr seltener allergischer Reaktionen auf Begleitsubstanzen – in der Regel erst nach Ablauf der Inkubationsphase zu erwarten. In einigen Prozent der Impflinge kommt es dann zu Impfkrankheiten, die harmloser Natur sind.

Die meisten Lebendimpfstoffe müssen nur einmal appliziert werden. Abstände zur Applikation von Immunglobulinen müssen beachtet werden, da sonst die Wirksamkeit aufgehoben werden kann. Lebendimpfstoffe hinterlassen in der Regel einen langanhaltenden, möglicherweise sogar lebenslangen Schutz. Ihre Lagerung ist schwieriger, da sie kühlkettenpflichtig sind (s. Abschn. 11.1.4). Bei Lebendimpfstoffen muß besonders sorgfältig auf Kontraindikationen, wie z. B. Immunsuppression, geachtet werden, da es sich um vermehrungsfähige Erreger handelt.

Totimpfstoffe

Totimpfstoffe enthalten inaktivierte Viren oder Bakterien, z. B. Tollwutimpfstoff oder Pertussisimpfstoff (Ganzkeimimpfstoff). Bei Influenzaimpfstoff oder Haemophilus-influenzae-B-Impfstoff werden die Erreger gespalten und nur einzelne Antigenstrukturen für den Impfstoff verwendet (Spaltvakzine, Subunit-Vakzinen).

Gentechnisch hergestellte Vakzinen, wie z. B. gegen Hepatitis B, enthalten lediglich ein Impfantigen (HBs-Ag). Impfstoffe gegen Diphtherie und Tetanus enthalten keine Bakterienbestandteile, sondern das detoxifizierte Toxin, das sog. Toxoid.

11.1 Impfstoffe

Tabelle 11.1 Charakterisierung der Lebendimpfstoffe ad usum humanum

Lebendimpfstoffe	Impfantigen	Zellkultur bzw. Nährmedium	Lagerung	Transport	Impfschema/Grundimmunisierung
Poliomyelitis (Sabin)	Lebende, attenuierte Erreger, vermehren sich im Organismus	Fetale Affennieren	2–8 °C oder bis –20 °C	Lückenlose Kühlkette	3 Schluckimpfungen nach jeweils mindestens 6 Wochen
Gelbfieber		Hühnerembryonen	2–8 °C		einmal i. m.
Masern		Hühnerfibroblastenzellkulturen			Einmal i. m. ab 15. Lebensmonat
Mumps					
Röteln		Humane diploide Zellen			
Varizellen					
BCG		Nährmedium		Keine besonderen Vorschriften, aber möglichst bei 2–15 °C	Streng intrakutan einmal
Typhus oral	nur kurz dauernde, geringe Vermehrung	Nährmedium		Lückenlose Kühlkette	0,2,5 Tage

Tabelle 11.2 Charakterisierung der Totimpfstoffe ad usum humanum

Totimpfstoffe	Impfantigen	Zellkultur bzw. Nährmedium	Lagerung	Transport	Impfschema/Grundimmunisierung
Hepatitis A	Inaktivierte Erreger (Ganzkeimvakzinen)	Humane diploide Zellen	2–8°C	Keine besonderen Vorschriften, aber möglichst bei 2–15°C[a]	3 i. m.-Injektionen
Poliomyelitis (Salk)		Fetale Affennierenzellen			0,2–6 Monate i. m.
Tollwut		Humane diploide Zellen Hühnerfibroblasten embryonierte Enteneier Verozellen			Präexpositionell: 3 i. m.-Injektionen, postexpositionell: 5–6 i. m.-Injektionen
FSME		Hühnerfibroblasten	Nicht einfrieren		3 i. m.-Injektionen
Japan-Enzephalitis		Mäusehirn			3 i. m.-Injektionen
Pertussis		Nährmedium	Nicht einfrieren		Als DPT-Impfung: 0,1,3,15 Monate
Cholera					2mal im Abstand von 1–4 Wochen Einmal i. m.
Pneumokokken	Einzelne Antigenstrukturen, Spaltvirus- und Subunit-Vakzinen				
Meningokokken					
Influenza		Allantoisflüssigkeit von Hühnereiern			Jährlich einmal i. m. oder s. c.

Tabelle 11.2 (Fortsetzung)

Totimpfstoffe	Impfantigen	Zellkultur bzw. Nährmedium	Lagerung	Transport	Impfschema/Grundimmunisierung
Haemophilus influenzae B		Nährmedium			0,2 (15) Monate i. m.
Hepatitis B		Gentechnisch in Hefezellkulturen	Nicht einfrieren 2–8 °C	lückenlose Kühlkette	0,1,6 Monate i. m.
Tetanus	Toxoide	Nährmedium		keine besonderen Vorschriften, aber möglichst bei 2–15 °C	0,1,13 Monate i. m.
Diphtherie					

[a] Betrifft die in Deutschland zugelassenen Impfstoffe.

Bei Totimpfstoffen ist also von vornherein ausgeschlossen, daß durch sie eine Impfkrankheit entsteht. Impfreaktionen können – meist innerhalb von 1–2 Tagen nach der Impfung – auftreten.

Zur Steigerung der Immunogenität wird bei manchen Totimpfstoffen (z.B. Diphtherie- und Tetanusimpfstoff) ein Adsorbens benutzt, meist Aluminiumhydroxid oder Aluminiumphosphat. Adsorbenzien steigern die Verweildauer im Gewebe und verbessern die Präsentation des Antigens. Weiterhin werden bei den meisten Totimpfstoffen zur Garantie von Stabilität und Sterilität Konservierungsmittel eingesetzt (z.B. Merthiolat). Totimpfstoffe müssen mehrmals appliziert werden. Ein Impfzyklus besteht in der Regel aus 3 Injektionen zur Grundimmunisierung und je einer Auffrischimpfung in geeignetem Abstand.

Eine Übersicht ist den Tabellen 11.1 und 11.2 zu entnehmen.

11.1.2
Herstellung

Bakterielle Impfstoffe

Die Gewinnung bakterieller Impfstoffe erfolgt zunächst durch Vermehrung der entsprechenden Saatbakterien auf geeigneten Nährmedien. Zur Sicherstellung einer kontinuierlichen und qualitativ gleichwertigen Produktion muß parallel zur Fermentation eine Stammhaltung erfolgen; dabei soll gewährleistet sein, daß keine Veränderung der Eigenschaften der Bakterien erfolgt (dies wird z.B. durch Lyophilisierung oder Einfrieren erreicht).

Das *Saatgutsystem* (Saatbakteriumsystem) soll weitestgehend die unveränderte Weitergabe der Eigenschaften des Saatvirus gewährleisten. Zunächst wird vom Hersteller ausgehend vom Saatbakterium eine größere Menge von Saatgut gezüchtet, ohne das Ausgangsmaterial zu verbrauchen. Das Saatgut wird in Einzelportionen aufgeteilt, die ausreichen, um einen Produktionsansatz zu fahren; diese Portionen werden zusammen mit dem verbliebenen Teil des Ausgangsmaterials konserviert (z.B. durch Lyophilisierung oder Einfrieren). Ziel dieses Systems ist die Bereitstellung von Impfmaterial zur Produktion, das die kleinstmögliche Zahl von Vermehrungsschritten hinter sich hat. Jede Vermehrung birgt nämlich das Risiko von Mutationen, weswegen die Zahl der zulässigen Vermehrungsschritte jeweils begrenzt ist.

Je nach Impfstoff sind Kontrollen auf Identität und Freisein von Fremdbakterien nötig. Danach schließen sich Reinigungsschritte an (z.B. Zentrifugation, Filtration oder Adsorption) und bei Totimpfstoffen zusätzlich ein geeignetes Inaktivierungsverfahren (z.B. Behandlung mit Formaldehyd, Phenol oder Erhitzung auf 50–60 °C).

Toxoidimpfstoffe werden durch Sterilfiltration von Kulturlösungen exotoxinbildender Bakterien gewonnen, die vorher auf geeigneten Nährmedien vermehrt wurden. Das Filtrat wird anschließend über einen längeren Zeitraum mit Formaldehyd bei geeigneter Reaktionstemperatur versetzt. Das so entstandene Rohtoxoid wird dann einer aufwendigen proteinchemischen Reinigung unterzogen.

Virusimpfstoffe

Viren können sich nur in lebenden Zellen vermehren. Somit kommen für die Virusvermehrung nur lebende Systeme in Frage. Verwendet werden entweder geeignete menschliche oder tierische *Zellkulturen* (z. B. humane diploide Zellen, Kulturen fetaler Affennierenzellen), beimpfte *Eier* (z. B. bei Gelbfieber- oder Grippeimpfstoffen) oder bei Fehlen von Alternativen auch *Tiere* (z. B. Mäuse, deren infiziertes Gehirn z. B. für den Impfstoff gegen Japan-Enzephalitis aufgearbeitet wird).

Primärkulturen werden aus Organgewebe meist unter Verwendung von Trypsin für jeden Ansatz neu hergestellt. *Sekundärkulturen* leiten sich von Primärzellen ab durch Passagen in serumfreiem Medium. Nach bis zu 50 Passagen muß dann wieder eine Primärkultur angelegt werden. Permanente Zellinien leiten sich von malignem Gewebe ab (z. B. Verozellen). Hierbei muß sicher sein, daß von ihnen kein Kanzerogenitätsrisiko ausgeht.

Meist werden den Zellkulturen eines oder mehrere Antibiotika zugesetzt, um bakterielle Kontaminationen zu unterdrücken. Im Endprodukt sind sie jedoch selbst mit empfindlichen Testmethoden nur noch in Spuren nachweisbar.

Viurslebendimpfstoffe, wie z. B. Masernimpfstoff, enthalten in ihrer Pathogenität abgeschwächte (attenuierte) Viren. In langwierigen Versuchen wurde der Impfstamm über häufige Passagen von einem isolierten Wildvirus abgeleitet; dabei wurden gewünschte Eigenschaften selektiert, wie z. B. hohe Immunogenität und hohe Vermehrungsrate, und nach Möglichkeit unerwünschte Eigenschaften unterdrückt, wie z. B. Pathogenität. Eine große Schwierigkeit besteht darin, daß Pathogenität und Immunogenität häufig gekoppelt sind und es nicht leicht ist, ein ausgewogenes Verhältnis zwischen Wirksamkeit und Verträglichkeit zu erhalten.

Im Produktionsprozeß wird zunächst eine *Rohvirussuspension* hergestellt. Bei Viren, die sich in den Wirtszellen anreichern, ist die Freisetzung der Viren erforderlich, z. B. durch wiederholtes Einfrieren und Auftauen und anschließendes Entfernen der Zellreste. Bei Viren, die ins Kulturmedium ausgeschleust werden, entsteht die Rohvirussuspension auf natürlichem Wege. Es schließen sich Sterilfiltration und proteinchemische Reinigungsverfahren an; bei Totimpfstoffen ist dies v. a. die *Dichtegradientenzentrifugation*.

Alle Reinigungsprozesse verlaufen unter sterilen Bedingungen und – wegen der Temperaturempfindlichkeit der Viren – bei niedriger Temperatur. Heute ist es möglich, im Impfstoff unerwünschte Substanzen weitestgehend zu entfernen. Die neu eingeführte *Deklarationspflicht* für Hilfsstoffe und Kulturrückstände macht zur Auflage, relevante Substanzen in den Gebrauchsinformationen aufzuführen; dies betrifft meist wenige der weit über 60 Bestandteile des Nährmediums, nämlich solche, die als nichtphysiologische Substanzen ein Restrisiko bergen, allergische Reaktionen auszulösen (z. B. Antibiotika).

Zur *Virusinaktivierung* werden meist Formaldehyd, β-Propiolacton, Phenol, Wärmebehandlung sowie UV-Bestrahlung benutzt. Es gelten strenge Kontrollvorschriften, um sicher zu sein, daß alle Viren inaktiviert wurden.

Viren sind unter Einwirkung oberflächenaktiver Substanzen in subvirale Komponenten zerlegbar, und es ist möglich, die Nukleinsäuren zu präzipitieren und pyrogene Lipide und Lipopolysaccharide abzutrennen. Es entsteht ein sog. Spaltimpfstoff, z. B. gegen Influenza.

Bei der gentechnisch in Hefezellkulturen produzierten Vakzine gegen Hepatitis B wird von genetisch manipulierten Hefezellen ausschließlich das nichtinfektiöse HBs-Antigen exprimiert, so daß von vornherein jede Infektiösität ausgeschlossen ist.

11.1.3
Qualitätsprüfungen

Impfstoffe werden auf Identität, Reinheit, Wirksamkeit und Verträglichkeit geprüft. Je nach Präparat können noch spezielle Tests erforderlich sein wie z. B. der Neurovirulenztest bei oralem Impfstoff gegen Poliomyelitis oder der Test auf übermäßige Hautreaktivität bei der BCG-Impfung. Nachfolgend sollen einzelne Prüfungen näher dargestellt werden.

Prüfung auf Identität

Mit einer dem jeweiligen Impfstoff angepaßten Methode muß nachgewiesen werden, daß er das entsprechende Antigen enthält. So werden z. B. durch mikroskopische Untersuchung der Bakterien in gefärbten Ausstrichen sowie durch kulturellen Nachweis die BCG-Mykobakterien nachgewiesen.

Diphtherieadsorbatimpfstoff muß nach entsprechender Aufbereitung mit Diphtherieantitoxin einen Niederschlag ergeben. Bei Influenzaimpfstoff wird eine Immundiffusionsmethode angewandt, wobei spezifische, gegen die entsprechenden Virusbestandteile gerichtete Immunsera verwendet werden.

Prüfung auf Reinheit

Bei Lebendimpfstoffen wird besonders auf *Freisein von virulenten Bakterien bzw. Viren* geprüft. Weiterhin muß der Impfstoff der Prüfung auf *Sterilität* genügen – mit Ausnahme der Impfbakterien oder -viren. Das Präparat darf keine *anomale Toxizität* aufweisen.

Für letztere benötigt man einen Tierversuch mit Mäusen oder Meerschweinchen, denen je eine Humandosis intraperitoneal appliziert wird; es dürfen innerhalb der folgenden 7 Tage keine gesundheitlichen Schäden erkennbar sein. Toxoidimpfstoffe werden zusätzlich auf *spezifische Toxizität* geprüft. Das 5fache der Humandosis wird Meerschweinchen injiziert, und die Tiere dürfen innerhalb von 30 Tagen keine Symptome einer Vergiftung zeigen.

Bei manchen Impfstoffen dürfen bestimmte Grenzwerte von Begleitsubstanzen nicht überschritten werden, z. B. für Antibiotika, Phenol, Formaldehyd oder Ovalbumin. Weiterhin darf für manche Impfstoffe ein bestimmter Endotoxingehalt nicht überschritten werden.

Prüfung auf Wirksamkeit

Die Wirksamkeit von z. B. Vakzinen wird meist durch Belastungstests im Tierversuch festgestellt. Eine tödliche Toxindosis bzw. bakterielle/virale infektiöse Dosis wird Versuchstieren an geeigneter Stelle appliziert. Die für den Schutz dieser Versuchstiere nötige Impfstoffdosis wird mit derjenigen Dosis einer in internationalen Einheiten eingestellten Standarddosis verglichen, die Impfschutz sicher erzielt. Lebendimpfstoffe müssen eine definierte Menge Bakterien bzw. Viren enthalten (z. B. Prüfung auf Anzahl vermehrungsfähiger Einheiten bei BCG-Impfstoff bzw. Einstellung auf bestimmte Virustiter bei M-M-R-Impfstoff).

11.1.4
Lagerung

Vakzinen sind empfindliche Produkte und erfordern besondere Bedingungen bei Transport und Lagerung. Dabei unterscheidet man kühlkettenpflichtige von kühlpflichtigen Präparaten, bei denen die Toleranz gegen höhere Temperaturen größer ist. Eine Übersicht gibt Tabelle 11.3. Bei falscher Lagerung kommt es zu einer indirekten Gefährdung der Impflinge durch mangelnde Wirksamkeit, in der Regel aber nicht zu einer erhöhten Nebenwirkungsrate. Ausnahme sind adsorbierte Toxoidimpfstoffe, die nach Einfrieren eine erhöhte Rate von Lokalreaktionen bewirken.

Tabelle 11.3 Lagerung und Transport von Impfstoffen

Impfstoff (Beispiel)	Lagerung	Transport	Folge von fehlerhafter Lager-/Transport-Temperatur
Poliomyelitislebendimpfstoff	2–8 °C oder bis –20 °C	Lückenlose Kühlkette	Mangelnde Wirksamkeit bei zu warmer Temperatur
M-M-R-Impfstoffe	2–8 °C	Lückenlose Kühlkette	Mangelnde Wirksamkeit bei zu warmer Temperatur
BCG-Impfstoff	2–8 °C	Keine besonderen Vorschriften[a]	Mangelnde Wirksamkeit bei zu warmer Temperatur
Hepatitis-B-Impfstoff, Hib-Impfstoff (mit Adsorbens)	2–8 °C	Lückenlose Kühlkette	Mangelnde Wirksamkeit bei zu warmer oder zu kalter Temperatur, schlechtere Verträglichkeit bei zu kalter Temperatur
Grippeimpfstoff (ohne Adsorbens)	2–8 °C	Keine besonderen Vorschriften[a]	Eingeschränkte Wirksamkeit bei zu warmer Temperatur
Tetanus-, Diphtherieimpfstoffe u. a. (mit Adsorbens)	2–8 °C	Keine besonderen Vorschriften[a]	Mangelnde Wirksamkeit bei zu kalter Temperatur, schlechtere Verträglichkeit bei zu kalter Temperatur, eingeschränkte Wirksamkeit bei zu warmer Temperatur

[a] Möglichst bei 2–15 °C.

Häufigste Fehler bei der Aufbewahrung von Impfstoffen

- Kühlschranktemperatur wird nicht regelmäßig (einmal tgl.) kontrolliert,
- Impfstoffpackungen sind zu dicht gelagert, Luft kann nicht zirkulieren,
- Kühlschranktür wird zu lang oder zu häufig geöffnet,
- Impfstoffe werden auf Kühlaggregaten gelagert oder zu dicht mit Kühlaggregaten bepackt transportiert,
- Lagerung von Adsorbatimpfstoffen im Tiefkühlfach,
- Lagerung des Impfstoffs in den Türen des Kühlschranks (Temperatur nicht stabil),
- Kühlschrank ist vereist und kühlt daher nicht ausreichend.

11.1.5
Beispiele

Bakterielle Lebendimpfstoffe (z. B. BCG-Impfstoff gegen Tuberkulose)

Der Impfstoff enthält attenuierte Lebendkeime vom Typ Bacille-Calmette-Guérin (BCG), ein attenuierter Typ von Mykobakterium bovis. Je nach Land und Hersteller wird ein anderer BCG-Stamm verwendet, z. B. in der Bundesrepublik Deutschland der Stamm 1331 Kopenhagen. Bakterieneinwaage und Lebendkeimzahl pro Impfstoffdosis sind je nach Hersteller und Impfstamm unterschiedlich.

Der Impfstoff stimuliert in erster Linie die *zelluläre Immunität* und schützt vor Komplikationen der Tuberkuloseerkrankung, z. B. der tuberkulösen Meningitis und der Miliartuberkulose, jedoch nicht vor der Infektion selbst. Bei dem in der Bundesrepublik verwendeten Impfstamm wird eine Tuberkulinkonversion von etwa 80 % der Geimpften erreicht. Die Überprüfung des Impferfolgs erfolgt durch Tuberkulinkonversion 3 Monate nach Impfung (Tuberkulintest).

Bei der Anwendung ist auf streng intrakutane Injektion von exakt 0,1 ml BCG-Impfstoff, vorzugsweise in den linken Oberschenkel oder Oberarm, zu achten. Der lyophilisierte Impfstoff muß resuspendiert werden. Die Suspension muß vor Gebrauch gut geschüttelt werden, damit die Keime gleichmäßig verteilt werden. Nicht streng intrakutane Injektion oder Überdosierung erhöhen deutlich die Nebenwirkungsrate (Ulzerationen und Lymphknotenentzündungen).

Virale Lebendimpfstoffe

Kombinationsvakzine gegen Masern, Mumps, Röteln

Der Impfstoff enthält attenuierte, vermehrungsfähige Viren, z. B. „more attenuated Enders" für Masern, Jeryl-Lynn für Mumps und attenuierte Rötelnviren vom Stamm RA 27/3. Masern- und Mumpsviren werden auf Hühnerfibroblastenzellkulturen, attenuierte Rötelnviren auf humanen diploiden Zellkulturen vermehrt. Die Impfstoffe induzieren eine überwiegend *humorale Immunität* und schützen 95–98 % der Geimpften. Durch die Impfviren besteht für die Umgebung des Impflings keine Infektionsgefahr.

Die Impfung wird empfohlen für alle Kinder ab dem 15. Lebensmonat und eine Wiederholungsimpfung für alle Kinder ab dem 6. Lebensjahr, um evtl. bei der Erstimpfung aufgetretene Impfversager auszugleichen und Impflücken zu schließen. Ziel der WHO ist es, diese Erkrankungen auszurotten.

Schluckimpfung gegen Poliomyelitis

Attenuierte, vermehrungsfähige Polioviren werden meist als trivalente Schluckimpfung gegen die Typen I, II, III verabreicht. Sie vermehren sich dann zunächst im Darm und induzieren sowohl eine lokale Immunität an der Darmschleimhaut als auch spezifische humorale neutralisierende Antikörper. Meist geht nur einer der 3 Poliotypen an, so daß zum Erreichen eines kompletten Schutzes in der Regel 3 Schluckimpfungen nötig sind. Bei nichtvorhandener Immunität wird ab dem 7. Tag bis zu mehreren Wochen Virus mit dem Stuhl ausgeschieden; somit ist eine Übertragung der Impfviren auf nichtimmune Personen durch Schmierinfektion möglich. Dies ist insbesondere dann zu beachten, wenn in einer Wohngemeinschaft Personen mit angeborenem oder erworbenem Immundefekt leben.

Ganzkeimimpfstoff gegen Pertussis

Es werden inaktivierte Bordetella-pertussis-Bakterien i. m. appliziert, meist in Kombination mit an Aluminiumhydroxid oder -phosphat adsorbiertem Diphtherie- und Tetanustoxoid. Die Impfung bewirkt eine humorale Immunität mit einer Schutzrate von über 90%.

Die Impfung kann auch nach vollendetem 1. Lebensjahr begonnen werden. Um Impflücken zu schließen und um gleichzeitig Überimmunisierungen gegen Diphtherie und Tetanus zu verhindern, wurde eine Pertussismonovakzine entwickelt, die ab dem 2. Lebensmonat eingesetzt werden kann, vorzugsweise bei Personen, die schon mehr als einmal mit DT-Impfstoff geimpft wurden.

Ganzvirustotimpfstoffe (z.B. HDC-Tollwutimpfstoff)

Der erste moderne, d. h. auf Gewebekultur produzierte Tollwutimpfstoff wurde möglich, nachdem es gelungen war, das Virus auf humanen, diploiden Zellkulturen (HDC) zu vermehren. Diese Impfstoffe sind frei von den früher relativ häufigen und schweren, v. a. neurologischen Impfkomplikationen, da sie kein enzephalitogenes Protein mehr enthalten können (im Gegensatz zu den aus Tiergehirn gewonnenen Impfstoffen).

Entscheidend ist aber auch die Steigerung der Wirksamkeit, die nach korrekter Immunisierung immunkompetenter Impflinge 100% beträgt. Mit diesen Impfstoffen wurde erstmals auch die präexpositionelle Tollwutprophylaxe möglich, die außer für Risikogruppen wie Jäger und Veterinäre zunehmend auch bei Reisen in Länder mit hohem Tollwutrisiko wie z.B. Indien oder Thailand empfohlen wird. Bei der postexpositionellen Behandlung sollte zur Auswahl der optimalen Versorgung im Zweifel Rat bei kompetenter Stelle eingeholt werden, da die Erkrankung in 100% der Fälle tödlich verläuft.

Spaltvirus- oder Subunitvakzinen (z.B. gegen Influenza)

Bei den Spaltvirusvakzinen (Splitvakzinen) werden Virusbestandteile mit pyrogener Wirkung, z.B. Lipide, nach Virusspaltung entfernt. Subunit-Vakzinen enthalten die Virusuntereinheiten Hämagglutinin und Neuraminidase; damit wird hohe Reinheit auf Kosten der Immunogenität erreicht. Alle Impfstoffe gegen Influenza sind polyvalent und enthalten Antigene von 3 verschiedenen Virusstämmen; diese werden entsprechend der weltweiten epidemiologischen Situation von der WHO für die folgende Impfsaison empfohlen. Periodische Antigenänderungen führen zum plötzlichen Auftreten neuer Influenzavirusvarianten bzw. Subtypen (Antigendrift und -shift).

Es wird durch einmalige Impfung je nach Impfantigen in bis zu 90% der Geimpften eine humorale Immunität für die Dauer von mindestens 1 Jahr erzeugt; meist ändert sich aber nach 1 Jahr die Impfstoffzusammensetzung wegen der aktuellen Antigendrift oder -shift.

Gentechnisch hergestellte Vakzinen (z. B. gegen Hepatitis B)

Die Impfstoffe enthalten Oberflächenantigen von Hepatitis-B-Virus, an Aluminiumhydroxid adsorbiert. Das Antigen wird von Hefezellen exprimiert, denen gentechnisch die kodierende Sequenz des HBV-Oberflächenantigens (HBs-Ag) eingepflanzt wurde. Damit ist jede Infektiosität ausgeschlossen. Nach in der Regel 3 i. m.-Injektionen werden neutralisierende Serumantikörper induziert (Anti-HBs). Ein Serumspiegel von ≥10 I. E./l Serum wird als schützend angesehen. Eine Kontrolle des Impferfolgs sollte etwa 4 Wochen nach vollständiger Grundimmunisierung erfolgen.

Geimpft werden sollten alle Risikogruppen präexpositionell. Nach möglicher Exposition (Nadelstichverletzung oder auch bei Neugeborenen HBs-Ag-positiver Mütter) sollte so schnell wie möglich eine Simultanprophylaxe (Hyperimmunglobulin und aktive Impfung) begonnen werden.

11.2
Allergenextrakte

Laut Definition handelt es sich bei Allergenextrakten um Impfstoffe. Dementsprechend unterliegen auch sie der Chargenfreigabe durch das Paul-Ehrlich-Institut. Deshalb werden auch analog der Herstellung z. B. bakterieller oder viraler Impfstoffe Inprozeß- und Endproduktkontrollen vorgeschrieben, wie z. B. Tierverträglichkeitstest, Test auf Pyrogene und Sterilität.

Allergene in standardisierter und testfähiger Form werden zu diagnostischen und therapeutischen Zwecken benötigt. *Diagnostisch* werden sie eingesetzt bei Verdacht auf Vorliegen einer Allergie gegen eine bestimmte Substanz. *Therapeutisch* finden sie Anwendung bei der sog. Hypo- oder Desensibilisierungsbehandlung. Bei Applikation von Allergenextrakten droht immer ein anaphylaktischer Schock; deshalb ist ihre Anwendung nur erfahrenen Ärzten vorbehalten.

Bei therapeutischem Einsatz von Testallergenen, z. B. im Rahmen einer Desensibilisierungsbehandlung wird versucht, durch allmähliche Steigerung der Dosis den Allergiker langsam an ein Allergen (z. B. bestimmte Blütenpollen) zu gewöhnen, so daß er bei Exposition nur noch abgeschwächt oder überhaupt nicht mehr mit Symptomen reagiert. Ziel ist dabei die Bildung blockierender Antikörper mit höherer Affinität zum Antigen als die IgE-Antikörper, die für die Auslösung allergischer Reaktionen verantwortlich sind.

11.2.1
Herstellung

Die Herstellung von Allergenextrakten erfolgt aus verschiedensten biologischen Naturstoffen wie Pollen, Schimmelpilzen, Stäuben, Insekten, Milben und Nahrungsmitteln. Ihr Wirkstoffgehalt schwankt; deshalb unterliegt bereits die Gewinnung der Ausgangsstoffe sorgfältigen Kontrollen und wird heute von spezialisierten Firmen durchgeführt, z. B. kontrollierter Anbau und Ernte pollenliefernder Pflanzen oder Anzucht von Pilzrohstoffen auf der Basis anerkannter Stammkulturensammlungen. Die *Rohmaterialien* werden vor Aufarbeitung auf Identität und Reinheit überprüft und müssen strengen Qualitätskriterien standhalten.

Die Herstellung der Extrakte umfaßt je nach Ausgangsmaterial die Entfettung der Rohstoffe, Extraktion in gepufferten Lösungen bei niedriger Temperatur, Zentrifugation, Diafiltration und Sterilfiltration. Am Beispiel von Pollenextrakten sei dies näher dargestellt:

Der Pollenrohstoff wird mit Petroläther des Siedebereichs 40–60 °C von Fetten der Pollenexine befreit; unter Vakuum wird der Lösungsmittelrückstand entfernt. Danach werden mittels karbonatgepufferter Kochsalzlösung die allergenen Proteine bei niedriger Temperatur (z. B. 4 °C) über 16 h extrahiert. Die Klärung, d. h. das Entfernen unlöslicher Bestandteile, erfolgt grob zunächst durch Zentrifugation und Filtration. Es folgen Diafiltration zur Abreicherung niedermolekularer Stoffe wie Salze, Farbstoffe u. a. mit Molekulargewicht < 5000; solche Stoffe könnten hautreaktiv sein und Testergebnisse verfälschen. Je nach Intensität der Reinigung spricht man von partiell oder hochgereinigten Extrakten. Abschließend wird sterilfiltriert mit einer Porengröße von 0,2 μm.

Die Haltbarmachung des Stammextraktes erfolgt durch Lyophilisation. Aus diesen Stammextrakten werden dann die in Tabelle 11.4 aufgeführten Präparateformen hergestellt.

Tabelle 11.4 Präparateformen, die aus Allgergenstammextrakten hergestellt werden können

Präparateformen	Diagnostischer Einsatz	Therapeutischer Einsatz
Wäßrig	+	+
Glycerinhaltig	+	(+)
Gefriergetrocknet	+	+
Depot[a]	–	+
Chemisch modifiziert	–	+

[a] Depotpräparate sind adsorbiert an $AL(OH)_3$, Tyrosin oder Alginat.

11.2.2
Allergoide

Allergoide sind Allergenderivate, deren allergene Aktivität im Vergleich zu den Ausgangsallergenen stark herabgesetzt ist, die gleichzeitig aber noch immunogen sind. Zu diesem Zweck werden die Allergene chemisch modifiziert, z.B. durch Formaldehydbehandlung (vgl. auch Abschn. 11.1.2).

11.2.3
Tuberkuline

Tuberkuline sind gelöste Toxine und Zerfallstoffe von Tuberkelbakterien. Sie werden eingesetzt bei klinischem Verdacht auf Tuberkulose bzw. vor einer BCG-Impfung. Es soll festgestellt werden, ob der Organismus sich mit Tuberkuloseerregern auseinandersetzt oder sich bereits auseinandergesetzt hat. Nach BCG-Impfung wird mit der Tuberkulinprobe der Impferfolg überprüft. *Gereinigte Tuberkuline* sind Konzentrate von Stoffwechsel- und Lysisprodukten eines in halbsynthetischem Medium gewachsenen Mykobakterienstammes, Typ humanus. Sie werden aus dem Kulturüberstand durch Ausfällung mit Trichloressigsäure oder Ammoniumsulfat gewonnen.

Zum Zweck des *Tuberkulintests* wird eine Standardisierung in internationalen Einheiten vorgenommen. Die Applikation erfolgt entweder als Stempeltest (Tine-Test mit 5 I.E.) oder intrakutan in steigender Dosierung (Test nach Mendel-Mantoux). Die Hautreaktion wird sichtbar und tastbar nach 24–72 h und beruht auf einer zellulären Immunantwort (Typ-IV-Allergie).

Weiterführende Literatur

Europäische Pharmakopoe, 2. Aufl, 18. Ergänzungslieferung. Maissoneuve, Sainte-Ruffine
Gesetz zur Verhütung und Bekämpfung übertragbarer Krankheiten beim Menschen (Bundes-Seuchengesetz) (1992). In: Verfassungs- und Verwaltungsgesetze, Bd 1 Verfassungs- und Verwaltungsgesetze der Bundesrepublik Deutschland. Beck, Stuttgart
Herrlich H, Bonin O, Ehrengut W et al (1965) Handbuch der Schutzimpfungen. Springer, Berlin
Plottkin SA, Mortimer EA Jr (1994) Vaccines. Saunders, Philadelphia
Quast U, Thilo W, Fescharek R (1992) Impfreaktionen: Bewertung und Differentialdiagnose. Hippokrates, Stuttgart
Ständige Impfkommission des Bundesgesundheitsamtes (STIKO) (1994) Ergebnisprotokoll der Sitzung am 21. September 1993. Bundesgesundheitsblatt 2:82–91
Wurm G (1990) Hager's Handbuch der Pharmazeutischen Praxis. 1. Waren und Dienste. Springer, Berlin Heidelberg New York

KAPITEL 12

Blut und Plasma

R. Fescharek

„Blut ist ein ganz besonderer Saft!" (Goethe, Faust I, 1740). Mit Ausnahme weniger Bestandteile sind seine Komponenten nicht durch synthetische Präparate zu ersetzen; deshalb müssen viele lebenswichtige Präparate aus Blut aufbereitet werden. Außer zur Herstellung heterologer Sera kann nur menschliches Blut verwendet werden. Die Voraussetzung hierfür ist ein leistungsfähiges Blutspendewesen. Man unterscheidet *autologe* Blutkonserven (Patient erhält sein eigenes Blut zurücktransfundiert) von *homologen* Blutkonserven (Patient erhält Blut eines blutgruppengleichen, anderen Menschen).

Zum Schutz der Spender als auch der Empfänger gelten strenge gesetzliche Richtlinien, beginnend mit der Identitätsicherung, eingehender medizinischer und labormedizinischer Untersuchung der Spender bis hin zu umfangreichen Auflagen hinsichtlich der Virussicherheit der Präparate.

Heute sind u. a. Tests auf Freisein von Anti-HIV 1 und -HIV 2 sowie HBs-Ag und Anti-HCV vorgeschrieben. Diese Maßnahmen sowie Virusinaktivierungsverfahren haben das Übertragungsrisiko minimiert sowohl in der Transfusionsmedizin als auch bei Anwendung von Plasmaderivaten (s. Abschn. 12.5.5).

12.1
Zusammensetzung

Der Anteil des Blutes am Körpergewicht beträgt etwa 6–8 %. Für den Erwachsenen entspricht das einem Blutvolumen von 4–6 l. Blut besteht zu etwa 45 % aus Blutzellen und zu 55 % aus Plasma. 99 % der Zellen sind rote Blutkörperchen (Erythrozyten); 1 % der Blutzellen entfallen auf Blutplättchen (Thrombozyten) und weiße Blutzellen (Leukozyten). Die Leukozyten haben im wesentlichen folgende Untergruppen: Granulozyten (50–70 %), Lymphozyten (bis 25 %) und Monozyten (5 %). Granulozyten unterteilen sich in Neutrophile (95 %), Eosinophile (2–4 %) und Basophile (0,5–1 %).

12.1.1
Vollblut und Präparate zur Substitution zellulärer Blutbestandteile

Zur Gewinnung einer Konserve Vollblut bzw. zellulärer Blutbestandteile wird einem Spender unter aseptischen Bedingungen Blut in einem geschlossenen System entnommen. Die sterilen Flaschen oder Plastikbeutel enthalten Stabilisatoren, die die Gerinnung unterbinden und den Stoffwechsel der Blutzellen aufrechterhalten (z. B. ACD-Stabilisator: „acid citrate dextrose solution"). Ein kleiner Teil der Konserve wird abgetrennt und liegt zu Testzwecken bei (Blutgruppe, Rhesusfaktor, Hämoglobingehalt). Die Kennzeichnung erfolgt entsprechend na-

Tabelle 12.1 Zellhaltige Blut- und Blutbestandteilkonserven

Art der Konserve	Inhalt	Lagerzeit	Lagertemperatur	Bemerkungen
Humanblutkonserven	Blut einer Spende mit Stabilisator, ca. 570 ml	3–5 Wochen	2–8 °C	*Hohes Infektionsrisiko, da meist noch nicht alle Testergebnisse vorliegen, danach für andere Zwecke weiterverwendbar*
Humanfrischblutkonserve	Wie oben/alle Blutkomponenten haben weitgehend normale physiologische Aktivität	72 h	2–8 °C	
Humanerythrozytenkonzentrat	Erythrozyten aus 1 Blutspende, 320 ml	Siehe Herstellerangabe	2–8 °C	Geringes infektiöses Restrisiko nicht vermeidbar
Humanerythrozytenkonzentrat in additiver Lösung	310 ml	Siehe Herstellerangabe	2–8 °C	Leukozyten im Mittel um 50%, Thrombozyten im Mittel um 70% reduziert[a]
Leukozytenarmes gefiltertes Humanerythrozytenkonzentrat	90% Erythrozyten einer Spende in Plasma nach Durchlaufen eines Filters	Siehe Herstellerangabe	2–8 °C	Geringes infektiöses Restrisiko nicht vermeidbar
Leukozytenarmes Humanerythrozytenkonzentrat (sedimentiert und mechanisch getrennt)	90% Erythrozyten einer Spende in Plasma nach Durchlaufen eines Filters	Siehe Herstellerangabe	2–8 °C	Geringes infektiöses Restrisiko nicht vermeidbar
Gewaschenes Humanerythrozytenkonzentrat in additiver Lösung	75–85% der Erythrozyten einer Blutspende nach mehrmaligem Waschen	24 h	2–8 °C	Je nach Anzahl der Waschvorgänge Plasmaproteingehalt auf 1–0,5 g/dl reduziert[a]

12.1 Zusammensetzung

Tabelle 12.1 (Fortsetzung)

Art der Konserve	Inhalt	Lagerzeit	Lagertemperatur	Bemerkungen
Tiefkühlkonserviertes Humanerythrozytenkonzentrat in additiver Lösung	Nach Auftauen und Rekonstitution ca. 50% der Erythrozyten einer Spende, Zusatz von Schutzstoff	Unbegrenzt	Flüssiger Stickstoff	Leukozyten, Thrombozyten und Plasmaproteingehalt liegen bei ca. 1% desjenigen der Spende, Anwendung bei seltenen Blutgruppen[a]
Thrombozytenreiches Plasma	60–80% der Thrombozyten einer einzelnen Blutspende (6 bis 8×10^{10}) 200–500 ml	Möglichst kurz, maximal 120 h	20–22 °C unter ständiger Agitation	Keine sichtbare Beimengung von Erythrozyten[a]
Humanes Thrombozytenkonzentrat in additiver Lösung	5×10^{10} Thrombozyten einer einzelnen Spende in 50 ml Plasma	Möglichst kurz, maximal 120 h	20–22 °C unter ständiger Agitation	Keine sichtbare Beimengung von Erythrozyten[a]
Humanthrombozytopheresekonzentrat	2 bis 4×10^{11} Thrombozyten in Frischplasma eines Spenders (300 ml)	Möglichst kurz, maximal 120 h	20–22 °C unter ständiger Agitation	Geringes infektiöses Restrisiko nicht vermeidbar
Leukozytenkonzentrat	–	–	–	Sofortige Transfusion

[a] Ein geringes infektiöses Restrisiko ist nicht vermeidbar.

tionalen und internationalen Vorschriften. Tabelle 12.1 zeigt die zellhaltigen Präparate zur Blutsubstitution.

12.1.2
Präparate aus Plasmaproteinen

Plasma setzt sich zusammen aus Wasser (90%), Protein (7%) sowie zu 2–4% aus niedermolekularen anorganischen und organischen Verbindungen wie Elektrolyten, Zucker, Fette und anderen Stoffwechselprodukten. Nach Ausfällen des Fibrins entsteht Blutserum. Durch *Plasmafraktionierung* wird das Plasma in vielfältige Produkte getrennt. Eine Übersicht gibt Abb. 12.1.

Die wichtigsten Proteine sind:

1) Gerinnungsfaktoren,
2) Immunglobuline,
3) Albumine,
4) sonstige Plasmaderivate.

Tabelle 12.2 gibt ebenfalls eine Übersicht über einige pharmakologische Eigenschaften der Präparate aus Plasmaproteinen.

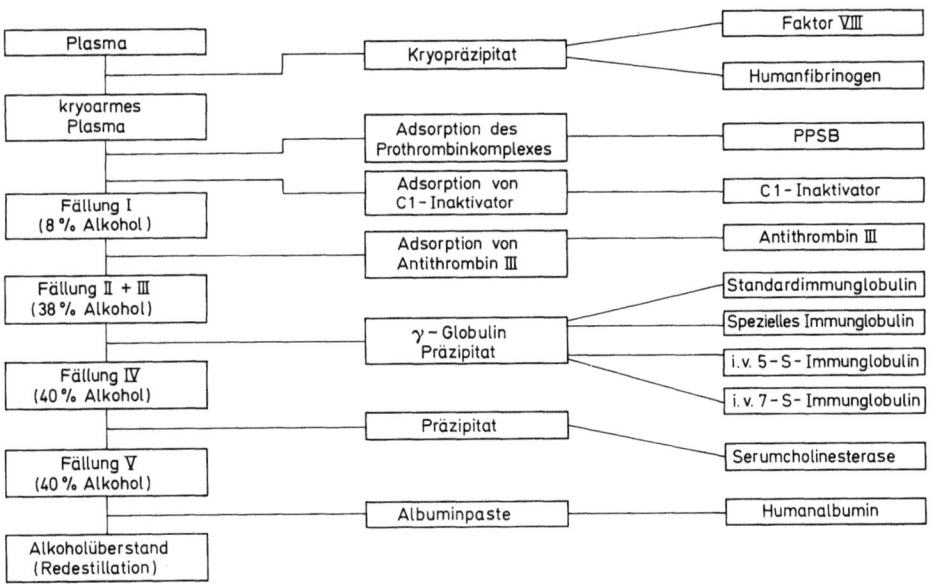

Abb. 12.1 Plasmafraktionierung nach dem Kälte-Ethanol-Verfahren

12.1 Zusammensetzung

Tabelle 12.2 Pharmakologische Eigenschaften von Plasmaproteinpräparaten

Präparat	Indikation	Applikationsweg Dosierung	Pharmakologische Eigenschaften	Lagerung Haltbarkeit
Fibrinogen	Lebensbedrohliche Blutungen bei Fibrinogenmangel	Infusion von zunächst 1–2 g, weitere Gabe nach Bedarf	Weißes Lyophilisat, nach Auflösung klar bis opaleszent	2–8°C, bis 60 Monate
Gerinnungsfaktoren VIII und IX	Hämophilie A + B	Nach Grad des Mangels und Ausmaßes sowie Ort der Blutung i.v.-Gabe von 1 IE/kg KG, hebt Faktor-VIII-Aktivität um ca. 1–2%, Faktor-IX-Aktivität um ca. 0,8%	Weißes Lyophilisat, nach Auflösung klar bis opaleszent, Halbwertszeiten: Faktor XIII; 10–20 h, Faktor IX: 10–30 h	2–8°C, bis 24 Monate (bei Raumtemperatur ≤30°C bis zu 6 Monate)
Gerinnungsfaktoren II, VII, IX, X (Prothrombinkomplex – PPSB)	Mangelzustände Blutungen unter Therapie mit Vitamin-K-Antagonisten	Nach Auflösung i.v.-Gabe, Dosierung in Abhängigkeit vom Quickwert: 1 IE/kg KG hebt den Quickwert um ca. 1% an	Weißes Lyophilisat, nach Auflösung klare, opaleszente Lösung, Halbwertszeiten: Faktor II: 36–72 h, Faktor VII: 4–6 h, Faktor IX: 16–30 h, Faktor V: 40–34 h	2–8°C, ca. 30 Monate
Standardimmunglobulin (SIG), Hyperimmunglobulin (HIG), heterologe Sera i.v.-Immunglobulin	s. Tabelle 12.3	Je nach Indikation i. m. oder i. v.	Klare, farblose bis gelbliche Lösung, Halbwertszeit ca. 30 Tage	2–8°C, bis 36 Monate

Tabelle 12.2 (Fortsetzung)

Präparat	Indikation	Applikationsweg Dosierung	Pharmakologische Eigenschaften	Lagerung Haltbarkeit
Albumine	Volumensubstitution (als Stabilisator in anderen Arzneimitteln, z. B. Impfstoffen)	Infusion bei Plasmavolumenmangel	Dosis [g]: Sollgesamteiweiß – Istgesamteiweiß [g/l] × 40 ml/kg KG × 2. Klare, leicht opaleszierende, gelbliche Infusionslösung	2–8 °C, vor Licht schützen, bis zu 3 Jahren
C 1-Inaktivator	Therapie des erblichen angioneurotischen Ödems und Prophylaxe vor Operationen	Infusion von 500 IE (10 ml), in schweren Fällen z. B. bei Larynxödem 1000 IE (20 ml)	Weißes Lyophilisat, nach Auflösung klare, leicht opaleszente Lösung, Halbwertszeit ca. 68 h	2–8 °C, bis 30 Monate
Antithrombin III	Erblicher und erworbener Mangel, z. B. akutes Leberversagen, Verbrauchskoagulopathie (DIC)	Individuell, anzustreben sind 80 % der Norm. 1 IE Antithrombin III/kg KG erhöht die Aktivität um ca. 1,5 % der Norm	Siehe oben, Halbwertszeit ca. 1,5 Tage	2–8 °C, bis 36 Monate
Serum-Cholinesterase	1) Verlängerte Apnoe nach Gabe von Succinylcholin. 2) Unterstützende Therapie bei Vergiftungen mit organischen Phosphorsäureestern	1) 1–2, falls erforderlich 3–4 Abfüllungen. 2) Individuell je nach Menge zirkulierender Phosphorsäureester	Weißes bis bräunliches Lyophilisat, Halbwertszeit 5–12 Tage	2–8 °C, bis 24 Monate

Tabelle 12.2 (Fortsetzung)

Präparat	Indikation	Applikationsweg Dosierung	Pharmakologische Eigenschaften	Lagerung Haltbarkeit
Fibrinkleber	Gewebeklebung, Nahtsicherung, Blutstillung, Abdichtung von Körperhöhlen	Je nach Indikation	Weiße Lyophilisate und farblose, klare Lösungsmittel, ausschließlich lokale Anwendung	2–8 °C, bis 24 Monate oder tiefgefroren je nach Präparat
Gerinnungsfaktor XIII	Kongenitaler Mangel, Mangel bei Leberversagen oder Verbrauchskoagulopathie, Förderung der Wund- und Knochenheilung	Individuell je nach Indikation	Weißes Lyophilisat, nach Auflösung farblose bis leicht gelbliche, leicht bis opaleszente Lösung	2–8 °C bis 24 Monate

12.2
Gerinnungsfaktoren

12.2.1
Blutgerinnungsfaktor I (Fibrinogen)

Fibrinogen ist das Substrat der plasmatischen Gerinnung und liegt in vergleichsweise hoher Konzentration im Blut vor (ca. 200 – 450 mg/dl Plasma). Die kritische Grenze des Plasmafibrinogenspiegels, ab der es zu Blutungen kommen kann, liegt bei Werten < 100 mg/dl. Fibrinogen besteht aus 3 Polypeptidketten. Aus Fibrinogen entsteht durch *Proteolyse* unter Einwirkung von Thrombin das (lösliche) Fibrin (Spontanaggregat aus den Fibrinopeptiden A und B). Dieses wird dann in Anwesenheit von aktiviertem Faktor XIII *und* Ca^{2+} zum stabilen (unlöslich in H_2O oder 8 M-Harnstoff) Fibrin polymerisiert.

Die Anwendung von Fibrinogen erfolgt überwiegend bei lebensbedrohlichen Blutungen infolge Fibrinogenmangels (z. B. Hyperfibrinolyse, schwerer Leberschaden, massive Blutverluste).

12.2.2
Blutgerinnungsfaktoren VIII und IX (antihämophile Globuline)

Die häufigsten angeborenen Mangelzustände von plasmatischen Gerinnungsfaktoren betreffen die Faktoren VIII und IX (Hämophilie A und B, Häufigkeit etwa 1 : 10 000).

Die Gewinnung erfolgt durch Kryopräzipitation aus humanem Plasma. Heute ist auch die gentechnische Produktion von Faktor VIII möglich; dabei ist die Übertragung von z. B. Hepatitis- oder HIV-Infektionen von vornherein ausgeschlossen, nicht jedoch die Übertragung evtl. vorhandener animaler Viren, da die Herstellung auf Zellkulturen tierischer Herkunft erfolgt.

Die Frage ist noch nicht abschließend beantwortet, ob es bei Anwendung von gentechnisch aus Hamsternierenzellkulturen (BHK) oder Hamsterovarialzellkulturen (CHO) hergestelltem Faktor VIII in einem höheren Prozentsatz zur Bildung von Hemmkörpern kommt als nach plasmatischem.

Weiterhin ist noch offen, ob das allergene Potential durch Spuren muriner monoklonaler Antikörper nicht größer ist. Murine monoklonale Antikörper werden nämlich zur Gewinnung des Faktors VIII aus dem Überstand der Gewebekultur eingesetzt und sind noch in Spuren im Endprodukt nachweisbar. Dies wird sich erst bei breiter Anwendung über einen längeren Zeitraum herausfinden lassen.

12.2.3
Konzentrat der Faktoren II, VII, IX, X (sog. Prothrombinkomplex, PPSB)

Diese 4 Faktoren des Prothrombinkomplexes können in der Leber nur funktionsfähig gebildet werden, wenn ausreichend Vitamin K vorhanden ist. Bei Mangelzuständen oder unter Therapie mit Vitamin-K-Antagonisten (s. Decumarolderivate,

S. 452) kann es zu lebensbedrohlichen Blutungen kommen, die dann nur noch durch Substitution des Prothrombinkomplexes beherrschbar sind.

12.3 Immunglobuline

12.3.1 Anwendungsbereiche von homologen und heterologen Standard- und Hyperimmunglobulinen

Homologe Immunglobuline

Für vom Menschen gewonnene Antikörper hat sich die Bezeichnung Immunglobuline durchgesetzt. Man unterscheidet Standardimmunglobuline (SIG) und sog. *spezielle Immunglobuline* (Hyperimmunglobuline, HIG), die den im gegebenen Fall erforderlichen Antikörper in stark angereicherter Konzentration enthalten. Diese Präparate sind nur für die i. m.-Injektion gedacht. Entsprechend ihrem Molekulargewicht gehören sie zu den sog. 7 S-Immunglobulinen.

Prophylaktische Anwendung

Immunglobuline finden breite Anwendung im Rahmen von Prophylaxe und Therapie von Infektionskrankheiten und Intoxikationen; sie sind in vielen Bereichen unverzichtbar. Den vielfältigen Möglichkeiten der passiven Immunisierung durch Zufuhr spezifischer Antikörper sind auch Grenzen gesetzt, in erster Linie durch Verfügbarkeit und Halbwertszeit der Präparate. *Homologe Immunglobuline* werden gewonnen aus Plasma von Blutspendern, *heterologe Seren* in der Regel aus Plasma vom Pferd, aber auch von Ziege oder Schaf. Hinsichtlich der Wirksamkeit in einer Indikation muß eine bestimmte Titerkonzentration spezifischer Antikörper gewährleistet sein; normalerweise kommen deshalb sog. Standardimmunglobuline (SIG) nur zur Prophylaxe weniger Erkrankungen wie z. B. der Hepatitis A in Betracht; durch die relativ hohe Durchseuchung der Bevölkerung ist ein ausreichender Titer im normalen Spenderplasma vorhanden.

In der Regel braucht man zur wirksamen Infektionsprophylaxe sog. Hyperimmunglobuline (HIG), d. h. Präparate, die gegen eine Erkrankung einen besonders hohen Titer spezifischer Antikörper aufweisen, z.B. Hepatitis-B-Hyperimmunglobulin. Solche Präparate stehen nur in begrenzter Menge zur Verfügung (s. Abschn. 12.3.2) und sind deshalb in aller Regel der *postexpositionellen Prophylaxe* vorbehalten.

Die *Halbwertszeit* der meisten Immunglobuline liegt bei etwa 20 Tagen; im Vergleich zum jahrelangen Schutz, der durch aktive Immunisierung erzielt werden kann, ist bei der passiven Zufuhr von Antikörpern ein Schutz nur für eine wesentlich kürzere Zeitspanne vorhanden, da zugeführte Antikörper verbraucht, abgebaut und ausgeschieden werden.

Setzt sich der Organisums unter dem Schutz von Immunglobulin inapparent mit dem entsprechenden Krankheitserreger auseinander (z. B. HAV) oder wird simultan eine aktive Immunisierung durchgeführt, kann auf weitere Applikationen von entsprechenden IgG-Präparaten verzichtet werden; beim Fortbestehen der Gefährdung muß in geeignetem Abstand eine erneute Immunglobulingabe erfolgen.

Die Ziele einer Immunglobulingabe im Rahmen der Infektionsprophylaxe bestehen je nach Indikation in einer Unterdrückung des Ausbruchs der Infektionskrankheit (z.B. Hepatitis-A-Prophylaxe), in *Mitigierung* der Erkrankung bei Erhalt der primären Immunantwort (z.B. Masern) bzw. in einer totalen *Unterdrückung einer Virämie* (z.B. nach Rötelnexposition in der Schwangerschaft).

Therapeutische Anwendung

Therapeutisch werden heterologe Hyperimmunseren *antitoxisch* eingesetzt (z.B. bei Diphtherie, Schlangenbiß oder bei medikamentösen Intoxikationen). Einen Sonderfall bildet die Unterdrückung einer ungewünschten Antikörperbildung wie bei Rhesusinkompatibilität oder *Immunsuppression* im Rahmen der Transplantationsmedizin durch spezifische Antilymphozytensera.

Weitere therapeutische Anwendungen sind:

- Substitution bei Immunmangelsyndromen,
- hochdosierte i. v.-Anwendung bei Autoimmunkrankheiten.

Eine Übersicht über all diese Anwendungen gibt Tabelle 12.3.

12.3.2
Herstellungsverfahren der verschiedenen Immunglobulinpräparationen

Ausgangsmaterial für polyvalente Immunglobulinpräparate ist ein aus mindestens 1000 Blutspenden gemischtes Plasma. Spezielle Immunglobuline werden durch Auswahl einer Anzahl von Plasmen mit hohen Antikörpertitern, z.B. Rekonvaleszentenplasma, Screening von Einzelspenden oder Plasma zuvor aktiv geimpfter Blutspender gewonnen.

Zur Isolierung der Immunglobuline aus Plasma stehen eine ganze Reihe von Fraktionierungsverfahren zur Verfügung; großtechnisch wird heute weltweit vorzugsweise das *Kälte-Ethanol-Verfahren nach Cohn* angewandt in mehr oder weniger modifizierter Form.

Daneben hat sich das *kombinierte Rivanol-Ammoniumsulfat-Verfahren* bewährt, bei dem durch Rivanol zunächst eine grobe Auftrennung des Plasmas in eine Albumin- und eine γ-Globulinfraktion erzielt wird, die dann getrennt mit Ammoniumsulfat weiter fraktioniert werden kann.

Mit nur wenigen Schritten ist es möglich, eine Immunglobulinpräparation mit einer mehr als 95 %igen Reinheit zu isolieren.

Intravenös applizierbare Präparate sind insbesondere dann nötig, wenn die zu applizierende Menge i. m. nicht verabreichbar ist.

Durch *peptische Spaltung* wird eine partielle Spaltung des Immunglobulinmoleküls unter Aufhebung der antikomplementären Wirksamkeit erreicht. Weitere Möglichkeiten zur Herstellung i. v. verträglicher Produkte sind *proteolytische Spaltung* mit Plasmin, *chemische Modifikation* durch Einwirkung von β-Propiolakton, *Reduktion von Disulfidbrücken* und Blockade der SH-Gruppen durch

Tabelle 12.3 Anwendungsbereiche von Immunglobulinen (*MAK* monoklonaler Antikörper)

Indikation	Ig-Präparat	Beispiele	Bemerkungen
Diagnostik	MAK	Tumordiagnostik	Fremdprotein, Gefahr der Allergisierung
Prophylaxe viraler Infektionskrankheiten	SIG	Hepatitis A	Schutz für 4–5 Monate Simultanprophylaxe erwägen
Postexpositionelle Prophylaxe	SIG	Masern	Oft Mitigierung der Erkrankung. Nach 3 Monaten aktiv immunisieren
	HIG	Hepatitis B	Ausreichend hoch dosieren! Simultanprophylaxe erwägen
	HIG	Tollwut	Simultanprophylaxe. Exakt dosieren!
Therapie von bakteriellen Infektionen	HIG	Tetanus	Simultanprophylaxe
	Heterologes HIG (z.B. vom Pferd)	Diphtherie	Aktiv immunisieren!
		Botulismus	Typenspezifisch gegen Typ A, B, E
Therapie von Schlangenbissen	Heterologes HIG	Biß z.B. durch Vipera aspis, Naja haje, Bitis gabonica	Zusammensetzung nach den häufigsten Schlangen der entsprechenden Region (z.B. Nordafrika, Zentralafrika, Europa usw.)
Therapie von Medikamentenintoxikationen	HIG von Schaf oder Ziege	Digitalisintoxikation oder Ancrodüberdosierung oder akute Indikationsstellung zur Operation	
Immunsuppression	Homologes HIG	Rhesusprophylaxe	Coombs-Test zur Kontrolle
	HIG vom Pferd	Unterdrückung von Abstoßungskrisen	
Substitution bei Immunmangelsyndromen	SIG oder i.v.-IgG	Angeborene oder erworbene Hypo-γ-Globulinämie	
Therapie von Autoimmunerkrankungen	i.v.-IgG	Immunthrombozytopenische Purpura (ITP)	Zunehmende Anwendung bei vielen weiteren Erkrankungen mit Autoimmunpathogenese, z.B. Morbus Crohn, Guillain-Barré-Syndrom

Sulfonierung oder *Amidierung,* Desaggregierung in saurem Milieu (pH 4), Verhinderung der Bildung von Polymeren durch Zusatz geeigneter Schutzkolloide während der Fraktionierung oder durch Anwendung anderer Schonverfahren.

Durch die Einführung i. v. applizierbarer Immunglobuline hat sich insbesondere das therapeutische Spektrum von Immunglobulinpräparaten stark erweitert.

Heterologe Sera

Zur Herstellung *antitoxischer Sera* werden geeigneten Tieren, meist Pferden, wiederholt ansteigende Mengen des betreffenden Toxins oder – wie bei Schlangengiften – eines Toxincocktails injiziert. Bei der Wahl von Pferden ist ein Kriterium, daß diese in der Regel frei sind von auf den Menschen übertragbaren Krankheiten. Sofern möglich, wird zunächst ein spezifisches detoxifiziertes Antigen, z. B. Tetanus- oder Diphtherietoxoid, zur Schaffung einer Grundimmunität injiziert, an die sich dann die sog. Hochimmunisierung mit steigenden, nicht detoxifizierten Antigenmengen über viele Wochen anschließt. Eine Hochimmunisierung läßt sich aber auch – wie bei Gasbrandantitoxin oder bei den Schlangengiftimmunseren – durch Verabreichung der Toxine zuerst in kleinsten Dosen und dann in steigender Menge erreichen. Die Verabreichung ist s. c., i. m. oder i. v. möglich; die damit einhergehende Zunahme der Antikörper wird ständig kontrolliert. Zur Zeit des vermutlichen Immunisierungsoptimums, das meist 7–8 Tage nach der letzten Antigeninjektion erreicht ist, wird dann mit den Blutentnahmen für die Gewinnung des Immunserums begonnen (zur Schonung der Tiere wird das Plasma abgetrennt und die zellulären Blutbestandteile in Kochsalz verdünnt wieder zurücktransfundiert).

Um heterologe Immunseren beim Menschen anwenden zu können, müssen die *Rohseren* gereinigt, d. h. die antikörperhaltigen Globuline von inaktiven Ballasteiweißen abgetrennt werden. Mit Ausnahme des Antihuman-Lymphozytenglobulins wird dafür eine Kombination von *fermentativem Abbau und Neutralsalzfällung oder Fällung mit Alkohol* verwendet. Das Verfahren beruht darauf, daß die antikörperhaltigen γ- und β-Globuline gegenüber eiweißspaltenden Enzymen wie Pepsin und Trypsin resistenter sind als die übrigen Serumproteine.

Methoden zur Herstellung von Immunglobulinen zur i. v. Anwendung (nach Gronski u. Seiler 1983) Fortschr Med 101 (6):199–205

Enzymatisch	– Pepsin,
	– pH 4 und Pepsin,
	– Plasmin.
Chemisch	– β-Propiolacton,
	– Sulfit, Tetrathionat,
	– Dithiothreitol/Jodazetamid,
	– Dithioerythritol/Karbodiimid/Glyzin.
Säure	– pH 4 (Pepsin).
Temperatur	– 56 °C.

Adsorption	– Kohle, – Kieselsäure, – Bentonit, – Ca- oder Al-Phosphat.
Fraktionierung	– Polyethylenglykol in Kombination mit – Hydroxyethylstärke, – Blockmischpolymerisaten, – Dextranen, – verschiedenen Adsorptionsmitteln, – Ammonsulfat, – 2-Ethoxi-6,9-diamino-acridin-DL-lactat u. ä./Ethanol, – Ionenaustauscher.

Diese Proteine werden bereits unter schonenden Bedingungen bis zu Peptiden und Peptonen abgebaut, während die antikörperhaltigen Globuline nur um ca. $^1/_3$ des Moleküls (sog. 5 s-Fragmente gegenüber 7 s des intakten Moleküls) verkleinert werden, wobei die für die Antikörperaktivität wichtigen Bezirke F (ab')$_2$ intakt bleiben.

Die so erhaltenen Antikörperfragmente reichert man durch *Ausfällen mit Ammoniumsulfat oder Alkohol* oder durch *Ultrafiltration* an. Auf diese Weise kann man den Antikörpertiter eines Immunserums um das 2- bis 5fache im Vergleich zu nativen Seren steigern. Diese sog. **Fermoseren** haben den Vorteil, daß sie im Vergleich zu 7 s-Präparaten durch eine geringe Viskosität und verkürzte Resorptionszeit bessere Verträglichkeit bei rascherer Wirkung besitzen.

12.4
Albumine

Die Plasmaalbumine sind zu 80 % für kolloidosmotischen Druck verantwortlich; sind gut wasserlöslich und besitzen in Lösung ausgeprägte Wasserhüllen. Sie sind frei von Kohlenhydraten und besitzen unter den Proteinen die kleinste spezifische Viskosität. Durch Gabe von 1 g Albumin wird das Plasmavolumen innerhalb von 1 h um 17,4 ml vergrößert. Albuminlösungen werden deshalb zur indirekten Volumsubstitution bei Blutverlust verwendet. Eine wichtige Eigenschaft ist ihr ausgeprägtes Bindungsvermögen insbesondere für Anionen, z. B. Fettsäuren, aber auch für Kationen (Ca^{2+}, Mg^{2+}) und einige polare Substanzen wie Bilirubin und Cholesterol. Nach Abtrennung von Gerinnungsfaktoren und Immunglobulinen verbleibt im wesentlichen die Albuminpaste aus der Humanalbuminlösungen unterschiedlicher Konzentrationen (von 5 % bis 25 %) hergestellt werden. Der Reinheitsgrad muß 95 % betragen. Das Produkt wird mit Hitzestabilisatoren versetzt (z. B. N-Acetyl-DL-Tryptophan und Natriumcaprylat), damit die Proteine bei der anschließenden Erwärmung auf 60 °C über 10 h nicht verändert werden und kolloidosmotisch voll wirksam bleiben. Nach 6wöchiger Bebrütung bei 30–32 °C und 20–25 °C folgt eine Prüfung auf mikrobielle Verunreinigungen. Die lagerfähige, pasteurisierte Albuminlösung kann ohne Rücksicht auf die Blutgruppenzugehörigkeit des Empfängers verabreicht werden.

12.5
Sonstige Plasmaderivate

12.5.1
C 1-Inaktivator

C 1-Inaktivator wird eingesetzt zur Behandlung v. a. des angeborenen angioneurotischen Ödems. Dieses ist durch Mangel oder Funktionsunfähigkeit des C 1-Inaktivators, dem Inhibitor der C 1-Esterase, gekennzeichnet, wodurch es sehr leicht zur Aktivierung des Komplement- und Kininsystems kommt, oft ohne ersichtlichen Auslöser.

Es entstehen vasoaktive Peptide und Kinin sowie ein permeabilitätssteigernder Faktor, wodurch es zur Bildung von Ödemen der Haut, der Schleimhäute, des Kehlkopfes und innerer Organe kommen kann. Es kann dabei schnell eine lebensbedrohliche Situation eintreten. Durch Gabe von C 1-Inaktivator bilden sich die Ödeme meist schnell zurück.

12.5.2
Antithrombin III

Antithrombin III (AT III) ist der wichtigste physiologische Inhibitor der Blutgerinnung. AT III inaktiviert v. a. Thrombin, aber auch andere Proteasen. Aufgrund seiner breiten Hemmwirkung, die durch Heparin stark beschleunigt wird, spielt AT III eine zentrale Rolle bei der Regulation der Hämostase. Bei erniedrigtem AT-III-Spiegel besteht ein akutes Thromboserisiko sowohl lokal (Venenthrombosen) als auch generalisiert (disseminierte intravasale Gerinnung, Verbrauchskoagulopathie). Die wichtigsten Indikationen sind deshalb der erblich bedingte und der erworbene Mangel, z. B. bei akutem Leberversagen (z. B. bei Vergiftungen, Hepatitis usw.), Verbrauchskoagulopathien (z. B. bei Sepsis, Polytrauma usw.), Hämodialyse und intensiver therapeutischer Plasmapherese.

12.5.3
Serumcholinesterase

Serumcholinesterase ist die sog. unspezifische oder Pseudocholinesterase (PChE), da sie außer Acetylcholin (Ach) auch andere Cholinester hydrolytisch spaltet. Hieraus ergibt sich ihr therapeutischer Einsatz:

- absolute Überdosierung therapeutisch zugeführter Cholinester (z. B. Succinylcholin),
- angeborener/erworbener Mangel an PChE bzw. Vorliegen von sog. atypischen (funktionsunfähigen) PChE, so daß therapeutisch in normaler Dosis zugeführte Cholinester (z. B. Succinylcholin) nicht oder nur sehr verzögert abgebaut werden (relative Überdosierung),
- unterstützende Substitutionstherapie bei Vergiftungen mit reversiblen, v. a. aber irreversiblen Hemmstoffen der Cholinesterasen (indirekten Parasympathomimetika): organische Phosphorsäureester [Alkylphosphate wie Insekti-

zide, z.B. E 605 (Nitrostigmin), Fluostigmin, Kampfstoffe]. Die so vergiftete PChE läßt sich – im Gegensatz zur „echten" Acetylcholinesterase (AChE) – nämlich nicht durch Stoffe vom Oximtyp (andere Unterstützungstherapie) wieder entgiften.

12.5.4
Fibrinkleber

Die Fribrinklebung ist mittlerweile eine fest etablierte Methode zur Gewebevereinigung und Blutstillung. Sie funktioniert nach dem Prinzip von 2-Komponenten-Klebern. Fibrinogen wird zusammen mit Gerinnungsfaktor XIII (Komponente 1) und Thrombin mit Ca^{2+}-Ionen (Komponente 2) getrennt verwahrt. Werden beide Komponenten zusammengeführt, so wird Fibrinogen durch Thrombin in Fibrin umgewandelt, welches durch Ca^{2+}-aktivierten Faktor XIII stabilisiert wird. Zugesetztes Aprotinin (ein Proteinaseinhibitor) verhindert die vorzeitige Auflösung des Fibrins durch die körpereigene Fibrinolyse. Der Abbau erfolgt wie bei körpereigenem Fibrin durch Fibrinolyse und Phagozytose analog dem Geschehen bei natürlicher Wundheilung.

12.5.5
Virussicherheit

Die Virussicherheit von Plasmaderivaten beruht auf 2 Prinzipien: zum einen soll die Infektiosität des Ausgangsmaterials so gering wie möglich sein, und zum anderen müssen sichere Virusinaktivierungsverfahren garantieren, daß nicht erkanntes, infektiöses Material sicher inaktiviert wird. Ersteres wird erreicht durch Testung des Ausgangsmaterials auf Freisein von HBs-Ag, Anti-HCV-, Anti-HIV 1- und Anti-HIV 2-Antikörpern. Zusätzlich werden die Leberenzyme überprüft. Virusinaktivierungsverfahren müssen validiert sein. Es werden heute im wesentlichen Erhitzungsverfahren und Detergenzienbehandlung angewandt, wobei die Erhitzung über 10 h bei 60 °C in wäßriger Lösung als das beste Verfahren gilt. In Zukunft wird man dazu übergehen, für jedes Herstellungsverfahren 2 voneinander unabhängige Virusinaktivierungsprinzipien anzuwenden, soweit dies technisch möglich ist (z. B. Kälte-Ethanol-Verfahren + Detergenzbehandlung + Pasteurisierung bei Standardimmunglobulinen). Nach menschlichem Ermessen wird dadurch eine Virusübertragung ausgeschlossen.

12.6
Fibrinolyse, Defibrinierung und Antikoagulation

12.6.1
Fibrinolyse

Im Körper herrscht ein Gleichgewicht zwischen *Gerinnung* (Fibrinbildung) und *Fibrinolyse* (Auflösung von Fibrin). Durch kleinste Verletzungen und den Zerfall von Thrombozyten kommt es zur Auslösung der Gerinnung und damit zur Bildung kleinster Blutgerinnsel. Diese werden physiologisch durch die körpereigene Fibrinolyse aufgelöst. Wird dieses Gleichgewicht nach der einen oder anderen Seite verschoben, kommt es zur Bildung von Thrombosen oder zu einer Ungerinnbarkeit des Blutes mit u. U. lebensbedrohlichen Blutungen.

Plasminogen ist ein β-Globulin, das durch *endogene* oder *exogene Aktivatoren* in *Plasmin* umgewandelt werden kann. Plasmin ist ein proteolytisches Enzym, das Fibringerinnsel zu löslichen Peptiden depolymerisiert und so Blutgerinnsel (Thromben) wiederaufzulösen vermag.

Ist es zur pathologischen Bildung von Thromben gekommen (z. B. beim Herzinfarkt), so müssen von außen spezifische Aktivatoren des Plasminogens zugeführt werden, da die natürlich vorhandene fibrinolytische Aktivität nicht zur Auflösung pathologisch entstandener Thromben ausreicht (s. Abb. 12.2).

Solche Plasminogenaktivatoren sind:

1) Streptokinase,
2) Urokinase,
3) Gewebe-Plasminogen-Aktivator (t-PA),
4) APSAC.

Bei der systemischen Lyse unterscheidet man zwischen *Langzeitlyse* und *Kurzzeitlyse*. Bei der Langzeitlyse wird nach einer hohen Initialdosis mit gleichmäßiger Erhaltungsdosierung über mehrere Tage therapiert, bei der Kurzzeitlyse hochdosiert über einen sehr kurzen Zeitraum (z. B. Streptokinase 1,5 Mio EI in 1 h).

Bei der *lokalen Lyse* wird das Fibrinolytikum über einen intraarteriellen Katheter in relativ niedriger Dosierung am Ort der Thrombose appliziert; dadurch wird eine hohe Konzentration am Ort der Lyse bei gleichzeitig geringem systemischen Effekt erzielt. Insgesamt hat sich gezeigt, daß die Verträglichkeit aller Fibrinolytika vergleichbar ist. Eine Übersicht über die pharmakologischen Eigenschaften gibt Tabelle 12.4.

Streptokinase

Streptokinase ist einer der wirksamsten exogenen Plasminogenaktivatoren.

Sie ist ein Stoffwechselprodukt β-hämolysierender Streptokokken, das aus einem geeigneten Kulturmedium gewonnen wird und als standardisierte

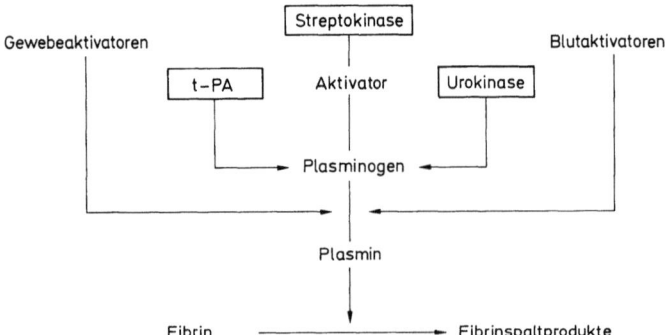

Abb. 12.2 Wirkung von Plasminogenaktivatoren

12.6 Fibrinolyse, Defibrinierung und Antikoagulation

Tabelle 12.4 Pharmakologische Eigenschaften der Fibrinolytika

Präparat	Indikation	Applikationsweg Dosierung	Pharmakologische Eigenschaften	Lagerung, Haltbarkeit
Streptokinase	Tiefe Venenthrombosen, Lungenembolie, Rekanalisation von Arterien	Intravenös oder intraarteriell, je nach Indikation	Nach Auflösen des weißen Lyophilisates entsteht eine farblose, klare bis opaleszente Lösung. Haltwertszeit: bei geringen Mengen 18 min, bei Aktivatorbildung ca. 80 min	2–25°C. Lyophilisat haltbar bis zu 36 Monate. Nach Auflösung bei 2–8°C bis 24 h
Urokinase	Tiefe Venenthrombosen, Lungenembolie, Rekanalisation von Arterien	Intravenös oder intraarteriell, je nach Indikation	Nach Auflösen des weißen Lyophilisates entsteht eine farblose, klare bis opaleszente Lösung. Halbwertszeit: 10 min	2–8°C (kleine Abfüllmengen, z.B. 25000 IE, bzw. 2–25°C (Abfüllmengen > 100 000 IE): 24–36 Monate, je nach Abfüllmenge
t-PA	Akuter Herzinfarkt innerhalb der ersten 6 h	Intravenös, bei Herzinfarkt 70–100 mg Wirkstoff nach vorheriger Heparinisierung	Lyophilisat. Halbwertszeit: 4–5 min. Totale Plasmaclearance: 550–700 min	Lyophilisat: bei ≤25°C 24–36 Monate haltbar, je nach Abfüllgröße. Nach Auflösung bei 2–8°C 24 h, bei Raumtemperatur 8 h haltbar.
APSAC	Akuter Herzinfarkt innerhalb der ersten 6 h	Intravenös 30 IE in 4–5 min bei zusätzlicher Antikoagulation mit Heparin	Lyophilisat. Halbwertszeit der fibrinolytischen Aktivität: 90–112 min	2–8°C, Lyophilisat haltbar bis zu 24 Monate. Nach Auflösung innerhalb von 30 min zu verbrauchen

Trockensubstanz zur Verfügung steht. Streptokinase ist ein *indirekter Plasminogenaktivator*: ein Molekül Streptokinase verbindet sich mit einem Molekül Proaktivatorplasminogen zu einem Molekül *Aktivator*. Dieser *Komplex* bewirkt die Bildung von Plasmin aus Plasminogen.

Wird viel Streptase appliziert, liegt viel Aktivator vor, und Plasminogen wird schnell verbraucht, so daß nach Verbrauch des initialen Vorrats an Plasminogen nur noch relativ wenig vorhanden ist bzw. zurückgebildet wird, wodurch nachfolgend nur relativ wenig Plasmin gebildet wird und umgekehrt (*umgekehrtes Dosiswirkungs-Prinzip*).

Durch diesen indirekten Aktivierungsweg kommt es zu einer paradoxen Wirkungsweise: je weniger Streptokinase, desto mehr Lyse!

Zu beachten ist, daß es nach Infekten mit Streptokokken sowie bei wiederholter Anwendung in zu kurzen Abständen zu allergischen Reaktionen kommen kann.

Urokinase

Urokinase ist ein körpereigener Plasminogenaktivator, der Plasminogen direkt zu Plasmin aktiviert. Urokinase wird in der Niere gebildet und in den Blutkreislauf gebracht; geringe Mengen werden mit dem Harn ausgeschieden. Urokinase wird entweder aus großen Mengen Urin gewonnen oder gentechnisch mit Hilfe von Colibakterien hergestellt. Urokinase wird sehr oft zur lokalen Lyse eingesetzt. Urokinase ist ein homologes Protein; deshalb ist in aller Regel nicht mit allergischen Reaktionen zu rechnen.

T-PA („tissue-plasminogen-activator")

t-PA ist ein direkter Aktivator der Fibrinolyse, der in erster Linie auf die Plasminbildung des an Fibringerinnsel gebundenen Plasminogens einwirkt. Es ist ein körpereigenes Glykoprotein, das gentechnisch aus Kulturen von Epithelzellen gewonnen wird.

APSAC („anisocylated plasminogen streptokinase activator complex")

APSAC ist ein azylierter Komplex aus Streptokinase und humanem lys-Plasminogen. Azylierung des katalytischen Zentrums von Plasminogen verzögert die Bildung von aktivem Plasmin, hat aber keinen Einfluß auf die Bindungsstellen des Streptokinase-Plasminogen-Komplexes an Fibrin. Die Deazylierung beginnt sofort nach Injektion mit dem Effekt, daß ein gewisser Prozentsatz des Komplexes direkt an Fibrin gebunden ist und lokal eine Lyse bewirkt. Somit verringert sich die systemische Wirkung.

Die Halbwertszeit der Deazylierung beträgt etwa 105 min im Plasma und die Halbwertszeit der fibronolytischen Aktivität 90–112 min. Wegen dieser langen Halbwertszeit ist es in der Indikation akuter Herzinfarkt möglich, lediglich eine Bolusinjektion über 4–5 min zu applizieren.

12.6.2
Defibrinierung

Ancrod

Ancrod enthält fibrinogenspaltende Proteinfraktionen aus dem Gift der malaiischen Grubenotter (Agkistrodon rhodostoma). Die Fraktionierung des Giftes erfolgt säulenchromatographisch über Zellulosederivate und Sephadex G 100; das Endprodukt ist eine standardisierte, stabile und lagerfähige Protease. Eine Einheit Ancrod entspricht einer Thrombineinheit.

Ancrod spaltet proteolytisch aus dem Fibrinogenmolekül nur Fibrinopeptid A ab, nicht aber Fibrinopeptid B; es entsteht ohne Fibrinopeptid B nur ein lockeres, nichtphysiologisches Mikrofibringerinsel, das in Harnstoff löslich ist. Da zudem Faktor XIII nicht aktiviert wird, wird das Gerinnsel nicht verfestigt und durch die körpereigene Fibrinolyse rasch aufgelöst. Daher führen wiederholte Applikationen zur *Defibrinierung* und damit zu erhöhter Dünnflüssigkeit des Blutes. Ancrod wird parenteral bei chronischen, peripheren, arteriellen Durchblutungsstörungen eingesetzt.

Batroxobin

Batroxobin ist das Gift der südamerikanischen Lanzenotter (Bothrops atrox). Es enthält neben Toxinen mehrere Proteasen mit fibrinogenspaltenden Eigenschaften, jedoch ist das Gerinnungsprodukt löslich, die Wirkung ist derjenigen von Ancrod vergleichbar.

Der Fibrinogenspiegel des Blutes wird dosisabhängig gesenkt und das Blut dünnflüssiger; daher wird Batroxobin parenteral bei peripheren, arteriellen Durchblutungsstörungen eingesetzt.

12.6.3
Antikoagulation

Während bei der Fibrinolyse versucht wird, Gerinnsel wieder aufzulösen, ist das Ziel der Antikoagulation, der Bildung von Gerinnseln/Thrombosen vorzubeugen. Dies kann je nach Situation zeitlich begrenzt (z. B. postoperativ) oder lebenslang nötig sein (z. B. nach Einsatz künstlicher Herzklappen oder Gefäßprothesen).

Die wichtigsten Präparate sind:
1) Heparin,
2) Heparinoide,
3) Hirudin,
4) Dicumarolderivate.

Heparin

Dieses saure und stark elektronegative Mucopolysaccharid kommt in den basophilen Mastzellen aller Organe von Mensch und Tier vor, besonders in Leber und Lunge. Es wird überwiegend aus Rinderlunge durch aufwendige Verfahren extrahiert und in internationalen Einheiten standardisiert. 200 IE heben die Gerinnungsfähigkeit von 150 ml menschlichen Blutes für 2 h Dauer auf. 1 mg Heparin^{-NA} entspricht 170 IE.

Heparin hat einen komplexen Einfluß auf den Gerinnungsablauf; es inaktiviert in Verbindung mit Inhibitoren wie z. B. dem AT II/III, v. a. die Wirkung von Thrombin und alle weiteren an der Gerinnung beteiligten Proteasen. Es resultiert in erster Linie eine Blockierung der Umwandlung von Fibrinogen in Fibrin. Die therapeutische Verwendung ist v. a. die postoperative Thromboseprophylaxe.

Bei Überdosierung (Blutungsgefahr) kann die Heparinwirkung durch Gabe von Protaminsulfat aufgehoben werden. Heparin darf wegen der Gefahr der Hämatombildung nicht i. m., sondern nur s. c. appliziert werden.

Heparinoide

Angesichts des hohen Preises für natürliches Heparin werden heparinähnliche Substanzen – zumeist Schwefelsäure, Mucopolysaccharide – durch Teilsynthese künstlich hergestellt werden. Sie sind antikoagulatorisch weniger wirksam und toxischer als Heparin, weswegen sie parenteral normalerweise nicht eingesetzt werden. Wegen ihrer stärker entzündungshemmenden Eigenschaften werden sie lokal bei Verstauchungen und Prellungen, Thrombophlebitis und Hämatomen eingesetzt.

Hirudin

Hirudin ist die gerinnungshemmende Substanz, die der Blutegel (Hirudo medicinalis) in das Blut seines Wirtes abgibt. Es hemmt spezifisch und stöchiometrisch Thrombin. Es wird aus dem wäßrigen Extrakt von Kopf und Schlundring des Blutegels durch Fraktionierung gewonnen (~ 3 mg Extrakt pro Blutegel). Hirudin ist ein grauweißes, säure- und hitzeempfindliches, wasserlösliches Pulver.

Hirudinpräparate werden – in Antithrombineinheiten standardisiert – v. a. äußerlich als Gele und Salben bei Thrombosen, Hämatomen und Sportverletzungen verwandt.

Neuerdings ist es möglich, Hirudin auch gentechnisch in ausreichender Menge zu produzieren. In klinischer Prüfung befindet sich die parenterale Applikation gentechnischen Hirudins in Indikationen wie z. B. Therapie der Heparin-assoziierten Thrombozytopenie Typ II (HAT), Thromboseprophylaxe und Herzinfarkt.

Dicumarolderivate

1922 wurde erstmals über ein Viehsterben in Nordamerika berichtet, welches durch Verbluten der Tiere verursacht wurde. Als Ursache wurde ein Abbauprodukt des Cumarins in verdorbenem Süßklee identifiziert – das Dicumarol. Cumarin und ähnliche Stoffe sind strukturell dem Vitamin K ähnlich, welches für die Synthese der Gerinnungsfaktoren II, VII, IX und X in der Leber essentiell ist. Man geht davon aus, daß Cumarine die vitamin-K-abhängige Synthese kompetitiv hemmen. Die Wirkung setzt verzögert nach 6 h ein und ist 36 – 48 h nach Einnahme voll ausgeprägt (im Gegensatz dazu wirkt Heparin sofort).

Therapeutisch werden die preiswerten Cumarinderivate zur Ablösung des Heparins eingesetzt, wenn eine langfristige Antikoagulation nötig ist. Die Dosierung muß individuell geschehen, da der Abbau dieser Substanzen genetisch determiniert ist und großen Schwankungen unterliegt.

Eine regelmäßige Therapiekontrolle ist unerläßlich (Quick-Test), damit durch Überdosierung keine Blutungen entstehen und durch Unterdosierung es nicht doch zu Thrombosen kommt. Zur Soforttherapie solcher Blutungen wird u. a. PPSB-Konzentrat eingesetzt (s. Abschn. 12.2.3).

Nicht ungefährlich ist auch ein abruptes Absetzen der Therapie, da es nach längerer Anwendung zu einer reaktiven Hyperkoagulabilität des Blutes kommen kann.

Unbedingt beachtet werden muß auch, daß Cumarine mit einer Vielzahl von anderen Medikamenten interferieren und sowohl eine Steigerung als auch eine Verminderung der Wirksamkeit resultieren kann. Bei Verschreibung ist also stets die gesamte gleichzeitig verordnete Medikation zu beachten.

Weiterführende Literatur

Bock H-E, Kaufmann W, Löhr G-W (1981) Pathophysiologie, 2. Aufl. Thieme, Stuttgart
Gronski P, Seiler FR Spezifische Serumtherapie gestern und heute. Teil 2: Die Intravenöse Verwendung unterschiedlich hergestellter Antikörper-Präparate (1983) Fortschr der Med 101 (6) 199 – 205
Hach-Wunderle V, Neuhaus K-L (1994) Thrombolyse und Antikoagulation der Kardiologie. Springer Berlin
Heimburger N, Barthels M (1989) Gerinnung und Fibrinolyse. Med Verlagsges, Marburg
Lang F (1979) Pathophysiologie/Pathobiochemie. Enke, Stuttgart
Richtlinien zur Blutgruppenbestimmung und Bluttransfusion (1992) Deutscher Ärzte-Verlag Köln
Schmidt RF, Thews G (1985) Physiologie des Menschen. Springer, Berlin Heidelberg New York
Schwick, H-G, Günther R-H, Fischer J et al. (1994) Arzneimittel aus Blut. Med Verlagsges, Marburg
Seiler FR, Schwick H-G (1990) Plasmaproteins, blood coagulation, antibodies, immune diagnostic. In: Behring Institute Mitteilungen. Med Verlagsges, Marburg
Siegenthaler W (1979) Klinische Pathophysiologie, 4. Aufl. Thieme, Stuttgart
Silbernagl S, Despopoulos A (1983) Taschenatlas der Physiologie. Thieme, Stuttgart

KAPITEL 13

Gentechnologie

T. Dingermann

13.1
Einleitung

13.1.1
Grundbegriffe, Definitionen

Unter dem Begriff Gentechnologie versteht man eine Sammlung von Methoden, mit deren Hilfe die als Erbmaterial fungierende **Desoxyribonukleinsäure (DNA)** isoliert, charakterisiert und modifiziert werden kann. Die DNA liegt in der Zelle in Form von **Chromosomen** vor. Niedere Organismen wie Bakterien besitzen nur ein einziges Chromosom und damit nur ein einziges Molekül DNA; bei höheren Organismen ist das genetische Material auf mehrere Chromosomen verteilt. Die Gesamtheit aller Chromosomen bezeichnet man als **Genom**. Alle Genome in der belebten Natur sind aus den 4 Nukleotidbasen **Adenin, Guanin, Cytosin** und **Thymin** aufgebaut. Diese treten spezifisch und nach allgemein gültigen Regeln paarweise in Wechselwirkung, wobei immer ein Adenin mit einem Thymin und ein Guanin mit einem Cytosin komplementäre Nukleotidpaare bilden. Diese Regeln bilden die Basis sowohl für die identische Verdopplung der DNA vor jeder Zellteilung (= **Replikation**) als auch für das Abrufen der genetischen Information (= **Transkription**). Da alle **RNA-Polymerasen** statt Thymidintriphosphat (TTP) Uridintriphosphat (UTP) verwenden, enthalten RNAs immer statt eines Thymins ein **Uracil**. Der genetische Informationsfluß wird abgeschlossen durch das Umschreiben der in der Boten-RNA zwischengespeicherten Information in Protein (= **Translation**). Auch dieser Vorgang basiert auf den typischen Wechselwirkungen zwischen Nukleinsäuren. Dabei lagern sich Transfer-RNAs, die mit spezifischen Aminosäuren beladen sind, mit ihren aus 3 Basen bestehenden Anticodons an komplementäre Codonsequenzen auf der mRNA an, wodurch Aminosäuren derart in Position zueinander gebracht werden, daß sie entsprechend der Information in der mRNA miteinander zu einem Protein verknüpft werden können.

13.1.2
Genomgrößen

Genomgrößen werden durch die Anzahl der Basenpaare angegeben. In der belebten Natur überstreichen die Genome mindestens 7 Größenordnungen von ca. 10^3 bis ca. 10^{10} Basenpaaren (Tabelle 13.1). Dabei spiegelt die Genomgröße zumindest in erster Näherung die Komplexität der Organismen wider. Die kleinsten Genome in der Größenordnung von ca. 3×10^3 Basenpaaren besitzen **Phagen** und **Viren**, die selbst noch nicht als Organismen zu bezeichnen sind, da sie zwar genetisches

Tabelle 13.1   Größe haploider Genome verschiedener Organismen. (Mod. nach Lewin 1988)

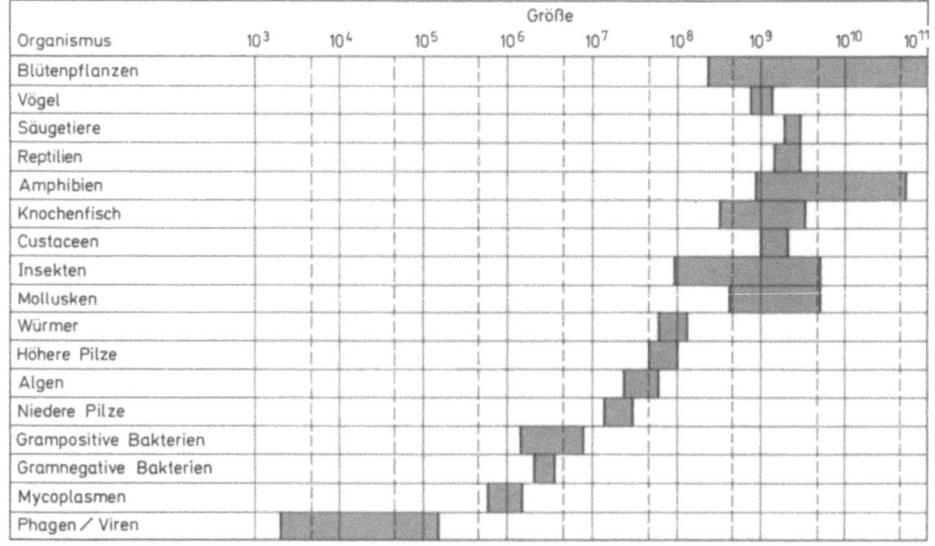

Material enthalten, dieses aber nicht selbständig, sondern nur mit Hilfe anderer Organismen abrufen und verdoppeln können. Bakterien haben Genome mit ca. 3×10^6 Basenpaaren, wohingegen die Genome von Säugern ca. 3×10^9 Basenpaare enthalten. Pflanzengenome können noch deutlich größer sein.

13.1.3
Funktionelle Unterteilung der Genome

Die Genome bestehen aus 2 prinzipiell völlig unterschiedlichen Funktionsbereichen, den **Informationseinheiten** und den **Kontrolleinheiten** (Abb. 13.1). Die Informationseinheiten oder **Gene** kodieren, verschlüsselt durch eine bestimmte Kombination der 4 Nukleotidbasen, die Sequenz und damit auch die Struktur aller RNAs und aller Proteine eines Organismus. Dieser Kode ist universell und eindeutig, so daß es prinzipiell keine Rolle spielt, in welchem Organismus die Information abgerufen wird, da der Kode generell verstanden wird.

Anders verhält es sich mit den Kontrolleinheiten, die sich in der Regel vor und hinter den Genen befinden. Man unterscheidet **Promotoren, Aktivatoren** und **Terminatoren**. Vor allem Aktivatoren und Promotoren bestimmen im Zusammenspiel mit bestimmten Proteinen, den **Transkriptionsfaktoren**, wann und in welcher Zelle die Information des nachfolgenden Gens abgerufen werden soll.

Promotoren und Transkriptionsfaktoren sind organismus-, ja teilweise sogar zelltypspezifisch. Trägt daher eine genetische Informationseinheit ihren natürlichen Promotor, so kann diese Informationseinheit in einem fremden Organismus nicht **exprimiert**, d. h. abgerufen werden, da der Promotor von den Transkriptionsfaktoren des Fremdorganismus nicht erkannt wird.

13.2
Das allgemeine Prinzip der Gentechnologie

Die Gentechnologie hat Methoden und Hilfsmittel erarbeitet, mit deren Hilfe es möglich ist, die riesigen DNA-Moleküle gezielt zu fragmentieren, die DNA-Fragmente zu isolieren und DNA-Fragmente neu zu kombinieren.

Für die gentechnologische Herstellung von Wirkstoffen bedeutet dies, den universellen und eindeutigen Informationsgehalt eines Gens aus einem **Quellorganismus** mit einen für einen **Zielorganismus** spezifischen Promotor zu kombinieren und somit durch den Zielorganismus die fremde genetische Information abrufbar zu machen.

Dies kann bedeuten, daß ein Gen in einen völlig fremden Organismus eingebracht wird und dort, kontrolliert durch einen für den Zielorganismus spezifischen Promotor, exprimiert wird.

Das kann aber auch bedeuten, daß Quell- und Zielorganismus identisch sind. So kann ein Gen, das normalerweise aufgrund eines sehr speziellen Promotors nur in wenigen Zellen und dort nur sehr schwach exprimiert wird, mit einem anderen Promotor des gleichen Organismus kombiniert werden. Führt man diese **Neukombination** zwischen Kontroll- und Funktionseinheit wieder stabil in den Organismus ein, so wird sie nun stark exprimiert.

13.3
Zielorganismen für neukombinierte genetische Informationseinheiten

Für die Produktion rekombinationstechnisch hergestellter Wirkstoffe verwendet man heute praktisch ausnahmslos 3 verschiedene Wirtsorganismen:

- eine apathogene Variante des bekannten Darmbakteriums *Escherichia coli*,
- verschiedene Varianten der Bäckerhefe *Saccharomyces cerevisiae* oder der Spalthefe *Schizosaccharomyces pombe*,
- Zellinien, die sich von verschiedenen Säugern, v. a. aber vom Hamster ableiten.

Die heute verwendeten *E. coli*-Stämme sind sog. K 12-Stämme. Diese stellen biologische Sicherheitsmaßnahmen dar, d. h. von ihnen geht kein biologisches Risiko mehr aus. Durch komplexe Genetik wurden bei diesem Stamm die Gene entfernt, die die Pathogenität von Coli-Bakterien determinieren. Durch entsprechende Versuche ist bewiesen worden, daß *E. coli*-K 12 den menschlichen und tierischen Darm nicht besiedelt. Nur unter experimentellen Bedingungen können nach oraler Einnahme großer Dosen, unter gleichzeitiger Neutralisierung der Magensäure, für maximal 3-4 Wochen *E. coli*-K 12-Zellen im Darm nachgewiesen werden.

Bäckerhefe und Spalthefe sind niedere Eukaryonten, die immer noch recht preisgünstig zu kultivieren sind und für Eukaryonten recht kleine Generationszeiten besitzen. Sie zeichnen sich gegenüber prokaryontischen Wirtssystemen dadurch aus, daß sie in der Lage sind, einige der erforderlichen posttranslationalen Proteinmodifikationen einzuführen. Ferner können die Gene so konstruiert werden, daß die Produkte aus den Zellen ausgeschleust werden.

Sollen oder müssen Gene in höheren Organismen exprimiert werden, so verwendet man als Wirt in der Regel nicht komplexe Organismen, sondern von bestimmten Organen dieser Organismen abgeleitete **Zellinien**. Diese zeichnen sich dadurch aus, daß sie – beispielsweise nach Infektion mit einem Virus – unsterblich geworden sind und sich bei ausreichender Nahrungszufuhr beliebig lang in Kultur halten lasen. Sind für die biologische Aktivität von Proteinen bestimmte posttranslationale Modifikationen unabdingbar, so gibt es für die Expression in Zellinien praktisch kaum Alternativen.

13.4
Einsatz der Gentechnologie für die Gewinnung von Arzneimitteln

Durch die Gentechnologie ist es heute möglich, vermehrt Proteine für therapeutische Zwecke einzusetzen. In der Regel stammen diese Proteine vom Menschen. Dies hat zwei Gründe: Da Proteine praktisch ausschließlich parenteral angewandt werden können, würde zumindest bei chronischer Applikation von Fremdprotein eine allergische Reaktion provoziert. Dazu kommt, daß sehr häufig tierische Proteine beim Menschen nicht wirksam sind.

Dies waren die eigentlichen Gründe, weshalb Proteine in der Pharmazie – und damit auch in der pharmazeutischen Biologie – bis auf ganz wenige Ausnahmen praktisch keine Rolle spielten. Viel zu gering waren die Konzentrationen der interessanten Proteine in den Quellorganen, und praktisch unmöglich war die Reindarstellung dieser Proteine.

Durch die Gentechnologie ist es heute möglich, die Informationseinheiten der therapeutisch nutzbaren Proteine zu isolieren und so zu modifizieren, daß das von diesen Informationseinheiten kodierte Protein von Bakterien, Hefen oder Zellen höherer Organismen mit hoher Effizienz synthetisiert wird (Dingermann 1992).

13.4.1
Zugelassene gentechnisch hergestellte Arzneimittel

Dreizehn gentechnologisch hergestellte Wirkstoffe sind heute weltweit als Medikamente zugelassen.

Bei 12 dieser Wirkstoffe handelt es sich ausnahmslos um menschliche Proteine. Dazu zählen das Insulin, die Interferone α, β und γ, der menschliche Wachstumsfaktor Somatropin, Erythropoietin, der Granulozyten-(G-CSF oder Filgrastim) und der Granulozyten-/Macrophagen-Wachstumsfaktor (GM-CSF oder Molgramostim), der Blutgerinnungsfaktor VIII, der Plasminogenaktivator tPA, Interleukin 2 und DNase (Dornase alfa Pulmoxyme).

Der 13. gentechnologisch hergestellte Wirkstoff ist die erste rekombinante Vakzine, die zum Schutz vor Hepatitis-B-Infektionen eingesetzt wird.

Bis auf Humaninsulin und – wenn auch mit Einschränkung – dem Blutgerinnungsfaktor VIII wäre eine therapeutische Anwendung der anderen Produkte aus Gründen der begrenzten natürlichen Verfügbarkeit und aus Gründen der Arzneimittelsicherheit nicht denkbar.

13.4.2
In der fortgeschrittenen Entwicklung befindliche gentechnologisch hergestellte Arzneimittel

Eine große Zahl potentieller Arzneimittel, die mit Hilfe gentechnischer Methoden hergestellt werden müssen, befinden sich derzeit in der fortgeschrittenen Entwicklung. Hierzu gehören:

- **weitere rekombinante Impfstoffe** gegen Hepatitis, Influenza, Lepra, HIV, Malaria und Erreger anderer Tropenkrankheiten,
- **Hormone** und **Wachstumsfaktoren**, wie gefäßbildende Faktoren, der Plättchenwachstumsfaktor, der epidermale Wachstumsfaktor, insulinähnliche Wachstumsfaktoren sowie verschiedene Wachstumshormone und Faktoren, die unterschiedliche Zelltypen des blutbildenden Systems zur Zellteilung und zur Differenzierung anregen,
- eine ganze Sammlung von Proteinen, die die Blutgerinnung fördern, verhindern oder Blutgerinnsel aufzulösen vermögen.
- unterschiedlichste Proteine, die das Immunsystem entweder stimulieren oder supprimieren. Hierbei handelt es sich um weitere Interferone, weitere Interleukine, Komplementproteine, Differenzierungsfaktoren, Iummunotoxine und Antikörper, die Rezeptoren oder Immunmodulatoren binden und diese damit inaktivieren,
- Proteine, mit deren Hilfe Krebsleiden behandelt werden können, wie z.B. der Tumor-Nekrose-Faktor und verschiedene Produkte von sog. Krebsgenen.

13.5
Das experimentelle Konzept der Gentechnologie

Um die riesigen DNA-Moleküle manipulieren zu können und ganz gezielt Teile dieser Moleküle isolieren, charakterisieren und nutzen zu können, bedient sich die Gentechnologie einer konsequenten Kombination biochemischer sowie genetischer Methoden. Da die verwendeten Substanzmengen extrem klein sind, wird der Nachweis der Moleküle in der Regel mit Hilfe radioaktiver Isotope, wie ^3H, ^{14}C, ^{32}P und ^{35}S geführt. In letzter Zeit werden allerdings vermehrt immunologische Detektionsverfahren eingesetzt.

13.5.1
Nukleinsäurestoffwechsel im Reagenzglas

Bei den biochemischen Methoden wird der Nukleinsäurestoffwechsel im Reagenzglas nachvollzogen. Hierzu werden hauptsächlich folgende Enzyme verwendet:

Restriktionsendonukleasen	= Enzyme, die DNA sequenz- und positionsspezifisch hydrolysieren,
DNA-Polymerasen	= Enzyme, die die Synthese von DNA katalysieren,
DNA-Ligasen	= Enzyme, die DNA-Fragmente kovalent miteinander verbinden,
reverse Transkriptase	= RNA-abhängige DNA-Polymerase.

Restriktionsendonukleasen

Restriktionsendonukleasen sind DNA-Hydrolasen, die als Substrat doppelsträngige DNA erkennen und diese **sequenz-** und **positionsspezifisch** schneiden (Tabelle 13.2). Sie sind Teil des Modifikations-/Restriktionssystems verschiedenster Mikroorganismen, durch das sich diese Organismen vor fremdem, infektiösem genetischem Material schützen. Dies ist nur möglich, wenn die DNA-Hydrolasen bestimmte Sequenzen erkennen, die in der eigenen DNA nicht oder modifiziert vorkommen.

Das erste Restriktionsenzym der Klasse, deren Vertreter heute in der Gentechnologie verwendet werden, wurde 1970 von Hamilton Smith entdeckt, nach-

Tabelle 13.2 Restriktionsendonukleasen (Knippers et al. 1990). Die senkrechten Striche innerhalb der Erkennungssequenzen markieren die Position, an der die DNA hydrolysiert wird. Symmetrische Hydrolyse erzeugt stumpfe DNA-Enden, d. h. 5'-Ende und 3'-Ende der komplementären Stränge des DNA-Fragments sind gleich lang. Assymmetrische Hydrolyse erzeugt überhängende Enden. Befindet sich die Hydrolysestelle links von der Mitte, werden DNA-Fragmente erzeugt, bei denen das 5'-Ende über das 3'-Ende hinausragt. Umgekehrt ist es, wenn sich die Hydrolysestelle rechts von der Mitte befindet. Dadurch werden gewissermaßen Kupplungen geschaffen, in die DNA-Fragmente, die durch die gleiche Restriktionsendonuklease erzeugt wurden, einrasten können.

Bezeichnung	Herkunft	Erkennungssequenz
Alu I	*Arthrobacter luteus*	AG|CT
Ava I	*Anabaena variabilis*	C|PyCGPuG
Bal I	*Brevibacterium albidum*	TGG|CCA
Bam H I	*Bacillus amyloliquefaciens*	G|GATCC
Bcl I	*Bacillus caldolyticus*	T|GATCA
Bgl I	*Bacillus globigii*	GCCNNNN|NGGC
Bgl II	*Bacillus globigii*	A|GATCT
Dpn I	*Diplococcus pneumoniae*	GmA|TC
Eco R I	*Escherichia coli*, Stamm RY13	G|AATTC
Eco R V	*Escherichia coli*, Stamm J62	GAT|ATC
Hae II	*Haemophilus aegyptius*	PuGCGC|Py
Hae III	*Haemophilus aegyptius*	GG|CC
Hinc II	*Haemophilus influencae*, Stamm Rc	GTPy|PuAC
Hind III	*Haemophilus influencae*, Stamm Rd	A|AGCTT
Hpa I	*Haemophilus parainfluencae*	GTT|AAC
Kpn I	*Klebsiella pneumoniae*	GGTAC|C
Mbo I	*Moraxella bovis*	|GATC
Nco I	*Nocardia corallina*	C|CATGG
Pvu I	*Proteus vulgaris*	CGAT|CG
Pvu II	*Proteus vulgaris*	CAG|CTG
Sal I	*Streptomyces albus*	G|TCGAC
Sau 3A	*Staphylococcus aureus*, Stamm 3A	|GATC
Sau 96	*Staphylococcus aureus*, Stamm PS96	G|GNCC
Sma I	*Serratia marcescens*	CCC|GGG
Taq I	*Thermus aquaticus*	T|CGA
Xho I	*Xanthomonas holcicola*	Pu|GATCPy
Xma I	*Xanthomonas malvacaerum*	C|CCGGG

dem er beobachtet hatte, daß das Bakterium *Haemophilus influenzae* Phagen-DNA schnell abbaut. Nach biochemischer Aufreinigung dieser Enzymaktivität stellte Smith fest, daß das Enzym auch *E.-coli*-DNA, nicht jedoch *H.-influenzae*-DNA hydrolysieren konnte. Alle DNA-Fragmente, die nach Inkubation mit dem Enzym entstanden waren, begannen mit der Sequenz 5'-PuAC und endeten mit der Sequenz GTPy-3' (Pu = A oder G; Py = C oder T). Smith nannte diese erste Restriktionsendonuklease *Hind*II. Das Enzym erkennt die Sequenz 5'-GTPyPuAC-3' und hydrolysiert diese Erkennungssequenz symmetrisch.

In der Zwischenzeit sind mehr als 300 Restriktionsendonukleasen aus den unterschiedlichsten Mikroorganismen isoliert worden. Diese Enzyme erkennen über 150 verschiedene, spezifische DNA-Sequenzen, die in der Regel aus 4-8 Basenpaaren bestehen. In den allermeisten Fällen sind diese Erkennungssequenzen als Palindrome angeordnet, d. h. vom 5'-Ende zum 3'-Ende hin gelesen sind die Sequenzen auf beiden DNA-Strängen gleich. Dabei schneiden die Enzyme die Erkennungssequenz nicht immer symmetrisch, wohl aber positionsspezifisch. Dies führt zu DNA-Fragmenten mit glatten Enden, mit Enden, bei denen das 5'-Ende vorragt, oder mit Enden, bei denen das 3'-Ende vorragt. So bilden die Enden von DNA-Fragmenten, die durch Hydrolyse mit Restriktionsendonukleasen erzeugt wurden, gewissermaßen Kupplungen, die miteinander verbunden werden können, wenn die Enden mit der gleichen Restriktionsendonuklease erzeugt wurden. DNA-Enden, die mit unterschiedlichen Restriktionsendonukleasen erzeugt wurden, bilden nichtpassende Kupplungen und können nur nach weiteren Modifikationen miteinander verknüpft werden.

Die Nomenklatur dieser Enzyme geht auf einen Vorschlag von Smith u. Nathans (1973) zurück. Danach werden die Enzyme durch 3 Buchstaben abgekürzt, die sich aus den ersten 3 Buchstaben der Genusbeschreibung ableiten, z. B. *Escherichia coli = Eco*, *Serratia marcescens = Sma*. Gelegentlich ist es notwendig, den Serotyp zu kennzeichnen, beispielsweise *Haemophillus influencae* Serotyp f = *Hinf*. Sind aus einem Stamm mehrere Restriktionsendonukleasen isoliert, so wird dies durch eine römische Ziffer gekennzeichnet, etwa *Haemophilus aegypticus = Hae* II.

DNA-Polymerasen

DNA-Polymerasen katalysieren die Neusynthese von DNA. Dabei gelten 2 Prinzipien: Das **Substrat** der DNA Polymerase ist immer ein **doppelsträngiger DNA-Bereich**, und die Neusynthese der DNA erfolgt immer **matrizenabhängig vom 5'-Ende zum 3'-Ende**. Anders als beispielsweise RNA kann DNA also immer nur verlängert werden.

Neben dieser Hauptaktivität, die immer dann im Vordergrund steht, wenn das Enzym optimal mit Substraten – also neben doppelsträngiger DNA auch noch mit den 4 Desoxynukleotidtriphosphaten – versorgt ist, besitzen viele DNA-Polymerasen noch 2 weitere Aktivitäten (Abb. 13.2). In der gleichen Richtung, wie die DNA synthetisiert wird, kann das Enzym auch Nukleotide wieder entfernen. Diese wichtige 5' → 3'-Exonukleaseaktivität spielt beim Korrekturlesen im Zuge der Replikation eine ganz wichtige Rolle.

Für die Gentechnologie bemerkenswerter ist jedoch die 3. enzymatische Aktivität, die DNA-Polymerasen generell besitzen. Hierbei handelt es sich um eine

3' → 5'-Exonukleaseaktivität, die somit die Rückreaktion der Polymeraseaktivität darstellt.

In der Gentechnologie nutzt man Hin- und Rückreaktion der DNA-Synthese durch DNA-Polymerasen unter anderem, um DNA-Enden zu korrigieren. Man verwendet dazu meist nicht etwa die eigentliche DNA-Polymerase I, sondern ein Peptidfragment, das durch proteolytischen Verdau der Polymerase I erhalten wird. Diesem sog. **Klenow-Fragment** fehlt die 5' → 3'-Exonukleaseaktivität, wohingegen Polymerase- und 3' → 5'-Exonukleaseaktivität voll erhalten sind. Durch Einsatz dieses Enzyms ist man in der Lage, auch DNA-Fragmente miteinander zu kombinieren, die nicht mit der gleichen Restriktionsendonuklease erzeugt wurden. So können 5'-überhängende Enden durch DNA-Synthese am zurückragenden DNA-Strang aufgefüllt werden, oder es können 3'-überhängende Enden durch die 3' → 5'-Exonukleaseaktivität der DNA-Polymerase abverdaut werden (Abb. 13.2). In beiden Fällen erhält man DNA-Fragmente mit glatten Enden, die beliebig miteinander kombinierbar sind.

DNA-Ligasen

DNA-Ligasen sind Enzyme, die die Enden von DNA-Fragmenten unter ATP-Verbrauch kovalent miteinander verknüpfen. Voraussetzung ist, daß die 5'-Enden der DNA-Fragmente an der Desoxyribose phosphoryliert sind, während die 3'-Enden eine freie OH-Gruppe tragen müssen.

Die Ligation von DNA-Fragmenten ist effizienter, wenn DNA-Fragmente mit versetzten Enden miteinander verknüpft werden sollen, da sich die DNA-Fragmente vor der Ligation über Basenpaarung an den komplementären Enden stabilisieren können. Prinzipiell ist aber auch die kovalente Verknüpfung glatter Enden möglich.

Reverse Transkriptase

Die reverse Transkriptase ist eine Sonderform der DNA-Polymerasen. Anders als klassische DNA-Polymerasen benutzt die reverse Transkriptase eine RNA als Matrize, um sie in DNA umzuschreiben (Abb. 13.3). Mit der Entdeckung der reversen Transkriptase wurde ein lang gehegtes Dogma durchbrochen, das besagte, daß der Informationsfluß ausschließlich von DNA über RNA zu den Proteinen verläuft.

Reverse Transkriptase ist das wichtigste Enzym der **Retroviren**, die bekanntlich RNA, und nicht DNA, als chemische Speicherform ihrer genetischen Information benutzen (Baltimore 1970; Temin u. Mizutani 1970). Da aber auch Retroviren – ähnlich wie Phagen oder DNA-Viren – noch keine Lebewesen sind und daher zur Amplifikation und Realisierung ihrer genetischen Information auf die Biosyntheseleistung einer Wirtszelle angewiesen sind, muß zunächst die RNA in DNA umgeschrieben werden.

Für die angewandte Gentechnologie ist dieses Enzym deshalb so wichtig, weil sehr häufig Gene als Informationsquelle für die Produktion von Wirkstoffen sehr ungeeignet sind. Gene in Eukaryonten enthalten nämlich nicht nur informative Abschnitte, sondern z. T. sehr große Bereiche nichtinformativer DNA. Diese als

Introns bezeichneten Bereiche werden zwar transkribiert, sie werden dann aber auf RNA-Ebene mit Hilfe spezieller **Maturasen** in einer als **Spleißen** bezeichneten Reaktion entfernt.

Mit Hilfe der reversen Transkriptase ist es möglich, gespleißte RNA in DNA zurückzuschreiben (Abb. 13.3). Als DNA-Polymerase benötigt auch die reverse Transkriptase ein doppelsträngiges Substrat. Da die gespleißten mRNAs der Eukaryonten an ihrem Ende immer ein Homopolymer aus Adeninresten tragen, kann man dem Reaktionsansatz zur In-vitro-Synthese von cDNAs kurze Homopolymere aus Thymidinresten zusetzen. Diese binden an die mRNA-Enden, so daß von diesen doppelsträngigen Bereichen aus die DNA-Synthese durch die reverse Transkriptase erfolgen kann.

Das Produkt ist ein als **cDNA** (= complementäre DNA) bezeichnetes „Gen", das anders als die genomische Kopie nur noch informative Bereiche enthält. Aus pharmazeutischer Sicht ist dies wichtig, da das Arzneibuch für rekombinationstechnisch hergestellte Produkte fordert, daß die klonierten Sequenzen möglichst klein gehalten werden.

13.5.2
Klonieren = Amplifikation rekombinierter DNA in Bakterien

Da die Menge an neukombinierter DNA extrem gering ist, kann die Isolierung des gewünschten Produktes zunächst einmal nicht auf physikalischem Weg erfolgen. Es muß ein Amplifikationsschritt zwischengeschaltet werden, wobei im Konzept der Gentechnologie von relativ ineffektiven biochemischen In-vitro-Methoden auf sehr effiziente genetische In-vivo-Methoden gewechselt wird. Damit jedoch die rekombinierte DNA in der Bakterienzelle stabil erhalten bleibt, muß sie in einen Klonierungsvektor integriert werden (Abb. 13.4).

Vom Plasmid zum Klonierungsvektor

Neben den unhandlichen, da viel zu großen Chromosomen enthalten viele Organismen sehr viel kleinere DNA-Moleküle, die als **Plasmide** bezeichnet werden. In der Medizin besitzen Plasmide ein eher negatives Image. Auf ihnen können nämlich Resistenzgene enthalten sein. Werden solche Plasmide auf Infektionskeime übertragen, so erweben diese spontan Resistenzmechanismen gegen eine ganze Reihe von Antibiotika und verursachen daher erhebliche therapeutische Komplikationen.

Plasmide können extrachromosomal persistieren, da auf ihnen eine Sequenz enthalten ist, die von der zellulären DNA-Polymerase erkannt wird und als Ausgangspunkt für die Replikation des Plasmids dient. Folglich wird diese Sequenz auch als **ori** (= „origin of replication") bezeichnet. Da Plasmide unabhängig von der chromosomalen DNA repliziert werden, gleichzeitig aber wesentlich kleiner sind als die chromosomale DNA, werden sie pro Zeiteinheit sehr viel öfter repliziert als die große chromosomale DNA. Aus diesem Grund kommen Plasmide meist in mehreren Kopien pro Zelle vor. Dies ist für die Amplifikation rekombinierter DNA von großem Vorteil.

Um Plasmide als Klonierungsvektoren verwenden zu können, müssen mindestens 2 weitere Voraussetzungen erfüllt sein:

- sie müssen eine Eigenschaft besitzen, mit deren Hilfe man erkennen kann, daß eine Zelle ein Plasmid enthält;
- sie sollten möglichst viele Erkennungssequenzen für unterschiedliche Restriktionsendonuklease besitzen, wobei jedoch diese Erkennungssequenzen jeweils nur einmal auf dem Plasmid vorkommen sollten.

Selektionsmechanismen

Um Plasmide in einer Zelle aufspüren zu können, sind verschiedene **Selektionsmechanismen** denkbar. Viele Plasmide tragen ein **Antibiotikaresistenzgen**, dessen Produkt der Zelle die Eigenschaft verleiht, in Gegenwart des entsprechenden Antibiotikums wachsen zu können (Abb. 13.4). Bei bakteriellen Plasmiden sind dies beispielsweise Resistenzen gegen Ampicillin, Tetracyclin oder Kanamycin. Plasmide, die fremdes genetisches Material in Nager- oder Säugerzellen einschleusen sollen, enthalten meist ein Neomycinphosphotransferasegen, das dem Selektionsmedium beigefügtes Neomycin durch Phosphorylierung inaktiviert.

Ein anderes Selektionsprinzip beruht auf der funktionellen **Komplementation** eines Defektes der Wirtszellen durch den Klonierungsvektor. Dieses Prinzip wird häufig bei der Hefe als Wirtsorganismus angewendet. Man verwendet dann Mutanten, die aufgrund eines genetischen Defektes beispielsweise die Aminosäure Leucin oder das Nukleotid Uridin nicht mehr synthetisieren können. Da jedoch der Klonierungsvektor die intakte Genkopie trägt, die in der Zielzelle defekt ist, können plasmidtragende Zellen ohne Zusatz von Leucin oder Uridin wachsen.

Linearisieren vs. Fragmentieren

Um Plasmide als Genfähren zu verwenden, muß die Fremd-DNA in das Plasmid integriert werden. Dazu müssen Plasmid-DNA und Fremd-DNA als Restriktionsfragmente vorliegen, um sie über kompatible Enden miteinander verbinden zu können.

Dabei gilt es, eine Restriktionsendonuklease zu wählen, deren Erkennungssequenz nur einmal auf dem Plasmid vorhanden ist. Dies gewährleistet, daß das Plasmid **linearisiert**, nicht jedoch **fragmentiert** wird. Ausgefeilte Klonierungsvektoren enthalten einen ganzen Satz einzigartiger Restriktionsstellen geballt an einer Stelle im Plasmid, die man als **multiple Klonierungsstelle** bezeichnet (Abb. 13.4). Diese liegt meist innerhalb eines Gens, dessen Produkt sich leicht durch einen Farbtest nachweisen läßt (Horwitz et al. 1964). Beispielsweise hydrolysiert die β-Galaktosidase das farblose Substrat X-Gal (Abb. 13.5) zu einem blaugefärbten Produkt. Daher sind Zellen, die ein Plasmid mit einem β-Galaktosidasegen tragen, in Gegenwart von X-Gal blaugefärbt. Wurde nun in die multiple Klonierungsstelle des Plasmids ein DNA-Fragment einligiert, so wurde damit auch das β-Galaktosidasegen zerstört, und folglich bleiben die Zellen farblos (Abb. 13.4).

13.5.3
Transformation

Das Einbringen rekombinierter DNA in eine Bakterien- oder Pflanzenzelle bezeichnet man als **Transformation**. Bei Säugerzellen hat sich allerdings der Terminus **Transfektion** eingebürgert. Dies rührt daher, daß man unter Transformation von Säugerzellen eine durch bestimmte genetische Veränderungen erworbene Unsterblichkeit der sonst endlich lebenden Zellen versteht.

Bei der gebräuchlichsten Methode für die bakterielle Transformation werden die Bakterien zunächst bis zu 24 h in einer eiskalten $CaCl_2$-Lösung inkubiert. Dadurch werden die Zellen für die Aufnahme von DNA „kompetent". Die zugefügte DNA (Phosphatgruppen im Rückgrat) präzipitiert dann auf der Oberfläche der kompetenten Bakterien und wird durch kurzzeitige Erhöhung der Temperatur auf 42 °C in die Zelle aufgenommen (Mandel u. Higa 1970). Bei diesem Standardverfahren der **Kalziumphosphatkopräzipitation** kann man Transformationseffizienzen von ca. 10^6 Transformanden pro Mikrogramm DNA erhalten.

Säugerzellen, die man ebenfalls durch modifizierte Kalziumphosphatkopräzipitationsverfahren transfizieren kann, nehmen allerdings sehr viel ineffizienter die DNA auf. Als Alternativmethode läßt sich hier – wie auch bei Bakterienzellen – die **Elektroporation** einsetzen (Neumann et al. 1982). Dabei setzt man die Mischung aus Zellen und DNA einem kurzen elektrischen Impuls aus, der offensichtlich die Membran kurzzeitig für DNA durchgängig macht. Für höhere Zellen erreicht man Transfektionseffizienzen von ca. 100 Transfektanden pro Mikrogramm DNA. Bei der Elektroporation von Bakterien werden Transformationseffizienzen von mehr als 10^8 Transformanden pro Mikrogramm DNA erhalten.

Eine andere, bei Säugerzellen angewandte Methode ist die Mikroinjektion (Capecchi 1980, Shen et al. 1982). Mit Hilfe eines Mikromanipulators, der heute meist computergesteuert wird, wird DNA durch eine dünne Glaskapillare direkt in den Zellkern injiziert. Der relativ große apparative Aufwand ist durch fast quantitative Transfektionsfrequenzen in Spezialfällen sehr wohl gerechtfertigt.

13.5.4
Infektion

Effizienter als alle bekannten Transformations- oder Transfektionsverfahren ist eine **Infektion**. In diesem Fall wird DNA aktiv über spezifische Wechselwirkungen mit einem Rezeptormolekül in die Zelle aufgenommen. Die spezifische Interaktion wird durch ein infektiöses Agens – ein Phage oder ein Virus – vermittelt.

Die am häufigsten genutzte Methode ist die Infektion von *E. coli*-Zellen mit λ-**Phagen**. Die Phagen werden über den Maltosecarrier der *E. coli*-Zelle aufgenommen und können dann entweder in das Bateriengenom integrieren (**lysogene Infektion**) oder sich extrachromosomal so stark vermehren, daß die Bakterienzelle platzt (**lytische Infektion**).

λ-DNA ist im Vergleich zu gängigen Plasmiden mit ca. 50 000 Basenpaaren sehr groß, wodurch das Klonieren nicht gerade vereinfacht wird. Allerdings ist die Infektionsrate so hoch, daß λ-Vektoren immer dann gewählt werden, wenn die Klonierungsstrategie so ausgelegt ist, daß möglichst viele unterschiedliche Klone erhalten werden sollen. Dies ist immer dann der Fall, wenn **Genbänke** angelegt werden sollen. Genbänke repräsentieren in klonierter Form oft ganze Genome oder die mRNA-Ausstattung eines bestimmten Zelltyps.

Um die Vorteile der hohen Infektionsraten auch tatsächlich ausnutzen zu können, muß zusätzlich zum eigentlichen Klonieren die rekombinierte DNA in vitro in Phagenhüllen verpackt werden (Hohn 1979). Hierzu verwendet man Extrakte von 2 unterschiedlichen *E. coli*-Zellen, die jeweils nur Teilbereiche von λ-Phagen enthalten und daher von dem Phagen nicht lysiert werden können. In der einen Zelle werden nur Pagenköpfe, in der anderen nur Phagenschwänze produziert. Mischt man Extrakte dieser beiden Zellen zusammen mit der rekombinierten DNA, so sind im Reagenzglas alle Komponenten für den Zusammenbau infektiöser Phagen enthalten.

Man erkennt lytisch infizierte *E. coli*-Zellen daran, daß sie geplatzt sind und daher auf einer Agarplatte als klare Bereiche innerhalb eines konfluenten Bakterienrasens erscheinen. Solche Bereiche nennt man **Plaques**, im Gegensatz zu sog. **Kolonien**, die als kleine Bakterienhaufen auf einer Petrischale auftreten, wenn plasmidtransformierte Bakterien unter Antibiotikaselektion gewachsen sind.

13.6
Charakterisierung klonierter DNA-Fragmente

Der Nachweis klonierter DNA kann entweder direkt oder über das von der klonierten DNA abgelesene Produkt geführt werden. Der direkte Nachweis erfolgt über **Nukleinsäure-Nukleinsäure-Wechselwirkungen**, über die **physikalische Kartierung** der klonierten DNA durch Restriktionsenzyme oder durch **Sequenzanalyse**. Der indirekte Nachweis über das von der klonieren DNA kodierte Produkt kann entweder mit Hilfe **immunologischer Techniken** oder – falls es sich bei dem Produkt um ein Enzym handelt – über **Aktivitätsmessungen** geführt werden. Ferner ist es möglich, die klonierte DNA durch **Komplementation** nachzuweisen, wenn das Produkt der klonierten DNA direkt einen Defekt der für die Transformation gewählten Wirtszelle korrigiert.

13.6.1
Hybridisierung

Basis der Hybridisierung sind die Regeln der Nukleinsäure-Nukleinsäure-Wechselwirkungen, die von Watson und Crick erarbeitet wurden (Crick u. Watson 1954; Watson u. Crick 1953). Danach bilden komplementäre Sequenzen miteinander **Hybride** (Abb. 13.6). Komplementarität ist dann gegeben, wenn in 2 antiparallel zueinander angeordneten Nukleinsäuresträngen ein A einem U oder T und ein C einem G gegenübersteht. Es können sich Hybride zwischen 2 DNA-Strängen, zwischen einem DNA- und einem RNA-Strang und zwischen 2 RNA-Strängen ausbilden.

Die Stabilität der Hybride ist um so größer, je ausgedehnter die komplementären Bereiche zwischen 2 Nukleinsäuresträngen sind. Durch Erhöhung der Temperatur und durch Erniedrigung der Salzkonzentration wird die Stabilität von

Hybriden geschwächt (Abb. 13.6). Damit können Bedingungen eingestellt werden, die Hybridbildung auch dann gestatten, wenn die Komplementarität zwischen 2 Nukleinsäuresträngen nicht 100%ig intakt ist. Dies kann beispielsweise genutzt werden, wenn man ein Gen aufspüren will, das für ein Protein kodiert, dessen Teilsequenz bereits bekannt ist. Im Prinzip läßt sich ja aus einer bekannten Aminosäuresequenz eine Nukleinsäuresequenz ableiten und ein entsprechendes DNA-Stück synthetisieren. Allerdings ist die Information aus der Proteinsequenz wegen des degenerierten genetischen Kodes nicht eindeutig. Beispielsweise kann ein Leucin von den 6 Codons UUA UUG, CUU, CUC, CUA und CUG kodiert werden. Die einzigen Aminsoäuren, die von nur einem Codon kodiert werden, sind Methionin (AUG) und Tryptophan (UGG). Um mit Nukleinsäuresonden, die von einer Proteinsequenz abgeleitet wurden, ein Gen durch Hybridisierung zu finden, müssen daher die Bedingungen so gewählt werden, daß die Sonde auch dann mit dem Gen ein Hybrid bildet, wenn die Komplementarität nicht perfekt gegeben ist.

Die Sonden werden meist radioaktiv markiert. Folglich werden die gebildeten Hybride durch Schwärzung eines Röntgenfilms (**Autoradiographie**) detektiert. Alternativ lassen sich aber auch modifizierte Nukleotide, wie an Position 5 mit Biotin oder Digitonin substituiertes Uridin, in die Sonden einbauen (Abb. 13.5). Die gebildeten Hybride können dann mit Hilfe von Antikörpern nachgewiesen werden.

13.6.2
Physikalische Kartierung mit Hilfe von Restriktionsendonukleasen

Werden 2 bekannte DNA-Fragmente neu miteinander kombiniert, so kann dies durch Hydrolyse mit verschiedenen Restriktionsendonukleasen überprüft werden. Die entstandenen DNA-Fragmente werden durch Elektrophorese in einer Agarmatrix oder in einem Polyacrylamidgel nach Größe getrennt und nach Anfärbung mit Ethidiumbromid (Abb. 13.5) anhand eines mitgeführten Längenstandards vermessen. Die DNA-Ethidiumbromidkomplexe lassen sich nach UV-Anregung als orange-rote Banden in den Gelen sichtbar machen. Innerhalb bestimmter Molmassenbereiche ist die Mobilität eines DNA-Fragmentes in einem elektrischen Feld proportional zum Logarithmus seiner Molmasse.

13.6.3
Sequenzanalyse

Die detaillierteste Information erhält man, wenn man die klonierte DNA sequenziert. Zwei prinzipiell verschiedene Verfahren werden heute praktisch ausnahmslos angewendet.

Das erste Verfahren beruht auf einer basenspezifischen chemischen Spaltung am Ende radioaktiv markierter DNA-Fragmente (Maxam u. Gilbert 1977, 1980). In 4 verschiedenen Reaktionsansätzen werden die DNA-Fragmente an den 4 Basen partiell basenspezifisch modifiziert. Danach wird die modifizierte Base von der Desoxyribose entfernt und die Phosphordiesterbindung an dieser Stelle im DNA-Rückgrat hydrolysiert. Die entstandenen Fragmente werden dann auf sehr dünnen Polyacrylamidgelen im elektrischen Feld nach Größe getrennt. Nach

Autoradiographie sind nur die Fragmente sichtbar, die noch ein intaktes Ende besitzen, da die DNA nur dort radioaktiv markiert wurde.

Das zweite, heute wesentlich verbreitetere Verfahren basiert auf der enzymatischen Neusynthese der zu sequenzierenden DNA in Gegenwart nukleotidspezifischer Inhibitoren (Sanger et al. 1977; Smith 1980). Ausgehend von einem kurzen Oligonukleotid (**Primer**) wird in 4 getrennten Ansätzen an der zu sequenzierenden DNA ein DNA-Strang neusynthetisiert. Gleichzeitig wird die neusynthetisierte DNA unter Einbau von [^{32}P]dATP radioaktiv markiert. Jedem Ansatz wird jedoch neben den für die DNA-Synthese notwendigen Substraten (dNTP) einer von 4 nukleotidspezifischen Inhibitoren zugesetzt. Hierbei handelt es sich um Didesoxynukleotidtriphosphate (ddNTP), denen nicht nur die 2′-OH-Gruppe, sondern auch die 3′-OH-Gruppe der Ribose fehlt. Didesoxynukleotidtriphosphate werden ebenso wie Desoxynukleotidtriphosphate von der DNA-Polymerase als Substrate verwendet. Werden sie jedoch statt eines Desoxynukleotidtriphosphats statistisch in die DNA eingebaut, so kann an dieser Stelle die DNA-Kette nicht mehr verlängert werden, da ja die 3′-OH-Gruppe fehlt. In jedem der 4 Reaktionsansätze befindet sich also eine Population von DNA-Molekülen, die zum einen alle radioaktiv markiert sind, die zum anderen alle in Form des Primers ein identisches 5′-Ende tragen, die sich schließlich aber in der Länge bis zum jeweils basenspezifischen 3′-Ende hin unterscheiden. Diese Fragmente werden wiederum auf dünnen Polyacrylamidgelen im elektrischen Feld nach Größe getrennt und durch Autoradiographie dargestellt.

13.6.4
Indirekte Nachweismethoden klonierter DNA

Eine ganz wichtige Detektionsmethode korrekt klonierter DNA ist der indirekte Nachweis der DNA über das Produkt. Dies ist natürlich nur dann möglich, wenn man zuvor durch die Klonierungsstrategie sichergestellt hat, daß die klonierte DNA in der Wirtszelle auch exprimiert wird. Eine solche Klonierungsstrategie bezeichnet man als **Expressionsklonierung** und einen hierzu geeigneten Vektor als **Expressionsvektor**. Dabei verfährt man so, daß in der Regel eine cDNA mit einem Teil eines stark exprimierten Gens der Wirtszelle fusioniert wird.

Beispielsweise hat man zur Expression von Humanproinsulin die entsprechende cDNA an einen Teil des Gens für die bakterielle β-Galaktosidase anfusioniert. In *E. coli* wird somit durch den recht effizienten *Lac*-Promotor die Synthese eines Fusionsproteins kontrolliert, das im N-terminalen Bereich aus Teilen der β-Galaktosidase, im C-terminalen Bereich jedoch aus dem Proinsulin besteht. Durch spezifische Antikörper gegen Insulin kann das Fusionsprotein über den Proinsulinanteil nachgewiesen werden und damit indirekt die Neukombination der entsprechenden DNA-Abschnitte überprüft werden.

Enzyme, die als Fusionsproteine exprimiert wurden, behalten oft ihre biochemische Aktivität, wenn der Wirtsproteinanteil im Fusionsprotein nicht zu groß ist. Damit läßt sich der Nachweis der klonierten DNA in einem solchen Fall direkt über diese Aktivität führen.

In Einzelfällen kann man auch direkt auf das gewünschte Rekombinationsprodukt selektionieren. Dies ist dann möglich, wenn das exprimierte Produkt einen Defekt in dem verwendeten Wirtsstamm funktionell komplementiert. Auf diese Weise werden heute Gene isoliert, deren Produkte nur in äußerst geringen Konzentrationen in der Zelle vorkommen und daher klassisch biochemisch praktisch nicht faßbar sind.

13.7
Einsatz gentechnischer Methoden in der Pflanzenzüchtung

Die Gentechnologie beeinflußt in irgendeiner Art und Weise nahezu alle Gebiete der biologischen Forschung. Große Bedeutung wird sie nicht zuletzt auch für die Pflanzenzüchtung erlangen, und es kann damit gerechnet werden, daß auch die Arzneipflanzenzüchtung von der Gentechnologie tangiert wird.

Dabei wird es weniger darauf ankommen, Arzneipflanzen mit zusätzlichen Informationseinheiten auszustatten, die die Produktion neuer Inhaltsstoffe ermöglichen. Vielmehr wird man versuchen, die Arzneipflanzen dahingehend zu veredeln, daß die arzneipflanzentypischen Sekundärmetaboliten in höherer Ausbeute produziert werden oder daß die Bildung von unerwünschten, da toxischen Pflanzeninhaltsstoffen unterdrückt wird.

Beide Ziele versucht man dadurch zu erreichen, daß bestimmte Biosyntheseleistungen zerstört werden.

- Bei der Etablierung von Hochleistungssorten kann das dadurch erreicht werden, daß die Expression von Enzymen blockiert wird, die bestimmte biogenetische Vorstufen zu unerwünschten Nebenprodukten abfangen. Gelingt dies, so stehen mehr biogenetische Vorstufen für die Synthese der erwünschten Inhaltsstoffe zur Verfügung, wodurch die Ausbeute an diesen Substanzen verbessert wird.
- Die Produktion toxischer Begleitinhaltsstoffe, die beispielsweise den Gebrauch einer sonst wertvollen Arzneipflanze nach heutigem Sicherheitsstandard nicht mehr gestatten, kann ebenfalls dadurch unterbunden werden, daß Schlüsselenzyme der Biosynthese dieser Stoffe eliminiert werden.

13.7.1
Antisense Mutagenese

Da Pflanzen sehr oft polyploid sind, ist eine effektive Zerstörung genetischer Informationseinheiten durch klassische genetische Methoden praktisch unmöglich. Sehr erfolgreich kann man hingegen bei Pflanzen die Primärprodukte der Gene, die mRNAs, inaktivieren.

Hierzu wird ein starker Pflanzenpromotor mit einem Teil der zu inaktivierenden Informationseinheit kombiniert. Allerdings dreht man gewissermaßen die Informationseinheit um, so daß nicht – wie bei den zu neutralisierenden Pflanzengenen – eine mRNA gebildet wird, sondern der „falsche Strang" des Gens abgelesen und in RNA umgeschrieben wird. Diese RNA ist komplementär zur eigentlichen mRNA und kann mit dieser ein spezifisches, doppelsträngiges RNA-RNA-Hybridmolekül bilden. Eben dies ist erwünscht, denn nun ist die mRNA untypischerweise doppelsträngig und kann als solche nicht in die Ribosomen eingefädelt werden, um den Informationsfluß zu vollenden.

Man bezeichnet die von der rekombinierten DNA gebildete RNA als **Antisense-RNA** und die Methode der Inaktivierung von Enzymen durch Antisense-RNA als **antisense Mutagenese**. Der Vorteil dieser Methode ist es, daß man beliebig viele Genkopien für ein bestimmtes Enzym gleichzeitig neutralisiert, da man ja die primären Genprodukte abfängt, die selbstverständlich innerhalb einer Genfamilie alle gleich sind.

Voraussetzung für eine antisense Mutagenese ist jedoch, daß die Gene, die man neutralisieren will, bekannt und isoliert sind. Dies ist für Gene des sekundären Pflanzenmetabolismus derzeit noch sehr selten der Fall.

13.7.2
Transformation von Pflanzen

Bei der Transformation dikotyler Pflanzen macht man sich 2 Besonderheiten zu nutze:

- Bei mechanischer Verletzung von Pflanzen überwuchert ein weiches, undifferenziertes Gewebe – der sog. **Kallus** – die Wundstelle. In Gegenwart bestimmter **Phytohormone** differenziert das Kallusgewebe wieder zu Wurzel und Sproß. Ist das Verhältnis von **Auxinen** zu **Cytokinen** hoch, entwickeln sich Wurzeln, während sich Sprosse bilden, wenn Auxine im Unterschuß zu Cytokinen vorhanden sind.
- Durch Infektion mit dem Bakterium *Agrobacterium tumefaciens* kann das **Ti-Plasmid** bzw. Varianten dieses Plasmids sehr effizient in Pflanzenzellen eingebracht werden. Zellen, die das Plasmid aufgenommen haben, lassen sich durch eine auf dem Plasmid kodierte Antibiotikaresistenz – z.B. Resistenz gegen Neomycin – erkennen. Das Bakterium kann durch Gabe eines weiteren Antibiotikums – z.B. Cefotaxim – abgetötet werden.

Der eigentliche Transfer der klonierten DNA in das Pflanzengenom wird durch einen Bereich auf dem Ti-Plasmid vermittelt, der als **T-DNA** bezeichnet wird (Hernalsteens et al. 1980; Van Montagu u. Schell 1982). Dieser Bereich besitzt Eigenschaften sog. **springender Gene**. An beiden Seiten wird die T-DNA von einer 25 Basenpaare langen identischen Sequenz begrenzt. Im Bakterium wird das Plasmid zunächst an einer dieser beiden Sequenzwiederholungen aufgeschnitten, und die T-DNA wird dann – ähnlich wie bei der Konjugation zwischen 2 Bakterien – in die Pflanzenzelle überführt. Nachdem auch an der 2. Sequenzwiederholung geschnitten wurde, gelangt die T-DNA in den Kern der Pflanzenzelle und wird an beliebiger Stelle in das Pflanzengenom integriert. Transformierte Pflanzen enthalten also die Fremd-DNA nicht als extrachromosomales Plasmid, sondern als integralen Teil ihrer genomischen DNA. Bei der Integration kommt es häufig auch noch zu einer Amplifikation, wodurch mehrere Kopien tandemartig im Genom der Pflanzenzelle angeordnet sind.

Das Ti-Plasmid selbst ist wegen seiner Größe (ca. 200000 Basenpaare) als Klonierungsvektor nicht geeignet. Man verwendet daher zur eigentlichen Klonierung einen sog. **Zwischenvektor**, wobei es sich um einen typischen bakteriellen Klonierungsvektor handelt, der zusätzlich zu Selektionsgenen für das *Agrobakterium* und für die Pflanzenzelle auch noch die T-DNA oder zumindest die Enden der T-DNA enthält. In diesen Vektor integriert man die Fremd-DNA und amplifiziert das Plasmid in *E. coli*. Anschließend transformiert man das rekombinante Plasmid in *Agrobacterium tumefaciens*. Dieses Bakterium enthält bereits eine Variante des Ti-Plasmids, die alle die Funktionen kodiert, die für den Transfer der T-DNA erforderlich sind.

13.7.3
„Schrotflinten" für den DNA-Transfer

Trotz des hohen Leistungsvermögens des Agrobakteriumsystems gibt es auch Einschränkungen, denn monokotyle Pflanzen lassen sich durch Agrobakterium nicht transformieren. Einkeimblättrige Pflanzen kann man allerdings recht gut mit Hilfe der Elektroporation transformieren, wenn man **Protoplasten** verwendet, d. h. wenn man vor der Transformation die Pflanzenzellen von ihrer Zellwand befreit hat. Allerdings lassen sich manche Protoplasten nur schwer wieder regenerieren.

Eine alternative Methode ist der „Beschuß" von Pflanzen oder Pflanzenzellen mit Wolframkügelchen, die zuvor mit Plasmid-DNA beladen wurden. Diese Kügelchen werden mit einer Geschwindigkeit von mehr als 400 m/s abgeschossen und dringen dann in die Zellen ein. Wird die DNA dann in das Genom der Zelle integriert, so hat man eine stabile Transformande etabliert. Durch diese Transformationsmethode ist es gelungen, in Maiszellen eine rekombinierte Variante des bakteriellen *bar*-Gens stabil und aktiv zu integrieren. Dieses Gen kodiert für das Enzym Phosphinotricin-Acetyltransferase (PAT), das das Herbizid Phosphinothricin (PTT) durch Acetylierung inaktiviert.

13.8
Arzneibuchanforderungen

Die Einbeziehung molekularbiologischer Techniken für die Wirkstoffherstellung hat es erforderlich gemacht, auch die Arzneibücher diesbezüglich anzupassen und bindende Vorschriften für die Qualität, z. T. aber auch für die Herstellung der Wirkstoffe festzulegen.

Eine wichtige Monographie dieser Art wurde mit dem 1. Nachtrag ins DAB 10 aufgenommen. Die Monographie trägt den Titel: „DNA-rekombinationstechnisch hergestellte Produkte; Producta ab ADN recombinante". Es handelt sich dabei um eine übergeordnete Monographie, deren Bestimmungen im Zusammenhang mit den jeweiligen Einzelmonographien des Arzneibuches über DNA-rekombinationstechnisch hergestellte Produkte gelten.

Eine besondere Bedeutung wird in dieser Monographie dem Herstellungsprozeß beigemessen. Generell gilt heute für biotechnologisch hergestellte Wirkstoffe der Grundsatz: „The process is the product". Diesem Grundsatz Rechnung tragend legt das DAB 10 fest, daß die molekularbiologische Herstellung eines Wirkstoffes auf der Basis eines validierten und von der zuständigen Behörde genehmigten **Saatgutsystems** („seedlot system") beruht. Darunter versteht man eine stabile Kombination einer Wirtszelle mit einem Vektor, der die genetische Information für den Wirkstoff in einer Form trägt, die das Ablesen dieser Information in der Wirtszelle gestattet.

Das Saatgutsystem verwendet eine **Masterzellbank** und eine **Arbeitszellbank**, die von dem Mastersaatgut abgeleitet wurden. Die Masterzellbank ist eine homogene Suspension einer Wirt-Vektor-Kombination, die zur Lagerung zu gleichen Volumina in einzelnen Behältnissen verteilt ist. Die Arbeitszellbank ist eine homogene Suspension des Zellmaterials, das von der Masterzellbank durch endliche Passagierung stammt und zur Lagerung zu gleichen Volumina in einzelnen Behältnissen verteilt ist. Geht das Saatgutsystem verloren oder ist ein Vorrat erschöpft, muß ein neues Saatgutsystem erstellt, validiert und genehmigt werden. Aus diesem Grund sind validierte und zugelassene Saatgutsysteme von erheblichem Wert.

Die Eignung eines Wirt-Vektor-Systems muß durch die Charakterisierung der Einzelkomponenten belegt sein.

- Dies umfaßt die Charakterisierung der Wirtszelle einschließlich phänotypischer und genotypischer Merkmale sowie die Beschreibung des Mediums, in dem die Wirtszelle kultiviert wird.
- Ferner sind die Strategie zur Herstellung des rekombinierten Vektors und der rekombinierte Vektor selbst detailliert zu beschreiben.
- Schließlich muß das Wirt-Vektor-System einschließlich des Mechanismus der Vektorübertragung in die Wirtszelle, die Anzahl und der physikalische Zustand sowie die Stabilität der Vektormoleküle innerhalb der Wirtszelle und die Maßnahmen zur Induktion und Kontrolle der Expression dokumentiert sein.

Die Validierung des Saatgutsystems umfaßt den Nachweis

- der Stabilität durch Messung der Lebensrate und der Vektorretention,
- der Identität der Zellen,
- der Kontaminationsfreiheit von potentiell onkogenen oder infektiösen Erregern (Viren, Bakterien, Pilze, Mykoplasmen),
- der Erarbeitung von Einzelheiten über das tumorerzeugende Potential, v. a. wenn es sich bei den Wirtszellen um Säugetierzellen handelt.

Die Validierung des Herstellungsprozesses beinhaltet

- Extraktion und Reinigung,
- Charakterisierung des Bulkprodukts,
- Gleichförmigkeit der Produktion.

Bei den Extraktions- und Reinigungsverfahren ist sicherzustellen, daß verunreinigende Substanzen, die entweder von der Wirtszelle oder aus dem Kulturmedium stammen, sicher entfernt oder inaktiviert werden. Die Verfahren müssen so eingestellt sein, daß auch Kontaminationen entfernt oder inaktiviert werden, die u. U. unerkannt bleiben oder unbekannt sind. Hierzu werden für besonders kritische Kontaminationen wie von Wirtszellen stammende Proteine, aus der Wirtszelle oder vom Vektor stammende DNA und mögliche virale oder bakterielle Kontaminationen Abreicherungs- bzw. Inaktivierungsfaktoren für alle wichtigen Reinigungsschritte bestimmt.

Unter einem **Abreicherungsfaktor** (Reduktionsvermögen) versteht man den negativen Logarithmus des Faktors, um den bei einem gegebenen Reinigungsschritt ein bestimmtes Molekül (Nukleinsäuren, Proteine oder Zusätze wie beispielsweise Antibiotika) oder ein Erreger (Bakterien, Pilze oder Viren) entfernt werden. Analog ist der **Inaktivierungsfaktor** zu definieren.

Beispiel: Ein Abreicherungsfaktor von 2 bedeutet, daß nur noch 10^{-2} Moleküle oder Erreger nach einem Reinigungsschritt in der Probe enthalten sind. Bei mehreren aufeinanderfolgenden Reinigungsschritten addieren sich die Abreicherungsfaktoren. Wurden z.B. in 3 aufeinanderfolgenden Aufreinigungsschritten eines Produktes Abreicherungsfaktoren von 2, 4 und 6 erzielt, so ist der kulminative Abreicherungsfaktor für den Gesamtprozeß 12. Das bedeutet, daß in dem Produkt 10^{12} mal weniger einer theoretischen Kontamination enthalten sind als in dem Rohprodukt vor der Aufreinigung.

Die Abreicherungsfaktoren werden durch Spiking ermittelt. Dazu setzt man das entsprechende Molekül oder den Erreger in bekannter Menge dem Reinigungsansatz zu und bestimmt dann den noch vorhandenen bzw. noch aktiven Anteil nach dem Reinigungsschritt. Dadurch soll auch gewährleistet werden, daß eben auch unbekannte oder unentdeckte Kontaminationen oder aktivierte endogene Viren keine Chance haben, mit dem Produkt angereichert zu werden. Da es unmöglich ist, eine solche Kontamination im Verlauf des Herstellungsprozesses sicher zu identifizieren, muß durch Validierung eine Abreicherung garantiert werden.

Neben den weiter oben beschriebenen gentechnologischen Verfahren werden vom DAB v. a. auch immunchemische Nachweisverfahren verlangt. Beispielsweise wird auf Abwesenheit von Wirtszellproteinen mit polyklonalen Antisera getestet, die gegen Proteinbestandteile des zur Herstellung des Produkts verwendeten Wirt-Vektor-Systems gerichtet sind. Diese werden mit Hilfe von Antigenzubereitungen erzeugt, die von einem Wirtsorganismus gewonnen wurden, der den im Herstellungsprozeß verwendeten Vektor jedoch ohne die genetische Information für das Produkt des Verfahrens trägt. Die Kultivierung dieser Wirtszelle und die Extraktion der Proteine werden unter den gleichen Bedingungen durchgeführt, die bei der Kultur und Extraktion im Herstellungsprozeß eingesetzt werden.

Zusätzlich zu den gängigen immunchemischen Verfahren, wie dem „radioimmunoassay" (RIA) und dem „enzyme linked immuno sorbent assay" (ELISA), werden auch immunologische Blotverfahren vorgeschlagen. Hierunter versteht man, daß ein mögliches Antigen entweder direkt (Dot-Immunoblot) oder nach gelelektrophoretischer Größenfraktionierung auf eine Nitrozellulose- oder ähnliche Membran (Western-Blot) immobilisiert wird und dann mit dem polyklonalen Antiserum inkubiert wird. Alle Verfahren müssen selbstverständlich auch wieder validiert sein.

Literatur

Baltimore D (1970) RNA-dependent DNA polymerases in virions of RNA tumor viruses. Nature (London) 226:1209–1210

Capecchi MR (1980) High efficiency transformation by direct microinjection of DNA into cultured mammalian cells. Cell 22:479–488

Crick FHC, Watson JD (1954) The complementary structure of deoxyribonucleic acid. Proc R Soc A 223:80–96

Dingermann T (1992) Vom Gewächshaus über den Fermenter in den Tierstall: Neue Wege in der Pharmazeutischen Biologie. Dtsch Apotheker Z 132:1216–1224

Hernalsteens JP, van Vliet F, De Benckeleer M, Depicker A, Engler G, Lemmers M, Holsters M, van Montagu M, Schell J (1980) The *Agrobacterium tumefaciens* Ti plasmid as a host vector system for introducing foreign DNA in plant cells. Nature (London) 287:654–656

Hohn B (1979) In vitro packaging of Lambda and Cosmid DNA. Meth Enzymol 68:299–309

Horwitz JP, Chua J, Curby RJ, Thomson AJ, Da Rooge MA, Fischer BE, Mauricio J, Klundt I (1964) Substrates for cytochemical demonstration of enzyme activity. I. Some substituted 3-indolyl-β-D-glucopyranosides. J Med Chem 7:547–548

Knippers R, Philippsen P, Schäfer KP, Fanning E (1990) Molekulare Genetik. Thieme, Stuttgart

Lewin B (1988) Gene, 1. Aufl. VCH Weinheim

Mandel M, Higa A (1970) Calcium dependent bacteriophage DNA infection. J Mol Biol 53:154–162

Maxam AM, Gilbert W (1977) A new method for sequencing DNA. Proc Natl Acad Sci USA 74:560–564

Maxam AM, Gilbert W (1980) Sequencing end-labelled DNA with base-specific chemical cleavages. Meth Enzymol 65:499–560

Neumann E, Schaefer-Ridder M, Wang Y, Hofschneider PH (1982) Gene transfer into mouse L-cells by electroporation in high electric fields. EMBO J 1:841–845

Sanger F, Nickler S, Coulson AR (1977) DNA sequencing with chain-terminating inhibitors. Proc Natl Acad Sci USA 74:5463–5467

Shen YM, Hirshhorn RR, Mercer WE, Surmacz E, Tsutsui Y, Soprano KJ, Baserga R (1982) Gene transfer: DNA microinjection compared with DNA transfection with a very high efficiency. Mol Cell Biol 2:1145–1154

Smith AJH (1980) DNA sequence analysis by primed synthesis. Meth Enzymol 65:560–580

Smith HO, Nathans D (1973) A suggested nomenclature for bacterial host modifications and restriction systems and their enzymes. J Mol Biol 81:419–423

Temin HM, Mizutani S (1970) RNA-dependant DNA polymerase in virions or Rous sarcoma virus. Nature (London) 226:1211–1213

Van Montagu M, Schell J (1982) The Ti plasmids of *Agrobacterium*. Curr Top Microbiol Immunol 96:237–254

Watson JD, Crick FHC (1953) Molecular structure of nucleic acids: a structure for deoxyribose nucleic adic. Nature (London) 171:964–967

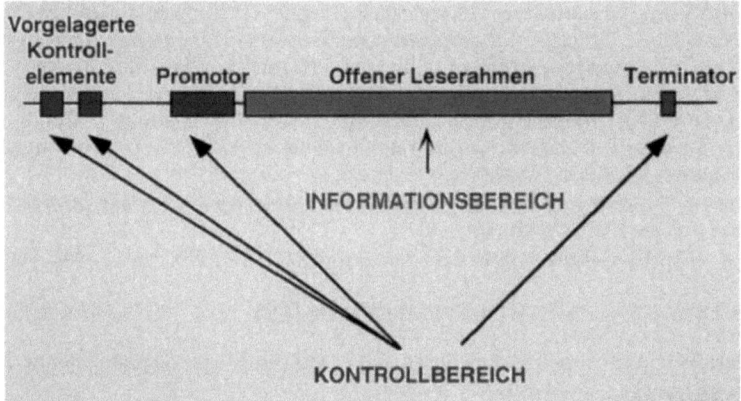

Abb. 13.1 Die DNA kann in Kontroll- und Informationsbereiche eingeteilt werden. Kontrollbereiche, die sich gewöhnlich vor und hinter Genen befinden, werden nicht transkribiert und translatiert. Informationsbereiche hingegen speichern die eigentliche Information für eine RNA oder für ein Protein. Während die Kontrollbereiche für einen Organismus spezifisch und nur dort funktionstüchtig sind, sind die Informationsbereiche universell eindeutig und werden in der gesamten belebten Natur verstanden. Der Promotor markiert die Bindestelle für den Transkriptionskomplex, der das Ablesen des Informationsbereiches und damit die RNA-Synthese katalysiert. Vorgelagerte Kontrollelemente werden von Regulatorproteinen erkannt, die sicherstellen, daß der Informationsbereich nur in bestimmten Zellen oder nur zu bestimmten Zeiten abgelesen wird

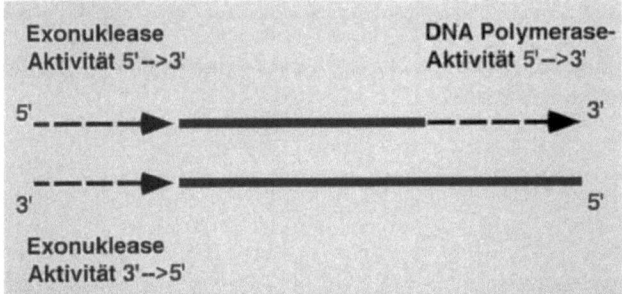

Abb. 13.2 DNA-Polymerase I aus *E. coli* besitzt 3 Aktivitäten, die alle in der Gentechnologie genutzt werden. Die eigentliche Polymeraseaktivität synthetisiert DNA in $5' \rightarrow 3'$-Richtung entsprechend der Sequenz des Matrizenstranges, der demnach von $3' \rightarrow 5'$ gelesen wird. Neben dieser Polymeraseaktivität besitzt das Enzym 2 Exonukleaseaktivitäten, die die DNA vom Ende her entweder in $5' \rightarrow 3'$-Richtung oder in $3' \rightarrow 5'$-Richtung abbauen. Die $5' \rightarrow 3'$-Exonukleaseaktivität ist wichtig für das Korrekturlesen bei der Replikation und bei der Reparatur beschädigter DNA in der Zelle. Die $3' \rightarrow 5'$-Exonukleaseaktivität katalysiert die Rückreaktion der DNA-Synthese und kommt dann zum Tragen, wenn keine Substrate (Desoxynukleotidtriphosphate) für die DNA-Synthese zur Verfügung stehen

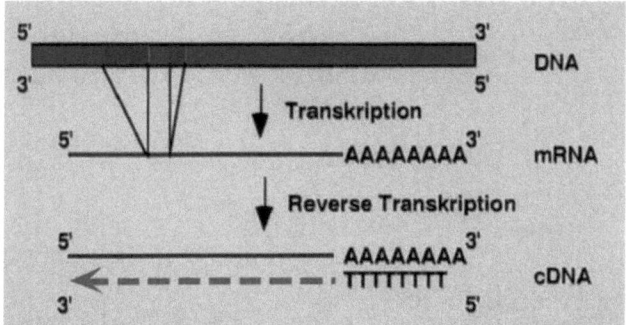

Abb. 13.3 Das reife Transkriptionsprodukt eines Gens, die mRNA, kann mit Hilfe der reversen Transkriptase in eine komplementäre DNA (cDNA) umgeschrieben werden. Reife mRNAs zeichnen sich u. a. dadurch aus, daß sie ein Homopolymer aus Adeninresten an ihren 3'-Enden tragen und keine Intronsequenzen mehr besitzen. Somit werden nur informative Bereiche kopiert, und evtl. im Gen vorhandene Introns sind in der cDNA nicht mehr vorhanden. Die cDNA-Synthese startet ausgehend von einem Homoploymer aus Thyminresten, die sich spezifisch an die 3'-Enden der mRNAs anlagern

13 Gentechnologie

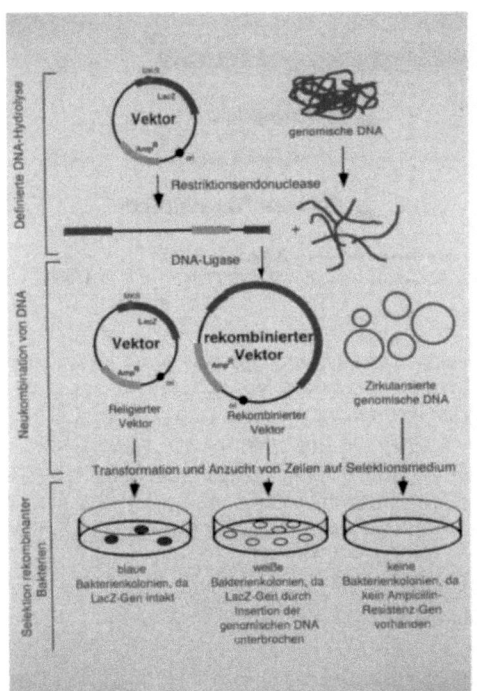

Abb. 13.4

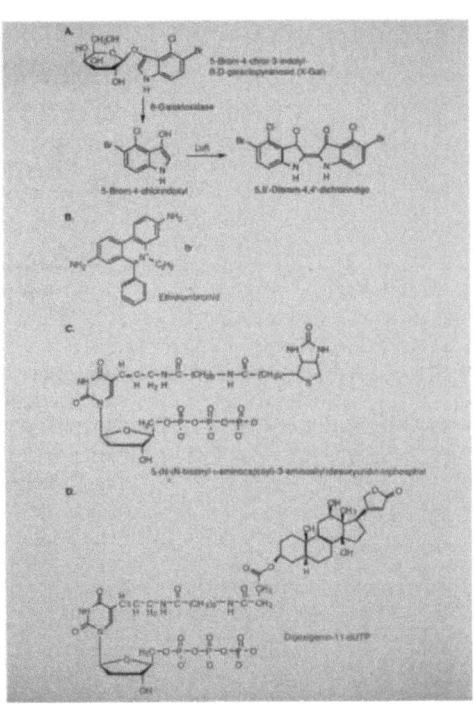

Abb. 13.5

Abb. 13.6

Abb. 13.4 Schematische Darstellung der Klonierung von DNA; *oben* definierte Hydrolyse: Vektor, charakterisiert durch einen Replikationsstartpunkt (*ori* „origin of replication"), und beispielsweise genomische DNA werden mit der gleichen Restriktionsendonuklease hydrolysiert. Dabei schneidet das Enzym den Vektor nur einmal, d.h. der zirkuläre Vektor wird linearisiert. Der Schnitt erfolgt dabei innerhalb der „multiplen Klonierungsstelle (*MKS*)", eine Region auf dem Vektor, in der singuläre Erkennungsstellen für verschiedene Restriktionsendonukleasen gehäuft vorkommen. Die genomische DNA wird aufgrund ihrer Größe von dem Enzym fragmentiert. *Mitte* Neukombination von DNA: linearisierter Vektor und fragmentierte genomische DNA werden gemischt und in Gegenwart des Enzyms DNA-Ligase und ATP inkubiert. Dabei werden DNA-Enden durch das Enzym kovalent verknüpft. Prinzipiell können 3 verschiedene Produkte entstehen: a) religierte Vektoren, die somit keine Fremd-DNA aufgenommen haben, b) rekombinante Vektoren, in die ein Fragment der genomischen DNA einligiert wurde und c) zirkularisierte genomische DNA, die keine Vektoranteile besitzt. *Unten* Selektion rekombinierter Bakterien: nach Einbringen der DNA in einen geeigneten Bakterienstamm erfolgt die Selektion auf rekombinante Bakterien. Der Selektionsagar enthält hierzu das Antibiotikum Ampicillin und einen farblosen Indikator, der nach Hydrolyse durch das Enzym β-Galaktosidase ein blaues Produkt liefert. Bakterien, die den religierten Vektor aufgenommen haben, können auf dem Selektionsmedium wachsen und färben sich blau. Wachstum wird ermöglicht, da das aufgenommene Plasmid ein Ampicillinresistenzgen trägt (Amp^R). Gleichzeitig synthetisieren diese Bakterien das Enzym β-Galaktosidase, da auch dieses Gen auf dem Plasmid enthalten ist (*LacZ*). Dieses Enzym spaltet den Indikator, wodurch sich die Zellen blau verfärben. Bakterien, die einen rekombinierten Vektor aufgenommen haben, können ebenfalls auf dem Selektionsmedium wachsen, verfärben sich allerdings nicht. Hier wurde nämlich das Gen für die β-Galaktosidase zerstört, da die Fremd-DNA in den Informationsbereich einligiert wurde. Bakterien, die DNA ohne Vektoranteil aufgenommen haben, können unter den Selektionsbedingungen nicht wachsen, da sie kein Ampicillinresistenzgen besitzen.

Abb. 13.5 **A** Struktur des β-Galaktosidasesubstrats X-Gal. Wird die β-galaktosidische Bindung durch das Enzym hydrolysiert, entsteht nach Luftoxidation der wasserunlösliche, blaue Indikatorfarbstoff 5,5'-Dibromo-4,4'-dichloroindigo. **B** Als relativ planares Molekül kann Ethidiumbromid in die DNA interkalieren. Nach UV-Anregung (240-330 nm) läßt sich die DNA als orangefarbenfluoreszierendes Molekül in Gelen oder in Dichtegradienten einer CsCl-Lösung darstellen. **C und D** DNA-Moleküle, in die Desoxyuridinderivate eingebaut wurden, die an ihrer 5'-Position mit Biotin (**C**) oder Digoxigenin (**D**) modifiziert wurden, lassen sich mit markiertem Avidin oder mit einem markierten Antikörper gegen Digoxigenin nachweisen. Avidin ist ein Glycoprotein, das mit extrem hoher Affinität an Biotin bindet ($K_{dis} = 10^{-15}$M; 25°C)

Abb. 13.6 Komplementäre Nukleinsäurestränge lagern sich gemäß den Regeln von Watson und Crick antiparallel aneinander. Dies kann genutzt werden, um DNA oder RNA durch Hypbridisierung nachzuweisen. Dabei wird ein Nukleinsäurestrang radioaktiv markiert und das Hybrid über Autoradiographie sichtbar gemacht. Durch Erhöhung der Temperatur oder durch Erniedrigung der Ionenstärke werden die schwachen Wechselwirkungen zwischen den Nukleinsäuresträngen gestört. So können Bedingungen eingestellt werden, die auch die Ausbildung von Hybriden gestatten, bei denen durch Fehlpaarung keine exakte Komplementarität vorliegt

KAPITEL 14

Homöopathie und Anthroposophie

E. Graf

14.1
Homöopathie und Arzneimittelrecht

Der Begriff Homöopathie wird in recht unterschiedlichem Sinn gebraucht. Medizinische Laien setzen vielfach Homöopathie gleich mit Naturheilweise oder alternativer Medizin. Homöopathische Ärzte (Deutscher Zentralverein Homöopathischer Ärzte e.V.) haben 1990 definiert: „Die Homöopathie umfaßt im Rahmen der Gesamtmedizin die Regulationstherapie. Ihr Ziel ist die Steuerung der körpereigenen Regulation mit Hilfe einer homöopathischen Arznei, die jedem Kranken in seiner personalen Reaktionsweise entspricht."

Diese und ähnliche Definitionen halten streng Distanz zu anderen „biologischen" Heilweisen wie der Phytotherapie, der anthroposophischen, der spagyrischen, der homotoxikologischen und anderen Heilweisen, die auch untereinander Abstand halten. Aber sie haben eines gemein: Alle trachten danach, die Selbstheilungstendenzen und -mechanismen des Körpers mit in den Heilungsprozeß einzubeziehen, zum Unterschied etwa zur Chemotherapie, der Chirurgie oder der Strahlentherapie.

Der Gesetzgeber in der Bundesrepublik Deutschland war 1976, als er das 2. Arzneimittelgesetz (AMG) erließ, in Schwierigkeiten: Einerseits mußte er die pharmazeutische Qualität, Wirksamkeit und Unbedenklichkeit aller Arzneimittel sicherstellen – dies auch mit Blick auf europäische und internationale Bindungen und Handelsbeziehungen – andererseits wollte er die in der BRD bestehende und hochgeschätzte Therapiefreiheit und Therapievielfalt nicht antasten. Aus gesundheitspolitischen Gründen war er daher genötigt, zumindest für Arzneimittel eine „legislable" Definition zu finden. Er führte den Begriff „besondere Therapieformen" ein, der auch die Phytotherapie einschließt; er ließ ein amtliches homöopathisches Arzneibuch (HAB) erarbeiten und führte es als einen Teil des Arzneibuchs durch Rechtsverordnung gleichberechtigt und gleichverbindlich ein, und er konnte dann ein homöopathisches Arzneimittel als ein solches bezeichnen, das nach einer homöopathischen Verfahrenstechnik insbesondere nach dem homöopathischen Arzneibuch hergestellt wurde und den dort monographisch niedergelegten Anforderungen entspricht. Es wird normalerweise beim Bundesamt für Arzneimittel und Medizinalprodukte (BAM) nur registriert, kann aber auf Wunsch des Herstellers auch zugelassen werden. Im ersteren Fall muß für das Mittel kein Wirksamkeitsnachweis erbracht werden, aber es darf dann nicht mit der Angabe von Indikationen dafür geworben werden. Für zugelassene homöopathische Arzneimittel darf mit Indikationsangaben geworben werden.

Das BAM wird gemäß AMG § 24, Abs. 7 von Zulassungs- und Aufbereitungskommissionen beraten, den Kommissionen C (Anthroposophie) und D (Homöopathie). Diese Kommissionen werden auch zur Beurteilung des wissenschaftlichen Erkenntnismaterials und der eingereichten Unterlagen bei Registrierungsanträgen gehört. Ebenso wirken sie bei der Anwendung der Arzneimittelprüfrichtlinien mit und beurteilen hier das wissenschaftliche Erkenntnismaterial entsprechend dem Selbstverständnis und der Eigenerfahrung der jeweiligen Therapierichtung. Die Ergebnisse ihrer Arbeit werden vom BAM bekanntgegeben.

Bis jetzt sind alle homöopathischen Einzelmittel, die im HAB 1 stehen, standardregistriert, zusätzlich zahlreiche weitere, die noch aufzunehmen sind.

Nachdem die Herstellungsverfahrenstechnik darüber entscheidet, ob ein Arzneimittel als homöopathisch gilt, sind die Herstellregeln des HAB starrer einzuhalten als diejenigen in anderen Teilen des Arzneibuches.

Die auf S. Hahnemann zurückgehende, den Namen begründende (homoion = griechisch ähnlich und pathos = griechisch Leiden) eigentliche Homöopathie benützt zur Behandlung von Kranken ein solches Mittel, das beim Gesunden ähnliche Symptome auslösen würde (similia similibus curentur, Ähnliches soll mit Ähnlichem geheilt werden). Zur Kennzeichnung dieser eigentlichen Homöopathie sind die Bezeichnungen „klassische" oder „Hahnemann-Homöopathie" gebräuchlich.

Zu der durch das AMG erzwungenen Aufweitung des Begriffs Homöopathie kommt hinzu, daß es zwischen den einzelnen als homöopathisch bezeichneten Methoden und ihren Arzneimitteln auch noch viele Überschneidungen gibt.

Gemeinsam ist ihnen – im Gegensatz zur Phytotherapie – die Bevorzugung der frischen Pflanzen oder Pflanzenteile bzw. Tiere.

14.2
Hahnemann-Homöopathie

14.2.1
Samuel Hahnemann

Der Schöpfer der Homöopathie war Dr. med. habil. Christian Friedrich Samuel Hahnemann (1755–1843), ein hervorragender Wissenschaftler. Er beherrschte die gesamte Chemie, Physik, Medizin und Pharmazie seiner Zeit, war zeitweise Gerichts- und Lebensmittelchemiker, Übersetzer wissenschaftlicher Werke, Verfasser eines 2bändigen Apothekerlexikons, aber obwohl Arzt, übte er nur ganz kurze Zeit die praktische Medizin herkömmlicher Art aus. Sie war ihm zu unbefriedigend, denn ganz im Bann der Humoralpathologie beschäftigte sie sich fast ausschließlich mit dem Versuch, krankmachende Materie, materia peccans, aus dem Körper herauszuschaffen und so das gestörte Gleichgewicht der 4 Kardinalsäfte des Körpers, Blut, Schleim, gelbe Galle und schwarze Galle, wiederherzustellen. Die Mittel dazu waren Abführen, Brechen erregen, Schweiß erzeugen und v. a. Aderlässe, die viele Patienten das Leben kosteten.

Aber auch die medizinische Theorie lag im argen; sie basierte auf Überliefertem, Dogmen und Spekulationen über das Wesen von Krankheit und Gesundheit, die zu einer Menge von „medizinischen Systemen" führten, deren Merkmal jeweils eine monistische Pathologie darstellte: *Ein* krankhafter Zustand, *eine* einzige Entgleisung sollte die ganze Krankheit erklären. Hahnemann wollte, daß man sich ausschließlich an Beobachtung und Erfahrung halten statt spekulieren sollte. Er hatte jahrelang alle ihm zugänglichen Berichte über Arzneimittelwirkungen und Nebenwirkungen gesammelt. Arzneimittelvergiftungen waren damals häufig, da die Dosierung unsicher, die Methoden aber heroisch zu sein pflegten. Aus der Summe seiner Erfahrungen und Beobachtungen zog er einen Schluß, den er 1796 in *Hufelands Journal der praktischen Artzneykunde* publizierte:

Versuch über ein neues Prinzip zur Auffindung der Heilkräfte der Arzneisubstanzen nebst einigen Blicken auf die bisherigen: Man ahme die Natur nach, welche zuweilen eine chronische Krankheit durch eine andere hinzukommende heilt, und wende in der zu heilenden, vorzüglich chronischen Krankheit dasjenige Arzneimittel an, welches eine andere, möglichst ähnliche, künstliche Krankheit zu erregen imstande ist, und jene wird geheilt werden; Similia similibus.

Das Jahr 1796 wird durch diese klare Formulierung des Ähnlichkeitssatzes oder Simileprinzips zum Geburtsjahr der Homöopathie, wenn auch schon früher, z. B. von Paracelsus und sogar schon von Hippokrates, ähnliche Gedanken formuliert, aber nicht experimentell nachgeprüft wurden.

An anderer Stelle, nämlich in einer Fußnote zu dem von Hahnemann übersetzten Buch *Materia medica* von William Cullen, schildert Hahnemann einen Selbstversuch mit Chinarinde. Er hatte Malaria und wollte deshalb die Wirkungsweise der Chinarinde näher studieren. Dazu nahm er in fieberfreier Zeit versuchshalber Chinarinde ein und beobachtete dabei das Auftreten der sämtlichen, ihm geläufigen charakteristischen Malariasymptome mit Ausnahme der eigentlichen Fieberschauer. Hahnemann folgerte daraus, daß Chinarinde die Symptome der Malaria provozieren kann, und daß es noch mehr „durch Arzneimittel verursachte Krankheiten" gäbe. Daraus wiederum schloß er, daß man wirksame Arzneimittel und ihre zugehörigen Indikationen dadurch kennenlernen könne, daß man studiert, welche künstlichen Arzneikrankheiten sie auslösen können.

Zunächst sammelte er Beschreibungen von Vergiftungsfällen. Dann prüfte er weitere Mittel im Arzneiversuch an Gesunden. Seine Schüler und Nachfolger setzten diese Prüfungen fort. Die von Hahnemann verwendeten Dosierungen waren hoch. Die unter starkem Verdünnen erfolgende „Potenzierung" begann Hahnemann erst 37 Jahre später. Er hatte beim Einsatz eines rechtgewählten Simile oft eine Erstverschlimmerung beobachtet. Zu ihrer Verminderung verdünnte er seine Arzneien sehr stark und beobachtete dabei überraschende Wirkungsverstärkungen.

In den ersten Jahren ließ Hahnemann neben dem Similia-similibus-Weg auch andere Wege der Therapie gelten. Erst später glaubte er, in seiner Homöopathie den allein zum Heil führenden Weg der Heilkunst sehen zu müssen, wie man schon aus den Titeln seiner Bücher erkennt. Er hat mit diesem Ausschließlichkeitsanspruch sich und seiner Lehre selbst den schwersten Schaden zugefügt und sie gezwungen, ihren Weg außerhalb der Universitäten zu gehen, also abseits der sog. Schulmedizin. Vor allem in seinen letzten 8 Lebensjahren, die er an der Seite seiner zweiten Frau in Paris als Wunderdoktor verbrachte, wurde er extrem.

14.2.2
Simileprinzip

Der Homöotherapeut geht rein empirisch in 4 Schritten vor:

1) Aufnahme des Krankheitsbildes.
2) Vergleich des Krankheitsbildes mit den bekannten Arzneibildern. Hierzu werden zunehmend Computerprogramme eingesetzt.
3) Auswahl des Arzneimittels, das in seinem Symptomenbild der individuellen Krankheitssymptomatik des Patienten am nächsten kommt.
4) Verordnung dieser Arznei in individuell angepaßter Dosierung.

14.2.3
Aufnahme des Krankheitsbildes

Hier steht die Diagnose am Anfang, aber sie wird ergänzt durch ausführliche Familien- und Eigenanamnese und Krankheitsanamnese einschließlich derzeitiger Beschwerden und vegetativer Funktionen, eingehende körperliche Untersuchung mit allen gebräuchlichen technischen Mitteln (Röntgen, Laborwerte usw.). Die klinische Diagnose entscheidet darüber, ob im vorliegenden Fall eine homöopathische Behandlung überhaupt indiziert ist, oder ob nicht operiert oder mit einem Antibiotikum behandelt werden muß. Ist Homöopathie angezeigt, folgt die homöopathische Anamnese. Sie soll alle individuellen Merkmale der Persönlichkeit des Kranken in Erfahrung bringen durch Fragen nach den folgenden Besonderheiten:

a) *Geistige Symptome*, z. B. Rechen- oder Leseschwäche.
b) *Gemütssymptome*, z. B. Eifersucht, Abneigung gegen grün.
c) *körperliche Symptome*, unterteilt nach Art, z. B. stechender Schmerz, Ort, z. B. im Kopf, Ausstrahlung, Reaktion auf Umwelteinflüsse, die sog. Modalitäten, z. B. besser durch Druck, schlechter durch Wärme, Zeit, z. B. beim Erwachen, Lateralität, z. B. rechts schlimmer als links.
d) *Auslösung*. Dies bedeutet in der Homöopathie nicht eine unmittelbare kausale Verknüpfung, sondern eine mittelbare, so etwa Folge von Schreck, Kummer, Überanstrengung, wobei die Auslösung u. U. viele Jahre zurückliegen kann, aber nicht überwunden ist.
e) Sog. *sonderbare* oder *einzigartige Symptome*, die nicht pathogenetisch erklärbar sind, z. B. das Gefühl, „als ob Würmer sich unter der Haut bewegten". Es handelt sich bei den „sonderbaren" Symptomen um solche, die bei Arzneimittelprüfungen beobachtet wurden, und die als starke Hinweise auf das betreffende Arzneimittel gelten.

Gelegentlich beobachtete schon Hahnemann Therapieversager, also Patienten, bei denen sonst bewährte Arzneien nichts erreichten. Er führte dies auf das Vorliegen einer der damals verbreiteten chronischen Krankheiten Krätze, Gonorrhö oder Syphilis zurück, die er Psora, Sykosis und Syphilis nannte, und die der richtigen Entfaltung der Arzneiwirksamkeit im Wege stünden. Zur Behebung dieser Blockaden setzte er Sulfur, Thuja und Mercurius ein, um dann wieder auf das eigentliche Simile überzugehen. Auch heutige Ärzte verwenden diese Zwischenarzneien, sprechen aber nicht mehr von Psora usw., sondern von Organminderwertigkeiten oder Reaktionsschwächen, die zu beheben sind.

14.2.4
Arzneimittelbild

Das Arzneimittelbild (AMB) setzt sich wie das Krankheitsbild aus geistigen, Gemüts-, körperlichen Symptomen einschl. Modalitäten und Auslösungen sowie „sonderbaren" Symptomen zusammen. Die einzelnen Wirkungen wurden überwiegend bei „Arzneimittelprüfungen" an gesunden Versuchspersonen von diesen beobachtet und angegeben. Die homöopathische Literatur berichtet über Arzneimittelbilder, denen nur die Angaben einiger weniger Prüfer zugrunde liegen, aber ebenso über umfangreiche, an über 100 Gesunden durchgeführte Prüfungen, großenteils mit Medizinstudenten als Prüfern und statistisch ausgewertet unter Plazebokontrolle. Neben diesen feintoxikologischen, im Versuch an Gesunden ermittelten Wirkungen stehen die grobtoxikologischen Symptome, die bei Zufallsoder gewerblichen Vergiftungen beobachtet wurden, sowie überlieferte Beobachtungen von Ärzten über Gift- oder Heilwirkungen.

Hahnemann selbst hat 96 Arzneimittel geprüft, viele davon an seinen Familienangehörigen, später auch an seinen Schülern. Insgesamt sind etwa 1000 Mittel systematisch geprüft. Die Ergebnisse kann man Büchern („Repertorien") entnehmen, von denen die bekanntesten aus Frankreich (Voisin, Charette) England (Kent) und Deutschland (Leeser, Saller, Stiegele, Mezger) kamen, und die die gefundenen Symptome meistens von Organ zu Organ im Kopf-Fuß-Schema aufführen. Moderne elektronische Datensammlungen sind im Handel.

Wesentlich ist, daß die Prüfer geeignet waren. Sie müssen „reagibel" sein, sonst produzieren sie überhaupt keine Symptome, aber sie dürfen andererseits nicht zu Hysterie neigen, und sie werden selbstverständlich vor der Prüfung ärztlich untersucht.

Neben dem genannten Arzneiversuch steht als Arzneifindungsmittel die praktische Erfahrung. Es hat sich nämlich gezeigt, daß eine Reihe von Krankheiten sich auch abweichend vom Simileprinzip mit Erfolg homöopathisch behandeln läßt, nämlich aufgrund einer Diagnose. Solche Krankheiten nannte Hahnemann „festständig"; sie verlaufen unabhängig von der Konstitution des Patienten stereotyp und können daher auch mit immer dem gleichen Mittel behandelt werden. Dies gilt für viele Infektionskrankheiten, bei denen der Erreger im wesentlichen den Verlauf diktiert, gewissermaßen ohne nach dem Kranken zu fragen. Symptomenkombinationen (sog. Syndrome) lassen sich in solcher Weise behandeln, u. U. sogar noch besser mit Kombinationen von Einzelmitteln, den sog. Komplexmitteln (Abschn. 14.2.8).

14.2.5
Konstitutionsmittel

Der Begriff Konstitution ist nicht mit dem Konstitutionsbegriff der Schulmedizin zu vergleichen. In der Homöopathie versteht man unter Konstitution das Vorliegen eines Symptomenkomplexes, eines charakteristischen Syndroms, das zugleich an ein bestimmtes Arzneimittel denken läßt. Schon Hahnemann hatte zur Arzneiauffindung neben dem Arzneiwirkungsbild den „Charakter" des Patienten benützt. W. Gawlik führte dafür den neuen Begriff „Persönlichkeitsportrait" ein. Es gilt also, ein Dreifachsimile zu finden, nämlich Arzneiwirkungsbild, Krankheitssymptomatik und „Patientenkonstitution".

Die Parallelsetzung dieser 3 Erscheinungen geht soweit, daß man in der homöopathischen Literatur nicht selten Sätze findet wie diesen: „Conium ist ein Mittel, das kaum Angst kennt, während Argentum nitricum immer voller Ängste ist."

14.2.6
Homöopathische Arzneiformen

Hahnemann hat die Arzneien für seine Patienten noch sämtlich selbst hergestellt und daher viele Schwierigkeiten mit Apothekern und Behörden bekommen. Seine Herstellungsvorschriften finden sich verstreut in seinen Büchern und wurden in verschiedenen Pharmakopöen gesammelt. Besonders systematisch und sorgfältig ausgearbeitet wurde die homöopathische Pharmakopöe von Dr. W. Schwabe, deren 2. Ausgabe von 1925 durch einen Erlaß 1934 im Deutschen Reich für verbindlich erklärt wurde (HAB 1934). Das HAB 1 von 1979 lehnt sich engstens an das HAB 1934 an, berücksichtigt aber die heute überwiegend industrielle Herstellung und die moderne Analytik.

Flüssige Arzneiformen

Frische Pflanzen und Pflanzenteile werden je nach ihren individuellen Eigenschaften unterschiedlich behandelt:

- Bei Pflanzen mit mehr als 70% Preßsaft und ohne ätherisches Öl, Harz oder Schleim wird nach Zerkleinern Saft ausgepreßt, filtriert und mit Ethanol versetzt. Die Ethanolmenge entspricht der Saftmenge. Ist eine Normung vorgeschrieben, so erfolgt sie nach dem analytisch ermittelten Trockenrückstand oder dem Gehalt an einem bestimmten Inhaltsstoff. Die von Hahnemann erfundene Methode heißt Herstellungsvorschrift (HV) 1 und wird wegen technischer Schwierigkeiten nur selten vorgeschrieben.
- Pflanzen mit weniger als 70% Preßsaft und ohne ätherisches Öl, Harz oder Schleim, aber mit mehr als 60% Trocknungsverlust, werden frisch zerkleinert und mit der dem Trocknungsverlust entsprechenden Menge Ethanol festgelegter Konzentration mazeriert, wenn nicht eine Gehaltsnormung im Einzelfall vorgeschrieben ist (HV 2a und b). Um fermentative Veränderungen während der Trocknungsverlustbestimmung zu verhindern, wird die Pflanzenmasse sogleich nach dem Zerkleinern mit der halben Gewichtsmenge Ethanol 86% konserviert und diese Ethanolmenge bei der Mazeration rechnerisch berücksichtigt.
- Pflanzen mit weniger als 60% Trocknungsverlust oder mit ätherischem Öl, Harz oder Schleim werden frisch zerkleinert und mit den in den HV 3a–c angegebenen Mengen und Konzentrationen Ethanol mazeriert (d.i. doppelt soviel Ethanol wie Trocknungsverlust). Die Konservierung der Pflanzenmasse erfolgt wie bei HV 2.

– Getrocknete Pflanzen (Drogen) werden mit Ethanol mazeriert oder perkoliert, Tiere mit Ethanol homogenisiert (HV 4).
– Die Herstellung von Lösungen regelt die HV 5, in Sonderfällen die Monographie.

Die flüssigen Zubereitungen nach HV 1–4 heißen Urtinkturen und tragen das Zeichen Ø.

Urtinkturen wie Lösungen müssen ebenso wie die Arzneigrundstoffe, Arzneiträger und Hilfsstoffe den Untersuchungsvorschriften des Arzneibuchs entsprechen. Urtinkturen und Lösungen werden aber in dieser Form nur selten verordnet, sondern überwiegend „potenziert". Der Potenzierungsprozeß, der zu den „flüssigen Verdünnungen" oder Dilutionen führt, ist im HAB genau beschrieben. Er erfolgt nach der sog. Mehrglasmethode, bei der für jede der stufenweise erfolgenden Verdünnungen ein eigenes Gläschen gebraucht wird, das $1^1/_2$ mal soviel Flüssigkeit fassen muß, wie verarbeitet werden soll. Potenziert wird durch 10 Schüttelschläge. Die dabei vorzunehmende Verdünnung kann im Dezimalsystem (1:10 pro Stufe, Kurzzeichen D 1, D 2 usw.) oder im Zentesimalsystem (1:100 pro Stufe, Kurzzeichen C 1, C 2 usw.) vor sich gehen, wobei zu beachten ist, daß für die Herstellung der. 1. – und nur der 1. – Dezimal- oder Zentesimalstufe unterschiedliche Mengen der Lösung resp. Urtinktur einzusetzen sind, je nach dem Arzneistoffgehalt der ersten Verarbeitungsstufe. Bei einer Ø nach HV 2 sind das 2 Teile, nach HV 3 3 Teile. Bei Acidum formicicum (Ameisensäure) schreibt das HAB 1 z.B. vor: Verwendet wird verdünnte Ameisensäure mit 24,0 – 25,0 % CH_2O_2-Lösung (D 1) aus 10 Teilen verdünnter Ameisensäure und 15 Teilen Wasser. (Das ergibt 25 Teile Lösung, worin 2,5 Teile Ameisensäure enthalten sind. Die Lösung ist somit zugleich die D 1.)

Daneben gibt es die LM-Verdünnungen (HV 17). Die von Hahnemann in seinen letzten Jahren erfundene Verdünnungsmethode schließt je Stufe eine Verdünnung im Verhältnis 1:50000 ein, daher auch der (eigentlich falsche) Name: von den römischen Zahlenzeichen L = 50 und M = 1000 hergeleitet. Eine andere, aber nicht offizielle Bezeichnung für LM-Potenzen lautet Quinquagesimiliapotenzen oder Q-Potenzen. Bei der LM-Potenzierung wird von der jeweils vorhergehenden Stufe 1 Streukügelchen (s. unten) in wenig Wasser gelöst, mit 2,5 ml Ethanol durch 100maliges Schütteln potenziert und diese Lösung auf 50000 Streukügelchen (= 100 g) gleichmäßig aufgebracht. Zuletzt wird an der Luft getrocknet. Die am Anfang erforderliche Ausgangspotenz LM 1 wird aus der Verreibung C 3 (s. unten), die bei Hahnemann den Namen Trituratio I führte, hergestellt, indem 1 Gran davon (= 60 mg) gelöst, mit Ethanol durch 100maliges Schütteln potenziert und auf 50000 Kügelchen aufgebracht wird.

Die Herstellung flüssiger LM-Potenzen erfolgt analog durch Lösen eines Streukügelchens, Flüssigpotenzieren und Verdünnen aus der jeweils vorhergehenden Streukügelchenpotenz.

Verreibungen

Verreibungen werden ebenfalls stufenweise im Dezimal- oder Zentesimalsystem hergestellt, und zwar mit Lactose. Nach der auf Hahnemann zurückgehenden HV 6 wird der Arzneiträger Lactose in 3 Teile geteilt. Das erste Drittel wird im

Porzellanmörser kurz verrieben. Nach Zugabe des Arzneigrundstoffs wird 6 min lang verrieben, 4 min lang mit einem Porzellanspatel aufgeschabt, abermals 6 min lang gerieben und 4 min lang gescharrt, dann kommt das 2. Drittel Lactose dazu, und der Vorgang wird in gleicher Weise fortgesetzt. Pro Verreibungsstufe ergibt sich 1 h Arbeitszeit. Mengen über 1 kg werden maschinell verrieben; Mindestverreibungszeit pro Stufe ist 1 h; der Lactosezusatz erfolgt in 3 Portionen. Der Verreibungseffekt wird durch Teilchengrößenmessung geprüft: Von den Teilchen der 1. Verreibungsstufe müssen 80 % kleiner als 10 µm sein, kein Teilchen darf größer als 50 µm sein.

Die strengen Verreibungsvorschriften gelten aber nur bis zur D 4 bzw. C 4, darüber hinausgehende Verreibungsstufen werden nur noch durch Zumischen der Lactose in 3 Portionen hergestellt.

Letztere Vorschrift entspricht der experimentell gewonnenen Erfahrung, daß Verreiben über 4 h hinaus die Teilchen nicht mehr zerkleinert. Sie steht aber im Gegensatz zu den Anweisungen Hahnemanns, der erklärt hatte:

> Diese merkwürdige Veränderung in den Eigenschaften (gemeint sind therapeutische Eigenschaften; Anm. d. Autors) der Naturkörper durch mechanische Einwirkung auf ihre kleinsten Teile – durch Reiben und Schütteln –, während sie durch Dazwischentreten einer indifferenten Substanz trockener oder flüssiger Art voneinander getrennt sind, entwickelt die latenten, vorher unmerklich wie schlafend in ihnen verborgen gewesenen dynamischen Kräfte, welche vorzugsweise auf die Lebenskraft und auf das vegetative System Einfluß haben. Man nennt daher diese Bearbeitung derselben Dynamisieren oder Potenzieren (Entwickeln der Arzneikraft) und die Produkte davon Dynamisationen oder Potenzen in verschiedenen Graden. Man hört noch täglich die homöopathischen Arzneipotenzen bloß Verdünnungen nennen. Sie sind aber das Gegenteil derselben, nämlich wahre Aufschließung der Naturstoffe unter Zutageförderung der in ihrem Innern verborgen gelegenen, spezifischen Arzneikräfte, durch Reiben und Schütteln bewirkt, wobei ein zu Hilfe genommenes unarzneiliches Verdünnungsmedium bloß als Nebending hinzutritt.
>
> Verdünnung allein, zum Beispiel die Auflösung eines Grans Kochsalz, ergibt fast reines Wasser; das Gran Kochsalz verschwindet in der Verdünnung mit viel Wasser und wird dadurch nie zur Kochsalz-Arznei. Diese erreicht dagegen durch unsere wohlbereitete Dynamisation eine bewunderungswürdige Stärke.

Hahnemann beschrieb auch schon den Übergang von Dilutionen auf Triturationen und umgekehrt, den die HV 7 und 8 regeln. Nach Hahnemann gilt eine unlösliche Substanz dann, wenn sie bis zur 6. Stufe verrieben und so „verfeinert" wurde, als flüssig weiterpotenzierbar. Das HAB erlaubt diesen Übergang schon ab der D 4 bzw. C 4: 1 Teil der D 4 wird in 9 Teilen Wasser gelöst und verschüttelt; 1 Teil dieser Lösung wird mit 9 Teilen Ethanol 30 % zur D 6 flüssig potenziert.

Tabletten

Homöopathische Tabletten werden gemäß HV 9 aus den betreffenden Verreibungen gepreßt. Begrenzte Zusätze von Mg-Stearat oder Ca-Behenat als Gleitmittel und von Stärke als Zerfallsförderer sind erlaubt sowie bei Bedarf die Granulation mit wäßriger Lactoselösung, Stärkeleister oder Ethanol-Wasser-Mischungen. Dadurch werden schnellaufende Tablettenmaschinen einsetzbar, der Abrieb von Tablettierwerkzeugen vermindert und Tabletten erhalten, die den allgemeinen Anforderungen an Compressi des Arzneibuchs genügen.

Streukügelchen

Zu ihrer Herstellung werden nach HV 10 käufliche Zuckerkügelchen mit 1/100 Gewichtsteil der betreffenden (!) Dilution gleichmäßig befeuchtet und an der Luft getrocknet. Die betreffende Dilution muß mindestens 60% Ethanol enthalten. Obwohl eine Konzentrationsverminderung auf 1% erfolgt, bleibt die Potenzstufe die gleiche, ein Beispiel für das Übergewicht des Potenzierungsvorgangs gegenüber der bloßen Konzentration.

Injektionslösungen

Nach HV 11 werden bei Dezimalverdünnungen die beiden letzten Potenzierungen, bei Zentesimalverdünnungen die letzte mit Wasser für Injektionszwecke vorgenommen; die Isotonisierung erfolgt in der Regel mit Kochsalz. Im übrigen gelten die Arzneibuchanforderungen an Parenteralia. Da Konservierungsmittelzusätze nicht erlaubt sind, gibt es Mehrdosenbehältnisse für homöopathische Injektionslösungen nur für die Anwendung bei Tieren.

Flüssige Verdünnungen für Injektion, die ausschließlich zur i. m. – oder s. c.-Injektion bestimmt sind, dürfen getrübt sein oder Teilchen enthalten, soweit sie durch die Natur des Ausgangsmaterials bedingt sind.

Flüssige Einreibungen

Nach HV 12 werden Urtinkturen abgestuft verdünnt und können bis zu 10% Glycerol enthalten.

Salben

Urtinkturen, Dilutionen, Lösungen oder Verreibungen werden im Verhältnis 1:10 mit Wollwachsalkoholsalbe verarbeitet. Antioxydanzien- oder Stabilisatorenzusatz ist nicht erlaubt.

Suppositorien

HV 14 schreibt als Zäpfchengrundlage Hartfett ohne Antioxydanzien und Stabilisatoren vor. Zur Konsistenzverbesserung sind Zellulosepulver, Honig und hochdisperses Siliciumdioxid erlaubt.

Augentropfen

Sie werden durch Potenzieren der letzten Stufe mit isotonischer NaCl-Lösung oder einem anderen Isotonisierungsmittel hergestellt. Falls sie in Mehrdosenbehältnisse abgefüllt werden, sind sie zu konservieren.

Nasentropfen

Nasentropfen werden durch Potenzieren von Urtinkturen oder flüssigen Verdünnungen hergestellt, isotonisch und nach Möglichkeit euhydrisch gemacht. Sie dürfen viskositätserhöhende Zusätze enthalten.

Mischungen

Die HV 16 ist besonders wichtig für Hersteller von Komplexmitteln und anderen Fertigarzneimitteln. Als „Mischung nach Vorschrift 16 HAB" sind nahezu alle denkbaren Mischungen erlaubt, sie müssen nur deklariert werden. Als Vorstufen zu flüssigen Mischungen nach H 16 gelten auch die nach HV 46 durch Potenzierung mit Likörwein über 2 Stufen herzustellenden flüssigen weinigen Verdünnungen. Sie werden sofort weiterverarbeitet.

14.2.7
Isopathie, Nosodentherapie

Bei der Isopathie wird nicht ein Mittel gegeben, das der Krankheit ähnliche Symptome auslöst, sondern das die Krankheit verursachende Agens selbst in homöopathischer Potenz. Es kann sich dabei um Bakterien (sterilisiert vor der Verarbeitung) ebenso handeln wie um Allergene (Umweltgifte, Zahnfüllungsmaterial, organische Lösungsmittel oder schädliche Arzneimittel). Der Übergang zur Nosodentherapie ist nicht scharf. Nosoden sind homöopathisch potenzierte Krankheitsprodukte von Mensch und Tier (Eiter, Ausflüsse), Krankheitserreger oder deren Stoffwechselprodukte, Zersetzungsprodukte tierischer Organe oder Körperflüssigkeiten, die Krankheitserreger enthalten. Die genannten Stoffe werden zuerst sterilisiert und dann zu Verreibungen, Dilutionen oder Injektabilia verarbeitet.

14.2.8
Komplexhomöopathie

Hahnemann war noch der Meinung: „In keinem Fall von Heilung ist es nötig, mehr als eine einzige Arzneisubstanz auf einmal anzuwenden". Die Entwicklung hat aber gezeigt, daß Homöotherapeuten, v. a. weniger erfahrene, bessere Erfolge haben, wenn sie statt eines einzigen mehrere Mittel nebeneinander oder auch zusammen anwenden. So entstand eine Reihe von Komplexmitteln mit breiterem Einsatzgebiet. An die Stelle des scharf gezielten Schusses mit der Kugel tritt gewissermaßen der Schrotschuß. Diese Entwicklung kam der industriellen Herstellung von Fertigarzneimitteln entgegen. So entstanden Kompositionen mit 5 Bestandteilen wie die Pentarkane von Schwabe, solche mit wenigen (5–10) Einzelmitteln (Oligoplexe, Madaus), aber auch Mittel mit einer Unzahl von Bestandteilen und entsprechend aufgeblähten Indikationsgebieten.

Mit einer gewissen Berechtigung kann man auch die sog. Potenzakkorde zu den Komplexmitteln rechnen. In ihnen sind unterschiedliche Potenzen eines Einzelmittels in der Arzneiform vereinigt (Tropfen, Injektionen wie die Injeele u. a.).

Ihnen liegt die Ansicht zugrunde, daß nach homöopathischer Lehre die einzelnen Potenzstufen unterschiedliche Wirkungen haben und sie auch in der Mischung beibehalten, so wie es für den Homöopathen nichts Widersprüchliches bedeutet, wenn einer Injektionslösung von Natrium muriaticum (= NaCl) D 12 zur Isotonisierung 10^{10}mal mehr NaCl zugesetzt wird. Das potenzierte und das nur zugesetzte NaCl verhalten sich völlig verschieden. So sollen auch die einzelnen Potenzen in einem Potenzakkord oder einem „Homaccord" (Heel) unterschiedliche Ebenen im Organismus ansprechen.

14.2.9
Wirksamkeitsnachweise

Die in der Homöopathie gebräuchliche hohe Verdünnung der Wirkstoffe und als Folge davon extrem niedrige Dosierung führen verbreitet zu Zweifeln an der Wirksamkeit der Homöopathie. Vor allem das Wissen um den atomaren Bau und die daher begrenzte Teilbarkeit der Materie macht es schwer, sich die Wirksamkeit einer Arznei vorzustellen, die pro dosi statistisch weniger als 1 Molekül Wirkstoff enthält. Nach der Loschmidt-Zahl enthält ein Mol eines jeden Stoffes nicht mehr als $6{,}02 \times 10^{23}$ Moleküle; rechnerisch ergibt daher z. B. 1,0 g Calcium carbonicum ($M_{rel} = 100$) 6×10^{21} Moleküle.

Es wird aber über die Wirksamkeit der D 30 oder gar der C 300 berichtet.

Es existieren naturwissenschaftlich einwandfrei geführte Beweise für meßbare Wirkungen kleinster Dosen, die rechnerisch einer D 12 – D 15 entsprechen würden, mit biologischen Modellversuchen, die keinen Platz für Suggestion oder Autosuggestion lassen. Sogar das Phänomen der Wirkungsumkehr solch geringer Dosen innerhalb einer Spanne, die dem Unterschied zwischen D 12 und D 16 entspräche, wurde mit biologischen Modellen mit Tieren, Pflanzen oder Mikroorganismen geführt. Es wäre jedoch ein Holzweg, homöopathische Wirksamkeiten mit naturwissenschaftlichen Methoden beweisen oder widerlegen zu wollen, wenngleich das immer wieder versucht wird. Man muß nämlich zwischen Wirkungen und Wirksamkeit unterscheiden. Erstere sind Veränderungen meßbarer Parameter, z. B. Blutdruck, Pulsfrequenzen, Glukosespiegel, letztere ist die Fähigkeit, Krankheit zu bessern oder zu heilen, unabhängig vom Mechanismus, und dazu gehört neben der Änderung von Befunden diejenige von Befindlichkeiten bis hin zur „Lebensqualität". Es gibt in der Medizin sowohl nachweisbare Wirkungen ohne Wirksamkeit als auch Wirksamkeiten ohne nachweisbare Wirkungen. Diese von Kienle erstmals formulierte Unterscheidung ist heute Allgemeingut auch der europäischen Gesundheitsbehörden.

Der Mensch bleibt das Maß aller Dinge, wenngleich auch in der Tierheilkunde die Homöopathie vielfach mit Erfolg eingesetzt wird.

Der in der klinischen Medizin heute fast allein anerkannte randomisierte Doppelblindversuch mit statistischer Auswertung läßt sich auf die Homöopathie nur beschränkt anwenden. Die Kollektivierung des Patientenguts widerspricht nämlich der individualisierenden Homöotherapie grundsätzlich, da jeder Einzelpatient mit dem nur für ihn zu findenden Simile behandelt werden muß und seine persönlichen Gegebenheiten und Empfindungen bei der Auswahl der Simile mitberücksichtigt werden müssen. Eine Ausnahme machen hier die sog.

festständigen Krankheiten (s. oben), z. B. Infektionskrankheiten, bei denen die Übermacht der Erreger die Individualität des Patienten unterdrückt, ferner die Syndrome, die oben als „bewährte Indikation" bezeichnet wurden, und die gemäß einer Diagnose therapiert werden können.

Mit Einschränkungen ist auch der klinische Vergleich zweier möglichst ähnlicher Patientengruppen mit derselben Diagnose brauchbar, deren eine homöopathisch, die andere schulmedizinisch behandelt wird. Schließlich kann auch ein gut dokumentierter Einzelfall als Wirksamkeitsnachweis dienen. Dieser Nachweis ist der schwächste in der genannten Reihe, aber leider in der Literatur am häufigsten zu finden.

14.2.10
Erklärungsversuche

Immer wieder werden Versuche unternommen, die homöopathische Wirksamkeit minimaler, besonders aber infinitesimaler Dosen naturwissenschaftlich zu erklären, also besonders der Hochpotenzen, die nach der Loschmidt-Zahl statistisch keinen stofflichen Gehalt mehr besitzen. In der Homöopathie selbst spricht man heute gern davon, daß diese Mittel Informationsträger seien, die keines materiellen Gehalts bedürfen, wie ja auch optische oder akustische Informationen (Reize) bei ihrer Übertragung mit keinem Stoffübergang gekoppelt sind.

In den letzten Jahrzehnten wird bei Flüssigpotenzen die Informationsübertragung durch Wasserstrukturen diskutiert: Wasser, auch mit Alkohol zusammen, bildet Übermoleküle oder Molekülpolymere, sog. Cluster, die eine Art „Gedächtnis" ermöglichen könnten, besonders wenn zusätzlich Luft durch den Schüttelvorgang eingearbeitet sei. Diese Wassermolekülpolymere sollen auch zur Selbstreplikation fähig sein. Bisher sollen etwa 9 unterschiedliche Wasserstrukturen nachgewiesen sein, die verschiedene elektromagnetische Eigenschwingungen zeigen. Auch Lactose soll ähnlich strukturell veränderbar sein. Wie aber die Vielzahl der erforderlichen Strukturen ermöglicht werden sollen – schließlich gibt es viele tausend Einzelmittel –, bleibt offen.

Andererseits muß man sich klar sein, daß sicher nicht für alle Homöopathika ein einziger Wirkungsmechanismus zu existieren braucht. Im einen oder anderen Fall mag die Clusterhypothese zutreffen. Es kommt aber darauf auch gar nicht so sehr an. Entscheidend ist die Wirksamkeit beim Patienten, Mensch oder Tier. „Wer heilt, hat recht."

Sicher beruhen auch viele Heilungen auf seelischer Basis. Es ist nicht nur Suggestion, wenn der Glaube oder noch wirksamer der Wille (des Patienten und des Heilers!) heilt. Vielmehr kann man heute in manchen Fällen den Einfluß der Psyche auf körperliche Vorgänge stofflich nachweisen, z. B. auf die Bildung von Cortisol, Interferonen, Interleukinen u. a. m. Das Immunsystem wird von der Seele ganz erheblich beeinflußt, was sich bis hin zur Remission von Krebsgeschwülsten auswirken kann. Die Bedeutung der „Droge Arzt" ist allgemein bekannt, nicht nur in der Homöopathie. Nur wirkt sie sich hier vielleicht noch stärker aus als in einer schulmedizinischen Praxis. Bei der notwendigen umfangreichen Anamneseerhebung und Diagnose spürt der Patient natürlich, daß der Behandler sich mit ihm befaßt, und diese Hinwendung wird zum Heilfaktor. Ist daran etwas Negatives?

Zur Frage der umstrittenen Hochpotenzen: Jeder Homöotherapeut weiß, daß man mit ihnen Heilerfolge erzielen kann. Die Frage, ob man sie erklären kann oder nicht, ist demgegenüber zweitrangig.

14.3
Anthroposophische Medizin

14.3.1
Das anthroposophisch erweiterte Welt- und Menschenbild

Die Anthroposophie will auf den verschiedenen Gebieten das mit naturwissenschaftlichen Methoden gewonnene Wissen durch geisteswissenschaftliche, meditative Forschung ergänzen. Die „höheren Erkenntnisse" betreffen vorwiegend seelische und geistige Zusammenhänge zwischen den beobachtbaren Phänomenen. Gründer der Anthroposophie war Rudolf Steiner (1861–1925); außer seinen Ideen ist aber auch viel von der Alchemie, von Paracelsus, Glauber und Goethe in sie eingeflossen.

Die anthroposophische Therapie verwendet als Arzneigrundstoffe grundsätzlich Naturstoffe (Mineralien, Pflanzen, Tiere), weil zwischen Mensch und Natur verwandtschaftliche Beziehungen bestehen. Letztere soll Tabelle 14.1 zeigen.

Das Mineral ist nur physischer Körper, zumeist fest, sogar kristallin, allein von Physik und Chemie bestimmt.

Die in der Entwicklungsreihe höher stehende Pflanze hat außer dem physischen Körper eine Lebensorganisation (auch Lebensleib oder Ätherleib genannt). Pflanzen zeigen Plastizität, Ernährung, Atmung, Wachstum, Regeneration.

Alles das hat auch das noch höher stehende Tier, aber zusätzlich eine Empfindungsorganisation, den Astralleib. Es ist heterotroph, frei ortsbeweglich, zeigt Instinkte und Triebe sowie höher differenzierte innere Organe, Rhythmen wie die Atmung und ein zeitlich beschränktes Wachstum.

Der Mensch hat über alles Genannte hinaus eine Ich-Organisation, das Bewußtsein seiner selbst und die Fähigkeit zu denken. Die Anthroposophie lehrt, daß gewissermaßen im Menschen sowohl ein Tier als auch eine Pflanze und ein Mineral steckt, aber keines davon darf sich verselbständigen, Übergewicht bekommen, sonst geht die Harmonie und damit auch die Gesundheit verloren.

Tabelle 14.1 Die Stufen im Aufbau von Mineral, Pflanze, Tier und Mensch nach der anthroposophischen Lehre

			Ich-Organisation
		Empfindungsorganisation, Astralleib	Empfindungsorganisation, Astralleib
	Lebensorganisation Ätherleib	Lebensorganisation Ätherleib	Lebensorganisation Ätherleib
Physischer Körper	Physischer Körper	Physischer Körper	Physischer Körper
Mineral	*Pflanze*	*Tier*	*Mensch*

Beispiele für Vorwalten des Mineralischen sind Sklerosen, Steinbildungen und Harnsäureablagerungen. Walten die Elemente der Lebensorganisation vor, beginnt das Leben zu wuchern: Geschwulstkrankheiten mit Metastasen treten auf. Überwiegen der Empfindungsorganisation, des Astralleibs, ergibt Entzündung und Schmerz, welche die Ich-Organisation nicht mehr beherrschen kann.

Aufgabe der Arznei ist es, eines der genannten Wesensglieder zu unterstützen oder zu bremsen oder einem unterentwickelten Prozeß ein Vorbild zu geben. Vielfach kommt es bei den Arzneien nicht auf den Stoff, seine Elemente oder seine Struktur an, wie in der Pharmakologie, sondern auf die in dem Medikament von Natur aus schon enthaltenen oder durch die pharmazeutische Bearbeitung hineingebrachten Kräfte. Das können Bildekräfte sein, die Strukturen erzeugen oder auch verhärten, es können umgekehrt verflüssigende oder abbauende Tendenzen sein, schließlich solche, die luftige, wärmehafte Prozesse einbringen und fördern. Hinweise auf die zu erwartende Wirkungsrichtung der Mineralien, Pflanzen oder Tiere bezieht der Anthroposoph auf geisteswissenschaftlichem Weg, oft auch aus der Gestalt, die ihm Erkenntnisse über die ihr zugrundeliegenden Prinzipien, Tendenzen, Bildekräfte usw. vermittelt. Auch die Beobachtung der Funktionen von z. B. pflanzlichen Organen gibt Aufklärung über die zu erwartende Wirkrichtung. So wendet die Wurzel mit ihrem hohen Feststoffanteil sich bevorzugt an den physischen Körper, an das Mineralische im Menschen, während die Blüte sich an die Empfindungsorganisation und an das Ich wendet.

Der Sproß mit den Blättern spricht besonders Stoffwechselprozesse an.

Die anthroposophischen Heilmittel werden zumeist wie die homöopathischen potenziert, und zwar richten sich die niedrigen Potenzen (bis ca. D 10) an Wirkungen der Lebensorganisation, die mittleren (D 10 – D 20) verstärkt an die Funktionen der Lebensorganisation und an die Empfindungsorganisation, die höheren Potenzen (D 20 – D 30) an die Ich-Organisation.

Höhere Potenzen als D 30 sind unüblich.

Nach R. Steiner wirken auf den Menschen als einen in sich geordneten Mikrokosmos auch Vorgänge des Makrokosmos ein. So sei das Nervensystem ein Spiegelbild des kosmischen Planetenbildes. Daraus resultiert die große Bedeutung der Metalle Au, Ag, Cu, Fe, Sn, Hg und Pb, die wie in der Alchemie und Astrologie mit Himmelskörpern in Verbindung stehen und zugleich bestimmte Organbeziehungen haben.

Infolge der ganz anderen Arzneifindeprinzipien stimmen auch die Indikationen der Mittel nur selten mit denen der Phytotherapie überein.

14.3.2
Heilmittel der Firma Weleda

Die 3 nach Steiner den menschlichen Organismus aufbauenden Systeme Nerven-Sinnes-System, Stoffwechsel-Gliedmaßen-System und rhythmisches System sollen durch speziell hergestellte Pflanzenzubereitungen gezielt angesprochen werden. Diese sind die Mazerationen (Kaltauszüge nach HV 2), Infuse (HV 20), Digestionen (HV 18) und Decocte (HV 19). Weitere Herstellungsverfahren sind Röstung (Tostumpräparate), Destillation, Verkohlung (Carbopräparate) und Veraschung (Cinispräparate). Eine weitere Besonderheit sind die vegetabilisierten Metalle.

Eine Pflanze, die eine besondere Beziehung zu einem bestimmten Metall hat (z. B. Ferrum und Urtica), wird mit einer Potenz dieses Metalls gedüngt. Die so behandelten Pflanzen werden kompostiert. Auf dem Kompost wird abermals diese Pflanze kultiviert und das Ganze 3mal wiederholt. Dann ist die Pflanze so mit dem Metall durchdrungen, daß ihr Auszug den Ferrumprozeß aktiviert zur Wirkung bringt. Auch den weiteren Weg der Metallarznei im Körper kann man durch Zusätze von Pflanzen noch lenken, indem man beispielsweise Cichorium, das eine Affinität zur Galle hat, mit einem zu lenkenden Metall kultiviert. So entstehen Präparate wie Urtica ferro culta (früher Ferrum per Urticam) oder Cichorium Stanno cultum. Auch Organextrakte können als Wegweiser in Präparate einkomponiert werden: So entstehen Präparate, die Antimon (zwecks Wirksamkeitserhöhung als Metallspiegel präpariert) mit Chelidonium (Wegweiser zur Leber) und Fel suis (ebenso) kombiniert enthalten und zur Injektion bestimmt sind. Quarz als Mineral wird potenziert durch Verreibung nach HV 6, dann flüssig nach HV 8a weiterpotenziert, schließlich isotonisiert und zur Behebung von Sehschwäche oder Linsentrübung injiziert: Der Quarz soll Licht und Klarheit prozessual einbringen.

14.3.3
Heilmittel der Firma Wala

Die Anthroposophie lehrt, daß Alkohol Heilpflanzen schädigt und mumifiziert. Auf der Suche nach anderen Konservierungsmöglichkeiten fand Dr. Rudolf Hauschka rhythmische Prozesse, die als Rh-Verfahren in die HV 21 und 22 eingegangen sind: Aus Frischpflanzen gewonnene Preßsäfte werden am Morgen und Abend geschüttelt und in den Zwischenzeiten stehen gelassen. Gleichzeitig mit dem Bewegungs-Ruhe-Rhythmus wird ein Wärmerhythmus dem Material eingeprägt: bei dem morgendlichen Bewegen wird der Saft langsam auf 37 °C erwärmt, beim abendlichen Bewegen wird er langsam auf 4 °C gekühlt. Während dieser Rhythmen läuft eine milchsaure Gärung ab. Nach deren Ende wird filtriert. Der Saft, der ein feines Aroma angenommen hat, ist ohne Konservierungsmittelzusatz haltbar. Der Prozeß kann durch Kapillarsteigbilder auf Filtrierpapier kontrolliert und sichtbar gemacht werden.

Bei den Urtinkturen mit Wärmebehandlung und Fermentation nach HV 33–37 werden alkoholische und milchsaure Gärungsprozesse mit Zusätzen von Molke, Honig, Lactose, Hämatit, Zink u. a. sowie Veraschungen des Abpreßrückstandes durchgeführt. Die kennzeichnenden rhythmischen Verläufe von Wärme, Asche, Licht und Asche haben auch zu dem Firmennamen Wala geführt.

Die Wala-Heilmittelkompositionen werden durch gemeinsames Potenzieren sämtlicher Komponenten über möglichst viele Stufen hergestellt (HV 40).

Auszüge aus ganzen, niederen Tieren oder deren Ausscheidungsprodukten sowie solche aus Organen und Gewebeteilen höherer Tiere, besonders junger Rinder, werden nach HV 41–44 mit Glycerol hergestellt und potenziert.

14.4
Spagyrik

Der wohl zuerst von Paracelsus gebrauchte Begriff Spagyrik oder Spagirik leitet sich von den griechischen Wörtern spaein = trennen und ageirein = vereinigen ab. Er läßt schon erkennen, daß es sich um ursprünglich alchemistische Prozesse handelt, die der Suche nach dem Arcanum, dem heilkräftigen, geheimen Bestandteil der Arznei(pflanze) und seiner Isolierung und Reinigung galten. Die wichtigsten Teilschritte sind die Putrefactio, Destillatio, Calcinatio und Conjunctio. Die Ärzte Carl-Friedrich Zimpel (1801–1879) und Theodor Krauß (1864–1924) sowie der Heilpraktiker U. J. Heinz griffen alte, auf Paracelsus, Glauber u. a. zurückgehende Ideen und Verfahren wieder auf, pharmazeutische Firmen modernisierten die Methoden, und das HAB 1 nahm 3 Gruppen spagyrischer Verfahren unter den HV 25–31 auf. Die bedeutendsten sind die nach Zimpel (spagyrische Pflanzeneinzelessenzen, Staufen-Pharma, und eine Reihe Komplexmittel) und nach Krauß (Jso-Komplexmittel oder Jsoplexe, Jso-Regensburg).

Nach Zimpel wird die zerkleinerte Frischpflanze (HV 25) oder Droge (HV 26) mit Wasser und Hefe bei 20–25 °C vergoren. Der resultierende Brei wird der Wasserdampfdestillation unterworfen, der Rückstand getrocknet und verascht. Der wäßrige Auszug der Asche wird mit dem Destillat vereinigt. Spagyrische Urtinkturen nach Krauß erhält man nach den HV 27–30, je nach Saftgehalt der Pflanzen, ohne eine Destillation oder Calcination. Die Pflanzenteile werden mit Wasser, Saccharose und Hefe bei 35 °C vergoren. Nach Schluß der Gärung wird abgepreßt und der Preßrückstand mit Ethanol perkoliert. Zuletzt werden 1 Teil Perkolat, 2 Teile „Wein" und 7 Teile Ethanol 30 % vereinigt.

Die so erhaltenen spagyrischen Urtinkturen können als solche eingenommen, zu Komplexmitteln gemischt und auch potenziert werden. Manche werden äußerlich angewandt. Obwohl durch die Herstellungsweise die Inhaltsstoffe erheblich verändert werden, entspricht das Indikationsgebiet dennoch entweder dem homöopathischen Simile oder demjenigen der Phytotherapie.

14.5
Homotoxinlehre

Nach Dr. H. H. Reckewegs *Homotoxinlehre* (1952) sind Krankheiten Selbstheilungsversuche des Organismus zur Abwehr von „Homotoxinen" („Menschengiften"; es gibt auch Sutoxine, die beim Genuß von Schweinefleisch auf den Menschen übergehen), die entweder von außen in das im Fließgleichgewicht stehende System Mensch eingedrungen oder von ihm selbst produziert worden sind. Die Homotoxine rufen phasenweise Abwehrmaßnahmen des „Systems der großen Abwehr" hervor, nämlich des retikuloendothelialen Systems, des Systems Hypophysenvorderlappen-Nebennierenrinde, der neuralen Reflexabwehr, der Leberentgiftung und der Entgiftungsfunktion des mesenchymalen Bindegewebes. Intermediäre Entgiftungsfaktoren wie Glucuronsäure oder Glykokoll binden die Homotoxine zu Homotoxonen; diese werden ausgeschieden. Es besteht aber auch die Möglichkeit, daß Homotoxine aus einem vom Ektoderm, Endoderm oder

Mesoderm abgeleiteten Organ in eines der anderen sich verschiebt („Vikariation"), wobei aus einer Krankheit eine völlig andere wird. Man unterscheidet die progressive und die regressive Vikariation, letztere gilt es durch homöopathische Arzneimittel (Antihomotoxika oder Biotherapeutika genannt) zu verstärken. Es handelt sich um Einzelmittel der klassischen Homöopathie als Injeele (Injectabilia Heel, wobei der Firmenname von „herba est ex luce" kommt), Spezialmittel und Komposita (beides sind homöopathische Mischungen nach HV 16), Homaccorde (gemischte Potenzakkorde), homöopathisierte Allopathika (homöopathisch verdünnte, als schädigend erkannte Arzneistoffe, ausgewählt nach dem Simileoder dem Isoprinzip), intermediäre Katalysatoren, die im Stoffwechsel, z.B. dem Citratzyklus, eine Rolle spielen, Nosoden (HV 43-44) und Organpräparate. Letztere werden aus einem dem erkrankten menschlichen Organ homologen Organ von Tieren (meist vom Schwein, daher „Suispräparate") durch Glyzerolextraktion gewonnen und sollen das erkrankte Organ des Patienten zu ordnungsgemäßer Funktion stimulieren (Organtherapeutika).

14.6
Apotheker und Homöopathie

Die Homöopathie ist wie die Phytotherapie nicht ein Phänomen der Medizin- oder Pharmaziegeschichte, sie ist vielmehr höchst lebendig, und ihr Anteil am Arzneimittelmarkt steigt noch immer. In manchen Fällen erfolgreicher homöopathischer Behandlung mag es sich um bewußte oder unbewußte Plazebotherapie gehandelt haben, aber das gibt es bei allopathischen Arzneimitteln auch. Es wäre jedoch unwissenschaftlich und anmaßend, daraus zu schließen, die ganze Homöopathie sei Plazebotherapie.

Im Abschn. 14.2.10 wurden einige Deutungsmöglichkeiten genannt. Man muß sich aber darüber im klaren sein, daß wir über vieles, das mit Gesundheit, Krankheit und Heilung zusammenhängt, wenig oder gar nichts wissen. Das muß zu Zurückhaltung und Bescheidenheit im Urteil zwingen. Der Apotheker ist zur Beurteilung des Werts oder Unwerts der Homöopathie und ihrer Arzneimittel weder kompetent noch berechtigt. Das HAB ist ein Teil des Arzneibuchs und für ihn ebenso verbindlich wie die anderen Teile. Jede Nachlässigkeit gegenüber der Homöopathie, ja sogar schon eine abfällige Äußerung kann nicht nur einem Patienten schaden, sondern sie gefährdet auch das Ansehen und das Vertrauen in die Zuverlässigkeit der Institution Apotheke.

KAPITEL 15

Phytotherapie

R. Hänsel

15.1
Geschichtliche Einleitung

Pflanzliche Produkte standen – historisch gesehen – am Anfang der Arzneimittelgewinnung und der Krankenbehandlung mit Arzneimitteln. Die heilkundlichen Erfahrungen der Völker des Mittelmeerraums und des Orients fanden Eingang in die Materia medica des Dioskurides (1. Jahrhundert n. Chr.). Das Werk des Dioskurides berücksichtigt alle typischen Elemente der Pharmakotherapie; es beschreibt Herkunft, Vorkommen, Einsammeln, Aufbewahrung und Zubereitung der Arzneidroge ebenso wie Anwendung und Indikationsstellung. Bei Galen (129–201 n. Chr.) finden sich viele Arzneidrogen, die heute noch, wenn auch mit erheblich eingeschränkten Indikationsstellungen, medizinisches Interesse haben, wie Adonis, die Meerzwiebel, die Schafgarbe, das Süßholz und die Weidenrinde. Bereichert wurde der pflanzliche Arzneischatz in der Folge durch die arabische Medizin. Die Arzneimittellehre des Ibn al Baitar (gestorben 1248) enthält eine Liste von etwa 1400 Pflanzen und Drogen, darunter fast alle von Dioskurides und Galen genannten sowie etwa 200 andere. Der Autor nennt als Indikation für die Herbstzeitlose Gicht und Rheuma, bei den Abführmitteln zählt er neben Aloe und Rhabarber die Sennesblätter, die Koloquinthen und das Crotonöl auf. Auch die Kelten und die Germanen haben dem Erfahrungsschatz einige neue Arzneidrogen hinzugefügt, so die Mistel, die bei den Kelten eine Art Allheilmittel darstellte. Die Germanen kannten Abkochungen von Wacholder, Arnika und Kamille.

Im 16. Jahrhundert erlebt die Pharmakotherapie einen großen Aufschwung. Erstmalig sichtet man den traditionellen Arzneischatz kritisch. Ärzte wie Hieronymus Bock, Otto Brunfels, Pier Andrea Matthioli, Leonhard Fuchs und Jakob Theodor Tabernaemontanus reinigen und rekonstruieren nach Humanistenweise die antiken Texte, v. a. den Dioskurides, identifizieren die darin enthaltenen Arzneipflanzen und bilden sie im Holzschnitt ab. Viele Pflanzen werden dabei als nur im mediterranen Bereich vorkommend erkannt. Dafür setzte man da und dort einheimische Arzneipflanzen hinzu, wie überhaupt die Kräuterbücher der Botaniker-Ärzte durch das Bestreben gekennzeichnet sind, die teuren Rezeptanfertigungen antiker Komposita durch Behandlung mit einheimischen Einzelpflanzen, den Simplicia, zu ersetzen (Jüttner 1983).

Das Therapiekonzept der Kräuterbücher blieb aber weiterhin das der antiken Humoralpathologie. Humoralpathologie ist die von Hippokratikern aus der babylonischen und ägyptischen Medizin übernommene und von Galen ausgebaute Krankheitslehre, die als Ursache aller Krankheiten eine fehlerhafte Zusammensetzung bzw. Mischung der Körpersäfte (Dyskrasie) postuliert. Die 4 Körpersäfte Blut (Sanguis), Schleim (Phlegma), Schwarzgalle (Melan-chole) und Galle (Chole) wurden zu den 4 Elementarprinzipien der Antike – Luft, Wasser, Erde und Feuer – in Beziehung gesetzt. Je nach dem Mischungsverhältnis und Anteil der Elemente ergaben sich die Qualitäten feucht, kalt, trocken und warm, die nun ihrerseits auf das individuell verschiedene Mischungsverhältnis der Säfte übertragen wurden und von dem dann Gesundheit und Krankheit abhängen. So gab es Krankheiten mit feuchtem, kaltem, warmem oder trockenem Charakter, zu deren Therapie dann Arzneidrogen von entgegengesetzter Qualität verordnet wurden. Jede Arzneiqualität wurde der Stärke nach in die 4 Grade unmerklich, merklich, heftig oder sehr heftig eingestuft (Jüttner 1983). Opium beispielsweise war dieser Lehre zufolge kalt im 4. Grad. Allem Anschein nach führte die empirische Beobachtung der sedierenden, narkotisierenden Opiumwirkung über die Assoziationskette dämpfend, kühlend zu der Zuordnung in die Gruppe der Arzneimittel mit kaltem Charakter. Pfeffer galt als im 4. Grad trocken und erhitzend.

Die Pflanzenmonographien der Kräuterbücher waren jeweils gegliedert in Abbildung, Namensgebung mit Synonymen, Kraft und Wirkung (im Sinne der Gradlehre) gefolgt von der Indikation, die angibt, bei welchen Krankheiten die jeweiligen Zubereitungen der Arzneipflanze anzuwenden waren.

Seit dem späten 16. Jahrhundert findet vermehrt auch die sog. Signaturenlehre Eingang in die Kräuterbücher. Sie besagt, daß der Habitus, die morphologische Ausprägung der Pflanze, einem damit zu heilenden Organ entspricht. Diese „Signatura plantarum" ist in Variation allen Völkern und allen Zeiten eigentümlich. Orchisarten z. B. (orchis, griechisch = Hoden) haben 2 Knollen, eine vorjährige und eine jüngere saftige. Schon die Griechen benutzten die jüngeren Knollen als Aphrodisiakum; die ältere aber, um Sinnesreize zu dämpfen. Ein weiteres Beispiel: Die gelbe Farbe von Arzneipflanzen weist auf die Brauchbarkeit bei Gallenleiden hin: das Schöllkraut (Cheldonium majus) mit gelben Blüten und gelbem Milchsaft, die Sandstrohblume mit den gelb gefärbten Katzenpfötchen (Helichrysum flos = Flores Stoechados), die Curcuma xanthorriza mit ihrem gelb gefärbten Wurzelstock, ähnlich der gelb blühende Löwenzahn, Crocus sativus, der den gelb färbenden Safran liefert.

Die klassische Signaturfrucht ist die Walnuß, bei der das fleischige Mesokarp die Kopfhaut, das harte holzige Endokarp das Knochengerüst des menschlichen Schädels, die gelblich gefärbte Samenschale die Dura Mater und die beiden großen Kotyledonen das Gehirn symbolisieren. Dieser symbolischen Beziehung entsprechend wurde die Walnuß als wirksam gegen Kopfleiden und Epilepsie angesehen. In ähnlicher Weise deutete die Form der Mohnkapsel und die der Meerzwiebel auf Beziehungen zur menschlichen Kopfregion. Die stacheligen, stechenden Blätter der Mariendistel, Silybum marianum, gaben Anlaß zur Verwendung bei Seitenstechen. Rot gefärbte Produkte wie die Blutwurz (Potentilla-erecta-Rhizom) oder Drachenblut (Harz von Dracaenaarten) signalisierten ihre Wirkkraft gegen Blutungen. Die Blätter des Johanniskrauts (Hypericum perforatum), die infolge ihrer Ölbehälter im durchscheinenden Licht durchlöchert erscheinen, deuten auf ihre Brauchbarkeit zur Behandlung von Hieb- und Stichwunden.

Die Signaturenlehre läßt sich aus heutiger Sicht als eine Art von Leitprinzip der Arzneimittelfindung auffassen. Das Wesentliche zu ihrem Verständnis aber ist, sie setzt das Bestehen geheimnisvoller Sympathiewirkungen zwischen Pflanze und Mensch voraus, ferner die Überzeugung, die Heilwirkungen kommen nicht über die unmittelbare Einwirkung einer stofflichen Substanz auf ein materiell gedachtes pathologisches Geschehen zustande, vielmehr seien sie geistiger (spiritueller) Natur.

In den medizinischen Werken der Antike und in den Kräuterbüchern des Mittelalters und der beginnenden Neuzeit wird vielfach nicht angegeben, welches Organ einer bestimmten Arzneipflanze – Wurzel, Blatt, Blüte, Rinde usw. – arzneilich verwendet wird. Nach den Vorstellungen der vornaturwissenschaftlichen Medizin war das auch gar nicht nötig: Die Arzneikräfte galten ihrem Wesen nach als spiritueller Natur, sie waren somit weder in einem besonderen Teil der Pflanzen als materiell greifbare Substanz verborgen, noch ließen sie sich von den Dingen isolieren – Materie und Form galten als nicht voneinander trennbar (Müller 1986). Die Vorstellung, daß die Arzneikräfte (virtutes) materieller Natur sind, daß ferner das reine, wesentliche Wirkungsprinzip von den unreinen, unwesentlichen Beimengungen abtrennbar ist, haben erst Paracelsus (1493–1541) und seine Anhänger entwickelt und zur Grundlage eines neuen Verfahrens der Arzneistoffgewinnung mit Hilfe der Destillation gemacht.

Mit der Entwicklung der Naturwissenschaften und der naturwissenschaftlich orientierten Medizin seit dem frühen 19. Jahrhundert wurden die traditionellen Arzneimittel Gegenstand naturwissenschaftlicher Analyse. Aus Opium wurde 1803 das Morphin isoliert; pharmakologische und toxikologische Studien der Morphinwirkung im tierischen und menschlichen Organismus wurden in der Folge möglich. Aus Digitalis-purpurea-Blättern wurden die herzwirksamen Glykoside isoliert, wodurch es möglich wurde, ein gefährliches Arzneimittel mit geringer therapeutischer Breite exakt zu dosieren. Aus mehreren Nachtschattengewächsen konnten Hyoscyamin und Scopolamin isoliert werden, deren chemische Abwandlung zu synthetischen Schmerzmitteln vom Typus des Pethidins und Spasmolytika vom Typus des Butylscopoliniumbromids führte. Die Herbstzeitlose, Colchicum autumnale, führte zum Colchicin, dem ersten wirksamen Gichtmittel. Aus der indischen Rauvolfia-serpentina-Wurzel gelang in der Mitte des 20. Jahrhunderts die Reindarstellung des blutdrucksenkenden Reserpins und des antiarrhythmisch wirkenden Ajmalins. Der Versuch, Reserpin chemisch abzuwandeln, führte als Zufallsentdeckung zum Mebeverin, einem muskulotropen Spasmolytikum. Auch Arzneidrogen aus der Neuen Welt erwiesen sich im Sinne von Chemie und Pharmakologie als wirksam. Der Kokastrauch lieferte Cocain, das erste Lokalanästhetikum, die Rinde von Cinchonaarten das Malariamittel Chinin und das Antiarrhythmikum Chinidin.

Zahlreiche der aus Pflanzen gewonnen Wirkstoffe wurden – nach gründlichen experimentellen und klinischen Studien – regulärer Bestandteil des wissenschaftlich fundierten Arzneimittelschatzes. In erster Linie handelt es sich dabei um Arzneidrogen bzw. um Drogeninhaltsstoffe, die sich durch eine auffallende Sofortwirkung auszeichnen. Insgesamt betrachtet fielen aber weitaus die meisten der ehemals verwendeten Arzneidrogen durch das Raster der naturwissenschaftlichen Prüfmethodik. Ein Teil der in der vornaturwissenschaftlichen Ära der Medizin verwendeten Drogen erwies sich als zu toxisch und zu risikoreich wie z.B. die Veratrumwurzel; für die Mehrzahl aber trifft zu, daß es nicht gelungen ist, die therapeutische Wirksamkeit für die beanspruchten Indikationsgebiete zu beweisen. Viele Arzneidrogen gerieten in Vergessenheit, zahlreiche andere aber blieben, trotz fehlender Wirksamkeitsnachweise im Sinne der naturwissenschaftlich orientierten Medizin, in Verwendung. Da sie ihre therapeutische Anwendung der überlieferten (tradierten) Medizin verdanken, bezeichnet man sie – einem Sprachgebrauch der Weltgesundheitsorganisation folgend – als traditionelle Arzneimittel. In Deutschland sind weitere Bezeichnungen üblich: Naturheilmittel, pflanzliche Mittel, Phytotherapeutika und Phytopharmaka. Diese Termini werden in anderen Zusammenhängen näher erläutert werden.

15.2
Besondere Therapierichtungen

Bei der Verabschiedung des Arzneimittelgesetzes 1976 hat das Parlament deutlich gemacht, daß es nicht Aufgabe des Gesetzgebers sein kann, die Methoden der naturwissenschaftlich orientierten Medizin in den Rang eines allgemein verbindlichen Standards der wissenschaftlichen Erkenntnis und damit zum ausschließlichen Maß für die Zulassung eines Arzneimittels zu erheben. „Fehlende Wissenschaftlichkeit eines Verfahrens oder einer Therapie machen es nicht in jedem Falle völlig untauglich für die ärztliche Praxis. Bei funktionellen Störungen, wenn keine anderen Behandlungsmöglichkeiten wegen der besonderen Art des Krankheitsbildes bestehen oder die Wirksamkeit wissenschaftlich gesicherter Verfahren erschöpft ist, kann der unter einem therapeutischen Imperativ stehende Arzt nach sorgfältiger Abwägung von Für und Wider durchaus verantwortungsvoll Verfahren der besonderen Therapierichtungen einsetzen. Er sollte sich nur der Tatsache bewußt sein, daß es sich dabei um Verfahren handelt, für die bisher keine gesicherten Nachweise einer Wirksamkeit vorliegen" (Memorandum der Bundesärztekammer 1982). Der naturwissenschaftlich orientierten Medizin, die auch als Schulmedizin apostrophiert wird, stehen die besonderen Therapierichtungen gegenüber, zu denen nach dem Willen des Gesetzgebers die Homöopathie, die Anthroposophie und die Phytotherapie gehören.

15.3
Phytotherapeutische Therapierichtung und Stoffgruppe

Phytotherapie läßt sich zunächst einfach umschreiben als Pharmakotherapie mit Arzneimitteln pflanzlicher Herkunft. Warum aber beispielsweise die Verordnung von Belladonnatinktur, eines pflanzlichen Mittels gegen Magenkrämpfe, zur Verordnungsweise einer „besonderen Therapierichtung" zählen solle, ist nicht einsichtig. Gleichgültig, ob Hyoscyamin in Reinsubstanz oder in Form des Rohdrogenauszugs gegeben wird: seine therapeutischen und toxikologischen Eigenschaften sind in beiden Fällen dieselben, gleiche Dosierung vorausgesetzt. Der Unterschied ist lediglich pharmazeutischer Natur: im einen Fall wird der isolierte Reinstoff verwendet, im anderen der Wirkstoff zusammen mit arzneilich inerten Extraktivstoffen. Es ist daher sinnvoll, zwischen Arzneimitteln der phytotherapeutischen Stoffgruppe und Arzneimitteln der phytotherapeutischen Therapierichtung zu unterscheiden. Das Beispiel Belladonnatinktur machte klar, daß beide Begriffe inhaltlich offensichtlich nicht identisch sind.

Arzneimittel der phytotherapeutischen Stoffgruppe sind wie folgt charakterisiert: sie bestehen aus pflanzlichen Arzneidrogen, beispielsweise aus Drogenpulvern, oder sie werden aus pflanzlichen Arzneidrogen, seltener aus Frischpflanzen, durch Extraktion hergestellt.

Der Begriff „phytotherapeutische Therapierichtung" läßt sich nicht in einfacher Weise definieren. Der Laie verbindet damit die Vorstellung einer Arzneitherapie mit unschädlichen Mitteln. Wissenschaftlich vorgehend wird man versuchen, Ähnlichkeiten und Unterschiede zwischen konventioneller Pharmakotherapie und Phytotherapie zu beschreiben.

1) **Konsens der wissenschaftlichen Gemeinschaft.** Die Arzneimittel der naturwissenschaftlich orientierten Medizin sind weltweit anerkannt. Weltweit auch werden dieselben Arzneistoffe (Antibiotika, Sulfonamide, Analgetika usw.) angeboten. Die Arzneimittel der Phytotherapie sind nicht allgemein als therapeutisch wirksam akzeptiert, das Angebot wechselt von Land zu Land.

2) **Dosis-Wirkungs-Beziehung.** Im Prinzip gelten in der Phytotherapie – sehr zum Unterschied zur Homöopathie und Anthroposophie – dieselben Dosis-Wirkungs-Beziehungen wie in der konventionellen Pharmakotherapie: Mit steigender Dosierung werden in der Regel die Stufen unwirksam → wirksam → toxisch → letal durchlaufen. Die meisten der heute in Deutschland verwendeten phytotherapeutischen Mittel zeichnen sich durch eine sehr flach verlaufende Dosis-Wirkungs-Beziehung aus. Im Tierversuch sind nach oraler Gabe LD_{50}-Dosen meist nicht bestimmbar. Da in der älteren Phytotherapie zahlreiche Drogen mit teilweise hoher akuter Toxizität verwendet worden sind (Gratiolae herba, Sabinae herba, Koloquinten, Bryoniae radix u. a.), spricht das für einen zunehmenden Trend, zumindest in Deutschland, die Phytotherapie auf eine Therapie mit akut untoxischen Arzneimitteln einzuengen. Von Vertretern der Phytotherapie wird daher auch auf die große therapeutische Breite von pflanzlichen Mitteln hingewiesen. Allerdings fehlt auch den meisten Mitteln der Phytotherapie eine auffallende Sofortwirkung; sie werden voll wirksam erst nach einer Lag-Phase, eine Eigenschaft, die es erschwert, zwischen dem Krankheitsverlauf mit und ohne Phytotherapie zu unterscheiden. Von den Vertretern der Phytotherapie werden Eigenschaften wie Latenzzeit (Lag-Phase), große therapeutische Breite, gute Verträglichkeit und umfangreicheres Wirkungsspektrum mit einer Wirkungsweise erklärt, die weniger spezifisch sei als die der „Chemotherapeutika", weil phytotherapeutische Mittel in übergreifende Regulationsvorgänge eingreifen. Kritiker hingegen ordnen in vielen Fällen der Phytotherapie einen hohen Plazeboanteil zu.

Hinweis: Unter einem Plazebo versteht man eine mit einem echten Medikament identische Arzneiform, jedoch ohne dessen arzneilich wirksamen Bestandteil. Nach Applikation eines Plazebos können beim Patienten biologische Effekte auftreten, die echte pharmakodynamische Wirkungen imitieren, aber psychischen und nichtexogen-stofflichen Ursprungs sind (Scheler 1980).

3) **Anwendungsgebiete.** Pflanzliche Arzneimittel werden höchst selten in der Klinik, häufiger in der ärztlichen Allgemeinpraxis verordnet. Sie spielen eine große Rolle in der Selbstmedikation. Die häufigsten Anwendungsgebiete sind:

- Erkrankungen mit erheblicher Selbstheilungstendenz (z. B. banaler viraler Infekt);

- Befindensstörungen und funktionelle Störungen, v. a. auch in dem Stadium, ehe eine genaue Diagnosestellung möglich ist;
- Erkrankungen, bei denen nach sorgfältiger Diagnose eine Therapie mit stark wirkenden Arzneimitteln nicht erforderlich ist, die Verordnung von Arzneimitteln aber dem Gefühl der konkreten Behandlungsbedürftigkeit des Patienten entgegenkommt;
- bei Erkrankungen, zu deren Behandlung keine wirksame, wissenschaftlich gesicherte Therapie zur Verfügung steht. *Hinweis:* Für etwa $^2/_3$ aller Krankheiten stehen bisher keine wirksamen Pharmaka im Sinne der naturwissenschaftlich orientierten Medizin zur Verfügung (Beispiel: Mistelpräparate in der Onkologie).

Die häufigsten Indikationsgruppen sind: Mittel gegen Erkältung, Magen- und Darmmittel (Bittermittel, Abführmittel, Antidiarrhoika), Leber- und Gallemittel, Mittel bei Beschwerden im Urogenitaltrakt, Mittel bei Venenleiden, bei psychovegetativen und Schlafstörungen, bei Hirnleistungsstörungen und bei klimakterischen Beschwerden.

Die Arzneimittel der Phytotherapie sind keine Alternative zur indizierten Anwendung stark wirksamer Arzneimittel der naturwissenschaftlich orientierten Medizin, beispielsweise bei Infektionskrankheiten, in der Notfallmedizin, gegen Asthma, Angina pectoris, Diabetes.

Quintessenz
Die Arzneimittel der Phytotherapie stellen aus pharmazeutischer Sicht Zubereitungen aus pflanzlichen Arzneidrogen oder, seltener, aus Frischpflanzen dar. Aus medizinischer Sicht bilden sie hingegen eine inhomogene Gruppe. Ein Teil der Arzneimittel der Phytotherapie ist wissenschaftlich begründet, d. h. die Wirksamkeit ist durch valide klinische Studien gesichert, und der für die Wirksamkeit verantwortliche Inhaltsbestandteil ist bekannt. Über den therapeutischen Nutzen anderer pflanzlicher Arzneimittel besteht kein allgemeiner Konsens. Klinische Wirksamkeitsnachweise, die den heutigen Anforderungen an das Prüfungsdesign genügen, fehlen; Basis für ihre praktische Anwendung ist auch heute noch die kasuistisch-empirische ärztliche Erfahrung.

15.4
Pflanzliche Arzneimittel

15.4.1
Begriffsbestimmungen

Unter einem Arzneimittel versteht man einen Stoff oder ein Produkt, das dazu dienen soll, physiologische Systeme oder pathologische Zustände zu verändern oder zu untersuchen zum Wohle derjenigen, denen das Mittel verabreicht wird (WHO-Definition des Begriffs Arzneimittel („drug").

Diskussion. Diese Definition eines Arzneimittels hebt im wesentlichen auf die subjektive Absicht ab, mit der ein Stoff eingesetzt wird. Es genügt bereits die Absicht, einen Stoff zu therapeutischen oder diagnostischen Zwecken einzusetzen, um ihn zum Arzneimittel zu machen. Die Zweckbestimmung in die Definition aufzunehmen ist nützlich für die sog. Teedrogen, die Arzneimittel und zugleich Lebensmittel sein können. Allein die Zweckbestimmung ist dafür maßgeblich, ob beispielsweise Produkte mit Fenchel-, Anis-, Melissen- oder Pfefferminztee unter das Arzneimittelgesetz oder unter das Lebensmittelgesetz fallen. Bei Lebensmitteln dürfen Angaben, die sich auf die Beseitigung, Linderung oder Verhütung von Krankheiten beziehen, grundsätzlich nicht gemacht werden.

Pflanzliche Arzneimittel

Die Begriffsbestimmungen der EG-Richtlinien lauten: Pflanzliche Arzneimittel sind Arzneimittel, die als wirksame Bestandteile ausschließlich pflanzliche Drogen und/oder Zubereitungen aus pflanzlichen Drogen enthalten.

Nach der Definition der WHO sind pflanzliche Arzneimittel („herbal remedies") fertige, mit Aufschrift versehene medizinische Produkte, die als arzneilich wirksamen Bestandteil ober- und unterirdische Teile von Pflanzen oder andere pflanzliche Bestandteile, auch in Kombination, enthalten, gleichgültig, ob sie in roher oder in bearbeiteter Form vorliegen. Unter anderen pflanzlichen Bestandteilen sind Pflanzensäfte, Gummen, fette Öle, ätherische Öle und andere vergleichbare Produkte zu verstehen. Zusätzlich zu den arzneilich wirksamen Bestandteilen können pflanzliche Arzneimittel pharmazeutische Hilfsstoffe enthalten. Arzneimittel, die pflanzliche Bestandteile in Kombination mit chemisch definierten Stoffen enthalten, sind nicht als pflanzliche Arzneimittel anzusehen, auch dann nicht, wenn der chemisch definierte Stoff aus pflanzlichem Material isoliert wurde (6. internationale WHO-Konferenz der Gesundheitsbehörden in Ottawa, Oktober 1991). Auch Fertigarzneimittel, die neben Zubereitungen aus pflanzlichen Arzneidrogen isolierte Pflanzenstoffe oder synthetisch gewonnene Stoffe als Kombinationspartner enthalten, fallen nicht unter die Kategorie Phytopharmaka.

Naturheilmittel

Dieser häufig verwendete Begriff ist bisher nicht verbindlich oder auch nur plausibel definiert worden. Das Arzneimittelgesetz kennt diesen Begriff nicht. Im populären Schrifttum wird der Begriff meist als synonym mit pflanzlichen Arzneimitteln gebraucht. Ob anthroposophische und homöopathische Arzneimittel ebenfalls unter den Naturheilmitteln zu subsumieren sind, ist strittig.

Phytopharmaka

Die Expertenkommission der Arzneimittelzulassungsbehörde versteht unter Phytopharmaka alle Arzneimittel pflanzlichen Ursprungs, soweit sie keine homöopathischen oder anthroposophischen Arzneimittel sind. Umfang und Inhalt des Begriffs entsprechen somit dem Begriff des pflanzlichen Arzneimittels nach den WHO- und EG-Richtlinien.

Phytotherapeutika

Über Inhalt und Umfang des Begriffs besteht kein Konsens. Das Wort wird als sinngleich mit Phytopharmaka verwendet. Nach einer anderen Begriffsbestimmung sind Phytotherapeutika Arzneidrogen oder daraus hergestellte Auszüge mit großer therapeutischer Breite, so daß bei der Anwendung eine unmittelbare oder mittelbare Gefährdung der Gesundheit nicht zu befürchten ist (Graf 1981).
  Diskussion. Diese Definition schließt pflanzliche Arzneimittel aus, die wie z. B. Belladonnatinktur oder Opium bei Überdosierung toxisch wirken. Die Definition ist somit auf Teedrogen und Zubereitungen daraus eingeschränkt.

Teedrogen

Nicht alle pflanzlichen Arzneidrogen sind als Bestandteile von Tees geeignet. Es kommen ausschließlich nur jene Drogen in Frage, die keine starkwirkenden Inhaltsbestandteile enthalten. Der Patient stellt sich die eigentliche Zubereitungsform, in der Regel den Aufguß, selbst her, so daß eine exakte Dosierung nicht gewährleistet ist. Näheres s. Abschn. 15.4.2.
  Zerkleinerungsformen. Die Teedrogen werden in der Regel in der sog. Concisform, grob geschnitten, gehandelt. Bei Folia- und Herbadrogen bevorzugt man den Quadratschnitt, Radix- und Rhizomdrogen werden würfelförmig zerkleinert; auch Rindendrogen werden in möglichst gleichmäßige Fragmente geschnitten; Samen und Früchte werden nicht geschnitten, sondern gequetscht.

Kombinationspräparate

Kombinationspräparate sind Arzneimittel, die in einer Arzneiform 2 oder mehrere Arzneistoffe in einem festgelegten Dosierungsverhältnis enthalten. Man spricht daher auch von fixen Arzneistoffkombinationen. Für die Arzneimittel der Phytotherapie ist die Anwendung von Kombinationspräparaten die Regel.
  Für eine sinnvolle Arzneimittelkombination gelten die folgenden Regeln:
- Jeder Kombinationspartner sollte zur Wirksamkeit oder positiven Beurteilung des Präparates beitragen und eines oder mehrere Symptome eines umfassenden Syndroms abdecken.
- Die Kombinationspartner sollten ferner angemessen dosiert sein.

Diese Forderungen schließen i. allg. Kombinationspräparate mit mehr als 3 Kombinationspartnern von einer positiven Beurteilung aus.

Korrigentia und Konstituentia

Viele Arzneimittel der phytotherapeutischen Therapierichtung enthalten Drogen oder Zubereitungen aus Drogen, die keinen direkten Beitrag zur therapeutischen Wirksamkeit leisten. Die sog. Korrigentia wirken geschmacks- oder geruchsverbessernd. Als Konstituentia bezeichnet man in Teemischungen solche Drogen, die zur besseren Homogenisierung des Gemisches beitragen, wie z. B. filzig behaarte Drogen (Malven- oder Huflattichblätter) oder die der Mischung ein schöneres Aussehen verleihen (Schmuckdrogen).

15.4.2
Zubereitungs- und Darreichungsform von Drogen

Der Begriff Zubereitung ist bisher nicht definiert worden. Was er meint, wird leicht durch Beispiele klar: Das DAB 10 bezeichnet Tinkturen und Extrakte als Drogenzubereitungen; auch den Teeaufguß, das Dekokt und den Kaltansatz wird man zu den Drogenzubereitungen zählen. Offensichtlich stellt eine Zubereitung im pharmazeutischen Sinn das Ergebnis einer Rohstoffbearbeitung dar, wobei unerwünschte Anteile aus dem Rohprodukt entfernt und/oder dem Rohprodukt für den angestrebten Verwendungszweck erwünschte Stoffe hinzugefügt werden. Ein Infus enthält zum Unterschied von der infundierten Droge keine Gerüststoffe der Droge, und es enthält Wasser als für den Verwendungszweck gewünschten zusätzlichen Bestandteil. Eine Tinktur kann eine Drogenzubereitung oder eine Extraktzubereitung darstellen, je nach Herstellungsweise entweder durch Mazeration aus der Droge oder durch Lösen eines Trockenextraktes in Ethanol. Ein Extrakt wiederum kann eine Drogenzubereitung sein, man spricht dann von einem Nativextrakt; versieht man den Nativextrakt mit pharmazeutischen Hilfsstoffen, beispielsweise um seine Klebrigkeit herabzusetzen, so liegt eine Extraktzubereitung vor.

Der Ausdruck Darreichungsform wird synonym mit dem Ausdruck Arzneiform verwendet. Näheres über Arzneiformen s. Lehrbücher der pharmazeutischen Technologie. Teeaufgüsse und Tinkturen gehören in die Gruppe der flüssigen Darreichungsformen.

Wie bereits dargelegt, sind die meisten Arzneimittel der Phytotherapie Kombinationsarzneimittel. Zu einer Zubereitung als Kombination gelangt man auf zweierlei Weise:

- Herstellung des Drogenauszugs aus einer Drogenmischung (Mischextrakte) oder
- Herstellung von Auszügen aus Einzeldrogen und nachträgliches Mischen der Einzelextrakte (gemischte Extrakte).

Für flüssige Darreichungsformen verdient der Mischextrakt den Vorzug. Pharmazeutische Interaktionen sind durch das Herstellungsverfahren vorweggenommen, es kommt nicht erst während der Lagerung zu Interaktionen, kenntlich an Ausfällungen. Für feste Darreichungsformen mischt man in der Regel Einzelextrakte. Die Qualitätssicherung des Fertigproduktes ist bei diesem Vorgehen erleichtert, weil eine Qualitätssicherung durch Spezifizierung des Monoextraktes möglich ist.

Wäßrige Drogenauszüge

Hierzu zählen: manuell hergestellte Teeaufgüsse, lösliche Tees und Aquosatrockenextrakte.

Manuell hergestellte Teeaufgüsse

Die ärztlich verordnete Rezeptur oder das industriell hergestellte Fertigarzneimittel (Teepräparate) werden vom Apotheker in der Regel nicht in der endgültigen Darreichungsform angeboten, vielmehr wird das Arzneimittel (das

Teepräparat) erst unmittelbar vor der Einnahme vom Patienten selbst in die eigentliche Arzneiform übergeführt. Man unterscheidet nach Art der Extraktion den Aufguß, die Abkochung und den Kaltauszug. In allen 3 Fällen besteht die Arzneiform letztlich in einer Lösung pflanzlicher Extraktivstoffe in Wasser.

Lösliche Tees (Instanttees)

Lösliche Tees stellen Extraktzubereitungen dar, die, in heißem oder warmem Wasser gelöst, ein teeähnliches Getränk ergeben. Um eine Extraktzubereitung handelt es sich, weil lösliche Tees neben den pflanzlichen Extraktivstoffen noch Füllstoffe, Schutzkolloide, Aromen und Farbstoffe enthalten können. Es liegen in der Regel Mischextrakte vor, d. h. es werden Drogenmischungen, keine Einzeldrogen, extrahiert und verarbeitet. Dem Herstellungsverfahren nach unterscheidet man:

- lösliche Tees, die nach dem Sprühverfahren hergestellt werden und
- Granulattees.

Zur Herstellung *löslicher Tees nach dem Sprühverfahren* wird die Drogenmischung mit Wasser (seltener mit Methanolwasser) extrahiert, der Extrakt konzentriert und sprühgetrocknet. Die Rezeptur der Sprühlösung enthält neben den Extraktivstoffen Zusatzstoffe, um Farbe, Aroma, Gehalt und Schüttgewicht des Endproduktes einzustellen. Füllstoffe sollen die Rezeptur auf das gewünschte Endgewicht bringen; sie haben ferner noch andere Funktionen wie die Verbesserung des Sprühverhaltens und die Herabsetzung der Hygroskopizität des Endproduktes. Häufig verwendete Substanzen sind Lactose, Zucker, Dextrin, Gummi arabicum, Zellulosederivate, Galactomannane und Gelatine. Der Apotheker sollte sich über die Art der Zusatzstoffe im Einzelfall informieren, um seine Empfehlung entsprechend einzurichten, z. B. bei Allergie gegen bestimmte Stoffe wie Gummi arabicum.

Ätherische Öle und Aromastoffe gehen bei der Herstellung des Extrakts verloren. Hersteller qualitativ guter Instanttees trennen die Aromstoffe aus dem Extrakt ab, konzentrieren sie und setzen sie vor dem Sprühtrocknen dem Teekonzentrat wieder zu. Daneben gibt es lösliche Tees, die durch Zusatz nicht drogeneigener Aromastoffe bzw. ätherischer Öle aromatisiert werden.

Durch Sprühtrocknung hergestellte lösliche Tees enthalten durchschnittlich 20 % Drogenextraktivstoffe.

Granulattees. Beim Granulations- oder Agglomerationsverfahren werden flüssige Drogenextrakte auf Trägermaterial, meist auf Weißzucker (Saccharose), aufgesprüht und in der Wärme getrocknet. Granulattees bestehen bis zu 97 % aus Füll- und Trägerstoffen, oft nur zu 2–3 % aus Drogenextraktivstoffen. Mit Wasser ergeben sie süß schmeckende Lösungen, was manche Patienten als angenehm empfinden. Diabetiker müssen Granulattees bei der Berechnung ihrer Broteinheiten berücksichtigen. Ein Nachteil ist ferner die kariesfördernde Wirkung der Saccharose.

Aquosatrockenextrakte

Mit Wasser als Extraktionsmittel hergestellte Trockenextrakte unterscheiden sich in ihrer Herstellungsweise nicht grundsätzlich von Trockenextrakten, die mittels

Ethanol, Mischungen aus Ehtanol und Wasser, Methanol oder Lipoidlösungsmitteln gewonnen werden. Die Unterschiede betreffen die Art der Extraktivstoffe, die herausgelöst werden, also die chemische Zusammensetzung. Näheres s. S. 509 „Vergleichbarkeit". Aquosatrockenextrakte eignen sich zur Weiterverarbeitung zu Hartgelatinekapseln und Dragees.

Nichtwäßrige Drogenauszüge

Hierzu gehören die arzneilichen Öle, die Tinkturen und die Extrakte.

Arzneiliche Öle

Arzneiliche Öle sind Zubereitungen, die Arzneistoffe in nichttrocknenden Ölen (wie Olivenöl, Erdnußöl, Mandelöl) gelöst oder suspendiert enthalten. Die mit Öl aus Drogen extrahierbaren Stoffe sind im wesentlichen fette Öle, fettlösliche Vitamine, Phytosterol und Phytosterolester, fettlösliche Farbstoffe (Carotinoide, Chlorophyll) lipophile Mono- und Sesquiterpene (Kampfer), einige Alkaloide als lipophile Basen u. a. m.
Beispiele:
- Knoblauchölmazerate (1:1) werden dadurch hergestellt, indem Knoblauchzehen zerkleinert und mit pflanzlichen Fetten, vorzugsweise Sojabohnenöl, in der Kälte oder unter gelindem Erwärmen ausgelaugt werden. Der von den Rückständen befreite Ölauszug wird entwässert und in Weichgelatinekapseln gefüllt.
- Johanniskrautöl wird aus den frischen blühenden Zweigspitzen oder besser aus den frischen Blüten des Johanniskrauts hergestellt. Dazu werden die frischen Pflanzenteile zerquetscht mit Oliven- oder Erdnußöl verrührt und 6 Wochen lang mazeriert. Nach dem Abpressen wird das Öl mit Natriumsulfat entwässert, um das Ranzigwerden zu bremsen.
- Arnikablütenöl ist ein aus Arnikablüten hergestelltes Ölmazerat. Man verarbeitet das Produkt zu Salben.

Ölmazerate eigenen sich besonders zu Fertigarzneimitteln in Form von Weichgelatinekapseln.

Tinkturen, Flüssigextrakte

Tinkturen sind flüssige Zubereitungen, die durch Mazeration, Perkolation oder, in begründeten Fällen, durch andere geeignete Methoden unter Verwendung von Ethanol geeigneter Konzentration hergestellt werden (DAB 10). Tinkturen können auch durch Lösen oder Verdünnen von Extrakten unter Verwendung von Ethanol geeigneter Konzentration hergestellt werden (DAB 10). Tinkturen werden üblicherweise aus 1 Teil Droge und 10 Teilen Extraktionsflüssigkeit (bei vorsichtig zu lagernden Drogen) oder aus 1 Teil Droge und 5 Teilen Extraktionsflüssigkeit hergestellt. Das Verhältnis Droge zu Extraktionsmittel ist somit durch die Arzneibuchvorschrift vorgegeben. Dieses Verhältnis 1:5 bzw. 1:10 ist jedoch nicht identisch mit dem Verhältnis Droge zu Tinktur, d. h. zur fertigen Tinktur nach dem Abpressen des Ethanol-Wasser-Gemisches aus der Droge. Abhängig von der Droge schwankt das Verhältnis Droge zu fertiger Tinktur innerhalb des Bereichs 1:4 bis 1:4,5 bzw. 1:7 bis 1:9.

Falls Tinkturen durch Lösen von Trockenextrakten hergestellt werden, muß lt. DAB 10 sichergestellt sein, daß die Lösungen in ihren Kennzahlen und auch in den sonstigen Eigenschaften den durch Mazeration oder Perkolation hergestellten Tinkturen gleichwertig sind. In der Regel weichen die durch Lösen von Extrakten hergestellten in ihren sensorischen Eigenschaften ab, was vom Anwender u. U. als qualitätsmindernd angesehen wird.

Den Tinkturen ähnliche, alkoholfreie Flüssigextrakte erhält man durch Mazeration oder Perkolation mit Gemischen aus Propylenglykol/Glycerol oder Propylenglykol/Glycerol/Wasser. Tinkturen oder den Tinkturen ähnliche Flüssigextrakte sind Bestandteile von Fertigarzneimitteln, die als Säfte oder Tropfen angeboten werden.

Fluidextrakte sind flüssige Zubereitungen, von denen i. allg. ein Teil einem Teil der getrockneten Ausgangsdroge entspricht (m/m oder V/m). Diese Zubereitungen werden, falls erforderlich, so eingestellt, daß sie den Anforderungen bezüglich Lösungsmittelgehalt, Gehalt an Bestandteilen und Trockenrückstand entsprechen.

Fluidextrakte können durch Mazeration oder Perkolation unter ausschließlicher Verwendung von Ethanol geeigneter Konzentration oder von Wasser oder durch Lösen eines Dick- oder Trockenextraktes in denselben Lösungsmitteln hergestellt werden (DAB 10). Fluidextrakte können als solche verwendet werden, oder sie dienen als arzneilich wirksamer Bestandteil in Säften (z. B. Thymi extractum fluidum in Thymianhustensäften), in Tropfen oder in Salben.

Trockenextrakte

Trockenextrakte, Extracta sicca, sind Drogenzubereitungen, die durch Einengen flüssiger Drogenauszüge und Trocknung der eingedickten Extraktflüssigkeit gewonnen werden. Gemäß der Monographie „Extrakte" des Arzneibruchs (DAB 10) können unerwünschte Stoffe, falls erforderlich, entfernt werden (z. B. allergene Ginkgolsäuren in Ginkgoextrakten). Bedingt durch die thermische Belastung gehen leicht flüchtige Stoffe bei dem Prozeß verloren; auch können chemische Umlagerungen und Umsetzungen labiler Extraktivstoffe in Gang gesetzt werden. Daher hängt die Qualität der Extrakte u. a. von der Wahl des Trocknungsverfahrens ab (Walzentrocknung, Vakuumwalzentrocknung, Sprühtrocknung, Gefriertrocknung). Trockenextrakte sind meist hygroskopisch: sie werden schmierig oder verbacken zu einer glasigen Masse. Auch sind sie in dieser ihrer nativen Form nicht zu festen Arzneiformen verarbeitbar. Setzt man nativen Trockenextrakten bestimmte technische Hilfsstoffe, wie beispielsweise hochdisperse Kieselsäure (Aerosil, hydrophobiertes Aerosil) zu, so wird die Klebrigkeit gemindert. Die Hygroskopizität (Sorption von Feuchtigkeit) wird jedoch nicht verhindert. Bedingt durch die Vergrößerung der Oberfläche stellt sich das Sorptionsgleichgewicht Extrakt-Wasser schneller ein. Es entstehen rieselfähige Pulver, die sich zu Granulaten und festen Arzneiformen formulieren lassen.

Extrakte, die neben den pflanzlichen Extraktivstoffen noch weitere inerte Bestandteile – technische Hilfsstoffe wie Kieselsäure oder Normierungsmaterial wie Lactose oder Dextrin – enthalten, stellen Extraktzubereitungen dar. Zwischen einem nativen Trockenextrakt (einer Drogenzubereitung) und einem Trockenextrakt (einer Extraktzubereitung) ist scharf zu differenzieren.

Zur Spezifizierung eines Trockenextraktes gehören die folgenden Angaben:

- Ausgangsdroge,
- Extraktionsmittel und
- Verhältnis von Droge zu Drogenzubereitung (Nativextrakt).

Das Verhältnis von Droge zu Nativextrakt (DEV), das Bestandteil der Deklaration von Fertigarzneimitteln ist, errechnet sich somit nach dem Verhältnis der Masse eingesetzter Droge zur Masse des nach der Extraktion erhaltenen, nativen, getrockneten Extraktes oder anders: der Faktor DEV ist die reziproke Angabe des in einem vorgegebenen Extraktionsmittel und mit validierten Herstellungsverfahren erhaltenen Extraktivstoffgehaltes.

Extraktfraktionen, Wirkstoffkonzentrate

Um pflanzliche Wirkstoffe in ausreichender Dosierung und in moderner Darreichungsform anbieten zu können, hat die forschende Industrie den folgenden Weg beschritten: Eliminierung derjenigen Extraktivstoffe, die nicht an der Wirkung beteiligt sind und damit Anreicherung der für die Wirksamkeit verantwortlichen Stoffe. Zur Anreicherung der wirksamkeitsbestimmenden Inhaltsstoffe bedient man sich im Prinzip derselben Methoden, die auch zur Isolierung von Einzelstoffen entwickelt worden sind, insbesondere Verteilungsverfahren und Ausfällungen. Die Übergänge vom Extrakt zum gereinigten Extrakt, dann zur Extraktfraktion (Spezialextrakt) und schließlich zum isolierten Einzelstoff sind somit fließend. Im allgemeinen erfolgt eine Mindestanreicherung im Verhältnis von 30:1 bis 70:1, d. h. daß 2 g einer Arzneidroge – es ist das die übliche Einzeldosis zur Herstellung einer Tasse Infus – auf im Mittel 50 mg Spezialextrakt reduziert werden, eine Menge, die sich gut in nur eine Kapsel oder eine Tablette inkorporieren läßt. *Beispiele* für Extraktfraktionen (Spezialextrakte):

- Sennosidfraktion („Sennoside") aus Sennae fructus,
- Silymarinfraktion („Silybin") aus Silybum-marianum-Früchten,
- Ginkgo-biloba-Extrakt (50:1) mit angereicherten Terpenlactonen und Flavonolglykosiden.

Hinweis. Die Ausdrücke Extraktfraktion, Spezialextrakt und Wirkstoffkonzentrat werden weitgehend (synonym) gleichsinnig verwendet, obgleich jeweils unterschiedliche Nebenbedeutungen mitschwingen. Extraktfraktion ist ein wertneutraler Fachausdruck aus der Phytochemie; im Wirkstoffkonzentrat klingt mit, daß die Fraktionierung auf die wirksamkeitsbestimmenden Inhaltsstoffe hin erfolgt ist. Der Spezialextrakt setzt sich als meist durch Verfahrenspatente geschützt gegenüber dem üblichen Extrakt ab.

Extraktfraktionen stellen den arzneilich wirksamen Bestandteil in Fertigarzneimitteln dar, die in Form von Dragees, Tabletten, Hartgelatinekapseln oder Tropfen (Liquidapräparate) angeboten werden.

15.5
Qualität, Wirksamkeit und Unbedenklichkeit

15.5.1
Allgemeine Einführung

Ziel des Arzneimittelgesetzes ist es, den Verbraucher beim Umgang mit Arzneimitteln zu schützen, insbesondere für Qualität, Wirksamkeit und Unbedenklichkeit zu sorgen (§ 1 AMG). Es stehen somit 3 Begriffe gleichberechtigt nebeneinander; jeder für sich trägt seinen Teil zur Sicherheit des Arzneimittels bei.

Definiert ist Qualität als Beschaffenheit eines Arzneimittels, die nach Identität, Reinheit, sonstigen chemischen, physikalischen und biologischen Eigenschaften oder durch das Herstellungsverfahren bestimmt wird.

Die Anforderungen und Prüfungen im Bereich Qualität sollen sicherstellen, daß mit Phytopharmaka reproduzierbare therapeutische Ergebnisse erzielt werden können.

Für die umfassende Begutachtung der Qualität eines Arzneimittels sind detaillierte und aktuelle Informationen erforderlich zu:

- Präparatebeschaffenheit,
- Identität des Wirkstoffs,
- Reinheit,
- Wirkstoffgehalt,
- Dosierungsgenauigkeit,
- Bioverfügbarkeit,
- Bioäquivalenz und
- Stabilität.

Bei Phytopharmaka ist die Besonderheit zu berücksichtigen, daß eine Droge oder ein Extrakt in ihrer Gesamtheit und nicht einzelne Inhaltsstoffe der Droge oder des Extraktes als Wirkstoffe gemäß Arzneimittelgesetz (AMG) betrachtet werden.

Bei Phytopharmaka muß unterschieden werden zwischen Phytopharmaka, bei denen die wirksamkeitsbestimmenden Inhaltsstoffe bekannt sind, und Phytopharmaka – dies ist die Regel –, deren wirksamkeitsbestimmende Inhaltsstoffe unbekannt sind.

Definition. Wirksamkeitsbestimmende Inhaltsstoffe sind chemisch definierte Stoffe oder Stoffgruppen, durch deren Vorkommen im Extrakt die Wirksamkeit des Extraktes überwiegend oder ausschließlich bestimmt wird.

Im zuerst genannten Fall, bei Kenntnis der wirksamkeitsbestimmenden Inhaltsstoffe, kann die quantitative Qualitätssicherung über eine Gehaltsbestimmung erfolgen. *Beispiel:* Bestimmung des Alkaloidgehaltes im Belladonnaextrakt. Wenn die wirksamkeitsbestimmenden Inhaltsstoffe („spezifische Wirkstoffe") nicht bekannt sind, übernehmen sog. Leitstoffe die Ersatzfunktion, Identität und Arzneistoffgehalt (Extraktgehalt bezogen auf die Drogenmasse) überprüfbar zu machen.

Definition. Leitsubstanzen sind chemisch definierte Inhaltsstoffe oder Inhaltsstoffgruppen in Drogen und daraus hergestellten Extrakten, die zum Zweck der pharmazeutischen Qualitätssicherung (Identität, Reinheit, Gehalt, Stabilität) fiktiv die Rolle von wirksamkeitsbestimmenden Inhaltsstoffen übernehmen.

Beispiele: Dicinnamoylmethanderivate erfüllen eine Leitfunktion bei Fertigarzneimitteln, die Extrakte aus der javanischen Gelbwurz enthalten, d. h. diese Fertigarzneimittel sind auf einen gleichbleibenden Gehalt an Dicinnamoylmethanderivaten eingestellt. Analog fungieren beim Baldrianextrakt die Valerensäuren, bei Crataegusextrakt die Flavonole oder Procyanidine und bei Brennesselwurzelextrakten das Scopoletin als Leitstoffe.

Die Leitsubstanzen sind somit analytische Hilfsmittel, die Hinweise darauf geben, daß die deklarierte Droge verarbeitet wurde und daß vergleichbare Bedingungen bei der Extraktherstellung eingehalten wurden; sie gewährleisten damit, daß ein bestimmtes pflanzliches Arzneimittel eines Herstellers in stets gleichbleibender Zusammensetzung angeboten werden kann.

Problematisch sind Untersuchungen auf Haltbarkeit von Extrakten, wenn die wirksamkeitsbestimmenden Inhaltsstoffe nicht bekannt sind. In dem komplizierten Stoffgemenge, wie es ein Extrakt darstellt, wird es immer Bestandteile geben, die sich während der Lagerung laufend verändern. Wie weit dürfen stoffliche Veränderungen gehen, ohne die Wirksamkeit zu beeinflussen? Konkrete Untersuchungen gibt es nicht. Im allgemeinen wird geprüft, ob das chromatographische Bild („fingerprint") während der Laufzeit des Arzneimittels unverändert bleibt. Auch darf die quantitative Bestimmung der Leitsubstanzen für den Zeitraum der projektierten Haltbarkeit keinen Gehaltsabfall anzeigen, der 10 % übersteigt.

Hinweis. Der Terminus Leitsubstanzen wird nicht selten im Schrifttum auch anstelle und im Sinne von Referenzsubstanzen gebraucht. Referenzsubstanzen als Hilfsmittel der Analytik brauchen keine Inhaltsbestandteile von Droge oder Extrakt zu sein. Sie dienen als „externer Standard", um relativ dazu Positionen auf einem Chromatogramm anzugeben. Neben diesen Referenzsubstanzen als Hilfsmittel der Drogenanalytik gibt es die chemischen Referenzsubstanzen (CRS) und die biologischen Referenzsubstanzen (BRS) des Arzneibuches. Es handelt sich dabei um Substanzen, die durch das Technische Sekretariat der Europäischen Arzneibuchkommission bezogen werden können und die in erster Linie als Standardsubstanzen zur Validierung quantitativer Bestimmungsverfahren gedacht sind. *Beispiele:* Atropinsulfat CRS, Colchicin CRS, Digoxin CRS, Sennaextrakt CRS, Stärke BRS.

15.5.2
Vergleichbarkeit von Phytopharmaka

Bei Fertigarzneimitteln analoger Zusammensetzung, aber unterschiedlicher Hersteller kommt der Frage, ob sie austauschbar sind, für Arzt und Apotheker eine große Bedeutung zu. Bei den konventionellen Arzneimitteln mit synthetischen Stoffen ist eine Grundvoraussetzung für Austauschbarkeit dann gegeben, wenn die jeweiligen wirksamen Bestandteile hinsichtlich chemischer Konstitution, Reinheit und Gehalt übereinstimmen. Auch bei Phytopharmaka müssen Identität und Reinheit des Wirkstoffs (Extrakt) sowie gleicher Gehalt im Fertigprodukt gegeben sein. Die Situation ist aber bei pflanzlichen Wirkstoffen insofern komplizierter, als aus ein und derselben Droge in Abhängigkeit von variablem Drogenmaterial und variablem Herstellungsverfahren (Extraktionsmittel, unterschiedlichem Droge-zu-Extrakt-Verhältnis) Arzneistoffe (Extrakte) gewonnen werden, die sich im Inhaltsstoffspektrum sowie in der quantitativen Relation der Inhaltsstoffe voneinander unterscheiden. Die innere Zusammensetzung des Arzneistoffes Extrakt ist v. a. dann unterschiedlich, wenn Nativextrakte und Extraktfraktionen (Spezialextrakte) miteinander zum Vergleich anstehen. Im vorliegenden Zusammenhang sei daran erinnert, daß der Extrakt als solcher den Arzneistoff darstellt. Vergleichbarkeit ist somit nur dann gegeben, wenn die innere Zusammensetzung der jeweiligen Extrakte vergleichbar ist. Es genügt keineswegs, wenn Extrakte lediglich nach Art und Menge ihrer Leitsubstanzen übereinstimmen, um vergleichbar zu sein.

Beispiel: Ausgehend von Crataegusarten werden über 100 verschiedene Crataegusextrakte hergestellt, ohne daß aus der Extraktbezeichnung die jeweilige Wertigkeit entnommen werden könnte (Ihrig u. Blume 1992). Es ist nicht zu erwarten, daß alle diese Extrakte gleichermaßen wirksam und unbedenklich sind. Welche der verschiedenen Extrakte vergleichbar sind, ist durch eine geeignete klinische Prüfung nachzuweisen.

15.5.3
Bioverfügbarkeit

Vorbemerkung. Der Begriff Bioverfügbarkeit und die dazugehörigen Termini Bioäquivalenz, pharmazeutische Äquivalenz und therapeutische Äquivalenz sind uneingeschränkt nur für konfektionierte Arzneimittel (Fertigarzneimittel) mit systemischer Wirkung anwendbar. Für Arzneimittel, die topisch wirken (z.B. Expektoranzien) sowie für Arzneimittel, die ein Reflexgeschehen in Gang setzen (Bittermittel, Reizkörpertherapeutika) muß individuell geprüft werden, ob und inwieweit diese Begriffe sinngemäß anwendbar sind.

Bioverfügbarkeit kennzeichnet das Ausmaß und die Geschwindigkeit, mit denen eine Substanz oder ihr therapeutischer Wirkstoffanteil aus einer pharmazeutischen Form in den großen Kreislauf gelangt. Der spezifische Arzneistoff und die systemisch wirksame Komponente des Arzneistoffs müssen nicht identisch sein: Alkaloidsalze und freie Base, Ester und Alkoholkomponente, Extrakt und Extraktkomponente (Roßkastanienextrakt und Aescin). Da bei den Phytopharmaka in der Regel wirksamkeitsbestimmende Inhaltsstoffe nicht bekannt sind, sind auch keine Angaben zur Bioverfügbarkeit möglich. Es gibt allerdings Ausnahmen: Beispielsweise liegen zur Resorption von Aescin nach Gabe von Roßkastanienextrakt gute Studien vor. In einigen Fällen hat man Arzneipflanzen in einem künstlichen, mit ^{14}C-Acetat angereicherten Milieu gezüchtet und nach der Ernte einen Extrakt gewinnen können, der eine bestimmte spezifische Radioaktivität aufweist. Nach Applikation des Extraktes an Versuchstiere können Resorption, Verteilung und Ausscheidung von ^{14}C-markierten Extraktivstoffen untersucht werden. Ob die ^{14}C-markierten Extraktivstoffe an der Wirkung beteiligt sind, ist meist nicht bekannt; daher sind derartige Versuche von nur sehr geringer Aussagekraft.

Ein gleichermaßen fragwürdiges Unterfangen ist es, bei Phytopharmaka, deren wirksamkeitsbestimmende Inhaltsstoffe nicht bekannt sind, anstelle von galenischen Zubereitungen retardierte Darreichungsformen einzusetzen, obwohl über das pharmakokinetische Verhalten potentieller Wirkstoffe keinerlei Vorstellungen bestehen.

15.5.4
Äquivalenz von Phytopharmaka

Es gilt für Phytopharmaka im Prinzip dieselbe Regelung wie für Arzneimittel allgemein.

Pharmazeutisch äquivalente Arzneimittel

Arzneimittel sind pharmazeutisch äquivalent, wenn sie die gleiche Menge des(r)selben Wirkstoffe(s) in denselben Dosierungsformen enthalten.

Pharmazeutische Äquivalenz bedeutet nicht notwendigerweise Bioäquivalenz, da Unterschiede in den Hilfsstoffen und/oder im Herstellungsverfahren zu einer schnelleren oder langsameren Freisetzung und/oder Resorption führen können.

Ein Problem besonderer Art bei Phytopharmaka bietet die Gleichheit des Wirkstoffs (s. unten). Weithin ungeklärt ist ferner das Problem der pharmazeutischen Äquivalenz von traditionellen und modernen Zubereitungsformen. Die Entwicklung der Phytotherapie in den letzten 5 Jahrzehnten ist dadurch gekennzeichnet, daß die traditionellen Zubereitungen wie Infus und Tinktur durch „moderne Darreichungsformen" ersetzt worden sind. Prüfungen auf Bioäquivalenz von Galenikum und moderner Darreichungsform sind kaum durchgeführt worden. Die Vorstellung, daß beispielsweise ein Teeaufguß aus der Baldrianwurzel vergleichbar sei mit einem Dragee, das einen alkalibehandelten Aquosumextrakt enthält, ist schwer nachvollziehbar. Auf diesem Gebiet der Bioäquivalenz besteht eine Forschungslücke.

Pharmazeutisch alternative Arzneimittel

Arzneimittel sind pharmazeutisch alternativ, wenn sie denselben Wirkstoffanteil haben, sich aber in der chemischen Form dieses Anteils oder aber in der Dosierungsform oder Stärke unterscheiden.

Was ist in diesem Zusammenhang unter einem therapeutischen Wirkstoffanteil zu verstehen? Bei synthetischen Arzneimitteln kann der therapeutische Wirkstoffanteil die Form eines Salzes, eines Esters usw. haben. Bei Phytopharmaka kann es sich um einen Einzelbestandteil eines Extrakts oder um dessen Extraktfraktion handeln. *Beispiel* die Silybibinfraktion im Silybum-marianum-Extrakt.

Bioäquivalente Arzneimittel

Zwei Arzneimittel sind bioäquivalent, wenn sie pharmazeutisch äquivalent oder alternativ sind und wenn sie sich in ihrer Bioverfügbarkeit (Geschwindigkeit und Ausmaß) – nach Verabreichung derselben molaren Dosen – so gleichen, daß sich im Hinblick sowohl auf die Wirksamkeit als auch auf die Unbedenklichkeit im wesentlichen dieselben Wirkungen ergeben. Zur Feststellung der Bioäquivalenz sind Bioäquivalenzstudien erforderlich.

„Bioäquivalenzstudien sind Surrogatstudien, die anstelle von klinischen Studien zur Wirksamkeit und Unbedenklichkeit durchgeführt werden. Aus einem im Vergleich mit der Referenz als innerhalb derzeit akzeptierter Grenzen äquivalent beurteilten Plasmakonzentrations-Zeit-Verlauf wird bei Einhaltung der Dosierungsangaben des Referenzpräparates eine gleiche Wirksamkeit und Unbedenklichkeit angenommen."[1]

Da bei den meisten Phytopharmaka die wirksamkeitsbestimmenden Inhaltsstoffe nicht oder allenfalls nur zum Teil bekannt sind, ist zur Prüfung der Bioäquivalenz die Durchführung geeigneter klinischer Prüfungen notwendig. Bioäquivalenzstudien sind vor allem angezeigt:

- bei Änderungen des Produktionsprozesses,
- bei galenischen Umformulierungen
und
- bei der Prüfung von Generika.

Im wesentlichen gleichartige Arzneimittel

Ein Fertigarzneimittel wird dann als ein im wesentlichen gleichartiges Erzeugnis angesehen, wenn es hinsichtlich der Wirkstoffe die gleiche qualitative und quantitative Zusammensetzung aufweist, wenn die galenische Form dieselbe ist und, soweit erforderlich, die Bioäquivalenz mit dem ersten Produkt nachgewiesen worden ist (Regelung der Arzneimittel in der Europäischen Gemeinschaft, Band II, Mitteilungen an die Antragsteller).

Arzneimittel, die einem „Innovatorprodukt" im wesentlichen gleichartig sind, werden gewöhnlich als „Generika" oder „Markengenerika" bezeichnet. Ein Arzneimittel ist dann ein „Innovatorprodukt", wenn seine Zulassung auf der Grundlage eines Antrags mit vollständiger Dokumentation erteilt worden ist.

Generika sollen gemäß gesetzlicher Festlegung hinsichtlich der Wirkstoffe die gleiche quantitative und qualitative Zusammensetzung aufweisen, eine Bedingung, die bei synthetischen Arzneistoffen wesentlich leichter zu erfüllen ist als bei Extrakten und Extraktfraktionen (Spezialextrakten). Legt man einen strengen Maßstab zugrunde, so läßt sich bei pflanzlichen Wirkstoffen, die durch das Herstellungsverfahren definiert sind, von einem Gleichsein nur unter den folgenden Voraussetzungen sprechen:

- wenn der Extrakt bzw. Spezialextrakt von derselben Firma hergestellt wird und direkt an 2 oder mehrere Verwenderunternehmen verkauft wird oder
- wenn bewiesen wird, daß zwei Herstellungsverfahren gleich sind.

Es liegt auf der Hand, daß der Beweis, zwei Herstellungsverfahren seien exakt vergleichbar, kaum angetreten werden kann, es sei denn, der Extrakthersteller würde einem späteren Hersteller auch solche Modalitäten des Herstellungsverfahrens preisgeben, die üblicherweise in Patentschriften nicht beschrieben

---

[1] BGA – Bekanntmachung über die Zulassung und Registrierung und über die Verlängerung der Zulassung von Arzneimitteln nach Artikel 3 § 7 des Gesetzes zur Neuordnung des Arzneimittelrechts (Bioverfügbarkeit/Bioäquivalenz) vom 20. August 1992.

sind. Auch müßte die eingesetzte Droge möglichst vom gleichen Standort stammen. Diese Forderungen implizieren als Konsequenz, daß das Inverkehrbringen eines Generikumextrakts unnötig erschwert, wenn nicht unmöglich gemacht wird.

Sowohl bei Arzneistoffen vom Typus des Einfachextrakts als auch vom Typus der Extraktfraktionen (Spezialextrakt) muß daher auf volle Identität der stofflichen Zusammensetzung im chemischen Sinn, zumal bei der hohen Empfindlichkeit der modernen Analysetechnik, billigerweise verzichtet werden. Zu fordern bleibt der Nachweis von hinreichender Äquivalenz, d. h. es müssen im wesentlichen gleichartige Arzneistoffe vorliegen. In praxi werden die Ausgangsdrogen identisch sein müssen, es werden Droge-zu-Extrakt-Verhältnis und primäres Extraktionsmittel übereinstimmen müssen. Extrakte sind einander um so ähnlicher, in je mehr Inhaltsstoffgruppen Übereinstimmung nachgewiesen werden kann: Daher muß aus pharmazeutischer Sicht gefordert werden, daß im wesentlichen gleichartige Extrakte bzw. Extraktfraktionen (Spezialextrakte) qualitativ und quantitativ in mehr als nur einer Inhaltsstoffgruppe übereinstimmen müssen.

Beispiel: Ginkgo-biloba-Extrakt im Gehalt an ginkgospezifischen Flavonolestern, an Ginkgoliden, an Bilobalid und an Ginkgolsäuren.

Therapeutisch äquivalente Arzneimittel

Ein Arzneimittel ist dann mit einem anderen Präparat therapeutisch äquivalent, wenn es den gleichen Wirkstoff oder therapeutischen Wirkstoffanteil enthält und klinisch die gleiche Wirksamkeit wie dasjenige Arzneimittel hat, dessen Wirksamkeit und Unbedenklichkeit nachgewiesen wurde. In der Praxis ist der Nachweis der Bioäquivalenz i. allg. der geeignetste Beleg zur Begründung der therapeutischen Äquivalenz zwischen pharmazeutisch äquivalenten oder pharmazeutisch alternativen Arzneimitteln, vorausgesetzt, die zu vergleichenden Arzneimittel enthalten Hilfsstoffe, die allgemein als unbedenklich anerkannt sind, und vorausgesetzt, sie sind mit den gleichen Anwendungshinweisen versehen.

Hinweis: Bioäquivalenz bedeutet nicht notwendigerweise therapeutische Äquivalenz, und zwar insofern nicht, als u. U. die Unbedenklichkeit der Hilfsstoffe in Frage zu stellen sein könnte. Die Hilfsstoffe sollten deshalb gut bekannt und sie sollten unbedenklich sein.

15.5.5
Dosierung

Dosierungsangaben finden sich in der Literatur als „mittlere Tagesdosis" oder als „mittlere Einzeldosis". Diese Angaben sind dadurch gekennzeichnet, daß kein bestimmter Wert angegeben wird, sondern in der Regel ein Dosisbereich. Im Unterschied dazu ist die „Normdosis" ein definierter Wert, der diejenige Einzeldosis angibt, die für die individuelle Bemessung der Dosis als Norm dient (Haffner et al. 1984).

Die Pharmakologie unterscheidet 4 Dosierungsstufen: unwirksam, wirksam, giftig, tödlich. Für weitaus die meisten der heute in Deutschland verwendeten Phytopharmaka kann bei oraler Applikation am Tier keine akut giftige Dosis ermittelt werden. Auch beim Menschen sind Intoxikationen bei dieser Gruppe von

Phytopharmaka so gut wie nicht beobachtbar. Man spricht ihnen daher eine große therapeutische Breite zu und bezeichnet sie als Mite-Phytopharmaka.

Als dosismäßig schwach wirksam werden in der Pharmakologie i. allg. solche Arzneistoffe bezeichnet, die in Dosen von 0,1 – 0,2 g je kg Körpergewicht (KG) die gewünschten Effekte hervorrufen. Stark wirksam sind Pharmaka, die schon in Dosen unter 2,5 mg/kg KG, sehr stark wirksam solche, die schon in Dosen unter 0,2 mg/kg KG sichtbare Reaktionen induzieren. Zum Vergleich seien in Tabelle 15.1 für einige Mite-Phytopharmaka die Normdosen (oral) für den Menschen aufgeführt.

Nimmt man an, die wirksamkeitsbestimmenden Bestandteile des Extraktes würden in Konzentrationen von 10% vorliegen, dann würden die wirksamen Pflanzenstoffe im Dosisvergleich mit den Arzneistoffen der Pharmakologie hochpotente Pharmaka darstellen. Das Dosierungsproblem hat aber einen noch anderen Aspekt. Beim Übergang vom traditionellen Galenikum zum Phytopharmakon in einer modernen Arzneiform blieb oft unberücksichtigt, daß die Dosierungen von Tablette, Kapsel, Dragee usw. nicht mehr den traditionellen Dosierungsrichtlinien entsprechen. Dosisfindungskurven für Phytopharmaka wurden bisher kaum erstellt.

Einschränkend ist festzuhalten: Es bestehen über Dosis-Wirkungs-Beziehungen für die meisten Phytopharmaka keinerlei begründete Vorstellungen. In tierexperimentellen Modellen sieht man nicht selten glockenförmige Verläufe, beispielsweise bei Expektoranzien. Beim Menschen dürften Reiz-Reaktions-Beziehungen relevant sein, zumindest immer dann, wenn Reflexmechanismen in Gang gesetzt werden.

Beispiel: reflektorische Auslösung von Magensaftsekretion von der Mundhöhle aus durch Bittermittel und Amara-Aromatika.

Tabelle 15.1 Orale Normdosen einiger Mite-Phytopharmaka. (Nach Haffner et al. 1984)

Trockenextrakt aus	Einzeldosis [g]	Rechnerisch [mg/kg KG]
Angelicae radix	0,2	2,9
Artemisiae herba	0,2	2,9
Chelidonii herba	0,2	2,9
Crataegi fol. c. flore	0,06	0,9
Gentianae radix	0,2	2,9
Hedera helicis fol.	0,02	0,3
Hippocastani semen	0,1	1,4
Hyperici herba	0,3	4,3
Petasitidis rhizoma	0,1	1,4
Pimpinellae radix	0,5	7,1
Primulae radix	0,1	1,43
Ratanhiae radix	0,2	2,9
Rusci aculeati rhiz.	0,3	4,3
Tormentillae rhizoma	0,2	2,9
Urticae herba	0,3	4,3
Valerianae radix	0,5	7,1

15.5.6
Wirksamkeit

„Wirksamkeit ist die Summe aller therapeutisch erwünschten Wirkungen. Wirksamkeit beschreibt den Grad der erfahrbaren und erfaßbaren Heilung, Besserung oder Linderung von Symptomen oder eines Krankheitszustandes, einer körperlichen oder seelischen Beschwerde oder eines Mißbefindens oder einer Verschlimmerung, je nach dem Grund für die Anwendung eines Arzneimittels" (Fülgraff u. Palm 1993). Wirksamkeit und analog Unwirksamkeit sind keine dem Arzneimittel inhärierenden Eigenschaften, sondern wertende Begriffe im Hinblick auf ein Therapieziel. Für Arzneimittel mit bekannten Stoffen – dazu zählen auch die Arzneimittel der Phytotherapie – erfolgt die Beurteilung der therapeutischen Wirksamkeit durch die Zulassungsbehörde anhand von wissenschaftlichem Erkenntnismaterial. Als wissenschaftliches Erkenntnismaterial sind toxikologische, pharmakologische und klinische Unterlagen anzusehen in Form von

- kontrollierten Studien,
- nichtkontrollierten Studien,
- Anwendungsbeobachtungen (vgl. § 67 Abs. 6 des Arzneimittelgesetzes),
- Sammlungen von Einzelfallberichten, die eine wissenschaftliche Auswertung ermöglichen.

Als wissenschaftliches Erkenntnismaterial gilt auch das nach wissenschaftlichen Methoden aufbereitete Erfahrungsmaterial z.B. in Form von wissenschaftlicher Fachliteratur und von Gutachten von Fachgesellschaften.

15.5.7
Unbedenklichkeit

Arzneimittel sind bedenklich, wenn bei ihnen „nach dem jeweiligen Stand der wissenschaftlichen Erkenntnisse der begründete Verdacht besteht, daß sie bei bestimmungsmäßigem Gebrauch schädliche Wirkungen haben, die über ein nach den Erkenntnissen der medizinischen Wissenschaft vertretbares Maß hinausgehen" (§ 5 AMG). Unbedenklichkeit ist wie Wirksamkeit ein wertender Begriff. Die Entscheidung darüber setzt eine Nutzen-Risiko-Abschätzung voraus.

Auch für Phytopharmaka gilt, daß sie neben der erwünschten Zielwirkung unerwünschte Nebenwirkungen aufweisen können. Pflanzenextrakte unterscheiden sich in dieser Hinsicht grundsätzlich nicht von synthetisierten Arzneistoffen. Ein Unterschied liegt allenfalls darin, daß über pflanzliche Arzneimittel ein großes Erfahrungsmaterial über die Anwendung am Menschen vorliegt. Aufgrund dieser langen Erfahrung sind bei bestimmungsgemäßem Gebrauch akut-toxische Nebenwirkungen, wie bereits früher dargelegt, nicht zu befürchten. Anders hingegen ist die Situation hinsichtlich von Mutagenität und Kanzerogenität, die nur experimentell ermittelt werden können.

Was die Gesetzeslage anbelangt: In der Bundesrepublik Deutschland bedurften alle Arzneimittel vor 1976 zur Registrierung nicht der Vorlage von sicherheitspharmakologischen Untersuchungen. Bei der derzeitig in Gang gekommenen Nachzulassung dieser Altpräparate braucht der Hersteller auch solche Untersuchungen nicht mehr nachzureichen. Das bedeutet aber, daß bei allen Altarzneimitteln mit Nachzulassung keine Gewähr dafür geboten ist, daß sie die dem heutigen Standard entsprechenden Sicherheitsbestimmungen erfüllen.

Hinweis: Diese Aussage gilt für alle Altarzneimittel, nicht nur für die pflanzlichen Altarzneimittel.

15.5.8
Lösungsmittelrückstände

Bei der Herstellung pflanzlicher Zubereitungen wird neben Wasser für die wasserlöslichen Inhaltsstoffe der Einsatz von organischen Lösungsmitteln für die lipoidlöslichen Substanzen notwendig. Spuren davon können im Endprodukt zurückbleiben. Durch die bestehenden Verordnungen – Arzneibücher, Arbeitssicherheit, Lebensmittelrecht – sind folgende Lösungsmittel (Gruppe I) als „relativ unbedenklich" eingestuft worden: Methanol, Ethanol (mit 1% Methylethylketon), Aceton, Heptan, Ethylacetat, Methylethylketon, 2-Butanol und 2-Propanol. Diese Substanzen können auch unter Berücksichtigung weiterer Richtlinien, wie z.B. der EG-Richtlinien für Lebensmittel, als Stoffe mit dem gesundheitlich wahrscheinlich geringsten Risiko angesehen werden.

Für unverzichtbare andere Lösungsmittel mit einem größeren oder unbekannten Risikopotential sollten Grenzwerte an Restlösungsmitteln im Fertigarzneimittel angestrebt werden, die sich an den entsprechenden Grenzwerten im Lebensmittelbereich orientieren (Stumpf et al. 1992).

15.6
Pflanzliche „Nichtheilmittel"

Der § 44 des Arzneimittelgesetzes befaßt sich mit der Ausnahme bestimmter Arzneimittel von der Apothekenpflicht. Nach § 44 Absatz 1 AMG sind „Arzneimittel, die von dem pharmazeutischen Unternehmer ausschließlich zu anderen Zwecken als zur Beseitigung oder Linderung von Krankheiten, Leiden, Körperschäden oder krankhaften Beschwerden zu dienen bestimmt sind, für den Verkehr außerhalb der Apotheke freigegeben". Ausdrücklich für den Verkehr außerhalb der Apotheken zugelassen sind (nach § 44 Absatz 2):
- Pflanzen und Pflanzenteile, auch zerkleinert,
- Mischungen aus ganzen oder geschnittenen Pflanzen oder Pflanzenteilen als Fertigarzneimittel,
- Destillate aus Pflanzen und Pflanzenteilen,
- Preßsäfte aus frischen Pflanzen und Pflanzenteilen, sofern sie ohne Lösungsmittel mit Ausnahme von Wasser hergestellt sind.

Sie müssen mit ihrem verkehrsüblichen pflanzlichen deutschen Namen bezeichnet werden.

Gegenüber den sonst für pflanzliche Arzneimittel gültigen Kriterien wird bei den sog. Nichtheilmitteln nach § 44 Abs. 1 AMG eine wissenschaftliche Aufbereitung nicht verlangt. Es genügt letztlich die Tatsache, daß sie seit 2 oder 3 Jahrzehnten im Handel waren und somit von einem Teil der Bevölkerung gekauft worden sind. Diese abweichende Bewertungsgrundlage ist in der Formulierung der Anwendungsgebiete deutlich zu machen. Außerhalb der Apotheke freiverkäufliche Mittel müssen bis zum Entscheid über die Nachzulassung auf dem Behältnis und der Packungsbeilage einen oder mehrere der folgenden Hinweise tragen:

„Traditionell angewendet"

- „zur Stärkung und Kräftigung" oder
- „zur Besserung des Befindens" oder
- „zur Unterstützung der Organfunktion" oder
- „zur Vorbeugung" oder
- „als mild wirkendes Arzneimittel".

Diskussion. Mißverständlich könnte v. a. der Ausdruck „zur Vorbeugung" wirken. Dem Wortsinn nach genommen wird suggeriert, als könnte es möglich sein, sich gegen unbekannte künftige Erkrankungen zu schützen. Es wird dem Glauben Vorschub geleistet, daß dasjenige Mittel, das in höheren Dosen ein krankheitsbezogenes Anwendungsgebiet besitzt, in niedrigen Dosen imstande sei, diese Krankheit zu verhüten. In Wirklichkeit dient der Wortgebrauch „zur Vorbeugung" aber lediglich dazu, um dem Mittel einen bestimmten Vertriebsweg, den Verkauf außerhalb von Apotheken, quasi formaljuristisch zu ermöglichen. „Vorbeugemittel" werden im Rahmen der Selbstmedikation von Laien verwendet. Daß die tatsächliche Eignung zur Vorbeugung nicht bewiesen wurde und daß gegenüber den sonst für Phytopharmaka gültigen Kriterien eine wissenschaftliche Aufbereitung nicht vorliegt, diese abweichende Bewertungsgrundlage soll durch das vorgesetzte „traditionell angewendet" angezeigt werden. Ob der Verbraucher auf diese Weise über den tatsächlichen Sachverhalt hinreichend aufgeklärt wird, bedarf weiteren Nachdenkens.

Hervorgehoben sei: die zitierte Deklarationsregelung ist keine Sonderregelung für pflanzliche Arzneimittel, vielmehr gilt sie für alle außerhalb der Apotheke freiverkäuflichen Arzneimittel.

Literatur

Anschütz F (1987) Placebo: Wirkung und Indikation. Diagnostik 10:3–6
Europäisches Parlament (1986) Bericht über die Rolle der Naturheilmittel (Phytopharmaka) in der Europäischen Gemeinschaft; Ausschuß für Umweltfragen, Volksgesundheit und Verbraucherschutz; Sitzungsdokumente, Dok B2-741/85 Nov 1986; PE 107.585
Füllgraf G, Palm D (Hrsg) (1993) Pharmakotherapie. Klinische Pharmakologie. 6. Aufl., Fischer, Stuttgart Jena New York, S 3–4
Graf E (1981) Die Stellung der Phytotherapie in der modernen Medizin. Kassenarzt 21:5036–5048
Haas H (1956) Spiegel der Arznei: Ursprung, Geschichte und Idee der Heilmittelkunde. Springer, Berlin Göttingen Heidelberg
Haffner F, Schultz OE, Schmid W (1984) Normdosen gebräuchlicher Arzneistoffe und Drogen. Wissenschaftliche Verlagsgesellschaft, Stuttgart
Hänsel R (1991) Phytopharmaka, 2. Aufl. Springer, Berlin Heidelberg New York
Hänsel R, Stumpf H (1994) Vergleichbarkeit und Austauschbarkeit von Phytopharmaka. Dtsch Apotheker Z 134:4561–4566
Ihrig M, Blume H (1992) Zur Beurteilung von Phytopharmaka aus pharmazeutischer Sicht. Pharmaz Z 137:2715–2725

Jüttner G (1983) Therapeutische Konzepte und soziales Anliegen in der frühen Heilkräuterliteratur. In: Imhof AE (Hrsg) Der Mensch und sein Körper. Beck, München, S 118–129

Keller K (1990) Naturheilmittel und Besondere Therapierichtungen. Bundesgesundheitsblatt 7:297–301

Matthiesen PF, Roßlenbroich B, Schmidt S (1992) Unkonventionelle medizinische Richtungen, Natur- Ganzheitsmed 5:36–49

Müller I (1986) Mittelalterliche Drogenkunde: Quelle moderner Phytotherapie? In: Kümmel WF (Hrsg) Jahrbuch des Instituts für Geschichte der Medizin der Robert-Bosch-Stiftung. Hippokrates, Stuttgart, S 49–64

Saller F, Feiereis H (1993) Beiträge zur Phytotherapie. Marseille, München

Scheler W (1980) Grundlagen der Allgemeinen Pharmakologie. Fischer, Stuttgart New York, S 678–702

Stumpf H, Spiess E, Habs M (1992) Pflanzliche Arzneimittel: Restmengen an Lösungsmitteln. Dtsch Apotheker Z 132:508–513

Vorstand und Wissenschaftlicher Beirat der Bundesärztekammer (1991) Arzneibehandlung im Rahmen besonderer Therapierichtungen. Deutscher Ärzte-Verlag, Köln

Sachverzeichnis

A
Abführmittel (*siehe* Laxans)
Abies sibirica 142
Abieten 138
Abreicherungsfaktor 471
Abrus precatorius 270
Absinthii herba 79
Absinthin 78
Abwehrstörungen (*siehe* Immundefekte)
Abwehrsystem (*siehe* Immunsystem)
Acacetin 194
Acacia
- Arten 36
- Gummi 35
- senegal 36
Acanthopeltis japonica 35
ACD-Stabilisator 433
Acetoxyvalerensäure 68
4'''-Acetyl-vitexinrhamnosid 197
α-Acetyldigoxin 89
β-Acetyldigoxin 89
N-Acetylglucosamin 390
N-Acetylmuraminsäure 390
Achillea millefolium 77, 183
Achillicin 77
Ackerschachtelhalm 205
Aconin 340
Aconiti tuber 340
Aconitin 339, 340
Aconitum napellus 340
Actinomycin D 376
Adenin 454
Adhumulon 214
Adlupulon 214
Adonidis herba 98
Adonis vernalis 98
Adoniskraut 98
Adonitoxigenin 98
Adonitoxin 98
Adstringens 225
- Wirkung 221
Adynerin 100
α-Aescin 102, 114
β-Aescin 114
β-Aescinfraktion 115
Aescinole 114

Aesculetin 181
Aesculin 181
Aesculus hippocastanum 115
Agar 33–35
Agaropektin 34
Agarose 34
Agglomerationsverfahren 504
agglutinierende Wirkung 269
Agglutinine 269
Agrimoniin 225
Agrobakterium 469
Agrumenöle, lipophile Cumarine 181
Ahnfeltia plicata 35
Ajmalicin 317
Ajmalin 316
Ajmalintyp, Alkaloide 314
cis-Ajoen 267
trans-Ajoen 267
aktive Immunisierung (*siehe* Immunisierung)
Aktivierung von Makrophagen 271
D-Alanintranspeptidase 394
Albumine 445
Alcuronium 321
Alexandriner-Sennesfrüchte 237
Alginate 49
- bei Refluxösophagitis 50
Alginsäure 49
Alkaloide 282
- Ajmalintyp 314
- Gewinnung, aus Mutterkorn 310
- Heteroyohimbanreihe 314
- Isolierung 284
- - Fraktionierungsgang 284
- Nomenklatur 284
- Speicherung 283
- Wirkungen
- - Aconitin 340
- - Belladonnaextrakt 290
- - Chinidin 325
- - Colchicin 305
- - Cocain 287
- - expectorierende 307
- - Hypscyamin 290
- - immunsuppressive 319
- - Kaffee 332

Alkaloide
- Wirkungen
- - Leucocristin 318
- - Nicotin 295
- - Taxol 341
- - Vinblastin 318
- Yohimbinreihe 314
allergene Wirkung
- Chinin 324
- Ipecacuanhawurzel 306
Allergenextrakte 419 – 432
- Chargenfreigabe 430
- Herstellung 431
- Hypo- oder Desensibilisierungsbehandlung 430
- Testallergene 430
Allergie 406
- Kontaktallergie 83, 156
Allicin 267
Allii sativi bulbus 266
Alliin 267
Alliinase 267
Allium sativum 266
Alloferin® 321
Allylglucosinolat 265
Allylmethyltrisulfid 267
Allylsenföl 272
Aloe 228
- barbadensis 229
- Emodin 226
- Kap-Aloe 229
Aloeresine siehe Aloesine
Aloes extractum siccum normatum 229
Aloesin 231
Aloin(e) 231, 232
Aloinosid 231
alternative Medizin 478
Althaea
- officinalis 40
- radix 42
Aluminiumhydroxid 424
Aluminiumphosphat 424
Amarogentin 71
Amaropanin 71
Amarum-Aromatikum, Römische Kamille 159
Amentoflavon 194, 240
Amikacin 386
7-Amino-Cephalosporansäure (7-ACS) 395
Aminoacyl-tRNA/EF-Tu/GTP-Komplex 381
α-Aminobuttersäure 113
Aminocyclitole 383
Aminoglykoside 375, 383
6-Aminopenicillansäure (6-APS) 394
Ammeos visnagae fructus 187

Ammi
- majus 183, 187
- - Früchte 187
- visnaga 187
- - Früchte 186
Amphotericin B 399
Ampicillin 394
Amygdalin 13, 263
(R)-Amygdalin 262
β-Amylase 28, 29
Amylopektin 28
Amylose 28
β-Amyrin 85
anabole Effekte 103
Anabsinthin 79
Analytik 302
Ananas comosus 273
Ananaspflanze 273
Ancrod 451
Androcymbin 304
Anethol 163
cis-Anethol 164
trans-Anethol 163, 166
Angelica archangelica 183
Angelicae radix 514
Angelicin 183
Angelikasäure 159
angioneurotisches Ödem 446
Anis 162
Anisaldehyd 163
Anisi fructus 162
Anisöl 163
Ansamycine 375, 379
Anthecotulid 156
Anthemis nobilis 158
Anthocyanidin 193
Anthracycline 375, 377
Anthranilsäuremethylester 145
Anthranoiddrogen
- Methabolisierung 227
- Wirkungen 228
Anthroposophische Medizin 490 – 494
Anti-HBs 430
Antibiogramm 371
Antibiose 371
Antibiotika (siehe auch Hemmung) 371 – 405
- biogenetische Herkunft 374
- Breitbandantibiotika 381
- Hauptgruppen 374
- Makrolidantibiotika 388
- Resistenz 402 – 418, 463
- - Einstufenresistenz 403
- - infektiöse 403
- - konstitutive 402

- - Mechanismen 404
- - Mehrstufenresistenz 403
- - natürliche 402
- - primäre 403
- - sekundäre 403
- - übertragbare 403
- Screening 372, 373
Anticodon 454
Antigen 406, 419
Antigenpräsentation 414
antihämophile Globuline 440
Antihypertonikum 315
Antikoagulation 451
Antikörper 412
- monoklonale 443
- spezifische 441
Antimalariamittel 74
antimitotische Wirkung 318
Antisense 468, 469
- Mutagenese 469
- RNA 469
Antithrombin III 446
Apigenin 194
Apigenin-7-glucosid 155
Apis mellifera 16
Appetitanregung 77, 320
Appetitlosigkeit 79, 81, 147, 323
Aprikosenkerne 262
APSAC 448, 450
Äquivalenz, pharmazeutische 511
Aquosatrockenextrakte 504
Arabinogalactane 37
arabisches Gummi 35
Arachidis oleum 7
- hydrogenatum 7
Arachidonsäure 3, 14
Arachinsäure 7
Arachis hypogaea 7
Arbeitszellbank 471
Arbutin 190
Archangelicin 182
Arctostaphylos uva-ursi 189
Arginin 113
Arneistoffkombinationen, fixe 502
Arnica
- chamissonis 81
- montana 81
Arnicae flos 83
Arnika 81
- Kreuzallergien 83
Arnikablüten 83
- Öl 505
- Salben 83
Aromatisieren von Likören 166
Artabsin 78

Artemetin 192
Artemisia
- absinthium 79
- annua 74
- pontica 79
Artemisiae herba 514
Artemisiaketon 76, 77
Artemisinin 74
Artimisitin 192
Arzneibuchanalytik 283
Arzneiformen, homöopathische 483 - 487
arzneiliche Öle 505
Arzneimittel
- bioäquivalente 511
- freiverkäufliche 517
- genetisch hergestellte 457
- pflanzliche 500
- - Begriffsbestimmung 500
- pharmazeutisch
- - alternative 511
- - äquivalente 511
- phytotherapeutische Therapierichtung 498
- therapeutisch äquivalente 513
- im wesentlichen gleichartige 512
Arzneimittelbild 482
Arzneimittellehre
- der Antike 496
- des Ibn al Baitar 495
Arzneimittelprüfrichtlinien 479
Arzneipflanze(n)
- Anbau 359, 360
- Biotyp 356
- Definition 357
- Ernte 362
- Gewinnung 363
- Pflanzenschutzmittel 361
- Rasse 356
- Sammeln 359
- Sorten 357
- Trocknung 363
- Verarbeitung zu Drogen 363
- Wirkstoffgehalt, Schwankungen 356
- Züchtung 357 - 359
Ascophyllum 49
- nodosum 48
Ascorbinsäure 52
Aspergillus
- niger 274
- oryzae 274
- saitoi 274
Astragalus
- Arten 37
- Gummi 37
- gummifer 37

Astralleib 490
Athamantin 182
ätherische(s)
- Knoblauchöl 268
- Öle 126-180
- - mit Phenylpropanen 162
Atropamin 289
Aucubigenin 66
Aucubin 43, 66
Augentropfen 486
Austauschbarkeit wirksamer Bestandteile 509
Autoantigene 417
Autoimmunerkrankungen 417, 418
autologe Blutkonserven 433
Autoradiographie 466
L-Azaserin 374
Azetidin-2-carbonsäure 95
Azulenbildner 157

B
Bacillus 375
- brevis 375
- polymyxa 375
- subtilis 375
Bacitracin 392
Badezusätze 158
Bakterien
- gramnegative 380
- Zellwand 390
Bakteriostase 371
Bakterizide 371
Balchanolid 77
Baldrian 67
- Mexikanischer 71
- Pakistanischer 70
Baldrianwurzel 67
Baldrinal 69
Ballaststoff 30
Balsame 143
Balsamterpentinöl 144
Barbacua-Verfahren 338
Barbaloin 230
Bärenklau-Arten 183
Bärentraubenblätter 189
Barringtogenol 104
Basophile 433
Bassorin 38
- Pasten 39
Batroxobin 451
Bauerntabak 294
Baumwolle 31
BCG-Impfstoff 428
Behensäure 7
Beine, Schweregefühl 184

Beinwellwurzel 293
Belladonna
- Blätter 288
- Extrakt 290
- Tinktur 290, 498
Belladonnae
- folium 288
- pulvis normatus 290
Benzophenanthridin-Typ 301
Benzoylaconin 340
Benzoylecgonin 286
Benzylglucosinolat 264
Benzylpenicillin 393
Benzylpenicillosäure 393
Benzylpenillsäure 393
Berberin 282, 308
Bergamottin 182
Bergapten 183, 186
Bergaptol 183
Besenginsterkraut 295
Beta vulgaris 27
Betula
- pendula 204
- pubescens 204
Betulae folium 204
Betulasaponin 205
Biapigenin 240
Bienenwachs 16
Bilobalid 200
Bilsenkrautblätter 291
bioäquivalente Arzneimittel 511
Bioäquivalenz 510
- Studien 512
Bioverfügbarkeit 510
Birkenblätter 204
Bisabolen 154
Bisabolol 154, 157
α-Bisabolol 127
Bisaboloxid 158
Bisdesmoside 102
Bittere Mandeln 262
Bitterfenchel 165
- Öl 166
Bittermittel 324
Bitterstoffe 72, 79, 214
- Anwendungsgebiete 72
- Wirkungen 72
Bittersüßstengel 343
Bitterwert des Hopfens 215
Blähungen 149, 159, 161, 164, 167
blähungstreibende Mittel 148
Blasentang 48
Blattaldehyd 199
Blausäurebildner 261

Bleomycin(e) 378
– A₂ 378
Blut 433, 453
– Gerinnung, Inhibitor 446
– Konserve
– – autologe 433
– – homologe 433
– – Infektionsrisiko 434
– Serum 436
– Substitution, zellhaltige Präparate 434–436
Blutgruppendiagnostik mittels Lektinen 269
Blutzellen 433
Blutzucker 22
Bockshornsamen 39
Bombyx mori 277
Borneol 135, 151
(–)-Bornylacetat 142
Boschniakin 43
β-Boswellinsäure 117
Brassica
– juncea 264
– nigra 264
Braunalgen 49
Brechmittel 307
Breitbandantibiotika 381
Bromelaine 273
Brucin 320
Brunnenkresse 264
Bryoniae radix 499
Bulbus Scillae 96
Butylscopolaminiumbromid 497

C
C 1-Inaktivator 446
C-Toxiferin 320
Cacao (siehe auch Kakao)
– oleum 339
– semen 11
Cafestol 330
Caftarsäure 54
Calebassen-Curare 320
Calendulablüten 213
Calendulae flos 213
Camellia sinensis 334
Camphora 149
Caprinsäure 5
Caprylsäure 5
Capsaicin 258, 283
– Toxizität 259
– Wirkungen 259
Capsaicinoide 258
Capsici fructus acer 258
Capsicum frutescens 257

Cardui mariae fructus 202
Carica papaya 272
Carminativum 132, 134, 155, 164, 166
Carnaubae cera 15
Carnauba
– Säure 17
– Wachs 14
Carnosol 138
– Säure 138
Carum carvi 148
Carvacrol 139
Carvi fructus 149
(+)-Carvon 148
(R)-(–)-Carvon 132
(S)-(+)-Carvon 132
Caryophyllen 133, 214
Caryophyllenepoxid 133
Caryophylli aetheroleum 169
Cascararinde 231
Cascaroside 232
Cassia
– angustifolia 237
– senna 237
Castalgin 222
Casticin 192
(+)-Catechin 220
Catechingerbstoffe 219
Catharanthus-roseus-Kraut 317
Catgut 275
– steriles 274
Catha edulis 256
Catharanthus roseus 317
– Wurzeln 317
(–)-Cathinon 257
Cayennepfeffer 257
CD-Marker 409
cDNA 462
Centaurii herba 73
Centaurium minus 73
Cephaelin 307
Cephaelis
– acuminata 306
– ipecacuanha 306
Cephaloglycin 396
Cephalosporine 395
– C 396
Cephalosporium 375
Cera
– alba 17
– flava 17
Cerotinsäure 15, 17
Cetraria islandica 32
Cetrarsäure 33
Ceylon-Zimt 167
CGP 4832 380

Chaconin 342
Chalkon(e) 193, 217
Chamaemelum nobile 159
Chamazulen 75, 76, 79, 155, 157
Chamomilla recutita 154
Chamomillae romanae flos 159
Charge 419
Chargenzulassung 419
Chelidonii herba 301, 514
Chelidonin 301, 302
- Bestimmung im Schöllkraut 302
Chelidonium majus 300
Chelidonsäure 298
Chemodem 356
Chemotyp 356
Chinarinde 321
Chinasäure 323
Chinesischer Zimt 167
Chinesisches Süßholz 109
Chinidin 322
Chinidinsulfat 324
Chinin 322
Chininsulfat 324
Chinovasäure 323
Chloramphenicol 375, 388
Chlorogensäure 197, 330, 333
Chlortetracyclin 381
Cholchicin 303
Cholesterol 85
Cholezystopathien 302
Chondocurarin 303
Chondocurin 303
Chondrodendron tomentosum 302
- Rinde 302
Chorda resorbilis aseptica 274
Chromopeptide, heteromere 376
Chromosomen 454
Chrysaloine 232
Chrysanthemen, Kreuzallergie mit Arnika 83
Chrysanthemum-Arten 153
(+)-*trans*-Chrysanthemumsäure 153
Chrysophanol 226
Cichoriensäure 54
Cichorii radix 56
Cichoriin 181
Cichorium intybus 55
Cinchona
- Alkaloide 321
- pubescens 323
- succirubra 321
Cinchonamin 322
Cinnamomi ceylanici cortex 167
Cinnamomum
- Arten 167

- camphora 149
- zeylanicum 167
Cinnamoylcocain 286
Citral A 133
Citral B 133
(R)-(+)-Citronellal 133
Citropten 181
Citrus aurantium L ssp. aurantium 145
Cladinose 388
Clarithromycin 389
Claviceps
- paspali 311
- purpurea 309
Clindamycin 386
Cluster 489
Coca (*siehe auch* Koka)
Cocablätter 285
Cocae folium 285
Cocain (*siehe auch* Kokain) 282, 285, 286
Cocainismus 287
Cocainschnupfer 287
Cocamine 286
Cocos nucifera 5
Codein 300
Coffea-Arten 329
Coffeae
- carbo 333
- semen 330
Coffein (*siehe auch* Kaffee) 282, 327
- Abusus 333
- Risikofaktor 333
- Wirkung 329
„coffeinfreier" Kaffee 332
Cohumulon 214
Cola (*siehe auch* Kola)
- acuminata 327
- nitida 327
- verticillata 327
Colae semen 328
Colchicin 283, 304
Colchici semen 305
Colchicum autunmale 303
Cold Creams 12
Colistimethatnatrium 399
Colistin 399
- A 399
- B 399
Colistinsulfat 399
Colon irritabile 131
colony stimulating factor 414
Colupulon 214
Commiphora-Arten 116
Concanavalin A 269
Condylomata acuminata 189

Convallaria
- keiskei 94
- majalis 94
Convallariae herba 94
Convallatoxin 95
Convallatoxol 95
Convallosid 95
Copernicia prunifera 15
Coptisin 301
Coriandri fructus 146
Coriandrum sativum 146
Coriaria arborea 25
Corynantheal 322
counter-irritation 103
Crataegi
- flos 196
- folium 196
- - cum flore 196
- - florum 514
- fructus 196
Crataegus
- Arten 195
- Extrakte 510
- laevigata 195
- monogyna 195
- Trockenextrakt, Anwendungsgebiete 198
- Wirkungen 198
Croton tiglium 84
5,24-Cucurbitadien-3β-ol 85
Cumarin(e) 181, 184
- lichtsensibilisierende 183
- - Methoxsalen 187
p-Cumaroyl-p-feruloylmethan 161
o-Cumarsäure 184
Di-p-cumarylmethan 161
Cuminalkohol 132
Curaçao-Aloe 229
Curcuma
- domestica 161
- xanthorrhiza 160
Curcumae xanthorrhizae rhizoma 160
Curcumin 161
Curcuminoide 160
Currypulver 170
Curzerenon 117
cyanogene Glycoside 8, 261, 263
Cyclitole 383
Cycloartenol 85
Cyclopropanfettsäuren 31
Cyclosporin A 414
D-Cycloserin 396
Cymarin 93, 98
β-D-Cymarose 98
Cymbopogen-Arten 134

p-Cymen 139, 147
Cynarin 54
Cynoglossum 292
Cynosbati semen 51
(-)-Cytisin 296
Cytosin 454

D
Dactinomycin 376
Dalmatinischer Salbei 137
β-Damascenon 25
Dammarenol 85
Daphnetin 181
Datura
- stramonium 291
- metel-Samen 290
Daunorubicin 377
Decanal 147
Decumarolderivate 440
Defibrinierung 451
Deklarationsregelung 517
6-Demethyltetracyclin 381
dentritische Zellen 410
Desacetylcolchicin 304
Desglucocheirotoxin 95
Desmethoxycurcumin 161
Desmethoxyyangonin 216
Desmoenzyme 88
6-Desoxy-D-Gulose 95
2-Desoxystreptamin 383
Desodorans 155
Desosamin 388
Desoxyribonukleinsäure (DNS) 454
Desoxyzucker 87
Dextrine 30
Dextrose 22
DHA (Docosahexaensäure) 13
Diallyldisulfid 267
Dianthronglykoside, Metabolisierung 227
Diaphoreticum 47
Dibekacin 386
Dicaffeoylchinasäure 54
Dicumarolderivate 451, 452
Didrovaltrat 69
Digitalis
- lanata 87
- - Blätter 87
- - Primärglykoside 88
- purpurea 90
- - Blätter 90, 91
β-D-Digitalose 100
Digitogenin 104
Digitonin 104
Digitoxin 90
β-D-Digitoxose 86

Digoxin 88
Dihydrocarveol 132
(+)-Dihydrocarveol 148
Dihydrocuminalkohol 132
Dihydroflavonal 193
Dihydrohelenalin 82
Dihydrokawain 216
Dihydromethysticin 216
Dihydrosamidin 186
Dihydrostreptomycin 384
Dihydroxyphenylalanin, abgeleitete Alkaloide 296
Dihydroxystearinsäure 9
Dihydrozimtaldehyd 168
Diiodtyrosin 48
Dilutionen 484
Dimethylallyl-diphosphat 64
Dioscin 40
Diosgenin 104
Dioskurides 495
Diosmetin 194
Diosmin 192
Diterpene 83
diterpenoide Alkaloide 339
DNA 454
- cDNA 462
- Ligasen 458
- Polymerasen 458, 460
- T-DNA 469
DNase 457
Docosahexaensäure 13
DON (6-Diazo-5-oxo-L-norleucin) 374
L-Dopa 296
Dornase alfa 457
Dosierungsangaben 513
Dosis-Wirkungs-Beziehung 499
Doxycyclin 381, 382
Drachenblut 496
Dragees, Poliermittel 15
Dragieren, Glanzmacher 15
Drogen
- Arzneidroge 363
- Auszüge
- - nichtwäßrige 505
- - wäßrige 503
- Bezeichnung 363
- Darreichungsform 503
- Definition 363
- Gehaltsbestimmung 368
- Industriedroge 363
- Lagerung 366, 367
- Normierung 367, 368
- Risiken beim Umgang 368
- Standardisierung 367, 368

- Verunreinigung
- - chemische 364, 365
- - mikrobielle 366
- Wertbestimmung 368
Duboisia 287
- myoporoides 290
Dulcamarae stipes 343
Durchfallerkrankungen, unspezifische 333
Dyskrasie 495
dyspeptische Beschwerden 73, 77, 79, 81, 142, 146, 147, 149, 156, 159, 161, 167, 216, 237, 241, 274, 323, 324

E
Ecgonin 286
- weckaminartige Wirkung 287
Echimidin 292
Echinacosid 54
Echinacea
- angustifolia 53
- pallida 53
- purpurea 53
Echinocystsäure 104
Echtes Goldrutenkraut 209
Echtes Melissenöl 133
Eibischwurzel 40
Eichenrinde 221
Eicosadiensäure 4
Eicosapentaensäure 4, 13
Eicosatriensäure 4
Eikosanoide 5
- der ω3er-Reihe 14
- der ω6er-Reihe 14
Einreibungen 142, 486
Einstufenresistenz 403
Eisenhutknollen 339
Elaeis guineensis 5
Elektroporation 464
Elemicin 162
Ellagitannine 218
Ellagsäure 219
Emetin 307
Emodinanthron 226
Emodindroge 226
Emodine 226
Emodingentiobiosid 234
Emodinmonoglucosid 234
Emulsin 262
Emulsionen 35
- Stabilisator 39
Endoenzyme 29
Engelwurz 183
entcoffeinierter Kaffee 332
Entzündungen, Mund- und Rachenschleimhaut 116, 222

enzephalogenes Protein 429
Enzianbranntwein 72
Enzianwurzel 71
R-Enzym 29
Eosinophile 433
EPA *siehe* Eicosapentaensäure
Ephedra
- Arten 255
- sinica 256
Ephedrae herba 256
Ephedrakraut 225
Ephedrin 255, 282
(–)-Epicatechin 220
(–)-Epigallocatechin 220
Epitope 406
Equiseti herba 206
Equisetum
- arvense 205
- palustre 206
Erdnußöl 6
- gehärtetes 7
Erfrischungstee 52
Ergin 312
Ergobasin 312
Ergocornin 312
Ergocristin 312
α-Ergokryptin 312
β-Ergokryptin 312
Ergometrin 312
Ergonovin 312
Ergosin 312
Ergot-Peptidalkaloide 312
Ergotamin 312
Ergotismus 309
Ergotoxin 312
Erkältungssalben 151
Erucasäure 265
Erythraea centaurium 73
Erythromycin 388
Erythronolid 388
Erythropoietin 457
Erythroxylum coca 285
Escherichia coli 456
- K12-Stämme 456
Escin (*siehe* Aescin)
Eselfenchel 164
essentielle Fettsäuren 4
Estragol 163, 166
Eucalypti folium 152
Eucalyptol 135, 136, 151
Eucalyptus
- Arten 151
- globulus 151
Eugenia caryophyllata 168
Eugenol 162, 168

Eugenolacetat 168
Eukalyptusblätter 151
Eupatorium 292
Euphorbium 84
Exonuklease 460
Expectorans 144, 260
- Wirkung, Vagusbeteiligung 105
expektorierende Wirkung 102, 110
Expressionsklonierung 467
Expressionsvektor 467
Extracta sicca 506
Extrakte
- gemischte 503
- Zubereitung 503, 507
Extraktfraktion 507

F
Farbreaktion
- Catechingerbstoffe 219
- Ellagitannine 218
- Faulbaumrinde 234
- Gallotannine 218
- Methylendioxygruppe 302
- Mutterkornalkaloide 313
- van Urk-Reaktion 313
- Vitali-Reaktion 289
Farfarae folium 45
Farnesyldiphosphat 64, 127
Faulbaumrinde 233
Feigenbaum 183
Fenchel
- Bitterfenchel 165
- Eselfenchel 164
- Fenchelhonig 25
- Gemüsefenchel 165
- Süßer Fenchel 165
- Süßfenchelöl 166
(+)-Fenchon 166
Fermentation 11
Fermoseren 445
Ferula-Harz 182
fettfreie
- Salben 39
- Salbengrundlage 35
Fettsäuren 3
- essentielle 4
- ω3-Fettsäuren 13
- ungesättigte 7
Fettverderb 12
Fibrin 440
Fibrinkleber 447
Fibrinogen 440
- Mangel 440
Fibrinolyse 447
Fichtennadelfranzbranntwein 142

Fichtennadelöl 142
- sibirisches 142
Ficus carica 183
Figrastim 457
Filum bombycis tortum asepticum 277
Fingerhut 87, 90
Fischleberöle 13
Fischöle 13
Flavan-3,4-diol 193
Flavan-3-ol 193
Flavanolignane 202
Flavanon 193
Flavokawin A 217
Flavon(e) 193
- Bauprinzip 191
- biogenetische Zusammenhänge 193
- Einteilung 193
- Lespedeza-capitata-Flavone 195
- lipophile 207
- unspezifische Schutzfaktoren 193
Flavonol(e) 193, 200
Flechtensäure 33
Flohsamen 42, 43
Flohsamenschalen 44
Flores Pyrethri 153
Fluidextrakte 506
Foeniculi
- amari fructus 165
- dulcis fructus 165
Foeniculin 164
- fructus 165
- vulgare 164
Foenugraeci semen 40
Foetor ex ore 156
Formaldehyd 425
Formononetin 208
Fragmentreaktion 389
Fragulae cortex 233
Fraktionierungsgang zur Alkaloidisolierung 284
Framycetinsulfat 385
Frangula
- alnus 233
- purshiana 231
Frangulaemodin 226, 234
Frangulin 234
Fraxetin 181
Fraxinus ornus 25
freiverkäufliche Arzneimittel 517
Fruchtsäuren 50
Fruchtzucker 23
Fructane 55
Fructosane 55
Fructose 23
- metabolische Verwertung 23

D-Fructose 23
Fuchsisenecionin 292
Fucus
- serratus 48
- vesiculosus 48
Füllungsperistaltikum 39
Fumarprotocetrarsäure 33
Furanochromone 187
Furanoeudesma-1,3-dien 117

G
G-CSF 457
GABA 68
Gadus-Arten 13
Galactane 35
Galangin 194
Galanthamin 282
Galen 495
Gallen 218
(+)-Gallocatechin 220
Gallotannine, Farbreaktionen 218
Gallussäure 219
Garosamin 386
Gartenkresse 264
Gartenraute 183
gebleichtes Wachs 17
Gedächtniszellen 407
Gegenreizeffekt 103
Gehaltsbestimmung
- Chelidonin im Schöllkraut 302
- tropanführender Drogen 289
gehärtetes Erdnußöl 7
Gelatine 275
- für Infusionszwecke 276
- Pulver 276
Gelbwurzel, kanadische 308
Gelidium amans 33
Gelifundol 277
Gemüsefenchel 165
Genbank 465
Generika 512
Genom 454
- funktionelle Unterteilung 455
- Größe 454, 455
- Informationseinheiten 455
- - Gene, Kode 466
- Kontrolleinheiten 455
- - Aktivatoren 455
- - Promotoren 455
- - Terminatoren 455
- Transkriptionsfaktoren 455
Gentamycin(e) 383, 386
Gentechnologie 454, 477
Gentiana lutea 71
- Wurzel 72

Sachverzeichnis 529

Gentianae radix 72, 514
Gentianose 71
Gentiobiose 72
Gentiopikrin 71
Gentiopikrosid 71
Geranial 127, 133
Geranylacetat 133
Geranyldiphosphat 64, 127
Geranylgeranyldiphosphat 64, 127
Gerbstoffe 218
- hydrolysierbare 218
gereinigtes Terpentinöl 143
Gerinnung 447
- Faktoren 440
Germacranolide 77
Geruchskorrigens 166, 168
Geschmackskorrigens 110, 166, 168, 211
Gewebe-Plasminogen-Aktivator (t-PA) 448, 450
Gewinnung, Alkaloide
- Alcuronium 321
- Chinidin 324
- Chininsulfat 324
- Cocain 286
- Codein 300
- Colchicin 304
- Hyoscyamin 290
- Morphin 300
- Mutterkornalkaloide 310
- Toxiferin I 321
Gewürz 147, 148, 168, 260
- Pflanzen, Definition 357
Gingerole 170
Gingko biloba
- Blätter 199, 200
- - Flavonole 200
- Kulturen 199
- Trockenextrakt 201
Ginkgolid 200
Ginkgolsäuren 199
Ginseng 112
- radix 112
- Wurzel 111
Ginsengsaponine 102, 103
Ginsenoside 113
Gitaloxin 89
Glanzmacher beim Dragieren 15
Globuline, antihämophile 440
Glucane 28
D-Glucit 25
Glucobrassicin 264
Glucofrangulin 234
Gluconasturtiin 264
Glucosamin 385
Glucose 22

Glucosinolate 263
10-Glucosylanthrone 235
Glucotropäolin 264
Glutardialdehyd 296
Glycine hispida 18
Glycoside, cyanogene 8
Glycyrrhetinhemisuccinat 111
Glycyrrhetinsäure 111
- aldosteronähnliche Wirkung 111
- α-Form 111
- β-Form 111
Glycyrrhiza glabra 108
Glycyrrhizinsäure 109
Glykolalkaloide 343
Glykopeptidantibiotika, heteromere 378
Glykosid(e)
- cyanogenes 8, 261, 263
- herzwirksame 86
GM-CSF 457
Goldrutenkraut 209
Gossypium 31
- arboreum 31
- herbaceum 31
- hirsutum 31
Gramicidine 397
Granulattees 504
Granulozyten 433
Gratiolae herba 499
Grayanotoxine 25
Grenzdextrin 29
Griechischer Salbei 137
Griseofulvin 375, 400
Grüner Pfeffer 260
Grüner Tee 336
Guajakholz 75
Guajanolide 155
Guajazulen 75, 158
Guajazulenbildner 75
Guanin 454
Guaraná 329
- Getränk 329
Guggulusterol I 117
Gulomethylose 95
Gummi 35, 37
- arabicum 35
Gummosis 36
Gypsogensäure 104

H

Haemaccel 276
Haftpulver für Zahnprothesen 39
Hagebutten 51
- Kerne 51
- Schalen 51

Hahnemann-Homöopathie 479 - 490
- Vorgehensweise 481
Haltbarkeit von Extrakten 509
Hamamelidis
- cortex 223
- folium 223
Hamamelisblätter 223
Hamameliswasser 223
Hamamelose 223
Hämophile 440
Haptene 406
Harmala-Alkaloide 282
Harmin 282
Hauhechelwurz 207
Hautpuder 29
Hautreizmittel 265
HBs-Antigen 426, 430
Heckenrose 51
Hecogenin 104
Hederagenin 104
Heilbuttleberöl 13
Helenalin 75, 82
- Arten 75
Helianthus tuberosus 55
Helleborus niger 96
Hemmung (Antibiotikawirkung)
- der Biosynthese von Zellwandbausteinen 390
- durch Destabilisatoren der Zytoplasmamembran
- - bei Bakterien 396
- - bei Pilzen 399
- Hemmstoffe der Purin- bzw. Pyrimidinbiosynthese 374
- der Replikation durch DNA-strangbruchinduzierte Wirkstoffe 378
- der ribosomalen Proteinbiosynthese 381
- der RNA-Polymerase 379
- der RNA-Biosynthese 376, 379
- des Wachstums von Dermatophyten 400
Heparin 451
Heparinoide 451, 452
Hepatitis B 457
hepatoprotektiver Effekt 203
„Heptica-Ware" 229
Heracleum-Arten 183
Herbstzeitlosensamen 305
Herniarin 181
Herpes labialis 134
Herzbeschwerden 198
herzwirksame Glykoside 86
Hesperetin 146
heterologe Sera 433

heteromere
- Chromopeptide 376
- Glykopeptidantibiotika 378
Heteroyohimbanreihe, Alkaloide der 314
Hexahydroxydiphensäure 219
Hexenal 223
2-Hexenal 199
Hibisci flos 50
Hibiscus sabdariffa 50
Hibiscussäure 50
Hibiskusblüten 50
Hippocastani
- extractum siccum normatum 115
- semen 115, 514
Hippoglossi jecoris oleum 13
Hirnstoffwechsel 201
Hirudin 451, 452
Histidin, abgeleitete Alkaloide 325
HLA-Antigene 414
Hochimmunisierung 444
Holunderblüten 210
Homobaldrinal 69
Homocapsaicin 258
homologe Blutkonserven 433
Homonataloine 231
Homöopathie 478, 493
- Arzneimittelrecht 478
- HahnemannHomöopathie (siehe dort)
- Komplexhomöopathie 487
homöopathische(s)
- Arzneibuch (HAB) 478
- Arzneiformen 483
Homotoxinlehre (H. H. Reckewegs) 493
Honig
- Fenchelhonig 25
- gereinigter 24
- Lindenhonig 25
Honigbiene 16
Hopfen, Bitterwert 215
Hopfenzapfen 213
Huflattich 45
- Blätter 45, 293, 502
- Tee 46
humorale Immunität 428
Humoralpathologie 479, 495
Humulen 214
Humulon 214
Hustenpastillen 33, 37
Hustenreiz 47
Hybride 465
Hybridisierung 465
Hydrastin 308
Hydrastis canadensis 308
- Rhizom 308

Hydrochinon 190
- Vergiftung, chronische 190
hydrolysierbare Gerbstoffe 218
Hydroxyethylergin 312
Hydroxyingenolderivate 84
5-Hydroxyaloin A 231
16-Hydroxymedicagensäure 104
6-Hydroxymusizinglucosid 239
5-Hydroxytryptamin, Fettsäurederivate 330
Hydroxyvalerensäure 68
Hydroxyzitronensäure 50
Hyoscin 288
Hyoscyami folium 291
Hyoscyamin 282, 288
Hyoscyamus
- muticus 290
- niger 291
Hyperfibrinolyse 440
Hyperforin 240
Hyperici herba 239, 241, 514
Hypericin 240
Hypericum perforatum 239, 496
Hyperimmunglobuline (HIG) 441
Hyperimmunseren, antitoxischer Einsatz 442

I
Ilex paraguariensis 337
Illicium verum 163
- Öl 164
Immergrünkraut 319
Immunantwort 406
Immundefekte 411
Immundefizienzien 412
Immunglobuline 412, 441–445
- Anwendung 443
- Herstellung 444
- homologe 441
- Hyperimmunglobuline (HIG) 441
- Hyperimmunseren, antitoxischer Einsatz 442
- 7 S-Immunoglobuline 441
- Simultanprophylaxe 443
- spezielle 441
- Standardimmunglobuline (SIG) 441
Immunisierung
- aktive 419
- Hochimmunisierung 444
Immunität 406
- aktive 411
- humorale 428
- passive 411
Immunkomplexe 416
Immunogen 406

Immunoglobuline
- IgG 419
- des Menschen 415
Immunreaktion 411
immunstimulierende Wirkung 269
Immunsupression 420
Immunsystem 406, 418
Immuntoleranz 417
Imperatorin 182, 186
Impfkomplikationen 420
Impfkrankheiten 420
Impfreaktionen 420
Impfschäden 419
Impfstoffe 419, 432
- Adsorbens 424
- BCG 428
- Belastungstests 426
- Begleitsubstanzen 426
- Booster-Effekt 419
- Ganzkeimvakzine 419
- Herstellung 424
- - Deklarationspflicht für Hilfsstoffe 425
- - Dichtegradientenzentrifugation 425
- - Mutationen 424
- - Zellkulturen (siehe dort)
- - Virusinaktivierung (siehe Viren)
- Identität 426
- Immunglobulinklasse IgG 419
- Impfschäden 419
- Impfschema 421–423
- Individualschutz 419
- Inkubationsphase 420
- Kombinationsvakzine 419
- Konservierungsmittel 424
- Lagerung 421–423, 428
- - kühlkettenpflichtige 427
- - kühlpflichtige 427
- Lebendimpfstoffe 420, 421
- monovalente 419
- Nebenwirkungen 420
- Neurovirulenz 426
- polyvalente 419
- Qualitätsprüfung 426
- Reinheit 426
- rekombinierte 458
- Spaltvakzine (Splitvakzine) 419, 429
- Subunit-Vakzine 419
- Titer 419
- Totimpfstoffe 420, 422, 423
- Toxizität
- - anomale 426
- - spezifische 426
- Toxoid 420
- Transport 421–423, 427
- Verträglichkeit 426

532 Sachverzeichnis

Impfstoffe
- Virusimpfstoffe 425
- Wirksamkeit 426
Inaktivierungsfaktor 472
Inaktivierungsverfahren 424
Indikain 43
Indischer Flohsamen 43, 44
Indol-Indoleninbasen, dimere 318
Inermin 208
Infektion
- lysogene 464
- lytische 464
Infektionskrankheiten 419
Infektionsrisiko, Blutkonserve 434
Informationsübertragung 489
Ingwer 169
- Pulver 171
Inhaltsstoffe, wirksamkeitsbestimmende 508
Injektionslösungen 486
Innovatorprodukt 512
Insektenblüten 153
Instanttees 504
Insulin 457
insulinomimetische
- Lektine 270
- Wirkung 270
Interferone 416
Interleukine 414
- Interleukin 2 457
Introns 462
Inulin 55, 72
Invertzucker 23
Iodsalze, organische 48
Ipecacuanhae radix 306
Ipecacuanhawurzel 306
Iridodial 64
Iridoide 64
Iridoidglykoside 65
Isländisches Moos 32
Isobergapten 183
Isochlorogensäure 54
Isoelemicin 162
Isoeugenol 162
Isolichenine 33
Isolinolsäure 4
Isoliquiritigenin 109
Isoliquiritin 109
Isoliquiritosid 110
(+)-Isomenthol 130
(+)-Isomenthon 130
Isomyristicin 162
Isoorientin 194
Isopathie 487
Isopentenyl-diphosphat 64

Isopimpinellin 183
Isoprenoide 63, 125
Isoprenregel 63
(-)-Isopulegol 131
Isorhamnetin 194
Isorhoifolin 128
(+)-Isothujon 78
Isovaltrat 69
Isovitexin 194

J
Jaborandi folium 325
Jaborandiblätter 325
cis-Jasmon 130
trans-Jasmon 130
Javanische Gelbwurz 160
Jecoris oleum 13
Jesuitentee 337
Johannisbrotextrakt 328
Johanniskraut 239
- Öl 505
Jojobawachs 15
- flüssiges 16
Juniperi fructus 141
Juniperus communis 140

K
Kaffee (siehe auch Coffein) 329, 332
- behandelter 332
- Bohnen 330
- „coffeinfreier" 332
- entcoffeinierter 332
- Getränk
- - Aromastoffe 331
- - Aufgußverfahren 331
- - Filtrationsverfahren 331
- Rohkaffee 329
- Röstkaffee 330
- Türkischer Mokka 331
- Wirkungen 332
Kaffeekohle 333
trans-Kaffeesäure 197
Kaffezichorie 55
Kahweol 330
Kakaobohnen (siehe auch Cacao) 11, 338
Kakaobutter 11
Kakaomasse 12, 339
Kakaopulver 12
Kakaoschalen 11, 338
Kalabarbohnen 326
Kallus 469
Kamillenblüten 154
Kamillenöl 157
Kampfer 135, 136, 147, 149
Kämpferol 194

Kanadische Gelbwurzel 308
Kanamycin 383, 385
Kanosamin 385
Kap-Aloe 229
Kapillar-Resistenz 193
Kapuzinerkresse 264
Karmelitergeist 133
Kat 256
Katarrhe der oberen Luftwege 131
Kauliflorie 11, 339
Kawain 216
Kawarhizom 216
Khellin 186
Khellol 186
Kiefernnadelöl 142
Kieselsäuretee 206
Kindernährmittel 26
Kleines Immergrün 319
Klenow-Fragment 461
Klone 357
Klonierungsstelle, multiple 463
Klonierungsvektor 462
Knoblauch 266
Knoblauchöl, ätherisches 268
Knoblauchpräparate 267
- Ölmazerate 268, 505
- Pulver 268
- Säfte 268
Knollenblätterpilzvergiftung 204
Kohlenhydrate 22
Kohlrabi 264
Koka (*siehe auch* Coca)
Kokabissen 287
Kokain (*siehe auch* Cocain) 285
Kokainsucht 287
Kokosfette 5
Kokospalme 5
Kolagetränke (*siehe auch* Cola) 328
Kolanuß 327
Kolasamen 328
Kollagen 275
kolloidosmotischer Druck 445
Kölnisch Wasser 135
Kolonien 465
Kolophonium 144
Koloquinten 499
Kombinationspräparate 502
Komplementation 463, 465
Komplementkomponenten 417
Komplementsystem 416
Komplexmittel 482
Komposita 495
Konjugation 403
Konstituentia 502
Konstitutionsmittel 482

Kontaktallergie (*siehe auch* Allergie) 83
- durch Kamille 156
Kontaktdermatitis 78
Kopra 5
Korianderfrüchte 146
Korrigentia 502
Krameria lappacea 224
Krampfaderbeschwerden 223
Krankheitsbild 481
Krauseminzgeruch 132
Krauseminzöl 132
Kräuterbücher 495
Kreuzkraut 293
Kreuzreaktionen 417
Kreuzresistenz 403
Krotonöl 84
Kryopräzipitation 440
Kryptoaescin 114
Kryptochlorogensäure 331
Kumarine (*siehe auch* Cumarin) 181
Kümmel 148
Kümmelöl 148
Kurkumawurzelstock 161
Kurzzeitlyse 448

L
Labiatengerbstoff 137
β-Lactam-Antibiotika 393
β-Lactamase 393
β-Lactamring 392
β-Lactane 375
Lactose 26
Lactulose 26
Laetrile 263
Lakritze 111
Laminaria 49
Lanataglykoside 87
Lanatosid 88
Langerhans-Zellen 410
Langzeitlyse 448
Lantanosid 88, 89
Lavendelwasser 135
Lävulose 23
Laxans 35
- dünndarmwirksam 10
- Quellstoffabführmittel 8
- Wirkung
- - drastische 84
- - osmotische 26
Laxantienmißbrauch 228
laxierende Wirkung 228
Lebertran 13
Lecithinum vegetabile 18
Lectine *siehe* Lektine
Leim 276

Leinöl 7
Leinsamen 262
– cyanogene Glykoside 262
Leitstoffe 508
Leitsubstanzen 508
Lektin(e) 10
– immunstimulierende Eigenschaften
– – Aktivierung von Makrophagen 271
– insulinomimetische 270
– Ricin 10
– Wirkungen
– – agglutinierende 269
– – immunstimulierende 269
– – insulinomimetische 270
– – mitogene 269
Lemongrasöl 134
Lespedeza-capitata-Flavone 195
Leucocristin 318
Leukoanthocyane 219
Leukotrien 14
Leukozyten 433
Levisticum officinale 183
Lezithin 17
Lichen islandicus 33
Lichenine 33
lichtsensibilisierende
– Cumarine 183
– – Methoxsalen 187
Licnosamin 386
Liebstöckel 183
Lignocerinsäure 7
Liköre, Aromatisieren 166
Limettin 181
Limonen 147
(+)-Limonen 145
(+)-Linalool 147
Linamarin 262
Lincomycin 386
Lincosamide 375, 386
Linde
– Blüten 46
– – Tee 47
– Sommerlinde 46
– Winterlinde 46
Lindenether 25
Lindenhonig 25
Lindleyin 236
Lini oleum 7
Linien 357
Linolensäure 3
Linolsäure 3
Linum usitatissimum 7
lipophile Cumarine 181
lipophile Flavone 207
Liquiritae radix 109

Liquiritigenin 109
Liquiritin 109
Liquor Ammonii anisati 164
Lobelin 282
Lokalanästhetikum 287
lokale Lyse 448
Lokundjosid 95
Loschmidt-Zahl 488
lösliche Tees 504
Lösungsmittelrückstände 516
(R)-Lotaustralin 262
Löwenzahn 80
Löwenzahnganzpflanze 80
Löwenzahnkraut mit Wurzel 81
Löwenzahnwurzel 80
LSD 311
Lucida-Ware 229
Lupulon 214
Luteolin 194
Lutschtabletten 37
Lycopersicon lycopersicum 342
Lymphozyten 407, 433
– B-Lymphozyten 408
– – Stimulation 412
– T-Lymphozyten 408
– – Stimulation 413
Lymphozytenhybridome 409
Lymphozytensubpopulationen 409
Lyse
– Kurzzeitlyse 448
– Langzeitlyse 448
– lokale 448
Lysergsäure 311
Lysergsäurediethylamid 311
Lysin 296

M
Machorka 294
Macrocystis 49
Magen- und Darmbeschwerden 164
Magenbitter 168
magensaftresistente Tabletten 15
Maiglöckchenkraut 94
Makrokosmos 491
Makrolidantibiotika 388
Makrolide 375
Makrophagen 410
– Aktivierung 271
Maltose 29
Malvenblätter 502
Mandelbaum 12
Mandelöl 12
Mandragora 287
Manna-Eschen 25
Mannit 25

Mannitol 25
Mariendistelfrüchte 202
Marindinin 216
Markengenerika 512
Massa cacaotina 12
Masterzellenbank 471
Maté 337
Materia medica des Dioskurides 495
Matricaria recutita 154
Matricariae flos 156
Matricin 157
Maturasen 462
Mebeverin 497
Meconsäure 298
Medicagensäure 104
Medigoxin 89
Meerzwiebel 96
Mehrstufenresistenz 403
Mel depuratum 24
Mel Rosatum 25
Melasse 27
Meliloti herba 185
Melilotin 184
Melilotosid 184
Melilotus officinalis 185
Melissa officinalis 133
Melissae folium 134
Melissenblätter 133
Melissenöl 133
Mellissengeist 133
Mellissentee 134
Melonenbaum 272
Menstruationsbeschwerden 308
Mentha
– × piperita 128
– arvensis L piperascens 131
– arvensis var. piperascens 129
– spicata L var crispa 132
Menthae
– arvensis aetheroleum 131
– piperitae aetheroleum 129
– piperitae folium 129
(+)-Menthofuran 131
(–)-Menthol 130
(–)-Menthon 130
Menthosid 128
Meproscillarin 98
Mescalin 282
Meteloidin 288
Meteorismus (siehe auch Blähungen) 161
Methiolat 424
Methoxsalen 187
2-Methoxyfuranodien 117
8-Methoxypsoralen 182, 187
Methylanthranilat 145

Methylarbutin 190
Methylbutenol 214
Methylchavicol 163
Methyldigitoxose 98
β-Methyldigoxin 89
Methylergometrin 311
Methyleugenol 162
Methylheptylketon 168
Methylisoeugenol 162
N-Methylnicotinsäure 40
O-Methylpsychotrin 306
Methylsalicylat 107
Methylsergid 311
1-Methylxanthin 327
7-Methylxanthin 327
Methysticin 216
Mevalonsäure-diphosphat 64
Mexikanischer Baldrian 71
MHC(HLA)-Moleküle 414
MIF (Migratiosinhibitionsfaktor) 416
Mikroinjektion 464
mikrokristalline Zellulose 30
Mikroorganismen, Persistenz 402 – 418
Milchzucker 26
Millefin 77
Millefolii herba 77
minimale bakterizide Konzentration (MBK) 371
minimale Hemmkonzentration (MHK) 371
Minocyclin 381
Minzöl 131
Miotikum 326
Mischextrakte 503
Mischungen 487
„misreading" 383
Mistel 495
Mistelkraut 270
Mistellektine 270
Mite-Phytopharmaka 513
Mitigierung 442
mitogene Wirkung 269
mittelkettige Triglyceride 6
Molgramostim 457
Monodesmoside 102
monoklonale Antikörper 443
mononukleare Phagozyten 410
Monosaccharide 22
monovalente Impfstoffe (siehe Impfstoffe)
Monozyten 433
Montansäure 17
Moos 32
Morin 194
Morphin 282, 298
Morrhuae oleum 13
mRNA 454

Mucilaginosum 30
multiple Klonierungsstelle 463
Mundspülungen 159
Mundwässer 137, 158
Murein 390
Mureinsacculus 390
Mutationen 424
Mutterkorn 309
- Gewinnung der Handelsdroge 310
- natürlicher Entwicklungszyklus 309
Mykobakterium bovis 428
Myrcen 214
Myricetin 194
Myricylalkohol 15
Myristicin 162
Myristinsäure 3
Myrrhe 116
- Geruch 117
- Tinktur 117
Myrtenol 151

N
Na-K-ATPase 98
Nährmedien 424
Naphthalinglykoside 238
Naphthodianthronderivate 240
Naringenin 146
Nasentropfen 487
Nativextrakt 503, 507
Naturheilmittel 501
Naturheilweise 478
Naturkampfer 149
Nelkenaroma, Methyl-amylketon 169
Nelkenblätteröl 168
Nelkenblütenöl 168
Nelkenöl 169
Nelkenstielöl 168
Neochlorogensäure 331
(-)-Neodihydrocarveol 148
Neohesperidose 146
(+)-Neoisomenthol 130
Neolignane 224
(+)-Neomenthol 130
Neomycin(e) 383, 385
Neosamin 385
- B 385
Nerium oleander 98
Nerol 133
Neryldiphosphat 127
Neurovirulenz 426
Neutrophile 433
Nevadensin 194
Nicotiana tabacum 293
Nicotin 282, 295
- Gewinnung 294

Nieswurz 96
Nobiletin 194
Nobilin 159
Nomenklatur, Alkaloide 284
Nonanal 147
Nootropika 201
Norephedrin 255
Normdosis 513
Norpseudoephedrin 255
(-)-Noscapin 299
Nosodentherapie 487
nukleoläre Polymerase I, Stimulierung 204
Nystatin 399
- A1 399

O
Ödem, angioneurotisches 446
Ödemprotektive Eigenschaft 103
Öle
- arzneiliche 505
- ätherische 126, 180
- kalt gepreßte 7
Olea europaea 8
Oleanderblätter 98
Oleandri folium 101
Oleandrigenin 100
Oleandrin 100, 101
α-L-Oleandrose 100
Oleandrosid 101
Oleanolsäure 104
Oleoresinate 143
Oleum Cacao 12
Ölhypericine 242
oligomere
- Proanthocyanidine, adstringierende Wirkung 220
- Procyanidine 197
Oligosaccharide 22
Olivae oleum 9
Olivenöl 8
Ölmazerate 505
Ölpalme 5
Ölsäure 3
Onjisaponin A 107
α-Onocerin 208
Ononin 208
Ononis spinosa 207
Opium 297, 496
- Rohopium 297
- Tinktur 300
Opsonierung 410
Ordalgift 326
ori (origin of replication) 462
Orientin 194
Ornithin 285

Orthosiphonblätter 206
Orthosiphonis folium 207
osmotische Laxanswirkung 26
Ostruthin 182
Ouabain 91, 92
Oxacillin 394
Oxypolygelatine 277
Oxytetracyclin 381

P
Penicillium
- chrysogenum 375
- notatum 375
Pakistanischer Baldrian 70
Palmenkernfett 5, 6
Palmintinsäure 3
Palmitoleinsäure 3
Palustrin 206
Panax ginseng 111
Papain 272, 273
Papaver somniferum 297
Papaverin 299
Papayafrüchte 272
Paracelsus 497
Paraguaytee 337
Paranátee 337
Paspalsäure 311
Passiflora incarnata 211
Passiflorae herba 212
Passionsblumenkraut 211
Pastinaca sativa 183
Pastinak 183
Paternoster-Erbse 270
Paullinia cupana 329
Pedunculagin 222
Pelanolide 79
α-Peltatin 189
β-Peltatin 189
Pelvipathia vegetativa 77
Penicillin(e)
- G 393
- - Biosynthese 393
- - Produktion 393
- N 393
Penicillinacylase 394
Penicillinamidase 394
Penicillinase 394
Penicillium 375
Persister 402
Petasine 46
Petasites 292
- Arten 46
Petechientest 193
Pfeffer 259, 260, 496
Pfefferminzblätter 128

Pfefferminzöl 129
Pfirsischkerne 263
Pflanzengallen 218
Pflanzenlezithin 17
Pflanzenschutzmittel 361
pflanzliche
- Arzneimittel (*siehe* Arzneimittel)
- „Nichtheilmittel" 516
Phagen 454
λ-Phagen 464
Phagozyten, mononukleare 410
Phagozytose 410
pharmazeutische Äquivalenz 511
Phaseolus-vulgaris Lektin 270
Phellandren 127
Phenol 425
Phenoxazinonchromophor 376
Phenoxymethylpenicillin 393
Phenylacetaldehyd 25
Phenylbrenztraubensäure 289
Phenylbutanonderivate 236
Phenylpropane 162
Phlein 55
Phlobaphene 222, 224, 328
Phorbole 84
Phorbolester 84
Phosphatidsäure 17
Phosphatidylcholine 17
Phosphatidylethanolamin 18
Phosphatidylinosit 18
Phosphinotricin-Acetyltransferase 470
Phosphoglyceride 17
photobiologische Hautreaktionen 187
Photochemotherapie 187
photodynamische Wirkung 241
Photosensibilisierung 183
Physcion 226
Physciongentiobiosid 236
Physostigmatis semen 326
Physostigmin 282, 326
Phytoalexine 356
Phytoen 64
Phytolacca americana 269
Phytopharmaka 501
- Äquivalenz 511
- Dosis-Wirkungs-Beziehungen 514
- Mite-Phytopharmaka 513
- Qualität 508
- Vergleichbarkeit 509
Phytotherapeutika 502
Phytotherapie 495, 517
- besondere Therapierichtung 498
Picrotoxinderivate 25
Pikrosalvin 137
Pilocarpin 326

Pilocarpus
- Arten 325
- jaborandi 325
Pilzenzyme 274
Pimpinella anisum 162
- Öl 164
Pimpinellae radix 514
Pimpinellin 183
(-)-α-Pinen 144
(-)-β-Pinen 144
Pinus
- elliotti 143
- palustris 143
- pinaster 143
- sylvestris 142, 143
Piper
- methysticum 216
- methysticum-Rhizom 216
- methysticum-Trockenextrakt, Wirkungen 217
- nigrum 260
- wichmannii 216
Piperanin 261
Piperettin 261
Piperidein 296
Piperin 261, 283
Piperis nigri fructus 260
Piperitenon 130
(-)-Piperiton 130
Piperolein A 261
Plantaginazeenschleimstoffe 43
Plantaginis lanceolatae herba 66
Plantago 44
- afra 43
- arenaria 43
- ispaghula 44
- lanceolata 66
- ovata 43, 44
Planteose 43
Plaques 465
Plasma 433 – 453
Plasmaderivate, Virussicherheit 447
Plasmafraktionierung 436
Plasmaproteinpräparate 436 – 439
Plasmazellen 412
Plasmid 462
Ti-Plasmid 469
Plasminaktivatoren
- endogene 448
- exogene 448
Plasminogen 448
- Aktivator 457
Plataginis lanceolatae folium 66
Plazebo 499
Podophylli rhizoma 188

Podophyllin 188
Podophyllotoxin 189
Podophyllum peltatum 188
- Rhizom 188
Pokeweed-Mitogen 269
Poliermittel für Dragees 15
Polyenantibiotika 399
Polyene 375
Polygala senega 106
Polygalasäure 104, 209
Polygonatum odoratum 95
Polymyxin
- B 398, 399
- - Sulfat 399
- B_1 398
- B_2 398
Polypeptide 375
Polysaccharide 22, 27
- perfekt-lineare 28
- verzweigtkettige 28
Pomeranzenschale 145
postexpositionelle Prophylaxe 441
Potentilla erecta 225
Potenzakkord 488
Q-Potenzen 484
Potenzierung 480
- LM-Potenzierung 484
Prajmaliumbitartrat 317
Presenegin 104, 107
Primärglykoside 87
Primelwurzel 105
Primer 467
Primula
- elatior 105
- officinalis 105
- veris 105
Primulae radix 514
Primulagenin 104
Primulasäure A 105
Primuletin 194
Primverosid 107
Priverogenin A 104
Proanthocyanidine 114, 219, 225, 240
- oligomere, adstringierende Wirkung 220
Proazulene 157
Prochamazulen 77
Procyanidin(e)
- B-2 197
- oligomere 197
- trimeres 220
β-Propiolacton 425
Proscillaridin 98
- A 97
Prostaglandin 14

Protein, enzephalogenes 429
Prothrombinkomplex (PPSB) 440
Protoaescigenin 104
Protoberberin-Typ 301
Protoplasten 470
Protoprimulagenin A 105
(R)-Prunasin 262
Prunus dulcis 12
Pseudoephedrin 255
Pseudohypericin 240
Pseudotropin 288
Psilocibin 282
Psoralen 183
 Photodermatitis 183
Psychotomimetikum 311
Psychotrin 306
Psyllii semen 43
(+)-Pulegon 130
Purin- bzw. Pyrimidinbiosynthese 374
Purinanaloga 375
Purindrogen 327
Puromycin 389
Purosamin 386
Purpureaglykosid 89
PUVA-Therapie 187
Pyranocumarine 187
Pyrethri flos 153
Pyrethrin I 153
(+)-Pyrethrolon 153
Pyrethrum 153
Pyrrolidinomethyl-Tetracyclin 382
Pyrrolizidinalkaloide 45, 46, 292, 293

Q
Qinghaosu 74
Qualitätskontrolle 420
Qualitätssicherung 509
Quellorganismus 456
Quellstoffabführmittel 8
Quercetin 194
Quercus
- cortex 222
- petraea 221
- robur 221

R
Rainfarn, Kreuzallergie mit Arnika 83
Ratanhiae radix 224, 514
Ratanhiaphenole 224
Ratanhiawurzel 224
Raubasin 317
Raumluftverbesserer 142
Rauvolfia serpentina 314
- Wurzel 316
Rauvolfia-vomitoria-Wurzel 316

Rauwolfiawurzel 314
Referenzsubstanzen 509
Refluxösophagitis 50
Regulationstherapie 478
Reizlinderung bei Schleimhaut-
  entzündungen 45
Rekonvaleszentenplasma 442
Repertorien 482
Replikation 454
Rescinnamin 315
Reserpin 315
Reserpinsäure 315
Restriktionsendonuklease 458, 459
(R)-Reticulin 299
Retroviren 461
reverse Transkriptase 458, 461
Rh-Verfahren 492
Rhabarberwurzel 235
Rhamni purshiani cortex 232
α-L-Rhamnose 98
Rhamnus
- frangula 233
- purshianus 231
Rhapontgenin 237
Rhaponticin 237
Rheum
- officinale 235
- palmatum 235
Rheumemodin 226
Rhizoma Curcumae xanthorrhizae 160
Rhodanase 262
Ricin 9, 270
Ricini Oleum 10
Ricinolsäure 10
Ricinus communis 10
Riesengoldrutenkraut 210
Rifampicin 380
Rifamycin(e) 379
- B 379, 380
- S 380
- SV 380
Ringelblumenblüten 212
Rizinusöl 9
Rizinussamen 270
Rohkaffee 329
Rohopium 297
Rohrzucker 27
Rohtoxoid 424
Rohvirussuspension 425
Rolitetracyclin 381, 382
Römische Kamille 158
Rosa-canina
- Früchte ohne Samen 51
- Samen 51
Rosa pendulina L. var. pendulina 51

Rosa Pfeffer 260
Rosae pseudofructus 52
Rosmarinblätter 135
Rosmarini aetheroleum 134
Rosmarinöl 134
Rosmarinus officinalis 134
Röstkaffee 330
Roßkastanienextrakt, Bioverfügbarkeit 510
Roßkastaniensamen 114
Roßkastanientrockenextrakt, eingestellter 116
Roter Fingerhut 90
Roter Ginseng 112
Roxithromycin 389
Ruscogenin 104
Russisches Süßholz 108
Ruta graveolens 183
Rutinose 146

S
Streptomyces
- erythreus 375
- griseus 375
Strychnos
- castalnei 321
- crevauxii 321
- toxifera 321
Saatbakterien 424
Saatgutsystem 424, 470
Sabinae herba 499
(+)-Sabinen 131
(+)-*trans*-Sabinenhydrat 131
Saccharomyces cerevisiae 456
Saccharose 27
Saccharum officinarum 27
Sägetang 48
Salbei 137
- Blätter 136
Salben 486
- fettfreie 39
Salbengrundlage, fettfreie 35
Salomonssiegel 95
Salutaridin 299
Salvia
- folium 136
- lavandulifolia 136
- officinalis 136
- triloba 136
Salvigenin 138
Salvigeninmethylether 138
Sambuci flos 211
Sambucus nigra 210
Samidin 186
Saponine 101
Solidago virgaurea 209

Saponoside 101
β-D-Sarmentose 100
Sarothamni scoparii herba 296
Sarothamnus scoparius 296
Sarsapogenin 104
Säureamide 260, 283
Schachtelhalm
- Ackerschachtelhalm 205
- Sumpfschachtelhalm 206
Schachtelhalmkraut 205
Schafgarbe, Kreuzallergie mit Arnika 83
Schafgarbenkraut 76
Scharfstoffe 170
Schinus molle 260
Schizosaccharomyces pombe 456
Schlafmohn 297
Schlankheitstees 48
Schleime 8
Schleimhautentzündungen, Reizlinderung 45
Schleimstoffe 40 – 42, 51, 66
Schmuckdrogen 502
Schokolade 12, 19
Schöllkraut 300
Schönungsdroge 211
Schwarzer Pfeffer 259
Schwarzer Senf 264
Schwarzer Tee 334
- Aromastoffe 336
- Mineralstoffe 336
Schweregefühl in den Beinen 184
Scillae bulbus 96
Scillaren A 97
Scillarenin 97
Scillicyanosid 97
Scilliglaucosid 97
Scillirosid 97
Scillirubrosid 97
Scoparosid 194, 296
Scopolamin 288
Scopoletin 181
Scopolia 287
- carnioloca-Wurzeln 290
Secale cornutum 309
Secoiridoid(e) 64, 314
C_9-Secoiridoid 307
Secoiridoidglykoside 65
Seidenfaden, steriler geflochtener 277
Seidenfibroin 277
Sekundärglykoside 87
Selektionstherorie 407
Sempervirin 282
Senecio 292
- nemorensis 293
Senecionin 292

Senegae radix 106
Senegafluidextrakt 108
Senegasirup 108
Senegawurzel 106
Senegine 107
Senf 264, 265
Senfsamen 264
Senkirkin 45, 292
Sennae
- folium 238
- fructus acutifiliae 237
- fructus angustofiliae 237
Sennesblätter 237
Sennesfrüchte 237
Sennidin B 239
Sennosid 239
Sequenzanalyse 465, 466
Sera, heterologe 433
Serumcholinesterase 446
Sesamöl 153
Sesquiterpene, Biosynthese 74
Sesquiterpenlactone 82
- vom Germacranoliydtyp 158
Shogaole 170
sialugoger Effekt 107
Siaresinolsäure 104
Sibirisches Fichtennadelöl 142
Signaturenlehre 496
Signaturum plantarum 496
Silibinin (INN) 203
- partialsynthetisch modifiziertes 204
Silicristin (INN) 203
Silidianin (INN) 203
Silidionin 203
Silybin 203
Silybum marianum 202, 496
Silymarin 202
Simileprinzip 480, 481
Simmondsia chinensis 15
Simplicia 495
Simultanprophylaxe 443
Sinalbin 264
Sinapinsäure 265, 304
Sinapis alba 265
Sinensetin 194, 207
Sinigrin 264
Sklerotium 310
Smilagenin 104
Sojalezithin 18
Sojaöl 18
Sojasapogenol 104
Solanidin 342
Solanin 342
Solanum dulcamara 343
- Stengel 343

Solasodin 342
Solayamocinoside 343
Solidaginis
- giganteae herba 210
- virguaureae herba 209
Solidago-canadensis-Kraut 210
Somatropin 457
Sommerlinde 46
Sonnenblumen, Kreuzallergie mit Arnika 83
Sonnenhutwurzel 53
Sorbide 25
Sorbit 25
Sorbitane 25
Sorbitanhydride 25
Sorbitol 25
Sorbus aucuparia 25
Sotolon 40
Spagyrik (Spagirik) 493
Spanischer Salbei 137
Spanisches Süßholz 108
(−)-Spartein 296
Species diureticae 209
Spermidin 197
Spezialextrakt 507
spezifische Wirkstoffe 508
spezifischer Antikörper, Titer 441
Sphaceliastadium 310
Sphondin 183
„Spiegelrinde" 222
Spiritus Citronellae compositus 134
Spiritus Melissae compositus 133
cis-(E)-Spiroether 155
trans-(Z)-Spiroether 155
Spirostanol-Cholesterinkomplexe 101
Spirostanolsaponine 102
Spitzwegerichblätter 66
Spitzwegerichkraut 66
Splitvakzine 429
Sprühverfahren 504
Squalen 8, 64, 74, 85
Stabilisator(en) 433
- ACD 433
- für Emulsionen 39
Stammhaltung 424
Standardimmunglobuline (SIG) 441
Stärke 27
- Gewinnung, Naßverfahren 29
Stärkemehl 27
Stärkesirup 30
Stärkezucker 22
Stearinsäure 3
Stechapfel 291
Steinklee 184
Steinkleekraut 185
Stengelbromelain 273

Sterculiasäure 31
steriles Catgut 274
Steroidalkaloide 342
Steroidsaponine 102, 103
- Furostanderivate 103
- Spirostanderivate 103
Stimulierung der nukleolären Polymerase I 204
Stomatitis 224
Stramonii folium 291
Streptamin 383
Streptidin 383
Streptobiosamin 384
Streptokinase 448
Streptomyces 375
Streptomycin 383, 384
Streukügelchen 486
Strobuli lupuli 215
Strophanthus gratus 92
- Samen 91
Strophanti semen 92
g-Strophanthin 91
k-Strophanthin 93
- β 93
Strophantingabe, orale 93
k-Strophanthosid 93
Strophantus kombé 92
Strychnin 320
Strychnos
- Arten 321
- nux-vomica 319
Submersverfahren 310
Succus Liquiritiae 110
Sumpfschachtelhalm 206
Suppositorien 486
- Masse 12
Suspensionsstabilisator 19
Süßer Fenchel 165
Süßfenchelöl 166
Süßholz 108, 109
Süßholzfluidextrakte 110
Süßholztrockenextrakte 110
Süßholzwurzel 108
- Risiken bei Anwendung 111
- Wirkung 110
Swerosid 71
Swertiamarin 71
Symphytum 292
Symptombild 481
Symptome 481
Syzygium aromaticum 168

T
Tabak
- Bauerntabak 294
- Ernte 294
- Geschichte 293
- Herkunft 293
- Verarbeitung 294
- Zigarrentabak 294
Tabakentwöhnungsmittel 295
Tabakfermentation 294
Tabletten 485
Taraxaci radix cum herba 81
Taraxacosid 80
Taraxacum officinale 81
Taraxinsäureglucosid 80
Taraxocolid 80
Tausendgüldenkraut 73
Taxifolin 202
Taxol 341
Taxus
- brevifolia 341
- cuspidata 341
Tee(s)
- Aufgüsse 503
- Drogen 502
- Erfrischungstee 52
- Granulattees 504
- Grüner Tee 336
- Herstellung, Verfahren 504
- Huflattichtee 46
- Instanttees 504
- Jesuitentee 337
- Kieselsäuretee 206
- Lindenblütentee 47
- lösliche 504
- Mellissentee 134
- Paraguaytee 337
- Paranátee 337
- Schlankheitstees 48
- Schwarzer Tee 334
- Verarbeitung 334
Teichonsäure 390
Temoe Lawak 160
Terebinthina 143
Terebinthinae aetheroleum rectificatum 143
Terpene 63
Terpentin 143
Terpentinöl 143
- gereinigtes 143
Terpinen-4-ol 141
γ-Terpinen 147
Terpinolen 130
Testallergene 430
Tetracyclin 375, 381
Theae folium, Gegenanzeigen 337
Theaflavine 335
Theagallin 335
Theanin 335

Thearubigene 335
Theaspiran 335
Thebain 299
Theobroma cacao 338
Theobromin 327
Theobromingewinnung 11
Theophyllin 282, 327
Thromboseprophylaxe 452
Thromboxan 14
Thrombozyten 433
(4S)-(+)-Thujan 131
Thujon 136
(-)-Thujon 78
Thymi
- extractum fluidum 506
- herba 139, 140
Thymian 139
Thymianhustensäfte 506
Thymin 454
Thymol 82, 139
Thymolmethyläther 82
Thymus
- vulgaris 139
- zygis 139
Tiglinsäure 159
Tigogenin 104
Tilia
- cordata 47
- platyphyllos 47
Tiliae flos 47
Tinkturen 505
- alkoholfreie 506
Tinnevellinglucosid 239
Tinnevelly-Sennesfrüchte 237
Titer-spezifischer Antikörper 441
Tobramycin 383, 386
Toleranz 406
Tomatin 342
Tonikum (Tonika) 19, 79, 112, 170, 320
Tormentillae rhizoma 225, 514
Tormentillwurzelstock 225
Toxiferin 320, 321
Toxizität, Pyrrolizidinalkaloide 293
Tragacantha 37
Tragacantin 38
Tragant 37
Transduktion 403
Transfektion 464
Transfer RNA 454
Transformation 403, 464, 469
- Elektroporation 464
- Kalziumphosphatkopräzipitations-
   verfahren 464
- Mikroinjektion 464
- Pflanzen 469

Transkriptase, reverse 458, 461
Transkription 454
Translation 454
Transplantatabstoßung 414
Traubenzucker 22
trans-Tridecan-2-al 146
Trifolirhizin 208
Triglycerida mediocatenalia 6
Triglyceride 3
- mittelkettige 6
Trigonella foenum-graecum 40
Trigonellin 40, 330
trimeres Procyanidin 220
Triterpenalalkohole, Dammarantyp 204
Triterpene 85
Triterpensaponine 102
- Oleanan-Typ 209
Trockenextrakte 506
- aus Crataegi folium cum flore 198
Tropanalkaloide 287
tropanführende Drogen, Gehalts-
   bestimmung 289
3α-Tropanol 287
Tropasäure 289
Tropin 287
Tryptophan, abgeleitete Alkaloide 309
Tuberkuline 432
- gereinigte 432
Tuberkulinkonversion 428
Tuberkulintests 432
Tubocurarin 282, 302
(+)-Tubocurarin 303
Türkischer Mokka 331
Türkisches Süßholz 109
Tussilagin 292
Tussilago 292
- farfara 45, 293
Tutusstrauch 25
Tyrocidine 397
Tyrothricin 397

U
Umbelliferon 181
Umbelliprenin 182
Unbedenklichkeit 515
ungesättigte Fettsäuren 7
Urginea maritima 96
Urokinase 448, 450
Ursolsäure 190
Urticae herba 514
Urtinkturen 484
UV-Bestrahlung 425
Uvae Ursi folium 191
Uvaol 190
Uzarigenin 100

V

Vakzine (*siehe* Impfstoffe)
Valepotriate 67, 69, 70
- Resorptionsquote 70
- Toxizität 70
Valerenal 68
Valerensäure 68, 76, 127
Valeriana
- edulis subspec. procera 70
- mexicana 70
- mexicana-Wurzel 69
- officinalis 67
- radix 67
- sorbifolia 70
- wallichii 71
- Wurzel 69
Valerianae radix 514
Valtrat 69
van Urk-Reaktion 313
Vanillosmopsis erythropappa 157
Venenmittel 19, 195
venöse Insuffizienz, chronisch 184
Veratrumwurzel 497
Verbandmull 31
Verbandwatte 31
Verbandzellstoff 31
Verbascosid 54
(+)-Verbenon 135
Verbrauchskoagulopathie 446
Verdauungsenzyme 272
Verdünnungen 484
Verreibungen 484
Vinblastin 317, 318
Vinca minor 319
Vincae minoris herba 319
Vincaleukoblastin 318
Vincamin 319
Vincristin 317, 318
2-Vinyl-(4*H*)-1,3-dithiin 267
3-Vinyl-(4*H*)-1,2-dithiin 267
Viren 454
- Inaktivierung 425, 447
- - Detergenzienbehandlung 447
- - Erhitzungsverfahren 425, 447
- - Formaldehyd 425
- - Phenol 425
- - β-Propiolacton 425
- - UV-Bestrahlung 425
- Virussicherheit, Plasmaderivate 447
Virgaureosid A 209
(+)-Viridiflorol 131
Visci herba 271
Viscotoxine 271
Viscum album 270
Viscumproteine 270
Visnadin 182, 186
Visnagin 186
Vitamin K 440
- Antagonisten 440
Vitexin 194, 197, 211
Vitexinrhamnosid 197
Vogelbeeren 25
Völlegefühl 148, 149, 159, 167
Volumensubstitution 445
Vorbeugemittel 517

W

Wacholderbeeren 140
- Öl 141
Wachs(e) 14
- flüssiges 15
- gebleichtes 17
Wachsalkohole 15
Wachsmaisstärke 28
Wachstumsfaktor 457
Wadenkrämpfe, nächtliche 324
Wala 492
Walrat 15
Wärmebehandlung 425
wäßrige Drogenauszüge 503
Watte 32
Wegwartenwurzel 56
Weißdorn 195
Weißdornblätter 196
- mit Blüten 196
Weißdornblüten 196
Weißdornfrüchte 196
Weißer Ginseng 112
Weißer Pfeffer 259
Weißer Senf 264, 265
Weizenkeimagglutinin 270
Weleda 491
Wermutkraut 78
Wermutwein 79
Wiesendermatitis 183
Winterlinde 46
Wintersteinsäure 341
Wirksamkeit 515
Wirkstoffe, spezifische 508
Wirkstoffkonzentrat 507
Wirsingkohl 264
Wirt-Vektor-System 471
Wirtsorganismen 456
Wolliger Fingerhut 87
Wollwachs 16

X

Xanthohumol 214
Xanthorrhizol 160

Xanthotoxin 182, 183, 186, 187
Xanthotoxol 183

Y
Yangonin 216
Yohimbinreihe, Alkaloide der 314

Z
Zahnfleischentzündungen 224
Zahnprothesen, Haftpulver 39
Zapekieren 338
Zartmacher für Fleisch 273
- Bromelain 274
- Papain 273
zellhaltige Präparate zur Blutsubstitution 434–436
Zellinien 457
Zellkulturen 425
- beimpfte Eier 425
- fetale Affennierenzellen 425
- humane diploide 425
- Passagen 425
- permanente Zellinien 425
- Primärkulturen 425
- Sekundärkulturen 425
Zellstoff 31
Zellstoffwatte 31
Zellteilung, Podophyllin 189
Zellulose, mikrokristalline 30
Zellulosepulver 30
Zielorganismus 456
Zigarrentabak 294
Zimt 167
Zimtaldehyd 168
Zimtrinde 167
Zingeron 170
Zingiber officinale 169
(-)-Zingiberen 170
Zingiberis rhizoma 170
Zuckergewinnung 27
Zuckerrohr 27
Zuckerrübe 27
Zytokine 414
zytotoxische Wirkung 318

MIX
Papier aus verantwortungsvollen Quellen
Paper from responsible sources
FSC® C105338

If you have any concerns about our products,
you can contact us on
ProductSafety@springernature.com

In case Publisher is established outside the EU,
the EU authorized representative is:
**Springer Nature Customer Service Center GmbH
Europaplatz 3, 69115 Heidelberg, Germany**

Printed by Libri Plureos GmbH
in Hamburg, Germany